DAS GROSSE BUCH DER PFERDEGESUNDHEIT

John McEwen (Hrsg.)

Kynos

Englische Originalausgabe:
»Ultimate Horse Care«

Aus dem Englischen übertragen von Gisela Rau

Am Remelsbach 30 • D-54570 Mürlenbach/Eifel
Telefon: 06594/653 • Telefax: 06594/452
Internet: http://www.kynos-verlag.de

Gesamtherstellung: INTERPET PUBLISHING, DORKING SURREY, RH4 3YX

ISBN 3-933228-47-6

INHALTSVERZEICHNIS

AUTOREN 6

VORWORT 8

KAPITEL 1: PFERDEDENKEN UND PFERDELENKEN 9

Evolution: Hinaus aus der Ursuppe. Wundersames Wetter. Anpassen oder Aussterben. Was ist herausgekommen. **Der Bauplan von Mutter Natur:** Überleben. Fortplanzung. **Schlussfolgerungen:** Was ist schief gegangen? Ein besserer Weg. **Lebensräume:** Vollblüter. Kaltblüter. Warmblüter. Temperament. Das richtige Pferd für Sie. Tägliche Pflichten. **Kommunikation:** Ein neuer Wortschatz. Deutlichere Zeichen. Sich verständlich machen.
Auf einen Blick: *• Führen • Anbinden • Hufe geben • Einfangen und auf die Weide bringen • Einstreuen und Ausmisten • Stallkonstruktionen • Zäune • Weidepflege*

KAPITEL 2: DAS GESUNDE PFERD 25

Merkmale des gesunden Pferdes: Das Weidepferd. Das Stallpferd. Bewegung. **So bleibt Ihr Pferd in Form:** Fütterung. Routinemaßnahmen zur Gesundheitsvorsorge. Entwurmen. Impfungen: Tetanus. Pferdeinfluenza. Herpesvirus. Zähne. Hufpflege. **Krankheitsursachen:** Bakterien. Viren. Pilze. Parasiten. **Krankheitsanzeichen:** Zehn-Punkte-Check für Krankheitsanzeichen. Lahmheiten erkennen. Vortraben. Beugeproben. **Erste Hilfe:** Verkehrsunfälle. Starke Blutungen. Fohlengeburt. Frakturen. Kolik. Kreuzverschlag. Erkrankungen der Atemwege. Schocks und Colitis X. Wunden. Richtlinien für Erste Hilfe. **Pflege des kranken Pferdes:** Verdauung. Kraftfutter/Getreide. Wasser. Wärme. Ruhe und Frieden. Belüftung. Sauberkeit. Wundverbände anlegen. Bewegung.
Auf einen Blick: *• Entwurmen • Innere Parasiten des Pferdes • Zeichen für starken Wurmbefall • Wurmbekämpfung • Impfungen • Zahnpflege • Putzen • Überprüfung der Lebensfunktionen • Lahmheitsuntersuchung • Wann der Tierarzt kommen muss • Erste Hilfe • Medikamente verabreichen • Pflege des kranken Pferdes • Methoden zum Festhalten • Wundversorgung • Verbände • Kalte und warme Umschläge • Strahlfäule: Vorbeugung und Behandlung*

KAPITEL 3: PFERDEFÜTTERUNG 49

Das Verdauungssystem: Maul. Magen. Dünndarm. Dickdarm. **Der Verdauungsvorgang. Nährstoffbedarf:** Kohlenhydrate: Lösliche und nicht lösliche Kohlenhydrate. Kalorienberechnung für Pferde. Fette und Öle. Proteine (Eiweiße). Vitamine: Fettlösliche und wasserlösliche Vitamine. Mineralien. Wasser. **Futtermittel:** Strukturstoffe: Gras. Heu. Alternativen zu Heu. Heulage. Stroh. Häksel. Zuckerrrübenschnitzel. Kraftfutter: Getreide. Futtermischungen. Rohfaserreiche Pellets. Konzentrierte Pellets und Körnermischungen. Lagerung von Kraftfutter. Mineralfutter. Zusatzfuttermittel. **Rationsberechnung:** Eine Ration berechnen. Bewertung des Futterzustandes. Appetit. Die Ration. **Praktische Pferdefütterung:** Fressverhalten von Pferden. Gras als Hauptfutter. Füttern, Tränken, Belastung. **Häufige Probleme des Verdauungssystems:** Maul- und Zahnprobleme: Zahnfleischentzündung. Karpfengebiss. Priemen. Wolfszähne. Zahninfektionen. Stufengebiss. Wellengebiss. Scherengebiss. Hakenbildung. Kieferzysten beim Zahndurchbruch. **Störungen der Verdauungsfunktion:** Dehydration. Schlundverstopfung. **Kolik:** Eingangsuntersuchung. Rektale Untersuchung. Nasenschlundsonde. Bauchfellpunktion. Blutuntersuchung. Sofortbehandlung. Kolikarten: Krampfkolik. Verstopfung der Beckenflexur. Gaskolik. Kolikoperationen. Graskrankheit. Bauchfellentzündung. Durchfall. Vergiftung. Leberkrankheit. **Erkrankungen der Harnwege:** Nierenversagen. Blasen- und Nierensteine. Polynephritis. Polyneuritis Equi. **Hufrehe:** Die Symptome erkennen: Akute Hufrehe. Akute Hufbeinrotation. Hufbeinsenkung. Chronische Hufbeinrotation. Ursachen für Hufrehe: Übergewicht/Überfressen. Blutvergiftung. Nebenwirkung bestimmter Medikamente. Belastungsrehe. Hormonelle Ursachen. Stressebedingte Hufrehe. Schlechter Beschlag. Behandlung. Fütterung des Rehepferdes: Fütterungsbeispiele. Beschlag des Rehepferdes.
Auf einen Blick: *• Die Regeln der Fütterung • Goldene Regeln für das Tränken • Praktische Pferdefütterung: Heu • Praktische Pferdefütterung: Kraftfutter • Giftpflanzen • Vorbeugemaßnahmen gegen Hufrehe*

KAPITEL 4: DAS PFERD IN BEWEGUNG 88

Knochen: Das Achsenskelett. Das Gliedmaßenskelett. Die Funktion der Knochen. **Gelenke:** Die Gliedmaßengelenke. Die Funktion der Gelenke. **Muskeln:** Die Funktion der Muskeln. **Bänder und Sehnen:** Funktion von Bändern und Sehnen. **Der Pferdehuf:** Nicht sensitive Strukturen. Sensitive Strukturen. **Beurteilung der Gliedmaßen und Hufe:** Die Verteilung des Körpergewichtes. Die Beziehung zwischen Bein und Huf. Huf-Fessel-Stand. Witterungseinfluss. Fütterung. Der gut beschlagene Huf. Trends für die Zukunft. **Bewegung:** Beschreibung der Bewegung: Untertreten. Luftphase/Schwebephase. Belasten. Flugphase. Abrollen. Schwerpunkt. Passiver Halteapparat. Reziproker Apparat der Hintergliedmaße. Die Dynamik der Bewegung: Bewegung der Vorderbeine. Bewegung der Hinterbeine. Gangarten. **Häufige Erkrankungen des Bewegungsapparates:** Sehnenschäden. »Sweeny«. Schale (Ringbein). Luxation der Kniescheibe. Fibrotische

Myopathie. Überbeine. Arthritis. Knochenspat. Osteochondrose. Gelenkgallen. Podotrochlose. Hufknorpelverknöcherung. Ostitis des Hufbeines. Hornrisse und -spalten. Steingallen. Hufgeschwüre (Hufabszesse).
Auf einen Blick: • *Das Beschlagen* • *Routinepflege: Der unbeschlagne Huf* • *Routinepflege: Der beschlagene Huf* • *Gangarten* • *Bewegungsstörungen* • *Anschwellungen von Knochen und Bindegewebe*

KAPITEL 5: DIE LEBENSERHALTENDEN SYSTEME 118
Herz und Kreislauf: Das Herz-Kreislauf-System (Kardiovaskuläres System). Das Herz: Myokardium (Herzmuskel). Endokardium (Herzinnenhaut). Perikardium (Herzbeutel). Wie das Herz-Kreislauf-System funktioniert: Der Herzzyklus. Steuerung des Herz-Kreislauf-Systemes. Die Auswirkungen von Bewegungstraining auf das System. Klinische Anzeichen für Herzerkrankungen. Untersuchung von Herzerkrankungen bei Pferden. **Erkrankungen des Herz-Kreislauf-Systems:** Herzgeräusche: Normale Herzgeräusche. Unnormale Herzgeräusche. Wie ernst sind die Herzgeräusche? Endokarditis (Herzinnenhautentzündung). Herzrhythmusstörungen (Arrhythmien). Zucht und Herzerkrankungen. Blutuntersuchungen. Anämie (Blutarmut). Störungen des Lymphsystems: Angelaufene Beine/Lymphangitis. **Die Atemwege:** Die Funktion der Atemwege. Aufbau der Atemwege beim Pferd. Die Atmung in der Bewegung. **Erkrankungen der Atemwege:** Klinische Anzeichen für Atemwegserkrankungen: Husten. Nasenfluss. Erschwerte Atmung. Leistungsminderung. Infektionskrankheiten: Pferdeinfluenza (Pferdegrippe). Equine Herpesvireninfektion. Equine Arteritis-Vireninfektion. Bakterielle Erkrankungen: Druse. Lungenentzündung durch Rhodococcus Equi. Lungen-Brustfell-Entzündung. Infektionen der unteren Atemwege. Parasitäre Erkrankungen: Lungenwurm. Allergische Erkrankungen der Atemwege: Chronisch-Obstruktive Bronchitis. Pollenallergie. Krankheiten der Nasenhöhlen und Nasennebenhöhlen: Nebenhöhlenentzündung (Sinusitis). Progressives Siebbein-Hämatom. Erkrankungen der Luftsäcke: Tympanie der Luftsäcke. Luftsackempyem. Luftsackmykose. Verengungen der oberen Atemwege: Kehlkopfpfeifen. DDSP (Verlagerung des Gaumensegels). Epiglottic Entrapment.
Auf einen Blick: • *Staubfreies Management*

KAPITEL 6: DIE WELT DES PFERDES 140
So funktioniert das Nervensystem. Die Struktur des Nervensystems: Das Gehirn. Das Rückenmark. Rückenmarksreflexe. Das periphere Nervensystem. **Das Hormonsystem (Endokrines System). Die Sinne:** Sicht: So funktionier das Auge. Das Gesichtsfeld des Pferdes. Fokussieren. Schutzmechanismen. Hör- und Gleichgewichtssinn: So funktioniert das Ohr. Gebrauch der Ohren. Geruchssinn: So funktioniert der Geruchssinn. Geschmackssinn: So funktioniert der Geschmackssinn. Haut und Berührungssinn. Lernen und Gedächtnis. **Störungen des Nerven- und Hormonsystems:** Verhaltensänderungen Stall»untugenden«: Kopfschlagen. Schlafanfall. Nerventrauma. Hepathitische Enzephalopathie. Epileptische Anfälle und Krampfanfälle: Hirnhautentzündung. Epilepsie. Schräghalten des Kopfes und Auffälligkeiten im Gesichtsbereich: Horner'sches Syndrom. Gesichtsnervenlähmung. Trigeminusnerv-Trauma. Vestibularisstörung. Schwäche und Koordinationsstörungen: Botulismus. Rückenmarkstrauma. Abszesse am Wirbelkörper/Osteomyelitis. Wobbler-Syndrom. Equine Degenerative Myeloencyphalopathie. Graskrankheit. Hahnentritt. Muskelzittern. Tumore: Cushing-Syndrom. Lähmungen: Wundstarrkrampf. Lähmung des Radialisnerves. Lähmung des Wadenbeinnerves. Parese des Fohlens. Polyneuritis der Cauda Equina. Kreuzbandtrauma. **Augenkrankheiten:** Entropium. Rissverletzungen der Augenlider. Bindehautentzündung. Hornhautentzündung. Krankheiten der mittleren Augenhaut. Linsentrübung. Erkrankungen der Netzhaut. Sehnerverkrankung. Sarkoide. Schuppenzellkarzinom. Lymphosarkome.
Auf einen Blick: • *Untugenden durch Stressminderung vorbeugen*

KAPITEL 7: DIE HAUT 163
Struktur und Funktion der Haut. Hautkrankheiten: Juckreiz. Sommerekzem. Futtermittelallergie. Kontaktdermatitis. Parasitenbefall: Befall mit Läusen. Chorioptesräude. Quaddeln: Nesselfieber. Krusten- und Schupppenbildung. Hautpilzerkrankungen: Glatzflechte. Bakterielle Hauterkrankungen: Dermatophilose u.a. Mauke. Haarbalgentzündung. UV-Allergie. Hautknötchen. Kollagengranulome. Sarkoide. Melanome. Warzen. Ohrbelag. Epidermale Inklusionszyste.
Auf einen Blick: • *Vorbeugung und Behandlung von Sommerekzem* • *Mauke: Vorbeugung und Behandlung*

KAPITEL 8: DAS PFERD UNTER DEM SATTEL 172
Passt der Sattel? Hören Sie auf Ihr Pferd. Der natürliche Bewegungsablauf. Neue Methoden zur Sattelanpassung. Eine neue Perspektive - Die Prinzipien des Balance-Sattelsystems. Denken Sie neu über den Sattel nach. **Decken:** Materialien und Befestigung. Die Deckenpassform. Deckenzubehör. Tipps rund um die Pferdedecke. **Schutz für die Beine:** Warum ein Beinschutz? Gamaschen oder Bandagen? Welches Material? Wie wählt man aus? Bandagen. Zusätzliche Sicherung. **Scheren:** Der richtige Zeitpunkt. Beim ersten Mal. Verziehen und schneiden. **Vorbereitung zum Turnier:** Waschen. Flechten. Öl, Glanzlotion und Schablo-

nenmuster. **Pferde transportieren:** LKW oder Anhänger? Pferde transportfertig machen. Tipps zum Fahren und Verladen. Vorsichtiges Fahren. Versorgung während der Fahrt.
Auf einen Blick: *• Regeln zur Überprüfung der Sattelpassform • So passt das Martingal • Anpassen von Trense und Gebiss • Deckentypen • Passt die Decke? • Decken an- und ausziehen • Gamaschen anlegen • Beinschutz - verschiedene Möglichkeiten • Richtig Bandagieren • Pflege der Ausrüstung • Die richtige Schur • Scheren • Abschneiden oder nicht • Verziehen • Waschen • Die Mähne einflechten • Den Schweif flechten • Pferde transportieren • Den Schweif bandagieren*

KAPITEL 9: DAS TURNIERPFERD 195
Tipps zum Training: Der Grundstein - Dressurarbeit. Intervalltraining. Kontrolle. Das Vielseitigkeitspferd. Training des Springpferdes. Training über Hindernisse. Leistungsschwächen. **Leistungsbeeinflussende Faktoren:** Während und nach dem Wettkampf: Beschlag. Impfungen. Fitness und Kondition. Fütterung. Vorsichtsmaßnahmen: Beinschutz. Sattelzeug. Umgebung. **Typische Sportpferdeerkrankungen:** Rhabdomyolyse. Rückenprobleme: Berührungsschmerz in der Widerristregion. Schmerz in der Sattellage. Schmerzen hinter der Sattellage. Schmerzen im Bereich Kreuzbein-Darmbein-Gelenk. Wunden: Greifwunden. Verletzungen im Brustbereich. Verletzungen an der Hinterhand. Schäden an Sehnen und Bändern. Frakturen. Durch Belastung hervorgerufene Erkrankungen. Probleme beim Transport. Durch Umwelteinfluss hervorgerufene Probleme. Andere. **Das Pferd unter Belastung:** Hitzebelastung: Warum wird es dem Pferd heiß? Was geschieht, wenn ein Pferd überhitzt? Wie gibt ein Pferd Körperwärme ab? Kann das Aufwärmen schaden? Warum mit kaltem Wasser kühlen? Kühlen mit Wasser - so geht's. Wann man aufhören muss. Hitzebelastung beim Reiter. Was man nicht tun sollte. Stress beim Transport: Auf der Straße. In der Luft. Auf dem Wasser. Reisen mit weniger Stress: Enge. Fahrgeräusche. Erschütterungen. Luftqualität. Versorgung der Pferde vor und auf Langstrecken. Reisekrankheit.
Auf einen Blick: *• Verwendung von Schraubstollen. • Die Diagnose von Rückenproblemen*

KAPITEL 10: DIE NÄCHSTE GENERATION 210
Die Geschlechtsorgane: Die weiblichen Geschlechtsorgane. Die männlichen Geschlechtsorgane. **Die Entscheidung zur Zucht:** Auswahl der Elterntiere. Alter. Der richtige Hengst. Künstliche Besamung. **Das Paarungsverhalten der Pferde:** Der Rossezyklus der Stute. Der Hengst. Werbung, Paarung und Fruchtbarkeit: In freier Wildbahn. Unter Obhut des Menschen. Fit fürs Fohlen. Befruchtung und Entwicklung des Fötus: Die tragende Stute. Die Fohlengeburt: Eröffnungsphase. Austreibungsphase. Nachgeburtsphase. Menschliches Eingreifen. Das neugeborene Fohlen: Die ersten Tage. Ammenstuten. Das Absetzen. **Krankheiten und Probleme in der Zucht:** Kastration: Im Stehen. In Vollnarkose. Klopphengste. Häufige Komplikationen. Fruchtbarkeitsstörungen: Genetisch bedingte Störungen. Störungen der Eierstöcke. Persistierender Gelbkörper. Eierstock-Hämatome. Eierstocktumore. Eierstockzysten. Trächtigkeitsprobleme Verfohlen. Riss der Präpubischen Sehne. Kolik. Gebärmutterverdrehung. Krankheiten der Geschlechtsorgane bei der Stute: Eileiter. Septische Metritis. Gebärmutterhals. Vulva. Komplikationen bei der Geburt. Häufige Krankheiten des neugeborenen Fohlens. Fehlbildungen.

KAPITEL 11: ALTERNATIVE HEILMETHODEN 232
Holistik. Kräutermedizin: Aktive Prinzipien. Nebenwirkungen und Gefahren. Medikamentenrückstände. Lagerung. Die wichtigsten Kräuter. Dosierung der Kräuter. **Homöopathie:** Umgang mit Homöopathika und ihre Lagerung. Nebenwirkungen und Gefahren. Verträglichkeit mit anderen Medikamenten. Verfügbarkeit. Die wichtigsten Mittel. Vorbeugung. Fazit. **Akupunktur (und traditionelle chinesische Medizin):** Die Theorie. Verträglichkeit mit anderen Behandlungsmethoden. Rechtsfragen und Vorsichtsmaßnahmen. Aromatherapie (Ätherische Öle). Blütenessenzen. Radionik. Die Bedeutung der Ernährung. Massage- und Bewegungstherapien. **Physiotherapie und Massage:** Schäden am Muskel-Skelett-System. Schmerzen. Magnetfeldtherapie. Professionelle Geräte. Rehabilitation. **Chiropraktik:** Warum manuelle Behandlung? Wie funktioniert das? Wie kann man erkennen, wann eine Behandlung nötig ist? Vorbeugen ist besser als heilen? Frühwarnzeichen für Rückenprobleme. Fazit.

KAPITEL 12: IDENTIFIKATION & BESCHREIBUNG 259
Klassifikation: Rassen und Typen. Welche Rasse kaufen? Pferde identifizieren. Größe. Brandzeichen. Narben und alte Verletzungen. Haarwirbel. Alter. »Das Daumenzeichen des Propheten«. **Beurteilung des Exterieurs:** Was ist ein »ideales« Exterieur? Grundprinzipien des korrekten Körperbaus. Exterieur und Bewegung. Der Gesamteindruck.
Auf einen Blick: *• Tierärztliche Ankaufsuntersuchung • Fellfarben • Abzeichen • Altersbestimmung anhand der Zähne*

DIE AUTOREN

HERAUSGEBER: JOHN McEWEN, Tierarzt.
Seit vielen Jahren tätig als Betreuer englischer Nationalmannschaften in Dressur, Springen und Vielseitigkeit bei internationalen Turnieren und den olympischen Spielen. Sitz im Tierärzte-Komitee der FEI (Fédération Equestre Internationale)
Siehe Kapitel Neun: Das Turnierpferd.

PROJEKTLEITERIN: JACKIE BUDD.
Autorin von über zehn Pferdebüchern, schreibt regelmäßig für »Your Horse«, die meist gelesene Pferdefachzeitschrift Englands.
Siehe Infokästen »Auf einen Blick«.

DR FRANCIS BURTON.
Lehrt an der Universität Glasgow (Schottland). Sein Spezialgebiet ist das Verhalten des Pferdes. Vorsitzender des Equine Behaviour Forum, das sich für eine stärkere Berücksichtigung der Pferdepsychologie in Sport und Haltung einsetzt.
Siehe Kapitel Sechs: Die Welt des Pferdes (Nervensystem; Hormonsystem; Sinne; Lernen und Gedächtnis).

J. MARK CRAIG, Tierarzt.
Sein Spezialgebiet sind Haut und Hauterkrankungen des Pferdes (Dermatologie). Nach Lehr- und Forschungstätigkeit am Royal Veterinary College in Hertfordshire heute Inhaber einer eigenen Spezialpraxis in Südengland.
Siehe Kapitel Sieben: Die Haut.

CHRISTOPHER DAY, Tierarzt.
International anerkannter Experte für homöopathische Pferdemedizin. Betreibt ein eigenes Zentrum für alternative Pferdemedizin in Oxfordshire. Gründungsmitglied der britischen Assoziation für Veterinär-Homöopathie. Beschäftigt sich auch eingehend mit Akupunktur.
Siehe Kapitel Elf: Alternative Heilmethoden (Einführung; Kräutermedizin; Homöopathie; Akupunktur).

ROBERT EUSTACE, Tierarzt.
Lehrte an der Universität Liverpool im Bereich Orthopädie des Pferdes. Gründete 1988 an der Universität Bristol ein Hufrehezentrum (heute in Dauntsey, Wiltshire) und entwickelte einen Spezialschuh zur Behandlung von Hufrehe. Autor des Buches »Explaining Laminitis and its Prevention«. Gründer einer Stiftung zur Forschung im Bereich Hufrehe.
Siehe Kapitel Drei: Fütterung (Hufrehe).

TONY GILMORE, Chiropraktiker.
Dozent am McTimoney Chiropractic College. Behandelte zeitweise die Pferde von sieben Olympiamannschaften gleichzeitig und ist heute hauptsächlich mit Rennpferden beschäftigt.
Siehe Kapitel Elf: Alternative Heilmethoden (Chiropraktik).

JANE VM HASTIE, Tierärztin.
Seit über 20 Jahren auf Pferde spezialisiert. Besonderes Interessengebiet: Ankaufs- und Zuchttauglichkeitsuntersuchungen. Selbst aktive Turnierreiterin.
Beiträge zu Kapitel Zwei: Das gesunde Pferd.

TIM MAIR, Tierarzt.
Lehrtätigkeit an der Universität Bristol, Fachgebiet: Atemwegserkrankungen des Pferdes. Teilhaber einer Pferdeklinik in Kent.
Siehe Kapitel Fünf: Die lebenserhaltenden Systeme (Die Atemwege; Erkrankungen der Atemwege).

SUSAN McBANE.
International bekannte Autorin und Fachjournalistin im Bereich Pferde. Schrieb 39 Bücher und gab zwei Pferdezeitschriften heraus. Aktuell Chefredakteurin der Fachzeitschrift »Pferdeverhalten« (Equine Behaviour). Reitlehrerin und Heilpraktikerin für Shiatsu bei Pferden.
Siehe Kapitel Eins: Pferdedenken und Pferdelenken.

JACQUELYN McCANN, Tierärztin.
Siehe Kapitel Drei: Pferdefütterung (Störungen des Verdauungssystemes, inkl. Kolik).

ROBERT OLIVER.
Einer der bekanntesten Reiter und Züchter Englands. Zuchtrichter für verschiedene Verbände. War sehr aktiv als Master einer Jagdhundemeute, Autor mehrerer Fachbücher.
Siehe Kapitel Zwölf: Exterieur.

DR MARK PATTESON, Tierarzt.
Lehrtätigkeit an der Universität Bristol. Spezialgebiet: Kardiologie des Pferdes. Betreibt ein eigenes Herz-Zentrum für Pferde in Berkeley, Gloucestershire und assistiert in zahlreichen britischen und irischen Pferdekliniken. Vorträge auf internationalen Fachtagungen.
Siehe Kapitel Fünf: Herz und Kreislauf, Erkrankungen des Herz-Kreislauf-Systems.

SARAH PILLINER
Autorin, Reitlehrerin, Fachberaterin für Pferde und Pferdefütterung. Beratungs- und Entwicklungstätigkeit in der British Horse Trials Association. Reitet selbst aktiv im Vielseitigkeitssport.
Siehe Kapitel Drei: Pferdefütterung (Das Verdauungssystem; Nährstoffbedarf; Rationsberechnung; Praktische Fütterungstipps).

FIONA POOLE, Tierärztin.
Abschluss an der Universität Bristol und dreijährige Zusammenarbeit mit John McEwen in dessen Pferdepraxis. Ist heute viel unterwegs, um ihr Wissen zu erweitern.
Beiträge zu Kapitel Zehn: Die nächste Generation.

JANICE M. POSNIKOFF, Tierärztin.
Studierte in Kanada und den USA. Praktiziert heute in Kalifornien und schreibt regelmäßig in der Tierärzte-Kolumne von Pferdefachzeitschriften.
Siehe Kapitel Vier: Das Pferd in Bewegung (Bau und Funktion von Knochen und Muskeln; Gelenke; Untere Gliedmaße; Sehnen und Bänder; Bewegung; Bewegungsstörungen).

HAYDN PRICE, Hufschmied.
Langjährige Erfahrung in allen Bereichen des Hufbeschlages inklusive orthopädischem Beschlag. Betreuung zahlreicher Hochleistungspferde.
Siehe Kapitel Vier: Das Pferd in Bewegung (Der Pferdehuf).

SIDNEY RICKETTS, Tierärztin.
International anerkannte Expertin auf dem Gebiet der Pferdezucht und in klinischer Pathologie. Chefberaterin des königlischen Gestütes in Sandringham und von der Queen für ihre Verdienste ausgezeichnet.
Beiträge zu Kapitel Zehn: Die nächste Generation.

JO SHARPLES
Erfahrene Reiterin, Pferdebesitzerin und Fachjournalistin. Arbeitete lange intensiv mit Richard Maxwell im Bereich Verhalten des Pferdes zusammen.
Siehe Kapitel Acht: Das Pferd unter dem Sattel, Kapitel Zwölf: Identifikation und Beschreibung (Rassen und Typen; Farben und Abzeichen).

BEN STURGEON, Tierarzt.
Studium und Tätigkeit an den Universitäten Edinburgh und Dublin. Baut zurzeit eine eigene Pferdefachpraxis auf. Besonderer Schwerpunkt: Innere und Gefäßmedizin.
Siehe Kapitel Sechs: Die Welt des Pferdes (Störungen des Nervensystems).

LESLEY ANN TAYLOR
Reitlehrerin und Stallbetreiberin. Besonderes Interesse an ganzheitlichen Heilmethoden; arbeitet selbst als Massagetherapeutin für Pferde und Reiter.
Siehe Kapitel Acht: Das Pferd unter dem Sattel (Sattelanpassung).

MARY BROMILEY, Physiotherapeutin.
Arbeitet mit Menschen und Pferden und war eine der ersten, die Erkentnisse aus der Human-Physiotherapie auf Tiere übertrugen und anwendeten. Leitet Kurse und Weiterbildungen zur Massage und Rehabilitation von Sportpferden.
Siehe Kapitel Elf: Alternative Heilmethoden (Physiotherapie).

VORWORT

»Ein Pferd! Ein Pferd! Ein Königreich für ein Pferd!«

(William Shakespeare, Richard III)

Wer einmal in England war und dort als Tierarzt oder auch als Reiter mit Pferdeleuten zu tun hatte, wird erkennen, in welcher Weise die Engländer mit ihren Pferden verbunden sind.

Nicht nur in Shakespeares Stück »Richard III« aus dem Jahre 1593, in dem ein ganzes Königreich für ein Pferd geboten wird, zeigt sich diese lange Tradition des Pferdesportes und der Nutzung dieser Tiere für Arbeitszwecke, sondern auch heute noch in einer äußerst pferdebegeisterten königlichen Familie.

Die »Royals«, ob einst Queen Mum, ihre Tochter Queen Elisabeth II oder Enkelin Prinzessin Ann, um nur einige zu nennen, alle sind echte Pferdenarren, Pferdesportler, aber auch tatkräftige Unterstützer der Pferdemedizin und neuester Forschungsarbeiten und auch des Tierschutzes.Diese Verbundenheit zwischen dem Pferd, der Monarchie und der britischer Bevölkerung spiegelt sich daher auch im täglichen Leben wider.

Aus meiner Tätigkeit als praktische Tierärztin in einer Pferdepraxis und in der Hufreheklinik von Robert A. Eustace, Dauntsey, England, wurde mir schon bald der etwas andere Stellenwert, den das Pferd in England im Vergleich zu uns hat, bewusst. Es scheint, dass es auf der Insel einfach dazugehört, ein Pferd zu besitzen und mit ihm, wie ein Familienmitglied seinen noch so kleinen Lebensraum, ob möglich oder unmöglich, für eine artgerechte Haltung, zu teilen, ohne aber das Tier als lebendiges Sportgerät anzusehen.

Dieses hat meines Erachtens zur Folge, dass dort eben gehäuft Erkrankungen auftreten, die durch Haltungs- und Fütterungsfehler zustande kommen im Vergleich zu den klassischen Verschleißproblemen unserer Sportpferde.

So liegt es nahe, dass sich gerade in England Tierärzte und Pferdespezialisten Gedanken machen, die Gesundheit der Pferde einerseits zu bewahren aber auch bemüht sind, durch umfassende Informationen über Pferdeerkrankungen, richtige Pferdehaltung und -fütterung, neue alternative Heilmethoden etc. praktische Hilfe bei der Therapie und Prophylaxe von Erkrankungen zu leisten.

Zu diesem Zweck wurde ein Nachschlagewerk hervorgebracht, das Studierenden und Tierärzten, aber auch Pferdebesitzern und allen, die für die Gesundheit der Pferde arbeiten und an ihr interessiert sind, Leitfaden und Informationsquelle für die Pferdepraxis und den Umgang mit Pferden sein soll.

In diesem »Großen Buch der Pferdegesundheit« werden detaillierte Erläuterungen zu richtiger Pferdehaltung, -pflege, Fütterung und Management gegeben und sehr viel Wert auf das richtige Verständnis der Pferdepsyche, der Körpersprache und das sich daraus entwickelte Verhalten der Tiere gelegt.

Weiterhin werden die anatomischen Gegebenheiten des Pferdes anhand von gut verständlichen Abbildungen und Skizzen erläutert, aber auch die wichtigsten Infektionserkrankungen beschrieben.

In diesem Buch werden zudem alternative Heilmethoden, wie Chiropraktik, Osteopathie, Massagetechniken und homöopatische Anwendungen gesondert und anschaulich besprochen.

Für jedes Kapitel konnten Spezialisten auf ihrem Gebiet gewonnen werden, die in diesem Buch ihre Erfahrungen komprimiert und vor allem praxisorientiert vermitteln.

Ich denke, dieses Werk schlägt nicht nur eine wichtige Brücke zwischen Theorie und Praxis in der Pferdemedizin, sondern auch zwischen England und dem »Kontinent« und ich wünsche ihm ein große Leserschaft!

Dr. Dorothea Neubert
November 2002

1 PFERDEDENKEN UND PFERDELENKEN

EVOLUTION

Der Weg, den das Pferd durch die Evolution nahm, ist kein Geheimnis: Fossilfunde legen klares Zeugnis davon ab. Das hilft uns zusammen mit dem Wissen um die Umweltbedingungen, in denen sich die Vorfahren unserer Pferde entwickelten, zu einem genauen Bild davon, mit welchen Tieren wir es hier zu tun haben.

HINAUS AUS DER URSUPPE

Zu der Zeit, als sich der erste direkte Vorfahr des modernen Pferdes, Eohippus oder Hyracotherium, vor etwa 55 Millionen Jahren auf der Erde eingerichtet hatte, war er bereits ein relativ weit entwickeltes, fuchsgroßes Säugetier, das schon weit in der Evolution aufgestiegen war, weit weg von den Einzellern als Ursprung allen Lebens. Eohippus war gut in der Lage, seinen Stoffwechsel und die Körpertemperatur selbst zu regeln und pflanzte sich nicht mehr durch Zellteilung, sondern durch Geschlechtsverkehr fort.

Es absorbierte nicht länger Nährstoffe über die Zellwände, sondern fraß und trank aktiv. Es hatte sich bereits als Pflanzenfresser spezialisiert, ernährte sich von Laub, Beeren und Früchten, mied Beutetiere und hatte einen starken Überlebenswillen.

Die Umweltbedingungen waren zu dieser Zeit auf der Erde größtenteils vom tropischen Regenwald geprägt und vermutlich war Hyracotherium gestreift und/oder gefleckt, um im Dämmerlicht des Waldes besser getarnt zu sein. Da es im dichten Wald schwierig ist, große Laufgeschwindigkeiten zu entwickeln, war dieses Tier vermutlich nicht besonders schnell und versteckte sich bei Gefahr eher, als davonzulaufen.

Die Scheu und Wachsamkeit, die in der Familie der Pferde auch heute noch typisch ist, stammt aus dieser Entwicklung als Beutetier im Gegensatz zu der eines fleischfressenden Räubers. Hyracotherium war vermutlich ein Einzelgänger: Die heutige Form des Zusammenlebens in Herden hatte sich noch nicht entwickelt und war im dichten Wald nicht möglich. Manche Fachleute sind der Meinung, dass diese Umwelt die Sprungbegabung des Pferdes entwickelte und bestreiten, dass Pferde nicht von Natur aus springen (wer schon einmal ein untrainiertes Jungpferd in nonchalanter Manier über einen Weidezaun oder umgestürzten Baum springen gesehen hat, muss dem zustimmen). Auf umgefallene Bäume traf Hyracotherium in seiner Umwelt täglich und überwand sie auf seiner Flucht vor Raubtieren ins Waldesdunkel.

WUNDERSAMES WETTER

Über eine Zeitspanne von Millionen Jahren wichen die allgegenwärtigen tropischen Wälder in dem Maße mehr und mehr zurück, als sich ein neues Phänomen bemerkbar machte: der Klimawechsel. Das Wetter, wie wir es heute kennen, entstand, als sich das Erdklima nach und nach in Klimazonen und Klimagürtel aufteilte. Die tropischen Regenwälder wurden auf einen breiten Streifen rund um den Äquator zurückgedrängt. Von dort aus wurde das Klima sowohl nach Norden als auch nach Süden immer kühler, bis hin zur Eiseskälte der Polkappen.

ANPASSEN ODER AUSSTERBEN

Manche Teile der Erde erlebten verschiedene Eiszeiten, die zum Aussterben derjenigen Arten führten, die sich nicht an die Kälte und an das veränderte Nahrungs- und Wasserangebot anpassen konnten. Einige veränderten sich so, dass sie mit den neuen Bedingungen besser zurecht kamen, andere wanderten in freundlichere Klimazonen ab.

Die Landmassen änderten sich ständig durch vulkanische Aktivitäten, Bewegung, Trennung und Kollision der einzelnen Kontinentalplatten. Beides zusammen führte zur Schaffung neuer oder zum Abschneiden alter Wanderungsrouten für verschiedene

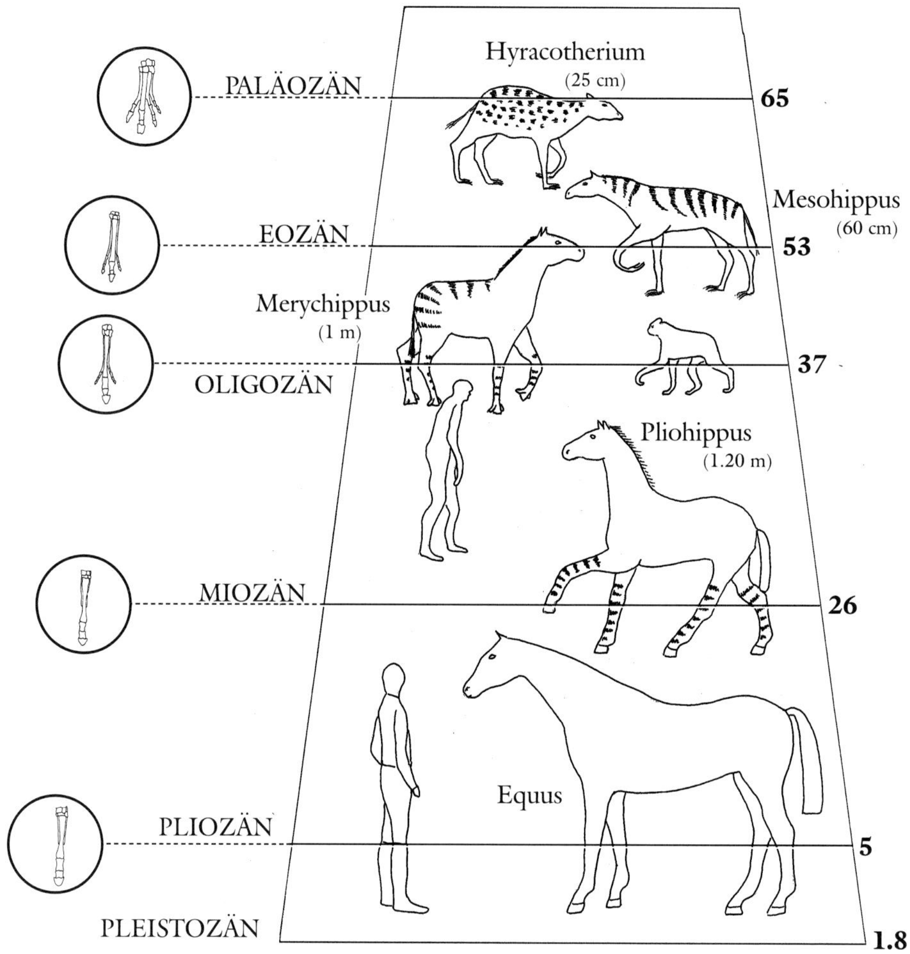

Tierarten und isolierte sie, sodass sie sich auf sehr spezifische Art und Weise weiter entwickelten. Diese von ständiger Umwälzung geprägten Jahrmillionen hatten große Auswirkungen auf Flora und Fauna der Erde. Wie betrafen sie die Pferde? Mit dem veränderten Klima entwickelten sich neue Umweltzonen - Laubwälder, Nadelwälder, Steppe, Tundra, Wüste, Buschland und, das wichtigste für viele Pferdetypen, offenes Grasland. Die Anpassung einer Spezies geschieht über die Genetik. Gene können sich verändern oder mutieren und die physischen oder psychischen Merkmale einer Spezies so ändern, dass sie in ihrer neuen Umgebung überleben können - oder auch nicht. Hyracotherium hatte zahlreiche Nachfolger, die sich auf diese Art und Weise verändert hatten und so in ihrer Umwelt bestehen konnten.

Als die Umgebung offener wurde, konnten Räuber ihre Beute leichter sehen. Die Beutetiere mussten nun, anstatt sich zu verstecken, Schnelligkeit entwickeln, um weglaufen zu können und die Raubtiere mussten die Taktik des Anschleichens und Lossprintens entwickeln, um sie zu fangen. Das sich entwickelnde Pferd bekam längere, stärkere, weiter ausgreifende Beine, an denen die Zahl der Zehen sich allmählich bis auf einen reduzierte - die perfekte Spezialisierung auf Schnelligkeit.

Hyracotheriums Zähne waren ziemlich klein und schwach (mehr war zum Kauen des eher weichen Laubes nicht nötig), folglich waren auch der Kopf klein und der Hals kurz, das ganze Tier war klein. Gras aber ist hart faserig und wächst auf dem Boden - also mussten Kopf und Hals länger werden, damit die Tiere von ihren längeren Beinen herab hinunter reichen konnten. Auch die Zähne wurden groß und stark.

Ein weiterer Wechsel fand in Körper und Verdauungssystem des Pferdes statt. Gras ist nicht so nahrhaft wie die Beeren, Früchte und das junge Laub, das in den früheren, jahreszeitlosen Tropenwäldern das ganze Jahr über zur Verfügung stand. Die Vorfahren des Pferdes mussten mehr und mehr Gras fressen, um genügend Nährstoffe zu erhalten. Dies erforderte ein Verdauungssystem mit großer Aufnahmekapazität, das ständig in der Lage sein musste, große Mengen stark rohfaserhaltigen Futters zu transportieren. Ein größerer Bauchraum wurde benötigt, der auch schwerer war (wegen der Därme und des Grases), was wiederum einen stärkeren, längeren Rücken erforderte, um den an ihm aufgehängten Bauch zu halten. Der gesamte Körper musste neu ausbalanciert werden, um das eigene Gewicht zu tragen, beinahe pausenlos Gras zu verdauen und in der Lage zu sein, auf der Flucht vor Räubern in kürzester Zeit hohe Geschwindigkeiten zu entwickeln.

Das Pferd wurde immer wachsamer, gleichzeitig entwickelte es sehr scharfe Sinne zum Entdecken von Raubtieren: hoch am Kopf angesetzte Augen, um über das Gras hinwegsehen zu können, und radarähnliche Ohren, die auch das kleinste Geräusch über eine große Entfernung und aus verschiedenen Richtungen wahrnehmen können. Unter den Pferden entwickelte sich ein weiteres Phänomen - das Leben in Herden. Sie lernten, dass Räuber in der Regel pro Beutezug nur ein einziges Tier erlegten und dann tagelang von ihm fraßen. Wenn man unter vielen anderen lebt, ist die Wahrscheinlichkeit, dass man selbst der Gefressene ist, drastisch reduziert.

WAS IST HERAUSGEKOMMEN?

Der Evolutionsprozess hat aus dem Pferd eins der am höchsten spezialisierten Tiere der Welt gemacht. So spezialisiert, dass es heute mit hoher Wahrscheinlichkeit bereits ausgestorben wäre, wenn es nicht in den Augen des Menschen nützlichere und attraktivere körperliche und geistige Qualitäten besessen hätte als alle anderen Tiere. Diese Annahme ist nicht unbegründet, wenn man bedenkt, wie sehr sich der Mensch auf der Erde ausbreitet, jeden verfügbaren Quadratmeter Land bewirtschaftet und jedes »überflüssige« Wildtier jagt. Echte Wildpferde gibt es heute nicht mehr. Als Erbe hat uns die Evolution ein Tier hinterlassen, das wir äußerlich schön, anziehend, schnell, stark, gut trainierbar, gesellig und vor allem anpassungsfähig finden.

DER BAUPLAN VON MUTTER NATUR

Das Ziel der Natur ist das Überleben einer gesamten Spezies, nicht das Wohlergehen von Einzeltieren. Dies mag zunächst seltsam erscheinen, wo doch die Spezies nur überleben kann, wenn auch ihre einzelnen Mitglieder überleben. In der Praxis funktioniert dieses System jedoch bewundernswert gut. Als Pferde noch in freier Wildbahn lebten, war der Verlust von Einzeltieren etwas Alltägliches, wie es auch heute noch bei den letzten freilebenden Equiden, wie z.B. den Zebras, der Fall ist. Die für die Mehrheit dieser Verluste verantwortlichen Fleischfresser sichern ihr Überleben durch Schläue und körperliche Kraft: Sie müssen listig genug sein, um sich an ihre Beute heranzupirschen, schnell und beweglich genug, um sie zu fangen (wie z.B. in der Familie der Katzen der Fall) oder genügend Ausdauer haben, um sie zur Erschöpfung zu bringen (in der Familie der Hunde der Fall), stark und clever genug sein, um sie alleine oder in der Gruppe niederzuringen und zu töten. Beutetiere müssen auf jedes Rascheln im Gras und auf jeden Schatten im Buschwerk achten. Sie müssen geistig in der Lage sein, die Körpersprache des Jägers richtig zu deuten und intelligent genug sein, um zu bestimmen, ob er heute in Jagdstimmung ist oder nur friedlich vorbeizieht. Letztendlich müssen sie nicht nur achtsam genug sein, um einen Jäger nicht zu nahe heranzulassen, sondern auch stark und schnell genug, um sich seinem Zugriff zu entziehen.

Die Psyche des Pferdes ist die eines typischen pflanzenfressenden Beutetieres und wurde jahrmillionenlang durch diesen Lebensstil geprägt. Seine wichtigsten Antriebe sind, wie bei jedem anderen Tier auch, Überleben und Fortpflanzung, die zusammen dem übergeordneten Ziel der Natur dienen - dem Überleben der Spezies.

ÜBERLEBEN

Um zu überleben, brauchen wilde und wild lebende Equiden sechs Dinge:

1. ***Futter,*** das in der Regel überall auf dem Boden wachsend zu finden ist. Pferde entwickelten Wandergewohnheiten und zogen, wenn möglich, von abgegrasten Flächen zu frischen Weidegründen weiter. Ihre Futterversorgung hängt aber trotzdem von den Jahreszeiten ab, weshalb es für wild lebende Pferde und andere Wildequiden normal ist, im Winter an Gewicht zu verlieren. Der herbstliche »Kick« des besonders kohlenhydrathaltigen Grases gibt noch einmal einen Schub, ist aber ein individueller Überlebenstest: diejenigen Pferde, die ihr Körperfett nicht optimal speichern und ausnutzen können, verhungern, bis im Frühjahr wieder ein Nährstoffschub kommt, also können sie sich auch nicht fortpflanzen und ihre Schwäche weiter vererben. Ihre Kadaver bieten Nahrung für andere - so ist das in der Natur.

2. ***Wasser*** steht oft nicht frei zur Verfügung, befindet sich aber meist in akzeptabler Marschentfernung. Bei manchen wildlebenden Pferden hat man beobachtet, dass sie nur einmal am Tag trinken, und zwar meist abends. Zebras, so stellte man fest, trinken sogar nur alle paar Tage, wenn ihre bevorzugten Weidegründe sich weit weg von der Wasserstelle befinden. Wasserstellen sind immer gefährliche Orte, weil dort Raubtiere lauern - in der Gewissheit, dass hier Futter bald kommen muss.

Der Sieger des Lotteriespiels Evolution war Equus, ein wachsames und auf Schnelligkeit spezialisiertes Steppentier.

3. ***Schutz*** vor den Elementen oder effektive Haut- und Fellbeschaffenheit. Je nach Klimazone haben Pferde dickere oder dünnere Haut und grobes, drahtiges Haar oder feineres Fell herausgebildet. Manche leben in völlig ungeschützten Gegenden, während andere durch Klippen, Hügel und Wälder genügend Schutzmöglichkeiten haben. Wild lebende Pferde suchen keinen Schutz in Höhlen, weil diese Raubtiere anziehen.

4. ***Die Sicherheit*** bietende hohe Kopfzahl der Herde. Für die meisten Pferde, mit Sicherheit aber für wild lebende, ist Gesellschaft die wichtigste Voraussetzung für ein Gefühl der Sicherheit. Einsame Pferde sind stark gefährdet, kommen aber auch in der Natur (unfreiwillig) vor. Wenn Junghengste geschlechtsreif werden, verbannt der Leithengst sie aus der Herde. Solange diese Pferde keine anderen Ausgestoßenen finden, mit denen sie sich zu einem Junggesellenclub zusammenschließen können oder selbst ein paar Stuten und Fohlen erobern und eine eigene Herde gründen können, ziehen sie verängstigt alleine umher. Einsamkeit ist für Pferde ein unnatürlicher Zustand.

5. ***Viel Platz*** rundherum, um die Umwelt beobachten und notfalls fliehen zu können. Die Spezies der Pferde scheint, was nur zu verständlich ist, unter Klaustrophobie zu leiden. Wenn sie die Wahl haben, suchen sie sich immer den höchst gelegenen Punkt zum Ruhen aus, weil sie von hier die beste Aussicht haben und Gefahren in vielen Kilometern Umkreis wahrnehmen können. Von in Tälern grasenden Wildpferden weiß man, dass sich stets Wachtposten an höher gelegene Stellen begeben und sich die Tiere beim Wache halten abwechseln. Wenn ihre Umgebung es zulässt, tun Hauspferde instinktiv das Gleiche.

6. Um in der Natur überleben zu können, brauchen Pferde körperliche ***Kraft und Beweglichkeit***. Pferde sind große Tiere, die um die 500 kg schwer sind. Sie verbringen nur wenig Zeit im Liegen, vor allem flach ausgestreckt schlafend, da sie in dieser Position am verletzlichsten sind. Beim Aufstehen können lebenswichtige Sekunden verloren gehen, die den Unterschied zwischen Gefressenwerden und Entkommen bedeuten. Trotzdem liegen die meisten Pferde regelmäßig, sie müssen aber immer in der Lage sein, innerhalb von vier oder fünf Sekunden auf den Beinen zu sein und auf Höchstgeschwindigkeit zu beschleunigen. Pure Schnelligkeit und Ausdauer sind gefragt, sobald ein Pferd realisiert, dass ein Jäger hinter ihm her ist.

Freiheit, Futter, Platz und Gesellschaft: das Herdenleben auf offenem Grasland bot alles zum Überleben Notwendige.

Die natürlichen Pferdebedürfnisse können zumindest teilweise erfüllt werden, indem man reichlich Raufutter zur Verfügung stellt und eine Auslauf-Gruppenhaltung ermöglicht.

FORTPFLANZUNG
Dies ist einer der stärksten Triebe des Pferdes. Da das Überleben der Art in der natürlichen Ordnung der Dinge eine übergeordnete Rolle spielt, überrascht es nicht, dass wild lebende Pferde (und ihre zahmen Verwandten, denen man die Gelegenheit dazu lässt) im Frühjahr, Sommer und Frühherbst sehr damit beschäftigt sind, Fohlen zur Welt zur bringen, sich zu umwerben, zu paaren und die Fohlen so lange zu ernähren, bis sie für sich selber sorgen können. Die länger werdenden Tage sind der Hauptanstoß zum Einsetzen der Rosse bei den Stuten, aber auch Temperatur und Futterangebot spielen eine Rolle. Der Hengst deckt seine momentan bevorzugte Stute wiederholt über mehrere Tage hinweg, bis ihre Rosse abklingt.

Neben den Decken seiner Stuten zeigt der Hengst auch großes Interesse an seinen Fohlen (es ist aber möglich, dass er die Fohlen seines Vorgängers tötet). Auch wenn die Beziehung zwischen Stute und Fohlen die wichtigste Rolle für das Überleben der nächsten Generation spielt, hat der Hengst noch eine wichtige Aufgabe in der Sozialisation der Fohlen.

SCHLUSSFOLGERUNGEN

Wir haben einige der Qualitäten erwähnt, die Pferde so attraktiv für uns machen - Kraft, Schnelligkeit, Temperament, Geselligkeit, Anpassungsfähigkeit und relativ leichte Erziehbarkeit. Wir wissen sehr gut, welches Tier die Natur hier erschuf - ein schnell laufendes, fast ständig grasendes und sich fortbewegendes Tier, das sich bei nahem (Körper-)kontakt zu Artgenossen und in offener Umgebung, wo es den Horizont auf Gefahren hin absuchen kann, am sichersten fühlt. Wenn das so ist, warum bleiben wir dann so häufig dabei, Pferde auf eine Art und Weise zu halten, die das absolute Gegenteil zu dem beschriebenen Lebensstil ist? Isoliert, nicht in der Lage, richtig mit anderen Pferden zu kommunizieren und sie zu berühren, oft die meiste Zeit des Tages in kleine Zellen verhaftet, in denen sie kaum oder gar nicht gehen, geschweige denn galoppieren können und die meistens auch noch nach oben und drei Seiten geschlossen sind, sodass nur ein Ausguck übrig bleibt? Die Antwort ist einfach: Wegen unserer Bequemlichkeit.

Nächste Frage: Wenn das so ist, warum haben dann so viele Generationen von Hauspferden nicht nur überlebt, sondern sind trotz dieser völlig unangemessenen Haltung scheinbar sogar ganz gut gediehen? Antwort: Weil das Pferd so extrem anpassungsfähig ist. Diese eine, generelle Fähigkeit zur Anpassung ist der Hauptgrund dafür, dass Pferde noch immer existieren. Das Pferd hat sein Überleben gesichert, indem es sich an die wechselnden Bedürfnisse des Menschen anpasste.

Eine letzte Frage: Wenn die Pferde so gut gedeihen, können die Haltung und Pflege, die wir ihnen zuteil werden lassen, doch gar nicht so falsch sein, oder? Die Antwort hierauf erfordert einige weitere Erklärungen.

WAS IST SCHIEF GEGANGEN?
Manche Pferde, vor allem die ruhigeren und stoischeren Gemüter und die mit mehreren (nicht nur ein oder zwei) Stunden Bewegung pro Tag scheinen sich in ihrem Alltag zufrieden und sicher zu fühlen und physisch gesund zu sein. In der westlichen Zivilisation werden die meisten Pferde als Privattiere gehalten und gelegentlich auf dem Turnier oder im Freizeitreiten eingesetzt. In den allermeisten Fällen haben sie zu wenig Bewegung, sind zu häufig eingesperrt, haben weder genügend Sozialkontakt noch geistige Beschäftigung und werden falsch gefüttert.

Forschungen haben ergeben, dass gut über ein Dreiviertel aller Pferde, die in den üblichen Ställen mit Einzelboxen, zu wenig Raufutter und Bewegung gehalten werden, irgendeine Form von Verhaltensstörung zeigen. Es handelt sich nicht nur um die bekannten »Untugenden«, sondern auch um andere anormale Handlungen wie Kopfschlagen und -schütteln, Schnappen, regelmäßige Aggressionen, Ankauen von Holz oder anderen Stallbauteilen, Treten gegen Türe oder Wände, Scharren, Lethargie und Depression, hitziges oder nervöses Temperament oder generell »schwieriges« Benehmen. Auch körperliche Erkrankungen (vor allem im Atmungsapparat) und Verletzungen treten aufgrund der schlechten Haltung und zu wenig Bewegung auf. Es ist also klar, dass Pferde sich nicht ganz so gut an unsere Haltungsbedingungen anpassen, wie wir meinen.

EIN BESSERER WEG

Lassen Sie uns einmal überlegen, wie wir die sechs für ein Überleben des Pferdes wichtigen Elemente, wie wir sie zu Beginn des Kapitels beschrieben haben, auf domestizierte Pferde anwenden können, um ihnen bessere Lebensbedingungen zu schaffen.

*1. **Futter:*** Heute ist ein breites Angebot von sehr nährstoffreichen, rohfaserhaltigen Futtermitteln auf dem Markt, wie z.B. Häckselmischungen auf Luzernebasis und Heulage (Heu, welches vor Ende des Trocknungsprozesses in Folie versiegelt wurde). Sie können mittelmäßiges Heu und viele der Getreide-Kraftfutter wie Hafer, Weizen, Mais oder Gerste ersetzen, von denen größere Mengen dem auf Rohfaser spezialisierten Verdauungssystem des Pferdes nicht bekömmlich sind. Solche Futtermittel sorgen für Leistung, ohne Störungen wie Kolik, Kreuzverschlag oder Hufrehe zu begünstigen. Das Pferd kann viel mehr Zeit mit der Futteraufnahme verbringen und ist beschäftigt und zufrieden. Auch die alte Auffassung, dass man hart arbeitenden Pferden die Raufutterration bis auf ein Drittel des Gesamtfutters kürzen müsse, wurde mittlerweile verworfen: Das Verhältnis von Raufutter zu Kraftfutter sollte selbst bei Pferden, die Höchstleistungen bringen, nie unter 50:50 liegen.

*2. **Wasser:*** Die meisten Hauspferde haben ständig Wasser zur Verfügung, dies ist auch die sicherste Methode. Heute weiß man, dass es für ein Sportpferd gefährlich ist, wenn man ihm länger als eine Stunde vor der Leistungsanforderung das Wasser entzieht. Wasser passiert den Körper sehr schnell, und wenn das Pferd keine Gelegenheit zum Trinken hat, können Unwohlsein, Stoffwechselstörungen und Dehydration die Folge sein. In sehr kalten Klimazonen sind eventuell Tränkeheizungen notwendig.

*3. **Unterschlupf:*** Selbst die robustesten Pferde wissen ab und zu einen Unterstand zu schätzen. In unserer Obhut sollten sie alle, vom sensiblen Vollblüter bis zum robusten Pony, viel mehr Möglichkeit haben, selbst zu bestimmen, wann sie denselben aufsuchen möchten. Mit ein bisschen Fantasie ist es nicht schwierig, eine Offenstall- oder Paddockanlage zu realisieren, in der die Pferde nach Belieben ein- und ausgehen können. Das Ergebnis sind Pferde, die viel zufriedener sind als ihre Artgenossen, die entweder zum Stallaufenthalt oder zum Draußensein gezwungen sind.

*4. **Gesellschaft:*** Die meisten Pferde haben ein tief sitzendes Bedürfnis nach Gesellschaft von Artgenossen und nehmen zur Not auch mit anderen Tierarten vorlieb. Wenn Pferde einzeln aufgestallt werden müssen, sollten sie unbedingt mit einem oder mehreren Kumpeln für ein paar Stunden hinaus gelassen werden (das muss nicht unbedingt die Weide sein). Bis zur Decke hochgezogene Stallzwischenwände sollten abgerissen (sie verhindern die Ausbreitung von Krankheiten sowieso nicht) und stattdessen durch Gitterabtrennungen ab Widerristhöhe ersetzt werden, durch die miteinander verträgliche Pferde sich riechen und berühren können. Suchen Sie die Stallnachbarn gut aus, um Kämpfe, Treten gegen die Wände und Verletzungen zu vermeiden.

*5. **Freiraum:*** Pferde müssen mehr als nur einen Ausguck aus dem Stall oder überdachten Auslauf haben, um ihr instinktives Bedürfnis nach ständiger Rundumsicht befriedigen zu können. Studien in den USA, bei denen Blutdruck, Herzfrequenz und Hautoberflächenspannung gemessen wurden, ergaben, dass Pferde mit freier Rundumsicht ruhiger und ausgeglichener waren. Geschlossene Hofanlagen sollten, wo immer möglich, so geöffnet werden, dass die Einwohner die Umgebung sehen können.

*6. **Bewegung:*** Die körperliche Fitness wird gefördert, indem man den Pferden so viel Bewegung wie möglich in langsamen, regelmäßigen Gangarten ermöglicht, idealerweise in Freiheit. Der Pferdeorganismus kommt trotz sorgfältigen Aufwärmens und Abkühlens nicht gut damit zurecht, 22 Stunden lang eingesperrt zu sein, um dann ein oder zwei Stunden lang plötzlich Leistung bringen zu müssen. Freier Auslauf, Führanlagen, Handpferdereiten, Bodenarbeit oder Spaziergänge an der Hand sind allesamt empfehlenswert. Das Longieren sollte beschränkt werden, da die ständige Bewegung im Kreis belastend auf den Körper und langweilend auf den Geist wirkt.

LEBENSRÄUME

Pferde und Ponys haben sich auf das Überleben in verschiedenen Lebensräumen spezialisiert. Typen, die sich in heißen Klimazonen entwickelten, haben andere Eigenschaften als die Artgenossen aus kalten Klimazonen und benötigen ein anderes Manage-

Die Anpassung des Vollblutpferdes an heißes, trockenes Klima fand auf körperlicher und geistiger Ebene statt. Das Ergebnis ist ein dünnhäutiges, fein gebautes Tier, das sensibel und reaktionsschnell ist.

In unfreundlicheren Klimazonen entwickelten sich die robusten Pony- und Kleinpferdetypen mit ihrer typischen Cleverness. Auch die Vorfahren der Kaltblüter stammen aus kalten Gegenden.

ment. Wir teilen Pferde und Ponys üblicherweise in Voll- und Kaltblüter und die dazwischen liegenden Warmblüter ein.

Achtung: Diese Bezeichnungen beziehen sich auf die Temperamentseigenschaften der Pferde, nicht auf ihre Körpertemperatur.

VOLLBLÜTER

Diese Typen, häufig einfach als »Blüter« bezeichnet, entwickelten sich in heißen Regionen. Da sie schnell Körperwärme abgeben können müssen, haben sie ein feines Haarkleid mit dünner Haut und nah an der Hautoberfläche liegenden Blutgefäßen, damit die Hitze über die Haut abgestrahlt werden kann. Das feine, dünne Haar von Fell, Mähne und Schweif hilft dabei. Selbst das Winterfell dieser Pferde wird nicht lang und schwer. Der Kopf eines vollblütigen Pferdes ist kurz und relativ schmal mit großen Nüstern, die das Ausatmen heißer Luft ermöglichen. Die sehr gut durchbluteten Ohren sind groß, um die Hitze zu verteilen. Auch Hals und Rumpf sind oft länglich und von eher ovaler Form, weil so die Wärmeabgabe im Vergleich zu einer runderen Körperform erleichtert wird. Auch lange Beine und ein vom Körper weg getragener Schweif begünstigen Luftzirkulation und Wärmeabgabe. Solche Pferde schwitzen viel, um Hitze zu verdunsten.

Einige, aber nicht alle Vollblüter benötigen erhöhte Futtergaben, um ihr Gewicht zu halten. Besonders Araber sind in der Regel gute Futterverwerter.

KALTBLÜTER

Zu ihnen gehören die schweren Pferderassen, aber auch ursprüngliche Kleinpferderassen. Ihr Hauptanliegen ist die Wärmespeicherung, also haben sie größere Köpfe mit längeren Luftwegen, um die kalte, für Lungen und Herz schädliche Atemluft anzuwärmen. Die Nüstern sind kleiner und enger. Die Ohren sind klein, der Hals kurz und dick, der Rumpf rundlich und die Beine kurz. Der Schweif liegt eng am Körper und die Haut produziert weniger Schweiß. Das Fell ist dichter und länger mit Ober- und Unterhaar, sodass eine isolierende Luftschicht über der Haut aufgebaut werden kann. Mähne und Schweif sind als zusätzlicher Wetterschutz besonders lang, dick und drahtig. Die meisten Kaltblüter haben sehr effiziente Stoffwechsel und bleiben auch bei relativ wenig Futter gut in Form (zumindest bei wenig Kraftfutter, von dem ein Zuviel schädlich für sie ist).

WARMBLÜTER

Die Kreuzung von Vollblütern mit Kaltblütern hat weltweit eine große Vielfalt an »warmblütigen« Pferderassen hervorgebracht. Je nach ihren Vorfahren sind sie im Typ verschieden. Züchter haben seit langem versucht, die athletischen Fähigkeiten der Vollblüter mit der Robustheit und Zuverlässigkeit der Zugpferde- und Ponytypen zu verbinden. Die Typenvielfalt reicht vom wendigen amerikanischen Quarter Horse bis zu europäischen Sportpferderassen wie Trakehner oder Holsteiner.

TEMPERAMENT
In Bezug auf die Auswahl der richtigen Haltungsform ist das individuelle Temperament eines Pferdes genauso wichtig wie seine körperlichen Merkmale. Die meisten Vollblüter haben ein sehr waches Temperament und sind deshalb aktiver als Kaltblüter. Manche sind ständig angespannt, stecken voll nervöser Energie und kommen deshalb mit einem Leben in Gefangenschaft schlecht zurecht. In Rennställen, die voll von jungen, eingesperrten Vollblütern sind, kommen deshalb mehr »Stalluntugenden« als üblich vor - ein direktes Resultat dieser Tatsache.

Im Gegensatz dazu sind die meisten Kaltblüter eher ruhig: Energie sparen bedeutet, Körperwärme und isolierende Fettschicht zu erhalten, die man in kalten Klimazonen besser nicht durch Galoppieren abarbeitet. Natürlich gibt es zu jeder Regel auch Ausnahmen. Manche Kaltblüter oder Robustrassen haben ein recht waches, reaktionsschnelles Temperament und manche Vollblüter sind so friedlich wie alte Hunde. Bei Vollblütern und ähnlichen Pferden kann man sich aber auch täuschen, denn sie können die Dinge in sich hineinfressen und zeigen ihre Frustration später in anormalem Verhalten im Stall, anstatt sich unter dem Sattel aufzuheizen.

Viele arabische Pferde zeigen ein freundliches, sensibles Wesen - leider ist das aber durch übertriebenes Achten auf äußere Schönheitsideale heute in manchen Familien nicht mehr so häufig der Fall wie früher.

DAS RICHTIGE PFERD FÜR SIE
Viele Reiter haben eine Vorliebe für eine bestimmte Pferderasse oder einen bestimmten Pferdetyp. Das ist auch gut so, vorausgesetzt, man kann auch die Haltungsbedingungen schaffen, die dieses Pferd braucht. In Mittel- und Nordeuropa sind das häufigste Problem robuste Pony- und Kleinpferderassen, die auf fetten, gedüngten Weiden grasen (ganz im Gegensatz zu den Bedingungen, unter denen ihre Vorfahren lebten) - mit Hufrehe und anderen gravierenden Gesundheitsstörungen als Folge. Solche Pferdetypen benötigen mageres Gras oder begrenzten Weidegang, viel Bewegung und Heu oder Raufutter mit mittlerem Nährstoffgehalt.

Berufstätige Pferdebesitzer, die wenig Flächen für Auslauf und wenig Zeit zum Reiten haben, sollten sich nicht für ein vollblutgeprägtes Pferd entscheiden, das ständig in Bewegung sein möchte. Es liegt an jedem zukünftigen Pferdebesitzer selbst, realistisch und verantwortungsbewusst zu sein. Entweder müssen Sie Ihre baulichen Gegebenheiten und Ihre zeitlichen Gewohnheiten zugunsten des Pferdes umstellen oder sich für ein Pferd entscheiden, das sich unter den Umständen, die Sie bieten können, wohl und zufrieden fühlt.

TÄGLICHE PFLICHTEN
Jedes Pferd braucht täglich Futter, Wasser und Bewegung. Bei Offenstallhaltung können sich die Pferde in gewissem Maße selbst damit versorgen, aber im Stall lebende müssen rundum versorgt werden. Wo Offenstallhaltung nicht möglich ist, ist ein Kombi-System am praktikabelsten, in dem die Pferde gewisse Zeiten im Stall und gewisse Zeiten auf der Weide verbringen. In Offenstallhaltung lebende Pferde haben ständig gemeinsamen Zugang zu einem befestigten Auslauf oder zur Weide.

Stallpferde müssen früh morgens kontrolliert werden, ihre Decke (falls vorhanden) muss zurechtgelegt, Heu, Kraftfutter und Wasser gegeben werden. Danach müssen sie bewegt und im Anschluss

Eine gute Lösung ist es, Pferde im Winter nachts aufzustallen und ihnen tagsüber freien Weidegang zu gewährleisten. Auch ganz auf der Weide gehaltene Pferde müssen mindestens einmal täglich kontrolliert werden.

Stallpferde sind voll und ganz vom Menschen abhängig und bedeuten deshalb einen hohen Zeit- und Kostenaufwand. Ausreichend Bewegung ist wichtig.

FÜHREN

◀ *Pferde sollten daran gewohnt sein, von beiden Seiten geführt zu werden, um »Einseitigkeit« zu vermeiden und weil sie auf öffentlichen Straßen immer auf der verkehrsabgewandten Seite gehen müssen. Alles andere wäre hoch gefährlich. Wenn das Pferd auf der Straße geführt wird, sollte es eine Trense tragen. Aus Sicherheitsgründen sollte der Mensch festes Schuhwerk und im Idealfall auch Handschuhe und einen Helm tragen.*

Gehen Sie auf Höhe des Pferdekopfes, damit Sie nicht versehentlich getreten werden, wenn das Pferd zur Seite gehen sollte und so weit vorne, dass das Pferd Ihnen nicht in die Hacken läuft. Machen Sie einen Knoten in das Ende Ihres Führstrickes, damit er Ihnen nicht durch die Hand gezogen werden kann. Schlingen Sie den Führstrick nie um Ihre Hand und halten Sie immer das lose Ende fest. ▶

ANBINDEN

◀ *Pferde dürfen nur an der Wand, einem stabilen Zaun oder anderen unbeweglichen Gegenständen angebunden werden. Machen Sie immer einen Sicherheitsknoten.*

Häufig wird empfohlen, Pferde mit einem Stück Bindfaden als Zwischenstück anzubinden, das zerreißt und das Pferd freigibt, falls es am Strick zieht. Wenn ein Pferd allerdings erst einmal gelernt hat, dass es aus der Anbindesituation freikommen kann, entwickelt sich das Ziehen schnell zur Gewohnheit. Nicht anbindesichere Pferde sollten nur in umzäunter Umgebung, z.B. einem geschlossenen Hof, angebunden und nie unbeaufsichtigt gelassen werden. Alternativ kann ein Helfer das Pferd halten. Wenn Sie allein sind, nehmen Sie einen längeren Führstrick und üben Sie, ihn beim Arbeiten in einer Hand mit Ihren Werkzeugen festzuhalten.

HUFE GEBEN

Obwohl es von einem Fluchttier viel verlangt ist und großes Vertrauen erfordert, lernen Pferde relativ leicht, ihre Hufe zum Säubern herzugeben. Hilfreich ist, die Hufe immer in der gleichen Reihenfolge auszukratzen. Stellen Sie das Pferd so hin, dass der erste Huf nicht viel Gewicht trägt, nehmen Sie anschließend den Hinterhuf auf der gleichen Seite und gehen Sie dann um das Pferd herum. Stehen Sie dicht seitlich neben dem Pferd mit Blick in Richtung Schweif.

◀ *Lassen Sie sich vom Hufschmied oder Tierarzt die Stelle knapp oberhalb des Fesselgelenkes zeigen, an der sie mit kurzem Druck auf einen Nerv ein zögerndes Pferd dazu bewegen können, einen »festgewachsenen« Huf hochzuheben.*

Wenn Sie beide Hände zum Arbeiten am Huf brauchen, üben Sie, den Huf wie ein Schmied zwischen den Oberschenkeln zu halten. Wenn das Pferd sich aufregt, öffnen Sie einfach Ihre Knie, um es freizugeben. Bringen Sie Ihrem Pferd bei, dass »Steh« auch wirklich Stehen in jeder Position meint, bis Sie etwas anderes sagen. ▶

EINFANGEN UND AUF DIE WEIDE BRINGEN

◀ *Nähern Sie sich dem Pferd entspannt, aber selbstbewusst und vermeiden Sie plötzliche Bewegungen. Halten Sie das Halfter an Ihrer Seite und gehen Sie seitlich auf die Schulter des Pferdes zu. Sprechen Sie es an, wenn Sie sich nähern.*

Vermeiden Sie es, mit einem Eimer auf eine Wiese zu gehen, auf der sich mehr als ein Pferd befindet. Sie können ein Leckerchen in die Tasche stecken und Ihr Pferd belohnen, wenn es sich fangen gelassen hat. Stellen Sie sich seitlich und legen zuerst den Führstrick über den Hals, dann ziehen Sie vorsichtig das Halfter an.

◀ *Zögerliche Pferde kommen meist, wenn sie Angst haben, alleine gelassen zu werden. Wenn ein Pferd vor Ihnen wegläuft, sollten Sie es so lange vor sich hertreiben, bis es der Sache überdrüssig und neugierig wird. Wenn Sie dann weggehen und so tun, als ob Sie es gar nicht mehr haben wollten, kommt es Ihnen mit aller Wahrscheinlichkeit nach. Lernen Sie die Psychologie Ihres Pferdes kennen, denn jedes reagiert anders.*

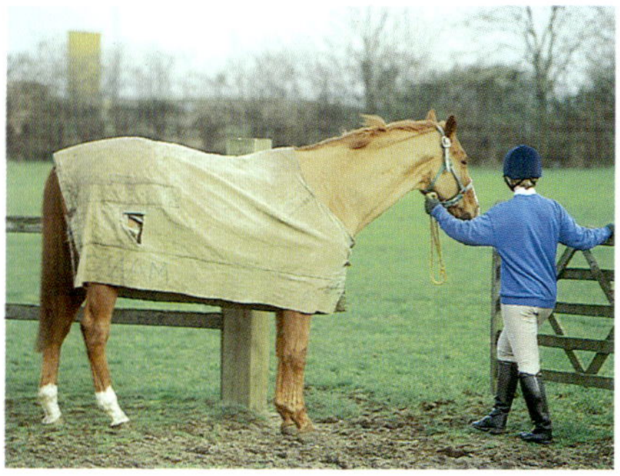

Gestatten Sie dem Pferd nie, beim Freilassen auf der Weide von Ihnen weg zu stürmen - Sie können sich die Finger brechen und sind durch Tritte gefährdet. Drehen Sie sich erst zum Tor um und lassen Sie das Pferd so lange stehen und warten. Halten Sie das Pferd im Genickbereich an der Mähne, während Sie das Halfter ausziehen und lassen es dann sanft frei, während Sie aus dem Gefahrenbereich zurücktreten. ▶

EINSTREUEN UND AUSMISTEN

Sägespäne

Der ganze Sinn des Ausmistens besteht darin, Kot und nasse Stellen zu entfernen. Wenn Sie nur ungern eine Nacht auf dieser Einstreu verbringen würden, dann erwarten Sie es auch nicht von Ihrem Pferd. Eine dünne, spärliche Einstreu verschmutzt schneller, schützt und isoliert nicht und ist deshalb alles andere als geldsparend.

Höheres Aufschütten an den Seiten hilft, Zugluft zu vermeiden und reduziert das Verletzungsrisiko beim Hinlegen und Wälzen. ▶

Aubiose (Hanf)

◀ *Auch wenn Ihr Pferd keine Atemwegsprobleme hat, macht sich der höhere Preis einer staubfreien Einstreu in besserer Luft, sauberer Kleidung, verbesserter Gesundheit und erhöhtem Wohlbefinden bezahlt.*

Hygiene ist wichtig! Eine Matratzenstreu, bei der nur die Äpfel entfernt und frisches Stroh nachgestreut wird, muss spätestens alle 12 Wochen komplett entfernt werden. Stellen Sie nie ein Pferd auf die Einstreu eines Vorgängers. Spülen Sie die Box mit für Pferde ungiftigem Desinfektionsmittel aus und streuen Sie ganz neu ein. ▶

◂ *Regelmäßiges Ablesen der Äpfel hilft, die Streu sauber zu halten.*

Der Misthaufen muss ordentlich und weit genug vom Stall entfernt sein. ▸

STALLKONSTRUKTIONEN

◂ *Neuere Forschungen haben ergeben, dass einzeln aufgestallte Pferde Boxen in der Größe ihrer »Individualdistanz« brauchen, um sich sicher zu fühlen - das sind mindestens 4,60 m im Quadrat. Zwei gute Freunde können eine solche Box aber auch gemeinsam bewohnen.*

Fenster und Lüftungsöffnungen müssen eine gute Luftzirkulation gewährleisten. Ideal sind Lüftungsleisten auf der gesamten Länge unter der Dachtraufe. ▸

◂ *Aussichtspunkte auf allen Seiten tragen zum Sicherheitsgefühl des Pferdes bei. Sie sollten bei starkem Wind verschließbar sein. »Gesprächsschalter« zwischen den Boxen ermöglichen den Einwohnern, ihre Nachbarn zu sehen und zu beriechen.*

Die meisten Ställe sind aus dem Gesundheits- und Sicherheitsaspekt zu niedrig. Die Decke muss so hoch sein, dass ein steigendes Pferd (auch wenn das nie vorkommt) sich nicht den Kopf anschlägt. Die Tür muss hoch und breit genug sein, um bequem und sicher ohne Anstoßen passierbar zu sein. ▸

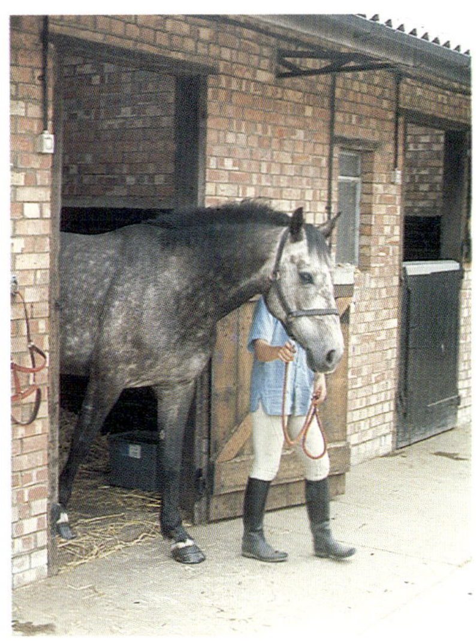

Gute Instandhaltung ist wichtig. Vorstehende Teile sollten vermieden und Einrichtungsgegenstände auf ein Minimum beschränkt werden. Anbinderinge sollten sich auf Kopfhöhe der Pferde befinden und Heunetze so gesichert sein, dass sie in leerem Zustand nicht tiefer als bis zur Pferdeschulter hängen.

ZÄUNE

Dichte, hohe und stachlige Hecken sind die allerbesten Zäune und Windfänger. Egal, welches andere Material Sie verwenden (Holz, Elektrozaun, Kunststoff etc.) - der Zaun muss sehr stabil, gut in den Boden eingelassen, ungiftig und leicht instand zu halten sein.

◀ Überlegen Sie einmal, welche Verletzungen Ihre Pferde sich an einem bestimmten Zaun zuziehen könnten. Alles, was Ihnen einfällt, kann auch tatsächlich passieren. Stacheldraht, Maschen- oder Schafsdraht und Metallstangen sind hochgefährlich, manche Holzzäune zu schwach.

Weidetore müssen stabil, sicher und leicht zu öffnen sein. Aus Sicherheitsgründen sollten Sie versuchen, alle Tore so anzulegen, dass sie sich auf Nebenwege oder das eigene Grundstück öffnen und nicht in den Verkehr einer belebten Straße. ▶

WEIDEPFLEGE

◀ Pferdemist kontaminiert das Erdreich innerhalb von 30 Minuten mit seinem Geruch, wenn er nicht entfernt wird! Mit der Zeit breiten sich die Geilstellen, an denen die Pferde äpfeln, immer weiter aus und reduzieren die Fläche, auf der gegrast wird. Das Ausstreuen von Rinderdung auf die Weiden vor der jährlichen Ruheperiode überdeckt den Geruch. Besprechen und überprüfen Sie aber mit Ihrem Tierarzt, ob enthaltene Hormone oder Chemikalien zum Problem werden könnten.

Die einzige wirklich effektive Maßnahme zur Vorbeugung von Parasitenbefall ist das Absammeln der Pferdeäpfel. Überprüfen Sie die Weiden auch regelmäßig auf Giftpflanzen, deren Toxine das Nervensystem und die Leber schädigen können.

Das Nachmähen des stehen gelassenen, hohen Grases fördert ein gleichmäßiges Nachwachsen der Grasnarbe, genau wie das Nachweiden von Rindern oder Schafen und das Abschleppen (rechts). ▶

geputzt werden. Berufstätige Pferdebesitzer entscheiden sich häufig für Bewegung und ein kurzes Saubermachen am frühen Morgen und lassen das Pferd dann mit Heu und Wasser alleine. Das Ausmisten muss früh geschehen. Wenn jemand am Mittag nach dem Pferd sehen kann, werden nochmals Heu und Wasser gegeben, ausgemistet und eventuell die Decke zurechtgelegt. Ein kleiner Spaziergang im Freien wäre wünschenswert. Am Abend braucht das Pferd mehr Bewegung und nochmals Futter, Heu und Wasser; es muss ausgemistet und geputzt werden. Ein ganz schönes Tagespensum für einen berufstätigen Menschen!

Beim Kombisystem sind die Pferde je nach Jahreszeit entweder tags- oder nachtsüber im Stall (im Sommer wegen der Sonne und Fliegen und im Winter wegen der kalten Nächte).

Weidepferde müssen zweimal am Tag kontrolliert werden. Innerhalb von zwölf Stunden kann viel schief gehen! Das Tränkewasser muss sauber sein, die Zäune und Tore müssen überprüft und der Unterstand sowie dessen Umgebung sauber gehalten werden. Um den Parasitenbefall in Schach zu halten, müssen die Pferdeäpfel spätestens jeden dritten Tag von der Weide entfernt werden, bei feuchtwarmem Wetter, wenn die Würmer besonders gut gedeihen, auch öfter. Bei langem Winterfell muss sorgfältig auf Läuse geachtet werden, außerdem auf Mauke an den Beinen und wunde Stellen auf dem Rücken. Tränende Augen im Sommer sind ein Anzeichen dafür, dass ihr Unterstand nicht gut genug ist. Ein Stirnband mit Baumwollfransen an einem leicht zerreißbaren Halfter hilft.

KOMMUNIKATION

Eine der wichtigsten und längst überfälligen Veränderungen zum Besseren in der Pferd-Mensch-Beziehung während der letzten Jahre war das gesteigerte Interesse an der Frage, wie Pferde untereinander und mit anderen Lebewesen inklusive dem Menschen kommunizieren.

Selbst noch vor einer Generation oder noch weniger war die vorherrschende Meinung: »Das Pferd muss wissen, wer der Boss ist. Was es will, ist nicht von Bedeutung; es hat zu tun was man von ihm verlangt und du musst dich durchsetzen, oder es macht mit dir was es will.« Heute erscheinen in allen großen Pferdefachzeitschriften regelmäßig Artikel darüber, wie Pferde ihre Umwelt und Arbeit sehen, wie man die Beziehung zwischen Mensch und Pferd verbessern, eine Partnerschaft zu seinem Pferd aufbauen kann und so weiter. Nichts von alledem ist aber möglich, wenn wir nicht verstehen, was das Pferd eigentlich sagt. Um eine harmonische, von Disziplin und gegenseitigem Respekt getragene Partnerschaft erreichen zu können, muss jede Spezies die andere

Der Gesamteindruck der momentanen Gemütsverfassung wird von subtilen Nuancen in Haltung und Muskelspannung erzeugt. Ein gesundes und glückliches Pferd wirkt auch nach außen hin so.

Bei Aufregung und Spannung deutet alles nach oben und verlangt nach Aufmerksamkeit.

Das entspannte Pferd zeigt eine weichere, flachere Oberlinie, während das unglückliche Pferd deutlich »niedergeschlagen« oder »verkrochen« wirkt.

Die Gesichtsmimik ist sehr ausdrucksstark und variabel. Augen, Maul und Ohren können eine große Bandbreite von Stimmungen ausdrücken - von Schmerzen über Interesse bis Aufregung oder Aggression. Die Ohren können einzeln um 180 Grad gedreht werden und die Herkunft eines Geräusches genau orten.

Bei Drohung oder im schnellen Galopp werden die Ohren flach angelegt. Hier zeigt das Fohlen das typische »Unterlegenheitskauen« und teilt der dominanten Stute so mit, dass von ihm keine Gefahr ausgeht.

'Lecken und Kauen' ist ein weiteres Zeichen für Unterwerfung.

Bei Stress oder Ärger wirken Maul und Nüstern gespannt, die Augen werden weit geöffnet oder gerollt, um eine bessere Rundumsicht zu erreichen.

Diese hochgezogenen Nüstern und die Augen drücken deutliche Abneigung gegen etwas aus.

Auch der Schweif drückt Gefühle aus - ein schlagender Schweif bedeutet Ärger oder Irritation.

Mit den Beinen kann, wie hier, Ungeduld ausgedrückt werden. Auch für das Drohverhalten werden sie gebraucht.

verstehen. Pferde lernen schnell, bestimmte Worte mit gewünschten Aktionen in Verbindung zu bringen. Da Pferde stark visuell orientiert und ständig aufnahmebereit sind, lernen sie auch schnell die menschliche Körpersprache und deren Signale.

Entsprechend kann es zu Schwierigkeiten führen, wenn man sich bei einem fremden Pferd auf Stimmkommandos verlässt, denn möglicherweise hat dieses Pferd nicht die gleichen Kommandos gelernt, wie sie der jetzige Reiter aus Gewohnheit benutzt. Das Ergebnis können Unsicherheit, Frustration und sogar Wut sein.

EIN NEUER WORTSCHATZ

Lernen Sie also die Pferdesprache verstehen, sprechen und denken. Sie können dem Pferd auch jederzeit »Mensch« beibringen! Pferde machen Stimmgeräusche und setzen diese auch regelmäßig ein. Ihr wichtigstes Instrument zur Verständigung ist aber nicht die Stimme, sondern visuell bestimmt - ein als »Körpersprache« bekanntes System. Pferde bemerken und interpretieren sofort jede noch so kleine Nuance eines Zeichens, die ein Mensch oder ein anderes Tier gibt. Diese Fähigkeit brauchen sie nicht nur zum Verstehen der anderen Herdenmitglieder, sondern auch, um die Absichten von Raubtieren zu erkennen. Ihre gesamte Körperhaltung und ihr Ausdruck vermitteln einen ersten Eindruck ihres Befindens. Bei Pferden, die wir gut kennen, können wir allein durch ihre »Ausstrahlung«, ihre Aura oder wie immer man es nennen will erspüren, wie sie sich fühlen. Wir wissen es eben einfach. Auch wenn keine weiteren körperlichen Symptome sichtbar sind, kann uns allein dies auf die leichteste Unpässlichkeit, auf Schmerzen, Traurigkeit oder Unzufriedenheit aufmerksam machen. Je mehr wir uns auf Pferde einlassen, desto mehr schärfen wir diese Sinne. Bemerkenswert ist, dass Menschen ohne echten »Pferdeverstand« diese Fähigkeit niemals erwerben.

DEUTLICHERE ZEICHEN

Nach vorn gerichtete Ohren bedeuten Aufmerksamkeit, Interesse und manchmal auch Alarmbereitschaft. Zur Seite hängend bedeuten sie Schläfrigkeit, Entspannung oder Unwohlsein: Wenn das Pferd die Ohren zur Seite dreht, dabei aber nicht entspannt, horcht es intensiv auf etwas, das es nicht sehen kann. Zurückgelegte Ohren können Aggression, Angst oder einfach maximale Anstrengung bedeuten. Um richtig deuten zu können, müssen Sie auch den Ausdruck der Augen beobachten, der manchmal schwierig zu entschlüsseln sein kann. Manche Pferde weisen den Menschen mit dem Maul auf einen leeren Futter- oder Wassereimer, eine juckende oder schmerzende Körperstelle hin. Die Nüstern sind sehr ausdrucksstark: hochgezogen, verengt und am oberen Rand gekräuselt zeigen sie Aggression, Missfallen oder Schmerzen; entspannte Nüstern sprechen für sich selbst und runde, geweitete und geblähte Nüstern zeigen Aufregung und Angst.

Wenn Kopf und Hals tief gehalten werden, das Pferd Kaubewegungen macht und einen fragenden oder unterwürfigen Ausdruck zeigt, ist dies gewöhnlich ein Zeichen für Unterwerfung. Flach angelegte und hochgezogene Nüstern und ein vorgestrecktes Maul bedeuten Aggression, und ein seitliches Schlenkern von Kopf und Hals wird (nicht nur von Hengsten) gebraucht, um andere Pferde in eine bestimmte Richtung zu treiben.

Das Aufstampfen mit einem Huf meint in der Regel Irritation (Insekt), möglicherweise aber auch Ungeduld oder Schmerzen. Auch der Schweif verrät die Stimmung und schlägt bei Ärger heftig (nicht zu verwechseln mit dem entspannten Wedeln nach Fliegen), hebt sich bei Aufregung und Interesse zu einem Bogen, wird bei Frieren oder Angst zwischen die Hinterbacken geklemmt oder hängt einfach entspannt herab.

SICH VERSTÄNDLICH MACHEN

Mit Ihrer Körperhaltungen können Sie dem Pferd Informationen übermitteln oder es kontrollieren.

- Eine aufrechte Körperhaltung mit zurückgenommenen Schultern, erhobenem Kopf und selbstbewusstem oder sogar aggressivem Blick stoppt die meisten Pferde in ihrer Bewegung oder bringt sie sogar zum Abdrehen. Zur weiteren Verstärkung können Sie Ihre Arme heben und die Finger spreizen: bis auf vielleicht extrem dominante Tiere werden alle Pferde versuchen, aus Ihrer Reichweite zu kommen.
- Sie können Ihre freundliche Absicht kundtun, indem Sie Kopf und Schultern leicht sinken lassen, das Pferd nicht direkt anschauen und leicht seitlich von ihm stehen oder auf es zugehen, so wie es auch freundlich gesinnte Pferde untereinander tun.
- Wenn Sie dem Pferd die Stirn reiben und/oder den Widerrist kraulen, zeigen Sie ihm, dass Sie freundlich sind. Das Pferd wiederum zeigt Ihnen Vertrauen, indem es sich von Ihnen berühren lässt.

Auch wenn unsere Körper eine andere Gestalt haben, erkennen Pferde doch sofort die genannten Körperhaltungen bei Menschen. Sie können sich also auf diese Weise effektiv mit Ihrem Pferd verständigen.

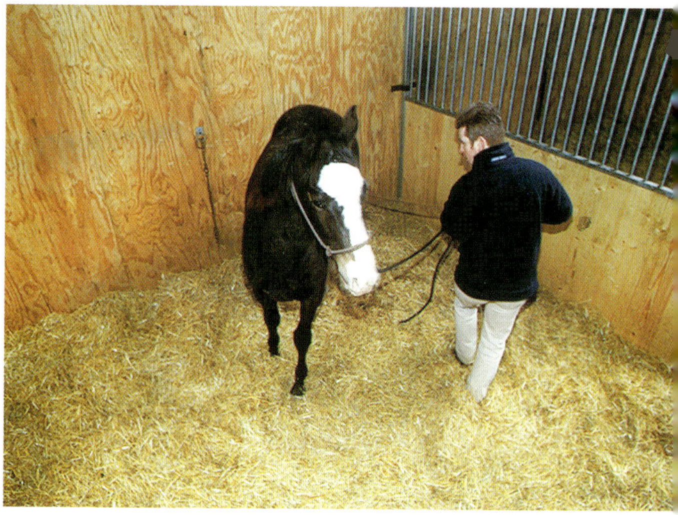

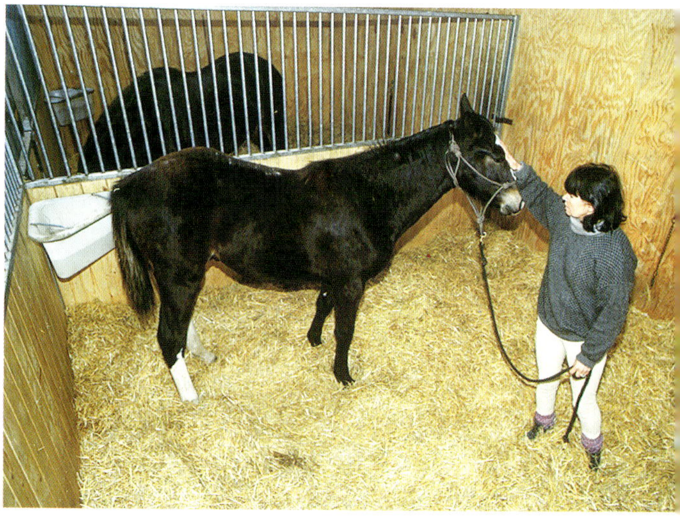

Pferde reagieren auf Signale menschlicher Körpersprache, die ihren eigenen ähneln.
Oben: Eine dominante Körperhaltung bringt das Pferd zum Zurückweichen.
Mitte: Eine gerundete, »tiefe« Körperhaltung wirkt unbedrohlich und fordert zum Freundschaftschließen auf.
Unten: Erwünschtes Verhalten wird durch freundliches Reiben zwischen den Augen belohnt.

2 DAS GESUNDE PFERD

OHREN: Aktiv und aufmerksam. Keine Berührungsempfindlichkeit.

AUGEN: Klar und glänzend ohne Ausfluss. Zart rosafarbene Schleimhäute.

GESICHTSAUSDRUCK: Zufrieden und aufmerksam.

NÜSTERN & MAUL: Schleimhäute zart rosafarben. Kein Ausfluss aus den Nüstern.

ZÄHNE: In gutem Zustand, ohne Haken an den Backenzähnen.

ATMUNG: Darf in Ruhe nicht angestrengt wirken.

FESSELN: In ungebrochener Achse zum Huf und korrekt gewinkelt.

BEINE: Keine Knoten, Verdickungen oder Schwellungen. Keine Anzeichen für verdickte Sehnen.

KARPALGELENK: Keine Verdickungen.

HALS & MÄHNE: Kein Fettkamm am Mähnenansatz. Keine Anzeichen von Juckreiz und Scheuern.

BRUSTKORB: Rippen nur so viel von Fleisch bedeckt, dass sie noch gefühlt, aber nicht gesehen werden können.

RÜCKEN: Gut bemuskelt. Keine schmerzenden oder empfindlichen Stellen. Wirbelsäule leicht tastbar, aber nicht vorstehend oder unter Fett versteckt.

HAUT: Elastisch; springt nach dem Hochziehen einer Hautfalte innerhalb von 2-3 Sekunden glatt zurück.

MUSKELN: Keine Verspannungen, Verhärtungen oder Krämpfe.

HINTERHAND: Rund und gut bemuskelt, nicht fett.

HUFE: Starkes Horn von guter Qualität. Richtig ausgeschnitten und ausbalanciert. Gut beschlagen, Zehen nicht zu lang und Trachten nicht zu flach, passend zum Fesselstand. Sohle und Strahl gesund. Beide Hufe gleich groß.

SCHWEIF: Keine Hinweise auf Juckreiz und Scheuern.

BAUCH: Gleichmäßig fassförmig ohne Blähbauch (deutet auf Würmer hin). Rippen tast-, aber nicht sichtbar. Keine »Hungerlinien«.

RUMPF INSGESAMT: Gut von Fleisch bedeckt, aber nicht fett.

FELL: Glänzend, ohne kahle Stellen und Wunden.

SPRUNGGELENKE: Keine Schwellungen oder knöcherne Verdickungen.

Merkmale eines gesunden Pferdes

MERKMALE DES GESUNDEN PFERDES

Wichtiger als jede andere Eigenschaft ist es für einen guten Pferdemenschen, mit den in seiner Obhut stehenden Pferden unter normalen Umständen und in gewohnter Umgebung wirklich vertraut zu sein. Um Pferde bei guter Gesundheit zu erhalten, ist es wichtig, alle Besonderheiten jedes Einzeltieres zu kennen und alles wahrzunehmen, was eine Abweichung vom Normalen zu sein scheint.

Es dauert etwa ein Jahr, bis man ein Pferd wirklich gut kennt. Man muss mit dem Pferd eine gute Arbeitsbeziehung in allen vier Jahreszeiten und in allen Disziplinen, in denen das Pferd eingesetzt werden soll, aufbauen.

Wenn das Pferd eine Decke trägt, muss die Temperatur darunter kontrolliert werden. Die Haut soll sich warm, aber nicht feucht anfühlen.

DAS WEIDEPFERD

Die meisten Pferde verbringen einen Teil ihres Lebens draußen auf der Weide - in ihrer natürlichsten Umgebung.

Wie schon im letzten Kapitel besprochen, muss immer bedacht werden, dass Pferde soziale Tiere mit einem sehr ausgeprägten Herdentrieb sind. Pferde sind am liebsten unter Artgenossen und in jeder Gruppe bildet sich eine eigene Rangordnung. Ein guter Pferdehalter muss die Rangordnung innerhalb der Gruppe kennen und alle Anzeichen bemerken, die vom normalen Verhalten abweichen.

Ein gesundes Pferd zeigt auf der Weide innerhalb von 2 Stunden einen immer gleichbleibenden Tagesablauf. Es grast oder liegt immer ungefähr zur gleichen Zeit und auch an den gleichen Orten, je nach den anderen Umständen zum gegebenen Zeitpunkt. Natürlich sucht ein Pferd bei warmen Temperaturen und Sonnenschein den Schatten auf. Bei sehr nassem oder windigem Wetter steht es meistens mit dem »Hinterteil im Wind«. Leichten Regen, Schnee oder Frost ignoriert es höchstwahrscheinlich und hält sich an den Stellen der Weide auf, an denen es unter diesen Bedingungen grasen kann.

Auf der Weide gehaltene Pferde müssen zweimal täglich genau kontrolliert werden. Ein flüchtiger Blick über den Weidezaun reicht nicht aus.

Wenn Sie Ihr Pferd am Morgen überprüfen, schauen Sie, ob es normal steht. Pferde schonen zwar abwechselnd die Hinterbeine, es ist aber ungewöhnlich, dass sie ein Vorderbein entlasten. Ein gesundes Pferd ist aufmerksam: Wenn man es vom Tor aus ruft, sollte es sein gewohntes Verhalten zeigen. Das kann ein Aufsehen, Hochwerfen des Kopfes, Spitzen der Ohren und Anschauen der sich nähernden Person sein oder aber auch in manchen Fällen eine ängstliche oder einfach flegelhafte Reaktion - in die andere Richtung zu verschwinden!

Wenn Sie das Pferd eingefangen haben, achten Sie auf bestimmte Zeichen, die bei einem gesunden Pferd immer gleich sind. Der Ausdruck ist strahlend, die Augen glänzen in der Sonne und sind immer klar. Die Sklera, der weiße Teil des Auges, sollte auch wirklich weiß und die Bindehäute der Augenlider sollten zartrosa oder lachsfarben sein. Die Augen zeigen keinen Ausfluss, eventueller Nasenausfluss ist nur leicht und von wässriger Beschaffenheit. Das Haarkleid ist von guter Textur und, falls es nicht von Schlamm bedeckt ist, glänzend und gesund; die Haut zeigt einen festen, aber elastischen Tonus. Das Pferd sollte weder zu fett noch zu dünn sein (s.S. 64 zur Beurteilung des Futterzustandes).

Schauen Sie auf der Weide nach, ob die Pferdeäpfel von normaler Beschaffenheit sind (zumindest normal für dieses Pferd), ob es alles Futter (Heu

Der Appetit ist ein gutes Gesundheitsbarometer. Im Normalfall lieben Pferde ihr Futter!

oder Kraftfutter, das Sie ihm bei Ihrer letzten Visite gegeben haben) aufgefressen hat und ob es Anzeichen für Ungewöhnliches auf der Weide gibt wie z.B. Schlitterspuren, Haar am Zaun, gebrochene Querlatten etc.

Überprüfen Sie, ob seit Ihrem letzten Besuch Wasser getrunken wurde und ob das Wasser sauber und frisch ist. Das Pferd sollte ihnen zufrieden, ohne Anzeichen von Widerstand in den Stall folgen und seinen üblichen, gleichmäßigen und ausbalancierten Schritt zeigen.

DAS STALLPFERD

Für ein Stallpferd gelten die gleichen Kriterien, aber schauen Sie besonders auf die Beschaffenheit des Mistes und ob alles Futter aufgefressen und die Krippe blank geleckt ist. Bei einem Stallpferd kann man anhand einer verrutschten Decke, Hufspuren an den Wänden oder aufgewühlter Einstreu leichter feststellen, ob es in der Nacht irgendwelche Probleme gegeben hat.

Überprüfen Sie als Nächstes, ob das Pferd munter nach weiterem Futter schaut. Es sollte sein Frühstück immer mit Appetit oder zumindest so wie gewöhnlich fressen, egal im Stall oder auf der Weide.

Das Verhalten nach dem ersten Füttern ist aufschlussreich. Zieht sich das Pferd zum Ruhen in den Stall zurück, und steht es dabei in gewohnter Weise? Schaut es voller Interesse über die Stalltür? Oder legt es sich zum Ruhen hin? Der Schlüssel zu allem ist das Wissen darum, wie sich Ihr Pferd im Normalfall benimmt.

BEWEGUNG

Wenn Sie Ihr Pferd zum Reiten fertig machen, beobachten Sie, ob es beim Anbinden, Putzen, Hufe auskratzen, Satteln und Führen sein gewohntes Verhalten zeigt. Das Aufsitzen sollte leicht vonstatten gehen, ohne dass das Pferd ungewöhnliches Verhalten zeigt, wenn der Reiter in den Sattel einsitzt oder es zum Vorwärtsgehen auffordert.

In unserer Tierarztpraxis lassen wir jedes Pferd, das dazu in der Lage ist, täglich um neun Uhr morgens auf festem, ebenem und flachem Untergrund vortraben, um Verfassung und Bewegung zu beurteilen. Dieses Vorgehen ist höchst nützlich, um jedes Frühzeichen von Lahmheit oder alle vom Gewöhnlichen abweichenden Besonderheiten sofort zu erkennen.

DIE WICHTIGSTEN MERKMALE FÜR EIN GESUNDES PFERD

- Allgemeines Verhalten
- Klare Augen
- Das Futter wird vollständig aufgefressen
- Beschaffenheit der Pferdeäpfel
- Die Beine sind von normaler Form und Wärme und fühlen sich normal an.

Achten Sie beim Reiten auf kleinste Anzeichen von Unwohlsein des Pferdes.

Achten Sie während des Rittes auf jede Abweichung von der normalen Leistung Ihres Pferdes. Auch beim Anbinden und Absatteln nach dem Reiten sollten Sie beobachten, wie es sich benimmt.

Wenn ein Pferd nach der Arbeit in die Box oder auf die Weide gelassen wird, trinkt es zuerst, sofern es durstig ist, schnappt ein Maulvoll Heu, Stroh oder Gras und wälzt sich dann häufig. Ein gesundes Pferd rollt sich dabei zwei- bis dreimal über den Rücken und schüttelt sich beim Aufstehen.

Nach dem Reiten sollte das Pferd in regelmäßigen Abständen kontrolliert werden, um zu sehen, ob es sein normales Verhalten, z.B. keine Anzeichen von Verdauungsbeschwerden zeigt und normal frisst. Kot und Urin sollten stets auf ihre Beschaffenheit überprüft werden.

Jedes Pferd beherbergt eine gewisse Anzahl von Magen-Darm-Parasiten. Mit einem streng eingehaltenen Entwurmungsprogramm kann der Befall auf ein Minimum reduziert werden.

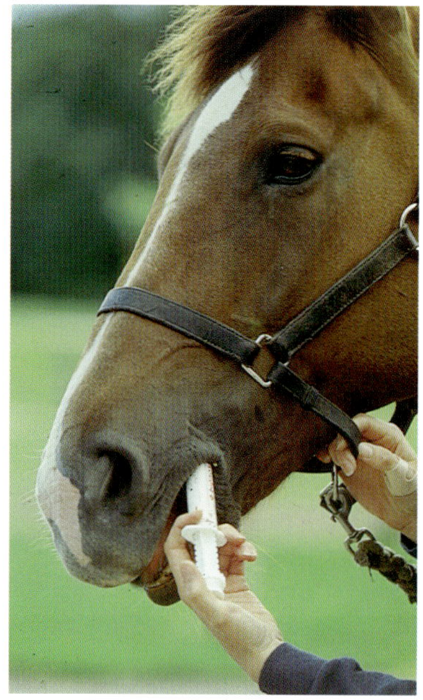

SO BLEIBT IHR PFERD IN FORM

Um ein Pferd in guter Verfassung zu erhalten, benötigt man verschiedene grundlegende Fähigkeiten und Kenntnisse. Dazu gehört, ständig die Tatsache im Hinterkopf zu behalten, dass Pferde frei umherziehende Herdentiere sind. In freier Wildbahn würde ein Pferd in Gesellschaft einiger Artgenossen jeden Tag auf der Futtersuche viele Kilometer zurücklegen und dabei ständig geringe Futtermengen zu sich nehmen.

FÜTTERUNG

Der Verdauungsapparat des Pferdes hat sich über viele hunderttausend Jahre an diese Lebensweise angepasst. Bedenken Sie das immer, wenn Sie aus einem domestizierten Pferd die bestmögliche Leistung herausholen wollen.

Nie sollte ein Pferd länger als sechs Stunden ohne Futter sein. Um dies bei einem Stallpferd zu ermöglichen, empfiehlt es sich, seine tägliche Kraftfutterration auf vier Portionen aufzuteilen, die vorzugsweise um 6.30 Uhr, 12.00 Uhr, 16.00 Uhr und 22.00 Uhr gegeben werden sollten.

Es muss so viel Heu oder Heulage gegeben werden, dass das Pferd bis nach Mitternacht mit Fressen beschäftigt ist. Am besten lässt sich wohl überprüfen, ob die ideale Fütterung nach dem Prinzip »wenig, aber oft« erreicht wurde, wenn morgens noch ein paar Heureste in der Raufe oder im Heunetz zu finden sind.

Hafer- oder Gerstenstroh als Einstreu hat den Vorteil, dass beim gelegentlichen Fressen daraus der Rohfaseranteil der Nahrung steigt und das Pferd besser beschäftigt ist.

Manche Pferde sind allerdings so wählerisch, dass sie nie aus der Einstreu fressen würden. Weitere Merkmale für gutes Pferdemanagement sind, dass immer genügend frisches Wasser vorhanden ist und dass Tränkebecken und Futterkrippe täglich gereinigt werden. Weitere Informationen zum Thema Fütterung finden Sie in Kapitel drei.

ROUTINEMASSNAHMEN ZUR GESUNDHEITSVORSORGE

Zu den regelmäßigen Maßnahmen der Gesundheitsvorsorge zählen Entwurmungen, Impfungen, Zahnkontrolle und Hufpflege.

Entwurmen

Entwurmungen sind ein wichtiger Bestandteil jeder verantwortungsvollen Pferdehaltung. Dosierung und Häufigkeit der Behandlung hängen dabei von der Intensität des Weideganges und vom Weidemanagement ab.

Im Idealfall werden Pferde alle sechs bis acht Wochen entwurmt, besonders, wenn die Fläche intensiv beweidet wird. (Die Behandlungsintervalle hängen aber auch vom Alter des Pferdes und der Art des Wirkstoffes ab).

Der Kernpunkt der Parasitenbekämpfung ist das Entfernen der Pferdeäpfel. Es verhindert nicht nur eine ständige Wiederansteckung mit Würmern, sondern verringert auch die Fliegenqual und hilft, die Qualität der Weide zu erhalten. Das Gras, das auf den mit Kot verunreinigten so genannten »Geilstellen« wächst, wird nicht mehr gefressen, außerdem stirbt das Gras unter frischen Pferdeäpfeln ab.

Entwurmungen müssen regelmäßig vorgenommen werden. Folgen Sie im Zweifelsfall den Anweisungen eines großen Herstellers von Entwurmungsmitteln für Pferde (Anthelmine) oder fragen Sie Ihren Tierarzt, wie in Ihrer Situation am besten vorzugehen ist.

ENTWURMEN

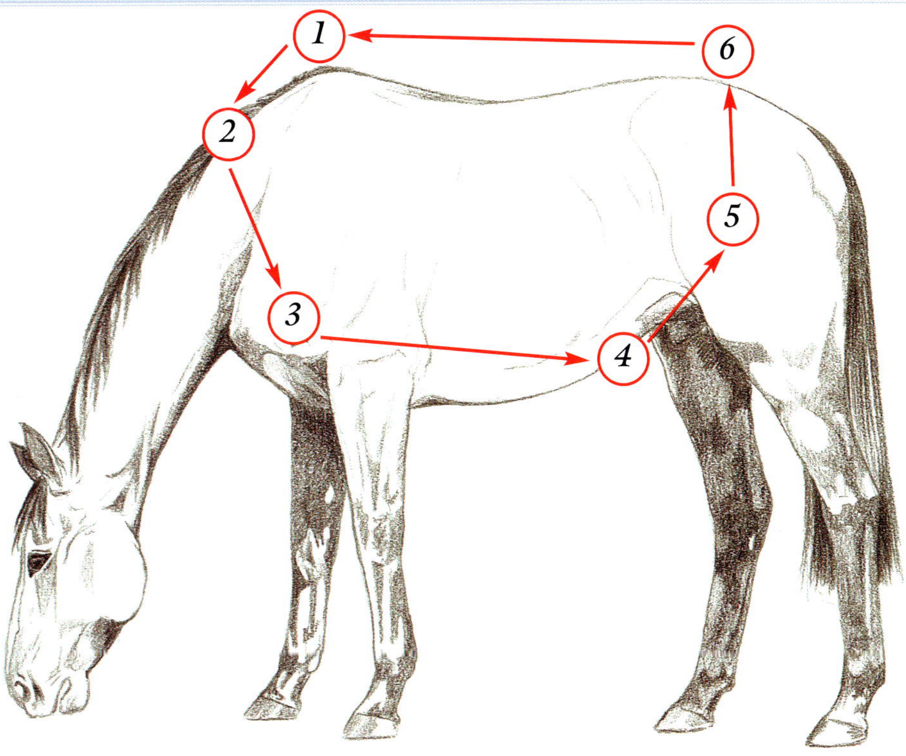

VERMEHRUNGSZYKLUS DES PALISADENWURMES (BLUTWURMES)

1. Das Pferd nimmt beim Grasen die an den Halmen haftenden Eier auf.
2. Die Wurmlarven setzen sich in den Eingeweiden fest und bohren sich durch die Darmwand.
3. Nach etwa 12 Tagen wandern die Würmer zur Leber.
4. Nach 6-7 Wochen wandern die Würmer in Nieren, Bauchspeicheldrüse und Milz, wo sie etwa 17 Wochen nach der Infestation Geschlechtsreife erlangen.
5. Die erwachsenen Würmer bohren sich durch die Darmwand zurück und verursachen dabei Blutungen und Eiterungen.
6. Die weiblichen Würmer legen Eier, die mit dem Kot ausgeschieden werden.

Alle Pferde haben innere Parasiten und jede Weide ist mehr oder weniger stark verseucht. Erst, wenn die Wurmbelastung zu stark wird, können innere Organe schwer geschädigt werden. Die Parasitenkontrolle basiert auf einer Unterbrechung des Vermehrungszyklus durch regelmäßige Entwurmungen und einem guten Weidemanagement.

INNERE PARASITEN DES PFERDES

Palisadenwürmer/Blutwürmer: Die kleinere Variante wird etwa 1 cm, die größere bis zu 5 cm lang. Sie sind durch das Blut, das sie aus der Darmwand saugen, blutrot gefärbt.

Spulwürmer: Lange, weißliche Würmer die bis zu 40 cm lang werden können. Sie befallen vor allem Jungpferde bis zu einem Alter von vier Jahren und sind weit verbreitet.

Pfriemenschwänze: Dünne, bis 8 cm lange Würmer. Die gelblichen Eier, die im Afterbereich abgelegt werden, verursachen Juckreiz.

Zwergfadenwürmer: Meist weniger als 1 cm lang, Farbe von braun bis rot.

Bandwürmer: Flache, weißliche Würmer bis 10 cm Länge und 1 cm Breite. Abgestoßene, mit Eiern gefüllte Segmente, die wie Melonenkerne aussehen, in den Pferdeäpfeln.

Lungenwürmer: Leben in den Atmungsorganen, wo sie einen chronischen, schwächenden Husten verursachen können. Sie kommen bei Eseln vor, die selten unter ihnen leiden, aber auf der gleichen Weide grasende und weniger resistente Pferde leicht anstecken.

Magendasseln: Fliegenlarven entwickeln sich im Magen, nachdem die an den Pferdebeinen abgelegten Eier verschluckt wurden.

ZEICHEN FÜR STARKEN WURMBEFALL

- Wiederkehrende Koliken
- Konditionsverlust
- Blähbauch
- Stumpfes Fell
- Durchfall
- Juckreiz am After, Atem- und Harnwegsprobleme.

WURMBEKÄMPFUNG

Die billigste und effektivste Maßnahme zur Parasitenkontrolle ist das Sauberhalten der Weide. Ein mindestens zweimal wöchentliches Absammeln des Mistes reduziert den Befall auf ein Minimum. Insbesondere wenn die Weiden nicht so häufig gesäubert werden können, ist ein strategisches Entwurmungsprogramm wichtig. Entwurmungsmittel erhalten Sie als Granulat oder Paste beim Tierarzt. Keines dieser Mittel bekämpft alle Wurmarten auf einmal. Alle Produkte enthalten einen von drei Hauptwirkstoffen - Pyrantel, Ivermectin und Fenbendazol oder Benzimidazol. Jeder dieser Wirkstoffe ist auf ganz bestimme Wurmarten abgestimmt.

Wenn das Wurmmittel zu häufig gewechselt wird, fördert man das schnellere Entstehen von Resistenzen. Besser ist, in einem Drei-Jahre-Zyklus zu arbeiten und regelmäßig alle sechs bis acht Wochen das ganze Jahr immer denselben Hauptwirkstoff zu geben (von Herbst zu Herbst oder von Frühjahr zu Frühjahr). Wechseln Sie im nächsten Jahr den Wirkstoff und im dritten abermals.

Zu folgenden Jahreszeiten muss außerdem ein anderer Wirkstoff eingesetzt werden, um bestimmte Wurmarten zu bekämpfen:

Spätsommer:	*Pyrantel in doppelter Dosis*	*Bandwurm*
Dezember & Juli:	*Ivermectin*	*Magendasseln*
Herbst:	*Fenbendazol*	*Wandernde Larven und eingekapselte Zysten des Blutwurms*

Im Idealfall sollten alle Pferde, die Auslauf oder Weide teilen, zur gleichen Zeit mit dem gleichen Mittel entwurmt werden. Die Wiederansteckungsgefahr wird geringer, wenn das Pferd 48 Stunden nach der Behandlung im Stall bleibt. Neuzugänge sollten entwurmt werden, bevor sie in die Herde integriert werden. Dosieren Sie entsprechend dem Gewicht des Pferdes.

- Stallpferde sind nicht vor Ansteckung geschützt. Wurmeier befinden sich auf dem Stallboden und an schmutzigen Utensilien.
- Ein durchschnittlich stark befallenes Pferd scheidet täglich über 30 Millionen Wurmeier aus. Überweidete und »pferdemüde« Grasflächen sind am stärksten befallen. Sehen Sie pro Pferd mindestens einen Morgen Fläche vor und lassen Sie die Weideparzellen dreimal jährlich mindestens sechs Wochen lang ruhen.
- Behandeln Sie Fohlen ab der sechsten Lebenswoche.

Die Wechselbeweidung mit anderen Tieren kann den Wurmdruck auf Weiden reduzieren. Für gezielte Entwurmungsmaßnahmen empfiehlt es sich, regelmäßig Kotproben untersuchen zu lassen.

IMPFUNGEN

Es gibt Schutzimpfungen gegen Tetanus (Wundstarrkrampf), Pferdeinfluenza, Pferdestaupe, (EVA-Virus), den Herpesvirus (EHV), welcher die infektiöse Rhinopneumonitis hervorruft und Hirnentzündung - alles ernste oder tödliche Erkrankungen. Man sollte routinemäßig gegen die Krankheiten impfen, für die die jeweilige Region Risikogebiet ist. Die Tetanusimpfung ist für alle Pferde obligatorisch. Häufig impft man gegen Tetanus mit einem Kombipräparat, das auch die Pferdeinfluenza und je nach Bedarf die EVA und EHV Viren mit erfasst. Der Nachweis einer vollständigen Influenzaimpfung ist Zulassungsvoraussetzung für alle offiziellen Turniere und Veranstaltungen.

In den USA kombiniert man die Influenzaimpfung schon standardmäßig mit der Herpesimpfung, die alle drei Monate aufgefrischt werden muss, um wirksam zu bleiben. Auch die Hirnhautentzündung, die vor allem von stechenden Insekten übertragen wird, ist dort ein ernstes Problem. Empfehlenswert ist eine jährliche Auffrischung zusammen mit der Wiederholungsimpfung für Tetanus.

Richtlinien für die Schutzimpfung gegen Tetanus & Influenza

	Grundimmunisierung	Erste Wiederholungsimpfung	Folgeimpfungen
Tetanus	Zwei Impfungen im Abstand von 6 Wochen	Nach einem Jahr	Alle zwei Jahre
Pferdeinfluenza (Pferdegrippe)	Zwei Impfungen im Abstand von 21-92 Tagen	150-215 Tage nach der zweiten Impfung	Einmal jährlich

IMPFUNGEN

Tetanus (Wundstarrkrampf): Die Schutzimpfung gegen Tetanus ist absolut unerlässlich. Ein Pferdebesitzer, der sein Pferd heutzutage nicht gegen Tetanus impfen lässt, ist meiner Meinung nach fahrlässig und nicht kompetent, ein Pferd zu halten. Tetanus ist eine sehr ernste und grausame Erkrankung, und zwar sowohl hinsichtlich der Schmerzen als auch der Unbrauchbarkeit des Pferdes. Fohlen können ab einem Alter von zwölf Wochen geimpft werden. Unabhängig vom Lebensalter besteht die Grundimmunisierung aus zwei Impfungen im Abstand von sechs Wochen; der Impfschutz wird nach einem Jahr und dann alle zwei Jahre aufgefrischt. Alle Pferde müssen geimpft werden (siehe auch Tetanus in Kapitel sechs).

Pferdeinfluenza: Die Effektivität der Schutzimpfungen gegen Pferdeinfluenza verbessert sich ständig und es ist eine ganze Reihe von Impfstoffen auf dem Markt.

Ziel der Impfung ist es, die Virenbelastung innerhalb der Pferdepopulation und damit das Risiko von Epidemien zu verringern, insbesondere bei Renn- und Sportpferden, die bei Wettkämpfen zusammenkommen. Bei allen offiziellen Turnieren der FN (Deutsche Reiterliche Vereinigung), Galopp- und Trabrennen sowie den meisten anderen Veranstaltungen dürfen nur Pferde starten, die nachweislich gegen Influenza geimpft sind. Der Eintrag im Impf- oder Equidenpass muss vom Tierarzt gegengezeichnet sein.

Herpesvirus der Pferde (EHV): Er ruft eine auch als Rhinopneumonitis bekannte Viruserkrankung hervor. Sie führt bei tragenden Stuten zum Verfohlen und bei anderen Pferden zu Atemwegsproblemen. Einzelne Tiere leiden auch unter Koordinationsstörungen und Lähmungen. Die Herpes-Impfung ist heute noch keine Pflicht, sie wird aber zunehmend empfohlen. Vor allem bei Zuchtpferden ist sie wichtig, um eine weitere Ausbreitung innerhalb des Bestandes zu vermeiden. Tragende Stuten sollten im fünften, siebten und neunten Trächtigkeitsmonat geimpft werden (siehe EHV, Kapitel fünf und zehn).

ZÄHNE

Das Pferd hat sich zum Grasfresser spezialisiert und seine Zähne haben sich entsprechend angepasst. Die Zähne brechen schon kurz nach der Geburt durch und werden fast das ganze Pferdeleben lang weiter aus dem Kiefer nach vorn geschoben. Probleme können also jederzeit auftauchen, werden aber nicht immer sofort erkannt. Die Korrektur von Zahnproblemen verbessert die Futterverwertung, den Gesamtzustand und die Akzeptanz des Trensengebisses.

Zu den Zeichen dafür, dass ein Pferd unter Zahnproblemen leidet, gehören die Unfähigkeit, richtig zu fressen, das Fallenlassen von Futter beim Fressen, Mundgeruch, Gewichtsverlust, Speicheltropfen, Kopfschlagen und Widerstand gegen das Trensengebiss.

Die Pferdezähne sollten alle sechs Monate gründlich untersucht werden. Ohne genau ins Maul zu

ZAHNPFLEGE

Da der Unterkiefer des Pferdes schmaler ist als sein Oberkiefer, verursacht die seitlich reibende Bewegung eine ungleichmäßige Abnutzung an den Außenkanten der Backenzähne (Molaren). Als Ergebnis bilden sich scharfe Kanten, die, wenn sie nicht entfernt werden, zu erheblichen Beschwerden, Problemen beim Fressen, in der Verdauung und beim Reiten führen können. Diese »Zahnhaken« sollten halbjährlich oder jährlich vom Tierarzt abgeraspelt werden.

ANZEICHEN FÜR ZAHNPROBLEME:

- **Fallenlassen von Futter beim Fressen**
- **Ausspucken von zu Röllchen geformtem Heu oder Gras**
- **Fauliger Mundgeruch**
- **Konditionsverlust**
- **Kopfscheue**
- **Widerstand beim Auftrensen**
- **Widerstand gegen die Reiterhand, Kopfschlagen, Maul aufsperren, Zügel schnappen, Buckeln**

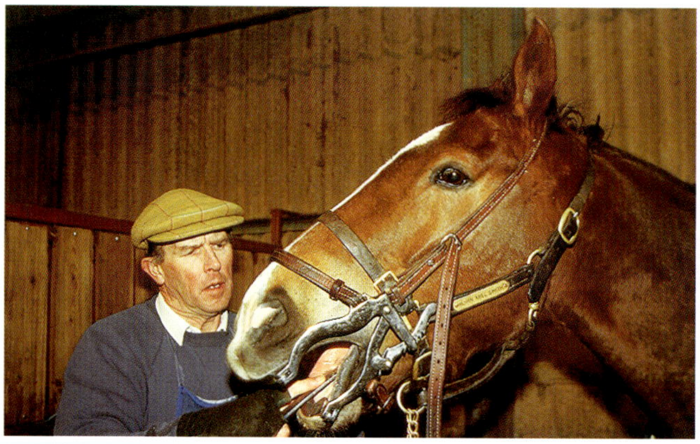

Die Mahlbewegung der Zähne führt mit der Zeit zu scharfen Haken an den Ecken der Backenzähne, die regelmäßig weggeraspelt werden müssen. Wundes Zahnfleisch ist sonst die Folge.

schauen, kann so manches Zahnproblem unentdeckt bleiben und sich verschlimmern.

In Deutschland gibt es, im Gegensatz zu den Nachbarländern Belgien und Holland, bisher nur wenige Tierärzte, die sich auf Zahnbehandlungen bei Pferden spezialisiert haben. Natürlich kann theoretisch jeder Tierarzt auch Zahnbehandlungen bei Pferden vornehmen, den meisten fehlen jedoch praktische Erfahrungen und die Gerätschaften für kompliziertere Fälle. Es sieht aber so aus, dass es in den nächsten Jahren sicher auch mehr »Pferdezahnärzte« geben wird.

HUFPFLEGE

Regelmäßige Hufpflege durch einen guten Hufschmied oder Hufpfleger ist für Wohlbefinden und Erhalt der Leistungsfähigkeit eines Pferdes unbedingte Voraussetzung.

Je nach Wachstumsgeschwindigkeit des Hufhorns und Art der Nutzung des Pferdes müssen die Hufe alle drei bis sechs Wochen bearbeitet werden (siehe Kapitel vier).

Wichtig ist, dass der Hufschmied nicht nur den Hufschutz an den Huf anpassen kann, sondern auch den Huf passend zur Gliedmaßenstellung und zum Gebäude des Pferdes bearbeiten und ausbalancieren kann, damit keine unregelmäßige Abnutzung, Hornspalten oder Lahmheiten entstehen.

Vergewissern Sie sich, dass der Hufschmied die staatliche Prüfung besitzt. Auch Hufpfleger sollten eine Ausbildung absolviert haben.

Die Aufmerksamkeit, die Sie diesen Details in der Pferdepflege zukommen lassen, wird sich zweifellos günstig auf seine Gesundheit und Leistungsfähigkeit auswirken.

Sinnvoll ist es, jedes Entwurmungs-, Impf-, Zahnpflege- oder Beschlagsdatum in ein Notizbuch einzutragen, damit man später nachschauen kann, wann der nächste Termin fällig ist. Andernfalls werden diese so wichtigen Bestandteile guter Pferdepflege leicht übersehen und vergessen.

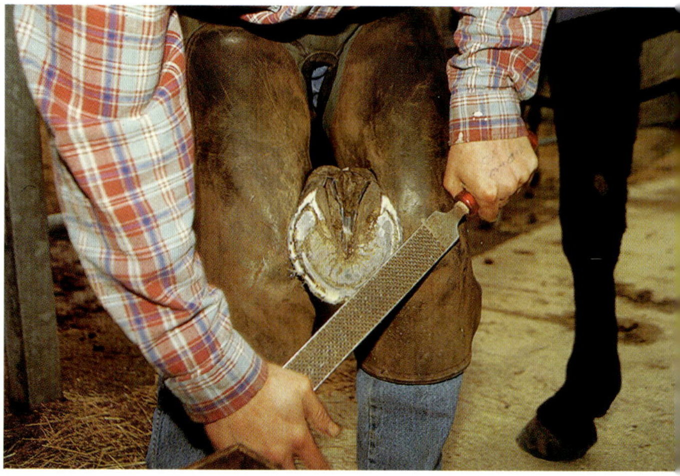

Ein Pferd mit ungepflegten Hufen ist krankheitsanfällig. Gute Hufpflege ist unerlässlich und der Besitzer muss bereit sein, regelmäßig den notwendigen Kostenbetrag dafür aufzuwenden.

PUTZEN

Putzen lässt das Pferd nicht nur besser aussehen, sondern hilft besonders beim Stallpferd auch, Haut und Fell gesund zu erhalten. Regelmäßiges Putzen gibt auch Gelegenheit, Zeit mit dem Pferd zu verbringen, seinen Gesamtzustand zu beurteilen und es auf kleinere Verletzungen hin zu überprüfen.

1. Hufpflegemittel 2. Gummistriegel
3. Kardätsche 4. Wurzelbürste
5. Metallstriegel 6. Hufkratzer
7. Mähnenkämme 8. Waschbürste

DAS WEIDEPFERD

Schlammkrusten werden nach dem Trocknen mit Fingern, Wurzelbürste oder Gummistriegel entfernt. Das Bürsten und Striegeln von nassem Haar kann die Haut irritieren und aufkratzen.

◀ *Beim Weidepferd ist es sinnvoll, die natürliche Fettschicht im Fell zu belassen. Vermeiden Sie deshalb allzu gründliches Putzen mit der Kardätsche. Sie sollten dem Pferd durch ihre regelmäßige Pflege lediglich Wohlbefinden verschaffen und es sauber aussehen lassen. Augen, Nüstern und Aftergegend sollten täglich mit dem Schwamm gereinigt und die Hufe ausgekratzt werden. Entfernen Sie groben Schmutz aus dem Fell, insbesondere dort, wo das Sattelzeug liegt.*

◀ *Kratzen Sie die Hufe in Richtung von den Trachten zur Zehe aus und waschen Sie innen oder außen festklebenden Mist ab.*

DAS STALLPFERD

Beim Stallpferd ist das tägliche Putzen wichtig, um die Haut zu reinigen, Kreislauf und Muskeldurchblutung anzuregen. Vor dem Reiten sollte das Pferd kurz übergeputzt werden, eine gründliche Reinigung findet besser nach dem Reiten statt, wenn die Hautporen geöffnet sind. Die meisten Pferde sind an bestimmten Stellen kitzlig, manche sind auch am ganzen Körper empfindlich. Gehen Sie mit Feingefühl vor!

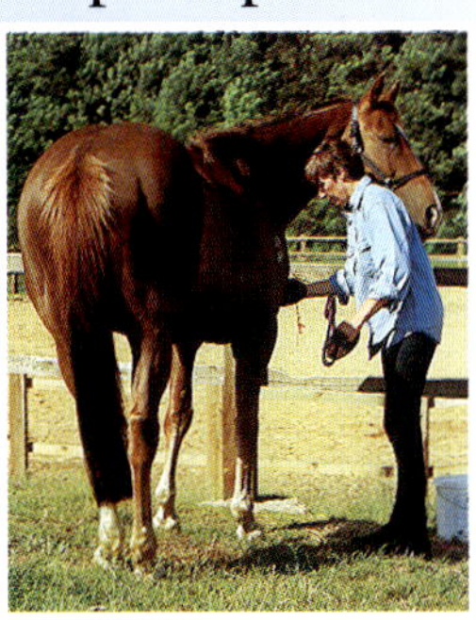

◀ *Binden Sie das Pferd zum Putzen sicher an, am besten in umzäunter oder geschützter Umgebung. Bei kaltem Wetter und geschorenen Pferden sollten Sie die Decke anlassen und Stück für Stück zurückfalten.*

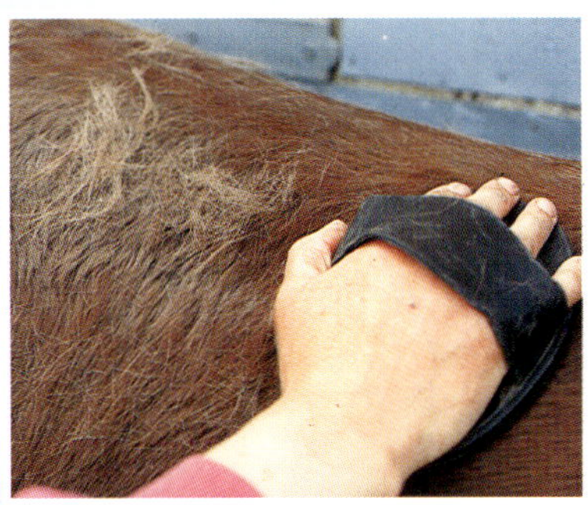

◀ *Bürsten Sie getrockneten Schmutz oder Schweiß vom Hals beginnend am Körper herab mit dem Gummistriegel aus. Verwenden Sie an Kopf und Beinen die weichere Kardätsche.*

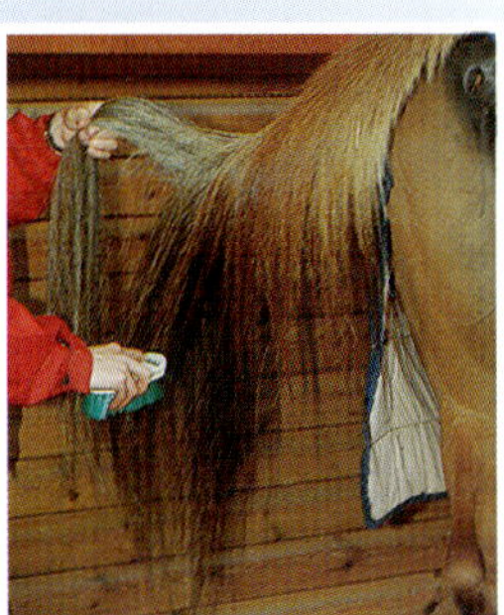

▲ *Entwirren Sie Schweif und Mähne mit den Fingern und bürsten Sie anschließend mit der Wurzelbürste durch.*

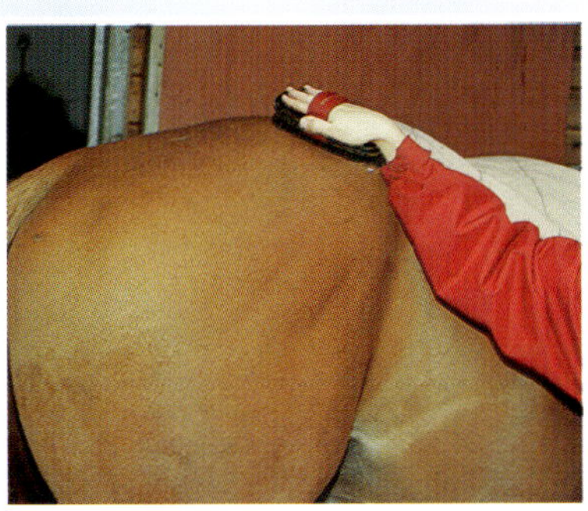

◀ *Führen Sie die Kardätsche in langen, festen, kreisförmigen Strichen in Richtung des Haarwuchses. Arbeiten Sie vom Hals ausgehend weiter nach hinten.*

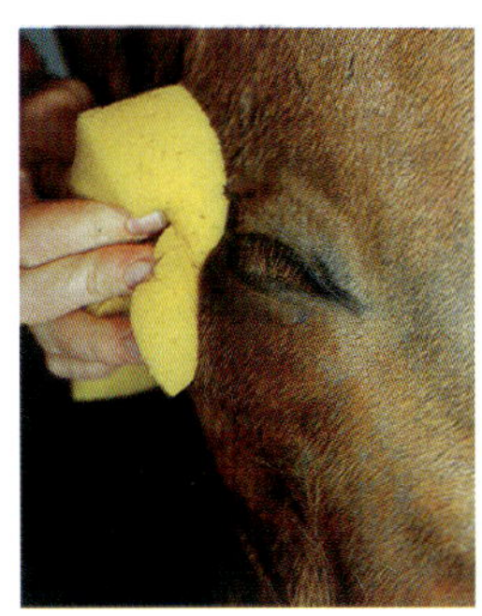

▲ *Waschen Sie Augen, Nüstern und Afterregion mit drei verschiedenen Schwämmen aus.*

KRANKHEITSURSACHEN

BAKTERIEN

Das häufigste von Bakterien verursachte Problem ist die Infektion von Wunden. Jede Wunde an jeder beliebigen Körperstelle kann von Bakterien, die ständig in der Umwelt vorhanden sind, infiziert werden; stärker gefährdet sind aber unter schmutzigen Bedingungen wie Schlamm, Mist, in der Nähe von unsauberen Wasserläufen lebende Pferde. Nasses Tiefdruckwetter wirkt besonders bakterienfördernd. Ein Beispiel für ein Bakterium, das tödlich wirken kann, sobald es in den Blutkreislauf gelangt ist, ist der Tetanuserreger.

Bakterien gelangen immer über Berührung in Wunden, d.h. entweder über direkten Hautkontakt mit der Umgebung oder dem Menschen. Dass eine Wunde infiziert ist, lässt sich zunächst an vier wichtigen Merkmalen erkennen, nämlich Wärme, Schmerzhaftigkeit, Rötung der Haut und Schwellung. Das Auftreten eines oder aller dieser Symptome deutet auf eine bakterielle Wundinfektion.

Außerdem können Bakterien durch Verschlucken oder Einatmen in den Blutkreislauf gelangen und dann größere Organe wie Herz, Lungen, Darm, Leber, Nieren, Eierstöcke, Gebärmutter oder Gehirn betreffen oder auch die Wände jeder Körperhöhle wie Brustkorb oder Magen, wo sie eine Brust- oder Bauchfellentzündung hervorrufen können.

VIREN

Viren werden über Tröpfcheninfektion verbreitet, in der Regel aber nicht weiter als über eine Entfernung von zwanzig Metern. Sie können Ursache für alles Mögliche von Leistungsschwächung bis schwerer Erkrankung und Tod sein, wie beispielsweise bei der Tollwut, die durch Bisse oder Blutansteckung übertragen wird.

Die häufigsten Viren verursachen allgemeine Schwächezustände, Influenza (Pferdegrippe), Fehlgeburten, Ataxien und Koordinationsstörungen.

PILZE

Pilze werden über Körperkontakt verbreitet. Die häufigste Pilzinfektion beim Pferd ist die Glatzflechte oder Borkenflechte (siehe Kapitel sieben). Sie kann jede Hautpartie befallen und macht sich in der Regel durch kleine, münzgroße, kahle und leicht erhabene Kreisstellen bemerkbar. Nach Ausfallen der Haare wächst neues Haar nach.

Die Glatzflechte kann aber auch in anderen Formen und Größen auf der Pferdehaut auftreten, es gibt kein einheitliches Erscheinungsbild. Sie wird durch Berührung von Pferd zu Pferd übertragen oder häufig auch von Rindern zu Pferden. Die Sporen und Pilzfäden können jahrelang in Gehölzen überleben; sodass auch Zaunpfosten oder hölzerne Viehunterstände Auslöser für das Auftreten der Erkrankung sein können.

PARASITEN

Pferde sind hauptsächlich von zwei Parasitenarten betroffen. Magen-Darm-Parasiten können mit effektiven Entwurmungsmaßnahmen, wie auf Seite 30 beschrieben, kontrolliert werden. Anzeichen für ihr Vorhandensein sind schlechte Futterverwertung, stumpfes oder gesträubtes Fell, Blähbauch, Gewichtsverlust an der Oberlinie, Trägheit und Lethargie, wiederkehrender oder andauernder Durchfall und Kolik.

Die zweite Hauptgruppe sind die so genannten Ektoparasiten, die wie beispielsweise Läuse oder Milben in der Haut leben.

Läusebefall kommt hierzulande vor allem bei »langhaarigen« Pferden in den Wintermonaten vor und äußert sich in Haarverlust und Juckreiz hinter den Ohren, an der Unterseite des Halses, unter der Mähne, an den Flanken und der Schweifrübe.

Milben kommen vor allem bei schwereren Pferden mit starker Beinbehaarung vor. Es finden sich gereizte, schuppige Hautstellen an der Rückseite der Vorderfußwurzelgelenke, entlang der Sehnen und in der Fesselbeuge aller vier Füße.

Die Bekämpfung erfolgt bei allen Milbenarten durch Unterbrechung des Vermehrungszyklus und muss deshalb nach tierärztlicher Anweisung mehrmals zyklisch durchgeführt werden.

KRANKHEITSANZEICHEN

Der aufmerksame Pferdehalter wird jede vom Normalen abweichende Veränderung bei seinem Pferd sofort bemerken und prüfen, ob es weitere Krankheitsanzeichen zeigt. Jede Abweichung vom gewohnten Verhalten im Stall oder auf der Weide sollte gründlich weiter beobachtet und untersucht werden.

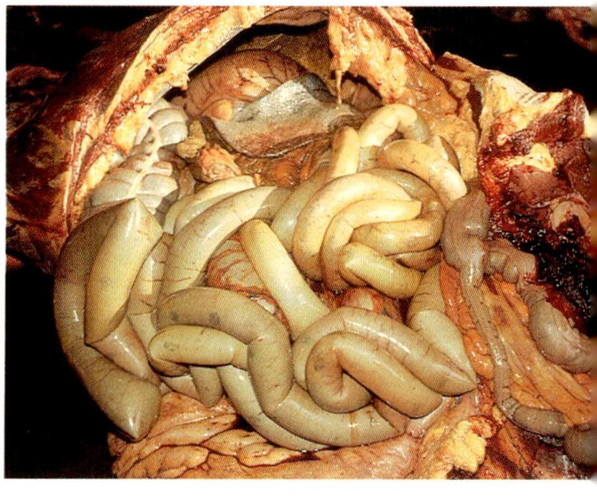

Nur eine Obduktion kann das tatsächliche Ausmaß der durch Verwurmung verursachten Schäden klären.

Bei Weidepferden ist es schwieriger, die Menge des aufgenommenen Wassers zu kontrollieren. Die Trink- und Uriniergewohnheiten geben aber wichtige Aufschlüsse über den Gesundheitszustand des Pferdes.

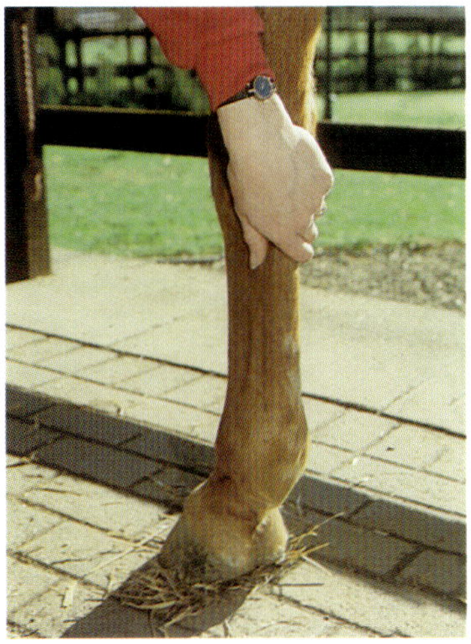

Fühlen Sie die Beine vor und nach der Arbeit auf Wärme oder Schwellungen hin ab. Um Probleme bemerken zu können, müssen Sie wissen, wie die Beine Ihres Pferdes im Normalzustand aussehen und sich anfühlen.

Zehn-Punkte-Check für Krankheitsanzeichen

1. Abweichungen vom normalen Verhalten.
   Das Pferd liegt oder steht abseits von den anderen auf der Weide, liegt im Stall, wenn es sonst immer steht, kommt nicht zum Füttern oder frisst nicht auf, obwohl es sonst futtergierig ist - diese Dinge bemerkt man als Erstes. Tritt das Pferd wie gewohnt vor Ihnen zurück, wenn Sie den Stall betreten und macht auf Kommando Platz, oder zögert es?
2. Das Pferd trinkt mehr oder weniger Wasser als gewohnt.
3. Änderung der Kotbeschaffenheit.
   Sind die Pferdeäpfel fester oder lockerer als normal, äpfelt das Pferd häufiger oder seltener? Zeigen die Stallwände, der Schweif und die Hinterbeine Zeichen von Kotbeschmutzung, was sonst nicht vorkommt?
4. Schauen Sie sich das Pferd genauer an.
   Sind seine Ohren gespitzt und sein Blick klar, oder sind die Ohren am Ansatz kalt und feucht und zurückgedreht?
   Zeigt es Anzeichen von Unbehagen? Sind die Augen nicht klar, sondern trüb und zeigen irgendeine Form von Ausfluss?
   Sind die Schleimhäute röter oder blasser als das gewohnte Zartrosa? Das Zahnfleisch, die Mundschleimhäute, die Bindehaut am Auge und bei Stuten die Innenseite der Scheide sollten immer diese zartrosa Farbe haben.
   Beobachten Sie jede Veränderung.
5. Anzeichen von Ausfluss.
   Jeder einseitige, dicke, schleimige Ausfluss oder Geruch aus den Nüstern ist unnormal.
6. Überprüfen Sie das Fell, ob sich über Nacht Veränderungen ergeben haben. Ist es stumpf oder glänzend, schwitzt oder friert das Pferd?
7. Messen Sie Puls, Atemfrequenz und Temperatur. Mehr als 50 Pulsschläge pro Minute, mehr als 20 Atemzüge pro Minute und mehr als 40 Grad Körpertemperatur können auf eine Erkrankung hinweisen.
8. Fühlen Sie die Beine ab. Fühlen sich alle vier Beine gleich warm an, gibt es Schwellungen? Achten Sie besonders auf die Konturen und auf die Festigkeit der Beine. Das Pferd sollte gleichmäßig auf seinen Vorderbeinen stehen und nur je einen Hinterhuf abwechselnd schonen. Das Vorstellen oder auf die Zehe stellen eines Vorderhufes ist unnormal.
9. Harnabsatz.
   Uriniert das Pferd normal, ist der Harn trüb gelb wie gewohnt oder riecht es im Stall anders als sonst?
10. Ungewöhnliche Schwellungen.
    Überprüfen Sie, ob Schwellungen zwischen den Unterkiefern oder in der Gamaschengegend vorhanden sind, was auf geschwollene Lymphknoten bzw. Speicheldrüsen hinweist. Schauen Sie als Nächstes in die Achselhöhle und besonders auf die Innenseite der Oberschenkel der Hinterbeine, um zu sehen, ob eine der Lymphbahnen geschwollen oder schmerzhaft ist.

Falls Ihr Pferd einfach ein wenig benommen und unpässlich wirkt, Sie aber keine direkte Ursache ausfindig machen können, bringen Sie es aus dem Stall, nehmen Sie eventuell vorhandene Decken ab und traben Sie es auf einem festen, ebenen Untergrund vor. Achten Sie dabei auf Anzeichen von Lahmheit oder Steifheit. Streichen Sie mit den Händen auf

ÜBERPRÜFUNG DER LEBENSFUNKTIONEN

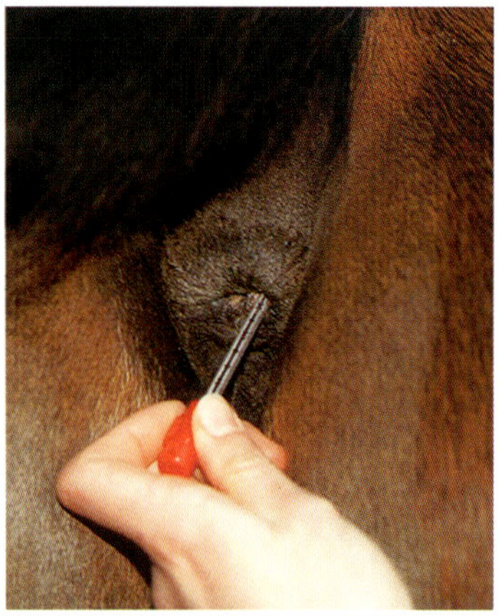

KÖRPERTEMPERATUR

- Warten Sie nach dem Reiten mindestens 15 Min., ehe Sie die Temperatur abnehmen. Messen Sie nicht sofort nachdem das Pferd geäpfelt hat.
- Schütteln Sie das Thermometer auf unter 35 Grad Celsius herab und fetten Sie die Spitze mit Vaseline ein oder feuchten Sie mit Spucke an.
- Stellen Sie sich seitlich hinter das Pferd, heben Sie den Schweif hoch und führen das Thermometer mit einer vorsichtigen Drehbewegung in das Rektum ein. Halten Sie es dort mindestens eine Minute lang fest und lesen Sie es sofort nach dem Herausziehen ab.
- Desinfizieren Sie das Thermometer nach Gebrauch.

Normaltemperatur: 38-38,5 Grad Celsius

Die Körpertemperatur variiert etwas von Individuum zu Individuum, finden Sie deshalb vorab die normale Temperatur Ihres Pferdes in Ruhe heraus. Höhere Temperaturen weisen auf Fieber oder Infektionen hin, niedrige Temperaturen sind typisch für Schock oder Hypothermie (Unterkühlung). Bei Fohlen ist die Körpertemperatur in der Regel etwas höher (bis zu 38,9°)

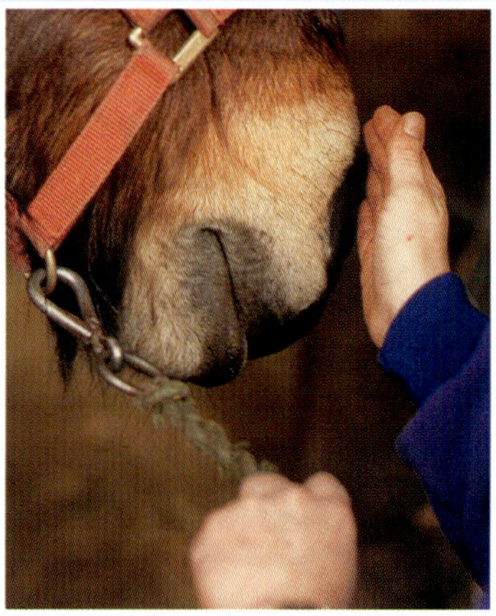

ATEMFREQUENZ

- Der Atem sollte gleichmäßig, regelmäßig und kaum wahrnehmbar sein. Schneller, angestrengter, unregelmäßiger, flacher oder schmerzhafter Atem ist nicht normal.
- Beobachten Sie die Atmung zunächst aus einer Entfernung von etwa zwei Metern, indem Sie auf die Bewegung von Flanken, Bauch oder Rippengegend schauen. Jedes Heben und Senken wird als ein Atemzug gezählt.
- Schauen Sie auch auf die Bewegung der Nüstern oder halten Sie die flache Hand davor, um die ein- und ausströmende Luft fühlen zu können.

Normale Atemfrequenz: 8-16 Atemzüge pro Minute

Das normale Verhältnis von Puls zu Atmung ist 3:1 (auch bei großer Anstrengung). Mehr als 20 Atemzüge pro Minute sind in unseren Breitengraden unnormal, in weniger gemäßigten Klimazonen können es an einem heißen Tag aber auch bis zu 32 sein. Sehr deutliches oder angestrengtes Atmen weist auf Probleme oder Erkrankungen der Atemwege hin.

PULS

- Der Puls ist der vom Herzschlag ausgehende Druck. Die Pulsfrequenz (Anzahl der Schläge pro Zeiteinheit) steigt mit Belastung und Aufregung. Zum genauen Ablesen muss das Pferd ruhig stehen.
- Legen Sie einen Finger (nicht den Daumen) auf eine sich dicht unter der Haut befindende Arterie, zum Beispiel auf die:
  Gesichtsarterie, die am Unterkiefer entlangläuft
  Medianarterie auf der Innenseite des Vorderbeins
  Zehenarterie an der Außenseite des Fesselgelenkes

- Zählen Sie 20 Sekunden lang die Schläge und multiplizieren Sie das Ergebnis mit drei. Um den Herzschlag selbst zu überprüfen, können Sie mit der Handfläche fühlen oder mit dem Stethoskop hinter der linken Ellbogenspitze abhören. Dazu muss das Pferd das linke Vorderbein leicht vorstellen.

Normale Pulsfrequenz in Ruhe: 35-42 Schläge pro Minute
(bis zu 45 Schlägen bei Fohlen, Jungpferden und kleineren Ponys)

Die Ruhefrequenz variiert je nach Rasse, Alter und Körpergewicht. Finden Sie den Normalwert für Ihr Pferd heraus. Eine Pulsfrequenz von über 60 in Ruhe ist Anlass zur Besorgnis. Bei Koliken gibt die Pulsfrequenz gute Hinweise auf die Schmerzhaftigkeit.

beiden Seiten den Körper ab, insbesondere an den Stellen, wo Sattel und Gurt aufliegen und die Lendenmuskulatur. Gibt es irgendwelche Anzeichen für Satteldruck oder einen schmerzenden Rücken?

Jedes der genannten Anzeichen kann Hinweis auf eine Erkrankung sein. Wägen Sie gründlich ab, ob das Pferd weiterhin normal gefüttert und gearbeitet werden kann oder nicht und ob der Tierarzt hinzugezogen werden muss.

LAHMHEITEN ERKENNEN

Viele Lahmheiten können bereits erkannt werden, bevor das Pferd aus der Box kommt. Stärkere Lahmheiten sind oft bereits durch eines der genannten allgemeinen Symptome für gestörtes Wohlbefinden erkennbar. Ein gesundes Pferd stellt seine beiden Vorderbeine nebeneinander und trägt mit jedem Huf gleich viel Gewicht. Es kann abwechselnd den einen oder anderen Hinterhuf schonen, aber das Vorstellen oder auf die Zehe stellen eines Vorderhufes ist unnormal. Die Röhren der Vorderbeine sollten senkrecht stehen, das Becken sollte von hinten betrachtet waagerecht und symmetrisch stehen. Vorsicht, wenn das Pferd außergewöhnlich still steht.

Am besten können Lahmheiten erkannt werden, wenn das Pferd gleich morgens aus dem Stall kommend vorgetrabt wird, denn so kann jede Abweichung vom Normalen bemerkt werden. Uns allen ist bekannt, dass ältere Pferde zu Beginn oft ein wenig steif sind. Wenn Sie die übliche Steifheit jedes einzelnen Pferdes kennen, können Sie Abweichungen von der Norm früh erkennen und durch eine Ruhepause oder Behandlung vielleicht eine Verschlimmerung verhindern. Manchmal zeigt sich die Lahmheit auch nur als eine leichte Taktstörung, deren eigentlicher Sitz nicht zu lokalisieren ist. Um genau herauszufinden, wo die Ursache des Problems liegt, gibt es verschiedene Methoden.

VORTRABEN

Das Pferd muss, wie auf der folgenden Seite beschrieben, auf gerader Linie vorgetrabt werden.

Der Kopf eines Pferdes ist sehr schwer. Wenn ein Bein schmerzt, versucht das Pferd es zu entlasten, indem es den Kopf hochnimmt, wenn das schmerzende Bein auffußt - das Ergebnis ist das typische »Nicken«, welches ein lahmes Pferd in Bewegung zeigt. Es ist am häufigsten bei Lahmheiten der Vordergliedmaßen zu beobachten, kann aber auch bei starken Lahmheiten der Hinterhand vorkommen. Eine Lahmheit vorne kann schwer zu erkennen sein, wenn das Pferd von Ihnen wegtrabt.

Wenn es auf Sie zukommt, sehen Sie deutlich, wie der Kopf nach unten nickt, wenn das gesunde Bein auffußt. Wenn es sich um eine Lahmheit der Hinterhand handelt, nickt das Pferd in der Regel, wenn das kranke Bein auffußt, weil es versucht, sein Körpergewicht nach vorn, weg vom schmerzenden Bein zu schieben. Bei der Beurteilung einer Hinterhandlahmheit ist aber die Beobachtung der Bewegung der Hüfthöcker von hinten wichtiger - auf der Seite der lahmen Gliedmaße ist die Bewegung stärker als auf der gesunden.

Leichte Lahmheiten kann man nur auf festem, flachem und ebenem Untergrund erkennen. Die vorführende Person sollte ein hinter dem Beobachter Objekt befindliches Objekt anvisieren, um auch wirklich auf einer geraden Linie zu laufen. Der Kopf des Pferdes darf nicht festgehalten oder herumgezogen werden und das Pferd sollte mit möglichst geradem Rücken am Beobachter vorbeitraben. Manche Pferde versuchen ständig, den Kopf zum Führenden zu drehen. In diesem Fall sollte man versuchen, von der anderen Seite zu führen oder zusammen mit einer Hilfsperson zu zweit von beiden Seiten zu führen, um den Kopf gerade zu halten. Wenn das Pferd den Kopf zum Vorführenden hin dreht, kann bei einem weniger erfahrenen Beobachter der Eindruck entstehen, dass es vorn auf dieser Seite lahm geht.

Bei der Lahmheitsuntersuchung an der Hinterhand hilft es oft, ein breites Stück Klebeband über Symmetriepunkte der Kruppe zu kleben, z.B. über die Kreuzhöcker. So kann man leichter erkennen, welche Seite sich stärker hebt und demzufolge lahm ist. Eine andere Technik besteht darin, dass Pferd zunächst auf einer sehr engen Volte zu führen und daraus vom Beobachter weg zu traben.

Das Wenden eines Pferdes ist zur Bestimmung vieler, besonders subtiler Lahmheiten nützlich. Hufgeschwüre sind ein gutes Beispiel, da die Schmerzen verstärkt werden, wenn das Pferd den betroffenen Fuß unter Gewichtsbelastung auf dem Boden dreht.

Manche Lahmheiten wie zum Beispiel metakarpale Überbeine oder Hufprobleme wie Abszesse und Schmerzen im Trachtenbereich verschlimmern sich auf hartem Untergrund und verbessern sich auf weichem. Andere Erkrankungen hingegen, wie Probleme an Sehnen, Bändern und Gelenken führen zu stärkerer Lahmheit auf weichem Boden.

BEUGEPROBEN

Mittels Beugeproben kann man herausfinden, in welchem Gliedmaßenabschnitt der meiste Schmerz sitzt. Das Bein wird in eine kurze Zeitlang in bestimmter Position festgehalten und das Pferd dann vorgetrabt. Die meisten Pferde zeigen dann während der ersten Schritte eine leichte Unregelmäßigkeit, aber ein krankes Pferd wird stark lahmen.

Wenn die Beugung eines bestimmten Gliedmaßenabschnittes die Lahmheit verstärkt hat, ist es wahrscheinlich, dass auch dort die Ursache zu suchen ist. Beugeproben am Knie oder an den Fesselgelenken werden am besten vom Tierarzt durchgeführt.

Eine systematische Untersuchung, die mit einer gründlichen Beurteilung des Pferdes in Ruhe beginnt, deckt meist den Sitz einer Lahmheit auf.

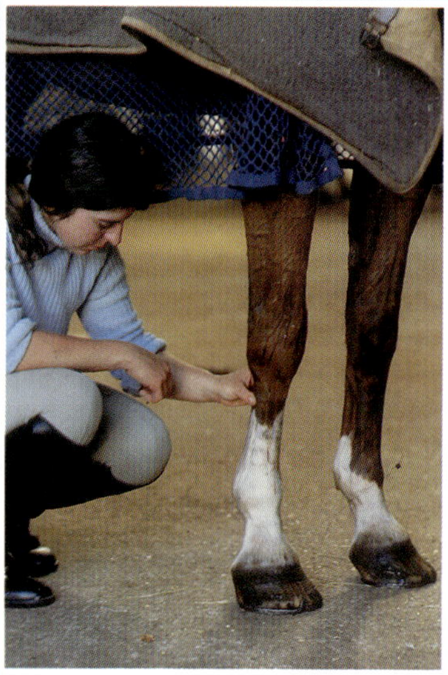

◀ *Untersuchen Sie die Beine auf Anzeichen von Wärme, Schmerzen oder Schwellungen. Heben Sie jeden Huf auf und kontrollieren Sie die Sohle auf eingedrungene Fremdkörper, Quetschungen oder Stichwunden. Wenn Ihnen bestimmte Stellen wärmer vorkommen, vergleichen Sie diese mit den anderen Beinen.*

▲ *Traben Sie das Pferd auf gerader Linie auf einem festen, griffigen und ebenen Untergrund vor. Der Vorführer sollte auf halber Halshöhe laufen und die Zügel so lang lassen, dass die Bewegung von Kopf und Hals nicht eingeschränkt wird. Das Pferd darf nicht am Vorführer kleben und muss dem Betrachter eine gleichmäßige Beobachtung erlauben. Beginnen Sie das Vorführen im Schritt vom Beobachter weg, drehen Sie dann, gehen Sie vor und wieder zurück und wiederholen das Ganze im Trab. Die Gangart sollte möglichst gleichmäßig sein.*

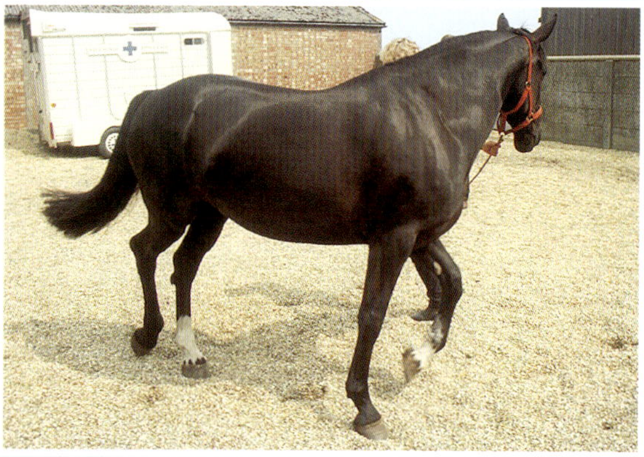

▲ *Auf dem Zirkel werden Lahmheiten oft deutlicher sichtbar. Positionieren Sie sich in Gurthöhe und wenden Sie das Pferd in beide Richtungen auf kleinen Kreisen. Größere Zirkel an der Longe sind zur Beurteilung von Lahmheiten der Vorhand nützlich; unter dem Reiter verschlimmern sich oft Lahmheiten der Hinterhand.*

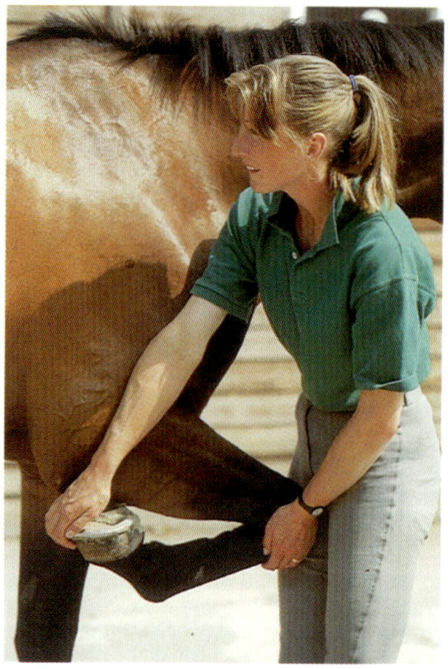

◀ *Die Beugeprobe gibt Auskunft darüber, ob die Lahmheit in einem Gelenk sitzt. Um das Sprunggelenk zu überprüfen, halten Sie das Hinterbein etwa zweieinhalb Minuten lang in allen Gelenken stark gebeugt. Traben Sie das Pferd sofort nach Absetzen des Hufes vor. Gesunde Pferde zeigen während der erste Schritte eine leichte Taktunreinheit, kranke eine starke Lahmheit. Beugeproben am Knie oder am Fesselgelenk sollten nur vom Tierarzt durchgeführt werden.*

VORFÜHREN: CHECKLISTE FÜR DEN BEOBACHTER

- **Schließen Sie die Augen und hören Sie auf den Rhythmus des Hufschlags. Das gesunde Pferd setzt seine Hufe gleichmäßig auf. Horchen Sie auf unregelmäßigen Takt und lautere/leisere Schritte.**
- **Öffnen Sie die Augen und schauen Sie immer nur einen Teil des Pferdes an.**
- **Wenn das Pferd von Ihnen wegtrabt, schauen Sie, ob sich die Kruppe auf einer Seite tiefer senkt und auf eine Lahmheit hinten hinweist.**
- **Wenn das Pferd auf Sie zutrabt, schauen Sie auf Nickbewegungen des Kopfes.**
- **Wenn Sie ein Nicken sehen, stellen Sie fest, welches Bein zu diesem Zeitpunkt auffußt. Bei einer Lahmheit der Vorhand nickt das Pferd nach unten, wenn es das gesunde Bein belastet, ist also auf dem gegenüberliegenden Vorderbein lahm.**
- **Wenn das Pferd an Ihnen vorbeitrabt, beobachten Sie, ob es verkürzte Schritte macht. Schauen Sie nach dem Schwung der Gliedmaße, der Beugung der Gelenke und wie die Hufe aufsetzen.**
- **Untersuchen Sie nun nochmals das verdächtige Bein.**

WANN DER TIERARZT KOMMEN MUSS

Notfall - der Tierarzt muss sofort kommen:

- **Verkehrsunfälle, in denen Pferd oder Reiter verletzt wurden.**
- **Starke Blutungen: Besonders bei Wunden mit großflächigen Haut- und Muskelverletzungen und arteriellen Blutungen, wenn hellrotes Blut rhythmisch aus der Wunde spritzt. Blutungen können auch unter der Haut auftreten, in diesem Fall entwickelt sich eine Tasche, die sich rasch mit Flüssigkeit füllt. Schock durch Blutverlust kann eintreten.**
- **Fohlengeburt: Wenn die Stute starke Wehen zeigt oder ein Teil des Fohlens oder der Nachgeburt erscheint und dann während der nächsten 15 Minuten nichts mehr passiert.**
- **Knochenbrüche oder Verdacht darauf: Das Pferd darf nicht bewegt werden.**
- **Koliken: Alle Fälle von Kolik sollten mit dem Tierarzt besprochen werden. Nie einen Koliker länger alleine lassen, um zu sehen, ob er sich erholt.**
- **Kreuzverschlag: Wie bei Kolik.**
- **Endotoxische Schocks und Colitis X: Wenn das Pferd erhöhten Puls und Durchfall zeigt, auch nur über einen kurzen Zeitraum, sollte immer der Tierarzt informiert werden.**
- **Lymphangitis: Eine akute und schmerzhafte Erkrankung, die zu erheblichen Schwellungen der Gliedmaße und Lahmheit führt. Rufen Sie bei Verdacht den Tierarzt.**
- **Wunden: Insbesondere Wunden in der Nähe von Gelenken, Sehnenscheiden und Schleimbeuteln. Jedes Anzeichen von Wärme, Schmerzen, Schwellung und Rötung weist auf eine Wundinfektion hin.**
- **Änderungen in Puls, Atmung und Temperatur: Benachrichtigen Sie den Tierarzt, wenn die Körpertemperatur über 40 Grad, die Pulsfrequenz über 50 Schläge/Minute oder die Atemfrequenz über 20 Züge/Minute beträgt.**

Rufen Sie den Tierarzt so bald wie möglich, wenn:

- **Das Pferd länger als zwölf Stunden nicht geäpfelt oder länger als sechs Stunden nicht gefressen und getrunken hat; seit mehr als 36 Stunden ohne Verbesserung lahm geht oder wenn etwas ungewöhnlich für dieses Pferd ist.**
- **Anzeichen einer Atemwegsinfektion vorliegen, insbesondere mit Schwellung der Lymphknoten zwischen den Unterkiefern. Jeder einseitige Nasenausfluss kann auf eine Nebenhöhlenentzündung hinweisen.**
- **Ihr Pferd ungewöhnliche Hautveränderungen aufweist.**

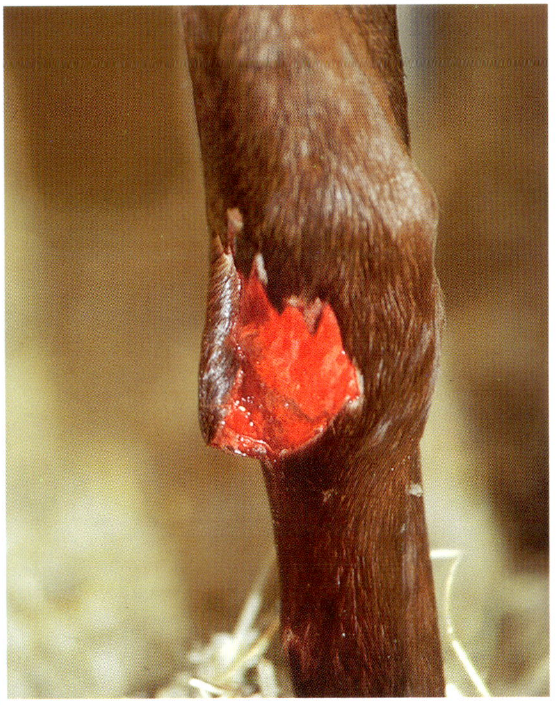

Tiefe Wunden, mehr als 3 cm lange Wunden und Wunden in Gelenknähe müssen sofort tierärztlich versorgt werden.

ERSTE HILFE

Das wichtigste beim Leisten von erster Hilfe ist, keinen Schaden zu verursachen. Treten Sie in einer Notfallsituation einen Schritt zurück und nehmen Sie sich ein paar Sekunden Zeit zum Nachdenken:

- Erstens: Sind Menschen in die Situation verwickelt und sind sie gefährdet? Wenn ja, wie lässt sich dieses Risiko verringern?
- Zweitens: Ist das Problem für das Pferd lebensbedrohend? Wenn ja, was lässt sich unternehmen?

Lassen Sie uns zunächst die Erste-Hilfe-Situationen betrachten, denen Sie begegnen könnten, und zwar in der Reihenfolge ihrer Wichtigkeit.

VERKEHRSUNFÄLLE

Immer, wenn ein Pferd in einen Verkehrsunfall verwickelt ist, sollte die Polizei gerufen werden. Verge-

ERSTE HILFE

Ein einfacher Erste-Hilfe-Kasten sollte sowohl im Auto als auch im Stall vorhanden sein. Verbrauchtes Material sollte sofort ersetzt werden. Verwenden Sie einen sauberen, geschlossenen Behälter, der klar mit »Erster Hilfe« gekennzeichnet ist und folgendes enthält:

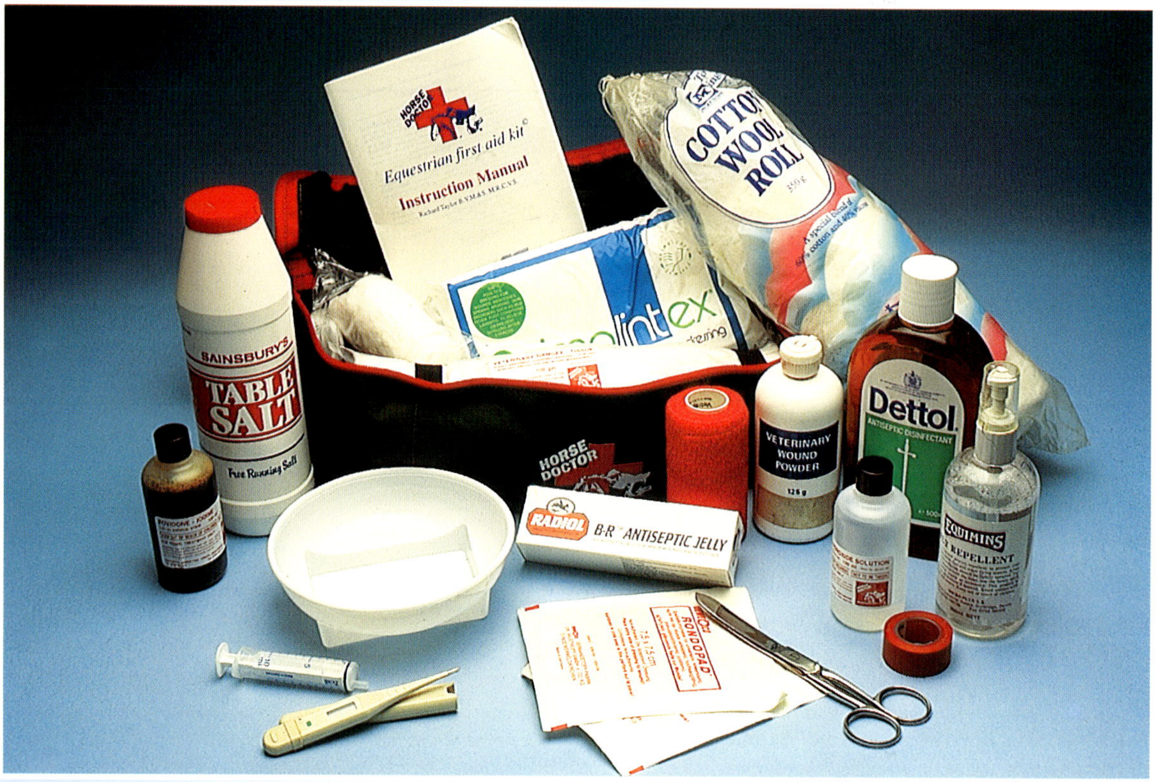

Sterile Kochsalzlösung oder aufgelöstes Desinfektionsmittel: Zur Wundreinigung.
Antiseptische feuchte Tücher/Tupfer: Zur Wundreinigung, wenn kein Wasser vorhanden ist. Waschungen müssen mit stark verdünntem Desinfektionsmittel durchgeführt werden.
Wundpuder/-salbe: Verhindert neue Infektionen der Wunde. Nicht bei einem Pferd anwenden, das der Tierarzt noch nicht gesehen hat! Cremes und Salben werden leichter absorbiert. Beim Auftragen von Puder muss man die Wunde nicht berühren, es wird aber nur auf Wundflächen absorbiert.
Antibiotisches Spray: Hilft Infektionen zu verhindern, ohne das Gewebe zu schädigen. Sprühen Sie vorsichtig aus korrekter Entfernung.
Kompressen: Zur Abdeckung und zum Schutz von Wunden ohne Verkleben.
Bandagen: 1) 10-15 cm breite, elastische Bandage für Polsterverbände; 2) Elastische, selbst haftende Bandagen; 3) Lange, nicht dehnbare Bandage.
Verbandwatte: Polstermaterial, das zum Gebrauch unter Bandagen, als Druckkompresse, zum Reinigen oder als Notschiene auf die benötigte Größe geschnitten werden kann. Meist aus synthetischem Material.
Baumwollwatte: Zum Reinigen von Wunden, Auftupfen von Puder oder Abwischen. Darf nicht auf frischen oder nässenden Wunden oder als Polstermaterial für Verbände verwendet werden.
Material für feuchte Umschläge: Besonders hilfreich bei Stichwunden (s. S. 48).
Kältepackung: Kühlung reduziert Entzündungen und lindert Schmerzen.
Schere: Scharf und mit abgerundeten Enden.
Fieberthermomter: Normales Thermometer für den Hausgebrauch, nicht aus Glas.
Einweghandschuhe: Hilft, Wundinfektionen zu verhindern.
Pinzette: Zum Entfernen von Splittern o.ä.
Vaseline: Zum Einfetten des Fieberthermometers. Schützt außerdem Hautstellen vor dem Wundwerden.

- Der Erste-Hilfe-Kasten muss dort aufbewahrt werden, wo er eventuell gebraucht wird. Stellen Sie drei Sets für den Stall, für den Anhänger und für Ausritte zusammen.
- Bewahren Sie alle Medikamente außerhalb der Reichweite von Kindern auf.
- Schreiben Sie die Telefonnummer des Tierarztes gut sichtbar auf den Behälter.
- Erste-Hilfe-Sets sind nur für den Notfalleinsatz gedacht, nicht zur Behandlung von Erkrankungen oder größeren Verletzungen. Sie ersetzen nicht die Behandlung des Tierarztes.

wissern Sie sich, dass keine Menschen in Gefahr sind und lösen Sie dieses Problem immer zuerst. Wenn irgend möglich, muss versucht werden, das Pferd von der Fahrbahn weg zu führen, um nicht noch neue Unfallgefahren durch entgegenkommenden Verkehr aus beiden Richtungen zu provozieren.

STARKE BLUTUNGEN
Beim Pferd ist es unwahrscheinlich, dass starke Blutungen an den Gliedmaßen tödlich wirken und es ist relativ einfach, sie zum Stehen zu bringen. Schwieriger ist es dagegen, Blutungen größerer Gefäße in der Achselhöhle, Leistengegend, der Drosselvene oder Halsschlagader zu stoppen oder Pfählungsverletzungen am Rumpf zu behandeln. Die beste Methode ist, ein sauberes Betttuch zu nehmen, es fest auf die Wunde zu drücken und festzuhalten, bis der Tierarzt da ist. Wenn kein Betttuch zur Hand ist, tut es jedes andere saubere Stück Stoff. Sauberkeit ist zwar sehr wichtig, aber wenn die Blutung stark ist, muss man notfalls auf alles mögliche Verfügbare zurückgreifen.

Starke Blutungen an den Beinen werden mit einer Aderpresse (Staubinde) zwischen Wunde und Herz unter Kontrolle gebracht. Nehmen Sie eine Bandage, einen Schlips oder was immer Sie zur Verfügung haben, legen den Stoff oberhalb der Wunde ums Bein und ziehen ihn fest an. Nach vier Minuten wird die Binde für zehn Sekunden gelockert, dann wieder festgezogen. Verfahren Sie so, bis der Tierarzt kommt.

Bei allen Blutungen ist es wichtig, das Pferd ruhig und möglichst auch warm zu halten. Entfernen Sie alles aus der näheren Umgebung, was das Pferd erschrecken könnte.

FOHLENGEBURT
Eine vernünftige und praktische Faustregel für Notfälle im Zusammenhang mit Fohlengeburten besagt, dass man den Tierarzt verständigen muss, falls die Stute starke Wehen zeigt, Teile des Fohlens oder der Nachgeburt erscheinen und dann innerhalb der nächsten fünfzehn Minuten nichts weiter geschieht. Versuchen Sie nicht, das Fohlen selbst herauszuholen. Falls der Kopf zum Vorschein kommt, reinigen Sie die Nüstern vom Schleim, damit das Fohlen atmen kann.

FRAKTUREN
Ein Pferd mit Verdacht auf Knochenbruch an Gliedmaßen oder Rücken darf nicht mehr bewegt werden, außer natürlich, Sie müssen es aus dem fließenden Straßenverkehr bringen. Das Sattelzeug sollte abgenommen und das Pferd warmgehalten werden. Lassen Sie die Trense an, um das Pferd besser halten zu können. Falls das Pferd Interesse am Fressen zeigt, lassen Sie es gewähren, denn so ist es oft einfacher, es ruhig zu halten.

Versuchen Sie nicht, ein liegendes Pferd mit Verdacht auf eine Fraktur auf die Beine zu bringen. Halten Sie es möglichst flach liegend am Boden, indem Sie sich mit einem Knie auf den Hals knapp hinter den Ohren knien und dabei in Richtung Hufe der Vorderbeine schauen. So kann das Pferd nicht aufstehen und der Mensch sich nicht verletzen. Versuchen Sie nie, an einer vermutlich gebrochenen Gliedmaße Erste-Hilfe-Maßnahmen anzuwenden.

KOLIK (siehe auch Kapitel 3)
Wenn Sie bei Ihrem Pferd eine Kolik vermuten, halten Sie es warm bis der Tierarzt kommt und erlauben Sie ihm zu liegen, solange es sich nicht selbst dabei verletzen kann. Das Pferd am Hinlegen zu hindern und führend in Bewegung zu halten, ist nur ratsam, wenn ein tatsächliches Verletzungsrisiko durch Wälzen in der Box besteht.

Überprüfen Sie, ob das Pferd sich an vorstehenden Gegenständen im Stall wie Lecksteinhaltern, Nägeln, Holzteilen oder herumstehenden Eimern verletzen kann. Die Einstreu muss dick und an den Seiten aufgeschüttet sein. Versuchen Sie zu verhindern, dass das Pferd sich den Kopf am Boden anschlägt, vor allem im Bereich der Augen. Geben Sie ihm weder Futter noch Wasser und halten Sie es warm, am besten mit einer leichten, atmungsaktiven Decke und einer Zwischenschicht aus Stroh, damit es nicht schwitzt.

KREUZVERSCHLAG
Ein Kreuzverschlag wird häufig mit Kolik verwechselt und umgekehrt Es handelt sich um eine akute Muskelerkrankung, die durch verschiedene Ursachen hervorgerufen werden kann (siehe Kapitel vier).

Er kann schwach verlaufen, sodass er sich lediglich in verringerter Leistung äußert oder stärker mit Steifheit der Muskeln, vor allem im Lendenbereich, Anzeichen von Unbehagen wie Scharren, Umsehen nach den Flanken und leichten Schweißausbrüchen.

In ernsteren Fällen kann das Pferd sich nicht mehr in der Box bewegen, setzt hellroten Urin ab und zeigt deutliche Schmerzsymptome wie bei der Kolik.

In Extremfällen kann das Pferd wegen der Muskelkrämpfe, die in allen großen Muskelgruppen des Körpers auftreten können, nicht mehr aufstehen.

Wenn Sie den Verdacht haben, dass Ihr Pferd irgendeine Form von Muskelkrampf hat, dürfen Sie es keinesfalls weiter bewegen, da ansonsten das Muskelgewebe zerstört würde. Das Pferd muss ruhig stehen. Halten Sie es mit Decken warm und transportieren Sie es zurück zum Stall. Wieder zuhause, spielen Wärme und Ruhe eine wichtige Rolle in der Behandlung. Wärmelampen, Decken mit Strohunterfütterung und Bandagen sind hilfreich. Beobachten Sie, ob das Pferd trinkt. Rufen Sie bei allem anderen als einem sehr leichten Fall immer den Tierarzt und geben Sie ihm die wichtige Information, ob und wie viel das Pferd getrunken hat und welche Farbe der Urin hat. Wenn der Urin rötlich oder bräunlich ist, handelt es sich um einen echten Notfall, bei dem der Tierarzt sofort verständigt werden muss. Die Behandlung mit Einreibungen, Steroiden, entzündungshemmenden und gefäßerweiternden Mitteln muss so schnell wie möglich einsetzen.

Solange der Tierarzt das Pferd noch nicht gesehen hat, lässt sich zum Thema Fütterung keine Empfehlung geben. Versuchen Sie nicht, selbstständig mit Futteränderungen behandeln zu wollen, denn ohne Laboranalyse ist es unmöglich, eine Aussage zu eventuellen fütterungsbedingten Ursachen zu machen. Geben Sie dem Pferd Heu oder Silage, bis der Tierarzt etwas anderes anordnet.

ERKRANKUNGEN DER ATEMWEGE
(siehe Kapitel 5)

In der Behandlung von Atemwegserkrankungen spielt sorgfältige Pflege eine große Rolle. Das Pferd muss in einem gut belüfteten, aber warmen und zugfreien Stall untergebracht werden; die Einstreu sollte aus staubfreien Spänen, Strohpellets oder Papierschnitzeln bestehen.

Alles Futter muss vom Boden gegeben werden. Halten Sie das Pferd warm und geben Sie ihm öfter kleine Portionen zu fressen. Futter- und Wasserbehälter müssen regelmäßig gesäubert werden, da sie durch den Nasenausfluss verunreinigt werden und das Pferd folglich daraus nicht mehr frisst oder trinkt.

SCHOCK UND COLITIS X

Ein Pferd kann einen Schock erleiden, wenn es einem absolut ungewohnten Trauma unterworfen war, z.B. einem Verkehrsunfall oder einem Sturz beim Reiten. Auch Krankheiten können einen Schock auslösen.

Erkennbare Schocksymptome sind heftig ansteigender Puls, kalte Ohren, feuchte Haut, schnellere Atmung, blasse Farbe der Schleimhäute, Koordinationsstörungen und allgemeine Mattigkeit.

Unter all diesen Umständen muss das Pferd in eine warme, gut belüftete Umgebung gebracht und wie oben beschrieben mit Bandagen, Decken etc. warm gehalten werden. Bieten Sie ihm warmes Wasser an, aber nichts zu Fressen, solange der Puls erhöht ist.

Wenn die Pulsfrequenz auf über 60 Schläge pro Minute steigt, müssen Sie sofort den Tierarzt verständigen.

Wenn Durchfall und erhöhter Puls zusammentreffen, kann eine als Colitis X bezeichnete Krisensituation eintreten, bei der ein sich schnell entwickelnder Schock zum Tod führen kann. Dieses Syndrom kommt in der Praxis häufiger vor, als man allgemein annimmt und Pferdebesitzer sollten sich des möglichen Problems besser bewusst sein. Es sei noch einmal gesagt: Jedes Pferd mit schnell ansteigender Pulsfrequenz, das einige oder alle der genannten Schocksymptome zeigt und Durchfall hat, ist als dringender Notfall zu betrachten. Der Tierarzt muss schnellstmöglich verständigt werden.

WUNDEN (siehe auch Seite 46)

Bei Wunden, egal an welcher Stelle, ist das Stoppen der Blutung die wichtigste Maßnahme. Der nächstwichtige Punkt ist, keinen weiteren Schaden anzurichten, d.h. keine Infektion in eine bis dahin vielleicht noch saubere Wunde zu schleppen.

Wenn die Verletzung während des Trainings geschieht und möglicherweise lebenswichtige Strukturen betroffen sind, sollte das Pferd besser nach Hause transportiert werden, weil beim Gehen eher Schmutz oder Schweiß in die Wunde geraten.

Die am stärksten für Wundinfektionen anfälligen Stellen sind:

- Gelenke
- Sehnenscheiden
- Schleimbeutel, inkl. des Hufrollenschleimbeutels im Huf

Richtige erste Hilfe ist wichtig und kann den Erfolg von Behandlung und Genesung ausmachen. Bringen Sie das Pferd möglichst in eine saubere, gut eingestreute Box. Decken Sie die Wunde mit leichtem Verbandsmaterial ab und putzen Sie das Pferd gründlich, damit Schmutz aus dem Fell später nicht die Wundumgebung verunreinigen kann.

Spülen Sie als nächstes die Wunde fünf Minuten lang mit kühlem, aber nicht zu kaltem Wasser ohne Druck aus dem Schlauch ab, um Schmerzen und Entzündung zu lindern und Schmutz herauszuspülen.

Schneiden Sie längeres Haar um die Wunde herum vorsichtig ab, damit sich das Ausmaß der Verletzung besser beurteilen lässt. Geben Sie Acht, dass keine Haare und kein Schmutz in die Wunde fallen. Untersuchen Sie die Wunde nicht mit den Fingern oder irgendeinem Instrument, dies sollte nur mit sterilen Werkzeugen und durch den Tierarzt geschehen.

Nach dem Anschauen und Ausspülen kann die Wunde vorsichtig mit verdünnter Kochsalzlösung gespült werden, wenden Sie aber kein Puder, kein Spray und keine Salbe an. Decken Sie die Wunde nur mit einem leichten, sterilen Verband ab, bis der Tierarzt kommt.

RICHTLINIEN FÜR ERSTE HILFE

- Halten Sie das Pferd sauber, warm und trocken.
- Entfernen Sie alles aus seiner Umgebung, woran es sich weiter verletzen könnte.

MEDIKAMENTE VERABREICHEN

- Medikamente in flüssiger oder Pulverform können zusammen mit angefeuchtetem Futter gegeben werden. Füttern Sie zur gewohnten Zeit und überdecken Sie den Medikamentengeruch, falls nötig, mit Melasse, Sirup, Honig oder Apfelsaft. Beobachten Sie, ob die Ration auch wirklich aufgefressen wird und lassen Sie übriggelassenes Futter nicht in der Krippe. Falls das Futter verweigert wird, können Sie das Pulver mit Puderzucker zu einer Paste anrühren und mit Hilfe einer Einwegspritze ohne Nadel möglichst weit hinten auf die Zunge geben oder in einem ausgehöhlten Apfel verstecken. Vermeiden Sie es, flüssige Medikamente direkt ins Maul zu geben.
- Medikamente in Pastenform, die wie Wurmkuren in speziellen Spritzen abgepackt sind, eignen sich gut zur direkten Verabreichung an Pferde, die nicht fressen oder sehr futtermäkelig sind. Überprüfen Sie, ob man die Dosierung vorher an der Spritze einstellen muss. Drücken Sie die Paste dann vorsichtig in den Maulwinkel in Richtung nach hinten/unten auf die Zunge. Drücken Sie die ganze Spritze auf einmal aus und halten Sie den Kopf des Pferdes hoch, bis es geschluckt hat.
- Pillen und Tabletten gibt man am besten in einem ausgehöhlten Apfel, einer Karotte oder reifen Birne. Sehr kleine Pillen wie z.B. homöopathische Tabletten können auch einfach zwischen Lippen und Zahnfleisch geschoben werden.
- Bei Injektionen unterscheidet man zwischen intravenösen (in die Vene), intramuskulären (in den Muskel), subkutanen (unter die Haut) oder intra-artikulären (ins Gelenk - sehr speziell). Intramuskuläre Injektionen werden meist in Halsseite, Brust oder Hinterteil gegeben. In manchen Fällen kann der Pferdebesitzer dies selbst unter Anleitung des Tierarztes tun.
- Geben Sie die Medikamente bis zum Schluss, wie verordnet.
- Prüfen Sie vor der Verabreichung sorgfältig Medikament, Dosis und Patient.
- Befolgen Sie die Anweisungen des Tierarztes.
- Informieren Sie den Tierarzt sofort, wenn Ihr Pferd sein Medikament nicht bekommen hat. Möglicherweise muss es in anderer Form gegeben werden, als Injektion oder über eine Magensonde.
- Falls das Pferd in naher Zukunft an Turnieren teilnehmen soll, prüfen Sie, ob das Medikament nach dem Dopinggesetz zugelassen ist.

PFLEGE DES KRANKEN PFERDES

◀ *Gute Pflege beschleunigt die Genesung.*

- Machen Sie es dem Pferd so bequem wie möglich. Schaffen Sie eine saubere Einstreu in einem gut belüfteten Stall und halten Sie das Pferd warm, aber nicht zu heiß.
- Beobachten Sie das Pferd genau und überprüfen Sie die Vitalfunktionen regelmäßig. Beachten Sie alle Anweisungen des Tierarztes.
- Putzen Sie das Pferd nur oberflächlich, aber zweimal täglich sollten Sie die Hufe auskratzen sowie Augen, Nüstern und Afterregion mit verschiedenen Schwämmen ausspülen. Reinigen Sie bei Hengsten und Wallachen wöchentlich den Schlauch.
- Bei Boxenruhe sollten Sie die Beine zweimal täglich massieren und danach Stallbandagen anlegen. Für lahmende Pferde soll die Einstreu nicht zu tief sein.
- Reduzieren Sie das Kraftfutter und geben stattdessen gutes Heu. Füttern Sie wenig und oft. Das Futter sollte schmackhaft, leicht abführend und leicht verdaulich sein und wenig Protein und Kohlenhydrate enthalten. Ergänzen Sie mit Saftfutter (Möhren, Äpfeln etc.). Auch ein warmes Mash oder spezielles Diätfutter für kranke Pferde ist angebracht. Frisches Wasser muss immer bereitstehen.
- Versuchen Sie, Langeweile beim Pferd zu verhindern.
- Pferde mit ansteckenden Krankheiten müssen isoliert werden (bei hoch ansteckenden Krankheiten 400 m gegen die Windrichtung entfernt). Pflegen Sie das kranke Pferd zuletzt und verwenden Sie separate Kleidung, Schuhe und Werkzeuge. Waschen Sie sich hinterher gründlich die Hände und spülen Sie die Schuhe ab. Nach Genesung des Pferdes Stall und Ausrüstung desinfizieren.

METHODEN ZUM FESTHALTEN

Kranke oder verletzte Pferde reagieren oft ängstlich oder unberechenbar. Aus Sicherheitsgründen und damit die Behandlung ordentlich durchgeführt werden kann muss das Pferd freundlich, aber effektiv unter Kontrolle gehalten werden. Wie man vorgeht, ob und welche Zwangsmaßnahmen angewendet werden müssen hängt von Erziehung und Typ des Pferdes sowie von der Art der Verletzung oder Erkrankung ab.

Beachten Sie beim Leisten von erster Hilfe oder beim Verabreichen von Medikamenten folgendes:

- **Tragen Sie vernünftige Kleidung inklusive fester Schuhe, Handschuhe und Helm**
- **Beschaffen Sie nötigenfalls fachkundige Unterstützung**
- **Wählen Sie eine sichere, umzäunte Umgebung**
- **Die Person, die das Pferd hält, muss immer auf der gleichen Seite stehen wie der Behandelnde**
- **Beginnen Sie mit so wenig Zwang wie möglich und erhöhen Sie ihn nur, falls nötig**

◄ KONTROLLE DES KOPFES
Die Kontrolle von Beinen und Körper ist so gut wie unmöglich ohne Kontrolle des Kopfes. Wenn man Strick oder Führkette zusätzlich um die Nase legt, hat man etwas mehr Kontrolle, effektiver als jedes Halfter ist jedoch eine Trense. Knotenhalfter, die Druck auf bestimmte Gesichtspartien ausüben (Bild links), können vorsichtig verwendet werden. Hängen Sie dem Pferd nicht am Kopf. Reden Sie ihm ruhig zu und versuchen Sie, es abzulenken. Reiben und kraulen Sie sanft Hals oder Brust.

NASENBREMSE ►
Man nimmt an, dass die Funktion der Nasenbremse auf der Ausschüttung von Endorphinen, also körpereigenen Beruhigungsmitteln, beruht. Die Nasenbremse darf immer nur an der Oberlippe, nie an der Unterlippe oder den Ohren angewendet werden. Der Helfer steht seitlich vom Pferdekopf. Bei einer aus Griff und Seilschlinge bestehenden Nasenbremse legen Sie die Schlinge so weit wie möglich um die Oberlippe und drehen sie so lange zu, bis ein fester Druck ausgeübt wird. Die Schlinge kann je nach Bedarf und Verhalten des Pferdes gelockert oder fester angezogen werden. Reden Sie dem Pferd gut zu und reiben Sie ihm den Hals. Nasenbremsen wie die rechts abgebildete können nach dem Anlegen am Halfter festgemacht werden, sodass der Helfer eine Hand frei hat. Die Bremse muss in regelmäßigen Abständen gelockert werden.

EIN VORDERBEIN HOCHHEBEN

Hilfreich bei gut erzogenen Pferden, hält das Pferd still und hindert es am Ausschlagen. Das Pferd muss zuvor gleichmäßig auf allen vier Füßen stehen.

Heben Sie das Vorderbein der gleichen Körperseite hoch, auf der die Behandlung durchgeführt wird (falls ein Vorderbein behandelt wird, heben Sie das der gegenüberliegenden Seite auf). Verhindern Sie, dass das Pferd sich am Helfer abstützt.

EINE HAUTFALTE AM HALS PACKEN

Gut bei kopfscheuen Pferden, funktioniert aber nur bei kurzen Prozeduren (z.B. Verband anlegen). Packen und drücken Sie eine lose Hautfalte in der Nähe des Halsansatzes.

FOHLEN

Fohlen und Absetzer geraten leicht in Panik. Sie steigen leicht oder werfen sich zurück, wenn man sie am Kopf festhält. Bleiben Sie mit dem Fohlen in der Nähe der Mutter. Nähern Sie sich ruhig. Legen Sie einen Arm über den Hals und den anderen von unten um den Rumpf, sodass Sie das Fohlen umfassen.

Absetzer können rückwärts vor eine Wand oder einen sicheren Zaun gestellt werden. Um sie am Zurückspringen oder Hinsetzen zu hindern, kann man sie fest an der Schweifrübe packen. Ein Helfer krault vorsichtig vom Hals hinauf in Richtung Kopf, umfasst ein Ohr und drückt es vorsichtig zusammen.

AM BODEN FESTHALTEN

Wenden Sie diese Maßnahme an, um Verletzungen zu verhindern, wenn das Pferd liegt und erfolglos aufzustehen versucht. Legen Sie dem Pferd Halfter und Strick an. Knien Sie sich mit ihrem gesamten Körpergewicht auf den ausgestreckten Hals und legen Sie eine Hand auf den Kopf.

- Verhindern Sie, dass das Pferd sich selbst durch Beißen, Treten oder Kratzen der betroffenen Stelle weiter verletzt.
- Bereiten Sie vor Ankunft des Tierarztes eine saubere, gut eingestreute Box mit trockenem und festem Untergrund vor. Stellen Sie mindestens zwei Eimer warmes Wasser bereit und besorgen Sie einen Helfer, der mit dem Pferd vertraut ist.
- Beruhigen Sie das Pferd so gut wie möglich. Dazu gehört eventuell auch, umstehende Menschen oder bellende Hunde wegzuschicken.

PFLEGE DES KRANKEN PFERDES

Während der Rekonvaleszenzzeit ist es wichtig, den Verdauungsapparat des Pferdes weiter funktionsfähig zu erhalten. Pferde sind dafür gebaut, ständig kleine Mengen Futter zu verdauen und beim langsamen Umherwandern hier und da zu fressen. Außerdem sind sie Herdentiere - bedenken Sie all dies, wenn Sie bei einem kranken Pferd Stress verringern wollen.

VERDAUUNG
Ein Pferd soll oft in kleinen Portionen mit appetitlichem und leicht verdaulichem Futter gefüttert werden. Legen Sie in häufigen Abständen kleinere Mengen Heu oder Heulage aus.

Falls Sie ein Heunetz verwenden, muss es so hoch gehängt werden, dass das Pferd nicht mit den Beinen hineingeraten kann, wenn es leer ist. Woraus Sie das Futter geben, hängt auch von der Verletzung ab. Wenn das Raufutter aus einer zu hohen Raufe gegeben wird, kann es in die Augen oder die Wunde fallen.

Genauso wichtig ist, dass das Pferd ohne große Anstrengung an sein Heu heranreicht, egal, welche Verletzung es hat. Lassen Sie es nie länger als sechs Stunden ohne Futter.

Viele Pferde, denen Staub sonst nichts ausmacht, entwickeln einen Stallhusten, wenn sie längere Zeit drinnen bleiben müssen. Unter diesen Umständen müssen Sie eventuell Silage oder Heulage füttern.

KRAFTFUTTER/GETREIDE
Je nach Arbeitsbelastung des Pferdes muss es deutlich reduziert werden. Bei länger andauernder Boxenruhe ist ein spezielles Diätfutter für Rekonvaleszenten sehr zu empfehlen, das schmackhaft und leicht verdaulich ist und die Darmtätigkeit begünstigt.

Füttern Sie mindestens viermal täglich und stellen Sie alles Futter weg, das nicht aufgefressen wurde. Abgestandenes Futter könnte dem Pferd auch den Appetit auf anderes nehmen. In Würfel geschnittene und unters Futter gemischte Äpfel oder Karotten werden sehr geschätzt.

WASSER
Frisches Wasser muss ständig verfügbar sein. Falls Elektrolyte gegeben werden, ist es sinnvoll, einen Eimer mit elektrolythaltigem und einen mit normalem Wasser aufzustellen, sollte das Pferd die Elektrolyte verschmähen. Bei kranken Pferden verwendet man besser Tränkeeimer anstelle Selbsttränken, weil man so eine bessere Kontrolle hat, wie viel das Pferd während der letzten 24 Stunden getrunken hat.

Nichts verleidet einem Pferd das Fressen und Trinken mehr als schmutzige Behältnisse.

WÄRME
Der nächste wichtige Punkt ist, das Pferd warmzuhalten. Verwenden Sie beispielsweise leichte Abschwitzdecken in Kombination mit Wolldecken und Wollbandagen. Streuen Sie dick ein, an den Seiten und innen vor der Tür höher, sodass die Vorderhufe weich stehen, wenn das Pferd vor der Tür steht und hinausguckt. Eine Ausnahme bilden Lahmheiten, bei denen tiefe Einstreu die Bewegung behindern würde.

RUHE UND FRIEDEN
Für eine gründliche Erholung ist Ruhe wichtig. Stellen Sie das Pferd möglichst in eine etwas ruhigere Ecke des Hofes, weg vom Alltagsgetriebe, aber denken Sie daran, dass die Anwesenheit mindestens eines guten Gesellschafters Sicherheit und Wohlbefinden vermittelt.

BELÜFTUNG
Die Krankenbox muss gut belüftet, aber zugluftfrei sein. Die Belüftung sollte nach oben durch Abzüge im Giebel oder unter der Dachtraufe erfolgen. Stellen Sie sicher, dass die Gitter vor den Lüftungsöffnungen nicht staubig und schmutzig sind und dass im Stall keine Gegenstände vorstehen, an denen das Pferd sich verletzen könnte.

SAUBERKEIT
Sauberkeit ist sowohl in Bezug auf das Futter als auch auf die Einstreu von entscheidender Bedeutung in der Krankenpflege. Misten Sie regelmäßig aus, besonders wenn das Pferd eine Wunde hat, damit sie nicht durch Kot und Urin verunreinigt werden kann. Bei Nasenausfluss ist es sinnvoll, auf Bodenhöhe zu füttern und zu tränken, damit der Schleimabfluss durch die Schwerkraft erleichtert wird. Alle Gegenstände sollten regelmäßig gereinigt und das Wasser regelmäßig gewechselt werden.

Falls das Pferd Durchfall hat, flechten Sie seinen Schweif und binden ihn hoch. Da Bandagen wegen der Gefahr von Drucknekrosen nie längere Zeit an der Schweifrübe bleiben dürfen, befestigen Sie das Ende des geflochtenen Schweifes mit Nähzwirn im Flechtwerk unterhalb der Schweifrübe (siehe Kapitel acht). Durchfall oder jeder Ausfluss aus den Geschlechtsorganen muss regelmäßig mit warmem Wasser abgewaschen werden.

Auch der Schlauch sollte regelmäßig gereinigt werden, denn er verschmutzt schnell, wenn ein Pferd ständig im Stall steht. Am besten verwendet man mildes, lauwarmes Seifenwasser und ein paar Küchenhandschuhe. Anschließend muss mit warmem, klarem Wasser nachgespült werden. Auch Verschmutzungen und Ausfluss aus dem Schlauch, der die Innenseiten der Hinterbeine beschmutzt, müssen regelmäßig entfernt werden.

Kratzen Sie die Hufe mindestens zweimal täglich aus, um Strahlfäule zu verhindern (s.S. 48). Wenn längere Stallruhe angeordnet ist, sollten Sie die Eisen abnehmen lassen. Sorgen Sie für regelmäßige Hufbearbeitung, um Probleme durch zu lang gewachsene Hufe zu verhindern.

WUNDVERBÄNDE ANLEGEN

Kaltes Abspülen ist im Allgemeinen die beste Methode zur Reinigung von Wunden. Die Gefäße und Kapillaren ziehen sich bereits nach vier Minuten maximal zusammen, aber Sie können bis zu 20 Minuten lang weiter kühlen, um die Entzündungswärme zu reduzieren, den Kreislauf und damit die Heilung anzuregen. Die Wunde und das umgebende Haar werden dann mit Papierküchentüchern getrocknet, wobei man immer von der Mitte der Wunde nach außen arbeitet, um die Wunde nicht zu verunreinigen.

Jeder Verband muss relativ locker sitzen und lediglich so fest, dass er nicht verrutscht.

Bandagen müssen immer sauber und trocken sein, wickeln Sie nie eine nasse Bandage um ein Pferdebein. Falls Sie ein Desinfektionsmittel auf die Wunde auftragen müssen, tragen Sie Gummihandschuhe, um die Wunde nicht zu infizieren. Reinigen Sie die Wunde von innen nach außen mit einem Mulltupfer und dem empfohlenen, in warmem Wasser gelösten Desinfektionsmittel. Werfen Sie den Tupfer anschließend weg und nehmen Sie einen neuen, um die Umgebung der Wunde zu säubern. Tunken Sie nie einen beschmutzten Tupfer in die Desinfektionsmittellösung ein und benutzen Sie ihn nie öfter als einmal.

BEWEGUNG

Bewegung fördert Verdauung und Kreislauf, ist aber eventuell je nach Verletzung nicht möglich. Lassen Sie sich diesbezüglich vom Tierarzt beraten.

WUNDVERSORGUNG

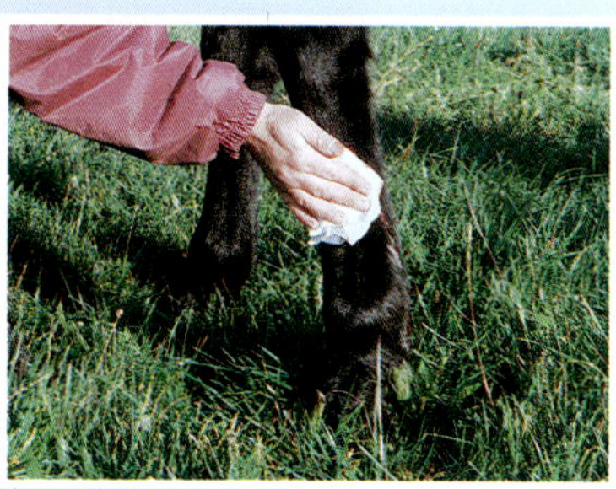

▲ *Bei jeder Wunde muss zuerst die Blutung gestoppt werden, am einfachsten geschieht dies durch Druck. Drücken Sie ein Polster (Kompresse oder ein Stück Kleidungsstoff) fest auf die Wunde und halten es mindestens fünf Minuten lang fest.*

▲ *Sobald die Blutung steht, reinigen Sie die Wunde. Geben Sie Acht, dass Sie nicht noch mehr Schaden anrichten oder die Wunde verunreinigen. Spülen Sie vorsichtig mit frischem kalten Wasser oder wischen Sie von innen nach außen mit einem Wundtupfer und sauberem Wasser. Verwenden Sie kein Spray oder Salbe, wenn der Tierarzt noch kommt.*

Lassen Sie eingedrungene Fremdkörper möglichst in der Wunde stecken. Merken Sie sich bei einem Nageltritt Position, Winkel und Tiefe des Eindringens und heben Sie den Nagel auf. Brechen Sie keine Nägel etc. in der Hufsohle ab und versuchen Sie nicht, ein Pferd mit Nagel im Huf zu bewegen.

VERBÄNDE

Verletzungen am Rumpf lässt man in der Regel am besten ohne Verband. An den Beinen schützt ein Verband die Wunde, hält sie sauber und hält die Wundränder zusammen. Er kann aus bis zu vier Schichten bestehen: einer sterilen Wundauflage, einer Polsterschicht (z.B. Verbandwatte), einer Mullbinde, um den Verband festzuhalten und einer äußeren Schutzschicht. Bei kleineren Kratzern reicht auch ein Desinfektionsmittel in Form von Salbe oder Spray.

UNTERE GLIEDMASSEN

- **Wickeln Sie nicht zu fest - ein Finger muss dazwischenpassen.**
- **Überprüfen Sie regelmäßig, ob der Verband nirgends reibt oder drückt, besonders an den Ballen, dem Fessel- und Vorderfußwurzelgelenk.**
- **Wechseln Sie den Verband spätestens alle 24 Stunden.**

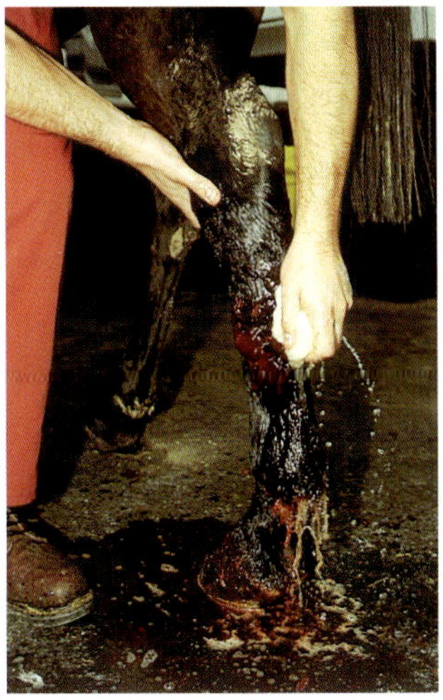

▲ Schritt eins: Reinigen Sie die Wunde mit klarem Wasser oder einer verdünnten Lösung von Wunddesinfektionsmittel. Bringen Sie weder Puder noch Salben, sondern nur einen sterilen Verband auf. Polstern Sie den Verband großzügig.

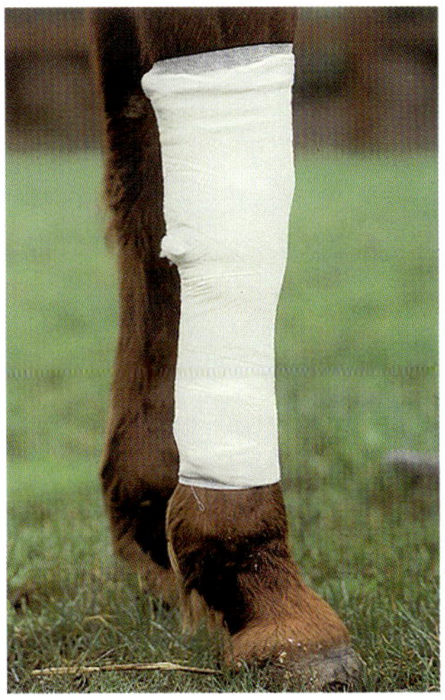

▲ Schritt zwei: Wickeln Sie mit einer elastischen Binde von oben nach unten in Richtung Kronrand und wieder zurück bis zur Hälfte des Röhrbeins. Wickeln Sie gleichmäßig, aber nicht zu fest. Sichern Sie den Verband, indem Sie das Ende einreißen, die beiden Endstücke in entgegengesetzter Richtung ums Bein legen und auf der Vorderseite des Beines verknoten.

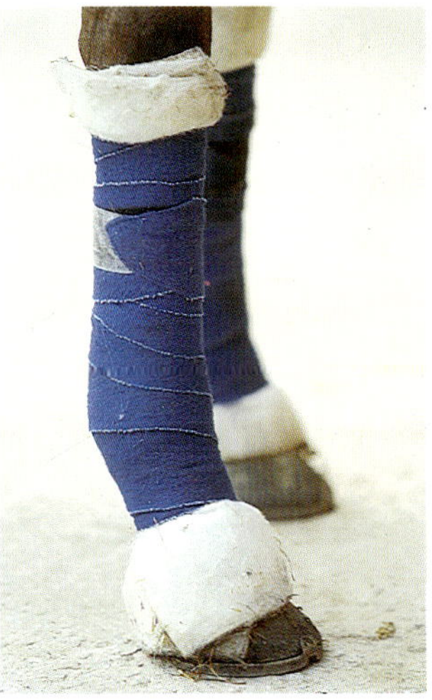

▲ Schritt drei: Die letzte äußere Schutzschicht besteht aus einer selbsthaftenden Bandage oder einer elastischen Stallbandage. Wickeln Sie gleichmäßig fest und so, dass jede Wickelschicht die vorhergehende etwa zur Hälfte überdeckt. Sichern Sie den Verband gut.

VORDERFUSSWURZEL UND SPRUNGGELENK

Die Rückseite des Vorderfußwurzelgelenkes muss frei bleiben, damit kein Druck auf das Gelenk entsteht und das Pferd sich besser bewegen kann. Die gleiche Technik wird beim Bandagieren des Sprunggelenkes angewandt (wie im Bild).

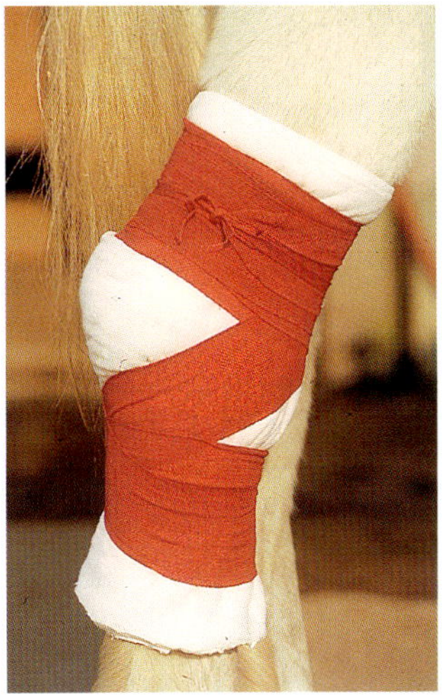

◄ Schneiden Sie Kompresse und Polstermaterial auf die passende Größe zurecht und legen sie auf die Wunde. Wickeln Sie eine elastische Binde oberhalb des Gelenkes um das Bein und wickeln das umgeklappte Ende der Wundauflage mit ein. Wickeln Sie diagonal nach unten und unterhalb des Gelenkes wieder ums Bein. Wickeln Sie dann wieder im Achtermuster diagonal nach oben. Wickeln Sie zum Schluss noch einmal oberhalb des Gelenkes ums Bein und befestigen Sie den Verband.

KALTE UND WARME UMSCHLÄGE

Mit einem Umschlag können Sie die Temperatur einer verletzten oder entzündeten Körperstelle beeinflussen. Wärme regt die örtliche Durchblutung an und fördert so die Heilung einer Verstauchung oder Verletzung. Kalte Umschläge wirken entzündungslindernd.

Früher arbeitete man mit Breiumschlägen aus Kleie oder Kaolin, heute gibt es spezielle mit Gel gefüllte Kälte- bzw. Wärmepackungen, die erhitzt oder gekühlt werden können.

Warme Umschläge werden auch eingesetzt, um Abszesse zum Reifen und den Eiter zum Abfließen zu bringen.

Sie können auch mit Verbandwatte arbeiten, die Sie mit warmem oder kaltem Wasser anfeuchten. Eine Plastikfolie als Zwischenlage hilft, den Wärmeeffekt länger zu erhalten. Übergießen Sie diese mit abgekochtem Wasser, das auf Handwärme abgekühlt ist. Bringen Sie nie extrem heiße oder kalte Umschläge direkt auf die Pferdehaut.

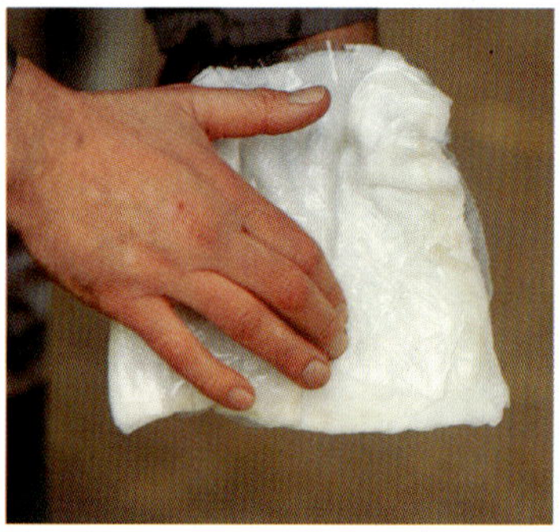

◀ *Auch eine Babywindel kann (mit der Folie nach außen) gut für feuchte Umschläge verwendet werden. Eine zusätzliche Umhüllung mit Plastikfolie hält die Wärme länger fest.*

Fixieren Sie das Ganze mit Verbandmull oder einer elastischen Bandage. Bei Hufverbänden tut ein darüber gezogener Jutesack oder ein Hufschuh gute Dienste. ▶

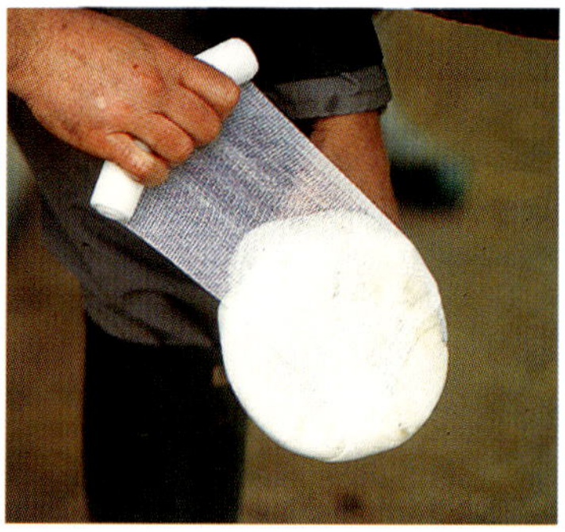

Sobald ein heißer Umschlag abgekühlt ist, hat er keine Wirkung mehr. Entfernen Sie ihn spätestens nach acht Stunden, waschen Sie die Körperstelle und wiederholen Sie die Prozedur. Heben Sie gegebenenfalls den alten Umschlag auf, um dem Tierarzt evtl. den entzogenen Eiter zeigen zu können. Wenn nach 48 Stunden keine Besserung eintritt, müssen Sie sich mit dem Tierarzt beraten. Machen Sie heiße Umschläge nur über kurze Zeiträume und nicht länger als 36 Stunden, nachdem Sie erste Eiterabsonderungen auf dem Verbandsmaterial feststellen konnten. Zu lang andauernde Anwendung von feuchten Umschlägen weicht die Haut auf und verzögert die Wundheilung. Speziell bei Stichwunden am Huf sind Umschläge oft hilfreich, bei größeren, offeneren Wunden sind sie dagegen mitunter kontraproduktiv.

STRAHLFÄULE: VORBEUGUNG UND BEHANDLUNG

Pferde in der Genesungsphase sind besonders anfällig für Strahlfäule, eine unangenehme Zerfallserkrankung des Strahlhorns, die besonders Pferde in feuchten und unsauberen Haltungsbedingungen betrifft.

Strahlfäule wird durch das anaerobe (unter Sauerstoffabschluss gedeihende) Bakterium Sphaerophus necrophorus verursacht. Es entstehen faulig riechende, schmierige, teerähnliche Absonderungen. Wenn die Fäulnis bis zu den sensitiven Hufstrukturen vordringt, entsteht Lahmheit.

- **Halten Sie die Einstreu penibel sauber und trocken**
- **Kratzen Sie die Hufe zweimal täglich aus, achten Sie dabei besonders auf die seitlichen und die mittlere Strahlfurche**
- **Bei Anzeichen von Strahlfäule muss das betroffene Horn vom Schmied oder Tierarzt weggeschnitten werden. Strahl und Sohle müssen täglich mit einer vom Tierarzt verordneten antibakteriellen Waschlösung, 4%iger Jodlösung oder 10%iger Formalinlösung behandelt werden, bis alle Fäulnisherde komplett beseitigt sind. Eventuell sind auch Antibiotika und eine Tetanusimpfung nötig, falls Ihr Pferd nicht richtig immunisiert wurde.**

3 PFERDE-FÜTTERUNG

Das Pferd hat sich als Grasfresser entwickelt. Seine natürlichen Fressgewohnheiten beinhalten, endlos lang zu grasen, und zwar immer nur kleine Mengen auf einmal. Wenn es die Möglichkeit dazu hat, verbringt das Pferd 60% des Tages mit Grasen. Das gesamte Verdauungssystem des Pferdes ist darauf eingestellt.

Die natürliche Nahrung des Pferdes besteht aus Gras und anderen Pflanzen mit einem hohen Rohfasergehalt. Unsere heutigen Pferde führen aber ein ganz anderes Dasein als ihre Vorfahren.

Sie sind in Ställen und Paddocks eingesperrt und können nicht mehr frei umherziehen. Wir geben ihnen konzentriertes Körnerfutter zu fressen, das sowohl die Fresszeit als auch die Menge der aufgenommenen Rohfaser reduziert. Als Resultat sind unsere Pferde anfälliger für Koliken, Kreuzverschlag, Hufrehe und die verschiedensten Temperamentsprobleme.

Das Ziel jedes Pferdebesitzers sollte es also sein, das Pferd so natürlich wie möglich zu füttern, damit es glücklich und gesund bleibt.

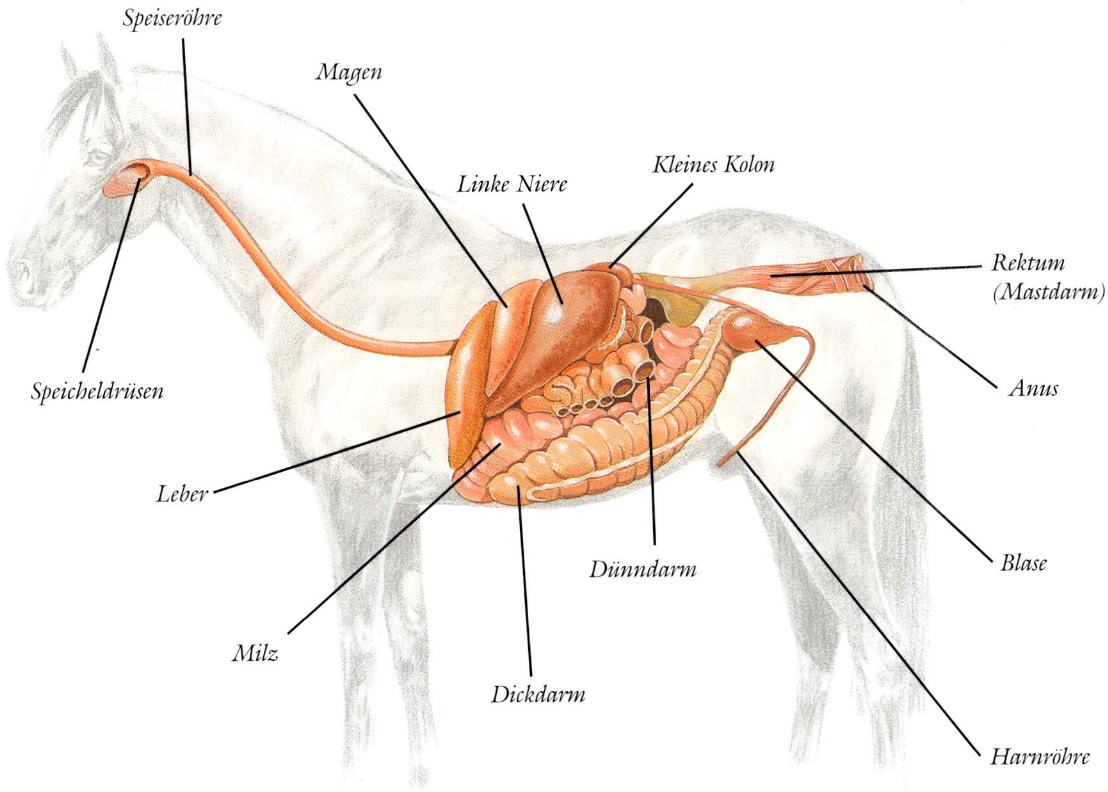

DER VERDAUUNGSAPPARAT

DAS VERDAUUNGSSYSTEM

Ein grundlegendes Verständnis davon, wie das Verdauungssystem des Pferdes funktioniert, hilft dem Besitzer beim Entwurf eines Fütterungsplanes, der den natürlichen Bedürfnissen Rechnung trägt. Die Funktion des Verdauungsapparates besteht darin, Futter aufzunehmen, aufzuspalten und Nährstoffe daraus zu entziehen.

Der Verdauungsapparat kann in sieben Teile unterteilt werden:

Vorderer Abschnitt
Maul
Speiseröhre (Oesophagus)
Magen
Dünndarm

Hinterer Abschnitt
Dickdarm
Mastdarm
After

Insgesamt sind die Verdauungsorgane etwa 30 m lang und es dauert 65-75 Stunden, bis das Futter sie passiert hat. Sie sind gefaltet und in Schlaufen gelegt, um in der Bauchhöhle Platz zu finden und sind in Querschnitt und Richtung unterschiedlich.

MAUL
Das Pferd sucht sich beim Grasen sein Futter sorgfältig aus, indem es die Pflanzen mit seinen sehr beweglichen Lippen aussondert und dann mit den Schneidezähnen abbeißt. Das Futter wird von der Zunge weiter nach hinten geschoben, wo es von den Backenzähnen zerrieben wird. Die Zähne des Pferdes unterscheiden sich vor allem darin von denen des Menschen, dass sie das ganze Leben lang weiterwachsen.

Dieses ständige Wachstum ist nötig, um die Abnutzung der ständig mahlenden Backenzähne zu kompensieren. Das Pferdegebiss muss regelmäßig kontrolliert werden, gegebenenfalls müssen scharfe Grate durch Raspeln entfernt werden (siehe Kap. 2, Zahnpflege). Beim Kauen produziert das Pferd Speichel, um das Futter anzufeuchten und gleitfähig zu machen, bevor es über Rachen und Speiseröhre in den Magen gelangt. Wenn Futter in der Speiseröhre stecken bleibt, entsteht eine Schlundverstopfung (s. Seite 72).

MAGEN
Der Magen des Pferdes ist im Vergleich zu anderen Tieren klein. Er hat ein Volumen von ungefähr 7-13 Litern und ist damit nur etwa so groß wie ein Fußball. Wenn zu viel Futter auf einmal gegeben wird,

Mit seinen beweglichen Lippen, den scharfen Schneidezähnen und den langgestreckten Kiefern voller kräftiger Backenzähne hat sich das Pferd in der Evolution ideal auf das Zermahlen von harten Gräsern spezialisiert.

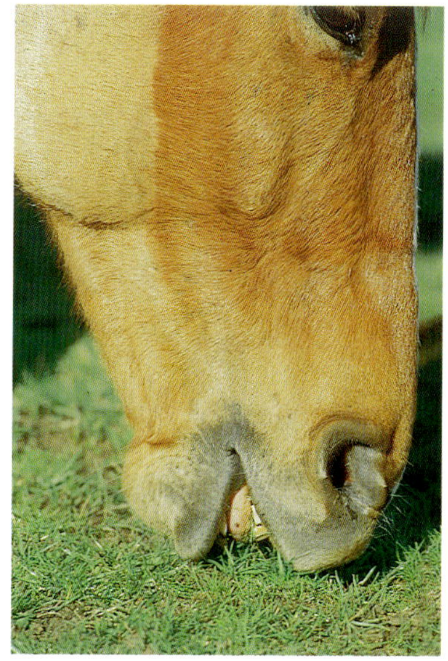

wird es durch den Magen hindurchgeschoben, bevor es ausreichend mit den Magensäften vermischt wurde, welche bereits eine Vorverdauung leisten. Kolik kann das Ergebnis sein. Um Verdauungsstörungen zu vermeiden, sollten Pferde deshalb häufig mit kleinen Rationen gefüttert werden.

Die Futterverwertung beginnt im Magen. Das Futter bleibt jedoch nur etwa 45 Minuten darin, weshalb die Verdauungsmöglichkeiten hier begrenzt sind. Sobald das Futter in den Magen gelangt ist, kann es nicht wieder heraufgewürgt werden. Pferde sind also im Gegensatz zu Menschen nicht fähig, sich zu erbrechen.

DÜNNDARM
Vom Magen gelangt das Futter in den Dünndarm. Hier findet der Großteil der Aufspaltung und Absorption der Nährstoffe aus dem Kraftfutteranteil der Gesamtration statt. Die Verdauung im Dünndarm des Pferdes ähnelt der von Lebewesen mit einem einfachen Magen wie beispielsweise Menschen und Schweinen. Die Gesamtlänge des Dünndarms beträgt etwa 21 Meter, das Fassungsvermögen 55-70 Liter. Es dauert etwa 60 Minuten, bis Futter diese Strecke bis zum Dickdarm zurückgelegt hat.

DICKDARM
Alles unverdaute Futter und die Rohfaser gelangen aus dem Dünndarm in den Dickdarm, der aus Blinddarm, großem und kleinem Kolon und dem Rektum (Mastdarm) besteht und etwa 8 Meter lang ist. Das teilweise verdaute Futter kommt etwa zwei Stunden nach der Nahrungsaufnahme im Blinddarm an und bleibt etwa 36-48 Stunden im Dickdarm. Hier wird die Rohfaser aus den Zellwänden der Pflanzen aufgeschlossen und verdaut.

Das Verdauungssystem des Wildpferdes ist darauf eingestellt, ständig kleine Mengen energiearmen und rohfaserreichen Futters zu verwerten.

Rohfaser enthält komplexe Substanzen wie Zellulose und Hemizellulose, die gegenüber den Verdauungsenzymen im Dünndarm resistent sind. Mikroorganismen und Bakterien (die so genannte Darmflora) im Dickdarm des Pferdes sind hingegen in der Lage, die verdauliche Rohfaser in einem Fermentierung genannten Prozess aufzuschließen, weshalb das Pferd sich allein von pflanzlichem Futter ernähren kann. Die Mikroorganismen synthetisieren auch die B-Vitamine und machen sie für das Pferd verwertbar.

Die Zusammensetzung der Darmflora ändert sich mit der Beschaffenheit des Futters - von Gras lebende Pferde haben eine andere Bakterienpopulation im Darm als solche, die große Kraftfutterrationen erhalten. Wenn eine plötzliche Futterumstellung erfolgt, wird der Verdauungsprozess unterbrochen und das Pferd kann Kolik, Verstopfung oder Durchfall bekommen.

Um solche Probleme zu vermeiden, müssen alle Futterumstellungen langsam über eine gewisse Zeit erfolgen, damit sich die Darmbakterien an eine andere Nahrung anpassen können.

Die Zahl der im Verdauungstrakt des Pferdes lebenden Mikroorganismen ist immens und mehr als zehnmal so hoch wie die aller Gewebezellen des Körpers.

Mehr als die Hälfte des Trockengewichtes von Pferdemist besteht aus Bakterien. Während das Futter den Dickdarm passiert, wird ihm außerdem Wasser entzogen.

DER VERDAUUNGSVORGANG

Die Verdauung verläuft beim Pferd anders als bei Wiederkäuern wie z.B. Kühen. Beim Pferd werden zunächst die leicht verdaulichen Futterstoffe im Dünndarm von Verdauungsenzymen aufgeschlossen. Nur unlösliche Stoffe, hauptsächlich Zellulose, erreichen den Dickdarm, um dort bakteriell fermentiert zu werden. Die Verdauung von Rohfaser ist von den Zellulose fermentierenden Mikroorganismen abhängig, die während dieses Vorganges flüchtige Fettsäuren freisetzen. Sie werden in die Blutbahn absorbiert und in Energie umgesetzt.

In der Natur frisst das Pferd fast ständig pflanzliche Nahrung in kleinen Mengen, was sehr effizient ist: bei reiner Heufütterung zieht das Pferd 70% seiner Energie aus der Verdauung im Dickdarm. Im Gegensatz dazu erhalten Stallpferde häufig konzentriertes Kraftfutter, das schnell durch die Verdauungsorgane befördert wird. Oft reicht die Zeit nicht aus, damit die Enzyme im Dünndarm es vollständig verdauen können. Übrig gebliebenes Futter wandert in den Blinddarm und ist nicht nur verschwendet, sondern kann auch schwere Verdauungsstörungen und Temperamentsprobleme hervorrufen. Der viel zitierte aufputschende Effekt von Getreidefutter ist ein Ergebnis genau dieser unvollständigen Verwertung. Man kann dem abhelfen, indem man die Kraftfutterration mit Häcksel vermischt und dem Pferd in Zeiten besonderer Belastung probiotische Stoffe zufüttert.

DIE REGELN DER FÜTTERUNG

Über viele Jahre hinweg haben sich bestimmte Regeln gebildet, wie man ein Pferd am besten und effektivsten füttert. Die meisten dieser Richtlinien haben sich nicht nur über lange Zeit hinweg bewährt, sondern unsere heutigen Kenntnisse von Anatomie und Physiologie des Verdauungsapparates von Pferden haben nun auch gezeigt, dass viele tatsächlich auf festen wissenschaftlichen Tatsachen beruhen.

Füttern Sie jedes Pferd nach seinen individuellen Bedürfnissen.

Füttern Sie nur qualitativ hochwertiges Futter.

Geben Sie genügend Raufutter.

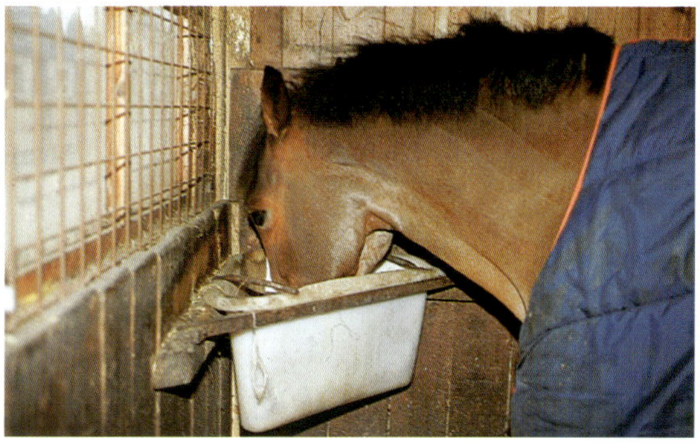

Füttern Sie häufig in kleinen Portionen und aus sauberen Behältern.

- **Füttern Sie entsprechend Alter, Größe, Typ, Temperament, Kondition und Arbeitsbelastung.**
- **Füttern Sie oft und wenig.**
  Mehrere kleine Mahlzeiten pro Tag entsprechen den natürlichen Fressgewohnheiten des Pferdes. Pferde haben einen relativ kleinen Magen und können eine große Mahlzeit pro Tag nicht verwerten.
- **Nehmen Sie keine plötzlichen Futterumstellungen vor.**
  Alle Änderungen müssen langsam erfolgen, da ansonsten die Mikroorganismen im Dickdarm geschädigt werden.
- **Geben Sie dem Pferd vor der Arbeit Zeit zum Verdauen.**
  Arbeitsbelastung unterbricht die Verdauung, weshalb zwischen Fütterung und Arbeit genug Zeit liegen muss.
- **Halten Sie alle Futterutensilien sauber.**
  Schmutzige Futterkrippen und Utensilien verleiden dem Pferd das Fressen.
- **Füttern Sie nur qualitativ hochwertiges Futter.**
  Die Fütterung von Produkten zweiter Wahl ist falsche Sparsamkeit, da sie zu Atemwegs- und Verdauungsproblemen führen kann.
- **Sorgen Sie für ständigen Zugang zu frischem, sauberem Wasser.**
  Das Trinken großer Wassermengen nach einer großen Mahlzeit kann Kolik verursachen.
- **Stellen Sie eine ausbalancierte Nahrung zusammen.**
- **Füttern Sie ausreichend Raufutter.**
  Pferde benötigen natürliche Rohfaser, um ihr Futter richtig zu verdauen. Selbst bei einem hart arbeitenden Pferd muss mindestens die Hälfte der Gesamtration aus Raufutter bestehen.

NÄHRSTOFFBEDARF

Die Fütterung ist einer der entscheidendsten Faktoren in Wachstum und Vorbereitung eines Pferdes auf Leistung. Sie basiert sowohl auf wissenschaftlichen Erkenntnissen als auch auf alten, überlieferten Erfahrungen.

Eine gut ausbalancierte Ration enthält die richtigen Anteile von Mineralien, Vitaminen, Energie, Eiweiß und Wasser. Die benötigten Nährstoffe lassen sich in folgende Kategorien aufteilen:

- Kohlenhydrate
- Wasser
- Fette und Öle
- Mineralien
- Protein (Eiweiß)
- Vitamine
- Rohfaser

KOHLENHYDRATE

Kohlenhydrate sind für das Pferd die Hauptenergiequelle und enthalten Stoffe wie Zucker, Stärke und Rohfaser. Kohlenhydrate liefern die Energie für alle Körperfunktionen wie Atmung, Herzschlag und Kontraktion der Muskeln. Sie können grob in zwei Gruppen eingeteilt werden:

- Lösliche Kohlenhydrate - Stärke, Zucker (Frühlingsgras, Getreide)
- Nicht lösliche Kohlenhydrate - Zellulose, Hemizellulose (Rohfaser)

Lösliche Kohlenhydrate wie Zucker und Stärke bestehen aus Glukosemolekülen, die in langen Ketten angeordnet sind. Im Verdauungsprozess werden sie zu Glukose aufgespalten und in die Blutbahn absorbiert. Jeder über den unmittelbaren Bedarf hinausgehende Überschuss an Glukose wird als Glykogen gespeichert. Sobald der Glykogenspeicher des Körpers gefüllt ist, wird weitere Glukose zu Fett umgewandelt und als Fettpolster abgelagert. Mit anderen Worten: zu energiereiches Futter macht das Pferd dick.

Nicht lösliche Kohlenhydrate bilden einen großen Bestandteil der natürlichen Pferdeernährung - es handelt sich um die Zellulose und Rohfaser in Gras und Heu. Rohfaser wird im Dünndarm nur zum unwesentlichen Teil verdaut und wird an den Dickdarm weitergegeben, wo Darmbakterien und andere Mikroorganismen sie in eine Energiequelle für das Pferd umwandeln. Diese aus Aufspaltung und Fermentierung der Rohfaser gewonnene Energie wird langsamer freigesetzt und ist wesentlich natürlicher für das Pferd. Sie erinnern sich - das Pferd ist zum Fressen von Rohfaser und nicht zum Fressen von Stärke geschaffen. Ein niedriger Stärkeanteil im Futter wird zu einem glücklicheren Pferd führen.

Denken Sie an die Regel »viel Rohfaser« und sorgen Sie dafür, dass der Anteil der Rohfaser am Gesamtfutter nie unter 50% fällt. Ein angemessener Rohfaseranteil ist unabdingbar, um die Futterpassage durch den Darm aufrecht zu erhalten. Er sorgt auch für einen besseren Aufschluss des Futterbreis und sorgt für effizientere Wirkung der Verdauungssäfte. Außerdem hält Rohfaser Wasser und Elektrolyte im Dickdarm zurück und schafft so einen Flüssigkeitsspeicher für das arbeitende, schwitzende Pferd.

Getreidefutter wie Hafer, Gerste und Mais enthält hohe Mengen an Stärke und ist deshalb als »Kraftfutter« bekannt. Heu hingegen enthält mehr Rohfaser und ist als »Raufutter« bekannt. Gutes Raufutter ist eine exzellente Energiequelle für Pferde und sollte nicht lediglich als Füllmaterial betrachtet werden.

KALORIENBERECHNUNG FÜR PFERDE

Die meisten von uns sind mit dem Prinzip der Kalorienberechnung im Rahmen von Diäten vertraut. Kalorienreiche Nahrungsmittel machen dick: sie enthalten mehr Energie, als wir verbrennen können, weshalb der Überschuss in Form von Fett gespeichert wird.

Für die Beschreibung des Energiegehaltes von Pferdefutter verwenden wir die Einheit Joule (J). Um besser rechnen zu können, zählt man in »Megajoule« verdaulicher Energie pro Kilogramm (MJ vE/Kg). Ein energiereiches Futter wie Hafer kann bis zu 14 MJ vE/kg enthalten, während energiearmes Futter wie Gras nur die Hälfte, nämlich etwa 7 MJ

Überschüssige Energie, hervorgerufen durch zu kalorienreiche Fütterung für die jeweilige Arbeitsbelastung, ist die Ursache vieler »Verhaltensprobleme«.

vE/kg enthält. Wenn ein Pferd zu energiereiches Futter erhält, hat dies schwer wiegende Konsequenzen:

- Zu viel Energie lässt das Pferd hyperaktiv werden.
- Überflüssige Energie wird als Fett gespeichert; übergewichtige Pferde sind weniger beweglich und überlasten bei der Arbeit Muskeln, Sehnen und Gelenke.
- Am schwersten wiegt, dass zu viele Kohlenhydrate den Stoffwechsel des Pferdes beeinflussen können - so kann ein großer Überschuss aus frischem Frühlingsgras oder dem Stehlen aus der Futterkiste zu Hufrehe führen (s. Seite 82).

FETTE UND ÖLE

Fette enthalten 2,25mal so viel Energie wie Kohlenhydrate, können im Körper gespeichert und bei Bedarf als Energiequelle genutzt werden. Eine Zeitlang hat man die Rationen von Distanz- und anderen Hochleistungspferden erfolgreich mit Fetten ergänzt. Genauso wie überschüssige Glukose zu Fett umgewandelt werden kann, so kann auch Fett zu Glukose umgewandelt und für die Muskelarbeit genutzt werden. Eine Tasse (300 ml) Sonnenblumen- oder Sojaöl dreimal täglich zu jeder Ration liefert so viel Energie wie ein Kilogramm Hafer.

PROTEINE (Eiweiße)

Proteine werden für das Wachstum und die ständige Erneuerung von Körpergewebe benötigt. Den größten Proteinbedarf haben junge, wachsende Pferde. Mit dem Erwachsenwerden wird der Bedarf reduziert, der Körper braucht nur noch so viel, um abgenutzte Körperzellen zu erneuern und das langsame Wachstum von Haut, Hufen und Haaren zu unterstützen. Der Proteinbedarf des Pferdes wird durch Arbeitsbelastung nicht wesentlich gesteigert - im Gegenteil, die Fütterung von zu viel Protein an arbeitende Pferde kann schädlich sein. Es ist höchst unwahrscheinlich, dass ein erwachsenes Pferd an Proteinmangel leidet, insbesondere, wenn es Zugang zu gutem Gras hat.

Proteine bestehen aus einfachen Einheiten, die man Aminosäuren nennt. Die wichtigsten essentiellen Aminosäuren sind Lysin, Methionin und Tryptophan. Manche Proteine enthalten mehr essentielle Aminosäuren und werden als hochwertige Eiweiße bezeichnet. Ein Lysinmangel ist bei vielen Pferden wahrscheinlich, besonders, wenn viel Kraftfutter bei begrenztem Weidegang gegeben wird.

VITAMINE

Vitamine sind eine komplexe Gruppe organischer Substanzen, die in geringen Mengen unerlässlich für das normale Funktionieren des Stoffwechsels sind. Ein Vitaminmangel in der Nahrung führt zu Stoffwechselstörungen und eventuell zu klinischen Krankheiten.

Vitamine kommen in manchen Futtermitteln natürlich vor, andere werden vom Pferd aus Inhaltsstoffen des Futters selbst produziert. Es gibt ungefähr fünfzehn Vitamine, von denen man weiß, dass sie für die Pferdegesundheit unerlässlich sind. Der tatsächliche Vitaminbedarf hängt jedoch von mehreren Faktoren wie Trächtigkeit, Wachstum, Alter und Arbeitsbelastung ab.

Vitamine können in zwei Gruppen eingeteilt werden:

- fettlösliche Vitamine - A, D, E und K
- wasserlösliche Vitamine - C- und B-Komplex

Fettlösliche Vitamine können im Körper, insbesondere in der Leber, gespeichert werden. Die meisten von ihnen sind in frischem, grünem Gras reichlich enthalten und das Pferd kann den Sommer über genügend für die Wintermonate speichern. Die

WICHTIGE VITAMINE IN DER PFERDEFÜTTERUNG

WASSERLÖSLICHE VITAMINE	**FETTLÖSLICHE VITAMINE**
C – Ascorbinsäure	A – Betakarotin
B1 – Thiamin	D – Cholecalciferol ("Sonnenscheinvitamin")
B2 – Riboflavin oder Lactoflavin	E – Tocopherol
B3 – Niacin	K – Phylloquinon
B5 – Pantothensäure	
B6 – Pyridoxin	
B12 – Cyanocobalamin	
B15 – Pangaminsäure	
Folsäure	
Cholin	
Inositol	
Biotin (Vitamin H)	

meisten wasserlöslichen Vitamine werden von Mikroorganismen im hinteren Verdauungsabschnitt produziert. Eine Unterversorgung ist deshalb unwahrscheinlich, es sei denn, das Pferd wurde mit Antibiotika behandelt und ist stark gestresst oder krank.

MINERALIEN

Wildpferde können ihren Mineralstoffbedarf durch selektives Grasen auf weitläufigen Flächen mit verschiedenen Bodenarten abdecken, moderne Hauspferde sind von gutem Futter und guten Weiden abhängig.

Mineralien sind anorganische Stoffe, die im gesamten Pferdekörper vorkommen und für Gesundheit und Entwicklung entscheidend sind. Wir wissen von mindestens 21 Mineralstoffen, dass sie unerlässlich für die Pferdegesundheit sind. Manche davon werden in größeren Mengen benötigt und werden deshalb als Mengenelemente bezeichnet, die in nur kleinen Mengen vorkommenden nennt man Spurenelemente.

MENGENELEMENTE	SPURENELEMENTE
Kalcium (Ca)	Kupfer (Cu)
Phosphor (P)	Zink (Zn)
Magnesium (Mg)	Mangan (Mn)
Kalium (K)	Eisen (Fe)
Natrium (Na)	Jod (J)
Chlor (Cl)	Selen (Se)
	Kobalt (Co)
	Molybdän (Mo)

WASSER

Wasser macht ungefähr 70% des Körpergewichtes beim Pferd aus. Die Wasserversorgung ist außerordentlich wichtig; Durst führt in wesentlich kürzerer Zeit zum Tod als Hunger. Schon 8% Flüssigkeitsverlust des Körpers führen zu Krankheitsanzeichen und 15% Verlust zu einer schweren Dehydration (Austrocknung). Pferde brauchen im Durchschnitt mindestens 30-45 Liter Wasser pro Tag, wobei die Menge je nach Einzeltier, Arbeitsbelastung, Wetterbedingungen und Futterangebot schwankt. Wasser wird für zahlreiche Lebensfunktionen benötigt:

- Temperaturregulation, z.B. Schwitzen
- Speichelbildung
- Ersatz der durch Atmung verlorengegangenen Flüssigkeit
- Aufrechterhaltung der Blutmenge
- Lösen und Absorption der Nährstoffe durch die Darmwand
- Harnproduktion zur Ausscheidung der verschiedenen Abfallstoffe
- Milchproduktion

FUTTERMITTEL

Die Futtermittel für Pferde fallen in zwei Hauptkategorien:

- Strukturstoffe - Gras, Heu, Silage, Luzerne, Heucobs und Häcksel
- Kraftfutter - Getreide und Fertigmischungen

STRUKTURSTOFFE

Pflanzliche Strukturstoffe sind das natürlichste Futter für Pferde und eine lebenswichtige Quelle für Rohfaser, die Bedingung für eine normale Funktion der Verdauung und die allgemeine Gesundheit ist. Rohfaser ist nicht nur »Füllmaterial«, sondern ein wichtiger Bestandteil der Ernährung - zu wenig Rohfaser führt zu Kolik, Durchfall, Hufrehe, Holz- oder Schweifnagen oder Fressen von Mist.

GRAS

Die Evolution hat Pferde zu Grasfressern gemacht. Eine gute Weide bietet alle für Pferde wichtigen Nährstoffe wie Kohlenhydrate (Stärke und Zucker), Protein, Mineralien und Vitamine. (Eine ausgewogene Mineralstoffversorgung ist aber auf den wenigsten landwirtschaftlich genutzten Flächen gegeben, sodass eine Zufütterung von Mineralien auch bei reiner Weidehaltung fast immer nötig ist. Anm.d.Übers.)

Der Nährwert des Grases ändert sich über die Wachstumsperiode: Im Frühjahr ist das Gras sehr nährstoffreich, verliert aber dann im Wachstums- und Reifeprozess zunehmend mehr Nährstoffe und bildet mehr Rohfaser. Auch die verschiedenen Gräsersorten unterscheiden sich im Nährstoffgehalt.

HEU

Heu ist getrocknetes Gras. Von etablierten Dauerweiden enthält es in der Regel viele verschiedene Gräsersorten, mitunter Kräuter und andere Wildpflanzen. Meist hat es einen niedrigeren Proteingehalt als Heu, das von speziell angelegten Mahdwiesen mit nur einer oder zwei Grassorten stammt. Leguminosenheu kann Klee, Luzerne oder Esparsette enthalten.

Der Nährstoffgehalt des Heus ist abhängig von:

- dem Nährwert des Grases zum Schnittzeitpunkt
- der Qualität von Trocknung, Ernte und Lagerung

Merkmale für gutes Heu:

- sauberer, frischer und aromatischer Geruch
- grün
- frei von Staub, Erde und Schimmelpilzen
- früher geerntetes Heu hat einen höheren Nährwert als Gras, das erst nach der Blüte gemäht wurde (in der Regel ist das später

GOLDENE REGELN FÜR DAS TRÄNKEN

Bei jeder Haltungsform muss frisches Tränkewasser ständig zur Verfügung stehen.

- **Frisches, sauberes Wasser muss ständig zugänglich sein.**
- **Wenn das nicht möglich ist, muss das Pferd im Winter mindestens dreimal und im Sommer mindestens sechsmal am Tag getränkt werden. Tränken Sie in diesem Fall immer vor dem Füttern.**
- **Ein erhitztes oder müdes Pferd sollte nicht mit eiskaltem Wasser getränkt werden.**
- **Das Wasser in ständig stehen bleibenden Tränkeeimern sollte mindestens zweimal täglich ausgewechselt und im Laufe des Tages aufgefüllt werden. Abgestandendes Wasser wird nicht gern getrunken.**
- **Pferde, die längere Zeit nicht getränkt wurden, sollten nur kleine Mengen Wasser auf einmal bekommen, bis ihr Durst gestillt ist. Das gierige Hinunterstürzen großer Wassermengen könnte schädlich sein.**
- **Auf Distanzritten muss das Pferd so oft wie möglich, mindestens alle zwei Stunden getränkt werden. Jagdpferde sollten auf dem Heimweg trinken.**
- **Wenn den Pferden ständig frisches, sauberes Wasser zugänglich ist, ist es nicht nötig, ihnen vor der Arbeit das Wasser wegzunehmen. Etwa zwei Stunden vor anstrengenden Galopprennen kann der Wassereimer aber weggestellt werden, wenn man es für nötig hält.**
- **Ein erhitztes Pferd sollte nicht zu viel auf einmal trinken. Lassen Sie es nur ein paar Schlucke nehmen, bis sich Puls- und Atemwerte wieder beruhigt haben.**
- **Durch starkes Schwitzen oder lange Transporte bei heißem Wetter können Pferde so viel Flüssigkeit und Salze verlieren, dass sie dehydrieren. Die Salze können durch die Zugabe von Elektrolyten ins Tränkewasser oder Futter ersetzt werden.**

geerntete Heu zu bevorzugen, außer bei tragenden und säugenden Stuten)

Der wichtigste Punkt ist, dass das Heu frei von Staub, Schmutz und Schimmelpilzsporen sein muss; staubiges Heu kann irreparable Lungenschäden verursachen. Solange das Heu sauber ist, können Defizite im Nährstoffgehalt jederzeit durch die Zugabe von Ergänzungsfuttern ausgeglichen werden. Pferden mit Atemwegserkrankungen sollte man Heu geben, das vor dem Füttern gründlich in Wasser eingeweicht wurde.

ALTERNATIVEN ZU HEU

Da Pferde auf ausreichende Zufuhr von Rohfaser angewiesen sind, muss fehlendes Heu unbedingt durch ein anderes, stark rohfaserhaltiges Futter ergänzt werden, wie zum Beispiel:

- Heulage
- Stroh
- Häcksel
- Zuckerrübenschnitzel
- Heu- oder Grascobs

Die meisten dieser Heualternativen (außer Stroh) haben einen höheren Nährstoffgehalt als Heu und müssen deshalb mit Bedacht gefüttert werden. Eventuell muss die Kraftfutterration gekürzt oder geändert werden.

HEULAGE

Heulage liegt in Futterwert und Verdaulichkeit zwischen Gras und Silage. Sie ist sehr schmackhaft und bietet dem Pferd große Mengen schnell verfügbarer Energie, weshalb man sich vor einer Überfütterung in Acht nehmen muss.

Wenn Heulage als Ersatz für Heu dienen soll, muss zur Rationsberechnung das Gewicht von beidem verglichen werden. Heulage enthält viel Wasser und ist folglich schwerer als Heu, sodass eine volumenmäßig kleinere Ration die gleiche Menge an Energie und Protein liefert.

Gras – das natürlichste Pferdefutter.

Heu aus dem zweiten Schnitt, blattreich und »weich«.

Spät gemähtes Heu aus dem ersten Schnitt, mehr Stängel- als Blattanteil.

Der Nachteil der Heulage-Fütterung ist, dass das Pferd weniger Rohfaser erhält und dass es seine Ration in kürzerer Zeit auffrisst als bei Heufütterung. Um die Fresszeit bei Heulage zu verlängern, kann man spezielle engmaschige Heunetze verwenden.

Vor dem Kauf von Heulage sollten Sie sich über die Art der Gewinnung erkundigen und sie analysieren lassen, um die Qualität zu beurteilen. Die richtige Gärung ist wichtig für die Haltbarkeit der Heulage und bestimmt auch die Eignung als Pferdefutter. Die wichtigsten Richtlinien lauten:

- die Trockenmasse sollte zwischen 45 und 65%, idealerweise bei 55-65% liegen
- der pH-Wert sollte zwischen 4,5 und 5,8 liegen. Wenn Heulage einen pH Wert über 6 hat, ist sie nicht sauer genug, um die Entwicklung von potenziell tödlichen Mikroorganismen zu hemmen.

Manchmal wird Heulage auch speziell für Pferde hergestellt. Man lässt das Gras nach dem Mähen trocknen, bis es einen Feuchtigkeitsgehalt von etwa 45% hat und presst es dann in Ballen, die in eine starke Plastikfolie eingewickelt werden.

Das Gras wird durch den Gärungsprozess konserviert. Heulage kann auch aus Luzerne hergestellt werden.

STROH

Gutes Haferstroh kann in kleineren Mengen als brauchbare Rohfaserquelle für Pferde mit gesunden Zähnen dienen, beinhaltet aber nicht genügend Nährstoffe. Es ist ein hervorragendes Füllmaterial für Ponys, die von Heu alleine zu dick werden. Wenn man hungrige Pferde in einen Stall mit Stroheinstreu stellt, fressen sie unter Umständen zu viel Stroh, was zu Verstopfungskoliken führen kann.

HÄCKSEL

Die meisten melassierten Häckselmischungen auf Strohbasis sind dazu gedacht, die Kraftfutterration zu »strecken« und die Fresszeit zu verlängern. Heu-, Luzerne- oder Strohhäcksel sind als teilweiser Ersatz für Heu gedacht, können aber leicht Verstopfungen hervorrufen.

Luzernehäcksel ist als Heuersatz für die meisten Pferde zu gehaltvoll, aber mit seinem hohen Gehalt an Energie, Protein, Mineralien und Vitaminen nützlich als Zusatzfutter für stark arbeitende Pferde. In den USA und Kanada ist diese Art der Fütterung sehr verbreitet und die fertigen Häckselmischungen sind überall im Handel erhältlich.

ZUSAMMENSETZUNG VON HEU UND ANDEREM STRUKTURFUTTER

FUTTER	ROHPROTEIN (%)	ROHFASER (%)	VERD. ENERGIE (MJ/KG)	TROCKENMASSE (%)
Heu	4.5-10	30-40	7-10	80
Heulage	8-14	30-38	9-11.5	55-65
Stroh	3	40	6	88
Zuckerrübenschnitzel	7	34	10.5	Eingeweicht füttern
Luzernehäcksel	15-16	32	9-10	80
Luzerne-/Strohhäcksel	10.5	38	7	80
Heucobs/-pellets	9	20	8.5	85
Gras	16	36	9-10	85

ZUCKERRÜBENSCHNITZEL
Zuckerrübenschnitzel sind ein Zwischending zwischen Struktur- und Kraftfutter. Die Zuckerrübe ist ein Wurzelgemüse, das zur Gewinnung von Zucker angebaut wird. Nach der Extraktion des Zuckers bleiben nur noch Faserstoffe und Brei übrig. Diesem fügt man Melasse hinzu, trocknet ihn und presst ihn in Würfel oder Pellets zu Trockenschnitzeln. Diese haben einen ähnlichen Energiegehalt wie Hafer, da die Energie aber aus verdaulicher Faser und nicht wie beim Hafer aus Stärke stammt, haben sie eine weniger aufputschende Wirkung. Zuckerrübenschnitzel müssen reichlich mit Wasser bedeckt und mindestens zwölf Stunden lang eingeweicht werden.

Häcksel

Sie müssen jeden Tag frisch zubereitet werden, da sie besonders bei warmem Wetter schnell gären. Man kann einem Pferd bis zu 1,8 kg Zuckerrübenschnitzel (Trockenmasse) pro Tag füttern, das entspricht etwa vier Futterscheffeln eingeweichter Schnitzel. Es gibt auch unmelassierte Zuckerrübenschnitzel im Handel, die weniger lösliche Kohlenhydrate enthalten.

KRAFTFUTTER
Das Kraftfutter kann wieder in zwei Gruppen eingeteilt werden, nämlich in
- Reines Getreide
- Futtermischungen

Eingeweichte Zuckerrübenschnitzel

GETREIDE
Hierzu gehören beispielsweise Hafer, Gerste und Mais; allesamt Kohlenhydratquellen mit einem hohen Stärkegehalt. Hinsichtlich des Mineralstoffgehaltes ist Getreide aber ungünstig, da es weniger Kalzium und viel Phosphor enthält - was für Pferde gerade andersherum sein müsste. Der Proteingehalt mag gut erscheinen, da das enthaltene Protein aber nur wenig Lysin (eine essenzielle Fettsäure) enthält, ist es von niedriger Qualität. In der Futtermittelherstellung wird Getreide deshalb mit Vitamin- und Mineralstoffvormischungen sowie hochwertigen Proteinquellen ergänzt.

Das Pferd ist von Natur aus nicht zum Fressen von Körnern eingerichtet, weshalb man bei der Fütterung Vorsicht walten lassen sollte.

Wegen der geringen Magenkapazität des Pferdes dürfen nicht mehr als 2,5 kg pro Mahlzeit gegeben werden.

Getreide kann, bevor es in den Handel kommt, auf verschiedene Weise weiterverarbeitet und aufgeschlossen werden, z.B. durch:

- Extrusion - Kochen unter hohem Druck, was die Stärkemoleküle aufspaltet und das Futter leichter verdaulich macht
- Mikronisation - Verarbeitung zu Flocken und Anrösten, was ebenfalls die Stärke leichter verdaulich macht
- Walzen - die Körner werden aufgebrochen. Sobald die Schale geöffnet ist, beginnt das Korn Nährwert zu verlieren und muss innerhalb von zwei Wochen verfüttert werden
- Dampfbehandlung - die Körner laufen durch heiße Walzen, die sie kochen und aufbrechen. Auch hier wird die Stärke leichter zugänglich gemacht und die Verdaulichkeit gefördert.

FUTTERMISCHUNGEN
Futtermischungen können in drei Gruppen unterteilt werden:

- Rohfaserreiche Pellets
- Konzentrierte Pellets oder Körnermischungen als alleiniges Kraftfutter
- Ergänzungsfutter in Form von Pellets, Körnermischungen oder Proteinkonzentraten

Rohfaserreiche Pellets sind als teilweiser oder kompletter Ersatz für Heu und Kraftfutter gedacht. Man verwendet sie vor allem für übergewichtige

AUSSEHEN, NÄHRWERT UND FÜTTERUNGSHINWEISE EINIGER ENERGIEQUELLEN

Hafer

Gerste

Mais

Kleie

FUTTER	BESCHREIBUNG	NÄHRWERT	FÜTTERUNGSHINWEISE
Hafer	Rundlich, glänzend, sauber und staubfrei. Verfütterung ganz oder gequetscht.	8-13% Rohprotein 11-14 MJ vE/kg 10-12% Rohfaser 4,5% Fett Niedriger Gehalt an Kalzium, Vitamin B-Komplex, Vitamin A und Lysin.	Schmackhaft, leicht verdaulich, »sicherer« zu verfüttern als andere Getreidesorten, reich an Faser, wenig Energie, leichtes Gewicht. Kann als alleiniges Kraftfutter gegeben werden. Darf erst 3 Monate nach der Ernte gefüttert werden
Schälhafer	Hafer ohne Hülsen.	13% Rohprotein 16 MJ vE/kg 3% Rohfaser 9% Fett	Hohe Energiedichte. Gut für Leistungspferde mit schlechtem Appetit.
Gerste	Rundlich, staubfrei. Verfütterung gewalzt, in Flocken, mikronisiert oder gekocht. Wärmebehandelte Gerste ist leichter verdaulich und enthält weniger Stärke.	8-10% Rohprotein 12-13 MJ vE/kg 5% Rohfaser 2% Fett Niedriger Gehalt an Kalzium, Vitamin-B-Komplex, Vitamin A und Lysin.	Enthält mehr Energie und weniger Faser als Hafer und ist schwerer. Manche Pferde reagieren allergisch; das Problem kann durch Kochen gelöst werden. Kann als alleiniges Kraftfutter gegeben werden.
Mais	Kann ganz verfüttert werden, in der Regel aber in Flockenform oder gewalzt.	8% Rohprotein 14-15 MJ vE/Kg 3% Rohfaser 4% Fett	Das Getreide mit der höchsten Energiedichte, schmackhaft und gut verdaulich. Gut für schlechte Futterverwerter oder Pferde mit sehr hohem Energiebedarf. Sollte nicht mehr als 25% der Kraftfutterration ausmachen.
Kleie	Nebenprodukt der Mehlproduktion. Sollte staubfrei sein und nicht klumpen. Kann als Mash gefüttert werden; leicht abführende Wirkung.	15% Rohprotein 10 MJ vE/kg 11% Rohfaser 3% Öl Nicht sehr rohfaserhaltig, wenig Kalzium.	Schmackhaft, sehr leichtes Gewicht. Teuer. Darf nicht mehr als 10% der Kraftfutterration ausmachen. Sollte mit Futterkalk vermischt werden.

FUTTER	BESCHREIBUNG	NÄHRWERT	FÜTTERUNGS-HINWEISE
Öl	Vorzugsweise Sonnenblumen-, Weizenkeim- oder Sojaöl.	0% Rohprotein 35 MJ vE/kg 0% Rohfaser. Sehr gute Energiequelle, Lebertranöl enthält die Vitamine A, D und E sowie essenzielle Fettsäuren.	Erhöht den Vitamin E Bedarf. 300 ml ersetzen 900 g Hafer.

AUSSEHEN, NÄHRWERT UND FÜTTERUNGSHINWEISE EINIGER PROTEINQUELLEN

FUTTER	BESCHREIBUNG	NÄHRWERT	FÜTTERUNGS-HINWEISE
Leinsamen	Kleine, braun glänzende Körnchen. Auch als Fertigprodukt in Kuchen-, Pellets- oder Pulverform erhältlich (Kochen entfällt dann).	22% Rohprotein 18 MJ vE/kg 7% Rohfaser 31% Öl Wenig wertvolles Protein. Teuer. Wird häufig durch Sojabohnenmehl ersetzt.	Schmackhaft, gibt glänzendes Fell. Muss gekocht werden, um die giftige Blausäure zu entfernen. Nimmt während des Kochens eine geleeartige Konsistenz an. Leicht abführend.
Sojabohnen	Rohe Bohnen enthalten Toxine und müssen wärmebehandelt werden. Können entfettet als Sojaextraktionsschrot (Proteinquelle) oder mit vollem Fettgehalt gegeben werden (Energie und Protein).	44% Rohprotein 13 MJ vE/kg 6% Rohfaser 1% Fett bei Sojaextraktionsschrot, sonst bis zu 20% Fett.	Sehr hochwertiges Protein für Pferde. Das Fett schafft glänzendes Fell. Kann zur traditionellen Heu/Hafer Ration als alleinige Proteinquelle dazu gegeben werden.
Erbsen und Bohnen	Verfütterung mikronisiert oder dampfbehandelt (Flocken).	24% Rohprotein 13 MJ ve/kg 6% Rohfaser 5% Fett Gute Lysinquelle.	Schmackhaft, oft in Futtermischungen enthalten.
Milchpulver		34% Rohprotein 15 MJ vE/kg 0% Rohfaser 0,6% Fett Reich an Lysin.	Schmackhaft. Energie kann nur von Saugfohlen genutzt werden. Teuer.

Ponys oder bei Heuknappheit. Sie sind auch nützlich, um anstelle des Kraftfutters bei Pferden in einer Ruhepause die Kondition zu erhalten. Sie sollten zusammen mit Häcksel gegeben werden.

Konzentrierte Pellets oder Körnermischungen stellen eine ausgewogene Nahrung für alle Pferde dar und sind zur Fütterung mit Heu und Wasser gedacht. Je nach Pferdetyp gibt es verschiedene Mischungen: proteinreich für Jungpferde, energiereich für Leistungspferde und energiearm für Pferde in Ruhe oder mit geringer Arbeitsbelastung.

Außerdem gibt es Ergänzungsfuttermischungen in Form von Pellets oder Körnermischungen, die

Pellets

Müslimischung

dazu gedacht sind, das durch reine Getreidefütterung entstehende Ungleichgewicht auszugleichen (z.B. je zur Hälfte Hafer und Ergänzungsfuttermix). Beides in Kombination ergibt in Ergänzung zum Heu eine ausgewogene Gesamtration.

Laut Gesetz müssen die Inhaltsstoffe aller Futtermischungen auf der Futtermitteldeklaration angegeben werden.

Folgendes muss dort enthalten sein:

- % Rohfett (vom Gesamtgewicht)
- % Rohprotein (vom Gesamtgewicht)
- % Rohfaser (vom Gesamtgewicht)
- % Asche (vom Gesamtgewicht)
- Menge der zugesetzten Vitamine A, D und E
- Absoluter Selengehalt (mg/kg), falls synthetisches Selen hinzugefügt wurde
- Eventueller Zusatz von Antioxidanten

Manche Hersteller geben zusätzlich die verdauliche Energie und das verdauliche Rohprotein an, dies ist aber nicht vorgeschrieben. Auch das Verfalldatum muss angegeben sein.

Die Vorteile der Verwendung von Mischfuttern sind:

- sie enthalten alles, was das Pferd braucht; weitere Zusätze sind nicht nötig
- es gibt passende Futter für jeden Pferdetyp
- sie sind von gleichbleibender Qualität und werden unter strengen Qualitätskontrollen hergestellt
- sie sind lange lagerfähig und haben ein aufgedrucktes Haltbarkeitsdatum
- sie sind fast staubfrei und deshalb auch für Stauballergiker geeignet
- sie sind sehr schmackhaft - viele sind speziell für schlechte Fresser entwickelt. Vorsicht vor Überfütterung.

LAGERUNG VON KRAFTFUTTER

Kraftfutter muss in einem für Pferde unzugänglichen und sicheren Futterraum gelagert werden. Der Raum muss trocken, gut belüftet und kühl sein sowie sauber und hygienisch gehalten werden. Säcke sollten auf Paletten gelegt und vor direktem Sonnenlicht und Hitze geschützt werden. Futter aus offenen Säcken muss in ungeziefersichere Behälter umgefüllt werden. Brauchen Sie Reste alten Futters auf und reinigen Sie den Behälter, bevor Sie neues Futter einfüllen.

MINERALFUTTER

Mineralfutter werden der Ration zugegeben, um sie auszubalancieren oder einen Mangel zu beheben.

Gängige Mineralfutter enthalten:

- Vitamine, z.B. Biotin
- Mineralien, z.B. Futterkalk
- Breitspektrum-Mischung von Vitaminen, Mineralien und Spurenelementen
- Körpersalze (Elektrolyte)

Ein Stallpferd benötigt vermutlich zusätzlich die Vitamine A, D und E sowie Folsäure. Bei Leistungspferden, die viel Kraftfutter und wenig Gras erhalten, können Vitamine der B-Gruppe nötig sein.

Bei den Spurenelementen treten hauptsächlich Mängel an Kupfer, Selen, Mangan, Jod und Zink auf.

Denken Sie beim Füttern von Mineralfutter daran:

- Lesen Sie vorher die Fütterungshinweise des Herstellers
- Verwenden Sie den beigefügten Messbecher und verschließen Sie nach Gebrauch gut den Deckel
- Lagern Sie das Futter kühl und trocken, nicht in direktem Sonnenlicht
- Kaufen Sie nicht zuviel auf einmal, damit Sie es vor Ablauf des Haltbarkeitsdatums verfüttern können
- Bedenken Sie, dass viele Futtermischungen bereits mineralisiert und vitaminisiert sind; wenn das Pferd die empfohlene Menge einer solchen Mischung bekommt, braucht es kein weiteres Mineralfutter
- Die meisten Pferde benötigen ein Mineralfutter, um die Gesamtration auszubalancieren
- Führen Sie neue Mineralfutter stufenweise ein und erhöhen Sie die Dosis über eine Woche lang bis zur endgültigen Menge.

Die Zugabe von Mineralfutter ist nötig, wenn

- das Pferd sonst Futter schlechter Qualität erhält
- hohe Leistungen von ihm verlangt werden
- das Pferd unter Stress steht (Alter, Krankheit, Wachstum)
- Salz muss zugefüttert werden, falls das Pferd keinen Zugang zu einem Salzleckstein hat
- Körpersalze (Elektrolyte) sind wichtig für Leistungspferde und müssen jedes Mal gegeben werden, wenn das Pferd stark geschwitzt hat
- Getreiderationen müssen mit Futterkalk oder Dikalziumphosphat ergänzt werden.

BEISPIELE FÜR DEN AUFBAU VON FERTIGFUTTERN

	UNTERSCHIEDLICHE ARBEITSBELASTUNG	PROTEIN (%)	FETT (%)	ROHFASER (%)	VERD. ENERGIE (MJ VE/KG)
	***Ruhe od. leichte Arbeit***				
	Müslimix	8.5	2.2	15	9
	Pellets	9	2	18	8.5
	***Leichte bis mittlere Belastung***				
	Müslimix	10	3.25	11	10
	Pellets	10	3.25	15	9.5
	***Mittlere bis hohe Belastung***				
	Müslimix	12	3.25	8	12
	Pellets	11.5	3.25	12	11
	***Extreme Belastung***				
	Müslimix	14	5	6	14
	Pellets	14	4	9.5	13
	***Altes Pferd***	11	4.5	11	11
	***Showkondition***	12	4.25	9	12

Organisieren Sie die Futterkammer so, dass jedes Futtermittel klar gekennzeichnet in einem feuchtigkeits und nagetiersicheren Behälter untergebracht ist.

ZUSATZFUTTERMITTEL
Weitere Zusatzfuttermittel, die zu einer bereits ausbalancierten Gesamtration gegeben werden können, umfassen beispielsweise

- Enzyme - biologische Katalysatoren zur Förderung der Verdauung
- Kräuter - als natürliche Alternative zu Mineralfutter
- Probiotische Futtermittel - »lebende« Bakterien zur Wiederbelebung der Darmflora nach einer Behandlung mit Antibiotika oder nach Stress
- Hefe - um die Zahl der Rohfaser verwertenden Bakterien im Dickdarm zu erhöhen

RATIONSBERECHNUNG

Richtige Pferdefütterung wird in der Regel als eine Kombination von Erfahrung, Wissen und »Gefühl« gesehen.

Die Futtermenge, die ein Pferd benötigt, hängt von mehreren Faktoren ab, darunter:

- Kondition
- Alter
- Größe
- Gesundheitszustand
- Typ
- Rasse
- Arbeitsbelastung
- Einsatz in der Zucht
- Temperament
- Umwelt

EINE RATION BERECHNEN
Die Ration für ein bestimmtes Pferd kann mit folgenden vier einfachen Schritten ermittelt werden:

- Schätzen Sie Körpergewicht und Konditionszustand des Pferdes ab
- Bewerten Sie den Appetit des Pferdes
- Setzen Sie das Verhältnis von Raufutter zu Kraftfutter fest
- Berechnen Sie die Ration

Eine einfache Methode zur Berechnung des Körpergewichtes bei Pferden besteht darin, ein Bandmaß um den Brustkorb zu legen und mit der unten stehenden Tabelle das ungefähre Verhältnis von Größe, Brustkorbumfang und Gewicht zu ermitteln.

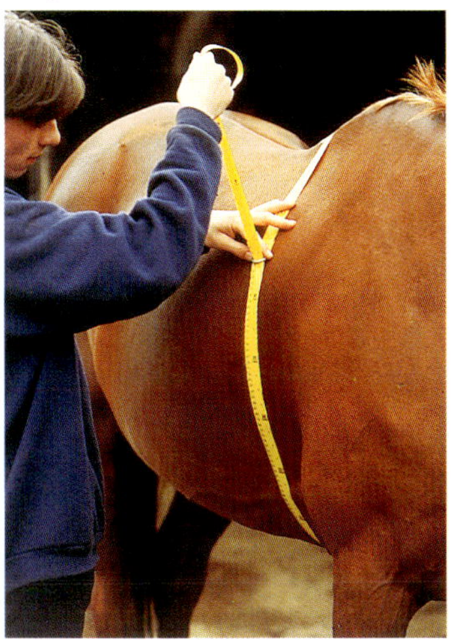

STOCKMASS	BRUSTUMFANG	KÖRPERGEWICHT
(cm)	(cm)	(kg)
111	135-145	200-260
122	140-150	230-290
132	150-160	290-350
142	160-170	350-420
152	170-185	420-520
162	185-195	500-600
172	195-210	600-725

Wie viel ein Pferd wiegt wird auch davon beeinflusst, in welchem Konditionszustand es sich befindet. Das wiederum beeinflusst, wie viel Sie füttern müssen - ein dünnes Pferd braucht mehr Futter als ein dickes.

BEWERTUNG DES FUTTERZUSTANDES

Um den Futterzustand eines Pferdes zu bewerten, stellen Sie sich direkt hinter es und schauen Sie, von wie viel Fleisch Becken und Darmbein bedeckt sind. Vergleichen Sie Ihre Ergebnisse mit den Kommentaren in der unten stehenden Tabelle. Berücksichtigen Sie, dass hart arbeitende Pferde wie Distanz- und Militarypferde üblicherweise etwas dünner gehalten werden als Dressur- oder Springpferde.

FUTTERZUSTAND	**HINTERHAND**	**RÜCKEN UND RIPPEN**	**HALS UND SCHULTERN**
0: Extrem abgemagert	Tiefe Höhlen unter dem Schweif und auf jeder Seite der Kruppe. Becken eckig. Kein fühlbares Fettgewebe zwischen Haut und Knochen.	Wirbelfortsätze deutlich tastbar. Haut über den Rippen eng anliegend.	»Hirschhals« (Oberlinie konkav statt konvex); Hals sehr schmal; Knochenstruktur und Knochenstruktur der Schulter sichtbar. Kein Fettgewebe.
1: Mager	Becken und Kruppe deutlich konturiert, kein Fettgewebe, aber lockere Haut. Hungerlinien (tiefe Furchen entlang der Hinterhandmuskulatur beiderseits des Schweifes). Vertiefung unter dem Schweif.	Rippen und Wirbelsäule klar konturiert, Haut aber locker über den Knochen verschiebbar.	»Hirschhals«, schmaler Hals, flach mit Muskeln bedeckt. Schulter akzentuiert, von wenig Fett bedeckt.
2: Mäßig dünn	Kruppe deutlich konturiert, aber etwas Fettgewebe unter der Haut. Becken leicht tastbar, leichte Vertiefung unter dem Schweif. Nicht offensichtlich dünn.	Wirbelsäule nur knapp von Fettgewebe bedeckt, einzelne Wirbelfortsätze nicht sichtbar, aber leicht tastbar. Rippen knapp sichtbar.	Hals schmal, aber fest. Schulter nicht offensichtlich dünn.
3: Mäßig fleischig	Gesamte Beckenregion rund, nicht eckig und keine Rinnen entlang der Hinterhand. Haut geschmeidig und locker, Becken leicht tastbar.	Wirbelsäule und Rippen gut von Fleisch bedeckt, aber leicht tastbar.	Hals geht harmonisch in den Körper über. Kein Halskamm, außer bei Hengsten. Fettschicht über der Schulter.
4: Übergewichtig	Becken in Fettgewebe eingesunken und nur bei kräftigem Druck tastbar. Rinne in der Mitte der Kruppe.	Wirbelsäule und Rippen gut bedeckt und nur bei kräftigem Druck tastbar. Rinne in der Rückenmitte.	Breit, fest mit Falten von Fettgewebe, leichter Halskamm, sogar bei Stuten. Fettablagerungen hinter der Schulter.
5: Extrem übergewichtig	Becken von fester Fettschicht umhüllt und nicht mehr tastbar.	Der Rücken wirkt flach, deutliche Rinne über der Wirbelsäule. Rippen nicht fühlbar.	Sehr breit und fest, deutlicher Halskamm, sogar bei Stuten. Schulter quellend fett.

Sehr mager

Mager

Mittelmäßig

Gut

Übergewichtig

Extrem übergewichtig

APPETIT
Der Appetit bezieht sich auf die benötigte Futtermenge pro Tag. Der Appetit der meisten Pferde entspricht etwa 2,5% ihres Körpergewichtes. Die Tabelle unten zeigt die Futtermenge (in Trockenmasse), die ein Pferd zur Erhaltung plus Verrichtung leichter Arbeit benötigt.

Körpergewicht	200 kg	400 kg	450 kg	500 kg	550 kg	600 kg
Mäßige Arbeit: Appetit= 2,5% des Körpergewichtes	5 kg	10 kg	11.5 kg	12.5 kg	13.5 kg	14.5 kg

VERHÄLTNIS VON RAUFUTTER ZU KRAFTFUTTER
Ein leicht arbeitendes Pferd braucht mehr Heu und weniger Energiefutter, während ein hart arbeitendes Pferd weniger Heu und mehr energiehaltiges Kraftfutter benötigt.

Richtwerte zum Verhältnis Raufutter zu Kraftfutter

Arbeitsbelastung	**Raufutter %**	**Kraftfutter %**
Ruhe	90-100	0-10
Leicht	75-80	20-25
Mäßig	65-70	30-35
Hart	55-65	35-45
Intensiv	40-50	50-60

Es wird empfohlen, dass Raufutter mindestens 50% der Ration ausmachen sollte; je größer die körperliche Aktivität, desto weniger Rohfaser frisst das Pferd jedoch vermutlich.

DIE RATION
Nehmen wir zur Errechnung einer Beispielration ein 162 cm großes Pferd mit mäßiger Arbeitsbelastung:

- Das Pferd wiegt 500 kg
- Es hat einen Appetit von etwa 12,5 kg
- Es bekommt 30% Kraftfutter und 70% Raufutter.

Das entspricht einer Ration von 3,75 kg Kraftfutter und 8,75 kg Raufutter.

Ration für ein 162 cm großes und 500 kg schweres Pferd bei verschiedenen Leistungsanforderungen

Arbeitsbelastung	**Heu**	**Kraftfutter**	**Bemerkung**
Ruhe	10-12 kg	1-2 kg	Menge abhängig von Wetter, Grasangebot etc.
Leicht	9-10 kg	2.5-3 kg	Niedrigenergie-Mischfutter
Mäßig	8-9 kg	4-4.5 kg	Mischfutter mittleren Energiegehalts
Hart	6.5-8 kg	4.5-5.5 kg	Sehr energiereiches Futter
Intensiv	5-6 kg	6-7.5 kg	Hochleistungsfutter oder reiner Hafer

Der nächste Schritt besteht in der Auswahl des Kraftfutters je nach individuellen Bedürfnissen des Pferdes und Ihrer persönlichen Vorlieben. Sobald Sie eine Ration festgesetzt haben, müssen Sie unbedingt die Reaktionen des Pferdes auf die neue Ration beobachten:

- Frisst das Pferd auf? Wenn es Futter übrig lässt, haben Sie vielleicht seinen Appetit überschätzt, das Futter schmeckt nicht oder das Pferd fühlt sich nicht wohl.
- Sind Temperament und Leistung des Pferdes verändert?
- Gewinnt das Pferd an Kondition, hält oder verliert es sie?

Wenn Pferde auch im Winter auf der Weide gehalten werden, kann die Zugabe von Kraftfutter nötig sein.

PRAKTISCHE PFERDEFÜTTERUNG

FRESSVERHALTEN VON PFERDEN

Wie alle anderen Tiere auch können Pferde zu Futterzeiten futterneidisch werden. Das ist besonders auf Weiden und Ausläufen der Fall, wo das Pferd die Konkurrenz der anderen spürt und eventuell beißt oder schlägt, um sein Futter zu verteidigen.

Für den Pfleger bedeutet dies, dass er beim Füttern stets sehr aufmerksam und sicherheitsbewusst zu sein hat. Pferde haben verschiedene Persönlichkeiten und verschiedene Fressgewohnheiten; manche sind immer gierig und werfen in ihrem Eifer den Eimer um, während andere vorsichtiger sind und nur fressen, wenn es auf dem Hof ruhig ist. Ganz wichtig ist, dass der Pferdebesitzer diese Gewohnheiten kennt, um alle Abweichungen vom Normalen registrieren und entsprechend reagieren zu können. Eine Veränderung in den Fress- und Trinkgewohnheiten ist oft ein Frühzeichen für eine Erkrankung. Sobald ein Pferd sich an eine Fütterungsroutine gewöhnt hat, wäre es unklug, Futterart, -zeit und -methode plötzlich zu ändern.

GRAS ALS HAUPTFUTTER

Manche Weidepferde brauchen zusätzlich Kraft- oder Mineralfutter, je nach Wetterbedingungen, Typ, Größe, Alter und Arbeitsbelastung.

FÜTTERN, TRÄNKEN UND BELASTUNG

Die Futtermenge, die ein Pferd vor Beginn der Arbeit bekommen sollte, hängt von der Höhe der zu erwartenden Arbeitsbelastung ab.

Ein Galopper bekommt mehrere Stunden vor dem Rennen kein Futter mehr. Ein junges Vielseitigkeitspferd bekommt am Morgen des Wettkampftages eventuell eine Kraftfutterration und ein kleines Netz Heu, aber vor Ende der Geländeprüfung kein ballaststoffreiches Futter mehr.

Zwischen Kraftfuttergabe und hoher körperlicher Anstrengung müssen mindestens vier Stunden Verdauungspause liegen.

Falls das Pferd sonst ständigen Zugang zu Wasser hat, macht es keinen Sinn, ihm den Wassereimer vor der Arbeit wegzunehmen. Der Flüssigkeits- und Elektrolythaushalt des Körpers ist wichtig, weshalb das Pferd ständig auf Dehydration (Austrocknung) hin beobachtet werden muss. Vergewissern Sie sich, ob das Pferd trinkt und geben Sie dem Futter oder Wasser Elektrolyte zu. Geben Sie dem Pferd nach der Arbeit kleine Mengen Wasser in regelmäßigen, häufigen Abständen.

Müde Pferde sind mit einer sehr großen Futterration oft überfordert. Am besten begegnet man dem, indem man die Ration in zwei Portionen aufteilt. Der Appetit zeigt an, wie müde das Pferd ist. So lange bis es wieder wie gewohnt frisst, sollte sein Zustand sorgfältig beobachtet werden.

PRAKTISCHE PFERDEFÜTTERUNG: HEU

Ein gewisser gesunder Menschenverstand in der Fütterungspraxis hilft, Probleme und Vergeudung von Futter zu vermeiden. Im Idealfall wird Heu auf Weiden oder in Ausläufen aus großen Rundraufen gegeben, die sicher konstruiert sind und regelmäßig versetzt werden. Sie müssen an einer gut drainierten Stelle und weit genug weg vom Zaun stehen, sodass genügend Platz rundherum ist.

◀ Das Heunetz muss sicher und so hoch angebracht werden, dass sich das Pferd nicht mit den Beinen darin verfangen kann - auch nicht, wenn das Netz leer ist und tiefer herab baumelt.

Alternativen dazu sind Heunetze, die sicher an einen stabilen Zaunpfosten oder Baum gebunden werden können, und zwar so hoch, dass sie im leeren Zustand etwa in Brusthöhe des Pferdes hängen. Man kann auch Heuhaufen auf dem Boden verteilen, was verschwenderisch, aber sicher ist. Bei beiden Methoden müssen Sie mindestens eine Futterstelle mehr anlegen, als Pferde da sind, um Futterneid und Aggressionen zu verhindern. Platzieren Sie das Heu an geschützter, trockener Stelle mit mindestens je vier Metern Abstand.

PRAKTISCHE PFERDEFÜTTERUNG: KRAFTFUTTER

◀ Vermeiden Sie Stress, indem Sie täglich alle Pferde möglichst zur gleichen Zeit füttern. Wenn ein Pferd zu einer anderen Zeit gefüttert werden muss, bringen Sie es außer Sichtweite der Artgenossen.

◀ Manche Weidepferde benötigen je nach Wetterbedingungen, Typ, Alter, Größe und Arbeitsbelastung verschiedene Zusatzfutter. Bei Fütterung im Freien muss auf genügend Abstand zwischen den Pferden geachtet werden. Kraftfuttermahlzeiten müssen immer überwacht werden, damit keine gefährlichen Situationen entstehen (siehe links).

◀ Die Futtereimer müssen regelmäßig gereinigt werden, damit die Reste keinen stockigen Belag bilden, der das frische Futter verdirbt.

PFERDESCHÄDEL VON DER SEITE MIT BACKENZÄHNEN, HAKENZÄHNEN UND SCHNEIDEZÄHNEN

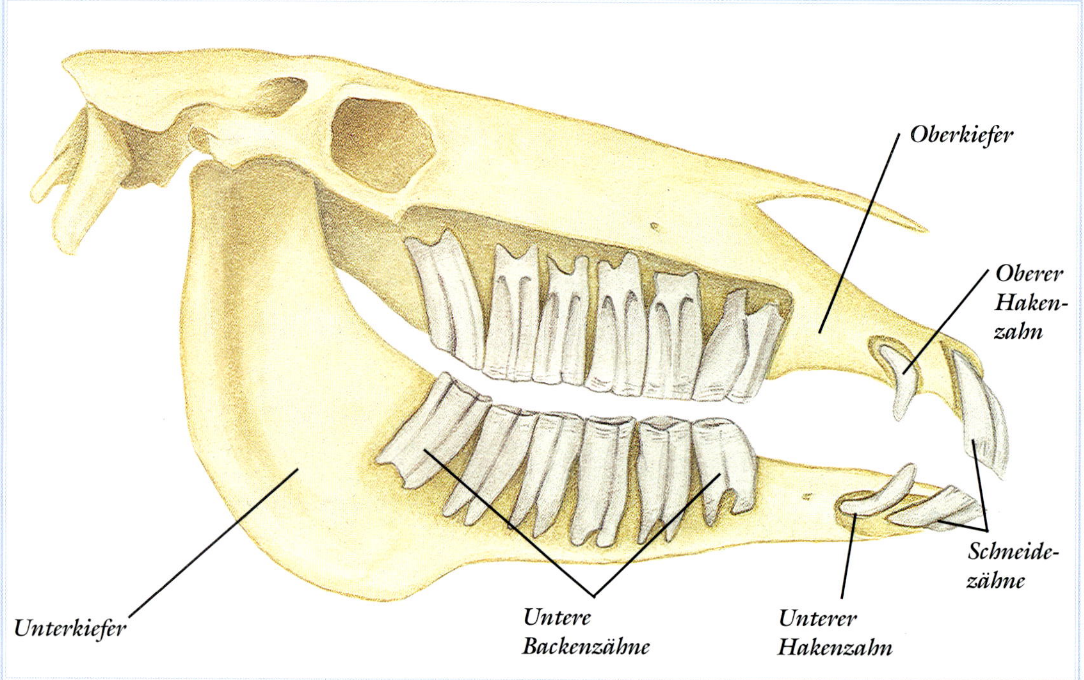

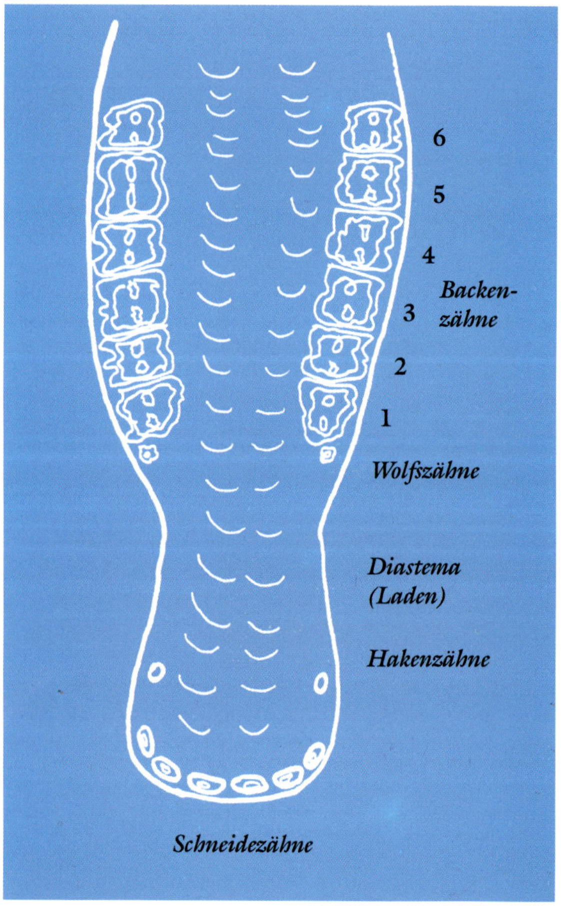

Der Oberkiefer des Pferdes mit den Molaren (Backenzähnen), Wolfszähnen, Hakenzähnen und Schneidezähnen.

HÄUFIGE PROBLEME DES VERDAUUNGSSYSTEMS

MAUL- UND ZAHNPROBLEME

Erwachsene Pferde haben alle an Ober- und Unterkiefer jeweils sechs Schneidezähne vorn und sechs Backenzähne an der Seite. Den zahnfreien Raum zwischen Schneide- und Backenzähnen nennt man Laden. Zusätzlich zu Schneide- und Backenzähnen kann ein Wolfszahn vorhanden sein, der knapp vor den Backenzähnen in Ober- und Unterkiefer sitzt. Hengste und Wallache haben außerdem Hakenzähne, die im vorderen Bereich der Laden sitzen. Der Hauptunterschied zwischen Pferde- und Menschengebiss ist, dass beim Pferd auch im Erwachsenenalter die Zähne das ganze Leben hindurch weiterwachsen. Das kontinuierliche Wachstum verhindert schnellen Abrieb durch das sehr hartfaserige Futter und sorgt für Nachschub. Form, Winkel und Markierungen an der Kaufläche der Zähne (die sog. Kunden) verändern sich mit dem Alter des Pferdes, weshalb man anhand der Zähne das Alter eines Pferdes zu schätzen versucht. Die Altersschätzung anhand der Zähne ist ab einem Alter von sechs Jahren aber sehr ungenau, sodass Abweichungen von mehreren Jahren entstehen können (s. Kap. 12, Zahnaltersbestimmung). Die oberen Backenzähne stehen etwas weiter auseinander als die anderen, weshalb die äußeren Ränder der oberen und die inneren Ränder der unteren Backenzähne langsamer abgerieben werden können als der Rest.

Das Resultat sind scharfe Kanten (»Zahnhaken«), die regelmäßiger Aufmerksamkeit bedürfen (siehe Zahnpflege, Kap. 2).

ZAHNFLEISCHENTZÜNDUNG
Ursache: Entzündung des harten Gaumens im Oberkiefer durch Hervorbrechen der oberen Schneidezähne beim jungen Pferd.
Symptome: Schwellung und Hervortreten des harten Gaumens.
Behandlung: Keine erforderlich. Dies ist ein völlig natürlicher Vorgang und die Symptome verschwinden, sobald die Zähne vollständig durchgebrochen sind. Entgegen landläufiger Meinung ist Vitamin- oder Mineralmangel nicht die Ursache.

KARPFENGEBISS (ÜBERBISS)
»Karpfengebiss« nennt man ein Gebiss, bei dem die Schneidezähne des Oberkiefers über die des Unterkiefers hinaus ragen.
Ursache: Dies ist ein angeborener Defekt, dessen Ursache unbekannt ist. Kann erblich sein.
Symptome: Hervortreten der oberen Schneidezähne, bei geöffneten Lippen sichtbar.
Behandlung: In den meisten Fällen handelt es sich um ein rein kosmetisches Problem, das keine Behandlung erfordert. In schweren Fällen, wenn die

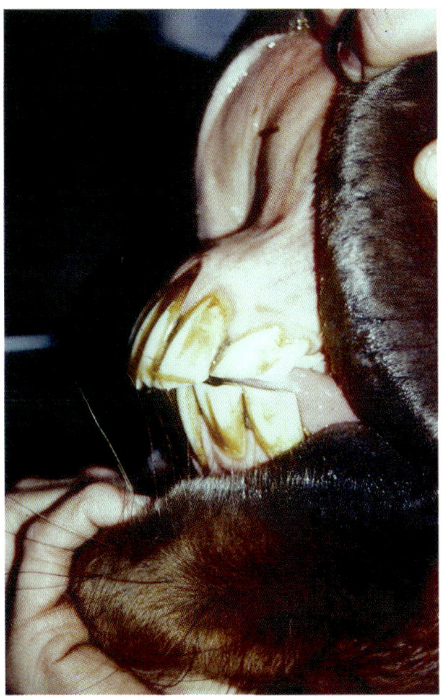

◂ *Karpfengebiss*

oberen und unteren Schneidezähne überhaupt nicht aufeinander treffen, kann bei Fohlen eine operative Korrektur vorgenommen werden.

PRIEMEN
Man nennt es Priemen, wenn ein Pferd halb zerkautes Heu oder anderes Fasermaterial aus dem Maul fallen lässt. In der Regel ist es aufgerollt, in Speichel gehüllt und hat die Form einer kleinen Zigarre.
Ursache: Jedes Problem, das Schmerzen und Schwierigkeiten beim Kauen verursacht, bringt ein Pferd zum Priemen. Am häufigsten sind scharfe Zahnhaken an den äußeren Rändern der oberen und den inneren Rändern der unteren Backenzähne, da diese Bereiche sich langsamer abnutzen als der restliche Zahn. Auch Zahnfrakturen, Abszesse, Wellen-, Scheren- oder Stufengebiss (s. Seite 71) können zum Formen von Futterröllchen führen.
Symptome: Fallenlassen von Futter aus dem Maul, Gewichtsverlust, eventuell übel riechender Atem.
Behandlung: Scharfe Zahnhaken müssen durch Raspeln vom Tierarzt entfernt werden. Regelmäßige Zahnkontrolle und -pflege hilft auch anderen Problemen vorzubeugen.

WOLFSZÄHNE
Die Wolfszähne brechen nicht bei allen Pferden durch die Gaumenoberfläche durch, und wenn sie es tun, bleiben sie kleiner als die übrigen Zähne und haben wesentlich kürzere Wurzeln. Obwohl sie in der Regel wenig Schwierigkeiten verursachen, wird ihnen häufig die Schuld an Problemen wie Kopfschlagen oder schlechtem Annehmen des Trensengebisses zugeschrieben.
Ursache: Schwierigkeiten werden durch die kleinen

Dieses Pferd lässt halb zerkautes Heu in Röllchenform aus dem Maul fallen - ein Indiz für Zahnprobleme.

und spitzen Zähne verursacht, die gegen das Zahnfleisch drücken und Schmerzen hervorrufen.
Symptome: Kauprobleme oder Kopfschlagen.
Behandlung: Können relativ einfach unter lokaler Anästhesie operativ entfernt werden.

ZAHNINFEKTIONEN

Die Zähne betreffende Infektionen können in jedem Lebensalter des Pferdes auftreten. Manche Tiere zeigen nur geringe Schmerzäußerungen, andere fühlen sich sehr unwohl oder zeigen sich teilnahmslos.
Ursache: Sie können durch Zahnfrakturen, Defekte in der Zahnentwicklung, Erkrankungen des Zahnfleisches oder Zahnwurzelentzündungen entstehen.
Symptome: Verschieden je nach betroffenem Zahn und Ursache der Infektion. Manchmal erhöhte Körpertemperatur und Futterverweigerung. Die meisten Pferde lassen Futterröllchen aus dem Maul fallen, haben einen übel riechenden Atem und Futterreste rund um den betroffenen Zahn. Manchmal einseitiger Nasenausfluss, bei anderen Pferden mitunter deutlich sichtbare Schwellungen mit Eiterabsonderung im Gesichtsbereich.
Behandlung: Die meisten infizierten Zähne müssen

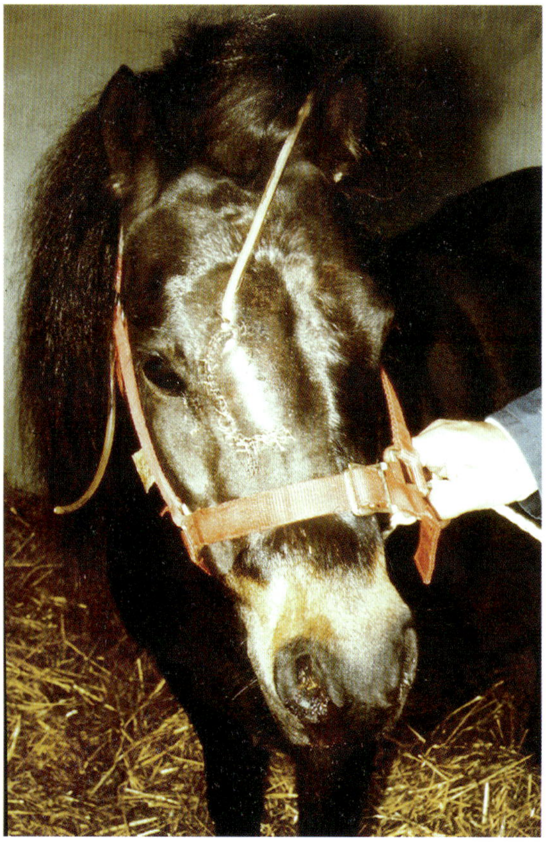

Hier wurde nach operativer Entfernung eines entzündeten Backenzahnes eine Drainage gelegt.

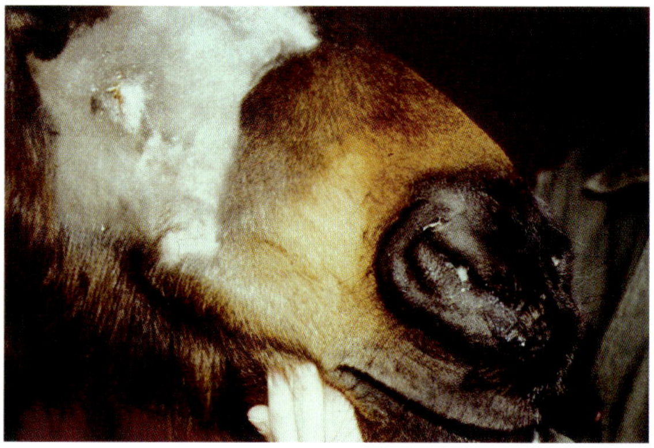

Hier ist die Entzündung des dritten Backenzahnes im Oberkiefer deutlich an der Gesichtsschwellung und dem Eiterausfluss aus den Nüstern erkennbar.

gezogen werden, was wegen der langen Wurzel der Pferdezähne nur mit professioneller Spezialausrüstung und Spezialwissen möglich ist. Der Zahn kann am stehenden Pferd unter starker Sedierung und Gabe von Schmerzmitteln gezogen werden. Die Prozedur dauert oft bis zu einer Stunde und macht mitunter eine Vollnarkose nötig. Folgeoperationen können nötig sein. Wenn auch die Nebenhöhlen entzündet sind, müssen manchmal Drainagen durch Löcher in den Gesichtsschädel gelegt und einige Wochen lang durchgespült werden.

STUFENGEBISS

In der Kaufläche der Backenzähne lässt sich, von der Seite betrachtet, eine deutliche Stufe erkennen.
Ursache: Ein Stufengebiss entsteht, wenn ein Backenzahn verloren geht. Ohne den gegenüber liegenden Zahn des anderen Kiefers, an dem er sich normalerweise abreibt, wird der Zahn über der Lücke länger als die anderen und bildet eine Stufe.
Symptome: In leichten Fällen sind keine äußeren Anzeichen erkennbar, in schweren Fällen ist die Kaufähigkeit herabgesetzt, das Pferd priemt und verliert an Gewicht. Wenn das Stufengebiss nicht behandelt wird, führt der ständige ungleichmäßige Abrieb der Zähne zur Bildung eines »Wellengebisses«, da der längere Zahn in die vom fehlenden Zahn gebildete Lücke vordringt.
Behandlung: Vorbeugen ist besser als heilen. Bei Pferden, die im Erwachsenenalter einen Backenzahn verloren haben, muss durch regelmäßiges Raspeln die Stufenbildung verhindert werden.

WELLENGEBISS

Eine problematischere Weiterentwicklung des Stufengebisses. Die Backenzähne bilden, von der Seite betrachtet, keine durchgehende, ebene Mahlfläche mehr, sondern sind wegen des verschieden starken Abriebes an den einzelnen Zähnen wellenförmig angeordnet.

Ursache: Irreguläres Durchbrechen von Zähnen, Zahnschmelzhaken, Scherengebiss oder andere Gründe, die eine ungleichmäßige Abnutzung hervorrufen.
Symptome: In leichten Fällen mitunter keine äußeren Anzeichen, in schwereren Fällen begrenzte Kaufähigkeit, Ausspucken von Futterröllchen und Gewichtsverlust.
Behandlung: Routinemäßiges Raspeln beugt der Entwicklung vor. Wenn bereits entstanden, durch Raspeln nur noch begrenzt zu korrigieren; in fortgeschrittenen Stadien keine völlige Korrektur mehr möglich.

SCHERENGEBISS
Die Kauflächen der Zähne entwickeln, von vorn betrachtet, einen unnormal steilen Winkel zueinander (größer als 15 Grad).
Ursache: Ein Scherengebiss entwickelt sich als Resultat eines anderen, bereits länger bestehenden Zahnproblems (z.B. Zahnhaken, s. unten), durch die die normale Kautätigkeit des Pferdes behindert wird. Da die Zähne ungleichmäßig abgenutzt werden, entsteht eine unnormale Abschrägung der Kaufläche.
Symptome: An den Zahnrändern bilden sich scharfe Kanten aus Zahnschmelz, die beim Kauen Schmerzen verursachen. Ausspucken von Futterröllchen und Gewichtsverlust sind die Folge.
Behandlung: Regelmäßiges Raspeln verhindert die Entstehung. Kann durch Raspeln korrigiert werden, in fortgeschrittenen Fällen aber keine völlige Korrektur mehr möglich.

HAKENBILDUNG
Zahnhaken bilden sich vor allem an der Vorderseite der Backenzähne des Oberkiefers und an der Rückseite des Backenzähne des Unterkiefers.
Ursache: Haken entstehen, wenn Ober- und Unterkiefer nicht genau aufeinandertreffen, sondern die Zähne des Oberkiefers vor- und die des Unterkiefers zurückstehen. Sie entwickeln sich, wenn regelmäßiges Raspeln unterbleibt. Häufig werden zwar die Haken an der Vorderseite der Zähne entfernt, die hinteren aber übersehen, sodass sie sehr lang werden können.
Symptome: Zahnhaken behindern das normale Kauen, weshalb das Pferd Futter aus dem Maul fallen lässt. Wenn sie lange Zeit unbehandelt bleiben, können sie andere Probleme wie die Entwicklung eines Scheren- oder Wellengebisses nach sich ziehen.
Behandlung: Regelmäßiges Raspeln entfernt die Haken, bevor sie richtig entstehen können. Lange Zahnhaken können mit einer speziellen Zange entfernt werden, bei dieser Prozedur besteht aber immer die Gefahr, dass ein Zahn bricht.

KIEFERZYSTEN BEIM ZAHNDURCHBRUCH
Wenn bei jungen Pferden die Backenzähne durchbrechen, entstehen am Kiefer manchmal Zysten.
Ursache: Wenn die Zähne nach oben ins Maul durchbrechen, entwickeln sich rund um die Zahnwurzeln (Apex) Zysten, und zwar am häufigsten um die Wurzel des zweiten oder dritten Backenzahnes im Unterkiefer.

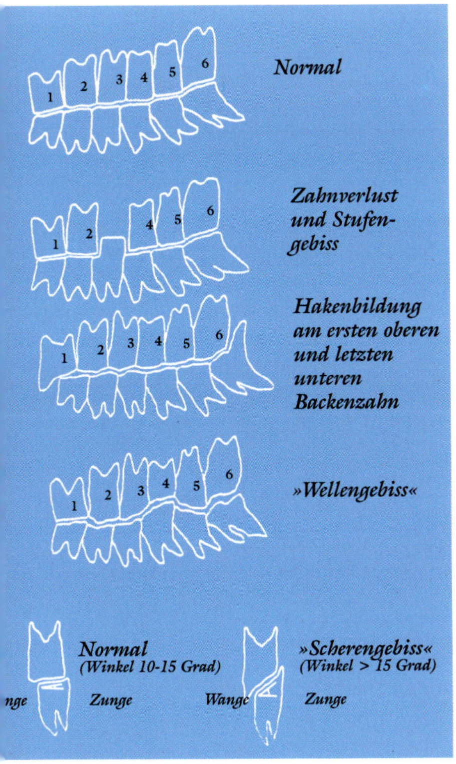

Normale Anordnung der Backenzähne und einige häufiger vorkommende unregelmäßige Formen der Abnutzung.

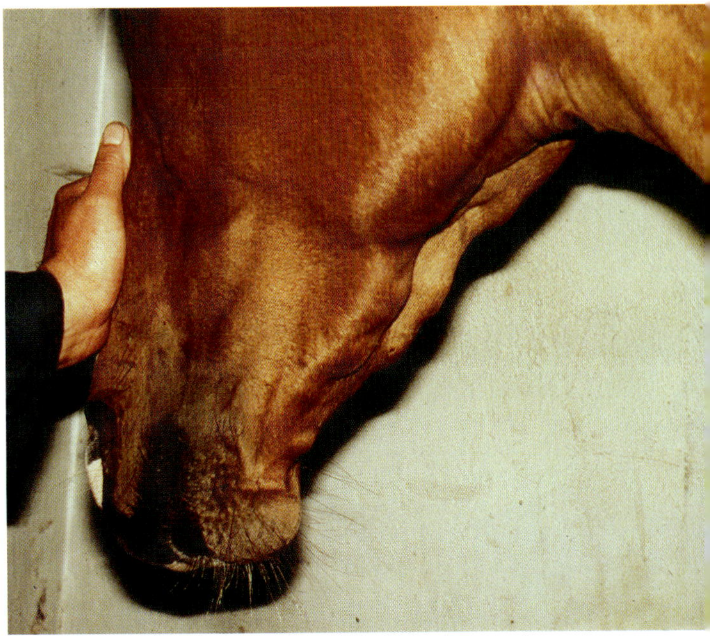

Zahndurchbruchszysten am Unterkiefer eines Jungpferdes.

Symptome: Große, beidseitige, feste und schmerzlose Schwellungen an den Unterkieferästen, manchmal auch am Oberkiefer, oberhalb der Backenzähne.
Behandlung: Dies ist eine normale Begleiterscheinung des Zahndurchbruches beim Pferd. Eine Behandlung ist weder nötig noch möglich. Die Zysten verursachen keine Schmerzen und werden mit dem Älterwerden des Pferdes kleiner.

STÖRUNGEN DER VERDAUUNGSFUNKTION

DEHYDRATION

Dehydration tritt auf, wenn der Verlust von Körperflüssigkeit über Kot, Urin, Schweiß und Verdunstung über die Atemluft höher ist als die Flüssigkeitsaufnahme über Futter und Wasser. Bei Dehydration geht Flüssigkeit aus dem Blut verloren, das in der Folge konzentrierter wird. Wenn der Flüssigkeitsverlust im Blut nicht kompensiert wird, nimmt die Menge des Blutes im Körper ab. Blut transportiert Sauerstoff und Nährstoffe im Körper und entfernt Abfallprodukte. Wenn weniger Blut vorhanden ist, kann es nicht wie im Normalfall zu allen Körper- und Gewebeteilen zirkulieren. Als Resultat beginnt das Herz schneller zu schlagen, um als Ausgleich für die niedrige Blutmenge das Blut schneller zirkulieren zu lassen. Man beschreibt diesen Zustand dann als einen »Schock«. Es ist möglich, dass diese Situation nicht behoben werden kann und das Pferd stirbt.
Ursachen: Dehydration kann als Folge von Kolik, Durchfall, Schlundverstopfung, übermäßigem Schwitzen, schlechtem Appetit oder Blutverlust auftreten. Die häufigsten Ursachen für Dehydration beim Pferd sind Kolik und Durchfall.

Ein durchschnittliches erwachsenes Pferd (ca. 155 cm Stockmaß) produziert pro Tag etwa 125 Liter Speichel und Verdauungssäfte. Diese wandern während des Verdauungsprozesses durch den Dünndarm und werden dann im Dickdarm wieder absorbiert. Bei Kolikfällen, die wegen einer Darmblockade chirurgische Behandlung erfordern, werden Speichel und Verdauungssäfte weiterhin ständig produziert, können aber wegen der Blockade nicht mehr den Dickdarm erreichen und werden folglich nicht mehr absorbiert. Stattdessen sammelt die Flüssigkeit sich im Dünndarm und verursacht Dehydration und Schmerzen durch die Überdehnung der Darmwände. Bei Durchfall ist durch die Entzündung des Dickdarms dessen Fähigkeit zur Flüssigkeitsabsorption herabgesetzt, weshalb das Pferd Kot von sehr dünner, wässriger Konsistenz ausscheidet.

Lang dauernde Anstrengungen, wie beispielsweise auf Distanzritten, können besonders bei heißem Wetter einen großen Flüssigkeitsverlust durch Schwitzen verursachen. Wenn die Flüssigkeit nicht ersetzt wird, kommt es zur Dehydration. Außerdem ist bei allen größeren Blutverlusten der Flüssigkeitsgehalt im Körper so herabgesetzt, dass es Dehydration und Schock folgen.

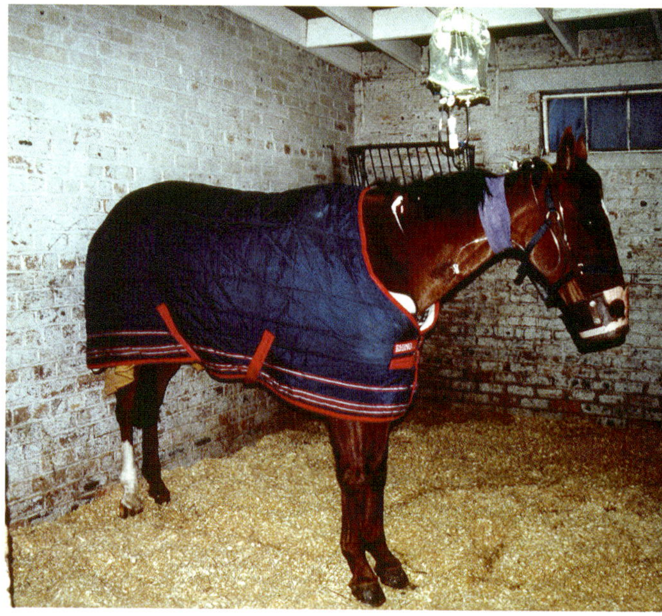

Bei schweren Fällen von Dehydration muss intravenös Flüssigkeit über einen Tropf zugeführt werden.

Auch ein Appetitmangel verursacht Dehydration, weil nicht mehr genügend Flüssigkeit aufgenommen wird. Das gleiche passiert auch bei Schlundverstopfung, wenn Flüssigkeit über den Speichel, der nicht mehr geschluckt werden kann, verloren geht.
Symptome: Mit fortschreitender Dehydration werden betroffene Tiere immer teilnahmsloser und geraten in den Schockzustand. Es wird weniger und stärker konzentrierter Harn produziert, da der Körper versucht, Flüssigkeit zurückzuhalten. Die Tiere haben ein klebriges oder trockenes Maul, Beine und Ohren werden kalt.
Behandlung: Die Behandlung besteht in Ersatz der verloren gegangenen Flüssigkeit. Da Körperflüssigkeit Wasser und Elektrolyte enthält, ist wichtig, dass beides in richtiger Zusammenstellung ersetzt wird. Bei nur leicht betroffenen Tieren ohne Anzeichen von Darmverschlüssen oder Schlundverstopfung kann es möglich sein, die Flüssigkeit über eine Magensonde direkt in den Magen zu bringen. In allen anderen Fällen muss die Flüssigkeit via steriler Tropfinfusion direkt in die Blutbahn gegeben werden. Es geht dabei um gewaltige Mengen, bei Pferden mit starkem Durchfall kann es nötig sein, 100-200 Liter Flüssigkeit pro Tag über den Tropf laufen zu lassen!

SCHLUNDVERSTOPFUNG

Schlundverstopfung entsteht, wenn feste Materialien in der Speiseröhre (Oesophagus) stecken bleiben

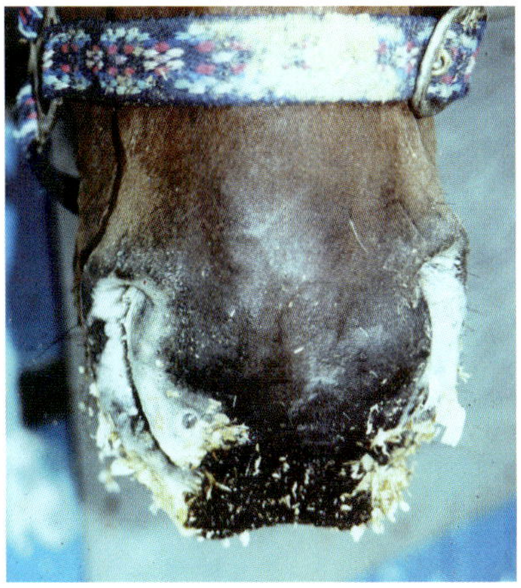

Der dicke, zähflüssige Nüsternausfluss eines Pferdes mit Schlundverstopfung enthält hauptsächlich Speichel.

und den Weg zu Magen und Darm für Speichel und Futter blockieren.
Ursache: Schlundverstopfung kann durch fast jede Substanz hervorgerufen werden, häufigste Ursache ist jedoch die Fütterung von nicht genügend eingeweichten Zuckerrübenschnitzeln. Wenn die uneingeweichten Schnitzel sich mit Speichel vermischen und verschluckt werden, quellen sie auf und verstopfen die Speiseröhre. Schlundverstopfung kann auch durch das Verschlucken von ganzen Äpfeln, Karotten oder Teilen von anderem Wurzelgemüse verursacht werden oder wenn das Pferd etwas Ungewöhnliches wie zum Beispiel eine Plastiktüte verschluckt. Die meisten Pferde erholen sich wieder vollständig, aber nach starker Beschädigung der Speiseröhre kann sich Narbengewebe bilden, das ihren Durchmesser weiter verengt und bewirkt, dass das Pferd künftig auch bei normalem Futter wie z.B. Heu anfällig für Schlundverstopfungen wird.
Symptome: Die Symptome entwickeln sich schnell. Die Tiere sind benommen, husten, würgen und verkrampfen die Halsmuskulatur im Versuch, die Blockade zu lösen. Speichel und Futter treten aus Maul und beiden Nüstern aus. Später werden große Mengen Speichel produziert und der Atem des Pferdes riecht säuerlich. Manchmal kann man am Hals eine Verdickung an der verstopften Stelle der Speiseröhre fühlen. Wenn die Schlundverstopfung anhält, besteht das Risiko, dass Futter und Speichel in die Lunge inhaliert werden und eine Pneumonie (Lungenentzündung) verursachen, die wiederum zu weiterem Husten, Benommenheit, beschleunigter Atmung und erhöhter Temperatur führt. Bei lang andauernder Schlundverstopfung dehydriert das Pferd.
Behandlung: Die meisten Pferde schaffen es innerhalb von 10-15 Minuten selbst, die Verstopfung ohne Folgeschäden loszuwerden. Wenn der Zustand jedoch länger andauert, muss der Tierarzt gerufen werden. Die meisten Fälle können mit der Gabe von Sedativa zur Beruhigung des Pferdes, Muskel entspannenden Mitteln zur Entkrampfung der Speiseröhre und Antibiotika zum Schutz vor einer Lungenentzündung behoben werden. Manchmal muss ein Schlauch bis zur verstopften Stelle in die Speiseröhre eingeführt und mit Wasser durchspült werden. Dies kann am stehenden Tier unter starken Beruhigungsmitteln vorgenommen werden, oft ist aber eine Vollnarkose nötig.Wenn das Pferde dehydriert ist, muss die Flüssigkeit über Tropfinfusion (oder Magensonde nach Beseitigung der Verstopfung) ersetzt werden. Pferde, die nach einer Schlundverstopfung starkes Narbengewebe gebildet haben, bleiben anfällig. Bei Verdacht auf Narbenbildung kann eine als Endoskop bezeichnete kleine Kamera zur Überprüfung in die Speiseröhre eingeführt werden.

KOLIK

Kolik ist eine allgemeine Bezeichnung für Bauchschmerzen beim Pferd. Die Bauchhöhle enthält den Magen-Darm-Trakt; die Leber und den Harntrakt mit Nieren, Harnleitern, Blase und Harnröhre sowie bei Stuten die Geschlechtsorgane. Die Bauchhöhle ist mit einer dünnen Membran, dem Bauchfell (Peritonäum) ausgekleidet. Auch wenn eine »echte« Kolik sich auf Schmerzen im Magen-Darm-Trakt oder am Bauchfell bezieht, können auch Schmerzen an Leber, Harntrakt und Fortpflanzungsorgane ähnliche Symptome hervorrufen. Auch Erkrankungen wie Kreuzverschlag und Hufrehe, die nichts mit der Bauchhöhle zu tun haben, werden manchmal fälschlicherweise für Kolik gehalten.

Der Schweregrad der Symptome ist von Fall zu Fall äußerst variabel. Während manche Pferde sich wild gebären, sich wälzen, treten oder festliegen, erscheinen andere einfach matt und verweigern ihr Futter. Die meisten Kolikfälle sind mit einfacher Medikamententherapie behandelbar, manchmal ist aber auch eine Operation nötig. Je schneller operiert wird, desto größer sind die Überlebenschancen des Pferdes. Alle Kolikpferde sollten deshalb so schnell wie möglich tierärztlich untersucht werden.

EINGANGSUNTERSUCHUNG

Wenn dem Tierarzt ein Pferd mit Verdacht auf Kolik vorgestellt wird, führt er zunächst eine allgemeine klinische Untersuchung durch. Die meisten Koliker haben zwar Schmerzen, sind aber, verallgemeinert gesagt, relativ gesund. Diejenigen, bei denen eine Operation nötig ist, sind allerdings Schock gefährdet, weshalb ein großer Teil der Untersuchung auf die Erkennung von Schock-Frühsymptomen gerichtet ist. In den meisten Kolikfällen bleibt die Temperatur des Pferdes normal (38 Grad). Pferde in fortgeschrittenem Schockzustand haben eine niedrigere Temperatur, ihre Beine und Ohren fühlen sich kalt an. Erhöhte Temperaturen sind selten. Schmerz und Schock führen zu einer Beschleunigung von Herz-

und Atemfrequenz. Wenn der normale Herzrhythmus (36-44 Schläge pro Minute) aufgrund von Schmerzen erhöht ist, steigt er selten höher als 60 Schläge pro Minute. In fortgeschrittenen Schockzuständen kann er allerdings bis zu 150 Schlägen pro Minute betragen. Im Gegensatz dazu kann die Atemfrequenz, die normalerweise bei 6-16 Atemzügen pro Minute liegt, allein durch Schmerzen auf bis zu 60 Atemzügen pro Minute steigen und sogar höher als die Herzfrequenz sein.

Der Tierarzt hört den Bauch des Pferdes mit einem Stethoskop ab. Der Darm macht Geräusche, weil sich die Muskeln der Darmwand zusammenziehen und das Futter weiter transportieren. Im Normalfall haben Pferde ziemlich laute Verdauungsgeräusche. Bei Kolik können sie so verstärkt sein, dass man sie sogar bis ans andere Ende des Stalles hört. Dies ist in der Regel ein gutes Zeichen! Wenn die Darmgeräusche herabgesetzt sind, kann dies darauf hinweisen, dass der Darm sich verschlungen hat und deshalb nicht mehr weiter arbeitet. Es kann aber auch einfach bedeuten, dass Ihr Pferd eine Verstopfung hat!

REKTALE UNTERSUCHUNG

Bei der rektalen Untersuchung können außer Milz, linker Niere, Blase sowie bei Stuten die Gebärmutter

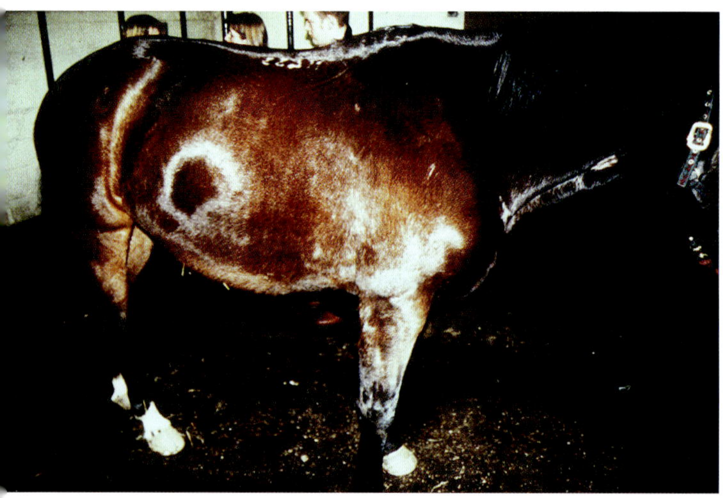

Wenn der Darm sich verschlungen oder verlagert hat, kann sich in schweren Fällen sogar durch die Gasansammlung eine deutlich sichtbare Aufblähung des Bauchraumes bilden.

nur die Verdauungsorgane im hinteren Abschnitt der Bauchhöhle (etwa 40% des gesamten Verdauungsapparates) gefühlt werden. Der Dünndarm kann im Normalfall nicht ertastet werden, das große Kolon wohl. Mit der rektalen Untersuchung versucht der Tierarzt herauszufinden, ob der Darm verschlungen oder verlegt ist. Wenn dies der Fall ist, kann er sich wie ein Ballon mit Gasen und Flüssigkeit füllen.

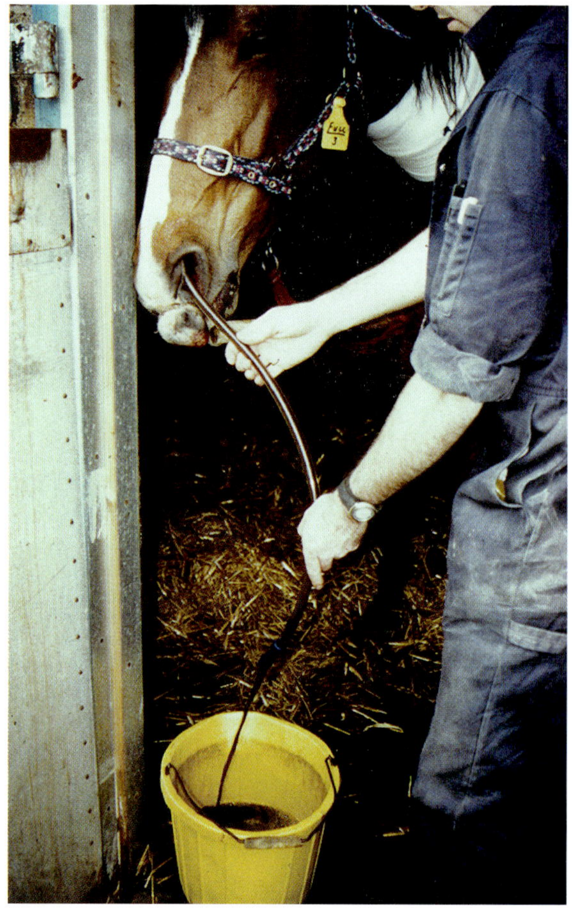

Flüssigkeitsabfuhr aus dem Magen mittels einer Nasenschlundsonde.

NASENSCHLUNDSONDE

Da Pferde nicht erbrechen können, kann der Magen, wenn sich darin Flüssigkeit ansammelt, reißen und Futter in die Bauchhöhle gelangen. Wenn dies passiert, ist eine Rettung des Pferdes nicht mehr möglich. Der Tierarzt führt deshalb einen langen Schlauch (Sonde) durch Nüstern und Speiseröhre in den Magen ein und versucht, zur Verhinderung einer Magenruptur angesammeltes Gas und Flüssigkeit abzuführen. Bei einem gesunden Pferd lässt sich so nur wenig (unter zwei Litern) oder gar keine Flüssigkeit abführen. Bei einer Verstopfung können flüssiges Paraffin oder Magnesiumsulfat über die Sonde direkt in den Magen gegeben werden, um die Störung zu beseitigen.

BAUCHFELLPUNKTION

Das Bauchfell (Peritonäum) ist eine dünne, unsichtbare Membran, welche die Bauchhöhle auskleidet und die Verdauungsorgane bedeckt. Sie produziert geringe Mengen einer gelblich-klaren Flüssigkeit (Peritonealflüssigkeit), die menschlichem Urin ähnlich sieht. Diese »schmiert« die Bauchhöhle und

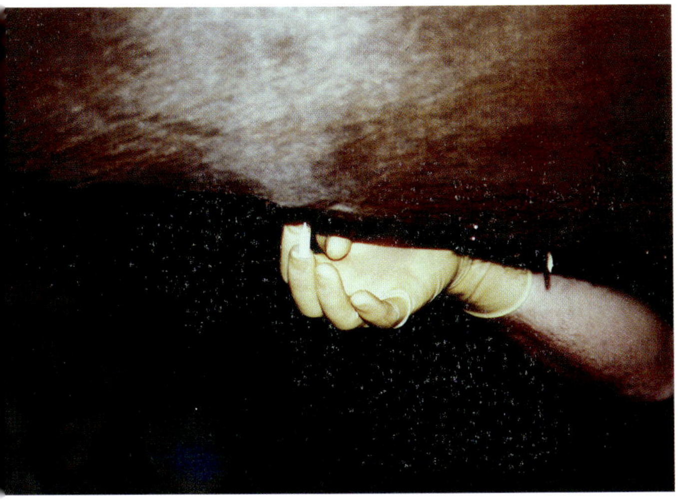

Mittels einer durch die Bauchdecke gestochenen Kanüle kann Peritonealflüssigkeit entnommen werden.

Ein Kolikpferd hat meist starke Schmerzen, die sich in Hinwerfen, Wälzen und Scharren äußern können.

sorgt dafür, dass die einzelnen Organe nicht aneinander kleben. Wenn ein Darmabschnitt sich verschlingt und abstirbt, können Blut, Bakterien und Darminhalt sich in die Bauchhöhle ergießen, sodass die Peritonealflüssigkeit trüb, eitrig oder blutig aussieht. Der Tierarzt kann eine Probe der Peritonealflüssigkeit nehmen, indem er eine Nadel von unten durch die Bauchdecke einführt und die austropfende Flüssigkeit auffängt. Bei manchen dicken Ponys kann dies schwierig sein und die Verwendung einer sehr langen (bis zu 10 cm) Nadel erfordern, um durch die Fettschicht bis in die Bauchhöhle vorzudringen.

BLUTUNTERSUCHUNG

Bei Kolikpferden können Blutproben auf Anzeichen von Schock hin untersucht werden, umfangreichere Blutuntersuchungen sind in der Regel jedoch nicht notwendig. Wenn Verdacht auf eine Infektion oder Lebererkrankung besteht, können sie jedoch nützlich sein.

SOFORTBEHANDLUNG

Trotz detaillierter Untersuchung ist es oft nicht möglich, die exakte Ursache einer Kolik herauszufinden. Das Pferd sollte Schmerzmittel bekommen und ständig weiter beobachtet werden, um die Genesung zu überwachen und Rückfälle zu verhindern. Bis zur Lösung des Problems sollte man Kolikpferden alles Futter entziehen.

Auf Gras oder Stroh stehende Pferde sollten in eine mit Sägespänen eingestreute Box gestellt werden oder einen Maulkorb angezogen bekommen, damit sie nicht fressen. Glücklicherweise lassen sich die meisten Koliken medikamentös erfolgreich behandeln, selbst wenn die genaue Ursache nicht diagnostiziert wurde.

KOLIKARTEN

KRAMPFKOLIK (SPASTISCHE KOLIK)

Wie der Name bereits sagt, entwickeln sich in diesem Fall Muskel»krämpfe«, die Schmerzen verursachen. Dies ist eine der häufigsten Kolikformen.
Ursache: Die Ursachen sind unklar. Bei vielen Pferden scheint sie sich ohne erkennbaren Grund zu entwickeln. Da sie bei einem sehr nervösen Tier aber schon bei kleinsten Veränderungen im gewohnten Tagesablauf auftreten kann, könnte man sie als Symptom einer erhöhten Stressbelastung betrachten. Man vermutet auch, dass manche Fälle durch die Wanderung von Würmern durch die Darmwand, dadurch entstehende Überempfindlichkeit und »Krämpfe« des betreffenden Darmabschnittes ausgelöst werden.
Symptome: Manche Pferde mit Krampfkolik zeigen starke Schmerzäußerungen und toben in der Box. Mitunter hört man die Darmgeräusche selbst aus einiger Entfernung und die Pferde zeigen häufig wiederholten Kotabsatz nach Beginn der Krämpfe. Die Atmung kann deutlich schneller werden, während die Herzfrequenz in der Regel nicht sehr hoch ist. Rektale Untersuchungen, das Einführen einer Nasenschlundsonde und die Bauchfellpunktion erbringen unauffällige Ergebnisse.
Behandlung: Die Injektion krampflösender Mittel, um den Darm zu entspannen, lässt die Schmerzsymptome innerhalb von 10-15 Minuten oder schneller verschwinden.

VERSTOPFUNGEN DER BECKENFLEXUR

Die Beckenflexur ist die engste Stelle des großen Kolons. Hier bildet das große Kolon eine U-förmige Schleife, die dem Siphon eines Abflussrohres gleicht.

Es ist wenig überraschend, dass sich bei Verstopfungen genau an dieser Stelle das Futter anschoppt. Futteranschoppungen und Krämpfe sind bei weitem die häufigste Kolikursache bei Pferden.
Ursache: Verstopfungen der Beckenflexur sind besonders häufig bei Pferden, die ihre Stroheinstreu fressen. Am häufigsten treten sie in Herbst und Winter auf, wenn die Pferde von der Weide in den Stall gebracht werden. Sie sind aber auch bei gut trainierten Pferden verbreitet, die aufgrund einer Verletzung von regelmäßiger Arbeit zu völliger Boxenruhe wechseln.
Symptome: Manche Pferde zeigen nur leichte Schmerzäußerungen, verweigern aber ihr Futter, während andere starke Koliksymptome zeigen. Die Schmerzen kommen oft schubweise. Der Kotabsatz ist deutlich reduziert; die Äpfel sind trockener und fester als gewöhnlich. Herz- und Atemfrequenz können in Schmerzphasen erhöht sein, sinken jedoch bei schmerzfreien Phasen wieder ab. Die Darmgeräusche variieren von normal bis herabgesetzt. Bei rektaler Untersuchung kann man eine mit Futterbrei verstopfte, große Beckenflexur ertasten, während die Peritonealflüssigkeit normal ist und mit der Nasenschlundsonde keine oder nur geringe Flüssigkeitsmengen im Magen festgestellt werden können.
Behandlung: Flüssiges Paraffin oder Magnesiumsulfat werden zusammen mit Wasser über die Nasenschlundsonde verabreicht, um die Anschoppungen aufzuweichen und gleitfähig zu machen. Starke Verstopfungen, die sich über mehrere Tage hinweg entwickelt haben, können das Anlegen einer Tropfinfusion an die Vene zur Flüssigkeitszufuhr nötig machen. Die Schmerzen können durch die Gabe von Schmerzmitteln bekämpft werden.

GASKOLIK (TYMPANISCHE KOLIK)
Gaskoliken entstehen, wie bei menschlichen Blähungen auch, wenn die Verdauungsorgane sich mit Gas füllen.
Ursachen: Überproduktion von Gas in den Eingeweiden, meist als Resultat frischen Grases im Frühling. Wenn das Pferd nach langem winterlichem Stallaufenthalt auf die Weide gebracht wird, ist es oft nicht in der Lage, so große Mengen von Gras zu verdauen und produziert zu viel Gas. Auch jeder plötzliche Futterwechsel kann eine Gaskolik auslösen. Eine weitere häufige Ursache ist das versehentliche Verfüttern von schimmeligem oder verdorbenem Futter.
Symptome: Das Gas in den Eingeweiden verursacht eine sehr schmerzhafte Dehnung der Darmwände, weshalb die Pferde starke Koliksymptome zeigen. Herz- und Atemfrequenz können bis auf 60-80 pro Minute erhöht sein. Darmgeräusche sind oft nicht feststellbar, da der Muskel in der überdehnten Darmwand nicht mehr in der Lage ist, sich zusammenzuziehen. Bei rektaler Untersuchung kann die ballonartige Aufblähung der Eingeweide ertastet werden und beim Einführen der Nasenschlundsonde können große Mengen Gas aus dem Magen entweichen.

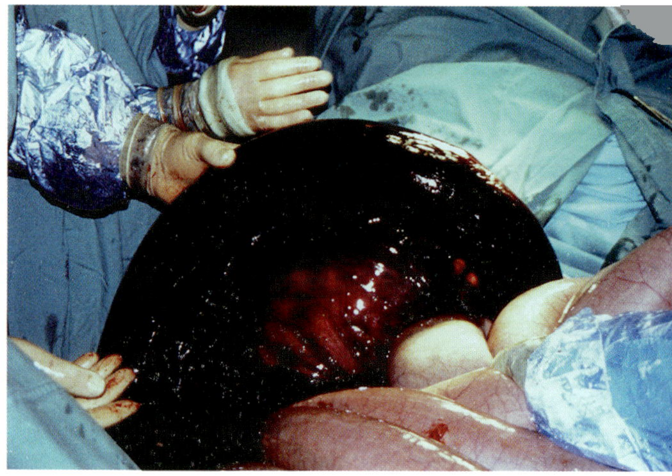

Eine Kolikoperation. Der dunkel gefärbte Darmabschnitt ist abgestorben und muss chirurgisch entfernt werden. Die vier darunter liegenden Darmwindungen sind von Gas und Flüssigkeit aufgebläht.

Die Bauchfellpunktion zeigt normale Ergebnisse und der Kotabsatz variiert, oft wird aber eine starke Flatulenz beobachtet.
Behandlung: Oft sind alle Schmerzen verschwunden, wenn das Gas über die Nasenschlundsonde aus dem Magen entweichen konnte. Leichte Bewegung wie Führen an der Hand oder zehn Minuten Longieren im Trab helfen, die Kolik zu lösen und das Gas abgehen zu lassen. Die Gabe schmerz- und krampflösender Mittel kann nötig sein.

Wie bereits beschrieben, gibt es viele Ursachen für Koliken und zahlreiche Fälle bleiben ohne klare Diagnose, aber bei Nachlassen der Schmerzen geht es dem Pferd besser. Zu den weiteren Ursachen, die kolikähnliche Symptome auslösen können, gehören Würmer, Darmentzündung (Enteritis), die auch Durchfall verursachen kann, Erkrankungen der Leber und Niere, Blasensteine, Vergiftungen, Magengeschwüre, Überfressen und weitere, nicht bekannte Ursachen.

KOLIKOPERATIONEN (DARMVERSCHLINGUNGEN)
Kolikfälle, die operativ behandelt werden müssen, können sehr verschiedene Ursachen haben. Oft ist eine vollständige Diagnose erst nach Untersuchung der Eingeweide auf dem Operationstisch möglich. Je schneller die Notwendigkeit einer Operation erkannt wird, desto größer sind die Erfolgschancen. Im Zweifelsfall ist es immer besser, das Pferd zur weiteren Beobachtung in eine Klinik zu bringen. Falls dann eine Operation notwendig wird, kann sie so-

fort und ohne Zeitverzögerung durch den Transport vorgenommen werden. Je größer die Verzögerung, desto ungünstiger die Prognose.
Ursachen: Die Verdauungsorgane des Pferdes sind sehr anfällig und haben die erstaunliche Fähigkeit, sich um sich selbst zu drehen, sich zusammenzuschieben oder Blutgerinnsel zu bilden, welche die Blutzufuhr abschneiden. Häufig schaffen fehlende Entwurmungen und schlechte Fütterung eine Prädisposition für Kolik, aber oft kann kein Auslöser gefunden werden.
Symptome: Deutliche Koliksymptome mit Scharren, Wälzen und Treten nach dem Bauch. Wenn der betroffene Darmabschnitt abstirbt, tun dies auch die darin befindlichen Nervenfasern, die Schmerzen übertragen. Das Pferd hat also plötzlich keine Schmerzen mehr, dann aber setzen Dehydration und Schock ein und das Pferd wird sehr teilnahmslos. Atem- und Herzfrequenz steigen weiter an und können sehr schnell werden, die Darmgeräusche setzen in der Regel aus. Während der ersten Stunden kann das Pferd noch Kot absetzen, danach nicht mehr.

Falls Sie morgens ein Pferd mit Koliksymptomen vorfinden, denken Sie immer daran, dass die Kolik schon in der Nacht begonnen haben kann. Weil es in manchen Fällen nur vier bis acht Stunden dauert, bis der Darm abstirbt und reißt, können alle Schmerzäußerungen bereits verschwunden und das Pferd apathisch sein, wenn Sie die Kolik bemerken. Die zerwühlte Einstreu kann Hinweise geben. Sobald der Darm reißt, kann das Pferd nicht mehr gerettet werden. Bei einer Ruptur des Darms ist das Pferd extrem apathisch, schwitzt sehr stark (tropft vor Schweiß), friert stark und verweigert jede Bewegung.

In vielen Kolikfällen, die eine Operation erfordern, können die Unregelmäßigkeiten bei rektaler Untersuchung gefühlt werden. Da es aber eine Zeit lang dauert, bis Gas und Flüssigkeit sich nach einer Darmverschlingung angesammelt haben, können viele Unregelmäßigkeiten erst bei wiederholter Untersuchung entdeckt werden. Oft treten nach Einführung der Nasenschlundsonde große Mengen an Gas und Flüssigkeit aus dem Magen zutage, aber dies ist nicht immer der Fall. Die Peritonealflüssigkeit kann ihre Farbe verändern, was allerdings mehrere Stunden dauern kann. Wenn ein Darmabschnitt sich in einen anderen geschoben hat, fließt die austretende Flüssigkeit möglicherweise nicht in die Bauchhöhle, sondern in den umhüllenden Darmabschnitt, sodass die Peritonealflüssigkeit normal bleibt.
Behandlung: Operation. Manchmal reicht es, einen verlagerten Darmabschnitt wieder in die richtige Lage zu bringen; in anderen Fällen müssen große Darmabschnitte entfernt und Gas- und Flüssigkeitsdrainagen gelegt werden. Eine Kolikoperation kann mehrere Stunden lang dauern. Nach ihrem Abschluss ist das Pferd noch nicht »über den Berg«, sondern muss eventuell noch mehr als eine Woche lang intensiv behandelt werden. Während dieser Zeit kann es immer wieder zu lebensbedrohlichen Komplikationen kommen. Der Muskel in der Wand des verbliebenen Darmabschnittes, der durch die Ansammlung von Gas und Flüssigkeit gedehnt wurde, kann nach der Operation aufhören zu arbeiten und sich zusammenziehen. Dies bezeichnet man als Ileus (Darmverschluss) - eine ernste Komplikation, die den Zustand des Pferdes schlechter werden lassen kann als vor der Operation. Auch Infektionen können auftreten. Die Pferde können mehrere Tage lang nicht fressen und sind sehr dehydriert, vor allem, wenn ein Ileus vorliegt. In solchen Fällen müssen große Mengen Flüssigkeit intravenös über den Tropf verabreicht werden (siehe Dehydration).

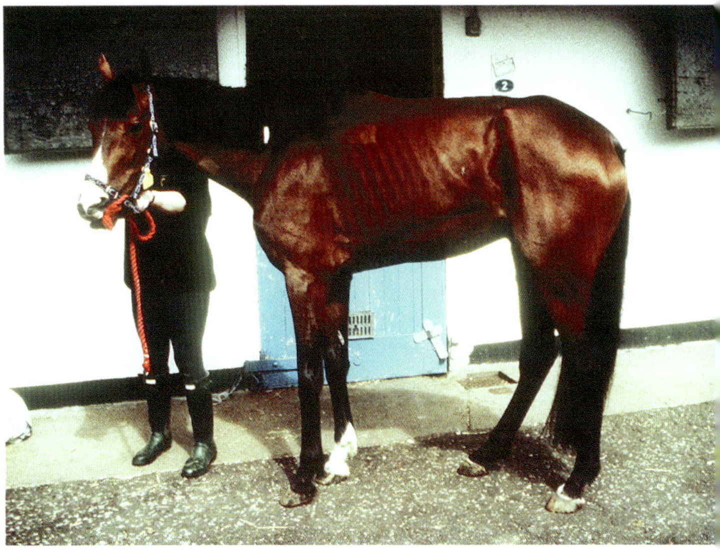

Selbst bei intensiver Behandlung überleben viele an der »Grass Sickness« leidene Pferde nicht.

Wenn ein Pferd die ersten Wochen nach der Operation überstanden hat, sind mindestens zwei Monate Boxenruhe, gefolgt von zwei Monaten Pause im Auslauf nötig, bevor es wieder geritten werden kann. Wenn die Operationsstelle sich infiziert, kann die Bauchdecke teilweise nach unten durchbrechen und eine Ausstülpung formen, in der sich Eingeweide befinden und die unter der Haut tastbar ist. Man nennt dies eine Hernie.

GRASKRANKHEIT / GRASS SICKNESS (Equine Dysautonomie)

Dies ist eine bislang nur in England, Schottland und Wales beobachtete Erkrankung, die den für die unbewussten Körperfunktionen zuständigen Teil des Nervensystems angreift. Schäden sind im gesamten System zu beobachten, die häufigsten Symptome sind jedoch Funktionsstörungen des Magen-Darm-Kanals.

Die Erkrankung kann jedes Pferd betreffen, am häufigsten tritt sie aber bei Zwei- bis Siebenjährigen auf. Die Erkrankung kommt gehäuft zwischen April und Juli vor und, wie der Name schon sagt, bei Pferden, die Zugang zur Weide haben. Die meisten betroffenen Pferde waren Tag und Nacht auf der Weide, manchmal erkranken aber auch Pferde, die täglich nur wenige Minuten grasen. Ein erhöhtes Risiko für Graskrankheit besteht bei Pferden, die innerhalb der letzten zwei Monate auf eine neue Weide gekommen sind oder die besonderen Stressbelastungen ausgesetzt waren (Verkauf, Integration in eine neue Herde, lange Transporte etc.).Übergewichtige Pferde sind besonders anfällig.

Ursachen: Die Ursachen für Graskrankheit sind noch unbekannt. Sie ist nicht ansteckend. Man nimmt an, dass ein Gift (eventuell von einem Pilz produziert) für die Symptome verantwortlich sein könnte.

Symptome: Man unterscheidet drei Formen der Graskrankheit: akut, subakut und chronisch.Bei akuter Graskrankheit zeigen die Pferde heftige Koliksymptome. Die Herzfrequenz kann sehr hoch und der Magen sichtlich geweitet sein. Die Magensondierung kann große Mengen faulig riechender, grüner Flüssigkeit zutage befördern; bei rektaler Untersuchung kann die Ausdehnung der Eingeweide gefühlt werden. Manche Pferde zeigen auch fleckenweises Schwitzen und leichtes Muskelzittern. Das Pferd hat Schluckbeschwerden. Die Bauchfellpunktion zeigt normale Ergebnisse, es sei denn, der Darm ist bereits gerissen. In diesem Fall sind Darminhalte in der Peritonealflüssigkeit vorhanden. Durch die Blockade der Verdauungsorgane überlebt das Pferd nur noch ein oder zwei Tage.

Die Symptome der subakuten Form der Graskrankheit ähneln denen der akuten Erkrankung, sind aber weniger intensiv, setzen langsamer ein und halten länger an. Es werden nur kleine Mengen Kot abgesetzt, der oft eine weiße, spinnennetzähnliche Umhüllung hat. Die Pferde verlieren schnell an Gewicht, haben weniger Appetit und Schluckbeschwerden. Nur wenige überleben länger als eine Woche.

Bei der chronischen Graskrankheit sind keine deutlichen Kolikanzeichen erkennbar. Die Symptome entwickeln sich oft über mehrere Wochen. Bei rektaler Untersuchung sind keine oder wenige Veränderungen festzustellen und eine Magensondierung ergibt keine oder wenig Flüssigkeit. Die Herzfrequenz liegt meist über 60 Schläge pro Minute, die Darmgeräusche sind sehr reduziert. Der Appetit ist sehr schwach, fleckenweises Schwitzen und Muskelzittern sind zu beobachten. Die Pferde erscheinen oft sehr schläfrig mit halb geschlossenen Augenlidern. Mitunter stehen Sie mit allen vier Hufen eng zusammen und machen durch die verschleimten Nüstern deutliche Atemgeräusche.

Behandlung: Pferde mit akuter Graskrankheit haben keine Überlebenschance und sollten aus ethischen Gründen notgetötet werden, sobald die Diagnose gestellt wurde. Auch die meisten Fälle von subakuter Graskrankheit verschlechtern sich rapide und machen eine Nottötung erforderlich.

An chronischer Graskrankheit leidende Pferde können in Einzelfällen bei sehr intensiver Pflege überleben; der Gewichtsverlust ist aber enorm. Eine Behandlung sollte nur versucht werden, wenn das Pferd noch schlucken kann, Appetit hat, Kot absetzen kann und nicht allzu starke Bauchschmerzen hat. Die zeit- und arbeitsintensive Pflege besteht unter anderem darin, zur Anregung des Appetites sehr häufig kleine Portionen leicht verdaulichen und schmackhaften Futters anzubieten. Da die medizinischen Behandlungsmöglichkeiten beschränkt sind, sind Aufmerksamkeit und intensive Pflege die wichtigsten Pfeiler der Genesung. Sie muss oft viele Wochen, mitunter über ein Jahr lang fortgesetzt werden, bis man daran denken kann, das Pferd wieder zu arbeiten. Selbst bei allerbester Pflege überleben viele an chronischer Graskrankheit leidende Pferde nicht.

PERITONITIS (BAUCHFELLENTZÜNDUNG)

Entzündung oder Infektion des Bauchfells (Peritonäum), also der dünnen Membran, welche die Bauchhöhle auskleidet und die Eingeweide umhüllt.

Ursachen: Eine Peritonitis entsteht meistens sekundär, nachdem Bakterien in die Bauchhöhle gelangt sind. Das kann bei Koliken mit Darmverschlingungen der Fall sein, in denen Darmteile absterben, aber auch bei Wurmschäden der Darmwand (wodurch der Darm »undicht« wird) oder bei Stuten, wenn der Uterus bei der Fohlengeburt einreißt. Sehr selten kommt es vor, dass Gegenstände von außen alle Schichten durchdringen und eine Infektion verursachen.

Symptome: Eine Bauchfellentzündung ist sehr schmerzhaft. Jede Bewegung verursacht, anders als bei den meisten Koliken, Schmerzen, weshalb die Pferde sie verweigern. Wenn sie sich doch bewegen, dann mit sehr steifem, stelzigen Gang. Die Infektion lässt Körpertemperatur sowie Herz- und Atemfrequenz ansteigen, oft sind die Darmgeräusche reduziert. Bei rektaler Untersuchung lässt sich mitunter eine Aufrauung der Eingeweideoberfläche fühlen, oft werden aber keine Anormalitäten festgestellt. Eine Magensondierung erbringt in der Regel keine Flüssigkeit, bei Bauchfellpunktion zeigt sich die Peritonealflüssigkeit trüb und eitrig. Mit fortschreitender Erkrankung wird das Tier apathisch, verliert den Appetit und dramatisch viel Körpergewicht.

Behandlung: Mitunter durch Operation zur Entfernung abgestorbener Darmteile oder Schließen eines Risses, z.B. im Uterus. Langfristige Gabe von Antibiotika, Entzündungshemmern und gegebenenfalls Wurmmitteln; bei dehydrierten Pferden Flüssigkeitstherapie (siehe Dehydration). Nicht immer ist die Prognose günstig, die Behandlung ist meist langwierig und teuer.

DURCHFALL (DIARRHOEA)

Starker Durchfall ist bei Pferden eher selten, aber potenziell lebensbedrohend.

Ursache: Die Ursachen können vielfältig sein, die häufigsten sind aber durch kleine Strongyliden verursachte Schäden an den Verdauungsorganen (diese Erkrankung kann als Cyathostomose bezeichnet werden). Bakterielle Infektionen als Ursache kommen seltener vor, sind aber unter Umständen hochgradig ansteckend. Fohlen bekommen Durchfall, wenn sie mit dem Fressen fester Nahrung beginnen. Da dies meistens (aber nicht immer) mit dem Zeitpunkt der Fohlenrosse bei der Stute zusammenfällt, nennt man dieses Phänomen auch Fohlenrosse-Durchfall. Auch ein ansteckender Virus-Durchfall kommt bei Fohlen vor. Gelegentlich führen auch Tumore und entzündliche Vorgänge der Verdauungsorgane zu Durchfall.

Bei jedem Durchfall, egal welcher Ursache, ist der Dickdarm entzündet, sodass seine Fähigkeit zur Absorption von Wasser aus dem Nahrungsbrei herabgesetzt ist. Es werden große Mengen flüssigen Kotes ausgeschieden und das Pferd dehydriert, falls es den Flüssigkeitsverlust nicht durch mehr Trinken ausgleicht.

Symptome: In leichten Fällen größere Mengen lockeren Kotes, wobei das Pferd aber in gutem Allgemeinzustand und bei Appetit bleibt. In schweren Fällen sind die Pferde extrem apathisch und scheiden große Mengen Kot von wasserartiger Konsistenz aus. Sie geraten schnell in den Schockzustand mit hoher Puls- und Atemfrequenz, kalten Beinen und Ohren und können schon wenige Stunden nach Beginn der Erkrankung sterben. Glücklicherweise sind solche Fälle selten.

Der Fohlenrosse-Durchfall ist ein vollkommen natürliches Phänomen. Das Fohlen bleibt gesund und munter, der Durchfall verschwindet nach ein paar Tagen und keine Behandlung ist nötig. Durch Viren- oder Bakterieninfektion verursachte Durchfälle können jedoch wie beim erwachsenen Pferd ernste Symptome hervorrufen und müssen sofort behandelt werden.

Behandlung: Ein wesentlicher Bestandteil der Behandlung ist die Zufuhr von Flüssigkeit, in schweren Fällen auch in großen Mengen über Tropfinfusion (siehe Dehydration). Außerdem können entzündungshemmende Mittel gegeben werden, um die Entzündung des Dickdarms zu bekämpfen. Bei Cyathostomose kann der Einsatz von Entwurmungspräparaten nötig sein. Bei bakteriell bedingten Durchfällen setzt man keine Antibiotika ein, weil diese die »guten« Bakterien im Darm vernichten, so eine übermäßige Vermehrung der »schlechten« Darmbakterien ermöglichen und den Durchfall noch verschlimmern. Stattdessen kann man Probiotika geben, als Mittel mit »guten« Darmbakterien, um die Darmflora wieder zu beleben und die »schlechten« Darmbakterien zu verdrängen. Naturjoghurt hat einen ähnlichen Effekt.

VERGIFTUNG

JAKOBS-KREUZKRAUT

In England ist Jakobs-Kreuzkraut eine der häufigsten Ursachen für pflanzliche Vergiftungen bei Pferden, aber auch in Mitteleuropa breitet es sich zusehends aus. Dieses leuchtend gelb blühende Kraut trifft man häufig auf Wiesen und Wegesrändern an.

Ursache: Jakobs-Kreuzkraut schädigt die Leber. Die frische Pflanze ist für Pferde nicht schmackhaft und wird nicht gefressen, wenn sie aber in getrockneter Form ins Heu gelangt, wird sie von den Pferden nicht entdeckt und mitgefressen. Bis Vergiftungsanzeichen auftreten, müssen größere Mengen über mehrere Monate hinweg gefressen werden, was aber leicht geschehen kann, wenn die Pflanze unentdeckt bleibt.

Symptome: Apathie, Depression, Appetit- und Gewichtsverlust. Es können auch Symptome für eine Erkrankung der Leber hinzukommen (siehe unten).

Behandlung: Da der Leberschaden nicht mehr heilbar ist, beschränkt sich die Behandlung darauf, die geschädigte Leber mit Hilfe einer speziellen Futterdiät zu entlasten.

EICHELN

Eicheln und Eichelblätter schmecken Pferden nicht und werden nur gefressen, wenn kein anderes Futter vorhanden ist. Vergiftungen sind deshalb glücklicherweise selten. Trotzdem ist es ratsam, auf Weiden wachsende Eichenbäume abzuzäunen.

Ursachen: Eicheln sind giftig, wenn sie verdaut werden und schaden vor allem dem Magen-Darm-Trakt, den Nieren und dem Blut.

Symptome: Heftige Kolik und blutiger Durchfall sind die häufigsten Symptome. Manchmal werden die Pferde tot aufgefunden.

Behandlung: Für das in Eicheln enthaltene Gift gibt es kein Gegenmittel. Die Behandlung besteht darin, die Verdauungsorgane mittels Verabreichung von flüssigem Paraffin über die Nasenschlundsonde von ihren Inhalten zu entleeren und so die weitere Giftabsorption zu verhindern. Über Tropfinfusionen wird Flüssigkeit zugeführt.

BLEI

Bleivergiftungen sind bei Pferden ebenfalls selten.

Ursache: Tiere haben in der Regel keinen Zugang zu Blei, Vergiftungen können aber bei Pferden auftre-

GIFTPFLANZEN

Pferde, die auf guten Weiden grasen, fressen nur selten Giftpflanzen. Trotzdem sollten Koppeln und Heckenränder regelmäßig kontrolliert werden. Je nach Vorkommen und Spezies sollten diese Pflanzen entweder sicher abgezäunt oder mit der Wurzel ausgerissen und verbrannt werden. Seien Sie zurückhaltend im Umgang mit Unkrautvernichtungsmitteln und überprüfen Sie das Heu, denn viele Giftpflanzen schmecken getrocknet besser und sind noch giftiger.

Jakobs-Kreuzkraut

Eibe

Roter Fingerhut

Adlerfarn

Zu den für Pferden giftigen Pflanzen gehören:
(Liste nicht vollständig!)

Jakobs-Kreuzkraut
Eichenlaub und Eicheln
Eibe
Waldrebe
Gundelrebe
Schwarzes Bilsenkraut
Gefleckter Schierling
Nieswurz
Adlerfarn
Schwarzer Nachtschatten
Großes Schöllkraut
Johanniskraut
Sturmhut
Wasserfenchel
Mistel
Flachs
Schwarzes Bilsenkraut
Steinklee
Goldregen
Thuja
Schachtelhalm
Koniferen
Rhododendron
Liguster
Lorbeer
Rittersporn
Eisenhut
Kartoffeln (grün, mit Blättern und Stängeln)
Mohn
Lupine
Iris
Hahnenfuß
Hornkraut
Fliegenpilz
Roter Fingerhut
Seidelbast
Maiglöckchen
Oleander
Buchsbaum
Robinie
Besenginster
Tollkirche
Zaunrübe
Stechapfel
Herbstzeitlose
Taumel-Weidelgras
Zwiebeln von Narzisse
Hyazinthe
Schneeglöckchen
Glockenblume

Besenginster

Lorbeer

Eichenblätter (nur in großen Mengen)

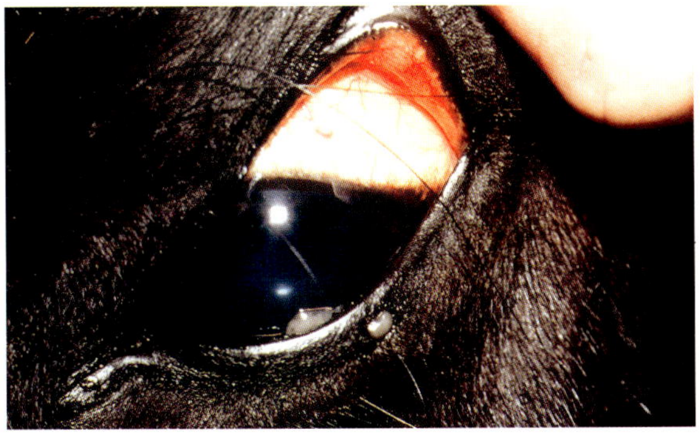

▲ *Die Sklera des Auges ist normalerweise weiß; hier ist sie aufgrund einer Lebererkrankung gelblich verfärbt (Gelbsucht).*

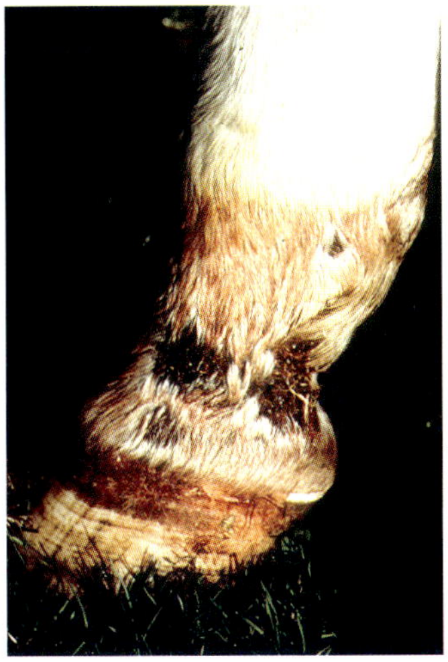

◀ *Ungewöhnliche Hautläsionen sind ein häufiges Symptom bei Erkrankungen der Leber.*

ten, die bleihaltige Farbe oder Batterien ablecken. Alle Abfälle, die Blei enthalten könnten, sollten sorgfältig aus Ausläufen und Weiden weggeräumt werden.
Symptome: Blei greift das Nervensystem an und verursacht Schwäche, Koordinationsschwierigkeiten, Appetitmangel und Gewichtsverlust. Die Pferde können nicht mehr schlucken oder wiehern und zittern. In schweren Fällen kann es zu Krampfanfällen kommen.
Behandlung: Man versucht, das im Körper angesammelte Blei zu entfernen. Mit als »Komplexbildnern« bezeichneten Medikamenten löst man es aus den Körperspeichern, sodass es mit dem Urin ausgespült werden kann. In leichten Fällen ist so eine Genesung möglich, in schwereren Fällen sind die Schädigungen des Nervensystems oft zu stark.

LEBERKRANKHEIT (HEPATITIS)

Die Leber ist ein äußerst wichtiges Organ und zuständig für die Bearbeitung von Proteinen, Fetten, Kohlenhydraten, Vitaminen und roten Blutzellen. Sie spielt eine wesentliche Rolle in der Entgiftung des Körpers und in der Blutgerinnung. Die Leber hat eine große »Funktionsreserve«: Erst wenn 70-80% der Leber ausfallen, sind Anzeichen nach außen hin sichtbar, weshalb viele Fälle von Lebererkrankung unentdeckt bleiben. Wenn Hepatitis diagnostiziert wird, sind in der Regel schon große Teile der Leber geschädigt und die Schäden können schon seit Monaten oder Jahren bestehen.Viele Fälle von Lebererkrankung sind deshalb nicht mehr heilbar.
Ursache: Zu den häufigen Ursachen für Lebererkrankung gehören Vergiftungen. Auch eine Blockade des Gallenganges durch Gallensteine kann die Erkrankung hervorrufen, dies ist aber selten. Auch bakterielle Infektionen der Leber kommen nur selten vor. Wenn Parasiten durch die Leber wandern, führt dies zu einer leichteren Form der Erkrankung. Manchmal bleiben die Ursachen auch unklar.
Symptome: Wegen der vielfältigen Funktionen der Leber verschieden. Abgeschlagenheit, Depression, schlechter Appetit und Gewichtsverlust sind die häufigsten Anzeichen. Auch Kolik und Durchfall können vorkommen. Bei manchen Pferden entwickelt sich eine Gelbsucht (Gelbwerden der Haut), unter dem Fell ist dies aber schlecht erkennbar. Andere bluten heftig aus kleinen Wunden oder am Zahnfleisch, weil keine Gerinnungsstoffe im Blut mehr produziert werden. Wieder andere bekommen »Sonnenbrand«, obwohl die Sonne gar nicht intensiv scheint, oder zeigen unnormales Verhalten, indem sie z.B. ihren Kopf gegen die Wand drücken, »in die Sterne gucken«, sich ständig im Kreis drehen oder umfallen. Nur selten kommen auch Krampfanfälle vor.
Behandlung: In der Regel sind Leberschäden nicht reparabel und die Behandlung versucht nur, die Leber arbeitsmäßig zu entlasten. Dies erreicht man mit sehr leicht verdaulichem Futter, der Zugabe von Vitaminen, dem Schutz vor direktem Sonnenlicht und Ruhe. Wenn Parasiten oder Bakterien die Ursache sind, können Entwurmungsmittel oder Antibiotika gegeben werden. Bei manchen Pferden stabilisiert und verbessert der Zustand sich, bei anderen verschlechtert er sich so weit, dass eine Nottötung unumgänglich ist.

ERKRANKUNGEN DER HARNWEGE

Der Harntrakt beinhaltet zwei Nieren, die über zwei Harnleiter mit ihnen verbundene Blase und die Harnröhre, durch die die Blase entleert wird. Er ist für die Ausfilterung und Ausscheidung aller Abfallstoffe aus dem Körper verantwortlich, mit Ausnahme von CO_2, das von der Lunge ausgeschieden wird. Außerdem ist er eng am komplizierten Ausgleich des Körpers zwischen Wasser, Säuren und Salzen beteiligt.

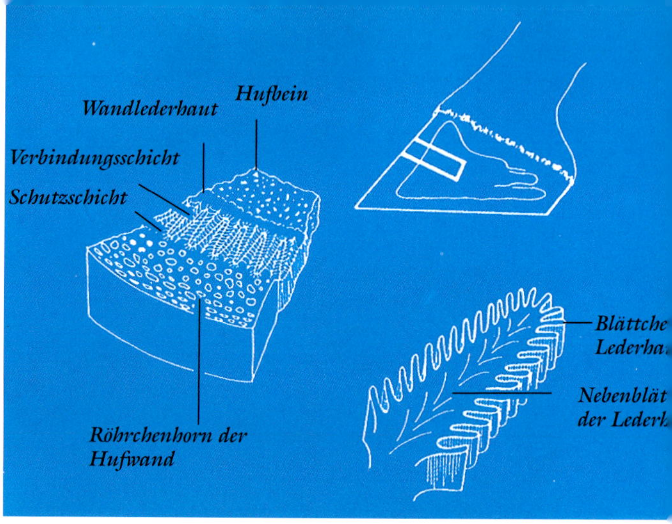

Struktur der Verbindung zwischen Lederhaut und Hufhorn.

Harnwegsprobleme sind bei Pferden eher selten und kommen bei Stuten häufiger vor als bei Hengsten oder Wallachen. Wenn sie auftreten, können sie jedoch durchaus problematisch sein. Ein erwachsenes Pferd scheidet pro Tag normalerweise 2-10 Liter Urin aus. Pferdebesitzer sollten folgende Frühwarnsignale kennen:

- Schmerzanzeichen beim Urinieren: deutliches Stöhnen, Unruhe
- Ungewöhnlich häufiges Urinieren, ungewöhnliche Harnmengen, Durst
- Ungewöhnliche Farbe des Urins (normal ist ein blasses bis bernsteinfarbiges Gelb, ohne Blutspuren oder dunklere Partikel)

NIERENVERSAGEN

Die Nieren filtern das Blut und bilden den Urin, der stickstoffhaltige Ausscheidungsprodukte, Säuren und Wasser enthält. Sie spielen eine wichtige Rolle in der Kontrolle des Flüssigkeitshaushaltes im Körper, indem sie die Menge des auszuscheidenden Urins an die Flüssigkeitsaufnahme des Pferdes anpassen. Dieses Organ funktioniert sogar noch dann, wenn es zu 70% beschädigt ist.
Ursachen: Das Versagen kann durch einen Abfall des Blutdruckes ausgelöst werden (z.B. durch Dehydration, starke Blutung, Schock, Herzerkrankung), Blockade des Harnflusses in Harnröhre oder Blase (z.B. durch Steine) oder Gifte (aus Pflanzen, Metallen, Medikamenten oder nach Kreuzverschlag).
Symptome: Zunächst wird der Urin stark konzentriert, kann sich dann aber nach der ersten Akutphase stark verdünnen. Der Tierarzt fühlt bei rektaler Untersuchung, dass die Nieren weich sind.
Behandlung: Verschieden je nach Ursache und Schwere der Erkrankung.

BLASEN-/NIERENSTEINE (CALCULI)

Calciumcarbonat-»Steine«, die aus mineralischen Stoffen des Urins gebildet werden, können sich überall im Harntrakt bilden, kommen am häufigsten aber in der Blase oder in den Nieren vor.
Ursache: Ungleichgewicht im pH-Wert des Urins (am häufigsten in Gebieten mit hohem Mineralgehalt des Wassers).
Symptome: Schwierigkeiten beim Urinieren. Tröpfeln von Urin, bei Stuten manchmal Vulva und Beine »verätzend«. Leichte Koliksymptome.
Behandlung: Operative Entfernung der Steine. Haltung und Fütterung sollten überdacht werden, um ein erneutes Auftreten zu verhindern. Die angegriffenen Hautstellen müssen sorgfältig gewaschen, getrocknet und eingesalbt werden.

POLYNEPHRITIS

Ursachen: Entzündungen und Degeneration der Nieren, kommt bei Stuten nach dem Fohlen vor, wenn Bakterien die Harnröhre hinaufgestiegen sind. Die Infektion kann über den Blutkreislauf geschehen (z.B. bei Fohlen, wenn der Nabel entzündet ist).
Symptome: Gewichtsverlust, Lethargie, Schwäche, Anschwellen von Bauch und Beinen, Maulgeruch, Starker Durst. Die Blutuntersuchung zeigt eine Anämie, Ungleichgewicht im Elektrolythaushalt und erhöhte Konzentrationen von Harnstoff.
Behandlung: Im Frühstadium kann die Gabe von Antibiotika und ein Ausgleichen der Körpersalze helfen.

POLYNEURITIS EQUI

Lähmung der Harnblase (siehe Kapitel 6).

HUFREHE

Hufrehe gehört zu den häufigsten Lahmheitsursachen bei Pferden. In den meisten Fällen ist allein falsches Weide- und Futtermanagement Ursache der Erkrankung. Da Hufrehe extrem schmerzhaft ist, ist ihre Behandlung auch eine Frage des Tierschutzes. Auch wenn unsere Kenntnisse von dieser Krankheit immer noch Lücken aufweisen, so wissen wir heute doch genug, um 80% der Fälle von vornherein vermeiden und 80% der Erkrankungen erfolgreich behandeln zu können.

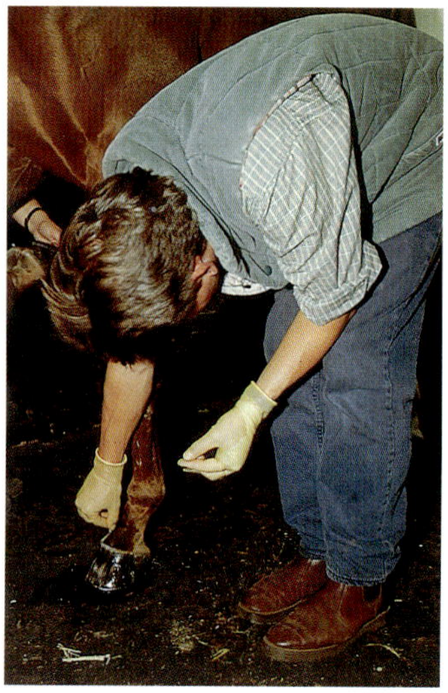

Eine genaue Diagnose ist bei Hufrehe wichtig. Die sorgfältige Untersuchung von unterer Gliedmaße, Kronrand und Huf hilft, den Krankheitsverlauf zu bestimmen.

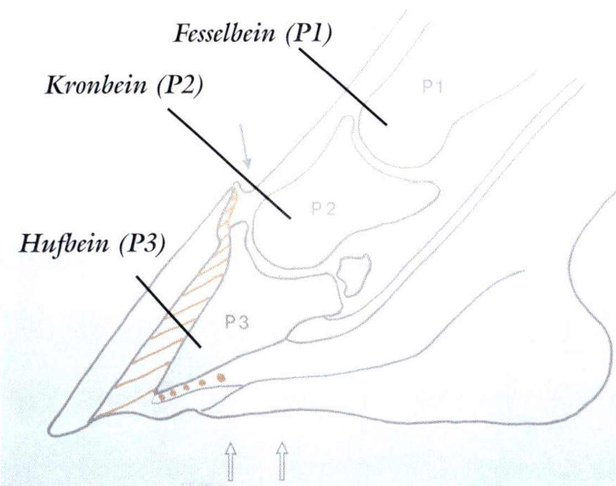

Querschnitt durch einen Rehehuf mit abgesunkenem und rotiertem Hufbein.

Beim gesunden Huf »hängt« das Pferd in zwei miteinander verzahnten Strukturen: Der Wandlederhaut, die auf der Knochenoberfläche des Hufbeins liegt, und den Hornblättchen an der Innenseite der Hornkapsel, die man zusammen auch als den »Aufhängeapparat« bezeichnet. Das Pferd steht also nicht in der Hornkapsel wie wir in unseren Schuhen, sondern es ist buchstäblich darin aufgehängt (s. Kap. 4).

Man muss zwischen vier Formen der Erkrankung unterscheiden, die alle mit dem Oberbegriff Hufrehe bezeichnet werden:

- Akute Hufrehe
- Partielles Einsinken des Kronsaumes
- Totales Einsinken des Kronsaumes
- Chronische Hufrehe

Diese Unterscheidung ist höchst hilfreich, wenn es darum geht, die richtige Behandlung zum richtigen Zeitpunkt einzuleiten und eine Prognose zu wagen, ob das Pferd wieder genesen wird. Man braucht weder Röntgenbilder noch Blutproben, um zwischen diesen vier Formen der Rehe unterscheiden zu können - nur die Fähigkeit, mit den Fingern zu fühlen und mit den Augen zu sehen.

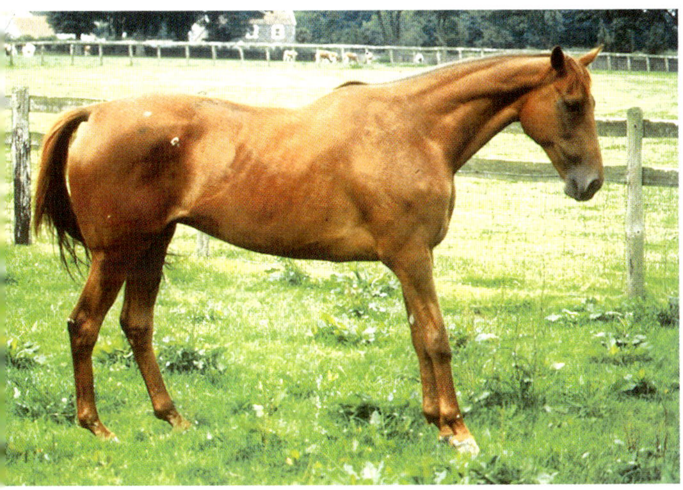

Die typische Körperhaltung eines an Hufrehe erkrankten Pferdes, das versucht, den Zehenbereich der Vorderhufe zu entlasten.

Hufrehe kann sich sehr verschieden stark äußern: Von einer kaum sichtbaren Lahmheit im Trab bis hin zum liegenden, stöhnenden und schwitzenden Pferd. Es ist bei dieser Erkrankung nicht ungewöhnlich, dass sie von Arthrose über Hufrollensyndrom, Tetanus, Kolik, Kreuzverschlag oder Verletzungen an der Vor- und Hinterhand mit allem möglichen verwechselt wird.

DIE SYMPTOME ERKENNEN

AKUTE HUFREHE

In allen Rehefällen ist eine ungewöhnlich verstärkte Pulsation an der Fesselarterie fühlbar. Die Hufe können heiß, kalt oder normal temperiert sein, weshalb ein Abfühlen nach Anzeichen von Wärme verschwendete Zeit ist. Charakteristisch ist die Körperhaltung, bei der das Pferd versucht, sein Gewicht von der Hufzehe auf die Trachtenbereiche zu verlagern. Bedenken Sie immer, dass jeder Huf in jeder Kombination betroffen sein kann, nicht nur die Vorderhufe, auch wenn dies der häufigste Fall ist. Wenn beispielsweise beide Hinterhufe betroffen sind, wird das Pferd die Hinterbeine nach vorn unter den Körper und die Vorderbeine zurück stellen.

Rehepferde haben schmerzende Hufe, weshalb sie ständig versuchen, ihr Gewicht von einem Huf auf den anderen zu verlagern. Die Hufe sehen normal aus - keine verlängerten Zehen oder hohen Trachten und keine Ringe auf der Hufwand, die im Trachtenbereich weiter auseinander liegen als an der Zehe.

PARTIELLES EINSINKEN DES KRONSAUMES

Alle Symptome der akuten Hufrehe sind vorhanden, hinzu kommt aber eine Vertiefung knapp oberhalb des Kronsaumes an den betroffenen Hufen. Sie kann mit den Fingern ertastet werden und befindet sich in der Mitte des Kronsaumes oberhalb der Zehe. Bei Verschlechterung der Erkrankung weitet sie sich in Richtung Trachten aus. Je tiefer die Einkerbung und je größer die Ausdehnung nach den Seiten, desto stärker die Hufbeinsenkung. Dies ist dadurch zu erklären, dass sich bei einer Hufbeinsenkung die Verbindung zwischen den Lederhautblättchen der Verbindungsschicht löst und das Hufbein beginnt, sich innerhalb der Hornkapsel nach unten zu bewegen. Das Gewicht des Pferdes bringt die Verbindung zwischen den Lederhäuten zum Zerreißen. Bei seiner Abwärtsbewegung zieht das Hufbein die darüber liegende Haut mit, was die fühlbare Vertiefung über dem Kronsaum verursacht.

Übergewicht und stark zucker- oder stärkehaltiges Futter zählen zu den Hauptrisikofaktoren für Hufrehe. Gras mittlerer Qualität ist für Equiden ausreichend.

TOTALES EINSINKEN DES KRONSAUMES
In diesem Fall sind die Pferde am schwersten betroffen. Sie zeigen nicht immer die typische Rehehaltung mit vorgestreckten Vorderbeinen, sondern stehen häufig eher mit leicht gespreizten Beinen und verweigern jede Vorwärtsbewegung. Wenn sie zur Bewegung gezwungen werden, zeigen sie je nach Schwere des Falles oft einen schlappenden Gang oder drängen gefährlich unkontrolliert nach vorn und laufen in alles, was ihnen im Weg steht. Sie zeigen starke Pulsation an der Fesselarterie und können eiskalte Hufe haben. Bei totaler Hufbeinsenkung verläuft die Vertiefung rund um das Kronband bis nach hinten an die Ballen des Hufes.

In diesen Fällen ist die gesamte Verbindung der Lederhäute im Aufhängeapparat rund um den Huf zerrissen, sodass diese armen Tiere tatsächlich in ihren Hufen stehen wie wir in unseren Schuhen.

CHRONISCHE HUFREHE
Charakteristisch für diese Fälle sind verformte Knollhufe als Resultat einer früheren Hufrehe. Sie weisen an den Wänden der betroffenen Hufe Wachstumsringe auf, die im Bereich der Trachten weiter auseinander liegen als an der Zehe. Die Zehe tendiert zum übermäßigen Längenwachstum, sodass die vordere Hufwand von der Seite betrachtet konkav aussieht. Die Trachten wachsen schneller als die Zehe und die Sohlen der betroffenen Hufe sind flach, in manchen Fällen sogar vorgewölbt. Die weiße Linie ist im Bereich der Zehe verbreitert und anfällig für Infektionen. Manche Pferde mit chronischer Hufbeinrehe gehen ständig lahm und haben immer wiederkehrende Schübe akuter Lahmheit. Auf dem Röntgenbild sind schwere Veränderungen im Bereich der Hufwand zu erkennen; Teile des Hufbeines haben sich aufgelöst. Andere Pferde, die im vorangegangenen Akutstadium nicht so stark betroffen waren, können schmerzfrei leben und als Reitpferde bei mäßiger Belastung zufrieden stellende Leistungen bringen, vorausgesetzt, dass die Hufe regelmäßig und korrekt ausgeschnitten und beschlagen werden.

Zu bedenken ist, dass Pferde mit chronischer Hufbeinrehe auch erneut akut an Hufrehe erkranken können.

URSACHEN FÜR HUFREHE

ÜBERGEWICHT/ÜBERFRESSEN
Es ist eine Tatsache, dass dicke Pferde einem höheren Risiko ausgesetzt sind - gute Kondition und ideales Körpergewicht beugen vor. Hufrehe wird von den Zuckern und der Stärke im Futter ausgelöst, nicht vom Eiweiß, wie man früher dachte.

Wenn ein Pferd zu viel zuckerhaltiges Futter frisst, sei es frisches Gras, Getreide, Müslimix oder Pellets, können die Kohlenhydrate nicht mehr vollständig im Dünndarm verdaut werden. Ein Teil des Nahrungsbreis gelangt in Blinddarm und Dickdarm, wo er die dort herrschende normale Bakterienbesiedlung verändert.

Die zuckerhaltige Flüssigkeit fördert das Wachstum von Mikroben, die normalerweise nicht im Dickdarm vorkommen. Bei ihrer Vermehrung produzieren sie Säure, welche die normalen Mikroben zerstört. Das massenhafte Sterben dieser Darmbakterien führt zur Ausschüttung von Toxinen in den Verdauungsapparat. Da die Aufgabe der normalen Darmbakterien die Verdauung von Rohfaser und der Aufschluss wichtiger Nährstoffe im Dickdarm ist, wiegt ihr Verlust schwer. Man nimmt an, dass das gestiegene Säuremilieu im Dickdarm die Darmschleimhäute schädigt, welche die Aufnahme von Giftstoffen und Säuren in den Blutkreislauf ermöglichen.

An diesem Punkt wird unser Verständnis der fütterungsbedingten Hufrehe ein wenig dünn. Bis heute wissen wir noch nicht ganz genau, wie diese Schäden im Darm und die Veränderungen im Verdauungstrakt die Auswirkungen verursachen, die wir an den Hufen des Pferdes sehen. Was wir wissen, ist, dass die normale Durchblutung des Hufes unterbrochen wird: die Gesamtmenge des zum Huf gepumpten Blutes steigt zwar stark an, aber die Strukturen der Lederhaut werden weniger durchblutet. Wie auch immer der Mechanismus verläuft, wir wissen, dass es zu Schäden in der Zusammenhangsschicht der Lederhäute kommt, die im Normalfall dafür sorgen, dass das Pferd in seinen Hufen »hängt«. Wir wissen auch, dass diese Schäden in der Verbindungsschicht bis zu vierzig Stunden vor dem Auftreten erster Lahmheitsanzeichen beim Pferd beginnen.

BLUTVERGIFTUNG (TOXÄMIE)
Jede Form von Blutvergiftung kann zu Hufrehe führen. Viele Krankheiten - Lungenentzündung, Brustfellentzündung, Durchfall, Gebärmutterinfektionen und das Zurückbehalten der Nachgeburt nach dem Fohlen - können zum Entstehen von Bakteriengiften führen, die in den Blutstrom gelangen. Genauso kann Gift aus Pflanzen, Pilzen oder Chemikalien die Prädisposition für Hufrehe schaffen.

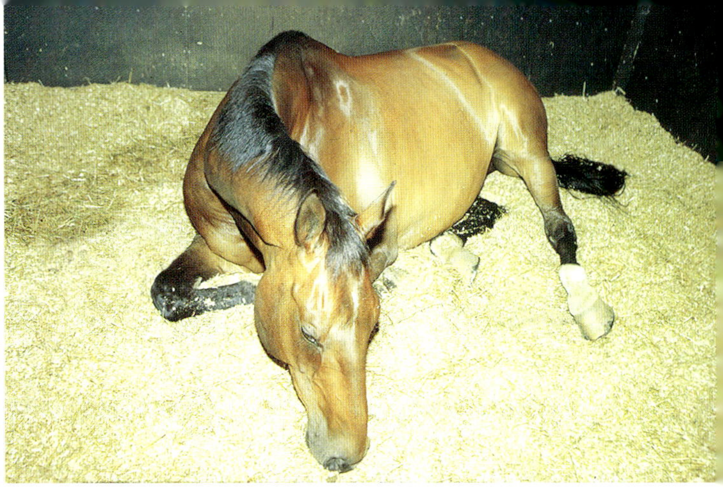

An Rehe erkrankte Pferde brauchen eine tiefe Stalleinstreu aus Torf oder Sägespänen.

NEBENWIRKUNGEN BESTIMMTER MEDIKAMENTE

Manche Medikamente, darunter Kortikosteroide oder auch Entwurmungsmittel wie Pyrantel, können als schwere Nebenwirkung Hufrehe auslösen. In Großbritannien sind alle Kortikosteroide, die häufig zur Behandlung von Sommerekzem, Flüssigkeitsansammlungen im Gewebe oder Atemwegserkrankungen eingesetzt werden, mit dem Warnhinweis versehen, dass Hufrehe auftreten kann. Meiner Meinung nach sollten diese Medikamente nur als letzter Ausweg eingesetzt werden und wenn sie angewendet werden, muss der Pferdebesitzer vollständig über die Risiken aufgeklärt werden. Die verursachte Hufrehe kann so schwer sein, dass das Pferd notgetötet werden muss.

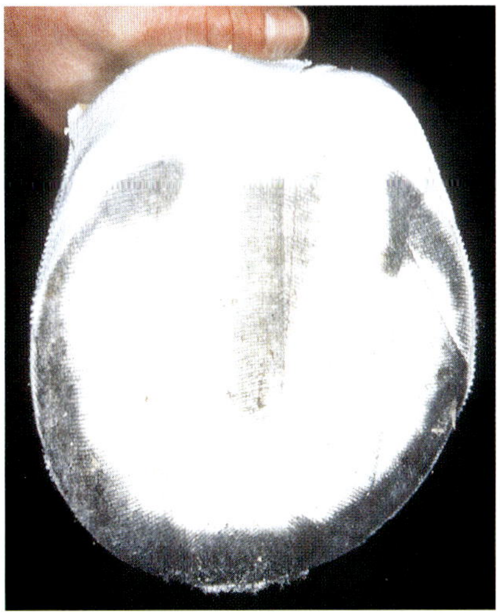

Polster zur Unterstützung des Strahls helfen, die Wandlederhaut zu entlasten. Sie dürfen aber nicht zu dick sein, da sie sonst die Lahmheit nur verschlimmern. Hier wurde das Polster mit einer Bandage fixiert und das Pferd über eine eingefärbte Matte geführt, um die tragenden Hufbereiche sichtbar zu machen.

BELASTUNGSREHE

Sie wird durch schnelle Bewegung auf hartem Boden verursacht. Eine ähnliche Form der Rehe zeigen manche Pferde nach dem Aufnageln eines Hufbeschlages. Sie haben eine so schlechte Hornqualität, dass diese die sensitiven Strukturen der Lederhaut nicht genügend vor den Hammerschlägen abpolstern kann. Die Lahmheit kann bis zu zwei Wochen lang bestehen bleiben. Das Problem kann erfolgreich behandelt werden, indem man das Präparat »Farrier's Formula« ins Futter gibt.

Wenn ein Pferd aufgrund einer Infektion oder Bruchverletzung auf einem Bein sehr stark lahmt, verlagert es sein ganzes Gewicht auf das gesunde Bein.

Wenn dieser Zustand länger als 24 Stunden lang andauert, kann an dem belasteten Huf eine Rehe entstehen. Dies kommt vor allem an den Hinterbeinen vor. Oft wird die gesamte Aufmerksamkeit dem verletzten Bein zuteil und der Schaden am gegenüberliegenden wird übersehen, bis es zu spät für eine Behandlung ist.

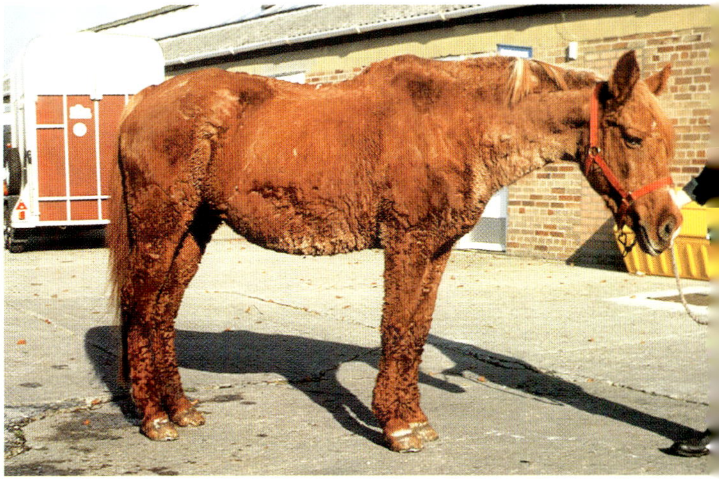

Tumore der Hirnanhangdrüse sind häufig Ursache für Hufrehe bei Pferden mit Cushing-Syndrom. Beachten Sie das dicke, überlange Fell, das selbst im Frühjahr nicht ausgeht. Weitere Symptome sind Diabetes, Gewichtsverlust trotz gutem Appetit, verstärkte Neigung zum Schwitzen und ein Hängebauch.

KÄLTEREHE

Sehr selten entwickeln auch Pferde eine Rehe, die bei sehr kaltem Wetter draußen waren. Ursache ist vermutlich eine reduzierte Hufdurchblutung. Wärmende Bandagen können vorbeugen. Nicht zu verwechseln mit Quetschungen der Hufsohle, die durch das Aufstollen von Schnee entstehen.

HORMONELLE URSACHEN

Die häufigsten hormonellen Ursachen für Hufrehe sind Unterfunktion der Schilddrüse, das Cushing-Syndrom und der Östrus bei Stuten. Die beiden ersten können durch Blutuntersuchungen nachgewiesen und erfolgreich medikamentös behandelt werden. Manche Stuten entwickeln Hufrehe, wenn sie in die Rosse kommen, was langfristig schwierig zu behandeln sein kann. Es gibt Medikamente, welche den Hormonspiegel verändern und die Rosse unterdrücken. Als letzter Ausweg kann die Stute sterilisiert werden.

STRESSBEDINGTE HUFREHE
Sie kommt höchst selten vor, meistens haben andere Ursachen das Entstehen der Hufrehe verursacht. Trotzdem kann auch Transportstress, vor allem bei sehr heißem oder kaltem Wetter, Stress durch Belastung oder Impfungen Hufrehe auslösen.

SCHLECHTER BESCHLAG
Nicht passende Hufeisen, die auf die Sohle drücken, können Hufrehe auslösen. Außerdem kann ein Vernachlässigen der Hufe von Pferden mit chronischer Hufbeinrotation (Zehe zu lang und Trachten zu hoch) zu wiederholten Reheschüben führen.

BEHANDLUNG
Rufen Sie stets den Tierarzt, wenn Sie irgendeine Form von Hufrehe vermuten. Es handelt sich um einen dringenden Notfall. Verlassen Sie sich nicht auf den Rat unqualifizierter Leute und kaufen Sie keine Mittel auf eigene Faust in der Apotheke.

- Überprüfen Sie zuerst anhand der genannten Kriterien, um welchen der vier Fälle es sich handelt.
- Versuchen Sie herauszufinden, wodurch die Rehe ausgelöst wurde. Wenn Sie das nicht wissen, haben Sie keine Chance, die Ursache abzustellen.
- Bringen Sie das Pferd in eine Box mit einer mindestens 45 cm tiefen Einstreu aus sauberen, trockenen Sägespänen. Wenn es weit bis zum Stall ist, transportieren Sie das Pferd besser, anstatt es zu führen.
- Korrekt angepasste Strahlpolster verschaffen in 90% der Fälle sofort sichtliche Erleichterung. Sie nehmen die Belastung von den Wandlederhäuten und reduzieren das Risiko der Hufbeinrotation. Ob die Eisen abgenommen werden, hängt von der Form der Hufsohle ab. Ist sie nach innen gewölbt, können die Eisen abgenommen werden, ist sie dagegen flach oder nach außen vorge wölbt, bleiben sie besser liegen. Wenn das Pferd stark lahmt, bringen Sie lieber dickere Strahl polster an, anstatt mit ihm um das Abnehmen der Eisen zu kämpfen.
- Der Tierarzt verschreibt möglicherweise Acepromazin, das die Durchblutung der Hufe normalisiert und beruhigend wirkt. Manchmal wird auch ein Schmerzmittel wie Phenylbutazon gegeben. Wenn Sie den Tierarzt schnell genug verständigt haben, kann er auch Heparin verschreiben, um die Bildung vonBlutgerinnseln in den kleinen Blutgefäßen der Lederhaut zu verhindern. Außerdem kann er Blut- und Urinproben nehmen, um so besser entscheiden zu können, was die Rehe verursacht hat und wie man in der Behandlung am besten vorgeht.

Keinesfalls darf das Pferd zur Bewegung gezwungen werden, lieber sollten Sie es ermutigen, auf bequemer Einstreu liegen zu bleiben. Sägespäne sind gut geeignet, weil das Pferd sie nicht frisst und weil sie die Hufe gut abpolstern. Wenn das Pferd länger liegt, verursachen sie auch nicht so viele Hautschäden wie Sand. Die jeweiligen Behandlungsmöglichkeiten für die verschiedenen Arten und Stadien der Hufrehe würden den Rahmen dieses Buches sprengen und können mit dem Tierarzt besprochen werden.

FÜTTERUNG DES REHEPFERDES
Wenn das Pferd übergewichtig ist und an einer futterbedingten Rehe leidet, darf es nur noch Raufutter bekommen, d.h. Heu und/oder sauberes Stroh. Getreide verschlimmert nur das Ungleichgewicht in der Darmflora des Dickdarms und enthält zu viele Kalorien. Wenn es um die Fütterung geht, sind alle Pferde verschieden: das gleiche Futter kann bei dem einen zur Gewichtszunahme führen, beim nächsten zum Abnehmen. Als grober Anhaltspunkt können Sie sich nach folgenden Empfehlungen richten, um bei in Stall oder Auslauf gehaltenen Pferden eine Gewichtsabnahme zu erreichen. Sie werden es nie schaffen, Weidepferde zum Abnehmen zu bringen, es sei denn, Sie legen Ihnen einen Maulkorb an.

FÜTTERUNGSBEISPIELE
Übergewichtiges Shetland Pony, Fütterung 2x täglich mit:
ca. 200 g Pellets mit hohem Rohfasergehalt
1/2 Liter eingeweichte Zuckerrübenschnitzel
1 Messbecher Farrier's Formula
ca. 600 g gutes Heu dreimal täglich

Übergewichtiges Pony von 140 cm Stockmaß, Fütterung 2x täglich mit:
ca. 500 g Pellets mit hohem Rohfasergehalt
1 Liter eingeweichte Zuckerrübenschnitzel
2 Messbecher Farrier's Formula
1,2 - 1,4 kg gutes Heu dreimal täglich

Übergewichtiges Pferd von 162 cm Stockmaß, Fütterung 2x täglich mit:
ca. 900 -1000 g Pellets mit hohem Rohfasergehalt
1 1/2 Liter eingeweichte Zuckerrübenschnitzel
2 1/2 Messbecher Farrier's Formula
1,3 - 1,8 kg gutes Heu dreimal täglich

Wenn Ihr Pferd nicht übergewichtig ist, bitten Sie den Tierarzt, es auf Wurmbefall, Leber- oder Nierenschäden und Cushing-Syndrom zu untersuchen. Nur zu oft wird ein Pferd auf Diät gesetzt, um Hufrehe zu vermeiden, und erkrankt dann trotzdem.

▲ *Übergewichtige Pferde sind einem höheren Risiko ausgesetzt als schlanke. Achten Sie deshalb auf die Linie Ihres Pferdes! Sehr zucker- und stärkehaltige Futtermittel wie frisches, junges Gras oder Getreide in größeren Mengen sind zu vermeiden.*

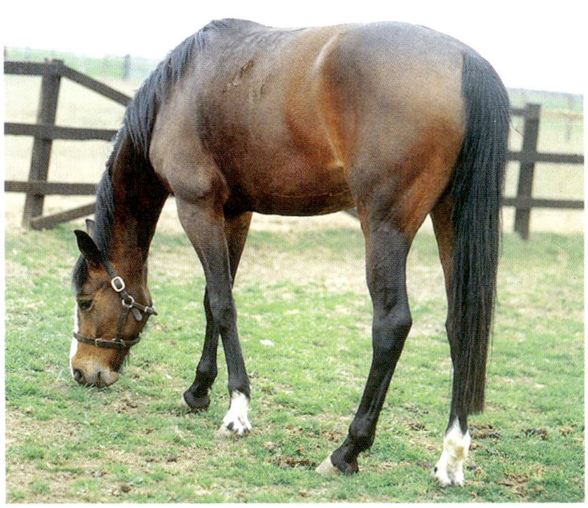

▲ *Meiden Sie fette, gedüngte Wiesen, wie sie beispielsweise für Rinder angelegt wurden. Rehepferde werden am besten auf Flächen gehalten, die eine Einteilung und Kontrolle der gefressenen Grasmenge erlauben. Alternativ können auch spezielle Maulkörbe helfen, die das Grasfressen verlangsamen.*

▲ *Regelmäßige Bewegung hält das Pferd in guter Form und Verfassung, fördert Kreislauf und Gesundheit. Schnelle Gangarten auf hartem Boden sind tabu.*

Lassen Sie Ihr Pferd regelmäßig von einem guten Hufschmied betreuen. ▶

Oft leiden solche Pferde unter dem Cushing-Syndrom. Die Hufrehe wird dann von einem Tumor in der Hirnanhangsdrüse verursacht und hat nichts mit dem Futter zu tun.

BESCHLAG DES REHEPFERDES

Das wichtigste für den Beschlag eines Rehepferdes ist die präzise Diagnose. Der Beschlagsplan ist je nach Fall verschieden, vom korrekten Zuschneiden des Hufes, um die Hufwand wieder in eine Linie mit dem Hufbein zu bringen, bis zum Anbringen spezieller orthopädischer Beschläge wie dem geklebten Herzeisen (Heart Bar Shoe). Entscheidend ist, dass der Hufschmied mit einem kompetenten Tierarzt zusammenarbeitet. Nach Auswertung der Röntgenaufnahmen wird je nach Befund ein Therapieplan aufgestellt. Zweifellos wird es zu weiteren Lageveränderungen des Hufbeins kommen und eine regelmäßige Abstimmung zwischen Tierarzt und Hufschmied bleibt für die nächste Zeit erforderlich.

4 DAS PFERD IN BEWEGUNG

Der natürlichen Versammlung oder Gangverstärkung eines auf der Koppel trabenden Pferdes zuzusehen oder zu spüren, wie das Pferd unter dem Sattel sich plötzlich buchstäblich zusammenschieben lässt, ist etwas Unbeschreibliches. Es ist ein Teil, vielleicht sogar das Ziel aller reiterlichen Bemühungen. Die Bewegung des Pferdes wird immer von einem unbekannten, beinahe mystischen Element begleitet sein. Was letztendlich einen Olympiasieger, ein Dressurpferd, Cutting- oder Reiningpferd, Springpferd, Gangpferd oder kraftvolles Zugpferd ausmacht, geht weit über die bloße Mechanik von Knochen und Muskeln hinaus. Vielleicht ist diese »unbekannte« Komponente im Wesen des jeweiligen Pferdes zu suchen. Der Rest - Beine, Knochen, Muskeln und wie sie zusammenwirken - ist bekannt und soll Thema dieses Kapitels sein.

KNOCHEN

Die Knochen des Körpers sind aus sehr hartem und hoch verdichtetem Material, dem so genannten Rindenknochen, und einem weniger dichten, schwammigeren Material, dem spongiösen Knochen, zusammengesetzt. Der Rindenknochen sorgt für mehr Stabilität und Festigkeit, der spongiöse Knochen für die Fähigkeit zum Nachgeben und Elastizität. Die Verteilung der beiden Anteile ist von Knochen zu Knochen verschieden und hängt von der Funktion des jeweiligen Knochens ab. Am deutlichsten wird dies, wenn man die langen Knochen der Gliedmaßen, die gestreckt und hohl sind und eine dicke Schicht harten Rindenknochens aufweisen, mit denen des Kopfes und der Brust vergleicht, die flach und kurz sind und nur eine dünne Schicht Rindenknochen über einem dicken Kern aus spongiösem Knochen besitzen. Die langen Knochen der Gliedmaßen tragen den Großteil des Gewichtes und sind wichtig für die Bewegung; um der Belastung standhalten zu können, sind sie deshalb dicker und fester. Die flachen Knochen sind eher für die Blutproduktion zuständig und ein Teil des Stützrahmens, der dem Körper seine Form gibt. Aus diesem Grund weisen sie mehr spongiöse Knochen als Rindenknochen auf. Alle Knochen besitzen eine dünne Außenschicht, die so

Poesie der Bewegung. Die Mechanik von Muskeln und Knochen ist nur ein Teil dessen, was die Faszination eines sich im völligen Gleichgewicht bewegenden Pferdes ausmacht - sei es auf der Koppel oder unter dem Reiter.

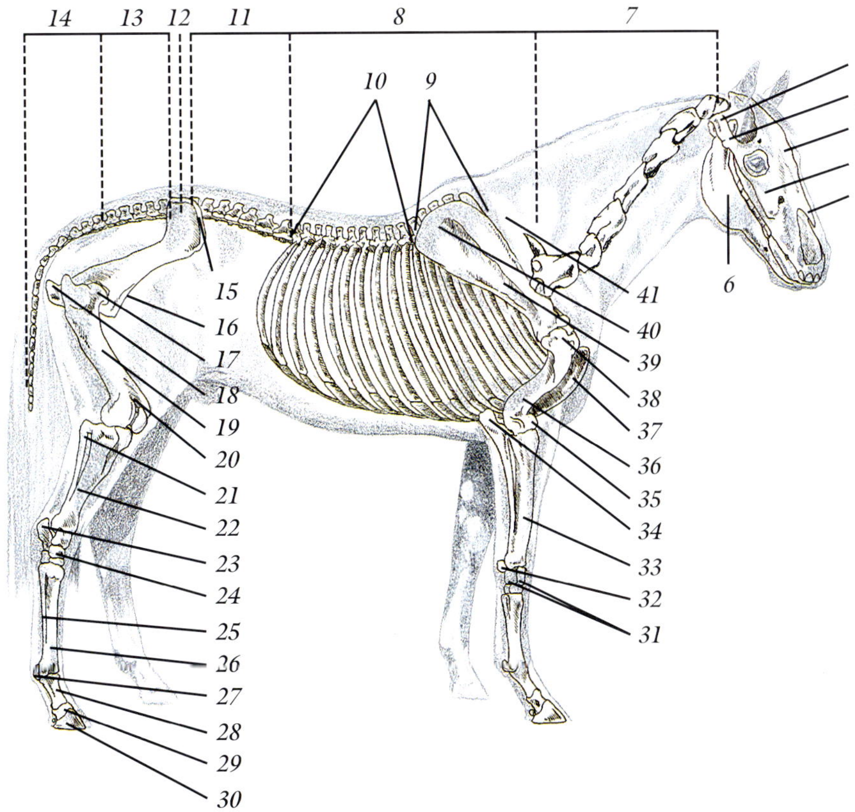

DAS SKELETT DES PFERDES

1. Hinterhauptbein
2. Jochbeinbogen
3. Stirnbein
4. Oberkiefer
5. Nasenbein
6. Unterkiefer
7. Halswirbel
8. Rückenwirbel
9. Acht »echte«, mit dem Brustbein verbundene Rippen
10. Zehn »falsche«, nur über Knorpel miteinander verbundene Rippen
11. Lendenwirbel
12. Kreuzhöcker
13. Kreuzbein (bestehend aus 5 Wirbeln)
14. Schweifwirbel
15. Hüfthöcker
16. Becken
17. Hüftgelenk
18. Sitzbeinhöcker
19. Oberschenkelbein (Femur)
20. Kniescheibe (Patella) und Kniegelenk
21. Wadenbein
22. Schienbein
23. Fersenbein (bildet die Spitze des Sprunggelenks)
24. Sprunggelenk
25. Griffelbein
26. Hintermittelfußknochen (Hinterbeine) bzw. Vordermittelfußknochen (Vorderbeine); auch: Röhrbeine
27. Gleichbein
28. Fesselbein
29. Kronbein
30. Hufbein
31. Karpalgelenk
32. Erbsenbein
33. Speiche
34. Ellenbogenhöcker
35. Ellenbogengelenk
36. Oberarmbein (Humerus)
37. Brustbein
38. Schultergelenk
39. Schulterblatt
40. Schulterblattknorpel
41. Erster Brustwirbel mit starkem Dornfortsatz

genannte Knochenhaut (Periosteum), die den Knochen mit Blut und Nerven versorgt und der Ausgangspunkt für das Verheilen von Knochenverletzungen ist.

Alle Knochen zusammen bilden den als Skelett bekannten Stützrahmen des Körpers. Das Skelett des Pferdes wird in zwei Abschnitte unterteilt:

- Das Achsenskelett (Schädel, Rücken, Rippen und Brustbein)
- Das Gliedmaßenskelett (Beine)

DAS ACHSENSKELETT

Die Wirbelsäule ist dazu konstruiert, das relativ hohe Gewicht des Bauches zu tragen und ist im Vergleich zu dem anderer Lauftiere relativ starr. Sie besteht aus den einzelnen Wirbelknochen, die zusammen eine Kette bilden und das in der Mitte liegende Rückenmark schützen.

Die Wirbelsäule besteht aus 5 Abschnitten. Es gibt 7 Halswirbel, 18 oder 19 Rückenwirbel und 6 Lendenwirbel. Der letzte Lendenwirbel ist gelenkig mit den 5 miteinander verwachsenen Kreuzbeinwirbeln verbunden, die zusammen das oberhalb des Beckens liegende Kreuzbein bilden. Zwischen 15 und 20 Schwanzwirbel formen den Schweif.

Die einzelnen Wirbel sind je nach ihrer Position im Detail verschieden, bestehen in der Grundform aber aus einem Körper, einem Bogen, zwei Querfortsätzen an den Seiten und den Gelenkfortsätzen, über die die benachbarten Wirbel miteinander verbunden sind. Aneinandergereiht bilden die Wirbel einen Kanal zur Aufnahme des Rückenmarkes; zwischen jedem Wirbel ist eine kleine Lücke, durch die Nerven und Blutgefäße laufen.

Muskeln und Bänder sind an den Insertionsfortsätzen der Wirbel angeheftet. Jeder Wirbel ist über Gelenkfortsätze mit den benachbarten Wirbeln verbunden; dazwischen sorgen aus Knorpel bestehende Bandscheiben für eine gewisse, aber begrenzte Flexibilität und Kompressionsfähigkeit. Die Dornfortsätze stehen wie eine Haifischflosse auf jedem Wirbel und formen hintereinander eine Linie. Sie können unter der Haut gefühlt werden. Die Querfortsätze sind von Muskeln umgeben und können nur bei einem sehr stark abgemagerten Pferd gefühlt werden.

Die Wirbelsäule bildet verschiedene Kurven, die zusammen eine brückenähnliche Konstruktion ergeben und so die Last des darunter hängenden Gewichtes tragen können. Sie ist aber nicht konstruiert, ein zusätzlich von oben wirkendes Gewicht (also einen Reiter) zu tragen. Auch wenn die Wirbelsäule eine gewisse Flexibilität in Seiten- und Längsrichtung besitzt, die dem Pferd ein Biegen auf Zirkellinien oder über dem Sprung ermöglicht, so ist diese doch durch Form und Verbindung der Wirbel sowie der Funktion der umgebenden Muskeln begrenzt. Die Wirbelsäule ist deshalb besonders anfällig für Schäden, wenn sie unnatürlichen Belastungen oder Traumata ausgesetzt ist (s. Kap. 9 Rückenprobleme).

DAS GLIEDMASSENSKELETT

Die Gliedmaßen sind an zwei Punkten mit dem Achsenskelett verbunden - an den Schultern (dem Schultergürtel) und dem Becken (Beckengürtel). Das Vorderbein ist über eine Reihe von Muskeln und Bändern am Brustkorb entlang mit dem Schulterblatt verbunden. Zwischen Schultergelenk und Wirbelsäule gibt es keine feste knöcherne Gelenksverbindung. Das ermöglicht der Schulter eine große Bewegungsfreiheit und gegenläufige Bewegungen zwischen unterer Gliedmaße und Schulter, wodurch die mangelnde Flexibilität der Wirbelsäule ausgeglichen wird. Die Schultermuskeln bewegen die Schulter vor, wenn die untere Gliedmaße sich zurück bewegt. Da der Rumpf mit der Schulter verbunden ist, entsteht so eine Vorwärtsbewegung. Im Gegensatz dazu sind die Hinterbeine über ein Knochengelenk mit dem Becken verbunden.

Vom Karpalgelenk (Vorderfußwurzelgelenk) an abwärts hat ein Pferdebein die gleichen Knochen und Bänder wie eine menschliche Hand. Das Pferd hat sich in der Evolution so entwickelt, dass es jetzt auf der Spitze des Mittelfingers läuft. Die Fingerspitze hat sich allmählich immer weiter verstärkt und die beiden seitlich benachbarten Finger wurden im-

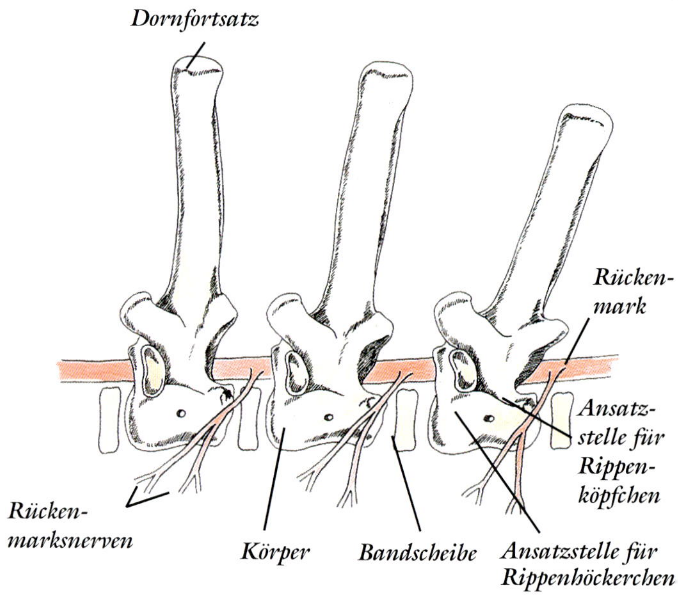

Seitenansicht von Brustwirbeln und Rückenmarkskanal.

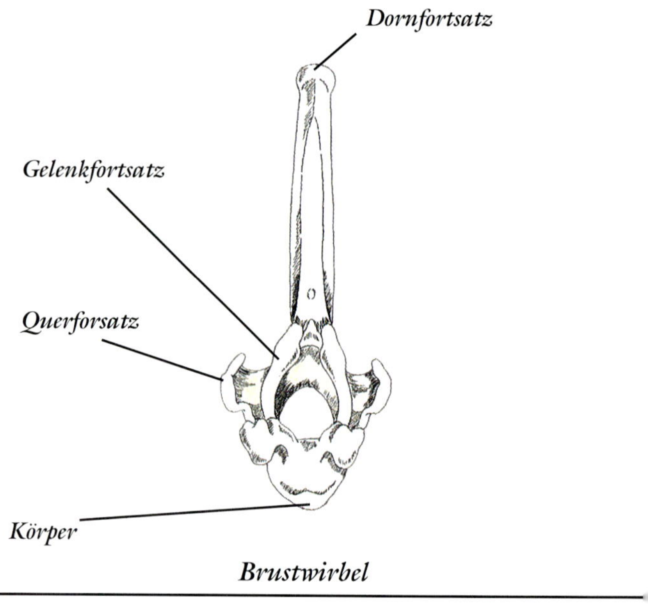

Brustwirbel

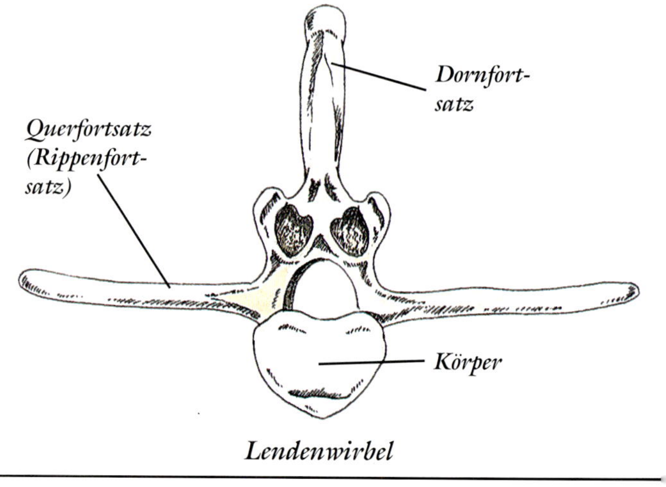

Lendenwirbel

mer kleiner und rückten immer näher an den Mittelfinger heran, bis nur die heutigen Griffelbeine übrig blieben. Die beiden äußeren Finger (entsprechend Daumen und kleinem Finger) verschwanden ganz. Das Karpalgelenk des Pferdes ist das Handgelenk des Menschen, das Röhrbein ist der Mittelhandknochen, das Fesselgelenk der Knöchel auf dem Handrücken, das Fesselbein das erste Fingerglied, das Krongelenk der erste Fingerknöchel, das Kronbein das zweite Fingerglied, das Hufgelenk der zweite Fingerknöchel und das Hufbein das letzte Fingerglied. Der Huf ist also ein modifizierter Fingernagel.

Das Hinterbein hat sich auf ähnliche Weise entwickelt und kann mit dem menschlichen Fuß verglichen werden. Auch hier haben wir den mittleren Zeh mit einem modifizierten Zehennagel, das Hufbein entsprechend dem letzten Zehenglied, das Kronbein entsprechend dem ersten Zehenglied, das Röhrbein entsprechend dem Mittelfußknochen mit den Griffelbeinen als Überresten der zweiten und vierten Zehe und das Sprunggelenk entsprechend einem modifizierten menschlichen Knöchelgelenk. Fälschlicherweise wird das Sprunggelenk oft für das Knie gehalten, welches aber viel höher liegt.

VORDERGLIEDMASSE

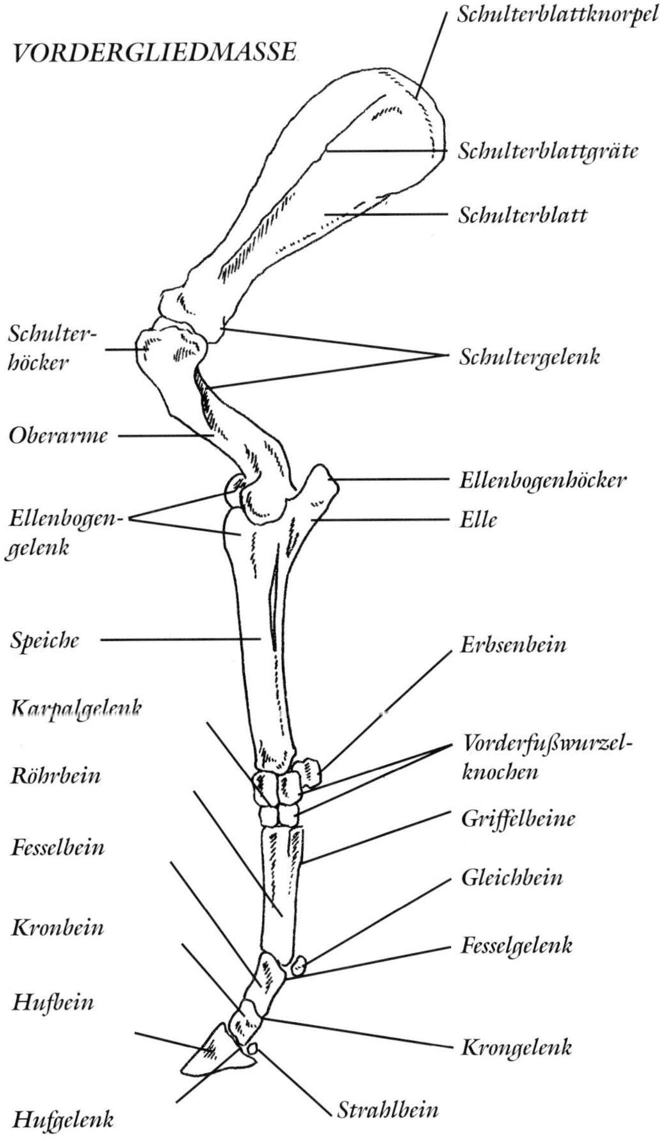

DAS KARPALGELENK

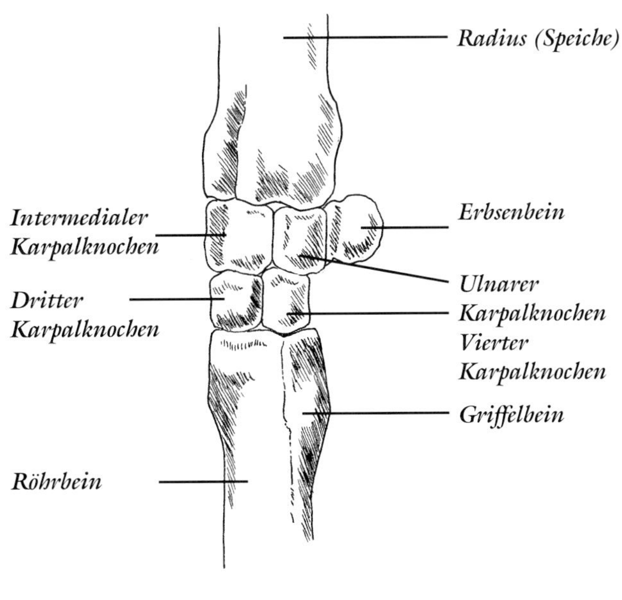

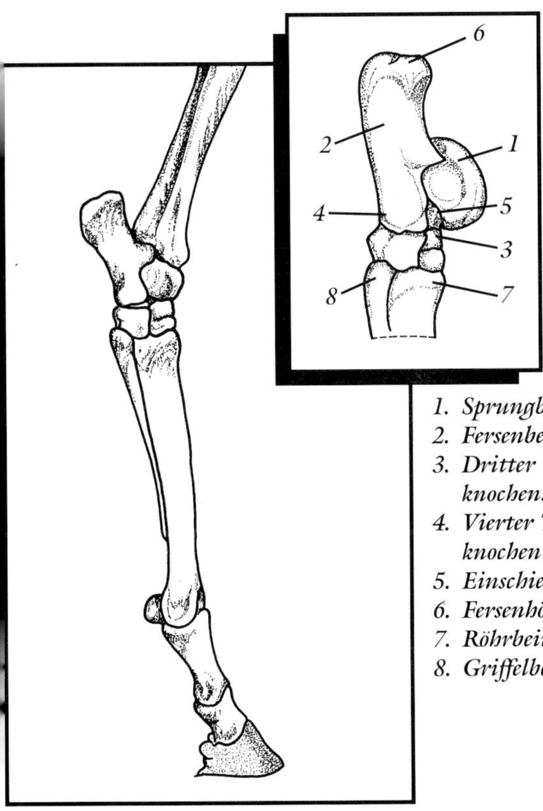

1. *Sprungbein*
2. *Fersenbein*
3. *Dritter Tarsalknochen.*
4. *Vierter Tarsalknochen*
5. *Einschiebsel*
6. *Fersenhöcker*
7. *Röhrbein*
8. *Griffelbein*

HINTERGLIEDMASSE, SPRUNGGELENK (Ausschnitt)

DIE FUNKTION DER KNOCHEN

Knochen haben drei Hauptfunktionen: Sie bilden den Stützrahmen für den Körper, produzieren Blutzellen und ermöglichen Bewegung. Sie speichern außerdem Magnesium, Kalzium und Phosphor, das zum Gebrauch während der Trage- und Säugezeit zur Verfügung steht. Die Knochen der Gliedmaßen des Pferdes sind für eine effiziente, schnelle Bewegung konstruiert und in der Lage, die Kräfte beim Auffußen auf den Boden sowie das Körpergewicht zu tragen. Außerdem wirken sie als Gegenhebel für die Arbeit der Muskeln. Die langen Knochen der Gliedmaße sind hohl und deshalb leicht, aber trotzdem mit einer sehr dicken, starken Knochenrinde versehen, die sie gegen starke Erschütterungen widerstandsfähig macht.

GELENKE

Ein Gelenk ist die Stelle, an der zwei Knochen zusammentreffen. Je nach Position und Art der beteiligten Knochen variieren Struktur und Beweglichkeit der Gelenke. So haben beispielsweise die Gelenke zwischen Rippen und dem Wirbelkanal oder die der Schädelknochen nur eine minimale Beweglichkeit und wenig Struktur, während andere, wie beispielsweise die der Beine, große Bewegungsmöglichkeiten und eine sehr komplizierte Struktur haben.

Alle Gelenke bestehen aus den gleichen Grundelementen. Die Gelenkkapsel ist eine starke, faserige Umhüllung, die auf der Innenseite von der Synovialmembran ausgekleidet ist.

Die Synovialmembran besteht aus Synovialzellen (Synoviozyten), welche die auch als »Gelenkschmiere« umschriebene Synovialflüssigkeit produzieren. Dies ist eine dickliche, zähflüssige Substanz, die hauptsächlich aus Hyaluronsäure besteht, das Gelenk gleitfähig macht. An der Verbindungsstelle von Gelenkkapsel und Knochen befinden sich viele Gefäße zur Durchblutung des Gelenkes. Die das Gelenk formenden Knochenenden sind von einer dicken Knorpelschicht mit knorpelproduzierenden Zellen (Chondrozyten) umhüllt.

DIE GLIEDMASSENGELENKE

Karpalgelenk (Vorderfußwurzelgelenk) Dieses Gelenk entspricht dem menschlichen Handgelenk. Es besteht aus drei kleinen Gelenken, wobei das obere völlig unabhängig von den beiden zusammen arbeitenden unteren ist.

Kniegelenk Es besteht aus zwei Gelenken, einem von Kniescheibe und Oberschenkelknochen gebildeten (Kniescheibengelenk) und einem von Kniescheibe und Schienbein gebildeten (Kniekehlgelenk).

Sprunggelenk (Tarsus). Entspricht dem menschlichen Fußknöchel und besteht aus vier kleineren Gelenken.

Fesselgelenk Entspricht dem menschlichen Knöchel auf dem Handrücken.

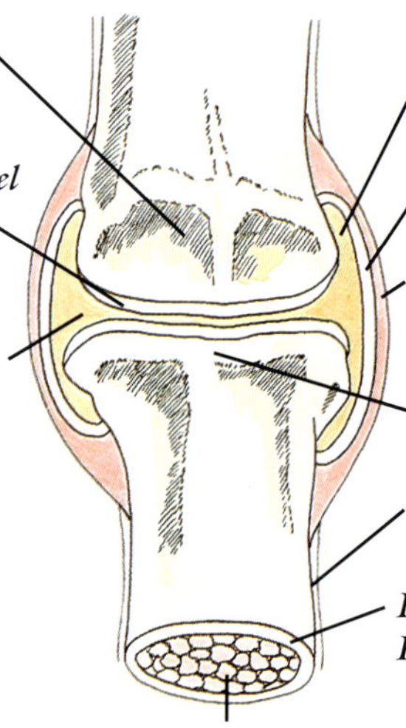

Gelenkstruktur mit Querschnitt durch einen langen Gliedmaßenknochen

DIE FUNKTION DER GELENKE

Gelenke bilden die Verbindung zwischen zwei Knochen. In den Gliedmaßen ist ihre Hauptaufgabe das Ermöglichen der Vorwärtsbewegung - ein komplizierter Vorgang. Verallgemeinert gesagt, können sich die Gliedmaßengelenke beugen oder strecken. Die Beugung entsteht, wenn sich der Gelenkwinkel verkleinert oder schließt und Streckung, wenn sich der Gelenkwinkel vergrößert oder öffnet. Einige Gelenke, wie zum Beispiel das Fesselgelenk, sind so strukturiert, dass sie sich in zwei Richtungen beugen können. Das Durchbiegen der Fessel nach vorn ist wichtig, um beim Auffußen eine Abfederung erreichen zu können.

MUSKELN

Es gibt zwei Muskelarten im Körper - glatte Muskeln (Eingeweidemuskulatur) und quergestreifte Muskeln (Skelettmuskulatur). Glatte Muskeln bestehen aus miteinander verwobenen spindelförmigen Zellen, die sich in Wellen- oder Kreisform zusammenziehen. Sie finden sich vor allem in Blutgefäßen und Eingeweiden. Quergestreifte Muskeln bestehen aus geraden, rechteckig geformten und als lange Fasern angeordneten Zellen, welche das Zusammenziehen des Muskels bewirken. Alle Skelettmuskeln sind so konstruiert.

DIE FUNKTION DER MUSKELN

Die größeren Muskelgruppen arbeiten im gesamten Körper paarweise oder zu mehreren zusammen, um Vor- und Rückwärtsbewegung zu ermöglichen, die Gelenke zu stützen und mittels Stoßdämpfung für eine geschmeidige Bewegung zu sorgen. Vor- und Rückwärtsbewegung der Gliedmaße werden durch wechselseitige Muskelarbeit ermöglicht: Auf jeder Seite des Knochens sitzt ein Muskel, und wenn der eine sich streckt, zieht der andere sich zusammen.

Streckmuskeln (Extensoren) bewirken die Streckung eines Gelenkes, die Beugemuskeln (Flexoren) entsprechend die Beugung. Verallgemeinert gesagt, ziehen die Muskeln auf der Vorderseite des Knochens die Gliedmaße nach vorn, während die auf der Rückseite das Bein zurück ziehen und für Vorwärtsschub sorgen. Die Vorderbeine sorgen für Stützung und Vorwärtsbewegung des Körpers, während die Hauptaufgabe der Hinterbeine die Schub- und Schwungentwicklung ist.

BÄNDER UND SEHNEN

Bänder und Sehnen bestehen aus langen Strängen von parallel zueinander angeordneten Kollagenfasern und sind im Aussehen vergleichbar mit nicht gedrehten Drahtseilen. Das Drahtseil selbst besteht aus mehreren kleineren, nebeneinander liegenden Drahtsträngen. Die Widerstandskraft des Bänder- und Sehnengewebes stammt aus dieser gemeinsamem Anordnung paralleler Faserbündel.

Sehnen und Bänder sind nur schwach durchblutet. Sie werden über Diffusion mit Nährstoffen versorgt, was bedeutet, dass die Nährstoffe um die Zellen herum von der Oberfläche des Gewebes nach innen wandern müssen. Viele Bänder und Sehnen sind von einer faserigen »Sehnenscheide« umgeben, die für Schutz, Durchblutung und »Schmierung« sorgt.

Sehnen verbinden Muskeln mit Knochen; Bänder verbinden Knochen mit Knochen oder Knochen mit Sehne. Im Allgemeinen sorgen Sehnen für die Bewegung eines Gelenkes, während die Bänder Gelenke und Strukturen schützen und stützen. Die Hauptsehnen der Gliedmaße sind die tiefe Beugesehne, die oberflächliche Beugesehne, der Fesselträger und das Unterstützungsband der tiefen Beugesehne.

FUNKTION VON SEHNEN UND BÄNDERN

Die Hauptaufgabe einer Sehne ist es, die Vorwärtsbewegung eines Gelenkes zu ermöglichen und die mit ihm verbundenen Strukturen zu unterstützen. Ein Ende der Sehne ist mit dem Gelenk verbunden, das andere mit dem Muskel. Wenn der Muskel sich zusammenzieht, bewirkt er eine Bewegung des Gelenkes. Strecksehnen strecken das Gelenk, Beugesehnen beugen es.

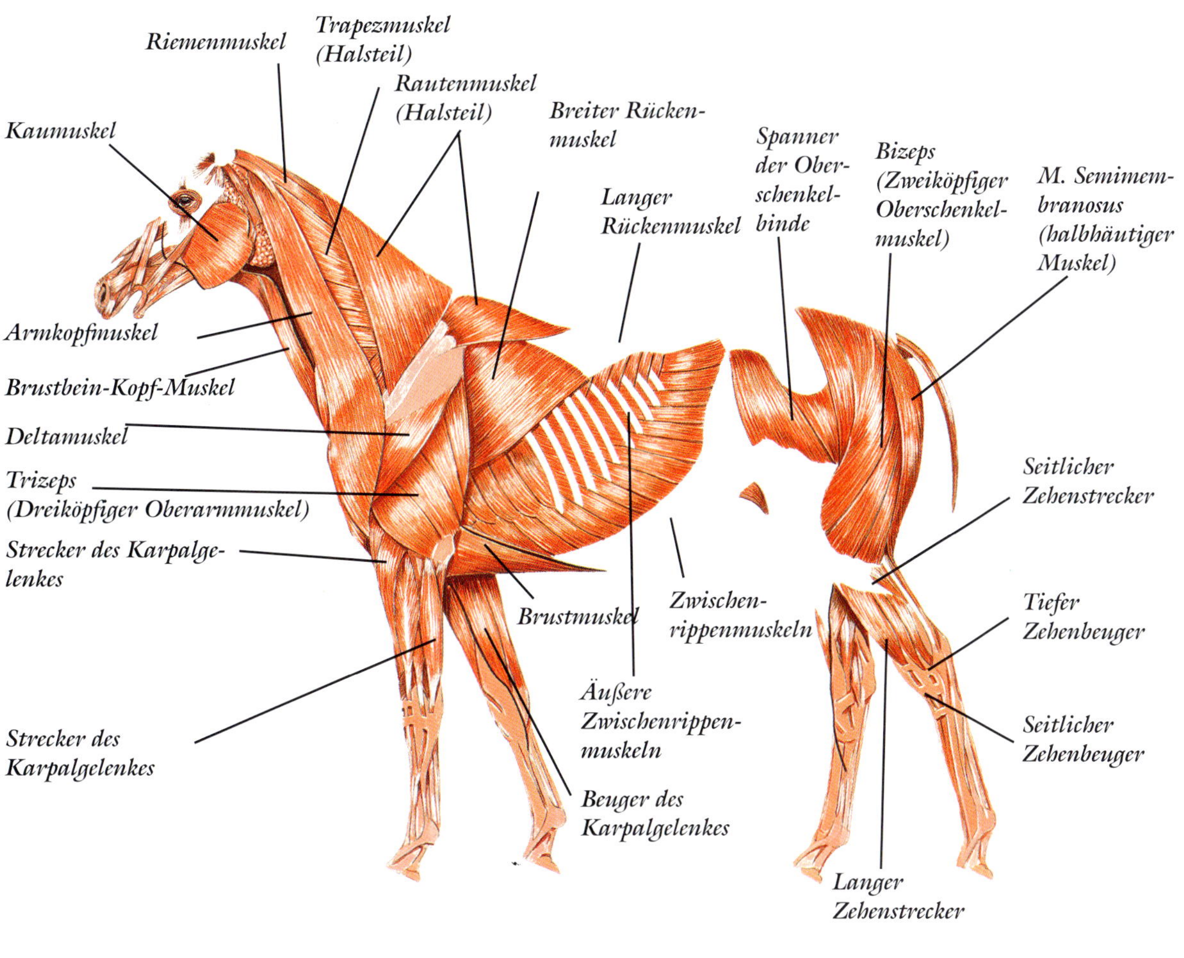

DIE WICHTIGSTEN OBERFLÄCHLICHEN MUSKELN DES PFERDES

DIE HAUPTMUSKELGRUPPEN DER VORDERGLIEDMASSE

MUSKEL (M.)	URSPRUNG/ANSATZ	TÄTIGKEIT	FUNKTION
M. brachiocephalicus (Armkopfmuskel)	*Ursprung:* Vorderseite des Oberarmknochens *Ansatz:* Kopf des Pferdes	Streckt das Schultergelenk	Zieht das Bein nach vorn, kooperiert mit dem M. latissimus dorsi
M. latissimus dorsi (Breiter Rückenmuskel)	*Ursprung:* Rückseite des Oberarmknochens *Ansatz:* Rücken entlang des Widerrists	Beugt das Schultergelenk	Zieht das Bein zurück u. schiebt den Körper vor, kooperiert mit M. brachiocephalicus
M. serratus thoracis	*Ursprung:* Rückseite der Schulter *Ansatz:* Hals	Beugt das Schultergelenk	Bewegt das Schulterblatt auf und ab, hilft beim Vorbringen des Beins, kooperiert mit M. serratus cervicis
M. serratus cervicis	*Ursprung:* Vorderseite der Schulter *Ansatz:* Hals	Streckt das Schultergelenk	Bewegt das Schulterblatt auf und ab, hilft beim Zurückschwingen des Beins, kooperiert mit M. serratus thoracis
M. pectoralis (Brustmuskel)	*Ursprung:* Mitte d. Oberarmknochens *Ansatz:* Brustbein	Hält das Bein eng am Körper	Macht den Oberarm zum Drehpunkt des Vorderbeines
M. extensor carpi radialis(Streckmuskel des Vorderfußwurzelgelenkes)	*Ursprung:* Ende des Oberarms, geht in Strecksehne des Vorderfußwurzelgelenkes über *Ansatz:* Vorderseite des Röhrbeins	Streckt das Karpalgelenk (Vorderfußwurzelgelenk)	Macht das Bein gerade, bringt den Huf nach vorn und bereitet ihn auf die Landung vor
M. biceps brachii (Zweiköpfiger Oberarmmuskel)	*Ursprung:* Vorderseite d. Schulterblattes *Ansatz:* Oberarm	Begrenzt Beugung des Schultergelenkes	Zieht sich in der Stützbeinphase zusammen um Streckung und Vorwärtsbewegung des Beins zu erhalten
M. triceps (Dreiköpfiger Oberarmmuskel)	*Ursprung:* Ellenbogenhöcker *Ansatz:* Oberes Ende des Oberarms und Schulterblatt	Hält das Ellenbogengelenk gestreckt	Zieht sich in der Stützbeinphase zusammen, hält das Bein gestreckt und hilft dem M. serratus cervicis beim Zurückschwingen des Beins
M. flexor digitorum profundis (Tiefer Zehenbeugemuskel)	*Ursprung:* Ellenbogenhöcker; geht in tiefe Beugesehne über *Ansatz:* Rückseite des Hufbeins	Hilft das Bein in der Stützbeinphase gerade zu halten, kooperiert mit dem Unterstützungsband der tiefen Beugesehne.	Zieht sich am Ende der Stützbeinphase zusammen, um das Bein zurückschwingen zu lassen, den Körper vorzubewegen und den Huf hochzuheben

DAS HINTERBEIN

MUSKEL (M.)	URSPRUNG/ANSATZ	TÄTIGKEIT	FUNKTION
M. iliopsoas	*Ursprung:* Oberschenkelknochen *Ansatz:* Becken	Beugt das Hüftgelenk	Zieht das Bein nach vorn
M. biceps femoris (Zweiköpfiger Oberschenkelmuskel)	*Ursprung:* Rückseite des Beckens *Ansatz:* Rückseite des Femur	Beugt das Kniegelenk direkt sowie Sprung- und Fesselgelenk indirekt	Verkürzt das Bein während der Flugphase um die Effizienz der Bewegung zu steigern
M. gluteus medius	*Ursprung:* Becken *Ansatz:* Rückseite des Femur	Streckt das Hüftgelenk	Hauptverantwortlich für Zurückbewegen des Beins und Vorbewegen des Körpers
Hamstring-Sehnen	Verschiedene Muskeln *Ursprung* – Oberseite Becken *Ansatz* – Vorderseite des Kniegelenkes	Keine echte Streck- oder Beugefunktion der Gelenke	Hauptaufgabe ist das Zurückziehen der Gließmaße und Vorschieben des Körpers
M. quadriceps femoris	*Ursprung:* vordere Beckenhälfte und Spitze des Femur *Ansatz:* Vorderseite des Kniegelenkes	Streckt das Kniegelenk	Aufwärtsbewegung der Kniescheibe, hilft beim Feststellen des Kniegelenkes, Teil des Halteapparates der Hintergliedmaße
M. tensor fasciae latae	*Ursprung:* Vorderseite des Beckens *Ansatz:* M. quadriceps femoris	Streckt das Kniegelenk	Kooperiert mit M. q. femoris bei Feststellen des Kniegelenkes
M. peroneus tertius	*Ursprung:* Vorderseite des Femur *Ansatz:* Sprunggelenk	Verbindet Knie- und Sprunggelenk	Eine Hälfte des reziproken Apparates; wenn ein Gelenk sich beugt, muss das andere sich ebenfalls beugen
Oberflächlicher Zehenbeugemuskel	*Ursprung:* Vorderseite des Femur, geht in Oberflächliche Zehenbeugesehne über, ist am Sprunggelenkhöcker befestigt, läuft die Rückseite des Röhrbeins hinab *Ansatz.* Fessel	Hauptsächl. Sehnenfunktion	Die andere Hälfte des reziproken Apparates, zieht straff wenn das Knie sich beugt, unterstützt Beugung des Sprunggelenkes, beugt die Fessel, verkürzt das Bein

SEHNEN UND BÄNDER DER UNTEREN GLIEDMASSE

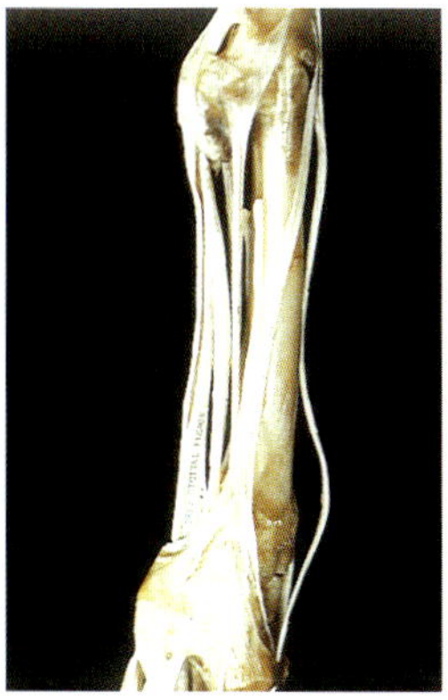

Sehnen haben eine zähe, seilähnliche Struktur und bestehen aus parallel angeordneten Kollagenfasern.

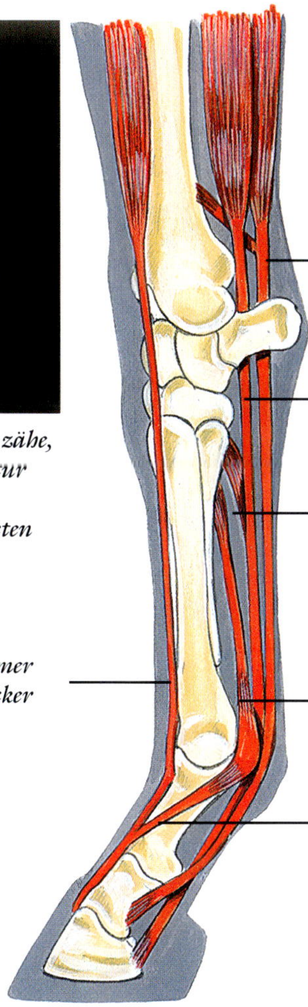

Bänder sind in erster Linie dazu da, Gelenke, Knochen oder Sehnen zu verstärken, schützen oder in der Beweglichkeit zu begrenzen. Diese Begrenzung der Beweglichkeit, die sowohl von Bändern als auch von Sehnen geschaffen wird, ist während der Stützbeinphase der Bewegung am wichtigsten, da hier die auf das Bein wirkenden Kräfte am größten sind und dazu neigen, eine Überbeugung zu verursachen.

DER PFERDEHUF

Der Pferdehuf ist eine hoch spezialisierte, abriebfeste Struktur, die zum Tragen des Körpergewichtes und zur Stoßdämpfung konstruiert ist. Er besteht aus zwei unterschiedlichen Abschnitten:

- nicht sensitive Strukturen (äußere)
- sensitive Strukturen (innere)

NICHT SENSITIVE STRUKTUREN

Der Huf ist das Äquivalent zum menschlichen Fingernagel und eine Fortsetzung der oberen Hautschicht oder Epidermis. Die Hornkapsel wächst aus dem Kronwulst (Kronlederhaut), der direkt unterhalb des Kronsaumes liegt. Auf der Oberfläche der Kronlederhaut liegen zahlreiche kleine Zöttchen, die für das Hornwachstum verantwortlich sind.

Die äußere Schicht der Hornkapsel (Wandhorn) besteht aus Röhrchenhorn, das von den Zotten der Kronlederhaut gebildet wird. Tausende dieser Hornröhrchen sind mit einer Kitthorn genannten Substanz fest zusammengefügt. Die Röhrchen werden flacher und überlappen sich, um größere Stabilität zu schaffen. Das Wandhorn ist an der Zehe am stärksten und wird dann in Richtung der Trachten immer dünner, um mehr Flexibilität zu ermöglichen. Durch Keratinisation erhält die Hornkapsel ihre harte äußere Wandstruktur, wie wir sie kennen.

Im Bereich der Trachten läuft die Hufwand weiter nach innen, um die Eckstreben zu bilden. Sie dienen zur Stabilisierung des Hufes und vergrößern die Tragefläche der Hornwand.

Aufgrund seiner Form und Position spielt der Strahl eine große Rolle für Stabilität, Form und dynamische Funktion des Hufes. Seine gummiartige Beschaffenheit und die Form helfen bei der Verteilung der Bewegungsenergie in der Phase des Auffußens.

Die Sohle besteht genau wie die Hornwand aus Röhrchenhorn, allerdings mit dem Unterschied, dass

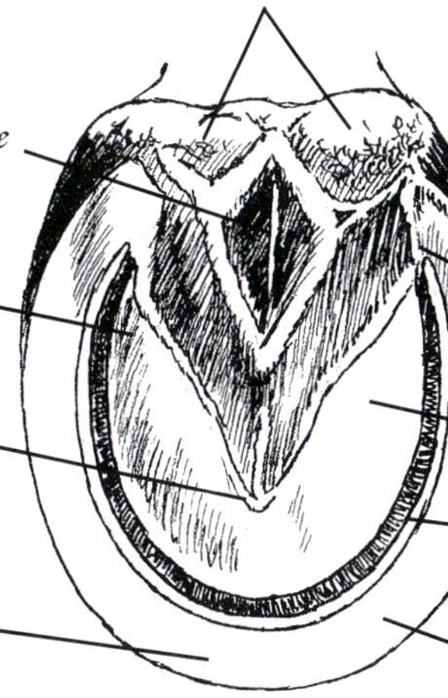

UNTERSEITE DES HUFES

Springen und schnelle Gangarten belasten die Sehnen der unteren Gliedmaße enorm. Sie sorgen für Streckung und Beugung der Gelenke, während die Bänder über eine Überbeugung verhindern und stützend wirken.

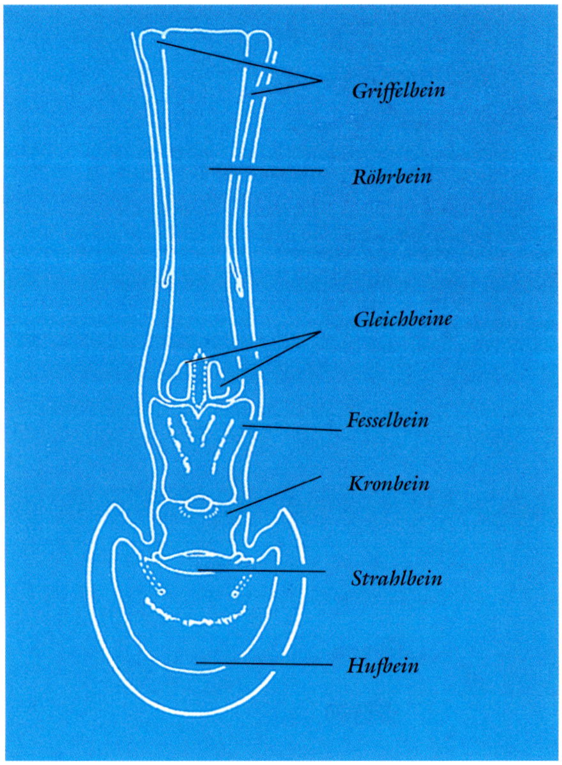

Die Knochen der unteren Gliedmaße

die Röhrchen weiter auseinander liegen und die Zwischenräume mit mehr Kitthorn gefüllt sind. Aufgrund dieses Unterschiedes in der Struktur ist die Sohle in der Lage, sich ständig zu erneuern. Mit ihrer gewölbten Form, die der Bogenform des menschlichen Fußes entspricht, hilft die Sohle bei Unterstützung und Stabilisierung der Gliedmaße.

Innen an der Hornwand sitzt die so genannte Blättchenschicht, die aus Kronsaum bis zum Tragrand laufenden Lamellen besteht. Sie ist über eine Verbindungsschicht mit der Lederhaut verzahnt, die über dem Hufbein liegt.

SENSITIVE STRUKTUREN

Zu jeder Hornstruktur gehört eine entsprechende sensitive (von Nerven und Blutgefäßen durchzogene) Struktur oder Lederhaut. Alle Lederhäute sind stark von Blutgefäßen und Nerven durchzogen.

Die Sohlenlederhaut liegt auf der sohlenzugewandten Seite des Hufbeines. Genau wie die Kronlederhaut liegen auf ihr feine Zöttchen, die ihr ein samtartiges Aussehen geben und das Röhrchenhorn der Sohle produzieren.

Die Wandlederhaut bedeckt mit den ebenfalls lamellenartig verlaufenden Lederhautblättchen die Vorderseite des Hufbeines. Jedes dieser Blättchen ist mit seinem Gegenüber aus der Blättchenschicht innen an der Hornkapsel eng verzahnt.

Die Strahllederhaut bedeckt das im hinteren

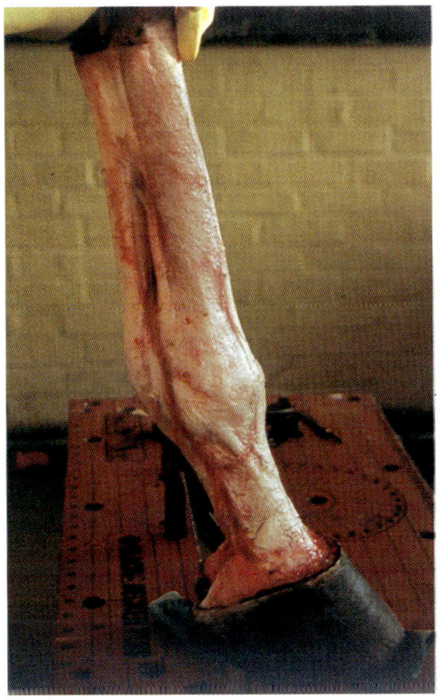

Der Huf ist im Grunde nichts weiter als eine veränderte Hautstruktur, die Fesselbein, Kronbein und Hufbein schützend umgibt.

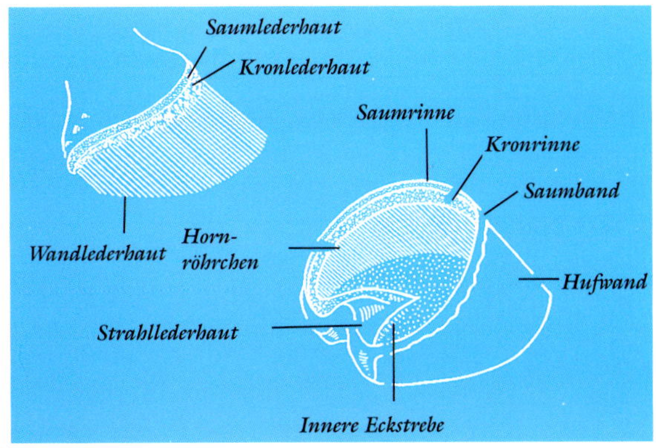

▲ *Die Struktur der Hornkapsel.*

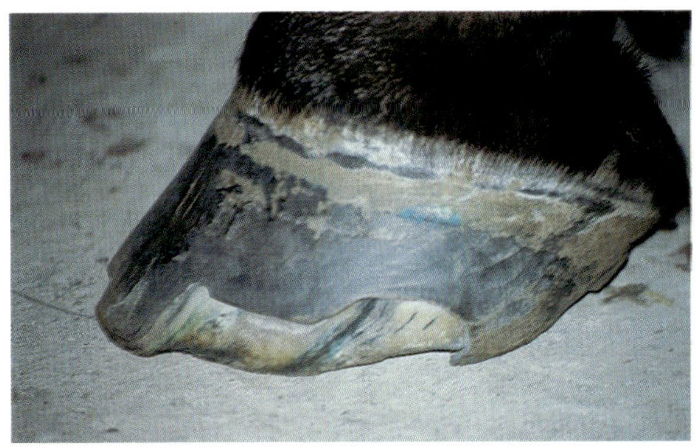

▲ *Wenn sich Bakterien in der weißen Linie, also der Verbindungsschicht zwischen sensitiven und nicht sensitiven Strukturen des Hornes einnisten, entstehen Fäulniserkrankungen wie die »White Line Disease«, die zu hohlen und losen Wänden führen können.*

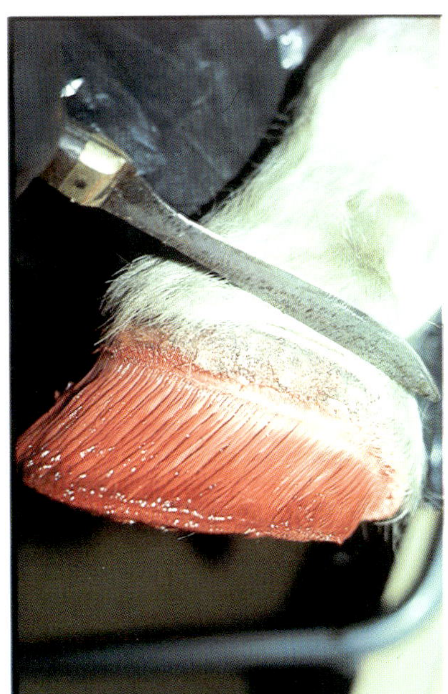

◀ *Die Lamellenstruktur der das Hufbein umgebenden Wandlederhaut ist hier deutlich erkennbar. Oberhalb der Lamellen ist die Kronlederhaut sichtbar.*

Hufbereich liegende Strahlpolster und produziert über ihre Zöttchen das Strahlhorn. Diese Lederhaut ist dicker als die der Sohle und ein Spiegelbild des Hornstrahles.

Oberhalb des Kronsaumes sorgt die Saumlederhaut für die Produktion des Saumhornes, welches den Kronsaum schützend bedeckt. Es erstreckt sich über das gesamte Saumband und wird in Richtung der Trachten dicker, um die Ballen zu schützen.

Das Strahlpolster besteht aus einer faserig-fetten Masse, die aufgrund ihrer Position die Ballen formt, die man bei der Betrachtung des Hufes von hinten sieht. Es ist ein wichtiges Element der Stoßdämpfung im Huf. Die faserig-fettige Beschaffenheit macht das Strahlpolster fast zur Gänze unempfindlich und ermöglicht, dass es durch Verformung und Zusammendrücken in der Stützbeinphase Bewegungsenergie absorbiert.

Die Hufknorpel sind zwei flügelähnliche Gebilde, die auf jeder Seite des Hufes sitzen und an der Verteilung der Bewegungsenergie beteiligt sind. Sie sind am unteren Rand des Hufbeins befestigt und erstrecken sich bis über das Saumband. Manchmal können sie verknöchern und so zu der als Hufknorpelverknöcherung bekannten Erkrankung führen (s.S. 116). Dies kann sowohl ein- als auch beidseitig geschehen. Normale Hufknorpel können am stehenden Pferd ertastet werden und sollten auf Daumendruck nachgeben. Bei fortgeschrittener Hufknorpelverknöcherung ist diese Elastizität verloren gegangen und man kann die Knorpel deutlich als harte Erhebung über dem Saumband fühlen.

Die weiße Linie ist ein weiches Horn, das zur Verbindung zwischen Wand und Sohle dient. Sie liefert einen guten Hinweis auf die jeweilige Dicke der Hornwand. Da sie weich ist, kann sie sich ausdehnen und fungiert so als eine Art Dehnfuge zwischen Wand und Sohle. Wenn sich Bakterien in ihr festsetzen, kann es zu Zerfalls- und Fäulniserscheinungen kommen (White Line Disease).

BEURTEILUNG DER GLIEDMASSEN UND HUFE

Die Stellung der Gliedmaßen und die regelmäßige Pflege durch einen kompetenten Hufexperten spielen im Erhalt eines normalen und funktionalen Hufes eine große Rolle.

Was die Stellung angeht, gibt es verschiedene Kriterien, anhand derer man beurteilen kann, inwieweit ein Huf ausbalanciert ist.

DIE VERTEILUNG DES KÖRPERGEWICHTES

Wenn man die jeweilige Stellung eines einzelnen Beines oder Hufes beurteilen möchte, muss man den mechanischen Einfluss der Gewichtsverteilung beim Pferd verstehen.

Das Gewicht ist beim Pferd proportional verteilt. Da Kopf und Hals vor dem Körperschwerpunkt liegen, werden etwa sechzig Prozent des Körpergewichtes von den Vorderbeinen getragen. Um diese hohe Belastung auszuhalten, haben sich an den Vorderbeinen gerade, säulenartige Knochen gebildet. Zusätzlich verleiht die rundere Form den Vorderhufen eine größere Tragefläche.

Die übrigen vierzig Prozent des Körpergewichtes werden auf die Hinterbeine verteilt. Da nur die Hinterbeine für Vorwärtsschwung sorgen können, sind sie wie Hebel konstruiert und am Ansatz von großen Muskelmassen umgeben. Die spitzere Form der Hinterhufe verhindert, dass die Hufe sich gegenseitig in der Bewegung streifen.

DIE BEZIEHUNG ZWISCHEN BEIN UND HUF

Wenn man sich Stellung und Balance des Hufes ansieht, ist es unerlässlich, eine Beziehung zwischen Huf und der gesamten Gliedmaße herzustellen. Eine isolierte Betrachtung des Hufes ist unzulässig und wenig aufschlussreich. Die Stellung der Gliedmaße ist ideal, wenn von vorn betrachtet eine gedachte senkrechte Linie das Bein vom Karpalgelenk bis zum Boden in zwei gleiche Hälften schneidet. Die Konturen von Bein und Huf sollten symmetrisch sein, ohne Abweichungen am Fesselgelenk. Die beiden Hufhälften sind im Idealfall symmetrisch. Diesen theoretisch ganz korrekten Idealfall gibt es in der Realität nur selten.

HUF-FESSEL-STAND

Der Huf-Fessel-Stand wird bei Betrachtung der Gliedmaße von der Seite überprüft. Eine senkrechte, vom Buggelenk gefällte Linie sollte Karpal- und Fesselgelenk mittig durchschneiden. Man zieht dann eine zweite gedachte Linie von der Mitte des Fesselgelenks durch Fesselbein und Hufkapsel. Diese Achse ist der Huf-Fessel-Stand.

Die Verwendung von mehr Vollblütern in der Zucht von Sportpferden hat eine Tendenz zu mehr Pferden mit längeren und schrägeren Fesseln gebracht. Die ideale Winkelung der Fessel, die beim Vorderhuf 50 bis 55 Grad beträgt, kann in manchen Fällen so vergrößert sein, dass die Huf-Fessel-Achse nach hinten gebrochen ist. Als Ergebnis entwickelt sich dazu ein flacherer, spitzerer Huf. Folglich wird die Hauptgewichtslast auf die hinteren Hufabschnitte verlagert, genauer gesagt in das hintere Drittel des Hufes. Der auf diese Weise ständig hinter dem Schwerpunkt einwirkende Druck führt mit der Zeit

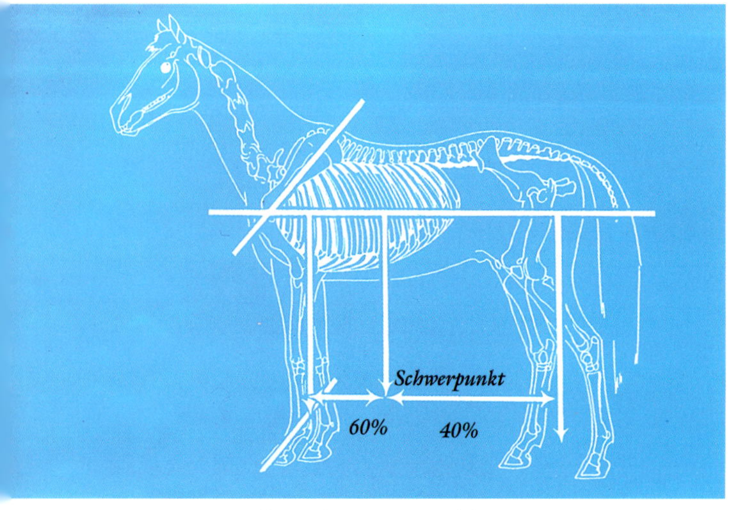

▲ *Verteilung des Körpergewichtes.*

Der Hufschmied muss an jedem Bein sorgfältig überprüfen, wie Bein und Huf zueinander ausbalanciert sind.

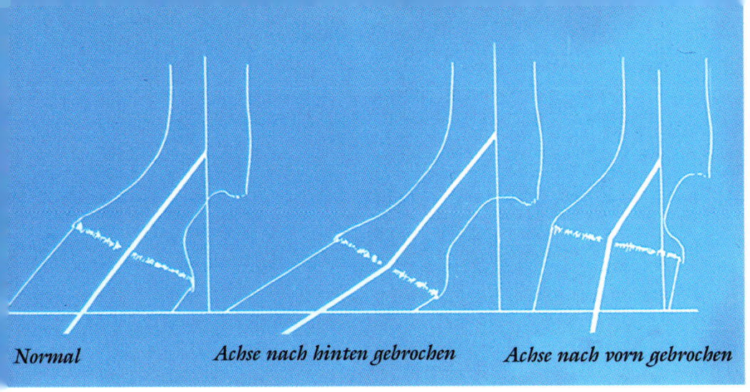

▲ *Variationen im Huf-Fessel-Stand.*

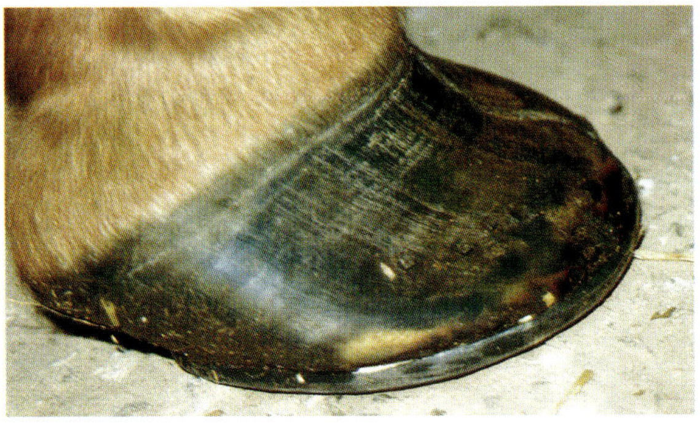

▲ ***Bei andauernd nach hinten gebrochener Huf-Fessel-Achse bildet sich ein Umformungshuf wie hier im Bild. Die Zehe weicht nach vorne aus, das Gewicht wird mehr und mehr auf die Trachten verlagert, die in der Folge immer stärker zerstört werden. Sehnen und Bänder werden überstreckt.***

zu einer Verformung der Hornkapsel; es bilden sich eine lange Zehe und niedrige, schwache Trachten. Das Pferd läuft praktisch auf den Trachten und nutzt diese so übermäßig ab. »Untergeschobene« Trachten, deren Wandverlauf nicht mehr mit dem der Zehe parallel ist, sind die Folge. Oft rollen sich die Trachtenwände zusätzlich nach innen ein.

Wenn die Huf-Fessel-Achse stark nach hinten gebrochen ist, werden Sehnen und Bänder mehr als üblich beansprucht. Eine lang anhaltende Überbeanspruchung der tiefen Beugesehne kann zu pathologischen Veränderungen wie der Podotrochlose (»Hufrolle«) führen, da sowohl auf Strahlbein als auch auf den Schleimbeutel des Strahlbeins ständig Druck ausgeübt wird.

Durch den erhöhten Druck auf die Hornröhrchen der Trachten leidet auch die Durchblutung dieser Hufbereiche. Das Horn beginnt zu brechen und es wächst keines oder nur noch wenig nach. Die kaum noch belastete Zehe wächst inzwischen immer weiter nach vorn.

In extremen Fällen kann man ungefähr in der Mitte zwischen Kronsaum und Tragrand einen Knick in der Wand erkennen. Hier beginnen die an der Zehe überstreckten Hornröhrchen sich zu biegen und brechen und verursachen sichtbare Risse in der Hornwand. Auch die weiße Linie ist betroffen und wird im Zehenbereich überdehnt und verbreitert. Einmal geschwächt und angegriffen, dringen leicht Bakterien in sie ein, die Fäulnis oder eine hohle Wand verursachen.

WITTERUNGSEINFLUSS

Der Pferdehuf wird auch von Klimaschwankungen beeinflusst. Durch lang anhaltende Feuchtigkeitsperioden kann das Horn so wasserübersättigt und weich werden, dass es sich unter Druck umformt. Genauso kann lang anhaltende Trockenheit das Horn austrocknen und reißen lassen. In Extremfällen schrumpft es und bildet oberflächliche Risse in den Wänden. Dies kann beim Beschlagen zu einem Problem werden, da die Hufe kleiner werden können und die Beschlagsperioden kürzer werden.

FÜTTERUNG

Es gibt unzählige Produkte zur Hufpflege, aber keines, das eine gesunde, ausgewogene Fütterung ersetzen kann. Wenn Mängel bestehen, können Futterzusätze mit Biotin, Kupfer und Zink gegeben werden, die sich erwiesenermaßen fördernd auf das Hornwachstum auswirken. Hier hilft aber nur eine über einen längeren Zeitraum durchgeführte kurmäßige Verfütterung. Besonders bei hohen Kupfer- und Zinkgaben ist darauf zu achten, dass das Gleichgewicht der Mineralien in der Gesamtfutterration nicht durcheinander gerät.

Wenn man Huffett oder -öl zur Verbesserung der Hornqualität einsetzen will, muss man bedenken, dass das Horn, wie oben erwähnt, in Trockenperioden Feuchtigkeit braucht. Die tägliche Anwendung eines ölhaltigen Pflegeproduktes würde die Aufnahme jeglicher Feuchtigkeit ins Hufhorn aber verhindern, da das Öl eine wasserundurchlässige Barriere bildet. Eine Feuchtigkeitsemulsion, die nicht auf Öl basiert, wäre unter diesen Umständen geeigneter.

SO BLEIBEN DIE HUFE GESUND

Da der Huf eine lebendige Struktur ist, benötigt er regelmäßige Aufmerksamkeit, um stark und gesund zu bleiben. Das Horn der Verbindungsschicht (also der weißen Linie) kann sich bei mangelnder Pflege zersetzen und wegbröckeln; auch der Strahl kann von verschiedenen Erkrankungen befallen sein. In Stallhaltung lebende Pferde haben häufiger Hufprobleme, und zwar meist solche, die durch Bakterien- oder Schimmelpilzbefall ausgelöst werden. Die Einstreu muss stets trocken und sauber sein, da die in nasser und schmutziger Streu vorkommenden Bakterien und Pilze ansonsten schnell den Huf besiedeln und Infektionen verursachen. Viele dieser Erreger gedeihen bei warmer Feuchtigkeit und unter Luftabschluss besonders gut!

Die Sauberhaltung von Stall und Hufen trägt also entscheidend zur Hufgesundheit bei.

◄ *Mit Hammer und Nietklinge werden die Nagelnieten des alten Beschlages geöffnet und das Eisen dann abgenommen. Bei sauberer und guter Arbeit dürfen beim Eisenabnehmen keine Stücke der Hornwand mitgerissen werden.*

◄ *Der Huf wird für den neuen Beschlag vorbereitet: Von Sohle und Strahl werden lose Teile entfernt, Zustand, Form und Balance der Hufe beurteilt. Zu lang gewachsene Wände werden mit dem Cutter oder der Hauklinge gekürzt. Falls nötig, werden Teile von Sohle oder Strahl zurückgeschnitten. Mit der Raspel wird eine ebene Tragfläche geschaffen.*

▲ *Der Schmied wählt ein Eisen aus, das in Größe, Gewicht und Form zum jeweiligen Pferd und seiner Nutzung passt. Heute verwendet man in der Regel industriell vorgefertigte Fabrikeisen. Nach dem Erhitzen in der Esse wird das Eisen auf dem Amboss genau zum Huf passend heiß geschmiedet. Wenn die alten Eisen noch nicht zu sehr abgenutzt sind, können sie oft nach dem Ausschneiden der Hufe erneut verwendet werden. Das noch heiße Eisen wird mit dem Aufbrennzirkel auf den Huf gehalten, um seine Passform zu überprüfen. Die leicht angebräunten Stellen des Horns zeigen an, wo das Eisen auf dem Huf auflag und wo nicht. Notwendige Änderungen in der Form des Eisens können jetzt noch vorgenommen werden.*

▲ *Nach dem Abkühlen in Wasser wird das Eisen mit speziellen Hufnägeln aufgenagelt. Die passende Größe der Hufnägel ist wichtig, damit das Eisen nicht frühzeitig verloren geht. Als Erstes schlägt der Schmied die Nägel an der Zehe ein. Das Eisen wird in der Regel mit sechs, manchmal aber auch mit sieben oder acht Nägeln befestigt. Die Spitzen der aus der Hufwand austretenden Nägel werden mit der Beschlagszange abgezwickt und umgebogen.*

Mit Hammer und Unterhauer wird unter jeden Nagelniet eine kleine Vertiefung in die Hornwand gehauen, damit die Nieten gleichmäßig mit der Hufwand abschließen und nicht hervorstehen. Zum Schluss werden die Kanten der Tragränder noch leicht geraspelt, damit sie nicht so leicht brechen. ►

ROUTINEPLFEGE: DER UNBESCHLAGENE HUF

- **Die Hufe müssen täglich ausgekratzt werden, um Schmutz und Mist aus Sohle und Strahlfurchen zu entfernen.**

- **Schlamm und Mist sollten regelmäßig von Sohle und Wänden abgewaschen werden, damit das Horn atmen kann. Die Verwendung von Huffett sollte nicht übertrieben werden. Fett- und ölhaltige Produkte schaffen auf dem Huf eine Barriere, durch die keine Feuchtigkeit mehr ins Horn eindringen kann.**

- **Überprüfen Sie, ob keine Steinchen oder Splitter in die weiße Linie eingedrungen sind. Falls doch, entfernen Sie sie sorgfältig und waschen Sie den Huf mit sauberem Wasser. Überprüfen Sie die Sohle auf Verletzungen. Pferde mit flachen Sohlen und solche, die auf steinigen Weiden gehalten werden, sind dafür besonders anfällig.**

- **Suchen Sie nach Verletzungen am Kronsaum. Was hier übersehen wird, kann später zu größeren Problemen führen.**

- **Lassen Sie die Hufe regelmäßig ausschneiden, da Wachstum und Abrieb nur selten im Gleichgewicht stehen.**

ROUTINEPFLEGE: DER BESCHLAGENE HUF

Im Gegensatz zum unbeschlagenen Huf benötigt der beschlagene Huf mehr Pflege, um die Gesundheit des Horns zu erhalten. Die Hufnägel haben die Hornwände perforiert und können sie in manchen Fällen sogar spalten. Bakterien können durch die alten Nagelkanäle leicht in die Wand aufsteigen, übersehen werden und zu ernsteren Problemen wie White Line Disease führen.

- **Halten Sie sich an regelmäßige Beschlagsintervalle, die sich nach den Bedürfnissen des jeweiligen Pferdes richten müssen. In der Regel sind dies vier bis sechs Wochen.**
- **Kratzen Sie die Hufe täglich aus und achten Sie besonders auf Sohle, Strahl und Trachtenbereich. Überprüfen Sie, ob keine Fremdkörper und kein Schmutz zwischen Huf und Eisen feststecken, insbesondere im Bereich der Eckstreben.**
- **Überprüfen Sie den Kronsaum und die Ballen auf Verletzungen, die durch Streichen oder Greifen entstanden sein könnten.**
- **Überprüfen Sie die Hornwand auf Risse und Spalten.**
- **Prüfen Sie, ob die Nägel noch fest sitzen und die Nieten flach im Nietbett liegen. Lockere Eisen können verloren gehen oder sich am Huf verdrehen.**
- **Falls Sie eine ungleichmäßige Abnutzung an den Eisen oder andere Auffälligkeiten erkennen, teilen Sie diese dem Schmied beim nächsten Termin mit.**

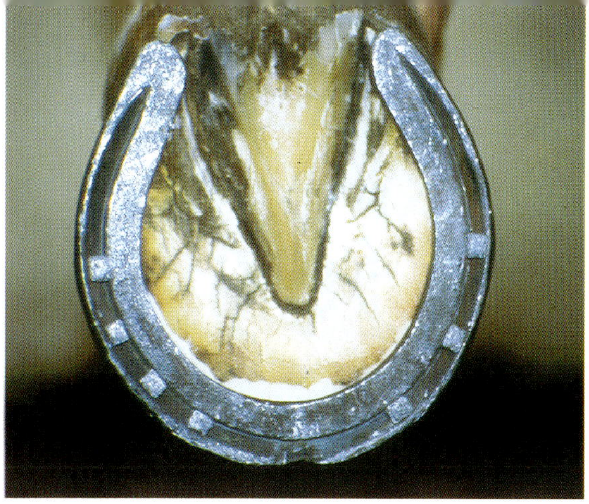
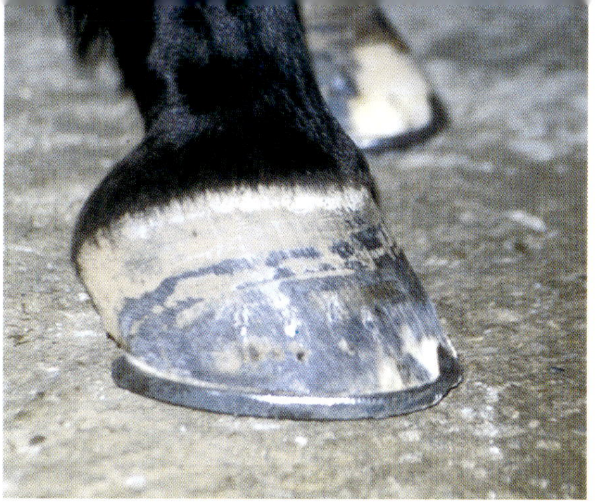

Der Pferdebesitzer sollte die Qualitätsmerkmale eines gut ausgeführten Hufbeschlages kennen und beurteilen können.

DER GUT BESCHLAGENE HUF

Die Weiterentwicklung im Pferdesport und das gestiegene Wissen der Reiter und Pferdebesitzer haben dazu geführt, dass die Beurteilung eines Beschlages als »gut« allein aufgrund der Tatsache, dass er sechs Wochen am Huf gehalten hat, der Vergangenheit angehört. Pferdebesitzer und Reiter sind sich nun bewusst, dass jeder Beschlag nach individuellen Kriterien zu beurteilen ist und dass die Art des Hufschutzes den individuell gestellten Anforderungen Rechnung tragen muss und deshalb von Pferd zu Pferd variiert.

Einige Grundprinzipien des Hufbeschlags müssen natürlich stets beachtet werden:

- Vor jedem Beschlag steht eine individuelle Beurteilung der Gliedmaßen und Hufe.
- Die korrekte Zubereitung des Hufes vor dem Beschlag ist von ausschlaggebender Bedeutung, ihre Auswirkungen auf die Gesundheit des Pferdes dürfen niemals unterschätzt werden. Die Beurteilung muss auch die individuelle Nutzung des Pferdes mit einbeziehen. Zwei identische Pferde mit verschiedenen Nutzungsprofilen benötigen möglicherweise einen unterschiedlichen Beschlag. Ein Dressurpferd zum Beispiel, das viele Stunden auf künstlich angelegten Reitplatzböden arbeitet, stellt andere Anforderungen an den Hufschutz als sein Stallgefährte, der zweimal wöchentlich eine Jagd geht. Da die Bewegung des Dressurpferdes fast nur unter streng kontrollierten Umständen stattfindet, kann sein Beschlag ganz nach den Wünschen des Reiters angefertigt werden. Das Jagdpferd dagegen trifft auf weniger ideales Geläuf, das sich zudem noch wöchentlich ändern kann. Die Hauptkriterien für seinen Beschlag sind Sicherheit, Vermeidung von Verletzungen durch Greifen oder Streichen und letztlich auch Haltbarkeit.
- Der Hufschutz muss in Typ und Gewicht zur Größe des Pferdes und den an es gestellten Anforderungen passen.
- Beim Schmieden des Eisens und Anpassen an den Huf müssen eventuelle Stellungsfehler berücksichtigt werden. Es ist möglich, die Form der Hornkapsel durch ein bestimmtes Anpassen des Eisens zu verändern.
- Der Hufschutz muss dem Huf angepasst werden, nicht der Huf dem Hufschutz. Übertriebenes Raspeln der Zehenwand oder übertriebenes Ausschneiden von Sohle und Strahl müssen unterbleiben. Der Strahl soll Bodenkontakt haben.
- Das Eisen muss eine flache Auflagefläche auf dem Huf haben. Zwischen Huf und Eisen darf keine Schwebe entstehen, insbesondere im Bereich der Trachten.
- Der Huf muss sowohl im Zehen- als auch im Trachtenbereich sowie je nach Bedarf auf beiden Seiten gekürzt werden. Die Eisenschenkel dürfen weder zu kurz noch zu lang sein; die Länge kann aber je nach individueller Situation (Stellung) variieren.
- Anzahl und Größe der Hufnägel müssen passen. Die Zahl der Nägel variiert je nach Hufgröße. In der Regel setzt der Schmied sechs Nägel pro Huf, drei auf jeder Seite. Bei sehr großen Pferden sind manchmal acht nötig, bei kleinen Hufen reichen manchmal auch vier. Das Ideal ist, so wenig Nägel wie möglich zu verwenden, ohne dass die Haltbarkeit des Eisens darunter leidet. Da das Einschlagen eines Nagels Hufhorn verdrängt, muss auch die Nagelgröße zur Hufgröße passen. Die Nägel müssen gut in den Nagelkanälen sitzen und in passender Höhe gesetzt sein.
- Die Spitzen der Nägel sollten möglichst in einer Linie und auf Höhe von etwa einem Drittel bis zur Hälfte der Entfernung zwischen Tragrand und Kronsaum aus der Hufwand austreten. Die Nieten müssen etwas länger als breit sein und gut versenkt werden, damit sie nicht geschwächt werden. Wenn Aufzüge am Eisen verwendet werden, müssen diese ebenfalls glatt und im gleichen Winkel an der Wand anliegen. Üblicherweise verwendet man an den Hinterhufen Eisen mit zwei Aufzügen, damit man den Beschlag ganz knapp hinter die Zehe zurücksetzen und Verletzungen durch Greifen verhindern kann.

Ein Beschlag kann nur dann gut sein, wenn er alle diese Punkte berücksichtigt; obwohl individuelle Bedürfnisse es oft nötig machen, den ein oder anderen Punkt zu modifizieren. Der Pferdebesitzer kann den Hufschmied unterstützen, indem er ihm alle relevanten Informationen mitteilt, die Hufe korrekt pflegt und für regelmäßige Beschlagstermine sorgt.

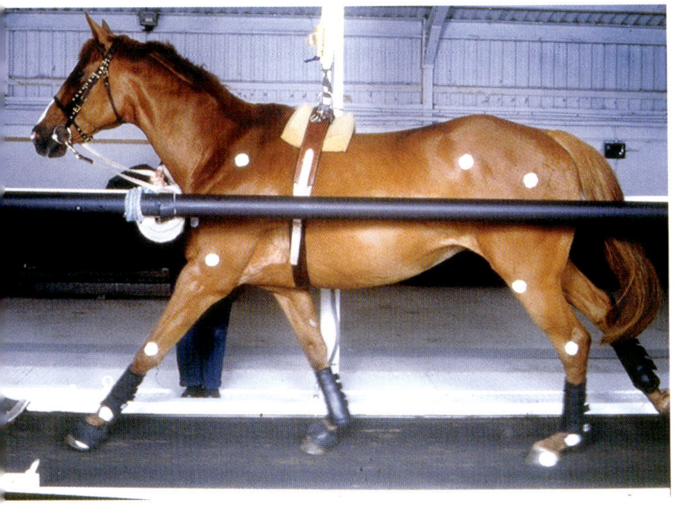

Der technologische Fortschritt hat uns ein genaueres Verständnis von der Biomechanik des Pferdes ermöglicht, so zum Beispiel mit Hilfe von Kraftmessplatten (rechts) oder Videostudien von Pferden auf Laufbändern (links).

TRENDS FÜR DIE ZUKUNFT

Während die Grundprinzipien des Hufbeschlages unverändert erhalten bleiben, ist die Konzentration auf bestimmte Details gefragt, wenn es um den Beschlag für spezielle Anforderungen geht. Was den medizinischen Aspekt des Hufbeschlages angeht, ist zu unterscheiden zwischen dem korrektiven und dem orthopädischen Beschlag.

Zunächst ist zu beachten, dass korrektive Beschläge nur so lange angebracht werden können, wie das Skelett noch nicht ausgereift ist. Es hängt von der Beschaffenheit der Deformation ab, wie erfolgreich sie behandelt werden kann.

Wenn es um orthopädischen Beschlag geht, so haben Fortschritte in der Technologie dazu geführt, dass heute neben dem traditionellen Hufeisen zahlreiche andere Materialien eingesetzt werden. Kunststoffe wurden während der letzten Jahre erfolgreich zur begleitenden Behandlung zahlreicher Erkrankungen eingesetzt. (In Deutschland hat sich der Kunststoffbeschlag inzwischen neben dem Eisen auch als Standard-Hufbeschlag durchgesetzt und wird nicht nur zu orthopädischen Zwecken verwendet. Anm.d. Übers.)

Es gibt auch eine große Anzahl an Klebeschuhen, die insbesondere in der Korrektur von Stellungsfehlern bei Fohlen Anwendung finden. Hier kann durch umsichtiges Vorgehen und fachgerechtes Anpassen erreicht werden, dass deformierte Gliedmaßen wieder gerade gerichtet werden.

Auch zum Schutz der Hufsohle gibt es inzwischen eine große Vielzahl an Polstern und Einlagen in allen Formen und Konsistenzen, die nur noch entfernt an die gute alte Ledersohle denken lassen, welche früher zum Schutz vor Verletzungen verwendet wurde.

Die Weiterentwicklung der Produkte im Hufbeschlag und ihre Anwendung sind ein direktes Ergebnis der von Pferd und Reiter gestellten Anforderungen. Eines der Forschungsgebiete, das sich während der letzten Jahre mit vielen Umwegen beständig weiter entwickelt hat, ist das der Biomechanik des Pferdes.

An vielen führenden Universitäten wurden Studien durchgeführt, die zu einem wesentlich besseren Verständnis der Bewegungsabläufe beim Pferd beitrugen. Man kann Pferde auf Laufbänder stellen und Videoaufnahmen machen, die direkt mit einer Computersoftware gekoppelt sind und es so ermöglichen, genau die Länge der Schritte und die Winkelung der Gelenke für jedes einzelne Bein zu errechnen und die Aktion der einzelnen Beine miteinander zu vergleichen.

Bei der Methode mit Kraftmessplatten kann das Pferd an der Hand getrabt werden, während genau gemessen wird, wann und wie der Huf aufsetzt, wie stark das Bein belastet ist und wann und wie der Huf wieder vom Boden abschwingt.

Solch detaillierte Analysen tragen zweifellos dazu bei, unser Verständnis davon zu verbessern, wie Pferde sich bewegen und wie sie bei bestimmten Stellungsfehlern beschlagen werden müssen. Sie geben uns außerdem die Möglichkeit, mit Varianten zum Standardeisen wie zum Beispiel Eisen mit verlängerten Schenkeln, geschlossene Eisen, Eiereisen etc. zu experimentieren - und zwar anhand exakt messbarer technischer Daten anstatt subjektiver persönlicher Interpretationen. Die gewonnenen Daten können auch in der Ausbildung von Hufschmieden verwendet werden, um den Hufbeschlag insgesamt und die Entwicklung neuer Produkte weiter nach vorn zu bringen.

Die Konstruktion der Gliedmaßen ist auf optimale Energieersparnis ausgerichtet. Die Muskeln sitzen weit oben, damit der untere Beinbereich leichter wird. Fessel- und Karpalgelenk können durch ihre Beugung das Maß der Auf- und-Ab-Bewegung bei jedem Schritt minimieren. Die so entstehende flachere Bewegung ist gleichmäßig und müheloser als die schnellerer, aber weniger ausdauernder Läufer wie z.B. des Geparden, der seine Wirbelsäule biegen muss, um weit ausholende Sprünge mit großer Schrittlänge zu machen.

BEWEGUNG

BESCHREIBUNG DER BEWEGUNG

UNTERTETEN
Dieser Begriff bezeichnet den Punkt des Auffußens des Hinterhufes im Vergleich zu dem Punkt, auf dem der Vorderhuf sich gerade noch befand. Da die Hinterhand hauptsächlich für Schub- und Schwungentwicklung zuständig ist, wünscht man sich, dass die Hinterhufe mindestens in die Spur der Vorderhufe treten. Eine positive Vorwärtsbewegung liegt vor, wenn der Hinterhuf über die Spur des Vorderhufes hinausgreift; eine negative, wenn er dahinter zurück bleibt.

LUFTPHASE/SCHWEBEPHASE
Dies beschreibt, in welcher Richtung und nach welchem Muster der Huf durch die Luft geführt wird. Das Bein ist so konstruiert, dass es sich in der Luft beugt, um Energie für den Vorwärtsschwung zu sparen. Die Energie, die gebraucht wird, um die Gliedmaße zu bewegen, ist abhängig von deren Länge. Wenn sie während der Flugphase gebeugt wird, wird sie verkürzt und die benötigte Energie verringert. Das Ergebnis ist ein bogenförmiges Bewegungsmuster.

BELASTEN (1. STÜTZBEINPHASE)
Die Zeit, während derer der Huf sich auf dem Boden befindet.

FLUGPHASE (HANGBEINPHASE)
Die Zeit, während derer der Huf sich in der Luft befindet.

ABROLLEN (2. STÜTZBEINPHASE)
Diese Phase steht am Ende der Belastungsphase, wenn der Huf in die Flugphase vom Boden abhebt. Der Abrollpunkt wird zwischen Untergrund und Hufzehe gebildet.

SCHWERPUNKT
Dies ist der Punkt, an dem sich Vorder- und Hinterhälfte des Pferdes im Gleichgewicht befänden, wenn man es an einem Seil aufhängen würde. Er liegt knapp hinter dem Widerrist. Da er sich näher an der Vorhand befindet, trägt diese mehr Gewicht als die Hinterhand (s.S. 98).

PASSIVER HALTEAPPARAT
Das Zusammenwirken von Sehnen, Muskeln und Bändern, welches das Bein stabilisiert und dem Pferd ein Schlafen im Stehen ermöglicht.

Im Vorderbein besteht dieser Apparat aus zahlreichen Bändern und Sehnen. Das Fesselgelenk wird durch die Beugesehnen, die Sehnenbeinbänder und den Fesselträger stabilisiert. Die tiefe Beugesehne wird außerdem durch ein Unterstützungsband unterhalb des Karpalgelenkes gehalten.

Die Beugesehnen stützen das Fesselgelenk von hinten, der Fesselträger, die Strecksehnen und die Sehnenbeinbänder halten es von vorn und verhindern ein Durchbeugen.

Das Karpalgelenk oder Vorderfußwurzelgelenk wird von Seitenbändern und durch die Anordnung der Knochen im Gelenk gestützt.

Auch in der Hintergliedmaße besteht der passive Halteapparat aus zahlreichen Sehnen und Bänder, seine Hauptkomponente sind jedoch zwei Muskeln, der Quadriceps femoris (vierköpfiger Oberschenkelmuskel)und der Tensor fasciae latae (Oberschenkelfaszienspanner), welcher die Kniescheibe (Patella) über den medialen Kamm der Kniescheibenrolle des Oberschenkelknochens zieht.

Knie, Sprung- und Fesselgelenk werden dadurch unter Belastung so festgestellt, dass das Pferd stehen kann, ohne Muskelkraft aufzuwenden.

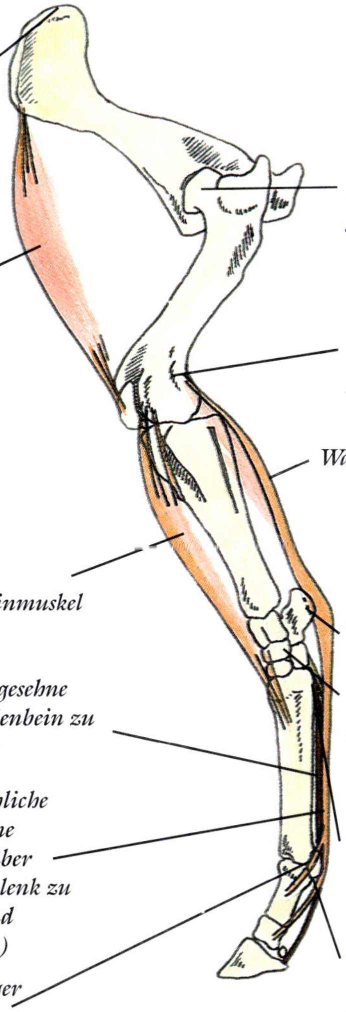

Passiver Halteapparat der Hintergliedmaße

REZIPROKER APPARAT DER HINTERGLIEDMASSE
Verbindet Knie-, Sprung- und Fesselgelenk so, dass bei Beugung eines auch das andere Gelenk gebeugt wird. Der Apparat besteht aus dem Peroneus tertius (Dritter Wadenbeinmuskel), der auf der Vorderseite der Gliedmaße herabläuft und die Vorderseite des Kniegelenks mit der Vorderseite des Sprunggelenks verbindet, sowie aus den oberflächlichen und tiefen Beugesehne und dem oberflächlichen und tiefen Beugemuskel auf der Rückseite der Gliedmaße, die die Rückseiten von Sprung- und Fesselgelenk miteinander verbinden.

DIE DYNAMIK DER BEWEGUNG

Vereinfacht gesagt, wird der Körper durch Vorbewegung der Gliedmaßen nach vorn bewegt - wenn die Gliedmaße zurückbewegt wird, wird der Körper nach vorn geschoben. Die hinteren Gliedmaßen schaffen den Schwung für die Vorwärtsbewegung. Die Vordergliedmaßen unterstützen die Vorwärtsbewegung und sorgen für ein Anheben des Körpers. Dies ist nötig, um durch Hinzufügen einer zweiten Kraft, nämlich einer nach oben wirkenden, die zurückgelegte Distanz der Gliedmaße zu vergrößern und eine zielgerichtete Bewegung zu ermöglichen.

Stellen Sie sich vor, Sie werfen einen Ball waagerecht von sich weg und vergleichen Sie dann die Wurfweite mit der eines Balles, den Sie in die Luft geworfen haben. Der in die Luft geworfene Ball wird weiter fliegen, weil eine weitere Kraft (die nach oben wirkende) zur Vorwärtsbewegung hinzu addiert wurde und so die Gesamtenergie und die zurückgelegte Strecke erhöht hat. In der Physik nennt man dies »Vektordynamik«. Die Aufwärtsbewegung der Vorderbeine ist für die Leistungsfähigkeit des Pferdes sehr wichtig, insbesondere bei Dressur-, Vielseitigkeits- und Springpferden.

BEWEGUNG DER VORDERBEINE
Die Vorwärtsbewegung der Gliedmaße beginnt mit der Verkürzung des Brachiocephalicus-Muskels und gleichzeitiger Entspannung seines Gegenspielers, des breiten Rückenmuskels, wodurch der Oberarm nach vorn gezogen wird. Gleichzeitig zieht sich der Serratus thoracis zusammen und bewegt die Schulter nach hinten.

Wenn das Bein sich nach vorn bewegt, beugen sich Ellbogen und Karpalgelenk, das Bein wird kürzer und schafft die Flugphase. Wenn sich das Bein der Ende der Flugphase nähert, zieht sich der Carpi radialis zusammen und streckt das Bein als Vorbereitung zur Landung. Wenn das Bein mit dem Auffußen beginnt, zeiht sich Serratus cervicis zusammen, während sein Gegenspieler Serratus thoracis, entspannt, die Schulter vorbewegt und das Bein zurückschwingen lässt. Zur gleichen Zeit entspannt sich der Brachiocephalicus und der breite Rückenmuskel zieht sich zusammen, um das Bein zurück zu ziehen.

Wenn der Huf sich ganz auf dem Boden befindet (erste Stützbeinphase) ist das Karpalgelenk gerade, das Fesselgelenk durchgedrückt und die Schulter bewegt sich weiter vorwärts. Die vom Schwerpunkt des Pferdes wirkende Schwerkraft versucht nun, die Gelenke zu beugen. Der zweiköpfige Oberarmmuskel verhindert ein Beugen des Schultergelenkes, der Triceps hindert das Ellbogengelenk an der Beugung und die Beugesehnen verhindern gemeinsam mit dem Fesselträger, dass das Fesselgelenk sich zu weit durchtritt sowie Kron- und Hufgelenk sich zu weit beugen. Die Vorwärtsbewegung der Schulter schiebt das Bein weiter bis zum Abrollpunkt zurück, wo der tiefe Beugemuskel sich zusammenzieht und das Bein hoch hebt. Die Geschwindigkeit wird davon bestimmt, wie schnell das Bein zurück schwingt.

Das Anheben der Vorderbeine ist von grundlegender Bedeutung für die Leistung in Dressur- oder Springreiten.

BEWEGUNG DER HINTERBEINE

Das Hinterbein bewegt sich auf der gleichen Grundlage wie das Vorderbein. Es schwingt nach vorn; bei seinem Zurückziehen wird der Körper nach vorn geschoben. Das Vorziehen des Beines wird durch Zusammenziehen des Muskels Iliopsoas erreicht. Er verursacht auch die Beugung von Knie-, Sprung- und Fesselgelenk durch den reziproken Apparat. Das Bein wird von Gluteus medius unter Mitwirkung weiterer, kleinerer Muskeln zurückgezogen. Zu diesem Zeitpunkt zieht sich auch der Quadriceps femoris zusammen und streckt das Kniegelenk. Durch den reziproken Apparat verursacht dies eine Streckung des Sprunggelenks und eine Entspannung der oberflächlichen Beugesehne, wodurch das Fesselgelenk sich nach hinten beugen und der Huf in Vorbereitung des Auftreffens auf den Boden nach vorn kommen kann. Wenn der Huf auf dem Boden steht, ziehen die Muskeln das Bein weiter zurück und schieben den Körper so vor.

GANGARTEN

Die drei Grundgangarten des Pferdes sind Schritt, Trab und Galopp. Viele Rassen haben noch einen zusätzlichen, modifizierten Viertakt-Gang (Tölt), der in Fußfolge und Geschwindigkeit variieren kann. Andere Rassen besitzen auch eine Veranlagung zum Passgang (Zweitakt, s. gegenüberliegende Seite). Die Gangarten werden nach Geschwindigkeit, Takt, Fußfolge und Schrittlänge unterschieden. Die Vor- und Gliedmaßen, die sich auf der gleichen Körperseite befinden, nennt man »paarige Gliedmaßen«, zum Beispiel vorne links und hinten links. Schräg gegenüberliegende Vorder- und Hintergliedmaßen nennt man »diagonale Gliedmaßen«, also z.B. vorne links und hinten rechts.

HÄUFIGE ERKRANKUNGEN DES BEWEGUNGSAPPARATES

SEHNENSCHÄDEN (TENDINITIS)

Ursachen: Sehnen und Bänder bestehen aus langen Strängen von parallel nebeneinander liegenden Kollagenfasern. Diese kollektive Anordnung ist es, die dem Gewebe seine Stärke verleiht. Das Muster der Faserstränge wird zerstört, wenn die Sehne oder das Band überdehnt wird oder ganz reißt.

Von Verletzungen sind am häufigsten die tiefe und oberflächliche Beugesehne, der Fesselträger, das Unterstützungsband der tiefen Beugesehne und das Ringband betroffen. Sie alle zusammen bilden die unterstützende Struktur des Fesselgelenkes. Verletzungen an dieser Struktur werden durch Überdehnung (Hyperextension) des Fesselgelenkes und Überbeanspruchung der Sehne bzw. des Bandes mit Faserzerreißungen verursacht. Das Fesselgelenk wird durchgedrückt, sobald der Huf den Boden berührt. Je stärker der Aufprall auf den Boden ist, desto mehr ist das der Fall. Es ist deshalb verständlich, dass die Mehrheit solcher Verletzungen bei Sportpferden vorkommt, insbesondere bei Renn-, Spring-, Reining- oder Cuttingpferden.

Symptome: Die betroffene Stelle wird heiß, entzündet, geschwollen und schmerzhaft. Lahmheit, variierend von leicht bis sehr stark.

Behandlung: Traditionell versucht man in der Frühphase der Erkrankung, die Entzündung mittels Kältetherapie (Abspritzen mit Wasser oder Eispackungen), entzündungshemmenden Medikamenten und Ruhe zu behandeln. Zur Beschleunigung der Heilung versucht man mitunter auch operativ einzugreifen, wie etwa durch Aufspalten der Sehne oder Durchtrennung (Desmotomie) des Unterstützungsbandes. Hinzu kommen unterstützende Maßnahmen wie Magnet-, Laser- und Ultraschalltherapie. In allen Fällen ist Zeit aber immer noch der Heilungsfaktor Nummer eins. Die meisten Sehnen- und Bänderverletzungen brauchen mindestens sechs Monate zum

GANGARTEN

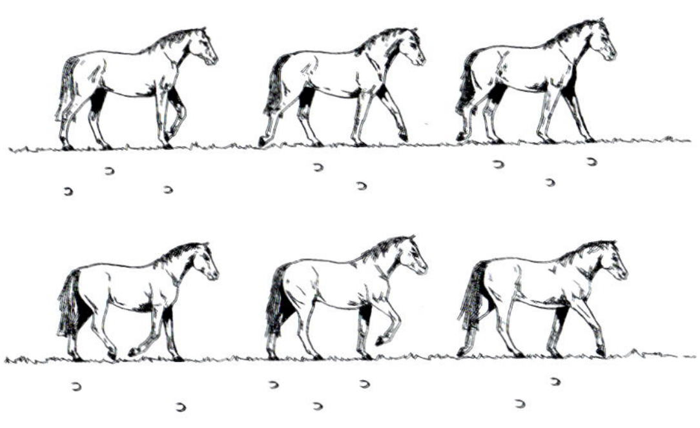

SCHRITT

Der Schritt ist ein regelmäßiger Viertakt. Die Bewegung wird als lateral beschrieben, weil je die Beine einer Körperhälfte nacheinander auffußen, z.B.:
(1) hinten links, (2) vorne links, (3) hinten rechts, (4) vorne rechts.

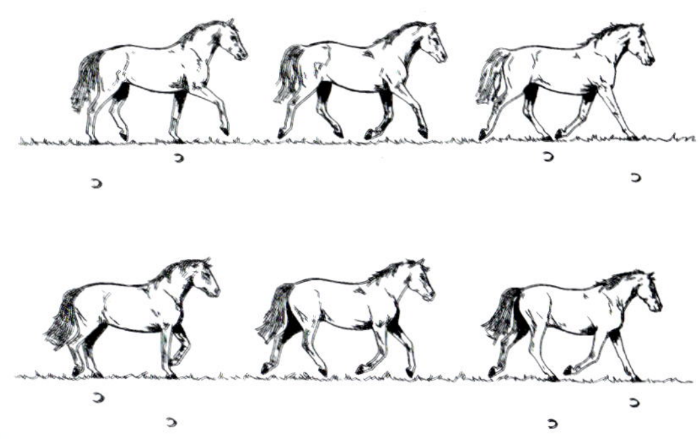

TRAB

Der Trab ist ein Zweitakt, bei dem das jeweils diagonale Beinpaar gleichzeitig auf dem Boden landet:
(1) hinten links - vorne rechts (2) hinten rechts - vorne links.

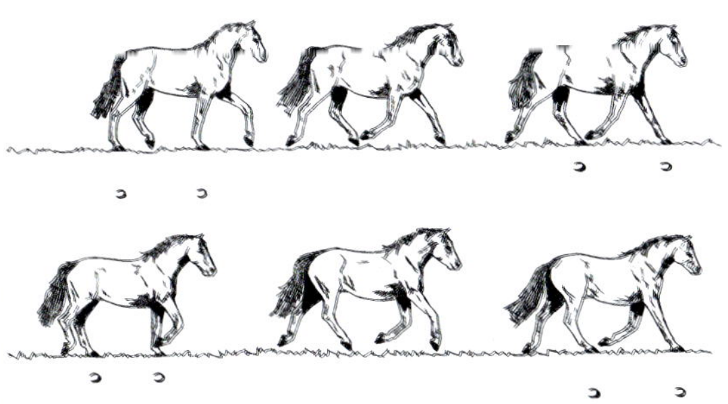

PASS

Der Pass ist ein Zweitakt, bei dem das Beinpaar einer Körperhälfte gleichzeitig auffußt:
(1) hinten links - vorne links (2) hinten rechts - vorne rechts.

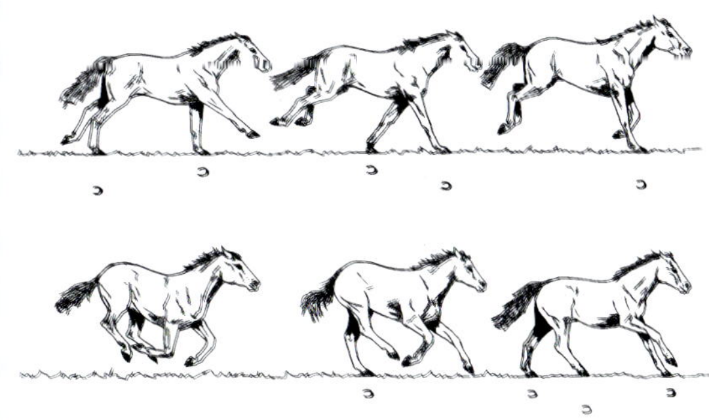

GALOPP

Auch dies ist ein Vierschlag, wobei jeder Fußungszyklus von einer Schwebephase unterbrochen ist:
(1) hinten links, (2) hinten rechts, (3)vorne links, (4) vorne rechts, gefolgt von einer Schwebephase, in der sich alle vier Beine in der Luft befinden. Das Hinterbein, mit dem die Bewegungsfolge begann, ist das führende Hinterbein, das diagonal gegenüberliegende Vorderbein e das führende Vorderbein. Je nach dem führenden Vorderbein spricht man von Rechts- oder Linksgalopp. In unserem Bildbeispiel handelt es sich um Rechtsgalopp.

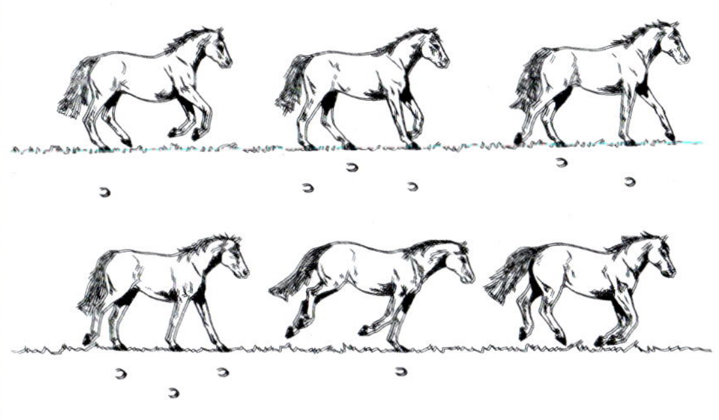

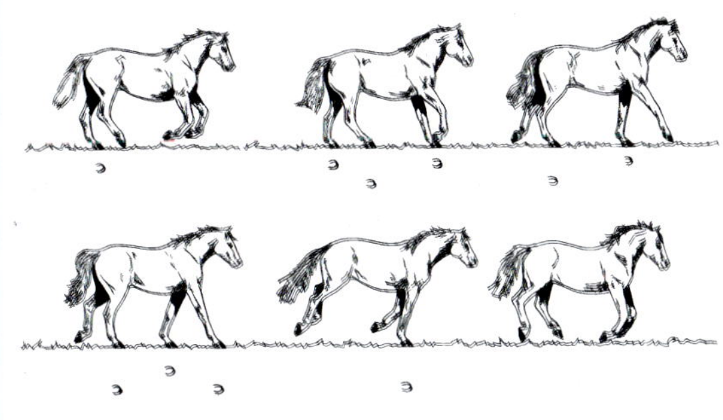

KANTER

Dies ist ein Dreitakt und im Prinzip eine versammelte Form des Galopps. Die führenden Gliedmaßen fußen voneinander unabhängig und die gegenüber liegenden diagonalen Gliedmaßen gleichzeitig auf. Beim Rechtskanter (Bild rechts): (1) hinten links (2) hinten rechts - vorne links, (3) vorn rechts. Linskanter s. Bild links.

BEWEGUNGSSTÖRUNGEN

Wenn sich das Pferd regelmäßig selbst an den Beinen verletzt, kann eine ungünstige Stellung der Gliedmaßen Ursache sein. Aber auch Mangel an Gleichgewicht oder Kondition oder fehlerhafter Beschlag können zu Bewegungsstörungen wie dem Greifen oder Streichen führen.

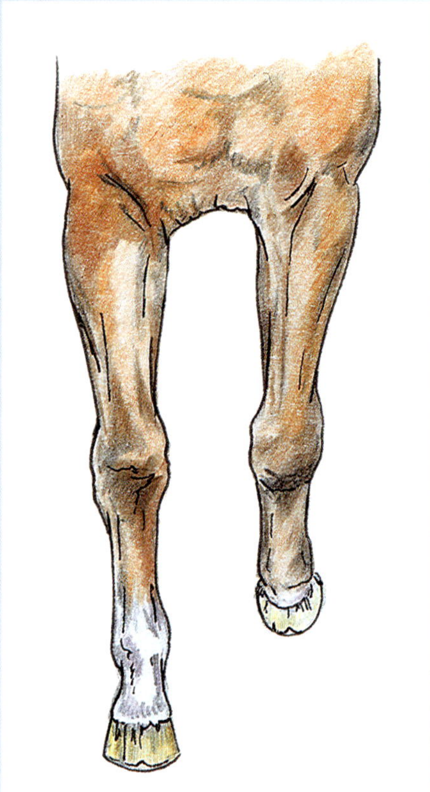

▲ ***Korrekte, gerade Gliedmaßenführung.***

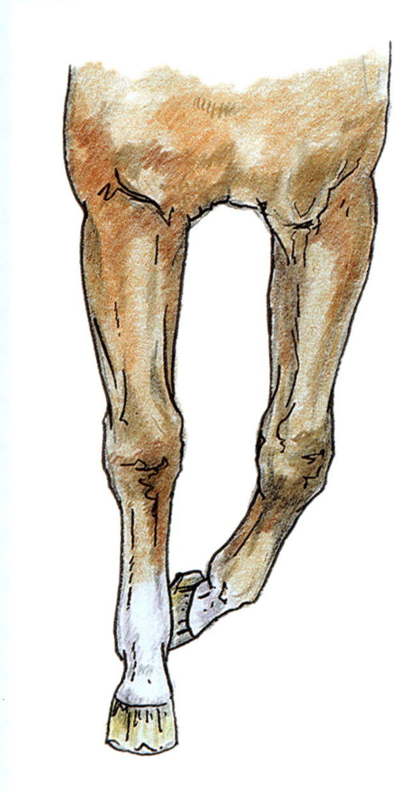

▲ ***Streichen*** *Ein Vor- oder Hinterbein streift das gegenüberliegende Vor- oder Hinterbein. Meist entstehen dadurch Verletzungen im Bereich des Fesselgelenkes. Ein Streichen am Karpalgelenk, verursacht durch die Zehe des gegenüberliegenden Hufes, kommt nur bei hohem Tempo vor.*

Einschlagen *Häufig bei jungen und nicht ausbalancierten Pferden oder bei zu langen Hufzehen. Das Pferd tritt mit der Zehe des nach vorn schwingenden Hinterhufes von unten an die Zehe des Vorderhufes. Manche Pferde treten sich auch mit den Hinterhufen auf die Eisenschenkel der Vordereisen und reißen diese ab. Hier sind oft Beschlagsfehler die Ursache.*

Greifen *Das Pferd tritt sich mit dem Hinterhuf in die Ballen des Vorderhufes oder, was schlimmere Verletzungen nach sich zieht, höher in den Bereich der Sehnen. Wunden im seitlichen Kronrandbereich entstehen durch ungeschicktes Seitwärtstreten, z.B. im Anhänger oder wenn von jungen, noch nicht ausbalancierten Pferden zu früh Seitengänge verlangt werden.*

Eine typische »Bogensehne«.

Ausheilen, manche auch ein Jahr oder länger.

Sehnen und Bänder sind nur schwach durchblutet. Ihre Versorgung mit Nährstoffen geschieht über Diffusion, das heißt, die Nährstoffe wandern um die Zellen herum von außen nach innen ins Gewebe. Dass dieser Vorgang sehr langsam ist, ist einer der Gründe dafür, warum Sehnenverletzungen so langwierig sind. Wie lange die Sehne zum Ausheilen braucht, hängt davon ab, wie viele Fasern beschädigt wurden. Am besten kann man das genaue Ausmaß des Schadens mit einer Ultraschalluntersuchung klären. Je größer der Schaden, desto länger die Genesungszeit.

Ob das Pferd wieder voll zur Arbeit eingesetzt werden kann, hängt davon ab, wie belastbar die geheilte Sehne wieder ist. Wenn die Fasern nur gedehnt und nicht gerissen waren, wurde die parallele Faseranordnung nicht zerstört und das Gewebe wird nach der Heilung einen Großteil seiner früheren Stärke wiederhaben. Wenn Sehnenfasern gerissen waren, wurde dieses Muster zerstört. Die Belastbarkeit des Heilgewebes hängt davon ab, ob sich das Narbengewebe wieder dicht parallel in Strängen zusammenlegt oder ob es Über-Kreuz-Verbindungen bildet. Solches Narbengewebe schwächt die Sehne oder das Band und macht es für erneute Verletzungen anfällig.

Die Behandlung muss also auch darauf abzielen, die Bildung von korrekt ausgerichtetem Narbengewebe zu unterstützen. In der Vergangenheit erreichte man dies hauptsächlich mit kontrollierter Bewegung und viel Zeit. Eine leichte bis mäßige Belastung der geschädigten, wieder heilenden Gewebes hilft, das Narbengewebe auszurichten und verhindert auch ein Verkleben des Narbengewebs mit dem umliegenden Gewebe.

Der Wirkstoff BAPN (Beta-Aminopropionitril) hindert die heilenden Kollagenfasern (Narbengewebe) an der Bildung von Querverbindungen, sodass die Fasern in parallelen Strängen heilen und stark werden. BAPN wird direkt in die frisch verletzte Sehne injiziert und wurde erfolgreich eingesetzt, um Pferde wieder voll einsatzfähig zu machen. Es hilft nicht bei alten Verletzungen, bei denen bereits Narbengewebe gebildet wurde, kann aber bei frischen Faserrissen eingesetzt werden. Es kann die Heilung nicht beschleunigen und ersetzt auch nicht die strikte tierärztliche Überwachung, das kontrollierte Bewegungstraining und den Zeitfaktor. Es ermöglicht aber eine bessere Heilung und Hoffnung für Pferde, deren sportliche Karriere ansonsten beendet gewesen wäre. Auch polysulfatierte Glykosaminoglykane wurden mit ähnlichem Erfolg eingesetzt.

»SWEENEY« - Lähmung des Suprascapularis-Nerves

Ursachen: Diese Erkrankung entsteht, wenn der supraskapuläre Nerv (Oberschulterblattnerv) beschädigt wird und eine Atrophie des Obergrätenmuskels (Musculus supraspinatus) und des Untergrätenmuskels (Musculus infraspinatus) hervorruft. Anders gesagt: Durch eine Schädigung des Schulternerves bilden sich die Schultermuskeln zurück. Muskeln benötigen Stimulation durch Nerven; wenn diese fehlt, bilden sie sich bis zum beinahe völligen Verschwinden zurück. Man nimmt an, dass die Nervenschädigung durch ein direktes Trauma (Schlag auf die Schulter) geschieht oder durch eine Überdehnung und Zerrung, hervorgerufen beispielsweise durch ein Ausrutschen des Vorderbeins nach hinten. Da der Nerv vorn um die Schulter herum läuft, ist er für diese Art von Verletzungen anfällig. Das Problem war früher bei schweren Zugpferden häufig, die beim Ziehen auf nassen Straßen ausrutschen konnten.

Symptome: Zu Beginn erscheint das Pferd lahm. Mit der Zeit werden die Schultermuskeln schwächer, bis es so aussieht, als seien die Schulterknochen nur noch mit Haut bedeckt.

Behandlung: Leider gibt es nur wenige Möglichkeiten zur Behandlung. Hauptsächlich besteht sie darin, die Schädigung des Nervs mit Hilfe entzündungshemmender Mittel wie Phenylbutazon oder Banamin aufzuhalten. Es besteht eine Chance, dass sich der Nerv selbst regeneriert. Dies dauert aber sehr lang, möglicherweise 10-20 Monate. Anzeichen einer Erholung sind die Neubildung von Muskelmasse und eine normalisierte Bewegung der Gliedmaße. Eine Regeneration des Nervs ist aber eher selten.

Mitunter wird die Meinung vertreten, dass das Fehlen der Muskelspannung den geschädigten Nerv noch weiter zerstört, da nun auch Zugkräfte der Schulter nach außen ungehindert auf ihn einwirken. Man hat versucht, diese Belastung zu verringern, indem man operativ etwas von unmittelbar unter dem Nerv liegenden Knochen und das umgebende Narbengewebe entfernt.

Man weiß noch nicht genau, innerhalb welcher Zeit eine Muskelatrophie beim Pferd reversibel ist (d.h. wie schnell sich der Muskel neu bilden kann, nachdem er wieder vom Nerv versorgt wird). Beim Menschen sind dies etwa zwanzig Monate. Man muss die Erkrankung deshalb mindestens sechs Monate lang beobachten, bevor man eine Prognose stellen kann.

SCHALE (RINGBEIN)

Ursachen: Schale bezeichnet eine Knochenneubildung in Krongelenk und Hufgelenk. Ursachen sind Reizung, Reißen oder Zerrung der Knochenhaut (Periost), an der Gelenkkapsel, Sehnen und Bänder angeheftet sind. Der Körper reagiert auf diesen unterschwelligen Reiz mit einer Zubildung von Knochen, weil er versucht, diese Stelle zu stabilisieren. Man nennt diesen Vorgang Periostitis. Er kann durch eine Reihe von Gründen hervorgerufen werden, unter anderem durch:

- Schlechten Beschlag über einen langen Zeitraum hinweg
- Stellungsfehler
- Harte Arbeit, die das Gelenk und die mit ihm verknüpften Strukturen dreht und zerrt
- Trauma auf die Gelenkregion

Man spricht von »hoher Schale«, wenn sie das Krongelenk betrifft und von »tiefer Schale«, wenn sie das Hufgelenk betrifft. »Artikuläre Schale« liegt vor, wenn die Knochenneubildung bis ins Gelenkinnere fortgesetzt ist und von »periartikulärer Schale«, wenn sie rund um das Gelenk liegt. Je nach Lage der Knochenneubildungen kann sie, muss aber nicht die Beweglichkeit des Gelenkes einschränken.

Symptome: Ergebnis der Knochenneubildung ist oft eine Lahmheit, deren Grad von Menge und Stelle des Knochenwachstums abhängt. Schale ist eine progressive, d.h,. sich ständig verschlechternde Erkrankung, die so starke Lahmheit verursachen kann, dass das Pferd von seinen Leiden erlöst werden muss.

Die schmerzhafteste Form ist die artikuläre Schale (hohe oder tiefe), da sie das Gelenk selbst betrifft und eine arthritische Veränderung hervorruft - der Grund dafür, weshalb so viele Menschen die Schale als Arthrose bezeichnen. Die Knochenneubildung kann so gering sein, dass sie nur schwach auf dem Röntgenbild zu sehen ist, oder so stark, dass sie das gesamte Gelenk verknöchert. Auch der Grad der Lahmheit kann variieren und stimmt nicht immer mit dem Grad der Knochenwucherung überein, die man auf dem Röntgenbild erkennt.

Behandlung: Es gibt verschiedene Therapien, die in der Regel in einer Kombination aus korrektivem Beschlag, medikamentöser Behandlung, Gelenkstherapie, kontrollierter Bewegung und in schweren Fällen auch aus chirurgischem Eingriff bestehen. Ziel der Behandlung sind Schmerzsenkung, Verringerung der Entzündung, Verlangsamung der Knochenneubildung oder aber ihre Beschleunigung, um ein vollständiges Verknöchern des Gelenks zu erreichen.

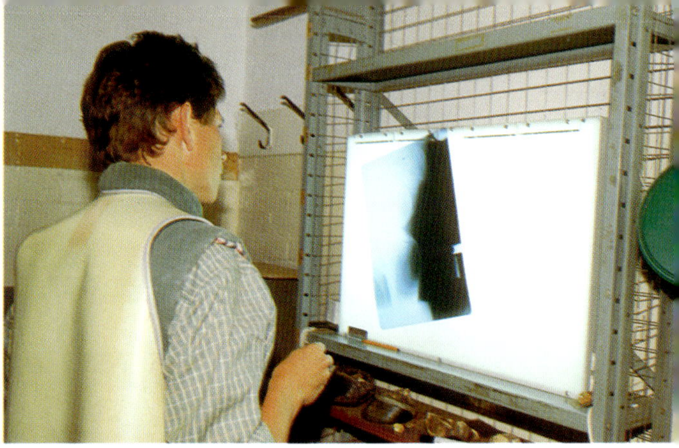

Zur Diagnose von Erkrankungen des knöchernen Bewegungsapparates wie Schale, verschiedene Arthrosen oder Podotrochlose (»Hufrolle«) sind Röntgenaufnahmen unverzichtbar.

Zu Beginn ist es sehr wichtig, Stellung, Bewegung und Beschlag des Pferdes zu beurteilen, um herauszufinden, was das Problem verursacht haben könnte. Pferde, die nicht plan auffußen (mit der äußeren oder inneren Hufwand zuerst), die Stellungsfehler haben (zeheneng, zehenweit etc.) oder nicht korrekt beschlagen sind, haben ein höheres Risiko, an Schale zu erkranken.

Die Behandlungsmöglichkeiten sind vielfältig, wobei jeder Fall einzeln geprüft werden muss. Zu Beginn behandelt man die Schmerzen und die Entzündung mit nicht-steroidalen, entzündungshemmenden Medikamenten (NSAID), in der Regel Banamin oder Phenylbutazon. Die Maßnahmen im Hufbeschlag umfassen ein korrektes Ausbalancieren des Hufes, Kürzen der Zehe und Anbringen einer Zehenrichtung sowie die Verwendung von Zwischenlagen als stoßdämpfende Polster. Manche Pferde sprechen sehr gut auf dicke Polstereinlagen an. Sie minimieren zwar die Stoßeinwirkung auf den Huf, sind aber oft schwer haltbar anzubringen. Weil sich die Polster so stark zusammendrücken, tendieren die Nägel dazu, sich zu lockern und das Eisen geht frühzeitig verloren oder die Hufwand bricht rund um die Nagellöcher aus. Solche Polstereinlagen dürfen deshalb nur bei Pferden mit dicker, stabiler Hufwand verwendet werden.

Auch der Einsatz anderer Hufschutzvarianten aus stoßdämpfenden Materialen (Kunststoff, Verbundwerkstoff) kann überdacht werden. Beim Reiten sollten harte Untergründe einschließlich Straßen vermieden werden.

Das betroffene Gelenk wird oft mit entzündungshemmenden Mitteln (Steroiden) und Hyaluronsäure als künstlicher Gelenkflüssigkeit behandelt. Dieses Vorgehen ist sehr effektiv, um die Entzündung zu reduzieren und die Gelenkflüssigkeit wieder aufzufüllen, sodass das Gelenk weniger schmerzt. Hyaluronsäure wird intravenös mit dem gleichen Ziel gespritzt, Chondroitinsulfat und Glucosamine werden außerdem oral verabreicht. Auch wenn es strittig ist, ob diese Stoffe tatsächlich wirken oder nicht, gibt es doch Berichte, wonach sie manchen Pferden geholfen haben. Es wird empfohlen, das Pferd so viel wie möglich zu bewegen, ohne es dabei zu überlasten. Je nach Einzelfall kann dies Spazieren gehen an der

Hand, Schritt oder Trab unter dem Sattel oder normalen Arbeitseinsatz bedeuten.

Theoretisch lässt der Schmerz nach, sobald alle Gelenkfugen vollständig verknöchert sind. Man versucht deshalb mitunter, diese Versteifung durch einen operativen Eingriff herzustellen, indem man Gelenkflächen miteinander verschraubt oder Platten einsetzt. Die chirurgische Behandlung ist aber eher selten.

LUXATION DER KNIESCHEIBE

Ursachen und Symptome: Dieser Zustand wird auch mit »Festhaken« der Kniescheibe umschrieben. Medizinisch gesehen hakt sich die Kniescheibe auf dem Rollkamm des Oberschenkels zwischen den mittleren und seitlichen Bändern der Kniescheibe fest, sodass Knie- und Sprunggelenk in der Streckung »festgestellt« werden. Stellen Sie sich das Knie des Pferdes einmal vor wie Ihr eigenes. Die Kniescheibe oder Patella wird von drei Bändern und einigen Rillen im Femur, dem langen Oberschenkelknochen, festgehalten. Wenn die Kniescheibe des Pferdes »hakt«, rutscht sie aus ihrer normalem Position auf der Innenseite des Gelenkes und wird zwischen den beiden inneren Bändern und dem Oberschenkelknochen eingeklemmt.

Dieses Einhaken der Kniescheibe ist ein ganz normaler Prozess, den das Pferd benötigt, um stehend schlafen zu können. Er wird jedoch unnormal, wenn das Pferd nicht mehr in der Lage ist, die Kniescheibe in ihre Ausgangsposition zurück zu bewegen. Es gibt nur wenige Gründe, warum dies geschehen kann. Mitunter wird die Meinung vertreten, dass eine bestimmte Gliedmaßenstellung (gerade Hinterbeine) dieses Phänomen fördert; andere glauben, dass traumatische Einwirkungen (z.B. ein Unfall) die Kniescheibe zum Festhaken bringen. Schließlich gibt es auch noch die Theorie, dass Bänder und Muskeln des Kniegelenkes durch mangelnde Bewegung so schwach werden können, dass sie diese Bewegung der Kniescheibe zulassen und auch nicht mehr in der Lage sind, sie in ihre Position zurück zu ziehen.

Wenn die Kniescheibe öfter festhakt, können die Gelenkkapsel und die Oberflächen von Kniescheibe und Gelenk so gereizt werden, dass Lahmheit entsteht.

Behandlung: Wenn die Kniescheibe zum ersten Mal festhakt, gelingt es oft, sie durch Rückwärtsrichten des Pferdes wieder zu lösen. Um eine Wiederholung zu vermeiden, müssen Bänder und Muskeln des Knies gestärkt werden. Dies kann durch kontinuierliches Training, insbesondere das Reiten bergauf und bergab, geschehen. Wenn dies nicht hilft, wird von manchen Tierärzten die Meinung vertreten, dass man Jod in die Gelenkumgebung injizieren könne (ein inneres Blistern), um eine Entzündungsreaktion mit anschließender Narbenbildung hervorzurufen. Man nimmt an, dass dieses Narbengewebe das Kniegelenk zusätzlich stützt und die Kniescheibe am Festhaken hindert. Mitunter wird das Haken der Patella zu einem solchen Problem, dass eine Durchtrennung des medialen Bandes notwendig ist.

FIBROTISCHE MYOPATHIE

Ursachen: Dies ist die Bildung von Narbengewebe in einem der drei Muskeln, welche zusammen die Rückseite der Hanken (hinterer oberer Abschnitt des Hinterbeins) bilden. Diese Muskeln heißen Semitendinosus, Semimembranosus und Biceps Femoris. Das Narbengewebe entsteht als Folge irgendeiner traumatischen Einwirkung auf diese Muskeln, meistens aus einem Sliding Stop, dem Hängenbleiben im Halfter mit einem Hinterhuf oder einer Injektion in den Muskel. Manchmal verknöchert das betroffene Gewebe.

Symptome: Der Muskel verliert seine elastische Eigenschaft und wird zu einem festen Band aus Narbengewebe, weshalb das Bein an Bewegungsfreiheit verliert. Es entsteht der typische »Hahnentritt« am betroffenen Hinterbein. Wenn das Bein sich vorwärts-abwärts bewegt, stoppt es kurz vor dem Auffußen auf den Boden und wird dann ruckartig abgesetzt oder vor dem Auffußen ein wenig zurück gezogen. Im Grunde kann das Bein nicht mehr weit genug nach vorne gestreckt werden und wird deshalb frühzeitig auf den Boden gezogen.

Behandlung: Leider ist das Narbengewebe kaum noch zu entfernen, wenn es sich einmal gebildet hat. Die Behandlung der Wahl ist eine chirurgische Korrektur, bei der das Narbengewebe entfernt oder die Sehne vom betroffenen Muskel abgetrennt wird. So wird die auf den Muskelkörper wirkende Spannung reduziert, wodurch der Gang wieder regelmäßiger wird. Manchmal behebt dieser Eingriff das Problem nicht vollständig, sodass der Gang zwar verbessert,

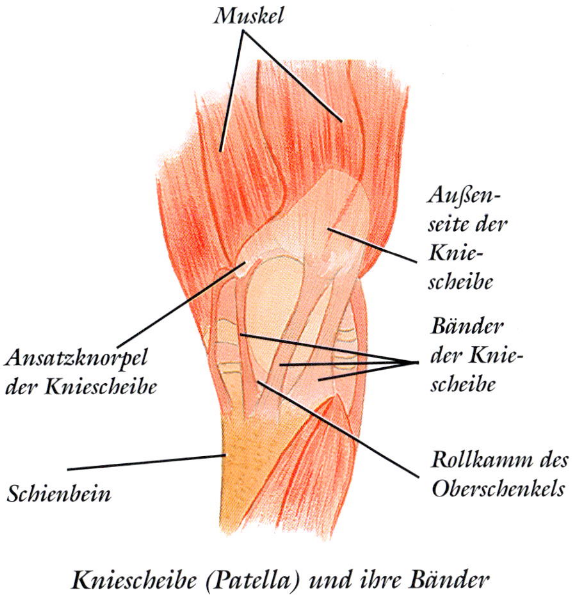

Kniescheibe (Patella) und ihre Bänder

aber nicht völlig normalisiert wird. Das Pferd ist nie mehr in der Lage, das Bein vollständig auszustrecken.

ÜBERBEINE

Ursachen: Beiderseits des Röhrbeines liegen die Griffelbeine, die über ein Zwischenknochenband mit dem Röhrbein verbunden sind.

Ein »Überbein« kann aus zwei Gründen entstehen:

- Zerrung oder Reißen des Zwischenknochenbandes
- Trauma auf die Außenseite des Griffelbeines

Schäden am Zwischenknochenband entstehen am häufigsten durch ungleichmäßigen Druck auf die Gliedmaße, z.B. in scharfen Wendungen, Reining, Cutting oder bei schlecht ausbalancierten Hufen. Traumata auf die Griffelbeine entstehen durch Anschlagen des Beines oder Tritte eines anderen Pferdes.

Symptome: Überbeine treten meist knapp unterhalb des Karpalgelenkes am Röhrbein auf und erscheinen als harte oder halbweiche Erhebungen. Zu Beginn können sie warm, geschwollen und berührungsempfindlich sein. Im Prozess der Ausheilung werden sie typischerweise kleiner und härter, verschwinden in der Regel aber nie mehr ganz. Das Pferd behält einen »Knoten« an der Seite des Beines.

Behandlung: Die Heilung eines Überbeines dauert etwa sechs bis zwölf Wochen. Während dieser Zeit darf das Pferd nur auf ebenem Untergrund bewegt werden, um die auf das Bein einwirkende Belastung zu minimieren. Die meisten Überbeine verheilen ohne Probleme und Lahmheiten. Andere dagegen bleiben empfindlich oder werden so groß, dass sie mit anderen Strukturen der Gliedmaße (vor allem dem Unterstützungsband) in Konflikt geraten und langfristige Probleme verursachen.

Überbeine bilden sich häufig innen am Röhrbein unterhalb des Karpalgelenkes.

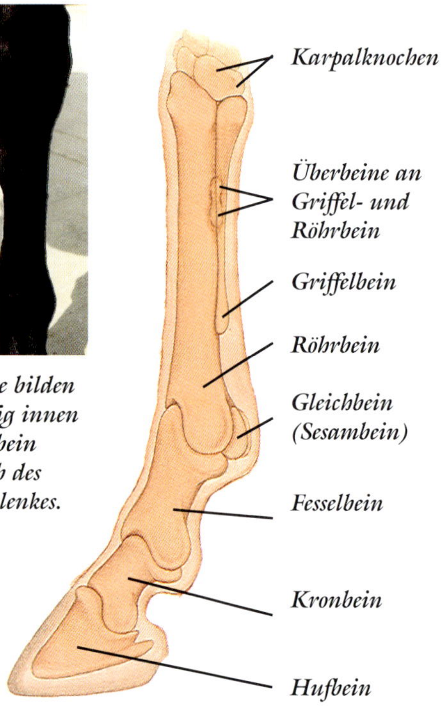

Bildung von Überbeinen. Überbeine sind Knochenzubildungen, die mit der Zeit verhärten und sich mit dem darunter liegenden Knochen fest verbinden.

ARTHRITIS

Ursachen und Symptome: Arthritis bedeutet »Entzündung des Gelenkes«. Es beginnt mit einer Entzündung der Gelenkkapsel und kann dann zu Zerstörung des Gelenkknorpels und Verwachsen des Gelenkes führen. Es entsteht ein Teufelskreis von Entzündungen: Die entzündeten Zellen im Gelenk setzen Stoffe frei, welche die normalerweise dickliche Gelenkflüssigkeit verdünnen, den Knorpel auf den Gelenkflächen und die Gelenkkapsel reizen. Sobald die Flüssigkeit dünn wird, sind die Gelenkflächen nicht mehr geschützt und werden gereizt, was weitere Entzündungen hervorruft. Die Gelenkkapsel reagiert auf diese Entzündung mit einer Synovitis (Entzündung der Gelenkmembran) und bildet lange, fingerförmige Zotten auf seiner Oberfläche, die eine verringerte Fähigkeit zur Bildung von Gelenkflüssigkeit haben.

Diese Synovitis verhindert, dass die Gelenkkapsel sich wieder mit Gelenkflüssigkeit auffüllt und trägt so zum Entzündungsprozess bei. Irgendwann beginnt der Knorpel sich aufzulösen. Der Körper reagiert, indem er mehr Knochen bildet, wodurch das Gelenk langsam degeneriert.

Sobald die Phase der Knochenneubildung begonnen hat, spricht man von einer Osteoarthritis (vom lateinischen osteo- , knöchern, und -itis, Entzündung). Dies ist ein schlimmeres Stadium der Arthritis, das stärkere Lahmheit verursacht und mehr Behandlung braucht. Es kann die Karriere eines Sportpferdes beenden. Zu Beginn ist die Knochenzubildung nur schwach und erscheint als kleine Haken an den Ecken des Gelenkes. Mit fortschreitender Erkrankung wird der Gelenkspalt immer kleiner und das Gelenk wird mit Knochen aufgefüllt, bis das ganze Gelenk sich in ein einziges, großes Stück Knochen verwandelt hat. Sobald dies geschehen ist, sind Schmerz und Lahmheit in der Regel verschwunden.

Sowohl junge als auch alte Pferde können von Arthritis betroffen sein und die Ursachen sind verschieden. Die anfängliche Entzündung wird meist durch irgendeine Form von Trauma ausgelöst, entweder durch einen direkten Schlag auf das Gelenk oder Überlastung bei der Arbeit. Stellungsfehler, starke Arbeitsbelastung, äußere Einwirkung und Alter sind die Hauptursachen für Arthritis. Bei Rennpferden kommt sie häufiger in den Vorderbeinen, vor allem im Karpalgelenk, vor; während Dressurpferde häufiger Arthritis im Sprunggelenk (Spat) entwickeln. Auch ganz junge Pferde, selbst Zwei-

r Dreijährige, können hochgradigen Spat entkeln, weil sie entweder zu früh belastet wurden r generell für dieses Problem anfällig sind.
andlung: Es gibt mehrere Behandlungsmöglichen für Arthritis, die Auswahl hängt jeweils vom d der Erkrankung ab. Alle versuchen jedoch, den felskreis der Entzündungen zu durchbrechen ie die Gesundheit von Gelenkflüssigkeit und enkknorpel wieder herzustellen. Oft wird Phenylazon als Entzündungshemmer und Schmerzmiteingesetzt (Achtung - dieser Wirkstoff fällt in itschland unter das Dopinggesetz, Anm. d. ers.). Die Yucca-Pflanze enthält natürliche zündungshemmende Stoffe und hilft bei leichten men der Arthritis. Hyaluronsäure, ein Hauptbendteil der Gelenkflüssigkeit, ist auch in synthetier Form erhältlich. Sie wird bei Arthritis oft invenös gespritzt und ist als Entzündungshemmer effektiv, außerdem hilft sie, die verlorene Geflüssigkeit wieder aufzufüllen. Sie kann auch kt ins Gelenk gespritzt werden.

In schwereren Fällen von Arthritis werden aluronsäure und entzündungshemmende Steroide kt ins Gelenk gespritzt. Der Wirkstoff Adequan ein injizierbares Polyaminoglycan, welches ein uptbaustein von Knorpel ist und in den Muskel pritzt werden kann. Von dort aus wird es ins Blut orbiert und zum Gelenk transportiert, wo es den aufbau von Knorpel fördert. Adequan kann auch ammen mit Steroiden ins Gelenk gespritzt wer. Außerdem gibt es Futterzusätze, die Chondroitilfat oder Glucosamine enthalten. Auch wenn es h keinen Nachweis für die Wirksamkeit diese tel gibt, so scheinen doch Pferde mit leichterer hritis von ihnen zu profitieren.

IOCHENSPAT

s ist eine Form der Osteoarthritis an den Sprungenken, bei der sich seitliche »Knochensporen« am enk formen. Spat geht oft mit Lahmheit einher. Behandlung siehe Arthritis.

STEOCHONDROSE (OCD)

D ist eine Abnutzungserkrankung des sich entkelnden Knochens bei Jungpferden. Sie tritt mit ehmender Häufigkeit auf, vor allem bei für einen ielten Zweck gezüchteten Rassepferden wie Volltern, Warmblütern oder schweren Zugpferden. OCD tritt auf, wenn eine Störung in der Umbilg vom Knorpel zum Knochen vorliegt - ein zess, der beim Fötus beginnt und bis zur Gelechtsreife andauert. Auch die Knochenflächen erhalb von Gelenken sind mit Knorpel bedeckt, eine reibungslose Bewegung zu ermöglichen. D tritt vor allem in hoch beweglichen Gelenken Schulter, Knie, Sprung- und Fesselgelenk auf. r befallene Knorpel löst sich vom Knochen ab und lässt ihn schutzlos zurück. Durch die Bewegung entstehen Fissuren (Haarrisse) in Knorpel und Knochen, die dazu führen können, dass kleine Stückchen abplatzen.

Die vermehrte Produktion von Gelenkflüssigkeit führt zu einer Schwellung. Defekte Knorpelstücke können zur Bildung von Zysten in den gewichtstragenden Bereichen führen. OCD in den Wachstumsfugen der langen Gliedmaßenknochen (z.B. dem Röhrbein) nennt man Physitis.
Ursachen: Vermutlich scheinen eine genetische Disposition für die Erkrankung, Fütterungsfehler (zu viel Kohlenhydrate oder Kalzium; falsches Ca:P-Verhältnis, zu wenig Kupfer, Ungleichgewicht der Spurenelemente oder Mineralien) eine Rolle zu spielen.
Symptome: Die Erkrankung geschieht während der ersten sechs Lebensmonate, die Symptome werden oft aber erst später sichtbar. Das betroffene Gelenk ist in der Regel geschwollen und das Jungpferd geht lahm. Das Gelenk kann auf einer oder auf beiden Seiten betroffen sein. Schwache Muskelentwicklung oder Fehlstellungen der Hufe sind sekundäre Veränderungen. Die Diagnose wird durch Röntgen bestätigt.
Behandlung: Im Frühstadium können korrekte Fütterung und kontrollierte Bewegung die Erkrankung unter Kontrolle halten. Bereits abgelöste Knochenfragmente können mittels Schlüsselloch-Operation entfernt werden.

Die meisten Pferde erholen sich gut genug, um später eingesetzt werden zu können, die Prognose ist aber abhängig vom Grad der Erkrankung und davon, welches Gelenk betroffen ist. Zu den vorbeugenden Maßnahmen gehören sorgfältige Zuchtauswahl, Zusammenstellen einer ausgewogenen Fütterung für die tragende Stute und das Fohlen (unter Vermeidung von Überfütterung), viel natürliche Bewegung für Stute und Fohlen sowie sorgfältige Beobachtung des Fohlens, um eventuelle Symptome früh erkennen zu können.

GELENKGALLEN

Ursachen und Symptome: Äußere Einwirkungen wie Stürze, Tritte oder starke Erschütterung durch harte Arbeit können dazu führen, dass das Gelenk mehr Gelenkflüssigkeit produziert. Dadurch dehnt die Gelenkkapsel sich aus und es bilden sich rundum kleine knotenartige Erhebungen, die man Gallen nennt.
Behandlung: Die Pferde lahmen nur selten, wenn doch, ist die Lahmheit nur leicht und kann gut bekämpft werden. Wenn die Gelenkkapsel einmal überdehnt wurde, schrumpft sie nur selten wieder auf ihre ursprüngliche Größe zurück. Selbst wenn die überschüssige Gelenkflüssigkeit aus dem Gelenk abgeflossen ist, kehren deshalb die Gallen einfach zurück, sobald die Gelenkflüssigkeit aufgefüllt wird.

PODOTROCHLOSE (»HUFROLLENERKRANKUNG«)

Ursachen: Degeneration des Strahlbeins durch Erschütterung oder Trauma. Das Strahlbein befindet sich innen im Huf zwischen dem Hufgelenk und der tiefen Beugesehne. Es hat die Funktion, den Ansatzpunkt der tiefen Beugesehne am Hufbein in einem gleichmäßigen Winkel zu halten, um diese vor übermäßiger Abnutzung zu schützen. Es hat also gewissermaßen die Funktion einer Umlenkrolle. Aufgrund seiner Funktion und Position ist das Strahlbein ständig enormen, von Beugesehne und Hufgelenk ausgehenden Kräften ausgesetzt. Wenn das Pferd das Bein belastet, wird die tiefe Beugesehne straff gezogen und drückt auf das Strahlbein, welches wiederum gegen Huf- und Kronbein (die zusammen das Hufgelenk bilden) gepresst wird.

Bereits unter normalen Umständen ist dies für das Strahlbein belastend. Veränderte Bedingungen am Huf vergrößern diese Belastung und führen zu Verschleißerscheinungen an Oberfläche und Knochensubstanz des Strahlbeines, Entzündung des Strahlbein-Schleimbeutels und eine Verklebung zwischen Strahlbein und tiefer Beugesehne. Steile Fesseln, im Verhältnis zum Körper zu kleine Hufe, nach hinten gebrochene Huf-Fessel-Achsen (s.S. 98) und Erschütterungen durch Springen oder Sliding Stops sind vermutlich Mitverursacher der Erkrankung. Einige Wissenschaftler sind der Meinung, dass auch eine erbliche Komponente vorhanden ist - entweder direkt durch schwache Knochensubstanz des Strahlbeins oder indirekt durch Stellungsfehler, welche die Voraussetzungen zur Erkrankung dann schaffen. Weiterhin gibt es eine Theorie, dass mangelnde Blutversorgung des Knochens und damit mangelnde Sauerstoffversorgung den Knochenverschleiß hervorruft (Ischämische Nekrose). Podotrochlose ist beim American Quarter Horse verbreitet, kommt aber auch bei vielen anderen Rassen vor.

Symptome: Das deutlichste Symptom für Podotrochlose sind Schmerzen im hinteren Bereich des Hufes, etwa im hinteren Drittel des Strahls. Zu Beginn zeigt das Pferd möglicherweise eine gelegentliche Lahmheit der Vorhand, die sich durch Ruhe bessert und bei Belastung wiederkehrt. Gewöhnlich sind beide Vorderbeine von der Lahmheit betroffen, wobei das Pferd entweder auf einem Bein stärker lahmt, die Lahmheit abwechselnd rechts und links stärker ist oder beide Beine gleich betroffen sind. Pferde mit diesem Problem haben einen typischen kurzen, steifen, schnellen Gang und fußen zuerst mit der Zehe auf, um die schmerzenden hinteren Hufbereiche zu entlasten. Wenn beide Vorderbeine gleich betroffen sind, waren möglicherweise keine klaren Lahmheitssymptome erkennbar. Das Pferd ist dann einfach unbequem zu reiten, die Gänge fühlen sich »abgehackt« und steif an.

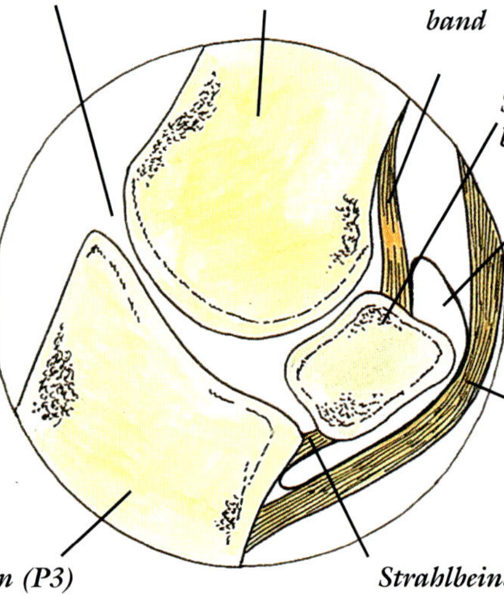

Der Bereich der so genannten »Hufrolle« im Detail. Das Strahlbein fungiert mit seinem Schleimbeutel als Umlenkrolle für die tiefe Beugesehne, bevor sie am Hufbein ansetzt. Zu lange Zehen und zu flache Trachten führen zu einem stärkeren Druck der tiefen Beugesehne auf das Strahlbein und ziehen es dichter ans Hufbein heran. Verschleißerscheinungen sind die Folge.

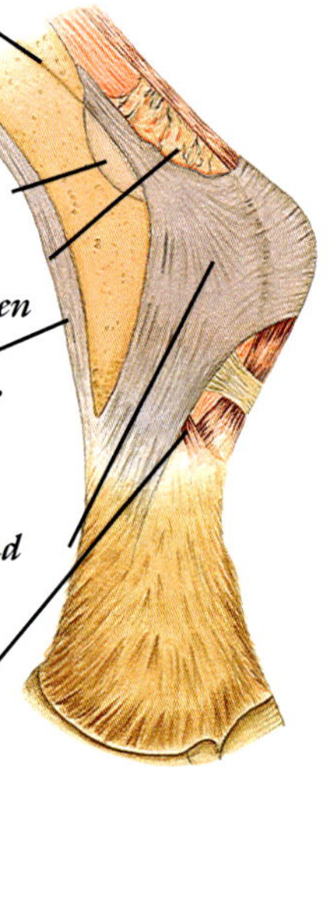

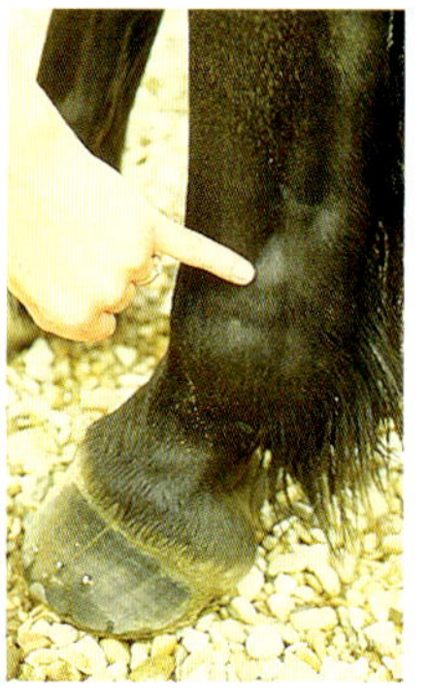

▲ Galle oberhalb des Fesselgelenkes, verursacht durch Dehnung und Füllung der Gelenkkapsel mit Gelenkflüssigkeit. Meist nur ein Schönheitsfehler, der nicht zur Lahmheit führt.

Bildung einer Sehnengalle. Es handelt sich um eine Ausdehnung der Sehnenscheide. Eine Gelenksgalle ist eine Ausdehung am Fesselgelenk selbst: die Gelenkkapsel füllt sich mit Flüssigkeit und schafft eine Schwellung zwischen Röhrbeinknochen und Unterstützungsband.

ANSCHWELLUNGEN VON KNOCHEN UND BINDEGEWEBE

Knoten, Erhebungen und begrenzte Schwellungen an den Beinen kommen häufig vor. Viele von ihnen sind zwar unansehnlich, verursachen aber keine Lahmheit. Sie können allerdings auf ältere Verletzungen, Erkrankungen oder Schwächen im Körperbau hinweisen. Neue Veränderungen müssen genau untersucht werden, besonders, wenn sie mit Hitze und Lahmheit einhergehen, da dies auf Verletzung oder Infektion eines Gelenkes, einer Sehne oder eines Bandes hindeuten könnte.

Knöcherne Erhebungen können durch Schlag oder direkte Verletzung entstehen und sind das Ergebnis einer Verknöcherung des Knorpels oder der Überproduktion von Knochengewebe an der verletzten Stelle.

a. Hufknorpelverknöcherung
b. Tiefe Schale
c. Hohe Schale
d. Überbeine
e. Spat
f. Ellbogenbeule (Stollbeule)

Schleimbeutelvergrößerungen sind isolierte, mit Flüssigkeit gefüllte Taschen, die ganz natürlich an möglichen Druckpunkten oder als Ergebnis einer mit überschüssiger Gelenkflüssigkeit gefüllten und deshalb ausgedehnten Sehnenscheide entstehen können.

g. Karpalhygrom
h. Piephacke
i. Gelenkgallen (Fesselgelenk)
j. Gelenkgallen (Sprunggelenk)
k. Kurbengalle

Alle anderen Schwellungen an Gelenken oder Gewebe können Hinweis auf eine Verstauchung, Fraktur, Infektion, Arthritis oder OCD sein und sollten deshalb tierärztlich untersucht werden. Auch Schäden an Sehnen und Bändern der unteren Gliedmaße verursachen Wärme und Schwellungen und müssen unbedingt ernst genommen werden.

l. Gezerrte Sehne
m. Gezerrtes Unterstützungsband
n. Kurbe (Hasenhacke)
o. Gleichbeinentzündung

- *Kurben* **sind Zerrungen der Bänder, die auf der Rückseite der Gliedmaße über die Sehnen laufen. Sie sind fast immer das Ergebnis von Fehlstellungen.**
- *Schleimbeutelfüllungen* **auf der Rückseite des Sprunggelenkes nennt man Piephacke.**
- *Kurbengallen* **oder Kreuzgallen sind weiche Schwellungen auf der Innen- und Außenseite des Sprunggelenkes, die keine Lahmheit verursachen, aber als Mangel gelten**
- *Knochenspat* **unten auf der Innenseite des Sprunggelenkes ist ein Krankheitszustand. Er kann ungenügende Beugefähigkeit des Gelenkes zur Folge haben oder bewirken, dass das Pferd den Huf mit der Zehe über den Boden zieht.**

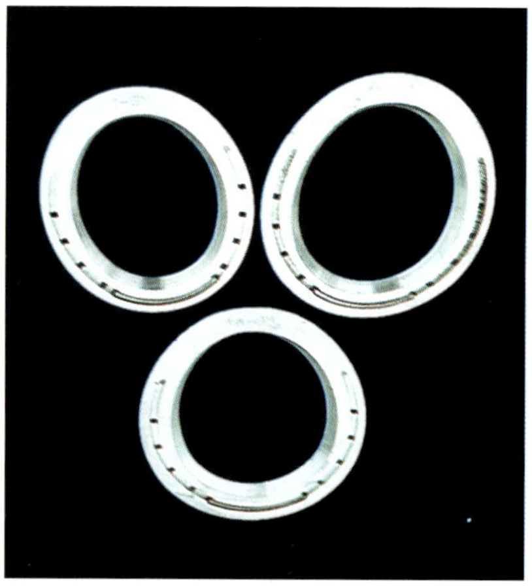

»Eiereisen« aus Alumin. Der hintere Steg unterstützt den Bereich der Trachten und der Hufrolle und entlastet die tiefe Beugesehne.

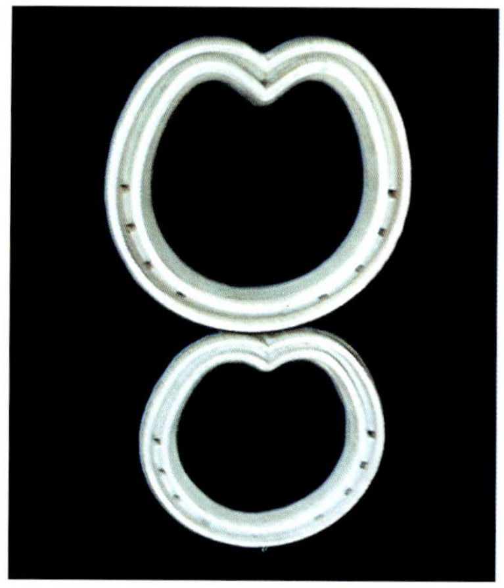

Herzeisen: Auch dieses Eisen vergrößert die Fläche der Lastaufnahme im hinteren Hufbereich und zieht den Strahl teilweise mit zum Tragen heran. Da es nach hinten nicht so stark verlängert ist wie das Eiereisen, wird es nicht so leicht abgetreten.

Die Hufe können ihre Form verändern und eingezogene, hohe Trachten sowie stark abgenutzte Zehen entwickeln. Bei solchen Pferden ist die Beugeprobe oft positiv (Eine Minute lang Festhalten des Hufgelenkes in stark gebeugter Position mit sofort anschließendem Vortraben; das Pferd lahmt, falls dieser Bereich schmerzhaft ist).

Die endgültige Diagnose wird in der Regel nach einer Leitungsanästhesie und Röntgenaufnahmen des Strahlbeines gestellt. Eine diagnostische Leitungsanästhesie betäubt vorübergehend nach und nach bestimmte Nervenabschnitte in der Gliedmaße, sodass die betroffene Stelle taub wird und die Lahmheit verschwindet. Röntgenaufnahmen des Strahlbeins machen die Veränderungen am Knochen sichtbar.

Behandlung: Sobald der Knochen degeneriert ist, gibt es keine Möglichkeit, ihn wieder herzustellen. Die Bemühungen können also nur darauf abzielen, den weiteren Verlauf zu verlangsamen, die Entzündung zu reduzieren, die Durchblutung zu steigern und die Schmerzen im hinteren Hufbereich zu behandeln.

Zu Beginn wird dies durch orthopädischen Beschlag und Medikamentengabe erreicht. Traditionell bringt man ein geschlossenes Hufeisen oder Eiereisen (Egg bar shoe) an, um die hinteren Hufabschnitte zu unterstützen und das Gewicht des Pferdes besser zu verteilen. Außerdem werden Zwischenlagen zur Stoßdämpfung verwendet und mitunter Keileinlagen, um die Trachten zu erhöhen und den Zug der tiefen Beugesehne zu verringern; die Zehe wird gekürzt, um das Abrollen zu erleichtern.

Die medikamentöse Behandlung besteht in der Regel aus der Gabe von schmerz- und entzündungshemmenden Mitteln. In schwereren Fällen kann das Hufgelenk mit Kortikosteroiden und künstlicher Gelenkflüssigkeit (Hyaluronsäure) gespritzt werden, um sie Entzündung zu bekämpfen und die Gelenkflüssigkeit wieder aufzufüllen. Die Bursa navicularis, der zwischen Strahlbein und tiefer Beugesehne gelegene Schleimbeutel, kann ebenfalls mit Kortikosteroiden gespritzt werden, um die Zerstörung des Gewebes aufzuhalten. Auch Medikamente wie Isoxsuprin oder Pentoxythiol, von denen man sich eine Durchblutungssteigerung im Hufrollenbereich verspricht, werden angewendet.

Von Seiten der Haltung kann man den Patienten helfen, indem man sie so viel wie möglich auf die Koppel lässt, den Stallaufenthalt auf ein Minimum beschränkt und die Nutzung ändert, vor allem das Springen stark reduziert oder ganz einstellt. Früher war der Nervenschnitt eine übliche und verbreitete Behandlung, heute sprechen sich aber viele gegen ihn aus. Oft wachsen die Nervenenden wieder zusammen oder der Huf wird wegen seiner völligen Schmerzlosigkeit so weit überlastet, dass die tiefe Beugesehne reißen oder das Strahlbein brechen kann.

Das gesamte Behandlungskonzept ist sehr vom Stadium der Erkrankung, den regionalen Gegebenheiten, dem Tierarzt, dem Hufschmied und dem Pferd selbst abhängig. Keine Therapie scheint das Nonplusultra zu sein - da jedes Pferd anders ist, müssen Haltung und Behandlung darauf maßgeschneidert sein.

HUFKNORPELVERKNÖCHERUNG

Ursache: Auf beiden Seiten des Hufes liegen innen in der Hufkapsel zwei Knorpel, die so genannten Hufknorpel. Sie sind mit den Hufbeinästen verbunden und tragen zur Verteilung der in der Belastungsphase entstehenden Energie bei. Bestimmte anatomische Gegebenheiten im Bereich der unteren Gliedmaße wie kurze und steile Fesseln schaffen automatisch eine stärkere Belastung durch Erschütterungen, was langfristig eine Verknöcherung des Knorpels auslösen kann.

Symptome: Die natürliche Elastizität des Knorpels geht verloren und setzt somit die inneren Strukturen des Hufes während der Belastungsphase außer Kraft. Das Pferd muss nicht unbedingt lahmen, zeigt aber meist einen verkürzten, schwunglosen Gang.
Behandlung: Die Lahmheit kann mit entzündungshemmenden Mitteln behandelt werden. Wenn Teile des Knorpels sich losgelöst haben, können diese chirurgisch entfernt werden.

OSTITIS DES HUFBEINES

Dieser Begriff beschreibt eine Entzündung der Knochenhaut (Periost) des Hufbeines.
Ursachen: Erhöhte Stoßeinwirkung über einen langen Zeitraum.
Symptome: In extremen Fällen akute Lahmheit, meist auf beiden Vorderbeinen, manchmal aber auch nur einseitig.
Behandlung: Die Behandlung zielt auf Reduzierung der Stoßeinwirkung und Schaffung eines größeren Komfortgefühles für den Pferdehuf, oft durch Aluminiumeisen. In schweren Fällen können Eiereisen aus Aluminium angepasst werden.

HORNRISSE UND -SPALTEN

Die Hufkapsel ist in der Belastungsphase enormen Druckkräften ausgesetzt. Wenn es dazu kommt, dass die Hornröhrchen sich verbiegen, entstehen zunächst oberflächliche Risse (so genannte Windrisse) in der Hufwand. Wenn sie unbeachtet bleiben, können sie zu einer kompletten Trennung und somit zu tiefen Spalten führen, die bis in die sensitiven Strukturen des Hufes hinein reichen.
Ursachen: Ungünstige Stellung, die zu rückwärts gebrochener Fessel-Zehen-Achse führt (lange Zehe und niedrige Trachten). Auch asymmetrisch geformte Hufe oder Stellungsfehler der Gliedmaße wie zehenweit oder zeheneng schaffen wegen der ungleichmäßigen Druckverteilung eine Prädisposition für Hornspalten. Auch kann das Horn durch mangelnde Pflege, Verletzungen am Kronsaum (siehe oben) oder sehr starkes Austrocknen geschwächt sein.
Behandlung: Die Spalten können nicht verschlossen werden, sondern nur heilen, indem mit der Zeit gesundes Horn vom Kronsaum aus herunterwächst. Eine Fixierung der Spalte ist enorm wichtig, um weitere Schäden zu verhindern. Anschließend kann ein geeignetes Eisen wie z.B. ein geschlossenes Eisen angepasst werden, um eine bessere Druckverteilung zu erreichen. Zur Verhinderung von Infektionen der Spalte sind regelmäßige Spülungen mit antibakterieller Lösung notwendig. Futterzusätze mit Vitamin A, Biotin und Zink fördern das Hornwachstum.

STEINGALLEN

Steingallen sind Quetschungen der Hufsohle, die durch Druck des Hufeisens vor allem im Bereich des Trachten - Eckstrebenwinkels verursacht werden. Man unterscheidet zwischen trockenen und feuchten Steingallen. Bei den trockenen Steingallen wurden die unter der Sohle liegenden Blutgefäße gequetscht und es kommt zur Bildung von Hämatomen (»blauen Flecken«). Feuchte Steingallen beinhalten Serum und können sich infizieren und eitern.
Ursachen: Der Beschlag wurde zu lange liegen gelassen oder im Bereich der Seitenwand zu eng gelegt. In anderen Bereichen der Sohle können Steingallen aber auch durch das Treten auf einen spitzen Gegenstand wie z.B. einen Stein entstehen.
Symptome: Lahmheit, bei vorhandener Infektion starke Lahmheit. Druckschmerz, besonders in der Wendung.
Behandlung: Entzündungshemmende und schmerzstillende Mittel sowie Ruhe. Bei Infektionen Gabe von Antibiotika. Der Hufbalance sollte besondere Aufmerksamkeit zuteil werden. Der Einsatz geschlossener Eisen zum besseren Schutz ist zu erwägen.

HUFGESCHWÜRE (HUFABSZESSE)

Jede Verletzung kann Infektionen im Hufinneren verursachen, z.B. Vernageln beim Beschlag, Eindringen von Fremdkörpern in Sohle oder Strahl oder Zusammenhangstrennungen im Bereich der weißen Linie. Die Lage der Verletzung ist von großer Bedeutung, da bei tiefen Stichwunden auch Huf- oder Strahlbein betroffen sein können.
Symptome: Da die Hufkapsel Schwellungen einengt, entstehen starke Schmerzen. Das Pferd versucht den betroffenen Huf zu entlasten, deutliche Pulsation der Fesselartie und Wärme des Hufes sind zu spüren. Der untere Bereich der Gliedmaße kann anlaufen. Mit der Hufuntersuchungszange kann man den Abszess lokalisieren, oft reicht aber auch schon Fingerdruck aus.
Behandlung: Wenn sie unbehandelt bleiben, nehmen Infektionen im Hufinneren den Weg des geringsten Widerstandes und wandern im Bereich der weißen Linie nach oben zum Kronrand. Hufgeschwüre sollten deshalb immer als ernste Verletzung betrachtet werden.

Der Hufschmied oder Tierarzt muss sofort das Eisen abnehmen, die Sohle bis zum Sitz des Abszesses öffnen und infiziertes Gewebe entfernen. Warme Umschläge über zwei bis drei Tage mit anschließendem Baden in warmem Wasser reichen in der Regel aus, verbliebenen Eiter heraus zu ziehen, falls der Abfluss ermöglicht ist.

Der Tierarzt überprüft den Impfschutz gegen Tetanus und gibt eventuell Antibiotika. Wenn der Abszess im Trachtenbereich liegt, ist die Gabe von Antibiotika wenig sinnvoll, da die unterliegenden Strahl- und Ballenpolster nur sehr schwach durchblutet sind.

5 DIE LEBENS-ERHALTENDEN SYSTEME

HERZ UND KREISLAUF

Das Kreislaufsystem transportiert Sauerstoff und Nährstoffe zu den Körperorganen und Abfallstoffe zur Beseitigung an Nieren, Leber und Lunge. Seine wichtigsten Bestandteile sind das Herz, die großen Arterien (Aorta und Lungenarterie), Arteriolen (kleine Arterien), Kapillaren, Venulen, große Venen und Lymphgefäße (zur Drainage der zwischen den Zellen angesammelten Flüssigkeit). Das System besteht aus zwei hintereinander arbeitenden Kreisläufen, von denen einer den Körper und einer die Lunge versorgt.

Die Leistungsfähigkeit des Kreislaufes hängt davon ab, ob Herzstruktur, elektrische Aktivität und mechanische Funktionsfähigkeit des Herzens in normalem Zustand sind und das Verteilungsnetzwerk des Kreislaufsystems passend geregelt ist.

DAS HERZ-KREISLAUF-SYSTEM (KARDIOVASKULÄRES SYSTEM)

Das periphere Herz-Kreislauf-System spielt eine bedeutende Rolle in der Verteilung des Blutes, um die Gewebe mit Nährstoffen zu versorgen und von Abfallstoffen zu entsorgen. Sauerstoff wird auf Hämoglobin-Molekülen in roten Blutzellen trans-

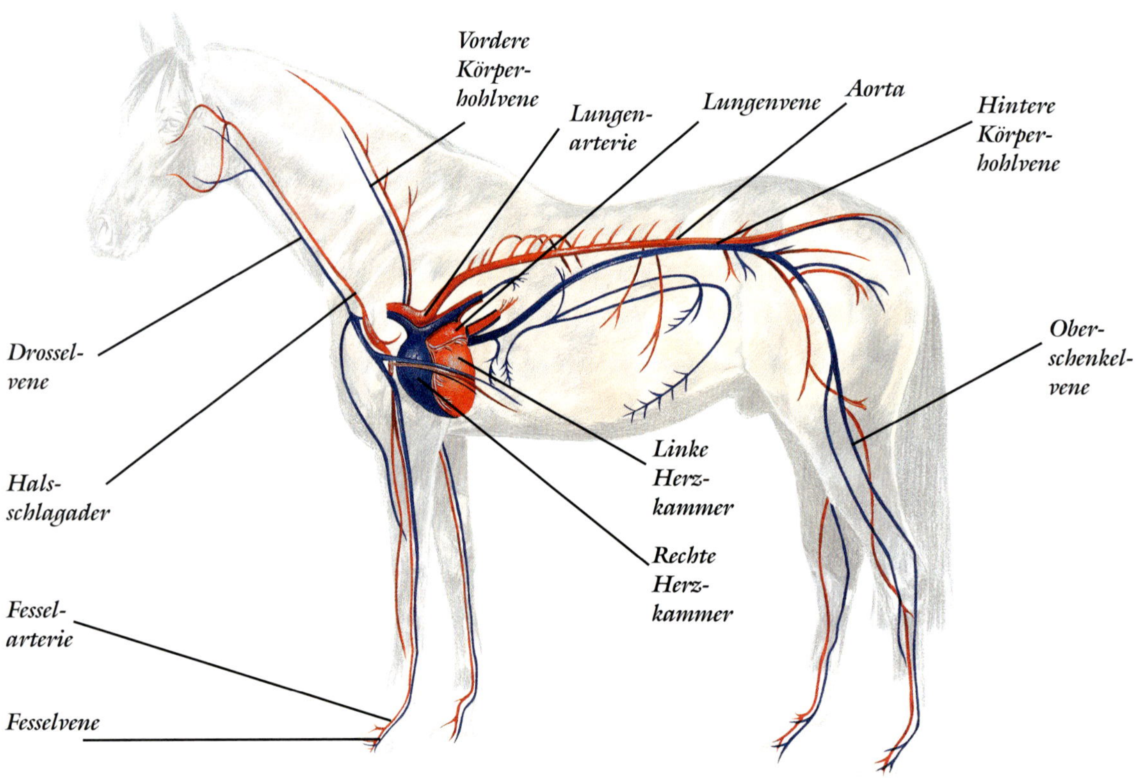

DAS HERZ-KREISLAUF-SYSTEM

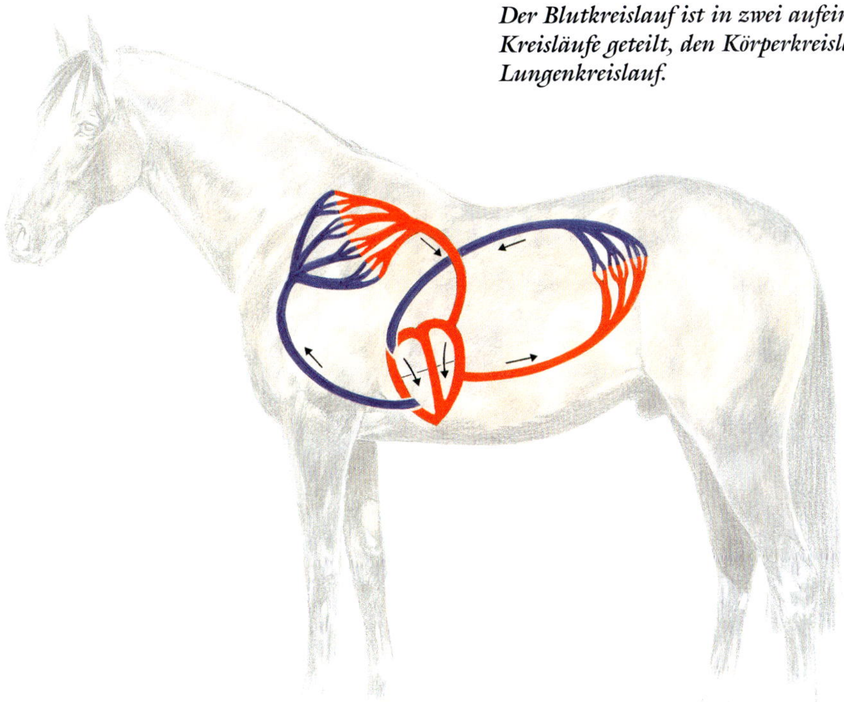

Der Blutkreislauf ist in zwei aufeinander folgende Kreisläufe geteilt, den Körperkreislauf und den Lungenkreislauf.

portiert. Blut enthält außerdem weiße Blutzellen zur Bekämpfung von Infektionen und Blutplättchen (Thrombozyten) zur Blutgerinnung. Andere Abfallstoffe werden auf Proteinen transportiert oder in Plasma aufgelöst. Das Herz-Kreislauf-System ist mehr als nur eine reine Transportbahn; es kontrolliert die mengenmäßige Blutversorgung einzelner Körperteile je nach Anforderung.

Die **Aorta** ist die Hauptarterie von der linken Herzkammer (Hauptpumpe des Herzens) zum Körper. Sie besitzt eine hoch elastische Wand, welche die aus der Phase des Zusammenziehens des Herzens (Systole) stammende Energie speichert und so in der Lage ist, auch dann noch Blut durch den Kreislauf zu pumpen, wenn das Herz sich entspannt (Diastole).

Die **Arteriolen** sind ebenfalls elastisch, enthalten aber zusätzlich noch glatte Muskeln. Ihr Durchmesser und damit auch der Widerstand, den sie dem Blutstrom bieten, wird je nach den Anforderungen bestimmter Organe vom autonomen Nervensystem bestimmt - zum Beispiel, Blut zur Verdauung in den Magen-Darm-Trakt oder zur Bewegung in Muskeln

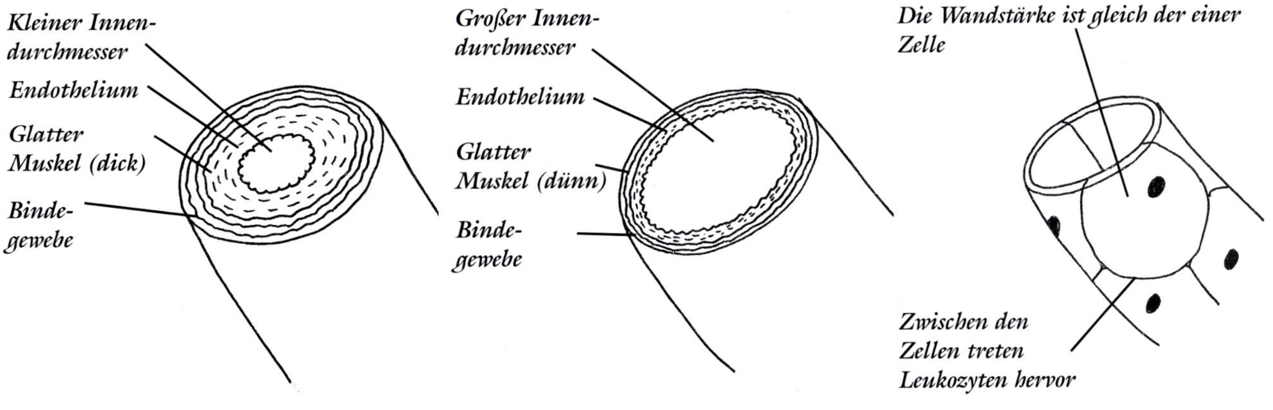

Schnitt durch eine Arterie (links), eine Vene (Mitte) und ein Kapillargefäß (rechts)

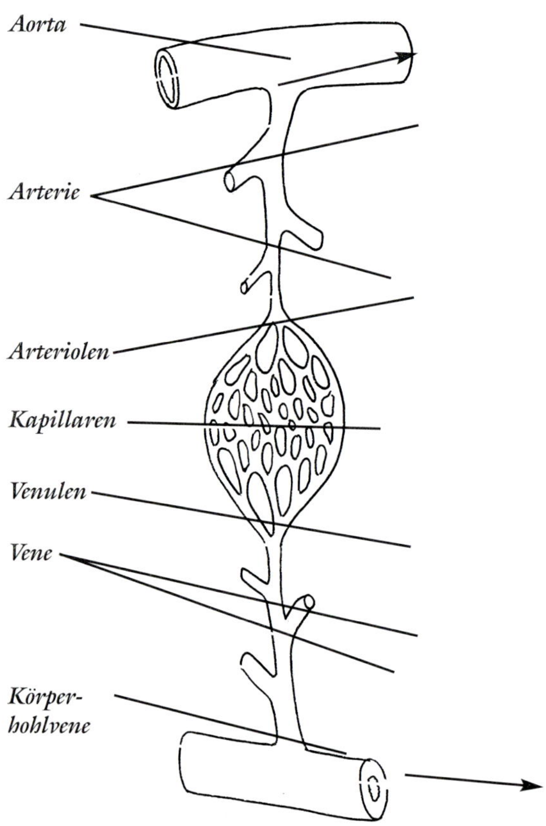

Richtung des Blutflusses durch das Netzwerk der Kapillaren

zu pumpen). Die relative Größe der Arteriolen in den verschiedenen Geweben bestimmt die relative Blutverteilung innerhalb des Körpers.

In den **Kapillaren** findet der Austausch von Nähr- und Abfallstoffen statt. Ein Druckausgleich in der Kapillarwand kontrolliert den reinen Fluss von Flüssigkeiten und Elektrolyten (Salzen) in die Zellzwischenräume. Eine begrenzte, filterähnliche Durchlässigkeit der Kapillarwand hält einige Blutbestandteile im Kreislauf, während andere Moleküle hinaus gelassen werden.

Die **Venulen** (kleine Venen) sammeln Blut aus den Kapillaren und führen es in die großen Venen zurück. Der größte Teil des zirkulierenden Blutvolumens befindet sich in den Venulen und Venen; weshalb der Spannungszustand (Tonus) ihrer Wände eine wichtige Rolle in der Aufrechterhaltung des Blutdruckes spielt. Wenn vom Herzen gesteigerte Leistung gefordert wird, sorgen die Venulen durch Zusammenziehen für das Zurückströmen der notwendigen Blutmenge, um dem Herz mehr Leistung zu ermöglichen.

Die **Venen** spielen in der Kontrolle des Blutdruckes und der Bestimmung der zirkulierenden Blutmenge eine ähnliche Rolle wie die Venolen. Die **Milz** fungiert ebenfalls als Blutreservoir und kann bei Anstrengung eine große Menge roter Blutkörp chen in den Kreislauf freisetzen, um die Fähigkeit zum Sauerstofftransport zu verbessern.

Der Blutdruck wird durch Leistung des Herze und mit ihr koordiniertem Grad des Zusammenziehens der Arterien und Venen reguliert.

Das **Lymphsystem** ist für die Rückführung überschüssiger Flüssigkeit in die Venen zuständig. So wird sichergestellt, dass die Flüssigkeit in und zwischen den Körperzellen stets die richtige Konz tration von Elektrolyten und Proteinen enthält.

DAS HERZ

Das Pferdeherz hat drei Hauptbestandteile: Das Endokardium (Auskleidung von Herz und Herzklappen), Myokardium (Herzmuskel) und Perikardium (Herzbeutel).

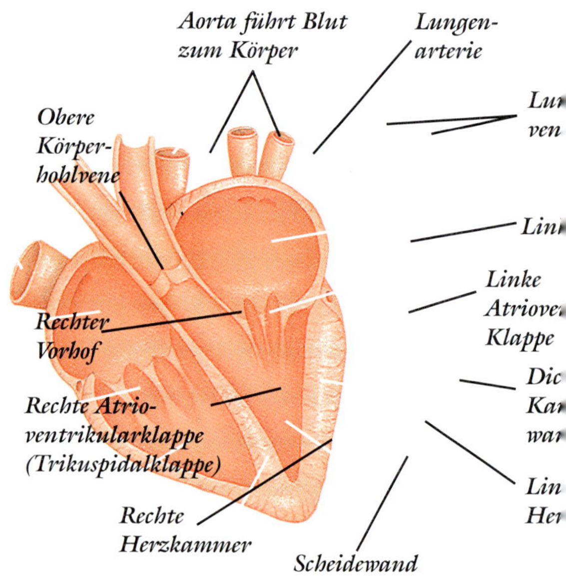

Vertikaler Schnitt durch das Herz

MYOKARDIUM (Herzmuskel)

Das Myokardium ist vom Epikardium umgeben u vom Endokardium ausgekleidet. In der Hauptsach besteht es aus Muskelfasern, die sich bei Reizung durch ein elektrisches Signal zusammenziehen. Ein ge Herzmuskelzellen haben ein spezielles elektrisch Leitsystem. Wenn das Herz durch einen elektrisch Impuls stimuliert wird, führt die komplexe Bewegung von Ionen (insbesondere Kalziumionen) zu einer Kontraktion. Für jede Kontraktion wird ein neuer elektrischer Reiz benötigt, sodass das Herz zwischen jeder Kontraktion entspannen kann.

Das Herz ist in vier Kammern aufgeteilt: zwei Vorkammern und zwei Kammern, welche die Hauptpumpfunktion haben.

Beim Pferd liegt das Herz mit den Vorkammer nach oben fast senkrecht auf dem Brustbein. Die

Herzkammern sind an maximale Leistungsfähigkeit angepasst, um Blut durch einen Kreislauf mit hohem und einen mit niedrigem Druck zu pumpen.

Die linke Kammer pumpt das Blut mit hohem Druck und Widerstand durch den Körper. Sie ist wie ein Kolben konstruiert und formt einen zylindrischen Hohlraum, der optimal an das Pumpen mit hohem Druck angepasst ist. Die rechte Herzkammer hat im Vergleich zu ihrem Volumen eine große Oberfläche und ist besser an das Pumpen mit niedrigem Druck angepasst. Die rechte Kammer reicht vorne um die linke Kammer herum und ist für die Blutzufuhr zu den Lungen zuständig.

Die Vorkammern funktionieren vergleichsweise wie »Einspritzpumpen« bei einem Benzinmotor. Sie speichern das zurückströmende venöse Blut, bis es in der frühen Phase der Diastole (Entspannung) wieder in die Herzkammern fließen kann. Das Blut strömt durch die hintere Körperhohlvene (welche die hintere Körperhälfte versorgt), die vordere Körperhohlvene und den Venensinus in die rechte Vorkammer zurück. Das aus den Lungen zurückströmende Blut gelangt durch drei Lungenvenen in die linke Vorkammer. Die Vorkammern haben zahlreiche Falten, was ihnen ermöglicht, das Blut zu speichern, bevor es in die Herzkammern fließt. Sie sind relativ dünnwandig, da sie beim normalen Herzen gegen einen niedrigen Druck pumpen. Die Koronararterien versorgen den Herzmuskel mit Blut.

ENDOKARDIUM (Herzinnenhaut)

Die Herzkammern werden vom Endokardium ausgekleidet, das für eine glatte Oberfläche ohne Blutgerinnsel sorgt. Zusätzlich formt das Endokardium die Herzklappen, die den Einbahnstraßen-Blutstrom durch die Herzkammern steuern und ein Zurückfließen verhindern. Missbildungen der Herzklappen können zu einem Blutrückstrom (Regurgitation) führen, der die Leistungsfähigkeit des Herzens herabsetzt. Solche Regurgitation kommen bei Pferden sehr häufig vor. Die Herzklappen können auch verengt sein (Stenosis), was den Durchfluss begrenzt und die Herzkammern stärker belastet. Dies ist bei Pferden allerdings sehr selten.

Das Herz besitzt zwei verschiedene Arten von Klappen. Die atrioventrikularen (AV) Klappen trennen die Vorkammern (Atrium) von den Herzkammern (Ventriculus). Sie werden von Bindegewebssträngen, den **Chordae tendinae**, und Muskelvorsprünge (mm. Papillares) unterstützt. Die Chordae tendinae fungieren als Ankerketten, die an den Muskelvorsprüngen befestigt sind und verhindern, dass die Herzklappe zurückrutschen kann. Die halbmondförmigen Herzklappen (Semilunarklappen/Valvulae semilunares) oder Taschenklappen liegen zwischen den Herzkammern und den großen Arterien.

PERIKARDIUM (Herzbeutel)

Das Perikardium ist ein faserartiger Beutel, der das Herz umhüllt und es von der Lunge trennt. Seine Funktion ist eine mechanische; es dient als Schutzhülle vor Infektionen und ermöglicht dem Herz freie Bewegung innerhalb des Thorax. Es begrenzt außerdem die Ausdehnung der Herzkammern und verhindert so deren Überdehnung.

WIE DAS HERZ-KREISLAUF-SYSTEM FUNKTIONIERT

Die Bewegung des Blutes hängt vom Maß des Druckes zwischen den Herzkammern und den großen Gefäßen ab. Diese Druckverhältnisse werden durch Krankheit verändert, was Symptome einer Stauungsinsuffizienz des Herzens hervorruft. Das Beschleunigen und Verlangsamen des Blutstromes im Herzzyklus verursacht die normalen Herztöne, die wir beim Abhorchen (Auskultation) hören können. Unnormale Bewegungen des Herzens und Blut im Herzen

Der Blutfluss im Kreislauf

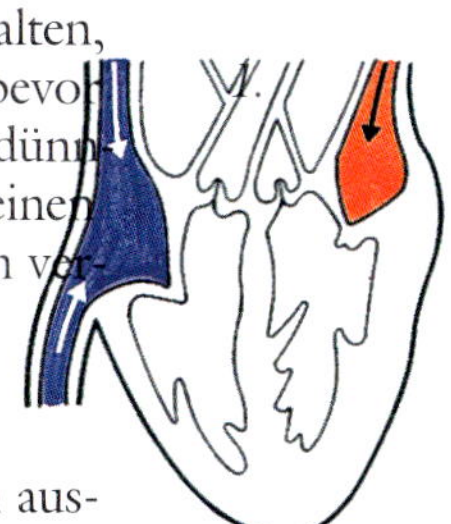

Sauerstoffarmes Blut fließt über die Körperhohlvene aus Kopf und Rumpf in die rechte Herzkammer. Die linke Herzkammer füllt sich mit sauerstoffreichem Blut, das von der Lunge kommt.

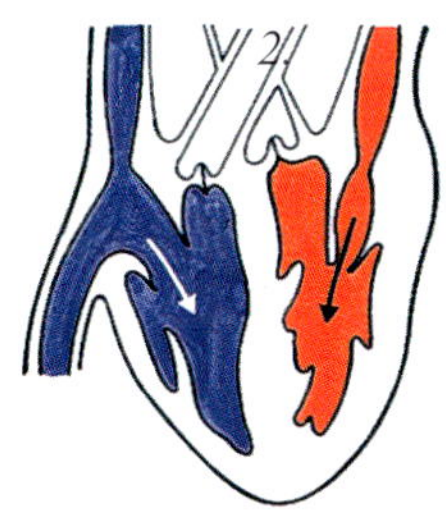

Das sauerstoffarme Blut fließt durch die Trikuspidal- in die rechte Herzkammer. Sauerstoffreiches Blut wird von der Mitralklappe in die linke Herzkammer gelassen.

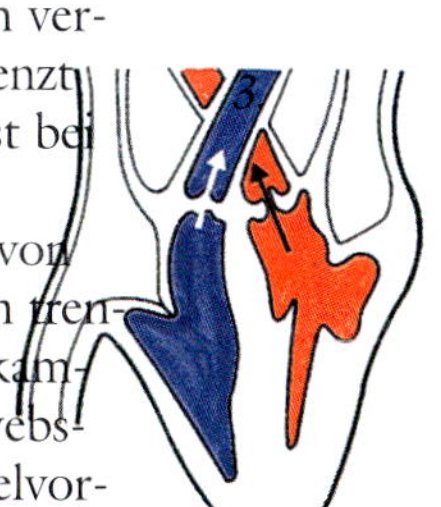

Das sauerstoffarme Blut wird durch die rechte Semilunarklappe in die Lungenarterie gepumpt.

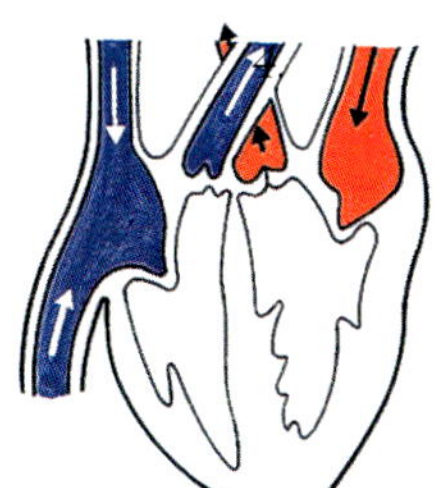

Das sauerstoffarme Blut wird zur Anreicherung mit Sauerstoff an die Lungen geschickt, danach fließt es über die Aorta zu Kopf und Rumpf.

können als unnormale Herztöne bei der Untersuchung gehört werden und Anzeichen für eine Herzerkrankung sein.

DER HERZZYKLUS

Das Zusammenziehen und Entspannen des Herzmuskels geschieht in einem vorhersagbaren Zyklus, der von elektrischen und mechanischen Vorgängen gesteuert wird. Die Phase des Zusammenziehens der Herzkammern nennt man Systole. Mit dem sich aufbauenden Druck öffnen die halbmondförmigen Herzklappen und das Blut wird ausgestoßen. Die Phase der Füllung der Herzkammern mit Blut nennt man Diastole. Am Ende der Systole schließen die Taschenklappen, die Herzkammern entspannen sich und die AV-Klappen öffnen, um das in den Vorkammern (Atria) gespeicherte Blut in die Herzkammern strömen zu lassen.

Beim ruhenden Pferd dauert die Diastole länger als die Systole. In der späten Diastole ziehen sich die Vorkammern zusammen und kurbeln sozusagen die Füllung der Herzkammern an, was deren Kontraktion verstärkt.

STEUERUNG DES HERZ-KREISLAUF-SYSTEMES

Die Steuerung der Funktionsfähigkeit des Herz-Kreislauf-Systemes ist autonom, d.h. sie funktioniert von selbst. Ihr Hauptziel ist es, die Blutversorgung zu den lebenswichtigen Organen, insbesondere zum Gehirn, aufrecht zu erhalten. Dies erfordert einen angemessenen Blutdruck - alles hängt davon ab, den Widerstand der Arterien und Venen richtig einzustellen und den Blutausstoß des Herzens zu regulieren. Langfristig wird der Blutdruck durch eine Anpassung der Blutmenge geregelt, was durch komplexe hormonelle Vorgänge in Gehirn, Nebennierendrüse und Nieren geschieht.

Frequenz und Stärke der Herzkontraktion werden von Nerven des Herzzentrums im Nachhirn sowie durch die Hormone Adrenalin und Noradrenalin gesteuert.

Druckrezeptoren in Halsschlagader und Herz übermitteln Informationen über den Blutdruck in das Gehirn, sodass die entsprechende Regelung stattfinden kann. Wenn ein Pferd sich zum Beispiel aufregt oder anstrengt, steigt die Herzfrequenz, damit mehr Blut zu den Muskeln gepumpt und deren Aktivität gesichert werden kann. Das Pferd hat die erstaunliche Fähigkeit, die Leistung seines Herzens auf bis das Sechsfache der Ruheleistung zu steigern. Dies geschieht fast ausschließlich durch ein Anheben der Frequenz von etwa 24-40 Schlägen pro Minute auf bis zu 220-250 Schläge pro Minute.

Eine normale elektrische Aktivität, die auf spezialisierten »Verbindungsbahnen« im Herz stattfindet, führt zu einem koordinierten Wechsel von Zusammenziehen und Entspannen. Dies ist für ein effizientes Funktionieren des Herzens unerlässlich.

DIE AUSWIRKUNGEN VON BEWEGUNGSTRAINING AUF DAS SYSTEM

Bei einem so sportlichen Tier wie dem Pferd ist es wichtig, die Auswirkungen von Bewegungstraining auf das Herz-Kreislauf-System zu verstehen.

Beim Menschen und bei kleineren Tieren gilt unsere Hauptsorge im Zusammenhang mit Herzerkrankungen dem Überleben und der Lebensqualität. Äußere Anzeichen werden in der Regel erst bei mittelschweren bis schweren Fällen bemerkt. Beim Pferd hingegen ist die klinische Kardiologie vor allem damit befasst, wie kleinere Herzstörungen die Leistungsfähigkeit des Pferdes beeinflussen können.

Kurzfristige Auswirkungen von Bewegung

Die kurzfristigen Auswirkungen setzen in der Regel schon ein, bevor das Pferd noch zu traben begonnen hat. Aufregung trägt wesentlich dazu bei, den Körper auf die kommende Anforderung vorzubereiten. Die Herzfrequenz ist erhöht und die Blutgefäße zu den Muskeln weiten sich, um so viel Sauerstoff wie möglich zu transportieren. Durch das Zusammenziehen örtlicher Gefäße wird Blut aus anderen Organen wie z.B. den Verdauungsorganen abgezogen.

Eine kraftvollere Kontraktion des Herzens und eine Erhöhung der in Umlauf befindlichen Blutmenge ermöglichen, dass das Herz mit jedem Schlag eine größere Leistung (ein höheres Schlagvolumen) erbringt. In der Bewegung wird durch die Kontraktion der Skelettmuskeln und den negativen Druck, der beim Galoppieren durch das Vor- und Zurückschwingen der großen Eingeweidemasse entsteht, noch mehr Blut zum Herzen gepumpt (s.S. 130).

Die Fähigkeit des Pferdes, die Sauerstoffversorgung der Muskeln zu erhöhen, ist größer als die vieler anderer Spezies, den Menschen eingeschlossen. Die enorme Leistungsreserve des Herzens spiegelt sich im Ruhepuls des Pferdes wieder, der im Vergleich zu dem anderer Tiere (z.B. Rindvieh) sehr niedrig ist.

Langfristige Auswirkungen von Bewegungstraining und Zuchtauswahl

Langfristig führt Ausdauertraining zu einer Vergrößerung in der Masse des Herzmuskels und im Durchmesser der Herzkammern, sodass das Herz pro Schlag eine größere Blutmenge pumpen kann. Durch eine Erhöhung in der Anzahl der Blutgefäße wächst auch die Blutversorgung der Skelettmuskeln, welche befähigt werden, mehr Sauerstoff aus dem Blut heraus zu ziehen.

Züchterische Selektion hat außerdem dazu geführt, dass das Blut »vollblütiger« Pferde eine höhere Konzentration roter Blutkörperchen und damit eine

Das Vor- und Zurückschwingen der Eingeweide während des Galopps hilft, mehr Blut zum Herzen zurück zu pumpen - folglich kann das Herz auch mehr Sauerstoff an die Muskeln zurücksenden.

Vollblütige Rassen besitzen eine höhere Konzentration an sauerstofftransportierenden roten Blutkörperchen als Kaltblüter oder Ponys.

höhere Kapazität zum Transport von Sauerstoff hat als das von Ponys oder schwereren Pferden. Trainierte Pferde scheinen außerdem in der Lage zu sein, bei gleicher maximaler Sauerstoffversorgung schneller laufen zu können als andere. Leistungsfähigkeit kann auch mit der individuellen Fähigkeit eines Pferdes zusammenhängen, größere Mengen von Milchsäure, die sich während der Bewegung in den Muskeln bildet und die anaerobe Leistungsfähigkeit beeinflusst, tolerieren zu können.

KLINISCHE ANZEICHEN FÜR HERZERKRANKUNGEN

Die ersten Anzeichen für Herzerkrankungen sind größtenteils von der Nutzung des Pferdes abhängig. Bei Sportpferden ist in der Regel ein Leistungabfall der erste Hinweis. Solche Pferde arbeiten in der Regel zu Beginn gut, ermüden dann aber schnell und brauchen länger als sonst, um sich zu erholen.

Bei freizeitmäßig gerittenen Pferden kann diese Phase übersehen werden, bis ernstere Symptome auftreten. In diesem Fall sind die Symptome die einer Stauungsinsuffizienz. Eine Ausdehnung der Drosselvenen, Stauungsödeme in der Gurtlage, am Schlauch bei Wallachen und gelegentlich auch an den Beinen können vorkommen. Bei manchen Pferden ist die Atmung erhöht; Husten kommt im Zusammenhang mit Herzerkrankungen bei Pferden aber nur sehr selten vor.

Viele Herzerkrankungen werden auch eher zufällig im Zuge einer anderen Untersuchung, wie z.B. einer Ankaufsuntersuchung, entdeckt. Den Pferdebesitzer trifft ein solcher Befund meist wie ein Blitz aus dem heiterem Himmel. Er kann sich jedoch damit trösten, dass Herzerkrankungen bei Pferden nur selten zu einem plötzlichen Tod führen. Bei plötzlichem Tod werden zwar oft Herzinfarkte als Ursache angegeben, was aber meist unbewiesen bleibt. Zweifellos sterben manche Pferde tatsächlich an plötzlichen schweren Herzrhythmusstörungen, der großen Mehrheit der Pferde mit Herzgeräuschen bleibt dieses Schicksal aber erspart. Nur wenn sie auch Anzeichen von Herzversagen zeigen, rückt es in den Bereich des Möglichen. Der am häufigsten nachgewiesene Grund für einen plötzlichen Tod bei Pferden ist das Zerreißen einer größeren inneren Arterie.

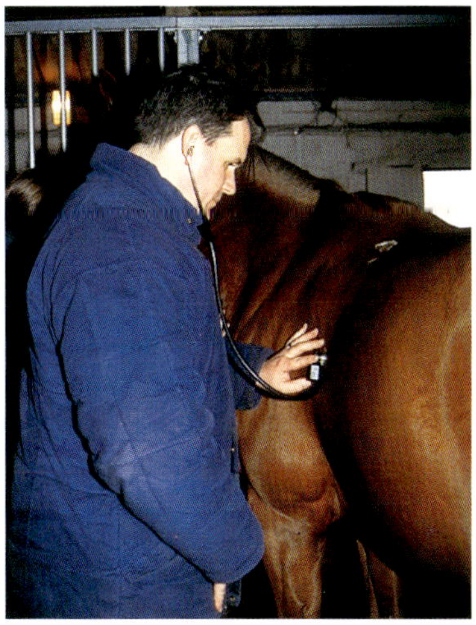

Die Auskultation (Abhören) mit einem Stethoskop ist die einfachste Form der Herzuntersuchung, ihre Ergebnisse sind aber schwierig zu interpretieren.

UNTERSUCHUNG VON HERZERKRANKUNGEN BEI PFERDEN

Es gibt drei Hauptmethoden zur Untersuchung von Herzerkrankungen bei Pferden.

Die erste und vom Equipment her einfachste, aber möglicherweise komplizierteste in Bezug auf die Diagnose, ist das Abhören mit dem Stethoskop (Auskultation). Auf den ersten Blick erscheint dies sehr einfach, und in der Tat kann man den Herzrhythmus und eventuelle laute Herzgeräusche mit Leichtigkeit hören - diesen Geräuschen die richtige Bedeutung zuzuordnen, kann jedoch sehr schwierig sein. Leise Herzgeräusche sind besonders in lauter Umgebung, bei hoher Herzfrequenz, Wind oder nach Bewegung des Pferdes (z.B. in einer Ankaufsuntersuchung) oft schwer zu hören.

Ein EKG (Elektrokardiogramm) ist eine Methode, den Herzrhythmus aufzuzeichnen. Es ist unverzichtbar, um Unregelmäßigkeiten im Rhythmus festzustellen. Leider geben uns EKG's beim Pferd kaum oder gar nicht wie beim Menschen oder beim Hund Auskunft über die Größe des Herzens. Über die

Jahre hinweg hat man vieles aus EKG's herausgelesen, was keinen nachweisbaren diagnostischen Wert hatte.

Auch die Diagnose einer Herzbelastung anhand der T-Wellen des EKG ist unzuverlässig, zumal man nie eindeutig nachgewiesen hat, was »Herzbelastung« eigentlich ist.

Eine sinnvolle Form der EKG-Aufzeichnung ist die Radiotelemetrie. Mit Hilfe dieser Technik wird das EKG von einer kleinen Senderbox zu einer Basisstation übertragen und kann auch aufgezeichnet werden, während das Pferd longiert oder geritten wird. Bei Pferden mit gelegentlich auftretenden Herzunregelmäßigkeiten kann das EKG auch über 24 Stunden hinweg aufgezeichnet werden.

Die Echokardiographie (Ultraschall des Herzens) ist eine Technik, die unser Verständnis für Herzerkrankungen des Pferdes revolutioniert und die Genauigkeit der Diagnosen verbessert hat. Sie ist besonders hilfreich, um die Bedeutung von Herzgeräuschen richtig einzuschätzen. Sie macht es möglich, die Herzstruktur zu beurteilen, sodass größere Auffälligkeiten wie z.B. ein Fehler der Herzkammerscheidewand entdeckt werden können. Leider sind Verletzungen oft nur undeutlich zu erkennen. Aber auch die Beobachtung der Bewegung von Herzklappen und Herzkammerwänden kann Aufschluss über die Funktion von Klappen und Herzmuskel geben. Besonders wertvoll ist ein Echokardiogramm, um die Auswirkungen der Erkrankung anhand eines Vergleiches der Herzkammergröße mit gesunden Tieren zu beurteilen. Größtenteils müssen wir uns deshalb auf genaue Messungen und Vergleiche der Ergebnisse mit denen von gesunden Tieren verlassen können.

Wiederholte Messungen an ein und demselben Tier sind wichtig, um den Verlauf der Erkrankung beobachten und die richtige Prognose stellen zu können.

Die Doppler-Echokardiographie ist eine Technik, mit der man Richtung und Geschwindigkeit des Blutstromes messen kann. Mit ihrer Hilfe kann man unnormale Blutstrahlen im Herz oder in den großen Arterien nachweisen, wie sie bei Störungen der Herzklappen oder angeborenen Herzfehlern wie z.B. Löchern im Herz auftreten.

ERKRANKUNGEN DES HERZ-KREISLAUF-SYSTEMES

HERZGERÄUSCHE

Ein »Herzgeräusch« ist ein unnormales Geräusch, das von unruhigem Blutfluss herrührenden Vibrationen erzeugt wird. Sie werden beim Abhören des Herzens mit dem Stethoskop nachgewiesen.

Herzgeräusche werden nach ihrer Intensität (Lautstärke) beschrieben, und zwar gewöhnlich in einer Abstufung von 1 bis 6 sowie außerdem durch den Zeitpunkt ihres Auftretens (Systole oder Dias-le, ganz oder teilweise), die graduelle Änderung d Lautstärke (lauter oder leiser werden) und durch c Stelle, an der sie am lautesten sind.

NORMALE HERZGERÄUSCHE

Etwa 60 Prozent aller normalen Pferde haben ein Herzgeräusch. In den allermeisten Fällen ist es so leise, dass es bei einer Auskultation überhört werd kann. Normale Herzgeräusche nennt man auch »Fließgeräusche«, die dadurch entstehen, dass gro Mengen an Blut schnell durch die große Aorta un Lungenarterie fließen. Meistens sind sie in Ruhe deutlicher zu hören als nach der Bewegung; sie kö nen aber auch nach der Bewegung lauter werden, sodass die gemeinhin angewandte Daumenregel, dass nach der Belastung verschwindende Herzgerä sche harmlos sind, ein schlechter Indikator sein kann.

UNNORMALE HERZGERÄUSCHE

Unnormale Herzgeräusche können verursacht wer den durch:

Herzklappeninsuffizienz: Sie wird durch eine generative Erkrankung hervorgerufen, deren Ursa noch unklar ist. Nichts weist darauf hin, dass sie etwas mit Überanstrengung oder Erkrankungen d Atemwege zu tun hat. In schweren Fällen kommt zur Regurgitation (Blutrückstrom). Jede Herzklap kann betroffen sein, am häufigsten sind aber Mitra Triskupidal- und Aortenklappeninsuffizienz. Lung insuffizienzen sind nur selten so deutlich, dass sie entdeckt werden können. Das Fortschreiten der Erkrankung kann durch nichts beeinflusst werden, sodass es gleichgültig ist, ob das Pferd hart gearbe tet wird oder pausiert.

Anämie (Blutarmut): Nach Ansicht des Autors wird dies überbewertet, da eine Anämie schon seh schwer sein muss, bevor sie zu Herzgeräuschen fü (s.S. 126).

Angeborene Herzfehler: Viele Fohlen haben be der Geburt Herzgeräusche, was in den allermeiste Fällen kein Grund zur Besorgnis ist. In den ersten Stunden des Lebens verschließt sich der *Ductus ar riosus,* der im Uterus dafür sorgt, dass das Blut vo der Fohlenlunge weggeführt wird. Das Geräusch kommt von der Restmenge Blut, die durch ihn hi durchfließt, bis er sich nach einigen Stunden oder Tagen vollständig verschließt.

Einige wenige Pferde kommen auch mit einem Herzfehler zur Welt. Der häufigste Defekt ist ein »Loch im Herz«, durch das Blut von der unter ho hem Druck stehenden linken Herzkammer in die unter niedrigem Druck stehende rechte Herzkamn fließt und so nicht mehr am Körperkreislauf teilne men kann. Obwohl dies die Leistung des Herzens herabsetzt, sieht man meist keine äußeren Anzei-

n. Pferde mit diesem Fehler sind wahrscheinlich ıt für harte Arbeit geeignet und dürfen nicht zur :ht verwendet werden.

E ERNST SIND DIE HERZGERÄUSCHE?
: schwerwiegend eine insuffiziente (nicht richtig ließende) Herzklappe ist, hängt davon ab, wie Blut durch sie herausläuft. Eventuell muss das rz zum Ausgleich mehr Blut pumpen, womit es zu einem gewissen Grad auch gut zurechtkommt. endwann ist aber der Punkt erreicht, an dem die npleistung des Herzens nicht mehr ausreicht. :s wird besonders bei Belastung sichtbar, wenn Herz bis zum Sechsfachen seiner normalen Leisg erbringen muss.

Anzeichen für Herzerkrankungen werden deshalb istens bei Belastung des Pferdes als Nachlassen Leistung oder Ermüden wahrgenommen. Evenll braucht das Pferd auch länger, um sich von der strengung zu erholen.

Herzgeräusche haben nur selten Einfluss auf die herheit als Reitpferd. Kollaps oder plötzlichen l verursachen sie nur dann, wenn sie sehr gravied sind oder wenn etwas Unvorhergesehenes geieht wie das Reißen einer vorgeschädigten Herzppe oder eine plötzliche Unregelmäßigkeit im rzrhythmus.

Herzinfarkte sind nicht so häufig, wie wir nchmal annehmen. Der Besitzer eines Pferdes mit rzgeräuschen muss nicht zwangsläufig aufhören zu reiten, vorausgesetzt, dass Ursache und Grad Erkrankung genau von einem Tierarzt oder alifizierten Veterinär-Kardiologen festgestellt rden.

IDOKARDITIS (ERZINNENHAUTENTZÜNDUNG)

dokarditis ist die Infektion einer Herzklappe. Es ıdelt sich um eine seltene, aber lebensbedrohliche :rankung.

In manchen Fällen litt das Pferd vorher unter endeiner Infektion und entwickelte als Folge Ge:htsverlust, Fieber und meist ein Herzgeräusch (in Regel in der Aortenklappe).

Die fortschreitende Infektion zerstört die Herzppe und führt so zu verminderter Leistungsfähigt des Herzens und Herzversagen. Außerdem veracht sie eine allgemeine Schwächung des gesam- Körpers.

Endokarditis muss früh erkannt und aggressiv handelt werden, wenn irgendeine Chance auf Heig bestehen soll. Meist wird sie mit Hilfe einer :raschalluntersuchung diagnostiziert, die auch fschluss über den Schädigungsgrad der Herzklapı gibt.

Ist die Schädigung weit fortgeschritten, wird das rd euthanasiert. Bei geringeren Schäden kann eine Heilung mittels Langzeitbehandlung mit Antibiotika möglich sein. Da die Behandlung jedoch die Gabe extrem teurer Medikamente über einen langen Zeitraum (4-8 Wochen) und ohne jede Erfolgsgarantie bedeutet, sollte man sie nicht leichtfertig beginnen.

HERZRHYTHMUSSTÖRUNGEN (ARRHYTHMIEN)

Die Feststellung des Herzrhythmus ist sehr wichtig. Genau wie bei den Herzgeräuschen ist dies aber durch die Tatsache erschwert, dass harmlose Unregelmäßigkeiten bei Pferden weit verbreitet sind. Entscheidend ist also, das »Normale« vom »Unnormalen« unterscheiden zu können. Die wichtigsten Typen von Herzrhythmusstörung können über das Abhören diagnostiziert werden, mitunter wird aber ein EKG zur Bestätigung gebraucht. Zu den häufigsten Arrhythmien gehören:

- **Atrioventrikularer Block /AV-Block (Herzblock) zweiten Grades**
  Dies ist ein »blockierter« oder »fehlender« Herzschlag, der als »b-lup« anstelle von »b-lup-dup« zu hören ist. Rund zwanzig Prozent aller Pferde sind davon betroffen. Außer unter ungewöhnlichen Umständen hat dieser Defekt keine klinische Bedeutung.
- **Vorhofflimmern**
  Diese ist die häufigste sich auf die Leistung auswirkende Rhythmusstörung. Die Vorkammern (oder Vorhöfe) kontrahieren sich mit einer Serie von Flatterbewegungen und die Herzkammern unregelmäßig, sodass die Herzleistung gemindert wird. Vorhofflimmern kommt am häufigsten ohne zugrunde liegende Herzerkrankung vor, kann aber auch zusammen mit durch Herzklappeninsuffizienz verengten Vorkammern auftreten. Die Erkrankung ist bei Pferden unter 150 cm Stockmaß unüblich. Im Gegensatz zu den meisten anderen Herzerkrankungen bei Pferden können Fälle, denen keine weitere Erkrankung zugrunde liegt, medikamentös behandelt werden (Quinidinsulfat). Die Behandlung ist jedoch nicht ohne Risiken. Wenn das Vorhofflimmern vermutlich schon längere Zeit besteht und das Pferd geringeren Leistungsanforderungen gut genügen kann, besteht möglicherweise kein Handlungsbedarf. Nach Meinung des Autors besteht auch kein erhöhtes Risiko für Kollaps. Risiken entwickeln sich erst dann, wenn das Flimmern mit einer ernsten Herzerkrankung einhergeht und vom ermüdeten Pferd hohe Leistung gefordert wird. Das erste Anzeichen einer Beeinträchtigung durch das Vorhofflimmern und/oder die zugrunde liegende Erkrankung ist in der Regel schnelle Ermüdung des Pferdes.

Vorhofflimmern kann kurzzeitig auftreten, bevor der normale Herzrhythmus innerhalb von 24 Stunden ohne Behandlung wiederkehrt. Dieses als »paroxysmal« bezeichnete Vorhofflimmern tritt meist unter Belastung auf und verursacht einen deutlichen Abfall der Leistungsfähigkeit. Es kann schwierig zu diagnostizieren sein, weil das Pferd zum Zeitpunkt der Untersuchung oft unauffällig ist. In der Regel ist keine Behandlung erforderlich.

- **Verfrühte Herzschläge**
  Können von den Vorkammern und dem zugehörigen Gewebe oder den Herzkammern selbst ausgehen. Bei gesunden Tieren sehr ungewöhnlich, können aber auf eine verstecke Herzerkrankung hinweisen oder auf eine andere Erkrankung, die sich auf das Herz auswirkt (z.B. Kolik oder Ungleichgewicht im Elektrolythaushalt). Bei häufigerem Auftreten sollte das Pferd nicht mehr geritten werden, da die Leistungsfähigkeit herabgesetzt ist und ein Kollaps unter bestimmten Umständen denkbar wäre. Häufig wird die Ursache nicht gefunden, aufgrund mancher Erfahrungsberichte wurde aber angenommen, dass ein Zusammenhang mit kürzlich aufgetretenen Atemwegserkrankungen bestehen könnte. Eine Ruhepause beseitigt das Problem in der Regel in wenigen Monaten; auch eine Behandlung mit Steroiden kann Erfolge bringen. Wenn eine weitere Erkrankung bekannt ist, sollte diese zuerst behandelt werden. Die Langzeitprognose ist sehr variabel und zu Beginn unmöglich vorhersehbar.

Gefährlich schnelle Herzrhythmusstörungen sind bei Pferden im Vergleich zu anderen Spezies glücklicherweise relativ selten. Meist ist eine schwere Begleiterkrankung wie eine Darmverschlingung vorhanden; in diesem Fall versucht man, die Herzfrequenz medikamentös zu verlangsamen und wieder in den normalen Rhythmus zu bringen. In den wenigen Fällen, in denen ein Herzfehler die Ursache ist, muss das Pferd an einen spezialisierten Kardiologen überwiesen werden.

ZUCHT UND HERZERKRANKUNGEN
Pferde mit angeborenen Herzfehlern sollten nicht zur Zucht eingesetzt werden, da man eine vererbliche Komponente annimmt. Zurzeit gibt es keinen Hinweis darauf, dass erworbene Erkrankungen der Herzklappen oder des Herzmuskels beim Pferd erblich sind. Pferde mit mittleren bis schwereren Herzerkrankungen werden häufig in der Zucht verwendet und können sich noch Jahre nach der Diagnosestellung nützlich machen.

BLUTUNTERSUCHUNGEN
Krankheiten, Stress und Ungleichgewichte im Elektrolythaushalt können Veränderungen in der normalen Zusammensetzung des Blutes bewirken, die man mit Hilfe einer Blutprobe nachweisen und analysieren kann.

Das Blut von Hochleistungs-Sportpferden wird regelmäßig untersucht, um Gesundheits- und Trainingszustand zu überwachen.

ANÄMIE (Blutarmut)
Der Begriff Anämie bezieht sich auf eine verringerte Menge des Sauerstoff transportierenden Proteins Hämoglobin in den roten Blutkörperchen. Sie ist selbst keine Erkrankung, sondern das Symptom einer Erkrankung. Ein gesundes Pferd hat etwa 7-8 Millionen rote Blutkörperchen pro Kubikmillimeter und einen Hämoglobingehalt von 14g auf 100 ml. Man spricht von Anämie, wenn diese Werte unter 3-6 Millionen/8-12 g fallen.
Ursachen:
- Stress oder Überanstrengung können die Produktion roter Blutkörperchen behindern und sie anfälliger machen.
- Starke innere oder äußere Blutungen nach Verlet-

HERZPROBLEME UND ANKAUFSUNTERSUCHUNGEN
Herzgeräusche und Herzrhythmusstörungen werden häufig im Rahmen von Ankaufsuntersuchungen entdeckt und geben Anlass zur Besorgnis. Das Problem ist, dass beides Folgen von normalen oder pathologischen Veränderungen sein kann, die häufig bei normalen Pferden vorkommen und keinerlei klinische Bedeutung haben. Wenn das der Fall ist, ist daher vollkommen akzeptabel, sie im Bericht zur Ankaufsuntersuchung nicht zu erwähnen.

Die erste Aufgabe besteht also darin, physiologische und funktionale Herzgeräusche und Arrhythmien von krankhaften zu unterscheiden. Wenn Unregelmäßigkeiten gefunden werden, muss der Tierarzt den Besitzer über die möglichen Auswirkungen für dieses spezielle Pferd und die für es vorgesehene Nutzung aufklären, und zwar nicht nur über die aktuellen, sondern auch über die zukünftigen. Weitere Untersuchungen können durchgeführt werden, um das Krankheitsrisiko besser einschätzen zu können.

Bei der Ankaufsuntersuchung ist wichtig, auch die Reaktionen des Pferdes auf Belastung zu prüfen, damit Unregelmäßigkeiten in der Herzfunktion erkannt werden können.

zungen oder Schädigung von Blutgefäßen durch Parasiten
- Mangel an Eisen, Kupfer oder Kobalt im Futter
- Zerstörung roter Blutkörperchen durch Bakterien- oder Virusinfektion oder Gifte.

Symptome:
- Blasse Schleimhäute
- Schwäche und Lethargie
- Appetit- und Konditionsverlust
- Stumpfes Fell
- Erhöhte und verstärkte Herzfrequenz

Behandlung und Vorbeugung: Richtige Fütterung (einschließlich eines Vitamin- und Mineralfutters bei Pferden mit Anfälligkeitsverdacht) und korrekte Maßnahmen zur Entwurmung beugen der Anämie vor. Die genaue Diagnose wird über eine Blutuntersuchung erstellt. Eisen und Vitamin B12 können über das Futter zugegeben werden, bei starken Mangelzuständen kann Eisen auch gespritzt werden. Bei Verdacht auf innere Blutungen sollte sofort der Tierarzt verständigt werden. Äußere Blutungen müssen bis der Tierarzt kommt so gut wie möglich mit Hilfe eines Druckverbandes unter Kontrolle gebracht werden (siehe Kap. 2). Ruhe ist für die Genesung von ausschlaggebender Bedeutung.

STÖRUNGEN DES LYMPHSYSTEMS

ANGELAUFENE BEINE/LYMPHANGITIS

Wenn das Wassergleichgewicht zwischen Kreislaufsystem und Gewebe gestört ist, kann sich überschüssiges Wasser im Lymphsystem sammeln. Dies ist im Bereich der unteren Gliedmaße besonders auffällig, da aufgrund der Schwerkraft hier der höchste Druck in den Blutgefäßen herrscht.

Ursachen: Meist das Ergebnis einer Kombination von zu wenig Bewegung und zu viel Futter, wodurch das empfindliche Gleichgewicht von Proteinen und Salzen im Blut gestört wird. Möglicherweise besteht ein Zusammenhang zu proteinreicher Ernährung. Auch Toxine, Allergien und Infektionen könnten in der Schädigung und Entzündung der Gefäße eine Rolle spielen.

Symptome: Angeschwollene, gefüllte Beine, vor allem hinten, die sich warm anfühlen können. Die Schwellung kann durch Bewegung zurückgehen, bei einer echten Lymphangitis kann sie aber dauerhaft sein und Lahmheit verursachen. Abszesse können die Haut der unteren Gliedmaße durchdringen.

Behandlung und Vorbeugung: Dem einzelnen Pferd und seiner Nutzung angepasste Fütterung und regel-

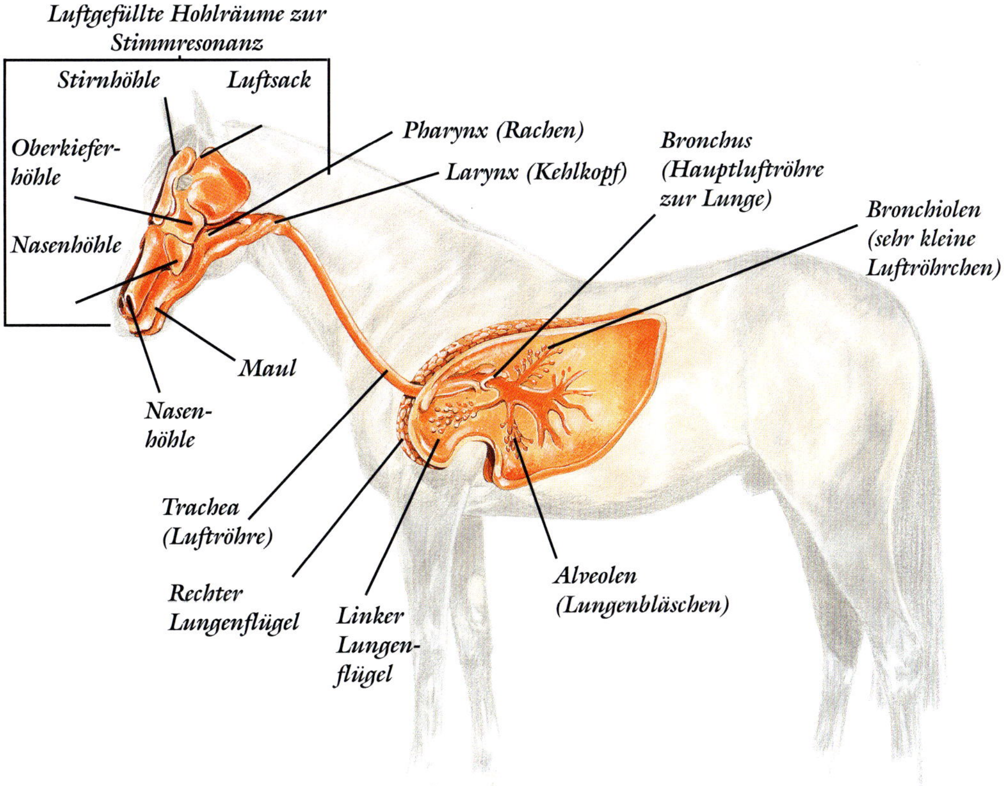

DER ATMUNGSAPPARAT

mäßige, ausreichende Bewegung beugen dem Problem vor. Mit Massage und dem Anlegen von Stallbandagen können die Schwellungen reduziert werden. Suchen Sie bei Lymphangitis tierärztliche Hilfe.

DIE ATEMWEGE

DIE FUNKTION DER ATEMWEGE

Ein gesunder und funktionierender Atmungsapparat ist für alle Pferde wichtig. Er ist Voraussetzung zum Leben. Die Atemwege bringen das gemischte venöse Blut in den Lungen in Kontakt mit der Luft, sodass ein Gasaustausch stattfinden kann. Gasaustausch ist die Hauptaufgabe der Lunge und sorgt für den Transport von Sauerstoff (O2) aus der Luft ins Blut und für den Transport von Kohlendioxyd (Co2) in umgekehrter Richtung. Der enge Kontakt zwischen der eingeatmeten Luft und der in ihr enthaltenen Vielfalt von Organismen, Partikeln und Gasen sowie der Innenauskleidung der Lunge (deren Oberfläche bis zum Dreifachen der des Körpers betragen kann) führt zu einem effizienten Gasaustausch. Er schafft aber auch wiederholt die Möglichkeit zur Schädigung der Lunge und zur Absorption von Schadstoffen in den Körper.

So gut wie alle im Körper ablaufenden Prozesse benötigen Sauerstoff. Bei vielen von ihnen entsteht als Abfallprodukt das Gas CO2, das aus dem Körper entfernt werden muss. Ein funktionierender Atmungsapparat ist deshalb auch für nicht arbeitende Pferde unerlässlich. Bei Anstrengung steigt die Leistungsanforderung an das Atemsystem drastisch. Falls die Sauerstoffversorgung der arbeitenden Muskeln zu gering wird, können die Muskeln nicht mehr genügend Zucker verbrennen, um die nötige Energie zu produzieren - Ermüdung ist die Folge.

Während der letzten zwanzig Jahre durchgeführte wissenschaftliche Untersuchungen geben deutliche Hinweise darauf, dass der Atmungsapparat im Hinblick auf die Leistungsfähigkeit eines Pferdes als limitierender Faktor anzusehen ist. Jede Erkrankung der Atemwege, selbst eine leichte oder subakute, kann deshalb die Leistungsfähigkeit eines Pferdes beeinflussen.

AUFBAU DER ATEMWEGE BEIM PFERD

Der Atmungsapparat des Pferdes kann in einen oberen und einen unteren Abschnitt unterteilt werden. Der obere Abschnitt umfasst Nüstern, Nasenhöhlen, Pharynx (Rachen), Larynx (Kehlkopf) und Trachea (Luftröhre); zum unteren Abschnitt gehören Bronchien und Lungen. Die Lungen liegen im Brustkorb des Pferdes (Thorax).

Nüstern: Pferdenüstern sind groß und beweglich. Bei Anstrengung werden Muskeln an den Nüsternrändern aktiviert, die eine Erweiterung der Nüstern und damit bessere Luftzufuhr ermöglichen.

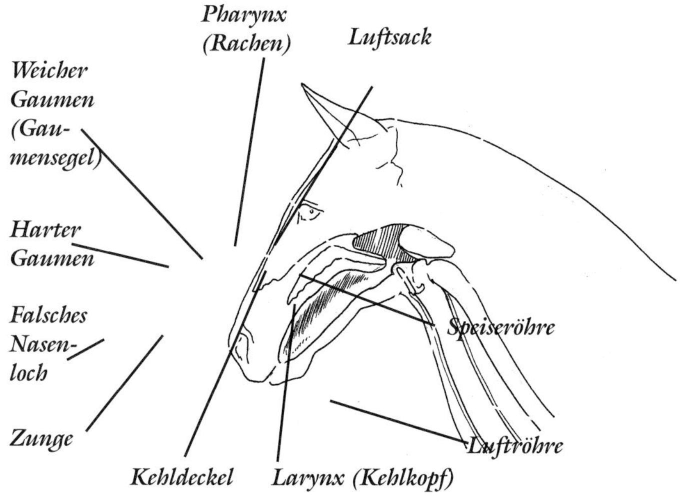

OBERE ATEMWEGE

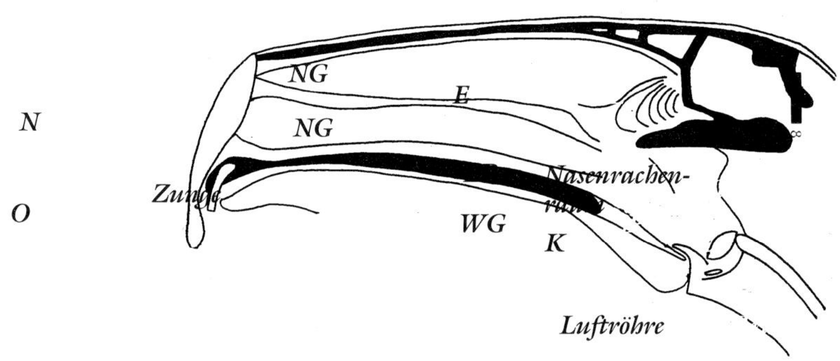

(O) Oberlippe,(N) Nüstern, (NG) Nasengänge, (N) Nasenmuschel, (ER) Öffnung zur eustachischen Röhre, (WG) weicher Gaumen, (K) Kehlkopf

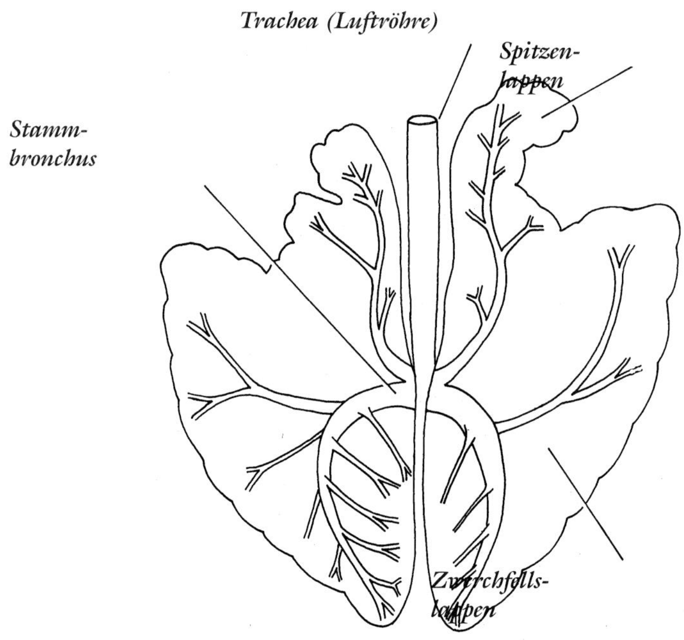

LUNGEN UND TIEFE ATEMWEGE

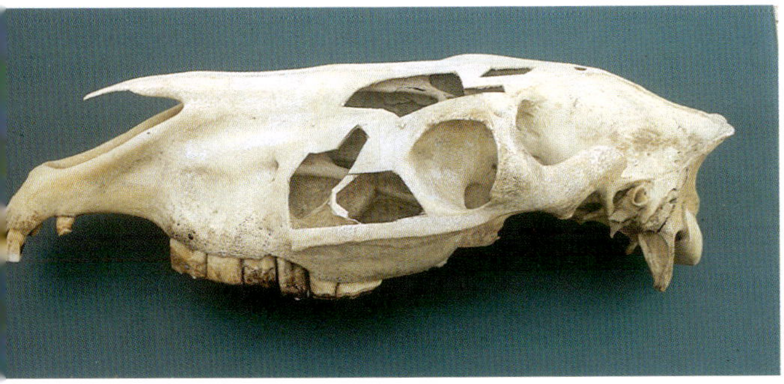

An diesem Schädel wurde die oberflächliche Knochendecke entfernt, um die großen Nasennebenhöhlen sichtbar zu machen.

Nasenhöhlen: Die paarigen Nasenhöhlen enthalten eine vielfach gefaltete und stark durchblutete Schleimhaut (Nasenmuschel). Ihre große Oberfläche ist wichtig für den Austausch von Wärme und Wasser.

Nasennebenhöhlen: Das Pferd hat fünf paarige Nasennebenhöhlen (Kieferhöhle, Stirnhöhle, Gaumenhöhle, Keilbeinhöhle und Tränenbeinhöhle). Diese luftgefüllten Höhlungen im Schädelknochen sind über kleine Gänge mit der Nasenhöhle verbunden.

Pharynx (Rachen): Das Gaumensegel teilt den Pharynx in den Nasen- und den Mundrachen. Seine Wände sind weich und flexibel und tendieren während des Einatmens zum Zusammenfallen, da in dieser Atmungsphase in den oberen Luftwegen negative Druckverhältnisse herrschen. Diese Tendenz wird durch aktives Zusammenziehen der Wandmuskeln begrenzt.

Die Eustachische Röhre (Ohrtrompete): Die Höhle das Nasenrachens ist über die eustachische Röhre mit der Ohrtrompete verbunden. Eine Besonderheit beim Pferd sind große Ausbuchtungen der eustachischen Röhre, die Luftsäcke. Die Funktion der Luftsäcke ist unbekannt, aber in ihren Wänden befinden sich einige größere Blutgefäße (einschließlich der Halsschlagader) sowie Nerven. Erkrankungen der Luftsäcke, welche Schäden an einer oder mehrerer dieser Strukturen nach sich ziehen, können schwere, mitunter lebensbedrohende Konsequenzen haben.

Eine weitere anatomische Besonderheit der oberen Luftwege des Pferdes ist die Öffnung im hinteren Teil des Gaumensegels, in der normalerweise der Kehlkopf wie ein Knopf im Knopfloch sitzt (s.Abb. unten). Der Kehlkopf ist mit einem luftdichten Deckel am Nasenrachen befestigt, was bedeutet, dass das Pferd nur durch die Nase ein- und ausatmen kann. Unter normalen Umständen ist es nicht in der Lage, durch das Maul zu atmen. Der Kehlkopf wird normalerweise nur während des Schluckens aus dem Gaumensegel »herausgeknöpft«; wenn das Pferd fertig geschluckt hat, gleitet er sofort in seine »zugeknöpfte« Position zurück.

Larynx (Kehlkopf): Der Kehlkopf ist eine ventilartige Struktur, die am Eingang der Luftröhre sitzt. Er besteht aus mehreren, miteinander verbundenen Knorpelplatten. Der Luftweg durch den Kehlkopf (Glottis) kann durch die Tätigkeit verschiedener, an diesen Knorpeln befestigter Muskeln geöffnet oder verschlossen werden. Bei Anstrengung öffnet die Glottis weit, um den Querschnitt des Luftdurchganges zu vergrößern und die Zufuhr großer Luftmengen zu den Lungen zu ermöglichen. Beim Schlucken dagegen verschließt sich die Glottis und verhindert so, dass versehentlich Nahrungstücke in die Luftröhre gelangen.

Trachea (Luftröhre): Die Luftröhre ist eine 70-80cm lange, einfache Röhre, welche die Luft von den oberen Atemwegen zur Lunge leitet. Sie wird von 50 bis 60 Knorpelringen in ihrer Wand stabilisiert.

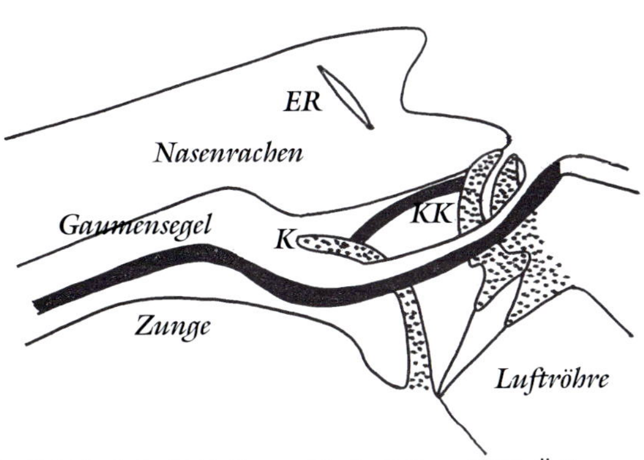

(K) Kehldeckel, (ER) Eustachische Röhre (KK) Öffnung des Kehlkopfes

Normale Anordnung von Kehlkopf und weichem Gaumen. Der Kehlkopf sitzt wie ein Knopf im Knopfloch in einer Öffnung des weichen Gaumens.

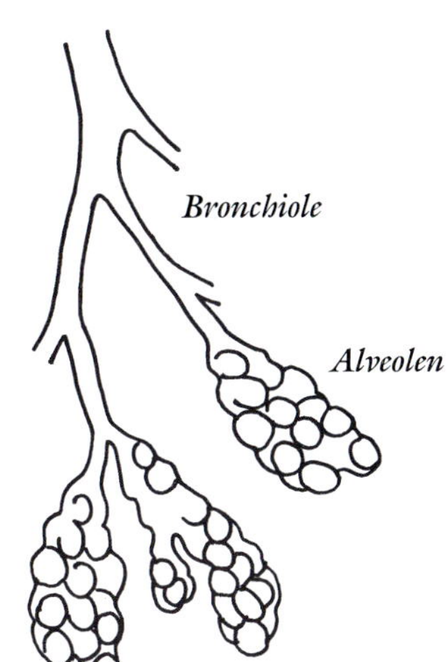

Die Bronchiolen und Alveolen

Bronchien: Am Ende der Luftröhre gabelt sich der Atemweg in die linke und rechte Hauptbronchie auf, die in die linke und rechte Lunge hinein führen. Die Bronchien teilen sich wie die Äste eines Baumes immer weiter auf und breiten sich in der gesamten Lunge aus. Die Luftwege werden mit jedem Abschnitt immer enger, mit dem Kleinerwerden verlieren auch ihre Wände zunehmend an Stabilität. Die größeren Luftwege (Bronchien) besitzen Knorpel in ihren Wänden, während die kleinen Luftwege (Bronchiolen) keinerlei Knorpelunterstützung haben. In den Wänden der Luftwege sitzen außerdem Muskeln, die ihr Kaliber bestimmen und eine wichtige Rolle bei manchen Erkrankungen wie z.B. der chronischen Dämpfigkeit spielen.

In den Bronchien und Bronchiolen wird ständig Schleim produziert. Im Normalfall wird er schnell beseitigt und von Millionen winziger Flimmerhärchen die Bronchienäste und Luftröhre hinauf zurück befördert. Wenn Schleim bis zum Rachen hinauf gelangt, wird er normalerweise geschluckt. Diese Schleimauskleidung ist ein wichtiger Schutzmechanismus der Atemwege, weil sie Staub und andere eingeatmete Partikel einfängt und abtransportiert.

Lungen: An den letzten Verzweigungen des Bronchialbaumes, den Bronchiolen, sitzen wie Trauben an einem Zweig die Lungenbläschen (Alveolen). Die Haut dieser Luftbläschen ist sehr dünn und von zahlreichen Kapillargefäßen durchzogen. Hier findet der Gasaustausch statt. Die ultra-feine Membran zwischen Blut und Luft ermöglicht eine schnelle Diffusion von Sauerstoff aus der Atemluft in das Blut und von Kohlendioxyd aus dem Blut in die Luft, die anschließend ausgeatmet wird.

Die Pferdelunge ist ein großes und gut entwickeltes Organ. Sie macht nur etwa ein Prozent des gesamten Körpergewichtes aus, enthält aber ungefähr 10 Millionen Lungenbläschen. Die zusammen genommene Oberfläche der Lungenbläschen ist sehr groß, die Wand der Lungenbläschen ist im Vergleich zu anderen Säugetieren eher dünn.

Brustkorb (Thorax): Der Brustkorb, in dem die Lunge sitzt, ist grob pyramidenförmig. Seine Basis wird vom Zwerchfell, die »Decke« von den Brustwirbeln und -muskeln und die Wände aus den Rippen und Zwischenrippenmuskeln gebildet. Der Boden ist das Brustbein (Sternum).

Atemmuskeln: Beim ruhenden Pferd ist das Einatmen ein aktiver Prozess, der durch die Tätigkeit verschiedener Muskeln (vor allem des Zwerchfells) zustande kommt. Sie dehnen den Brustkorb in der Größe aus, sodass Luft in Luftröhre und Lunge gezogen wird. Das Ausatmen ist ein hauptsächlich passiver Vorgang, der durch das elastische Zurückschnellen der Lungen und Brustkorbwand zustande kommt. Durch Verkleinerung des Brustkorbes wird die Luft aus der Lunge heraus gequetscht. Verschiedene Muskeln (vor allem die Bauchmuskeln) können, falls nötig, zur Unterstützung der Atmung dazu genommen werden (z.B. bei Anstrengung oder bei manchen Krankheiten).

DIE ATMUNG IN DER BEWEGUNG

In der Bewegung steigt der Sauerstoffbedarf der Muskeln, als Antwort darauf wird die Atmung beschleunigt. So kann der Sauerstoffgehalt des Blutes auf einem gleichmäßigen Niveau gehalten werden.

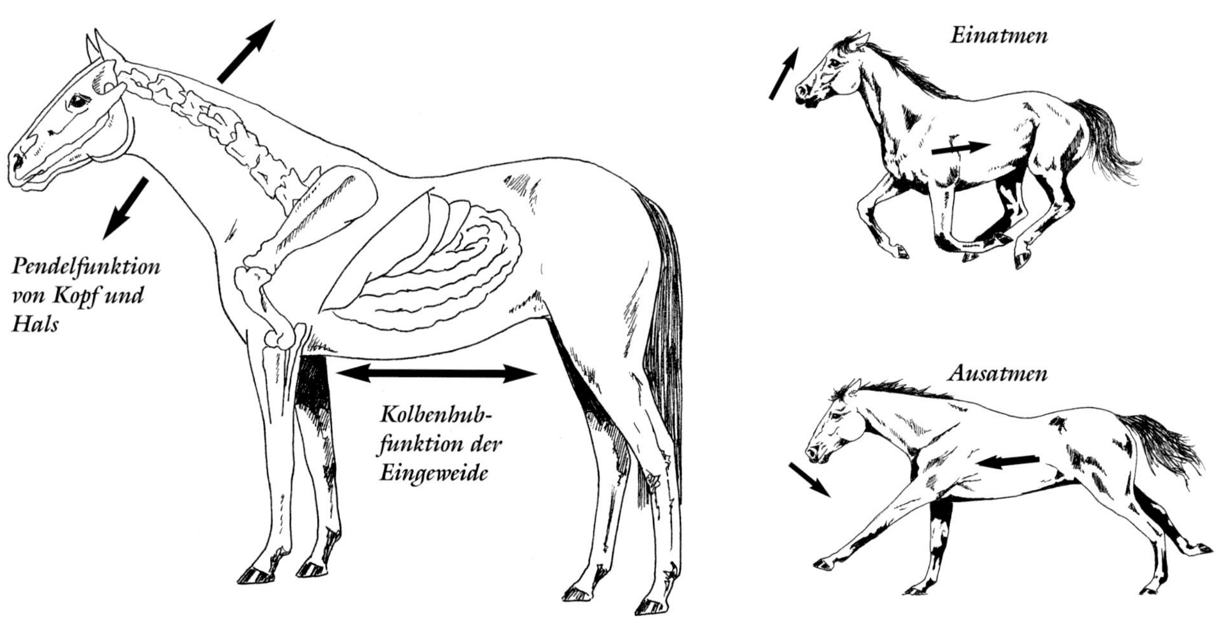

Die Synchronisation von Bewegung und Atmung im Galopp. In der Schwebephase bewegt sich der Kopf nach oben und die Eingeweide nach hinten, wodurch das Pferd einatmen kann. Beim Auffußen des ersten Vorderbeines schwingen die Eingeweide in der Bauchhöhle nach vorn, wodurch die Luft aus den Lungen gepresst wird und das Pferd ausatmet.

Bei großer Anstrengung kann das Pferd die Atemfrequenz aber nicht beliebig steigern und der Sauerstoffgehalt des Blutes beginnt zu fallen. Dieses Phänomen scheint einzigartig für Pferde zu sein und kommt bei anderen Spezies, den Menschen eingeschlossen, nicht vor.

Ein Grund für das Auftreten dieses Phänomens beim Pferd ist die Kopplung zwischen Bewegung und Atmung, die beim Galoppieren stattfindet und die Atemfrequenz nach oben begrenzt. Im Galopp sind Bewegung und Atmung so miteinander verbunden, dass ein Atemzyklus (Einatmen-Ausatmen) mit einem Galoppsprung zusammenfällt - das Pferd atmet aus, wenn das erste Vorderbein landet. Die Atemfrequenz wird also von der Frequenz der Galoppsprünge kontrolliert und begrenzt.

ERKRANKUNGEN DER ATEMWEGE

Pferde können von einer Reihe verschiedener Erkrankungen der Atemwege betroffen sein. Dazu gehören Infektionen, parasitär und allergisch verursachte Krankheiten. Neurologische und strukturelle Störungen, die eine Behinderung der Atemwege zur Folge haben, sind besonders für Leistungspferde wie Renn- und Vielseitigkeitspferde von Bedeutung, da sie tiefgreifenden Einfluss auf die Leistungsfähigkeit haben können.

KLINISCHE ANZEICHEN FÜR ATEMWEGSERKRANKUNGEN

Husten: Viele Erkrankungen des Atmungsapparates rufen Husten hervor. Er ist ein reflexbedingter Schutzmechanismus, der durch Fremdkörper oder übermäßige Schleimsekretion in Kehlkopf, Luftröhre oder Bronchien ausgelöst wird. Ein Hustenstoß besteht aus drei Phasen: einem tiefen Einatmen, einem verstärkten Ausatmen gegen den geschlossenen mittleren Kehlkopfraum und einem anschließenden explosionsartigen Atemstoß, verursacht durch plötzliche Öffnung des Kehlkopfraumes.

Zahlreiche Infektionen und allergische Atemwegserkrankungen gehen mit Husten einher. Bei Infektionen der oberen Atemwege wie z.B. der Influenza ist der Husten oft rau, trocken und schmerzhaft, während er bei Erkrankungen der unteren Atemwege wie z.B. chronisch-obstruktiver Bronchitis (Abk.: COB) feuchter und tiefer erscheint.

Nasenausfluss: Er entsteht am häufigsten durch eine übermäßige Schleimproduktion bei infektiösen oder allergischen Erkrankungen. Wenn der Ausfluss aus den unteren Atmungsorganen stammt, ist er in der Regel beidseitig (bilateral), d.h. aus beiden Nüstern. Wenn er hingegen aus einer Nasenhöhle oder Nebenhöhle stammt, ist er meist einseitig (unilateral). Bei manchen Erkrankungen treten auch andere Formen von Nasenausfluss auf wie eitriger (z.B. bei Druse), blutiger (bei Pilzinfektionen der Luftsäcke) oder mit Futter vermischter Ausfluss (bei Schlundverstopfung).

Erschwerte Atmung (Dyspnoe): Atembeschwerden in Ruhe können bei schweren Behinderungen der oberen Atemwege wie z.B. der Druse auftreten oder bei Erkrankungen, welche die kleinen Luftwege der Lunge betreffen (Dämpfigkeit oder Lungenentzündung). Bei Störungen der oberen Atemwege ist in der Regel das Einatmen erschwert (inhalatorische Dyspnoe), während bei solchen der tieferen Atemwege das Ausatmen schwerfällt (exhalatorische Dyspnoe). Manche Störungen der oberen Atemwege machen sich erst bei Anstrengung bemerkbar (z.B. bei wiederkehrenden Neuropathien des Kehlkopfes). In solchen Fällen können ungewöhnliche Atemgeräusche wie das Kehlkopfpfeifen auftreten.

Leistungsminderung: Jede Erkrankung der Atemwege, die den Strom der Atemluft oder den Gasaustausch behindert, kann eine Leistungsschwäche bewirken. Manche Erkrankungen der oberen Atemwege treten erst bei Anstrengung plötzlich zutage und verursachen einen abrupten Abfall der Leistung. Andere Erkrankungen beeinflussen die Leistung beständig die ganze Zeit über und führen zu einer allmählichen Ermüdung.

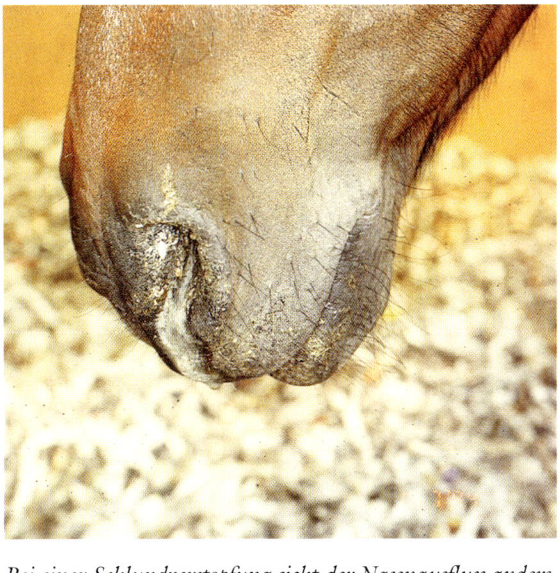

Bei einer Schlundverstopfung sieht der Nasenausfluss anders aus als bei sonstigen Erkrankungen der Atemwege - er besteht aus mit Futterresten vermischtem Speichel.

PFERDEINFLUENZA (PFERDEGRIPPE)

Man unterscheidet zwei Unterarten des Influenzavirus bei Pferden: A/Equi-1 (A1) und A/Equi-2 (A2). Influenza ist weltweit eine der häufigsten und auch ökonomisch bedeutsamsten Atemwegserkrankungen bei Pferden. In Nordamerika und vielen Teilen Europas ist das Virus ständig präsent. Pferde können in jedem Alter betroffen sein, am häufigsten tritt die Infektion jedoch bei jungen (2-3 Jahre) und nicht geimpften Tieren auf. Auch geimpfte Pferde können infiziert werden, die Krankheit verläuft dann jedoch weniger schwer und der Grad der Weiterverbreitung des Virus ist reduziert.

Ursache: Virusinfektion.

Symptome: Betroffene Pferde stoßen über häufiges Husten große Mengen von Viren mit der Atemluft aus. Die Inkubationszeit ist kurz (1-3 Tage), die Pferde bleiben bis zu 10 Tagen lang ansteckend. Epidemien treten vor allem dann auf, wenn viele Jungpferde bei Auktionen, Märkten, Turnieren oder zur Aufzucht und Ausbildung zusammengebracht werden. In Deutschland ist deshalb der Nachweis der Influenzaimpfung Voraussetzung zur Startzulassung beim Turnier und bei vielen anderen Wettbewerben und Veranstaltungen.

Zu den klinischen Symptomen können gehören:

- Husten (rau und trocken; plötzlich auftretend)
- Fieber (bis zu 41,7 Grad)
- Abgeschlagenheit
- Appetitlosigkeit
- Weiche Schwellung der Kehlgangs-Lymphknoten
- Wässriger beidseitiger Nasenausfluss (durch bakterielle Sekundärinfektionen dicker werdend)

In unkomplizierten Fällen erholt sich das Pferd innerhalb von ein bis drei Wochen. In manchen Fällen können bakterielle Sekundärinfektionen der unteren Atmungsorgane zu einer Bronchopneumonie führen. Bei teilweise immunen oder geimpften Pferden sind die klinischen Symptome in der Regel schwach oder die Infektion bleibt subklinisch. Bei Sportpferden macht sie sich häufig nur in verminderter Leistung bemerkbar.

Behandlung:

- Absolute Ruhe für mindestens 3-4 Wochen in einer sauberen, staubfreien Umgebung
- Allgemeine Pflege und Gabe von schmackhaftem Futter
- Eine Antibiotika-Behandlung ist nur bei bedeutender bakterieller Sekundärinfektion notwendig.
- Nicht-steroidale, entzündungshemmende Medikamente wie Phenylbutazon (fällt unter das Dopinggesetz, Anm.d.Übers.) und Banamin sind hilfreich bei Pferden mit hohem Fieber, Niedergeschlagenheit und Muskelsteifheit.

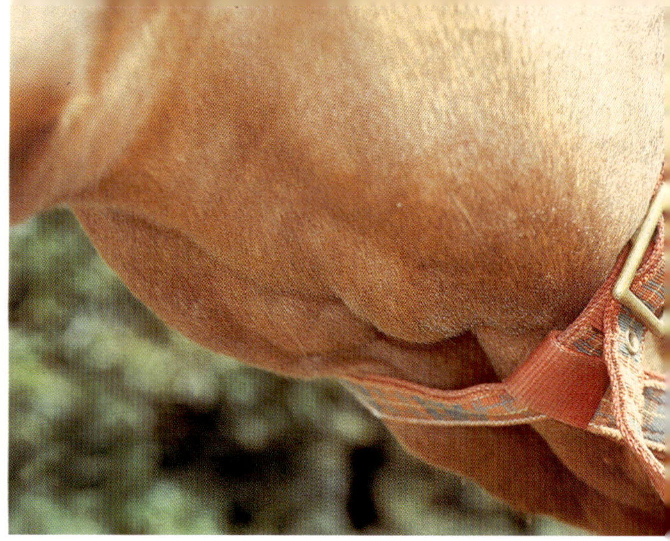

Vergrößerte Lymphknoten bei einem mit dem Influenzavirus infizierten Pferd.

Vorbeugung und Kontrolle:

- Neuzugänge drei Wochen lang isolieren
- Für ausreichende Luftzirkulation bei allen Stallpferden sorgen
- Schutzimpfung. Die meisten Wirkstoffe müssen bei der Erstimpfung zweimal im Abstand von drei bis sechs Wochen, nach einem halben Jahr und dann jährlich gegeben werden (s.Kap.2)
- Isolieren Sie erkrankte Pferde so schnell wie möglich (sobald Sie eine Temperaturerhöhung bemerken)
- Schaffen Sie ausreichende Belüftung und staubfreie Verhältnisse
- Verhindern Sie den Kontakt zwischen gesunden und kranken Pferden
- Keine Arbeitsbelastung, um den Stress zu minimieren
- Eigene Futtereimer, Putzzeug, Schubkarren und eigenes Personal für die kranken Pferde
- Stellen Sie den Stall unter Quarantäne
- Impfen Sie gesunde Pferde, wenn die Erkrankung auftritt

EQUINE HERPESVIRENINFEKTION

Ursachen: Zwei Viren, EHV1 und EHV 4, verursachen beim Pferd eine schwere klinische Erkrankung.

Symptome: Die Infektion mit EHV1 ist für Erkrankungen der Atemwege, Fehlgeburten, Krankheiten bei neugeborenen Fohlen und Nervenerkrankungen verantwortlich. Das Virus ist weltweit verbreitet.

Die Inkubationszeit beträgt 2 bis 10 Tage. Atemwegserkrankungen kommen am häufigsten bei jungen Pferden (bis zu drei Jahren) vor. Ältere Pferde zeigen in der Regel nur leichte oder subklinische Atemwegserkrankungen. Die nach einer Infektion oder Impfung erworbene Immunität hält nur kurze Zeit an, sodass die Pferde sich im Laufe ihres Lebens mehrfach reinfizieren können.

Zu den klinischen Anzeichen gehören:

- Fieber (bis zu 41,1 Grad)
- Wässriger Nasenausfluss (der später dicker wird)
- Husten
- Niedergeschlagenheit
- Vergrößerung der Kehlgang-Lymphknoten

Unkomplizierte Fälle erholen sich in 8-10 Tagen.

Sekundäre bakterielle Infektionen können den Verlauf der Erkrankung hinauszögern. Ältere Pferde zeigen leichtere oder subklinische Krankheitsanzeichen, die sich manchmal in Leistungsschwäche und leichterer Entzündung der unteren Atemwege äußern.

Fehlgeburten (Virusabort), Nervenerkrankungen und Krankheiten der neugeborenen Fohlen sind seltene Komplikationen von EHV1-Infektionen. Fehlgeburten kommen meist gegen Ende der Trächtigkeit (7.-11. Monat) vor. Die anfängliche Atemwegserkrankung bleibt oft subklinisch. In der Gebärmutter infizierte Fohlen können von schweren Atemwegserkrankungen betroffen sein, schwach und krank zur Welt kommen und innerhalb weniger Tage sterben. Jede Altersgruppe kann betroffen sein. Die Symptome variieren in der Stärke, meist gehören aber Schwäche und Koordinationsstörungen der Hinterhand bis hin zum Festliegen dazu. Nicht festgelegene Pferde erholen sich in der Regel wieder, es kann aber einige Monate dauern, bis die ganze neurologische Funktionsfähigkeit wieder vorhanden ist.

EHV 4 verursacht Atemwegserkrankungen, die von den durch EHV 1 verursachten nicht zu unterscheiden sind. Gelegentlich wird er auch mit Fehlgeburten in Verbindung gebracht, jedoch in der Regel nicht mit Krankheiten der Neugeborenen oder neurologischen Störungen.

Behandlung:

Atemwegserkrankungen
- Ruhe
- Antibiotika, falls bakterielle Sekundärinfektion

Fehlgeburten (Virusabort)
- keine

Krankheiten bei Neugeborenen
- Antibiotika
- Generelle Pflege und staubfreie Umgebung

Neurologische Krankheiten
- Generelle Pflege
- Die Behandlung liegender Pferde ist schwierig; in vielen Fällen ist aufgrund der Komplikationen (Muskel- und Hautschäden, Lungenentzündung etc.) eine Euthanasie nötig

Vorbeugung und Kontrolle:
- Neuzugänge zwei oder drei Wochen lang isolieren
- Trennung der Pferde nach Alter
- Tragende Stuten sollten von Jungpferden getrennt und idealerweise in nach Trächtigkeitsstadium zusammengestellten Kleingruppen gehalten werden
- Pferde mit Atemwegserkrankungen müssen isoliert werden
- Getrenntes Stallpersonal für infizierte und gesunde Pferde
- Einstreu infizierter Pferde verbrennen
- Stallzubehör, Putzzeug, Kleidung etc. desinfizieren

Besonders in Gestüten müssen geeignete Maßnahmen zur Vorbeugung vor dem EHV-Virus (Herpesvirus) getroffen werden.

- Stuten, die Fehlgeburten hatten, müssen isoliert werden. Fötus und Fruchthülle sind potenzielle Ansteckungsquellen und müssen unter Vorsichtsmaßnahmen entsorgt werden.
- Wenn Fälle von Fehlgeburten aufgetreten sind, müssen tragende Stuten so lange auf dem Hof bleiben, bis sie gefohlt haben. Pferde, die den Hof verlassen, dürfen nicht in Kontakt mit tragenden Stuten kommen.
- Beim Auftreten neurologischer Erkrankungen müssen infizierte Pferde isoliert werden. Alle Pferde des Hofes müssen noch drei Wochen nach dem Auftreten des letzten Falles in Quarantäne gehalten werden.
- Impfung. Es existieren Schutzimpfungen gegen EHV1 und 4, sie schaffen aber nur eine kurzfristige und teilweise Immunität. Trotzdem können wiederholte Impfungen die Schwere von Atemwegserkrankungen mildern und das Auftreten von Fehlgeburten verhindern. Zwei Grundimpfungen im Abstand einiger Wochen werden je nach Impfstoff durch Wiederholungsimpfungen im Abstand von drei Monaten bis zu einem Jahr ergänzt.

EQUINE ARTERITIS-VIRUSINFEKTION (EAV)

Diese früher auch als Pferdestaupe oder Rotlaufseuche bezeichnete Krankheit wird durch das EAV-Virus hervorgerufen, das in der ganzen Welt verbreitet ist. Die Übertragung geschieht über die Atemluft (Tröpfcheninfektion). Hengste können außerdem beim Decken das Virus weitergeben, und zwar auch dann, wenn sie selbst nicht akut erkrankt sind.

Symptome: Die Inkubationszeit beträgt 3 bis 14 Tage. Die Infektion kann sowohl zu einer klinischen als auch zu einer subklinischen Erkrankung (ohne erkennbare Symptome) führen. Die klinischen Symptome können verschieden sein und sich äußern in:
- Fieber (bis zu 41 Grad Celsius)
- Niedergeschlagenheit und Appetitlosigkeit
- Schwellungen der Gliedmaßen (besonders an der Hinterhand)
- Nasenausfluss
- Bindehautentzündung
- Ödeme um die Augen, an Unterbauch, Schlauch oder Euter

- Abort/Fehlgeburt (in jedem Trächtigkeitsstadium)
- Husten, Atembeschwerden

Die Symptome sind tendenziell bei jungen und alten Pferden am stärksten. Die meisten infizierten Pferde erholen sich vollständig, die Sterblichkeit ist gering.

30-60% der infizierten Hengste bleiben auch nach der akuten Erkrankung Virusträger. Die Zeitspanne dafür kann von wenigen Wochen bis lebenslänglich reichen. Solche Hengste verbreiten das Virus ständig über das Sperma, was aber keinen Einfluss auf die Fruchtbarkeit hat.

Behandlung:
- Ruhe
- Behandlung der Symptome

Vorbeugung und Kontrolle:
Es ist ein Impfstoff vorhanden, der für Hengste und nicht tragende Stuten sicher und effektiv ist. Die Wirksamkeit von Vorbeugung und Kontrolle hängt vom allgemeinen Management ab (siehe Influenza und EHV1), außerdem vom selektiven Gebrauch von Impfstoffen und Schutzimpfung der gefährdeten Deckhengste. Deckhengste sollten jährlich mindestens 28 Tage vor Beginn der Decksaison geimpft werden. Bei der Spermagewinnung für künstliche Befruchtung müssen unbedingt Proben analysiert werden, um eine Verbreitung des Virus über Frisch- oder Gefriersperma zu verhindern.

BAKTERIELLE ERKRANKUNGEN

DRUSE

Druse ist eine verbreitete akute, ansteckende Atemwegsinfektion.

Ursache: Infektion mit dem Bakterium Streptococcus equi.

Symptome: Druse kommt am häufigsten bei Fohlen und Jährlingen vor, kann aber in jedem Alter auftreten. Es handelt sich um eine hoch ansteckende Erkrankung, die sich leicht in einem Bestand ausbreiten kann, vor allem dann, wenn ein noch in der Inkubationszeit befindliches oder als Träger fungierendes Pferd neu hinzugekommen ist. Die Ausbreitung geschieht langsamer als bei Virusinfektionen der Atemwege und nur über direkten Kontakt mit kranken Pferden oder infizierten Gegenständen. Der reichliche Nasenausfluss erkrankter Pferde sorgt jedoch für eine schnelle Kontaminierung der gesamten Umgebung, wo die Bakterien mehrere Monate lang überleben können.

Bei Druse ist der Nasenausfluss dick, gelblich und zähflüssig.

Die Inkubationszeit beträgt in der Regel 4 bis 10 Tage, die Krankheitssymptome halten mindestens drei Wochen lang an. Zu ihnen gehören:
- Fieber
- Appetitlosigkeit
- Niedergeschlagenheit und Lethargie
- Erst wässriger, dann dicker und eitriger Nasenausfluss
- Die Lymphknoten am Kehlgang schwellen an und können aufbrechen, wobei sie dicken, zähen Eiter freisetzen
- Atembeschwerden und -geräusche
- Schluckbeschwerden
- Bindehautentzündung

In seltenen Fällen können Komplikationen auftreten, wenn die Infektion auf andere Körperbereiche übergreift. Bei manchen Pferden kann auch ein bleibender Nasenausfluss aufgrund einer chronischen Infektion der Luftsäcke oder Nebenhöhlen entstehen. Pferde können die Bakterien über lange Zeit (von Wochen bis Jahren) in den Luftsäcken beherbergen und so Überträger der Erkrankung sein.

Behandlung: Gute Pflege, leicht zu schluckendes Futter und Umschläge, um die Abszesse an den Lymphknoten zum Reifen zu bringen. Mitunter ist ein operatives Öffnen und Entleeren der Abszesse nötig. Die Anwendung von Antibiotika ist umstritten: wenn sich erst einmal Abszesse gebildet haben, können sie den Verlauf der Erkrankung hinauszögern.

Vorbeugung und Kontrolle:
- Isolierung aller erkrankten und verdächtigen Pferde
- Allgemeine Hygienemaßnahmen, um die Ausbreitung der Krankheit (z.B. über Personen oder Gegenstände) zu verhindern. Gründliche Reinigung und Desinfektion der Ställe und ihrer Umgebung. Auf Weideland können die Bakterien mehrere Monate lang überleben.
- Die Pferde dürfen den Betrieb mindestens sechs Wochen lang nicht verlassen.
- Quarantäne aller Neuzugänge
- In Gestüten Trennung der Pferde nach Gruppen (besonders wichtig für Fohlen)
- Impfungen sind im deutschsprachigen Raum nicht üblich, in den USA wendet man gegen die dortigen Erreger mit Erfolg intra-nasale Impfstoffe an.

LUNGENENTZÜNDUNG DURCH RHODOCOCCUS EQUI

Ursache: Das Bakterium Rhodococcus equi verursacht bei Fohlen, insbesondere solchen im Alter von einem bis sechs Monaten, eine Lungenentzündung.

Es überlebt im Boden, weshalb die Erkrankung dazu neigt, in bestimmten Betrieben endemisch zu werden (d.h. sie tritt jedes Jahr wieder auf). Erhöhtes Risiko besteht bei trockenem Klima und staubiger Umgebung.
Symptome: Man unterscheidet zwischen zwei Formen der Infektion mit R. equii. Die subakute Form ist durch eine starke schwere Lungenentzündung gekennzeichnet, die schnell verläuft und meist zum Tod führt. Die chronische Form ist durch einzeln oder mehrfach auftretende Lungenabszesse und einen sich über mehrere Wochen oder Monate hinziehenden Krankheitsverlauf gekennzeichnet.
Subakute Form: Plötzliches Einsetzen von Fieber, erhöhte Atemfrequenz und Atemnot. Husten und Nasenausfluss variieren. Betroffene Fohlen sterben oft wenige Tage nach Auftreten der Symptome.
Chronische Form: Fieber, Niedergeschlagenheit, Atemnot, Gewichtsverlust und schlechter Allgemeinzustand. Husten und Nasenausfluss sind variabel.
Behandlung: Die besten Ergebnisse werden mit einer Kombination der beiden Antibiotika Erythromycin und Rifampicin erreicht.

Die Behandlung muss 4 bis 12 Wochen lang fortgeführt werden. Etwa 80% der Fohlen genesen aufgrund dieser Behandlung mit einer guten Prognose hinsichtlich ihrer späteren Leistungsfähigkeit.

LUNGEN-BRUSTFELL-ENTZÜNDUNG (PLEUROPNEUMONIE)

Ursachen: Wird durch eine schwere bakterielle Infektion der Lungen und der Brustfellhöhle verursacht. Die Erkrankung ist nicht ansteckend, mehrere verschiedene Bakterien können beteiligt sein. Am häufigsten tritt sie nach Stressbelastung auf, z.B. nach langen Transporten (»Transportfieber«, s. Kapitel 9) oder nach Operationen.

Die Erkrankung verursacht eine vollständige oder teilweise Entzündung der Lungen, manchmal mit Abszessbildung. Die Brusthöhle wird von eitrigem Ausfluss gefüllt.

Symptome:
- Zu Beginn Fieber und Bewegungsunlust
- Später Fieber, Appetitlosigkeit, Schwierigkeiten beim Aus- oder Einatmen, Husten, Gewichtsverlust
- Nasenausfluss, oft mit Blut durchsetzt. Eventuell übelriechender Atem.

Behandlung:
- Angemessene Behandlung mit Antibiotika über einen längeren Zeitraum (am besten mit Hilfe von Bakterienkulturen bestimmte Antibiotika verwenden)
- Entzündungshemmende Medikamente
- Unterstützende Pflegemaßnahmen
- Drainage der Pleuralflüssigkeit

Esel sind die natürlichen Wirtstiere des Lungenwurmes. Im Gegensatz zu Pferden zeigen befallene Tiere aber kaum klinische Symptome. Wenn Pferde und Esel gemeinsam weiden, ist auf Bekämpfung des Lungenwurmes besonders zu achten.

INFEKTIONEN DER UNTEREN ATEMWEGE

Ursachen: Gehen meist mit schwächeren Symptomen einher, verursachen aber vor allem bei Sportpferden (z.B. bei Rennpferden) eine Leistungsschwäche.

Manchen Fällen geht eine anfängliche Virusinfektion voraus, die sub-klinisch sein kann (besonders bei den Viren EHV 1 und EHV 4). Solche Infektionen können von einer Vielzahl an Bakterien hervorgerufen werden.

Symptome:
- Fieber
- Chronischer Husten (besonders bei Bewegung)
- Schleimig-eitriger Nasenausfluss (variabel)
- Leistungsschwäche bei Sportpferden

Behandlung:
- Schaffung einer staubfreien Umgebung
- Bronchienerweiternde Mittel
- Schleimlösende Mittel
- Antibiotika

PARASITÄRE ERKRANKUNGEN

LUNGENWURM

Ursache: Diese Erkrankung wird durch den Parasiten Dictyocaulus arnifieldi hervorgerufen. Esel sind natürliche Wirtstiere für diese Lungenwürmer und sind oft von ihnen befallen, ohne Symptome einer Erkrankung zu zeigen. Pferde infizieren sich in den meisten Fällen auf Koppeln, auf denen auch Esel weideten. Die mit dem Eselkot ausgeschiedenen Eier können sich schnell zu infektiösen Larven weiter entwickeln, die unter günstigen Bedingungen (feucht und schattig) auf der Weide sechs bis sieben Wochen lang überleben können. Die Larven können nicht überwintern.

Pferde stecken sich über ein Verschlucken der Larven an, welche anschließend zu den Lungen wandern. Die Krankheit wird meist im Spätsommer oder Herbst bemerkt.

Symptome: Chronischer Husten. Die Symptome sind manchmal nicht von denen der COB zu unterscheiden.

Behandlung: Passende Entwurmungsmittel.

ALLERGISCHE ERKRANKUNGEN DER ATEMWEGE

CHRONISCH-OBSTRUKTIVE BRONCHITIS (COB)

Diese Erkrankung ist im Allgemeinen besser als »Dämpfigkeit« oder »Dampf« bekannt und hat Ähnlichkeit mit dem Asthma beim Menschen.

Ursachen: COB ist eine verbreitete Erkrankung, die durch eine Verengung der kleinen Atemwege (Bronchiolen) hervorgerufen wird. Betroffene Pferde können auch Bronchitis haben. Im Spätstadium entwickeln manche Pferde Emphyseme (strukturelle Zerstörungen der Lunge).

COB kommt bei allen Rassen von Pferden, Ponys oder Eseln vor. Die Häufigkeit der Erkrankung scheint mit dem Alter zu steigen, meistens tritt sie bei Pferden über vier Jahren auf. Bei Sportpferden kann geringgradige COB außer einer Leistungsschwäche kaum klinische Symptome hervorrufen.

COB wird durch eine Hypersensibilität (Allergie) gegenüber dem Einatmen bestimmter organischer Stoffe (meist Heu- oder Strohstaub) ausgelöst. In den meisten Fällen spielt auch eine Allergie gegen die Sporen wärmeliebender Schimmel- und Strahlenpilzsporen eine Rolle (die, besonders in »erhitzten« Ballen, den Hauptbestandteil des Heustaubes ausmachen).

COB ist in erster Linie eine Erkrankung von Stallpferden, manchmal scheint aber auch eine Pollenallergie beteiligt zu sein.

Die Ergebnisse der allergischen Reaktion sind:

- Krämpfe und Verengungen der kleinen Atemwege
- Starke Schleimbildung
- Entzündung der Atemwege

Diese Reaktionen führen zu einer Verstopfung der kleinen Atemwege; der Luftstrom ist behindert, vor allem während des Ausatmens. Die meisten dieser Reaktionen können vollständig zum Verschwinden gebracht werden, wenn das Pferd nicht länger dem Staub ausgesetzt bleibt. In schweren Fällen resultiert die chronische Verstopfung der Atemwege in einer übermäßigen Aufblähung der Lungenbläschen und stellenweisen Lungenemphysemen. Bei einer Minderheit der Fälle kann es zu bakteriellen Sekundärinfektionen kommen.

Symptome: Die Erkrankung kann Folge einer akuten Infektion der Atemwege sein, meist setzt sie aber schleichend ein.

Ihr Schweregrad ist sehr variabel und reicht von subklinisch über leicht bis schwer. Ohne Behandlung tendiert die Erkrankung zur Verschlechterung. Die klinischen Symptome können sporadisch oder anhaltend auftreten.

Subklinische Erkrankung: Wird meist bei Sportpferden erkannt, wenn sie Leistungsschwächen ohne erkennbare klinische Symptome zeigen.

Leichte klinische Erkrankung: Meist ist ein chronischer, gelegentlich und sporadisch auftretender Husten vorhanden; der häufig zu Beginn der Arbeit oder während des Fütterns auftritt. Es kann ein leichter, wässriger, beidseitiger Nasenausfluss vorhanden sein (besonders nach Anstrengungen) sowie Leistungsschwäche (bei Sportpferden).

Schwere klinische Erkrankung: Chronischer Husten, der jederzeit auftreten kann, aber bei Anstrengung und während der Fütterung am stärksten ist. Erhöhte Anstrengung und Atemnot beim Ausatmen. Das Ausatmen wird mühsam, die Bauchmuskeln werden zur Unterstützung mit herangezogen.

Durch die Beteiligung der Bauchmuskeln am Ausatmen entsteht am Ende des Ausatmens ein »doppelter Atem«. Die Atemfrequenz in Ruhe kann normal oder leicht erhöht sein (16-20/min). In der Regel, aber nicht zwingend, ist beidseitiger Nasenausfluss vorhanden, der sich nach Anstrengung oder bei tief gehaltenem Kopf verschlimmern kann. Bei Sportpferden lassen sich ein Leistungsabfall und verlängerte Erholungszeiten nach einer Anstrengung feststellen.

Behandlung: Kann aufgeteilt werden in Maßnahmen zur Erleichterung der klinischen Symptome und in Maßnahmen zur Verhinderung eines erneuten Auftretens.

Zur Milderung der Symptome:

- Staubfreie Haltung (siehe S. 138)
- Bronchienerweiternde Medikamente zur Öffnung der verengten kleinen Atemwege
- Schleimlösende und auswurffördernde Medikamente
- Kortikosteroide (Anti-allergene Medikamente, die nur über einen kurzen Zeitraum gegeben werden können)

Zur Verhinderung erneuten Auftretens:

- Strikt staubfreies Management
- Sodium Cromoglykat (ebenfalls anti-allergener Wirkstoff, der über Inhalation mittels Gesichtsmaske verabreicht wird)

Eine Pollenallergie zeigt oft die gleichen Symptome wie COB, tritt aber nur im Frühjahr und Sommer auf. Raps scheint für viele Pferde problematisch zu sein.

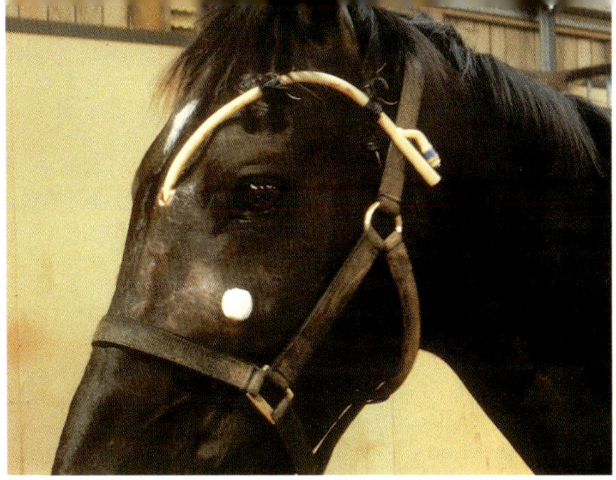

Trepanation der Nasenhöhle. Ein Schlauch zur Spülung wurde durch ein Bohrloch neben dem Auge in die Stirnhöhle eingeführt. Ein weiteres Trepanationsloch zum Abfluss wurde in der Oberkieferhöhle angebracht und mit einem Tupfer verschlossen.

POLLENALLERGIE

Dieses Syndrom hat ähnliche Symptome wie die COB, kommt aber nur bei Weidepferden im Sommer vor.
Ursachen: Die genaue Ursache ist unbekannt, vermutlich spielt aber eine Pollenallergie eine Rolle. Erfahrungsberichte aus England weisen darauf hin, dass ein Zusammenhang mit den Pollen der Rapsblüte bestehen könnte.
Symptome: Ähnlich wie bei COB: erschwertes Ausatmen und Leistungsschwäche. Der Husten ist meist nicht so deutlich wie bei COB. Manchmal Appetit- und Gewichtsverlust.
Behandlung: Medikamentöse Behandlung ähnlich wie bei COB. Zusätzlich sollte das Pferd aufgestallt und mit Heu und Pellets gefüttert werden.

KRANKHEITEN DER NASENHÖHLEN UND NASENNEBENHÖHLEN

NEBENHÖHLENENTZÜNDUNG (SINUSITIS)

Ursache: Kann als Folge einer Virusinfektion der oberen Atemwege oder sekundär nach einer Zahnerkrankung auftreten. Die Wurzeln der letzten vier oberen Backenzähne liegen beiderseits dicht an den Kieferhöhlen, weshalb eine Infektion der Zahnwurzeln oft zu einer Folgeinfektion der Nebenhöhlen führen kann. Manchmal bilden sich innerhalb der Nebenhöhlen Zysten, die allmählich größer werden und die Höhle ausfüllen.
Symptome: Die Symptome einer Nasennebenhöhlenentzündung beinhalten fast immer Nasenausfluss, der schleimig, eitrig, blutig oder aus diesen kombiniert sein kann. Manchmal sind auch sichtbare Schwellungen im Gesicht und Atembeschwerden vorhanden. Der Nasenausfluss ist in der Regel einseitig und äußert sich auf der Seite der erkrankten Nebenhöhle. Der Nasenausfluss kann übelriechend sein, besonders bei Nebenhöhlenentzündungen, die einer Zahnerkrankung folgen.
Behandlung: Die nicht-operativen Maßnahmen umfassen Antibiotika, schleimlösende Medikamente, Dampfinhalationen und regelmäßige, kontrollierte Bewegung. Ziel ist das Wiedererreichen eines normalen Schleimabflusses aus den Nebenhöhlen.

Zu den operativen Maßnahmen gehören die Trepanation (Bohren eines Loches in den seitlichen Gesichtsschädel bis zur Nebenhöhle), um sowohl den Abfluss des Eiters als auch eine Spülung und Medikamentenversorgung der Nebenhöhle zu erreichen.

PROGRESSIVES SIEBBEIN-HÄMATOM

Ursache: Die Ursache ist unbekannt. Es handelt sich um eine nicht krebsartige, bluthaltige Wucherung an der Innenwand der Nasenhöhle oder einer der Nebenhöhlen.
Symptome: Das häufigste Symptom sind wiederholte, geringgradige Blutungen aus einer Nüster. Das Blut ist nicht frisch und das Nasenbluten steht in keinem Zusammenhang mit Anstrengung. Die Nase kann mehr oder weniger verstopft sein, bei Sportpferden können Atemgeräusche beobachtet werden.
Behandlung: Operativ.

ERKRANKUNGEN DER LUFTSÄCKE

Die Luftsäcke sind ballonähnliche Gebilde, die zwischen Schädelbasis und Schlundkopf liegen. Jeder Luftsack hat ein Volumen von etwa 300 ml. In der Mitte berühren sich beide Luftsäcke und sind nur von einer dünnen Gewebeschicht getrennt.

TYMPANIE DER LUFTSÄCKE

Ursachen: Die Öffnung zu einem oder zu beiden Luftsäcken verhält sich bei dieser Problematik wie ein Einweg-Ventil, sodass die Luft zwar hinein-, aber nicht mehr herausströmen kann.
Symptome: Dieses Problem tritt nur bei Fohlen auf und zeigt sich wenige Tage nach der Geburt. Stutfohlen scheinen häufiger betroffen zu sein als Hengstfohlen. Durch die Luftansammlung entwickelt sich eine einseitige Gesichtsschwellung.
Behandlung: Operativ.

STAUBFREIES MANAGEMENT

▲ *Staubempfindliche Pferde sollten ganz im Freien gehalten werden oder, wo das nicht möglich ist, so viel Weidegang wie möglich erhalten. Heu und Stroh müssen vor dem Verfüttern angefeuchtet werden.*

▲ *Der Stall muss maximal belüftet, aber frei von Zugluft sein. Im Zweifelsfall ist es immer besser, die Türen aufzulassen! Bei stauballergischen Pferden ist darauf zu achten, dass auch aus den Nachbarboxen kein Heu- oder Strohstaub zu ihnen dringt. Am besten ist der Stalltrakt separiert.*

▲ *Verwenden Sie staubfreie Einstreu wie entstaubte Sägespäne, Aubiose, Hanf, Strohpellets oder spezielle Gummistallmatten. Halten Sie die Einstreu stets sauber und trocken. Allzu tiefe Einstreu ist ungünstig. Der Misthaufen muss weit genug vom Stall entfernt sein. Putzen Sie das Pferd nicht im Stall und bringen Sie es vor dem Ausmisten oder Fegen hinaus.*

▲ *Das Heu muss von erstklassiger Qualität sein und vor dem Verfüttern gut eingeweicht werden. Dazu sollte es eine Stunde lang ganz in Wasser getaucht und anschließend abtropfen gelassen werden. Alternativ kann man auch Heulage oder Heucobs füttern. Alles Kraftfutter sollte nur leicht angefeuchtet und in Bodenhöhe gegeben werden.*

LUFTSACKEMPYEM

Ursachen: Empyeme der Luftsäcke entstehen, wenn Schleim und/oder Eiter sich aufgrund mangelnden Abflusses darin ansammeln. Länger im Luftsack stehender Eiter kann trocknen und feste, knorpelartige Ablagerungen bilden.

Symptome: Eitriger Nasenausfluss und Schwellung auf einer Gesichtsseite.

Die Ausdehnung des betroffenen Luftsackes in den Rachenbereich kann Atembeschwerden verursachen.

Behandlung: Operativ.

LUFTSACKMYKOSE

Ursache: Eine Pilzinfektion der Luftsäcke. Oft tritt diese dicht an der inneren Halsschlagader auf.

Symptome: Verschieden. Das häufigste Symptom ist Nasenbluten in Ruhe, wobei zunächst nur eine kleine Menge frisches Blut aus einer Nüster fließt. Mehrere kleinere Blutungen können folgen, ohne Behandlung kann es aber auch zu tödlichen Blutungen kommen.Bei manchen Pferden treten infolge der Infektion Nervenschäden auf, die zu Schluckbeschwerden oder Schlucklähmung führen.

Behandlung: Operativ.

VERENGUNGEN DER OBEREN ATEMWEGE

KEHLKOPFPFEIFEN / LARYNGEAL-NEUROPATHIE DES REKURRENS (RLN)

Ursache: Eine bleibende Fehlfunktion der Kehlkopfmuskeln. Das Ergebnis ist ein teilweiser Verschluss der Atemwege, der bei Anstrengung deutlich wird. Fast immer ist die linke Kehlkopfseite betroffen. Die Störung im normalen Luftstrom verursacht Turbulenzen, die das typische Geräusch des »Kehlkopfpfeifens« hervorrufen. Pferde mit einem Stockmaß von über 1,62 m sind besonders gefährdet.
Symptome: Ungewöhnliche Atemgeräusche bei Anstrengung, vor allem in der Streckphase des Galoppsprungs. Die Geräusche variieren zwischen einem leisen, melodischen Pfeifen und einem eher rasselnden Geräusch, das sich anhört wie Holzsägen. Das Geräusch verschwindet kurz nach der Anstrengung. Leistungsschwächen können, müssen aber nicht vorhanden sein. Die Diagnose wird durch Untersuchung mit einem Endoskop bestätigt.
Behandlung: Verschiedene Operationsmethoden wie Ventrikulektomie (Hobday-Verfahren), Festnähen des Stimmbandes am Kehlkopf oder Tracheotomie (Eröffnung der Luftröhre) stehen zur Verfügung.

DDSP - DORSAL DISPLACEMENT OF THE SOFT PALATE (VERLAGERUNG DES GAUMENSEGELS)

Ursache: Funktion der Nasen-Kehlrachenöffnung ist es, ein luftdichtes Segel zu schaffen, das den Kehlkopf in der Rachenwand festhält.

Dieser Mechanismus zwingt das Pferd während der Bewegung zur Atmung durch die Nase. DDSP äußert sich als eine akute Verengung der Atemwege während der Bewegung in schneller Gangart, wenn der freie Rand des Gaumensegels aus seiner Position verlagert wird und das nun nicht mehr fixierte Gaumensegel in Richtung Kehlkopf »eingeatmet« wird.

DDSP ist häufiger ein Symptom als eine Krankheit für sich. Ursachen können Überanstrengung sein (z.B. durch Konditionsmangel, Herz- oder Lungenkrankheiten, andere Verengungen der Atemwege wie Kehlkopflähmung etc.), Erkrankungen des Kehlkopfes (Epiglottic Entrapment) und Zahnerkrankungen.
Symptome: Der plötzliche Verschluss der Atemwege verursacht nicht nur ein lautes, vibrierendes Geräusch, sondern auch eine massive Störung in der Vorwärtsbewegung des Pferdes. In den meisten Fällen kommt das Pferd völlig aus dem Schrittrhythmus, während es versucht, durch Schlucken den Kehlkopf wieder in die richtige Position zu bringen. Sobald die normale anatomische Konstellation wieder hergestellt ist, kann das Pferd problemlos weiter galoppieren und hat keine Beschwerden mehr.
Behandlung: Umfasst vor allen Dingen die Diagnose und Behandlung der zugrunde liegenden Erkrankung. Man kann versuchen, mit Hilfe eines Kreuz-Reithalfters oder hannoverschen Reithalfters die Maulatmung zu verhindern, oft ist ein Wechsel zu einem einfachen Gummi-Trensengebiss oder zu einer gebisslosen Zäumung zu empfehlen. Die Position des Gebisses im Pferdemaul kann mit einer Nasenstrippe, wie sie im Trabrennsport Verwendung findet, fixiert werden, auch Zungenriemen werden eingesetzt. Verschiedene Operationstechniken stehen zur Verfügung.

EPIGLOTTIC ENTRAPMENT (EE)

Wörtl.: »Eingefangene Epiglottis«
Ursache: Eine Gewebefalte wickelt sich um die Epiglottis (Teil des Kehlkopfes). Die genaue Ursache ist unbekannt.
Symptome: Leistungsminderung mit Atem-geräuschen in der Bewegung beim Ein- und Ausatmen, sporadisches »Gurgeln« durch sekundäre DDSP und Husten nach dem Fressen.
Behandlung: operativ

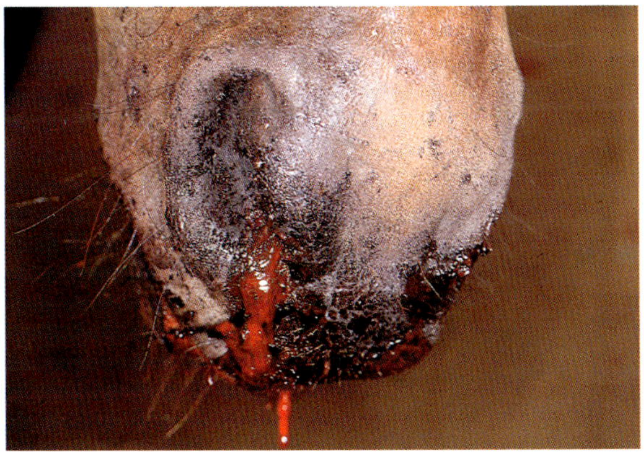

Einseitiges Nasenbluten bei einer Mykose der Luftsäcke.

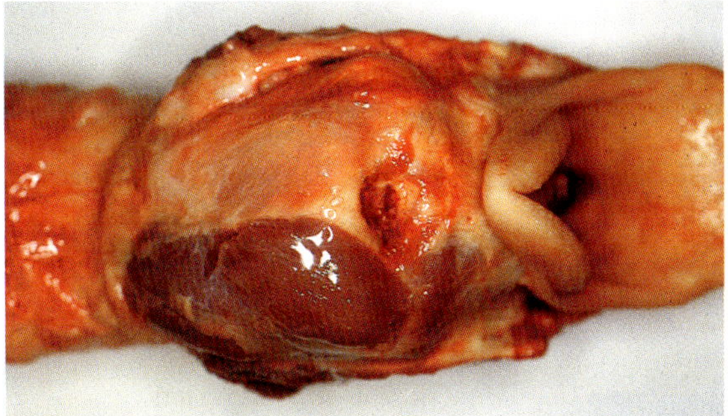

Chronische Kehlkopflähmung. Bei Obduktion zeigte sich eine Atrophie (Rückbildung) des Muskels über der linken Kehlkopfseite - im Bild auf der Oberseite des Präparates. Im Vergleich dazu ist der rechte (im Bild untere) Muskel gut entwickelt.

6 DIE WELT DES PFERDES

Über viele Jahrmillionen hinweg haben Pferde einen Körperbau und Verhaltensmuster entwickelt, die für ihr Überleben in der Wildnis nötig waren. Wie alle anderen Tiere auch müssen sie angemessen auf Ereignisse in ihrer Umgebung reagieren. Sie müssen in der Lage sein, mit anderen Mitgliedern ihrer Spezies zu kommunizieren. Mit der Domestikation mussten sich die Pferde außerdem noch den Umständen und Forderungen anpassen, die der Mensch ihnen auferlegte.

Alle Reaktionen und Aktivitäten, die das Verhalten eines Pferdes ausmachen, werden von seinem Nervensystem gesteuert. Sensorische Systeme senden ständig Informationen aus der äußeren Umgebung (Sehen, Hören, Riechen, Fühlen) und aus dem Körperinneren (Körperposition, Temperatur, Schmerzen) an das zentrale Nervensystem, wo sie gefiltert und auf verschiedene Weise weiter verarbeitet werden. Als Ergebnis dieser Verarbeitung werden Nachrichten an die Skelettmuskeln gesendet.

Fast alle Verhaltensaktivitäten werden durch ein Zusammenziehen der Skelettmuskeln ausgeführt. Manche als »Reflex« bezeichnete Reaktionen sind automatisch, unmittelbar und festgelegt. Andere, »freiwillige« Reaktionen können eine Entscheidung beinhalten, aufgrund einer Vielzahl von Faktoren wie z.B. Motivation und früheren Erfahrungen zu handeln.

Das Nervensystem hat außerdem die Aufgabe, neben den nach außen gerichteten Aktivitäten auch die meisten inneren Körperfunktionen zu koordinieren. So kontrolliert es beispielsweise die Verdauung, Atmung, Kontraktionen des Herzens und der glatten Muskeln in den Blutgefäßen und die Ausschüttung von Hormonen zu Regulierung von Stoffwechsel und Wachstum durch das endokrine System. Die Hormone selbst können über ihre Wirkung auf bestimmte Gehirnbereiche auch das Verhalten beeinflussen. So werden zum Beispiel Aggressivität und Libido eines Hengstes durch das männliche Geschlechtshormon Testosteron beeinflusst.

SO FUNKTIONIERT DAS NERVENSYSTEM

Die Grundbausteine des Nervensystems sind die Nervenzellen oder Neuronen.

Ein Tier wird mit der vollständigen Anzahl der Neuronen geboren (Dutzende Billionen!) und bildet während seines Lebens keine neuen mehr dazu. Die Neuronen variieren zwar in Form und Größe je nach Anordnung im Nervensystem, besitzen aber größtenteils die gleichen Bestandteile: einen Zellkörper, eine Anzahl weitverzweigter, als Dendriten bezeichneter Zellfortsätze, einen einzelnen, langen, aus dem Zellkörper heraus führenden Nervenstrang (Axon) und Verzweigungen an dessen Endabschnitten (Endknöpfchen oder Synapsen).

Die Neuronen funktionieren immer gleich, egal, wo sie sich befinden. Als Reaktion auf über den Zellkörper oder die Dendriten empfangene Signale erzeugen sie elektrische Signale, die sehr schnell zu den Zellenden weitergeleitet werden. Man kann diesen Vorgang ungefähr mit dem Anzünden einer Lunte vergleichen - sofort nach dem Anzünden wandert die Flamme die Lunte hinab. Je nach Neuronentyp reicht die Geschwindigkeit dieser Reizleitung von einem Meter pro Sekunde bis über 250 m/Sek.

Die Neuronen kommunizieren untereinander und mit anderen Zellen des Körpers (z.B. den Muskel- oder sekretorischen Zellen). Die Verbindung zwischen zwei Neuronen nennt man Synapse. Anstelle einer direkten elektrischen Verbindung zwischen den Neuronen wird ein als Neurotransmitter bezeichneter Stoff in den Zellzwischenraum geleitet. Je nach Zusammensetzung dieses Neurotransmitters kann dieser die zweite Zelle dazu veranlassen, ihr eigenes elektrisches Signal auszusenden (Exzitation) oder ihre Aktivität mindern und sie an der Weitergabe des Reizes hindern (Inhibition).

Eine Nervenzelle im Gehirn kann Kontakte zu vielen anderen Nervenzellen haben - manchmal zu über einhunderttausend. Ob eine bestimmte Stelle ein Signal »abfeuert« oder nicht, hängt von der kombinierten Aktivität aller mit ihr in diesem Moment in Kontakt stehenden Zellen ab. Die Effizienz einer Synapse kann sich mit häufiger Nutzung verbessern, es können sich auch neue Verzweigungen und Synapsen bilden. So wird eine mögliche zelluläre Basis für das Speichern von Erinnerungen geschaffen.

Zusätzlich zu den Nervenzellen enthält das Nervensystem auch so genannte Gliazellen, von denen einige dazu dienen, die Übertragungsgeschwindigkeit von Reizen in den Axonen zu erhöhen. Andere unterstützen die Erhaltung der Nervenzellen, indem sie Nährstoffe liefern, unerwünschte Stoffe »aufputzen« und das Wachstum von Axonen und Dendriten anregen. Sie können sogar eine Rolle in der Informationsverarbeitung spielen.

DIE STRUKTUR DES NERVENSYSTEMS

Das Nervensystem kann in zwei Hauptbestandteile aufgeteilt werden: den zentralen und den peripheren. Das zentrale Nervensystem (ZNS) liegt innerhalb schützender Knochen: das Gehirn im Schädel und das Rückenmark in den Wirbeln, aus denen die Wirbelsäule besteht. Das periphere System umfasst die Nerven.

DAS GEHIRN

Das Gehirn ist ein äußerst komplexes Organ mit vielen Teilen. Das Gehirn eines Pferdes ähnelt in Form und Funktion dem zahlreicher anderer Säugetiere. Spezielle Gruppen von Nervenzellen oder »Zentren« in verschiedenen Teilen des Gehirns sind auf die Erfüllung bestimmter Aufgaben spezialisiert.

Die Form des Gehirns entspricht ungefähr der Schädelhöhle. Zwischen dem empfindlichen Nervengewebe und dem schützenden Knochen liegen drei Membranen, die Hirnhäute oder Meningen. Der Zwischenraum zwischen den beiden inneren Membranen ist mit einer klaren, farblosen, cerebro-spinalen Flüssigkeit gefüllt, die dem Gehirn einen zusätzlichen mechanischen Schutz und eine chemisch stabile Umgebung bietet. Das Gehirn eines erwachsenen Pferdes wiegt 400 -700 g, was etwa 0,1% des Körpergewichtes ausmacht. Beim Menschen sind es hingegen 2%. Dieser unterschiedliche Prozentsatz wird oft vereinfachend herangezogen, um die Intelligenz verschiedener Tierarten miteinander zu vergleichen. Da jedes Tier aber seine ganz eigene Art von Intelligenz hat, sind solche Vergleiche belanglos. Der IQ hängt davon ab, wie man ihn definiert und untersucht. Sinnvoller wäre es, zu erkennen, dass Pferde gut darin sind, Pferde zu sein und ihre speziellen Stärken zu studieren. Wie das Gehirn aller Säugetiere ist das Pferdegehirn anatomisch in drei Abschnitte

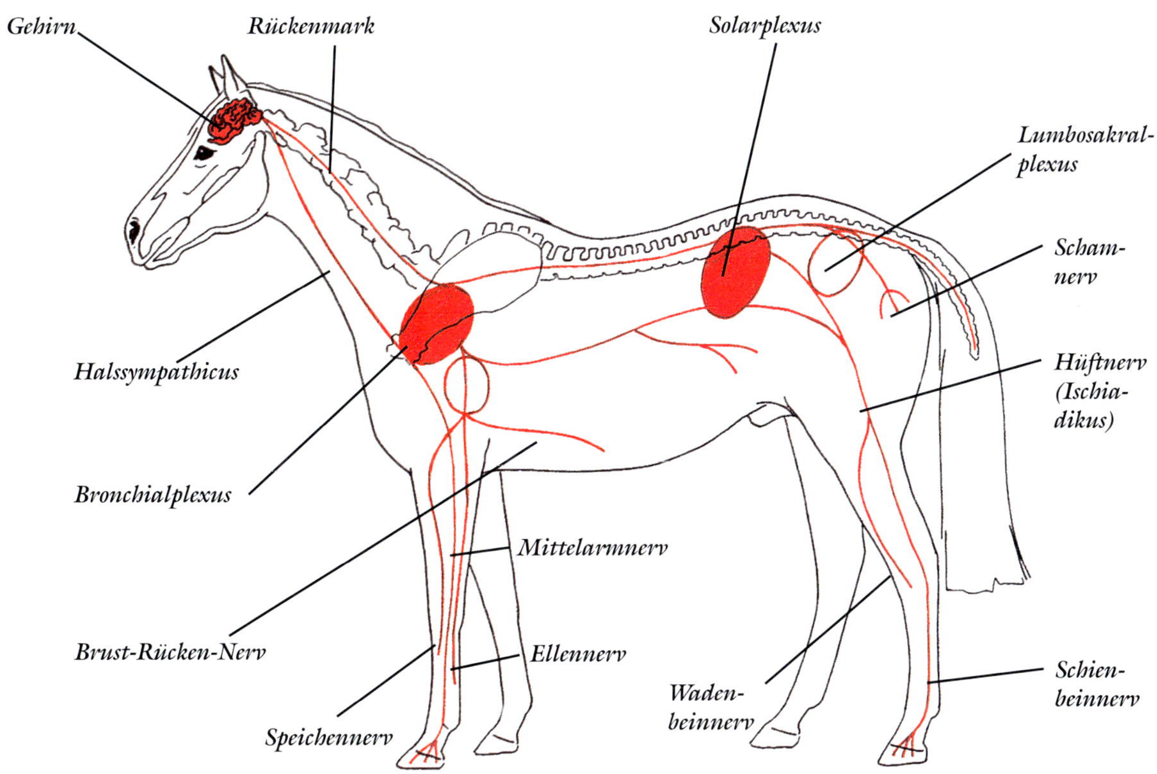

LAGE DER WICHTIGSTEN NERVENBAHNEN BEIM PFERD

HAUPTABSCHNITTE DES PFERDEGEHIRNS UND DEREN STEUERUNGSFUNKTION

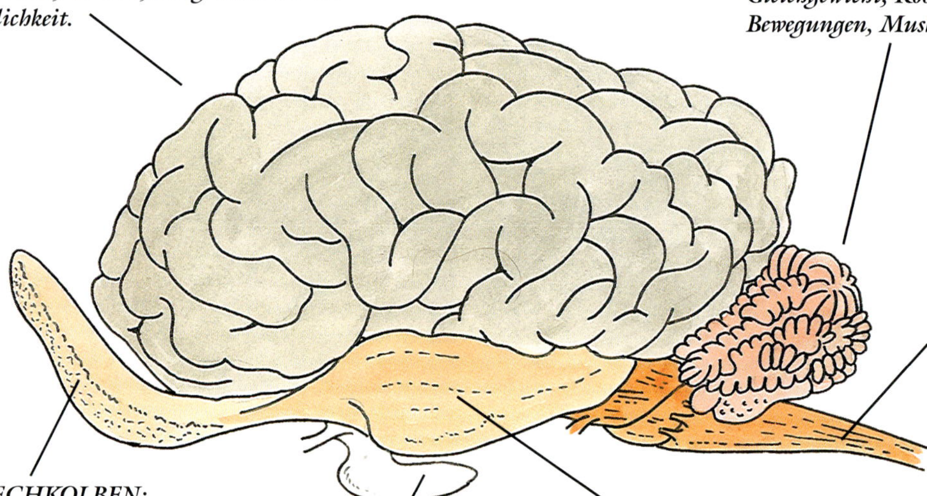

unterteilt: Hinterhirn, Mittelhirn und Vorderhirn.

Das Hinterhirn besteht aus dem Hirnstamm, durch den alle Nervenstränge laufen, die Signale aus dem Rückenmark leiten. Die Medulla und die Pons des Hirnstammes enthalten neuronale »Zentren« (Gruppen von Nervenzellen), die automatisch und unbewusst Atemrhythmus, Husten, Blutdruck und Herzschlag steuern. Andere Zentren steuern Haltung und Muskelspannung oder Schlafen und Wachen. Das Cerebellum, eine kugelförmige Struktur an der Rückseite des Hirns, ist wichtig für Koordination und Lernen von Bewegungen und zur Steuerung von Körperhaltung und Gleichgewicht.

Das Mittelhirn ist unten »angeheftet« und enthält Zentren für Seh- und Hörreflexe sowie für willensgesteuerte Bewegung. Das Mittelhirn leitet direkt zum Diencephalon (Zwischenhirn), das aus verschiedenen Strukturen besteht - darunter die Hirnanhangsdrüse (Hypophyse) und Zirbeldrüse der Hypothalamus und der Thalamus. Ein weiterer Bereich des Vorderhirns, das limbische System, ist mit olfaktorischen (Geruchs-)empfindungen, Gefühlen, Lernen, endokrinen Funktionen und (zusammen mit den Hypothalamus) mit dem Ausdruck von Sexualverhalten, Angst oder Wut befasst. Der restliche Teil des Vorderhirns ist das Cerebrum, das den Hauptbestandteil des Gehirns ausmacht. Seine beiden getrennten linken und rechten Hälften sind durch Bündel von Nervenfasern verbunden, deren größtes der Gehirnbalken (Corpus callosum) ist. Die Gehirnrinde (Cortex) ist die graue, faltige Außenschicht des Hirns. Sie ist relativ dünn, macht aber beinahe die Hälfte des Cerebrum-Volumens aus, weil sie so stark gefaltet ist. Über aufsteigende Bahnen werden Informationen von den berührungsempfindlichen Rezeptoren in der Haut zu Hirnstamm und Thalamus geleitet und projizieren letztendlich eine »Landkarte« des gesamten Körpers auf eine somato-sensorische Fläche der Gehirnrinde.

Die Neuronen eines anderen Abschnittes, des für die Motorik zuständigen Cortex, tragen direkt zu Bewegung unter Beteiligung individueller Muskelgruppen bei. Auf diesen »Landkarten« wird die Projektion einzelner Körperabschnitte in dem Maße vergrößert, in dem sie von Nerven versorgt sind. Da das Pferd zur Untersuchung von Gegenständen durch Berührung hauptsächlich Lippen und Maul verwendet, sind diese Bereiche im Gehirn deutlich stärker repräsentiert. Ähnliche Projektionen existieren auch für die visuellen und auditorischen Reize. Geruchsreize werden nicht dargestellt, da die visuellen Bereiche des Gehirns keine Impulse von den olfaktorischen (Geruchs-) Rezeptoren empfangen! Man nimmt außerdem an, dass die Gehirnrinde derjenige Teil des Gehirns ist, der für die Wahrnehmung von Objekten und Situationen zuständig ist sowie

Reflektorische Muskelbewegungen reichen vom Hautzucken oder Schweifwedeln zum Verscheuchen von Fliegen bis hin zur komplexen Koordination aller Muskeln, die zum Erhalt des Körpergleichgewichtes in Bewegung nötig sind.

für geistige Aktivitäten (z.B. Problemlösung).

Obwohl es bequem erscheint, das Gehirn nach anatomischer Funktion in zwei Hälften zu unterteilen, sind alle Teile doch untereinander verbunden und beeinflussen sich gegenseitig auf Arten und Weisen, die wir noch nicht vollständig verstehen.

DAS RÜCKENMARK

Das etwa daumendicke Rückenmark verläuft in gesamter Länge durch den Wirbelkanal und ist vom Kopf bis zum Schweif mehrere Meter lang. In seinem Inneren befindet sich ein schmetterlingsförmiger Kern aus Nervenzellen (graue Substanz), umgeben von den Strängen der Nervenfasern (weiße Substanz), welche die Impulse das Rückenmark hinauf- und hinableiten.

Alle auf- und absteigenden Nervenleitungen, die Rumpf und Gliedmaßen mit dem Gehirn verbinden, verlaufen durch die weiße Substanz des Rückenmarkes. Die Nerven treten paarweise in Bündeln aus dem Rückenmark durch Löcher zwischen benachbarten Wirbeln aus: es sind 7 Halsnerven, 18 Brustnerven, 5 oder 6 Lendennerven, 5 miteinander verflochtene Kreuznerven und 5 von insgesamt etwa 20 Schwanznerven.

Die graue Substanz beinhaltet die großen Nervenzellen, die Motoneuronen, welche die Skelettmuskeln durchziehen. Teilweise reagieren sie auf vom Gehirn in Bahnen hinabgeleitete Befehle, sie sind aber auch an den Reflexschleifen innerhalb des Rückenmarks beteiligt.

RÜCKENMARKSREFLEXE

Die Skelettmuskulatur wird häufig auch als willkürliche Muskulatur bezeichnet, da ihre Aktionen einer bewussten Kontrolle unterliegen. Allerdings ist nicht jede Aktivität der Skelettmuskulatur bewusst gesteuert. Es finden auch Reflexreaktionen statt, bei denen spezifische sensorische Reize automatisch zu einem festgelegten Muster von Muskelkontraktionen führen.

Viele Reflexe haben eine schützende Funktion; so bewirkt an ein nah am Auge vorbei bewegtes Objekt oder ein Berühren des Knochens knapp unterhalb des Auges ein Blinzeln, den so genannten Lidschlussreflex (palpebraler Reflex). Das Pferd beginnt auch zu blinzeln, wenn die Augenoberfläche auszutrocknen beginnt oder gereizt ist. Fremdkörper im Auge führen zur Tränenbildung (lacrymaler Reflex). Direkte, starke Lichteinstrahlung auf ein Auge verursacht eine Verengung der Pupille, wodurch die lichtempfindlichen Zellen im Augeninnern vor einer Schädigung geschützt werden. Pferde haben außerdem einen Reflex, der beim Menschen nicht vorkommt: den Pannikulusreflex, der die Haut zucken lässt und besonders augenscheinlich wird, wenn das Pferd von Fliegen geplagt wird. Reflektorische Muskeltätigkeit ist außerdem zur Kontrolle von Körperhaltung und Muskeltonus wichtig und schafft so im Hintergrund eine gewisse Basis von Muskelaktivität, auf der die bewusst gesteuerten Aktionen aufbauen können. Tierärzte können aufgrund des Fehlens von Standardreflexen neurologische Probleme diagnostizieren oder während einer Operation die Tiefe der Narkose überprüfen.

Auf dem Zellniveau beinhalten Reflexe einen sensorischen Empfänger (z.B. durch ein Sinnesorgan) und afferente Neuronen, die innerhalb des zentralen Nervensystems mit einem efferenten Motoneuron verbunden sind. Diese Reizleitung bezeichnet man als Reflexbogen. Bei manchen wenigen Reflexen existiert eine direkte Verbindung zwischen dem afferenten und dem efferenten Neuron über eine einzelne Synapse im Rückenmark. Ein Beispiel hierfür ist der Kniesehnenreflex, bei dem durch ein Klopfen auf die Sehne ein plötzliches Zucken des Gliedmaßenmuskels ausgelöst wird.

Die meisten Reflexe sind aber »polysynaptisch«, da sie unter Beteiligung von einem oder mehr zwischengeschalteten Neuronen stattfinden. Ein auf das Bein ausgeübter unangenehmer Reiz wie z.B. ein Nadelstich führt zu seinem prompten Wegziehen. Wenn der Beugemuskel sich so zusammenzieht, werden Signale an seinen Gegenspieler, den Streckmuskel, unterdrückt, damit er sich entspannen kann. So wird verhindert, dass die beiden Muskeln gegeneinander arbeiten. Wenn das Pferd einfach nur ein Bein hochziehen würde, könnte es das Gleichgewicht verlieren und umfallen. Deshalb erhalten die Muskeln der übrigen Gliedmaßen den Befehl, das Körpergewicht umzuverteilen, um das Gleichgewicht zu erhalten.

Die Koordination von Bewegungen geschieht auf diese Weise mehr oder weniger automatisch. An komplexeren Reflexreaktionen sind nicht nur das Rückenmark, sondern auch höhere Gehirnzentren beteiligt. Auch wenn die erste Reaktion auf den Nadelstich spontan und nicht bewusst gesteuert ist, wird die Nachricht doch bis zu einem Niveau weitergeleitet, auf dem sich das Pferd einer schmerzhaften oder unangenehmen Situation bewusst wird. Dies wiederum kann dann eine bewusst gesteuerte Reaktionen wie Wegrennen oder Ausschlagen hervorrufen.

DAS PERIPHERE NERVENSYSTEM

Das periphere Nervensystem besteht aus Nervenbündeln, die vom ZNS ausgehen und in Körper und Gliedmaßen reichen. Die peripheren Nerven können nach ihrer Funktion in afferente Nerven (leiten Reize zum ZNS) und efferente Nerven (leiten Reize aus dem ZNS hinaus) klassifiziert werden. Die efferenten Nerven wiederum werden in somatische und autonome (vegetative) Nerven unterteilt.

Somatische Nerven haben Zellkörper in Gehirnstamm oder Rückenmark und direkt zu Muskelzellen führende Axone. Sie werden oft als »Motoneuronen« bezeichnet, da ihre Aktivität zur Kontraktion des betreffenden Muskels führt. Vegetative Nerven schaffen über als Ganglien bezeichnete Synapsen in Zellknoten Verbindungen zu den glatten Eingeweidemuskeln und zu Drüsen im gesamten Körper.

DAS HORMONSYSTEM (ENDOKRINES SYSTEM)

Ein Hormon ist ein chemischer Botenstoff, der vor einer endokrinen Drüse (Hormondrüse) in den Kreislauf ausgeschüttet wird. Er wird vom Blutstrom zu den angesprochenen Zellen transportiert, die spezielle Rezeptoren für die für sie bestimmte Nachricht besitzen.

Wenn Hormonmoleküle sich an Rezeptoren binden, wird eine Reaktion ausgelöst. Wenn beispielsweise der Blutdruck sinkt (evtl. als Folge einer Blutung), schüttet die Hirnanhangsdrüse ein Hormon namens ADH (Antidiuretisches Hormon) aus, das auf die Nieren wirkt und sie veranlasst, mehr Wasser zu absorbieren und einen stärker konzentrierten Urin zu produzieren, um so weiteren Flüssigkeitsverlust zu verhindern.

Das Hormon- und das Nervensystem ähneln sich darin, dass sie beide Nachrichten weiterleiten, die von einem Reiz ausgelöst werden und Reaktionen hervorrufen. Da Nervenimpulse aber wesentlich schneller weitergeleitet werden können als mit dem Blut transportierte Stoffe, sind die Reaktionen des Nervensystems schneller.

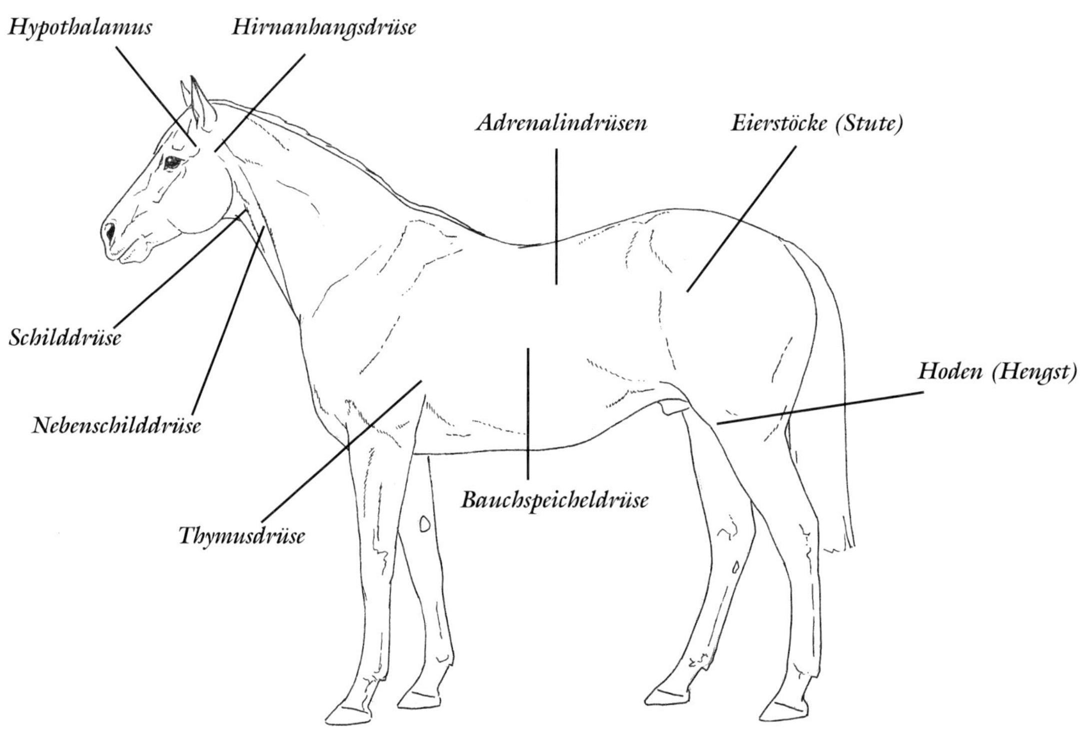

DAS ENDOKRINE SYSTEM MIT DEN WICHTIGSTEN HORMONDRÜSEN

HORMONTABELLE

Hormondrüse/ Quelle des Hormons	**Hormon**	**Zielorgan oder -gewebe**	**Hauptfunktion besteht in der Kontrolle von:**
Hypothalamus	Verschiedene Formen zur Ausschüttung	Hirnanhangdrüse	Hormonen, die von der Hirnanhangdrüse ausgeschüttet werden
Adenohypophyse	ACTH (Adrenocorticotrophes Hormon)	Nebennierenrinde	Kortisolausschüttung
	FSH (Follikel stimulierendes Hormon)	Eierstöcke / Hoden	Follikelwachstum, Östrogenausschüttung, Spermaproduktion
	LH (Luteinisierendes Hormon)	Eierstöcke / Hoden (Leydig Zellen)	Follikelsprung, Luteinisierung des Follikels/Testosteronausschüttung
	GH/STH (Wachstumshormon)	Alle Gewebe	Wachstum, Kohlenhydrat-, Protein- und Fettstoffwechsel
	TSH (Schilddrüsen stimulierendes Hormon) Prolactin	Schilddrüse Milchdrüse	Thyroxinausschüttung Anregung der Milchbildung
Hypophysenhinterlappen (Neurohypophyse)	ADH (Antidiuretisches Hormon) (auch: Vasopressin)	Nieren Gefäßmuskeln der Arteriolen	Wasserentzug Blutdruck
	Oxytocin	Wandmuskeln der Gebärmutter Milchdrüsen	Gebärmutterkontraktionen Einschießen der Milch
Zirbeldrüse	Melatonin	Verschiedene Gewebe	Tag-Nacht-Rhythmus Fortpflanzung
Schilddrüse	Thyroxin (T4) Trijodothyronin (T3)	Die meisten Gewebe	Stoffwechselrate; Wachstum und Entwicklung
	Kalzitonin	Knochen	Senkt Blutkalzium und Blutphosphor
Nebenschilddrüse	PTH (Parathyroidhormon)	Knochen, Nieren, Verd.organe	Erhöht Blutkalzium und Blutphosphor
Thymusdrüse(bildet sich im Erw.alter zurück)	Thymopoetin	T-Lymphocytzellen im Blut	Reaktionen des Immunsystems
Bauchspeicheldrüse	Insulin (aus Betazellen)	Hauptsächl. Muskeln und Leber	Glukoseverwertung; Senkung des Blutzuckergehaltes
	Glukagon (aus Alphazellen)	Hauptsächl. Leber	Erhöhung des Blutzuckergehaltes
Schleimhaut der Eingeweide	Gastrin	Magen	Produktion von Magensäure
	Sekretin	Bauchspeicheldrüse	Verdauungssäfte
	Cholecystokinin	Gallenblase	Freisetzen von Gallensaft
	Somatostatin	Darm	begrenzt Magensäureproduktion
Nebennierenmark	Adrenalin Noradrenalin	Alle Gewebe	Stoffwechsel; Herzschlag, Kreislauf; Reaktion auf Stress und körperl. Belastung
Nebennierenrinde	Kortisol Kortikosteron	Alle Gewebe	Stoffwechsel, Reaktion auf Stress und körperliche Belastung
	Aldosteron	Hauptsächl. Nieren	Kalium-, Natrium- und pH Ausgleich
Nieren	Renin (umgewandelt zu Angiotensin-II)	Muskeln der Blutgefäße Nebennierenrinde	Blutdruck Aldosteronausschüttung
Eierstöcke	Östrogen	Geschlechtsorgane	Rossezyklus, beeinflusst auch Rosseverhalten
		Gebärmutter	Zustand der Gebärmutter
Gebärmutter	Progesteron (aus Gelbkörper) Prostaglandin (PGF2u)	Gelbkörper	Untergang des Gelbkörpers (Luteolyse)
Plazenta (bei der tragenden Stute)	Progesterone und Östrogene	Gelbkörper	Erhalt der Schwangerschaft
	Choriogonadotropin	Eierstöcke	Erhalt der Schwangerschaft
	Relaxin	Gebärmutter, Gebärmutterhals, Beckenbänder	verhindert Gebärmutterkontraktion steigert Dehnungsfähigkeit
Hoden	Testosteron	Geschlechtsorgane	Entwicklung der Geschlechtsorgane, Paarungsverhalten

Hormon- und Nervensystem arbeiten sehr eng und schnell zusammen, was an der Fluchtreaktion des Pferdes besonders deutlich wird.

Auf der anderen Seite halten die Reaktionen des Hormonsystems länger an, da es Zeit braucht, bis die Hormone aufgespalten oder ausgeschieden sind. Die Nervenreaktionen sind dagegen sehr kurzlebig - das Zucken eines Muskels ist im Sekundenbruchteil wieder vorüber. Ein weiterer Unterschied zwischen beiden Systemen besteht darin, dass Nervenimpulse an bestimmte Ziele weitergeleitet werden, während Hormone durch den gesamten Körper zirkulieren und verschiedene Zielorgane in verschiedenen Körperbereichen ansprechen können.

Die Tabelle auf Seite 145 veranschaulicht die große Vielfältigkeit der Hormondrüsen und Hormone. Einige Drüsen schütten Hormone aufgrund einer einfachen Veränderung im Gehalt einer bestimmten Substanz (z.B. Kalzium) in der umgebenden Flüssigkeit aus, andere reagieren auf Signale des Nervensystems. Manche Organe haben in der Hormonbildung ihre Hauptfunktion, wie z.B. die Hirnanhangs-, Zirbel-, Schild-, Nebenschild- und Adrenalindrüsen. Andere Organe kombinieren Hormonfunktionen mit denen anderer, verwandter Funktionen: die Bauchspeicheldrüse, die Hoden, Eierstöcke und Plazenta. Eine dritte Gruppe umfasst Organe mit recht andersartigen Hauptfunktionen, die aber auch zur Hormonproduktion fähig sind: Nieren, Leber, Schilddrüse, Herz und Verdauungsapparat.

Die Hirnanhangsdrüse wird oft als die »Hauptdrüse« bezeichnet, da viele ihrer Hormone die Aktivität anderer Hormondrüsen steuern. Sie ist, wie der Name schon sagt, ein Anhang des Gehirns, der unterhalb des Hypothalamus an einem dünnen, Nervenfasern und kleine Blutgefäße beinhaltenden Strang aufgehängt ist.

Die enge Verbindung zwischen Hormon- und Nervensystem wird an den gemeinsamen Aktivitäten von sympathischem Nervensystem und Adrenalindrüsen deutlich. In Stresssituationen, wenn das Pferd fliehen oder kämpfen muss, wird das gesamte sympathische Nervensystem stimuliert. Die Folge sind ein schneller Puls und erhöhter Blutdruck. Die Herzleistung wird gesteigert und der Blutfluss zu den Skelettmuskeln wird auf Kosten der Durchblutung von Haut und Verdauungsorganen gesteigert.

Der Mittelteil der Adrenalindrüsen, das Nebennierenmark, schüttet das Hormon Adrenalin aus, welches in der chemischen Zusammensetzung sehr dem Noradrenalin ähnelt, welches an den Enden sympathischer Nerven gebildet wird. Adrenalin bewirkt die gleichen Reaktionen wie Impulse in den sympathischen Nerven und erhöht außerdem deutlich die Stoffwechselrate. Der gemeinsam erreichte Effekt von Hormon- und Nervensystem ist es also, den Körper auf eine Notfallsituation vorzubereiten.

DIE SINNE

Pferde nehmen die Welt um sie herum mit den gleichen Sinnen wahr wie wir. Grob gesagt funktionieren die Sinnesorgane des Pferdes genauso wie unsere, unterscheiden sich von ihnen aber in ihrer Leistungsfähigkeit und die Art und Weise, wie sie genutzt werden. Wir werden nie erfahren, wie es wirklich ist, wie ein Pferd zu sehen oder zu hören. Eine gewisse Vorstellung von der einmalig feinen Sinneswahrnehmung der Pferde ist aber wichtig, um ihr Verhalten besser zu verstehen.

Das zentrale Nervensystem wird von einer riesigen Anzahl von sensorischen Rezeptoren mit Informationen versorgt. Einige von ihnen sind über den gesamten Körper verteilt, in jedem Muskel, jeder

Die Vorfahren unserer Hauspferde konnten in der Wildnis als Beutetiere nur deshalb überleben, weil ihre Fluchtreaktion so schnell und unmittelbar war. Langes Analysieren der Gefahrenquelle konnten sie sich nicht leisten.

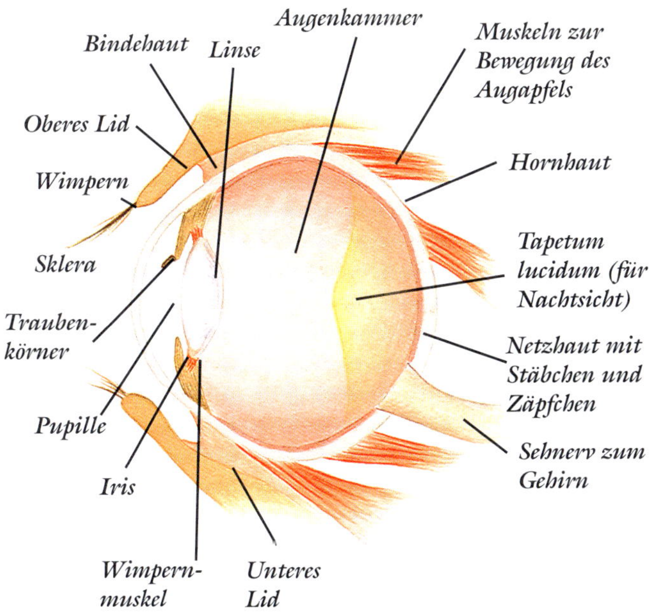

DIE STRUKTUR DES PFERDEAUGES

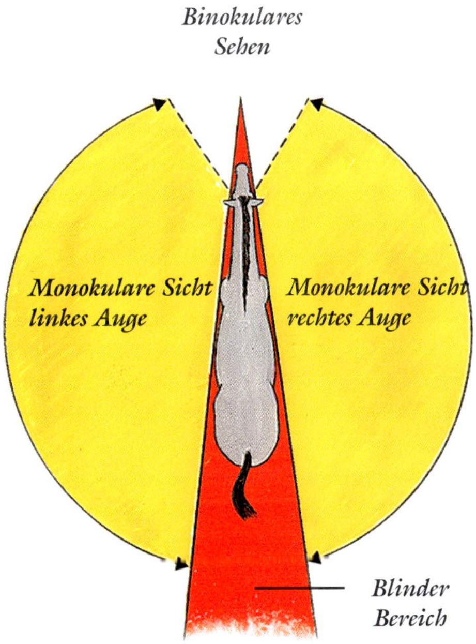

DAS GESICHTSFELD DES PFERDES

Sehne, jedem Band und jeder Gelenkkapsel. Sie nehmen Veränderungen in der mechanischen Belastung wahr und halten das Gehirn darüber auf dem Laufenden, in welcher Position sich Beine, Hals und Kopf gerade befinden. Auch die Haut enthält eine große Anzahl von Rezeptoren, die viele verschiedene Berührungsempfindungen ermöglicht.

Alle diese Rezeptoren sind modifizierte Nervenenden, deren Form die Art des Reizes bestimmt, auf den sie reagieren. Sie kommen alleine oder in Gruppen vor. In Augen, Ohren und Nase, hoch spezialisierten Sinnesorganen, sind dagegen große Mengen an Rezeptoren zusammengefasst, die ein bemerkenswert detailliertes Bild von der Umgebung übermitteln.

SICHT

Die Vorfahren des heutigen Pferdes retteten sich vor Raubtieren, indem sie zuerst flohen und später nachschauten. Die Sicht ist der wichtigste Gefahrendetektor für ein Pferd und beeinflusst auch beinahe jeden anderen Aspekt seines Verhaltens. Die Größe seiner Augen (das größte Auge aller Landsäugetiere), der für die Verarbeitung von visuellen Informationen zuständige Gehirnabschnitt und die Tatsache, dass ein Drittel aller an das Gehirn geleiteten Sinnesempfindungen vom Auge stammt, machen die große Bedeutung des Sehens klar.

SO FUNKTIONIERT DAS AUGE

Augen bündeln von äußeren Objekten ausgehende Lichtstrahlen und projizieren sie in ein auf den Kopf

Das Pferd hat von allen Landsäugetieren die größten Augen. Seine Perspektive von der Welt ist allerdings eine etwas andere als die uns gewohnte.

gestelltes Bild auf die Netzhaut, die auf der Rückseite des Auges liegt. Dort wandeln lichtempfindliche Zellen (Photorezeptoren) das Bild in ein Muster von Nervenimpulsen um, die über den Sehnerv an das Gehirn geleitet werden.

Sowohl Pferd als auch Mensch besitzen zwei Arten von Photorezeptoren: Stäbchen und Zapfen. Stäbchen reagieren eher auf schwächeres Licht, geben aber keine Information über seine Wellenlänge, also seine Farbe. Sie sind also in erster Linie für die Nachtsicht zuständig. Die Zapfen benötigen zu ihrer Aktivierung mehr Licht, kommen also während des Tages ins Spiel. Sie reagieren auch auf verschiedene

Das Pferd sieht die Welt nicht als Jäger, sondern als Gejagter. Kontruktion und Lage seiner Augen erlauben ihm beim Grasen eine Rundumsicht von fast 340 Grad. Ganz besonders sind seine Augen auf die Wahrnehmung von Bewegungen spezialisiert, Details und Tiefenschärfe kann das Pferd nur im engen Bereich des binokularen Sehens wahrnehmen. Dieses Pony scheut vor einem fremden Gegenstand - indem es den Kopf zu ihm hindreht, kann es ihn besser erkennen.

Farben, je nach dem in der Zelle vorhandenen Pigment. Menschen haben drei Arten von Zapfen (rot, grün und blau); ihre anteilige Reizung versetzt uns in die Lage, viele verschiedene Farbnuancen wahrzunehmen.

Bis heute ist man sich nicht ganz sicher, wie viele Farben Pferde unterscheiden können. Fest steht auf alle Fälle, dass sie (entgegen alter Lehrmeinung) ein gewisses Farbensehen besitzen. Neuere Forschungen haben ergeben, dass Pferde zwischen grau und vier verschiedenen Farben (rot, gelb, grün und blau) unterscheiden können. Manchen Pferden scheint es aber schwerer zu fallen, gelb oder grün von grau zu unterscheiden. Das lässt vermuten, dass Pferde wie einige andere Säugetiere auch (z.B. Hunde, Schweine und Eichhörnchen) nur zwei Arten von Zapfen auf der Netzhaut besitzen.

Auf der menschlichen Netzhaut befindet sich ein zentraler Punkt, auf dem Photorezeptoren und Neuronen eng zusammengepackt sind. Auf diesem Punkt fokussierte Bilder werden sehr scharf und detailliert wahrgenommen. Da wir nicht in allen Bereichen unseres Gesichtsfeldes gleich deutlich sehen können, bewegen wir unsere Augen von einem Gegenstand zum anderen. Auch die Netzhaut des Pferdes hat einen Bereich des besonders scharfen Sehens, den man Area centralis nennt. Außerdem besitzt es aber noch einen zweiten, dicht mit Photorezeptoren besetzten Streifen, der sich als waagerechtes Band über die Netzhaut erstreckt und ihm ermöglicht, während des Grasens den Horizont zu beobachten. Die meiste Zeit über wird der Augapfel reflexartig von zwei (aus insgesamt sieben) Muskeln bewegt, um das Auge am Horizont ausgerichtet zu halten.

Pferde haben ein sehr weites Gesichtsfeld, sehen aber nicht so detailliert wie ein Mensch mit durchschnittlicher Sehkraft. Dafür reagieren ihre Augen extrem empfindlich auf Veränderungen innerhalb des Gesichtsfeldes, was erklärt, warum sie bei der kleinsten ungewohnten Bewegung alarmiert sind und warum sie auch kleinste Hinweise der Körpersprache verstehen können.

DAS GESICHTSFELD

Die Augen des Pferdes sitzen vorn-seitlich an seinem Kopf; das Gesichtsfeld wird nur von Körper und Kopfform eingeschränkt. Von einem engen »blinden« Korridor direkt hinter ihm abgesehen, hat das Pferd eine Rundumsicht von fast 360 Grad in der Horizontalen, in der Vertikalen von etwa 180 Grad. Ein Pferd muss beim Grasen nur leicht den Kopf drehen, um mögliche Gefahren hinter sich sehen zu können. Auch wenn Pferde seitlich angesetzte Augen haben, befindet sich direkt vor ihnen ein Bereich von 60-70 Grad, in dem sie einen Gegenstand mit beiden Augen fokussieren können - das ist etwa die Hälfte des Bereiches, in dem Menschen und Raubtiere mit beiden Augen sehen können.

Ein Vorteil dieses binokularen (zweiäugigen) Sehens ist, dass das Gehirn durch die Kombination zweier leicht unterschiedlicher Bilder die Entfernung eines Objektes einschätzen kann - ein Vorgang, den man Stereopsis nennt. Beim Pferd wird die binokulare Sicht durch die Nase begrenzt, die alles verdeckt, was sich direkt unter und etwa 1,20 m vor ihr befindet. Ein Pferd muss deshalb seinen Kopf drehen

DAS FOKUSSIEREN

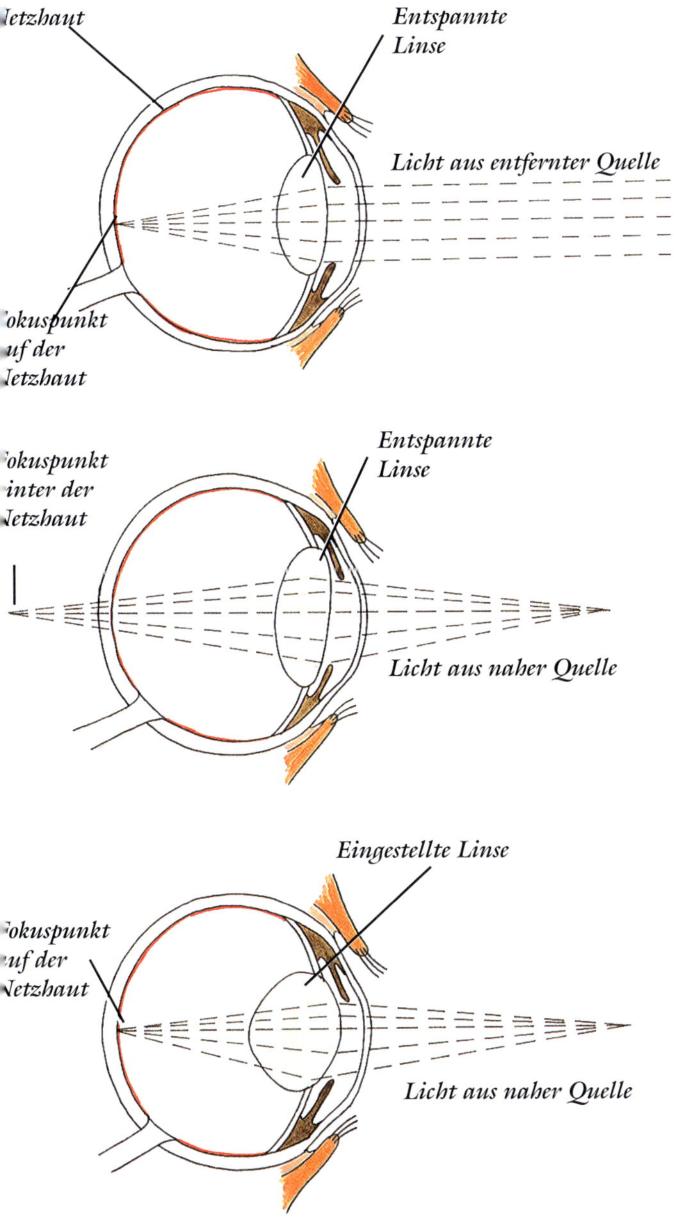

So fokussiert das Pferdeauge. Die Linse ist von Natur aus eher auf weit entfernte Objekte eingestellt. Sie kann nur begrenzt »scharfstellen«, damit Gegenstände in kurzer Entfernung klar erkannt werden können.

Als Reiter muss man verstehen, wie das Pferd sieht. Beim Springen muss es genügend Kopffreiheit haben, um die Entfernung zum Sprung und dessen Tiefe genau abschätzen zu können. Zu kurze Zügel oder sogar Hilfszügel sind in dieser Situation nicht nur kontraproduktiv, sondern auch extrem belastend für das Pferd.

oder senken, um sehen zu können, wo es hintritt - eine Tatsache, die man besonders beim Springen bedenken sollte. Ihr Pferd benötigt eine gewisse Kopffreiheit, um den Sprung in der Anreitphase gut sehen und abschätzen zu können, wo seine Vorderbeine landen werden.

FOKUSSIEREN

Damit ein Gegenstand scharf anstatt verschwommen erscheint, muss sein Bild präzise auf die Netzhaut fokussiert werden. Die Fähigkeit des Auges, sowohl nahe als auch entfernte Objekte scharf einstellen zu können, nennt man Akkomodation. Die gekrümmte Oberfläche der transparenten Hornhaut sorgt für einen Großteil der notwendigen Brechung der Lichtstrahlen. Änderungen in der Scharfeinstellung werden durch das Zusammenziehen von Muskeln verursacht, welche die elastische Linse nach vorn in Richtung Augenoberfläche ziehen. Wenn diese Muskeln entspannt sind und die Linse entsprechend gekrümmter ist, stellt das Auge auf weiter entfernte Gegenstände scharf - Pferde sind also von Natur aus »weitsichtig«.

Im Alter haben Pferde unter der gleichen Verschlechterung der Sehkraft zu leiden wie wir Menschen. Es gibt sogar Vermutungen, dass Domestikation und Inzucht der Pferde zu einem gewissen Grad von Myopie oder Kurzsichtigkeit geführt haben.

Früher nahm man an, dass die Linse beim Pferd überhaupt nicht flexibel sei und dass das Pferd nur durch Auf- und Abwärtsbewegung des Kopfes verschieden weit entfernte Gegenstände scharf auf der Netzhaut abbilden könne, was aber heute mit optischen Messungen widerlegt wurde. Die Kopfbewegungen haben vermutlich mehr damit zu tun, dass das Pferd versucht, Gegenstände aus dem Bereich des blinden Fleckes hinaus und in den des binokularen Sehens zu bringen. Trotzdem ist anzunehmen, dass Pferde ihr Auge nicht so schnell auf verschiedene Gegenstände scharf einstellen können wie wir, was erklärt, weshalb plötzliche, nahe Bewegungen so erschreckend auf sie wirken.

Da Pferde 24 Stunden am Tag wachsam sein müssen, sind sie auf gute Sicht sowohl am Tag als auch bei Dunkelheit angewiesen. Die Iris oder Regenbogenhaut, ein flacher, glatte Muskulatur enthaltender Gewebering zwischen Hornhaut und Linse, begrenzt den Lichteinfall ins Auge durch die Pupille. Bei hellem Licht schließt sich die Pupille reflexbedingt zu einem schmalen horizontalen Schlitz, die so genannten Traubenkörner, kleine, unregelmäßige

Gebilde in ihren Winkeln, sorgen für weitere Beschattung.

Im Dämmerlicht vergrößert sich die Pupille und wird runder, damit möglichst viel Licht eindringen kann. Das Auge des Pferdes besitzt hinter der Netzhaut noch eine zusätzliche, reflektierende Schicht, das so genannte Tapetum lucidum - ein Merkmal, das es mit nachtaktiven Tieren teilt und das für das »Leuchten« der Augen verantwortlich ist, wenn sie im Dunkeln von Licht angestrahlt werden. Licht, das durch die Netzhaut gedrungen ist, ohne absorbiert und folglich »entschlüsselt« zu werden, wird vom Tapetum durch die Schicht der lichtempfindlichen Zellen zurück reflektiert und erhält so eine zweite Chance, wahrgenommen zu werden. Pferde können also im Dunkeln wesentlich besser sehen als wir Menschen und sind gut in der Lage, auch nachts den Weg zu finden.

SCHUTZMECHANISMEN

Der Augapfel selbst ist recht stabil, da er von der faserigen, ihn umgebenden Sklera Form und Festigkeit erhält. Das Auge besitzt aber auch sehr empfindliche Stellen, deren Verletzung immer eine ernste Angelegenheit ist und für das Wildpferd zur Katastrophe wird.

Zur Versorgung seines Gewebes wird das Auge durchblutet: ein dichtes Netzwerk von kleinen Blutgefäßen bildet die Uvea (Traubenhaut), welche Aderhaut (Chorioidea), Ziliarkörper (Strahlenkörper) und Iris umfasst. Das Auge wird von verschiedenen Strukturen geschützt, die offensichtlichste davon ist das Augenlid mit der es auskleidenden Bindehaut. Die Augenhöhle besitzt einen starken knöchernen Rand und eine hinter dem Augapfel liegende Fettschicht, die als Kissen wirkt. Abrieb und Schädigungen der Hornhaut werden durch Flüssigkeit verhindert, die von den Tränendrüsen gebildet und über kleine Kanäle an die Augenoberfläche geleitet wird. Die Tränenflüssigkeit enthält außerdem auch antibakteriell wirkendes Lysozym.

Hinzu kommen die angeborenen Schutzreflexe (s. oben) - beim neu geborenen Fohlen kann es aber einige Tage lang dauern, bis die entsprechende Reaktion auf plötzliche Bewegungen erfolgt.

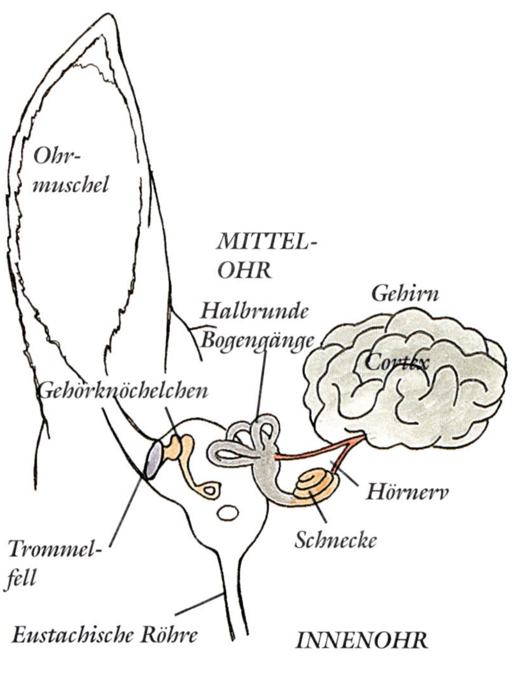

Die Struktur des Pferdeohres. *Vom Trommelfell aufgefangene Signale werden über Vibrationen der Gehörknöchelchen zu Innenohr und Schnecke weitergeleitet und dann über den Hörnerv ans Gehirn gesendet.*

HÖR- UND GLEICHGEWICHTSSINN

Töne werden anders als Licht übertragen, nämlich als Vibrationen in der Luft. Sie können auch um Ecken herum und über weite Entfernungen »reisen«. Pferde haben ein fein entwickeltes Gehör und gebrauchen es sowohl als Frühwarnsystem vor Raubtieren als auch zur Kommunikation mit anderen Herdenmitgliedern. Sie lernen schnell, auf stimmliche Signale des Menschen zu achten.

SO FUNKTIONIERT DAS OHR

Das Ohr wandelt die Klangwellen aus der Umwelt mit Hilfe feinster Strukturen innerhalb des Schläfenbeins zu Aktionspotenzialen in den Hörnerven um.

Der nach außen sichtbare Teil des Ohres, die Ohrmuschel oder Pinna, fängt die Klangwellen ein und leitet sie ans Trommelfell weiter. Im Mittelohr wird der Klang durch eine Folge drei kleiner Knöchelchen - Hammer (Malleus), Amboss (Incus) und Steigbügel (Stapes) - zu einer Art ovalem Fenster geleitet, wo er Vibrationen innerhalb der so genannten Schnecke (Cochlea) erzeugt.

Die Schnecke besteht aus einem knöchernen Spiralgang, der mit einer als Endolymphe bezeichneten Flüssigkeit gefüllt ist. Spiralaufwärts befindet sich eine Reihe höchst empfindlicher »Haarzellen«, die über Synapsen mit den Neuronen des Cochleanerves verbunden sind. Hochfrequenztöne werden weiter unten; Niedrigfrequenztöne weiter oben in dieser Spirale aufgefangen. Sehr laute Geräusche lösen den Trommelfellreflex aus: zwei kleine Muskeln im Mittelohr ziehen sich zusammen, dämpfen die Schallübertragung und schützen so den zerbrechlichen Mechanismus der Schnecke.

In einem anderen Teil des mit Flüssigkeit gefüllten Labyrinthes im Innenohr befinden sich drei halbrunde Bogengänge und zwei Säckchen, Utricukus und Sacculus. Sie dienen der zweiten wichtigen Funktion des Ohres, nämlich der, dem Gehirn Infor-

Als Reaktion auf Geräusche aus einer bestimmten Richtung dreht das Pferd ein Ohr in Richtung der Geräuschquelle oder, falls das Geräusch von vorn kommt, beide Ohren nach vorn.

mationen über Position und Bewegungen des Kopfes mitzuteilen - woraus der Gleichgewichtssinn entsteht.

GEBRAUCH DER OHREN

Die Ohren können unabhängig voneinander um 180 Grad gedreht oder flach angelegt und somit verschlossen werden. Diese Beweglichkeit wird durch insgesamt 16 Muskeln erreicht, die an der Basis der Ohrmuschel ansetzen. Der Mensch hat nur drei solcher Muskeln, die zudem nur rudimentär ausgebildet sind.

Da die Pferdeohren oben auf dem Kopf sehr gut sichtbar sind, werden sie auch als Signalgeber für Gefühle und Absichten gebraucht. Zurückgelegte Ohren können Aggression anzeigen, aber auch einfach nur dem Schutz vor einem lauten Geräusch dienen.

Als Reaktion auf Geräusche aus einer bestimmten Richtung dreht das Pferd ein Ohr in Richtung der Geräuschquelle oder, falls das Geräusch von vorn kommt, beide Ohren nach vorn. Dieser so genannte »Pryer Reflex« verleiht dem Pferd eine bessere Hörschärfe und uns Hinweise, worauf das Pferd gerade hört. Auch die Hörfähigkeit des Pferdes kann so eingeschätzt werden - heraus kommt, dass Pferde etwas besser hören können als Menschen. Sie können Töne mit einer Frequenz von 25kHz oder höher wahrnehmen - das ist fast eine ganze Oktave höher, als wir erfassen können. Der am besten wahrgenommene Frequenzbereich liegt aber bei Pferd und Mensch viel niedriger: bei etwa 2 bzw. 4 kHz. In diesem mittelfrequenten Bereich können Pferde auch sehr schwache Nuancen in Lautstärke und Klang wahrnehmen. Ihre Hörfähigkeit nimmt genau wie bei uns mit dem Alter ab.

Es gibt Berichte darüber, dass Pferde vor bevorstehenden Erdbeben unruhig wurden. Vermutlich reagierten sie tatsächlich auf niedrigfrequente Wellen, aber wohl eher über den Tast- als über den Hörsinn.

Trotz ihrer offensichtlichen Sensibilität reagieren Pferde nicht auf alle Geräusche aus ihrer Umgebung. Im Gehirn findet ein gewisser Filterungsprozess statt, der sicherstellt, dass Reaktionen nur auf bedeutungsvolle Geräusche hin stattfinden.

Was aber macht ein Geräusch für das Pferd interessant? Dies hängt von mehreren Faktoren wie Erfahrung, biologische Relevanz und Motivation ab. Instinktiv reagieren Pferde auf die Lautäußerungen von Artgenossen; sie lernen aber auch, Geräusche zu unterscheiden, die nicht Teil ihres natürlichen Repertoires sind. So wird immer wieder berichtet, dass Pferde in Erwartung des Futters wiehern, wenn sich das Auto ihres Besitzers nähert - wobei sie die Motorengeräusche fremder Autos völlig ignorieren. Alles, was die Wahrnehmung und Ortung von Geräuschen erschwert (wie z.B. Wind), kann ein Pferd nervös machen und leicht zum Scheuen bringen.

GERUCHSSINN

Wenn sich ein Pferd einem fremden Gegenstand nähert, sind nicht nur seine Augen und Ohren darauf gerichtet, sondern es streckt auch Kopf und Hals vor, um mit geblähten Nüstern daran zu schnuppern. Der Schädel des Pferdes hat sich in der Evolution zu seiner heutigen Form entwickelt, weil in ihm eine große Anzahl stattlicher Backenzähne untergebracht werden musste. Die verlängerte Nase bedeutet aber auch, dass die Nasenhöhle eine große Oberfläche zum Wahrnehmen von Gerüchen besitzt.

Der Geruchssinn dient zum Auffinden von Wasser, zum Aussortieren von Futter und zur Entdeckung von Raubtieren. Außerdem ist er am Sozialverhalten beteiligt: Stute und Fohlen erkennen sich gegenseitig am Geruch, Pferde prusten sich zur Begegnung gegenseitig in die Nüstern und Hengste erkennen die Paarungsbereitschaft einer Stute an ihren Ausdünstungen.

SO FUNKTIONIERT DER GERUCHSSINN

Wenn das Pferd einatmet, gelangt Luft mit darin enthaltenen flüchtigen Substanzen in die Nasengänge. Weiter vorn im Bereich der Nüstern enthalten die Schleimhäute nur wenige sensorische Zellen und haben hauptsächlich die Aufgabe, die Luft zu filtern, zu wärmen und anzufeuchten, bevor sie mit den geruchsempfindlichen Bereichen in Kontakt kommt. Weiter oben strömt die Luft durch die knöcherne Nasenmuschel, die mit einer gelbbraunen Schleimhaut bedeckt ist. Diese besteht aus einer Mischung von Chemorezeptoren und unterstützenden Zellen, welche Schleim absondern und das Epithelium damit bedecken.

Am Ende jeder Rezeptorenzelle stehen mikroskopisch kleine Fäden hervor, welche die zur Aufnahme chemischer Reize geeignete Oberfläche weiter vergrößern. Die Axone der Rezeptorenzellen verbinden sich mit denen anderer und bilden so die Geruchsnerven (olfaktorische Nerven), die durch winzige

Der Geruchssinn des Pferdes ist wesentlich feiner als der des Menschen und spielt eine wichtige Rolle bei Nahrungsaufnahme, Paarung und Sozialkontakt. Über gegenseitiges Beschnuppern schätzen sich fremde Pferde gegenseitig ein.

Beim Flehmen werden intensive oder interessante Gerüche an das tief in den Nasengängen sitzende Jacobson'sche Organ weitergeleitet.

Wälzen dient nicht nur der Hautpflege, sondern auch der Aufnahme und Weitergabe des herdenspezifischen Geruches.

Löcher im Schläfenbein laufen und schließlich in den Riechkolben des Gehirns enden.

Beim Menschen misst die Oberfläche des Riechepithels etwa 3-4 Quadratzentimeter; beim Pferd ist sie mindestens hundertmal so groß. Sie können sich also vorstellen, wie differenziert und wichtig der Geruchssinn für ein Pferd ist!

In den Boden der Nasenhöhle öffnen sich außerdem beim Pferd zwei Kanäle, die ebenfalls zur Geruchsanalyse dienen - sie gehören zum vomero-nasalen oder Jakobson'schen Organ, das bei vielen Haustieren, aber nicht beim Menschen vorkommt. Es filtert Pheromone aus der Luft, das sind chemische Botenstoffe, die zu bestimmten Reaktionen im Verhalten führen.

So stülpt ein Hengst oft die Oberlippe zu einem so genannten Flehmen auf, wenn er am Urin einer Stute geschnuppert hat. Man nimmt an, dass das Flehmen die Übertragung der Pheromone zum Jacobson'schen Organ erleichtert. Aber auch andere starke, ungewohnte Gerüche können das Flehmen hervorrufen, und das nicht nur bei Hengsten.

GESCHMACKSSINN

Der Geschmackssinn ist überlebenswichtig, weil er die Aufnahme von giftigem oder verdorbenem Futter oder Wasser verhindert. Pferde müssen ihr Futter besonders sorgfältig auswählen, denn im Gegensatz zu vielen anderen Tieren können sie nicht erbrechen. Wie etwas schmeckt, hängt auch von seinem Geruch ab, sodass beide Sinne eng miteinander verbunden sind.

SO FUNKTONIERT DER GESCHMACKSSINN

In der Maulschleimhaut sind Chemorezeptoren und unterstützende Zellen zu zwiebelförmigen Geschmacksknospen angeordnet, die etwa 0,2 mm hoch sind. Sie sitzen am weichen Gaumen, auf dem Kehldeckel und in den Papillen der Zunge. Damit die Rezeptorenzellen stimuliert werden, muss die in Speichel gelöste Substanz die Pore der Geschmacksknospe erreichen, aus der winzige, haarähnliche Mikrozotten hervorstehen. Dort reagieren sie mit der Zellmembran und schaffen Aktionspotenziale in den Sinnesnervenzellen. Die von den Geschmacksknospen ausgehenden, relativ langsam leitenden Axone werden über Schädelnerven weitergeleitet und vereinen sich im Nachhirn.

Der Mensch unterscheidet vier Hauptgeschmacksrichtungen: süß, sauer, bitter und salzig. Es wäre falsch, das Gleiche auch für Tiere anzunehmen: was für uns süß schmeckt, kann von einem Pferd voll-

UNTUGENDEN DURCH STRESSMINDERUNG VORBEUGEN

Pferde sind darauf ausgelegt, zwei Drittel des Tages mit Fressen zu verbringen und ständig zusammen mit Artgenossen in Bewegung zu sein. »Moderne« Haltungsmethoden verhindern nur zu häufig, dass das Pferd seine angeborenen Grundbedürfnisse erfüllen und sein Verhaltensrepertoire ausleben kann. Die zwanghaften und unnormalen Verhaltensweisen (Stereotypen), die man häufig bei Stallpferden beobachten kann, werden traditionell als »Untugenden« beschrieben - dabei weisen sie in keiner Weise auf irgendeine Bösartigkeit hin.

Die wiederholten Handlungen scheinen dem Pferd vielmehr zu ermöglichen, mit Situationen zurecht zu kommen, die ihm Stress verursachen und denen es sich nicht entziehen kann. Einmal angewöhnt, sind diese Gewohnheiten schwierig bis unmöglich wieder abzuschaffen, selbst wenn die eigentliche Ursache entfernt wurde. Mitunter können sie die Fähigkeit des Pferdes zur richtigen Nahrungsaufnahme oder zum Ausruhen negativ beeinflussen. Der bessere Weg besteht auf jeden Fall in der Vorbeugung.

Stereotype Verhaltensweisen sind bei wilden und frei lebenden Pferden unbekannt. Bei Hauspferden kann man sie leicht verhindern, indem man sich bemüht, ihnen ein abwechslungsreicheres Leben zu schaffen und die Stressbelastung zu verringern, insbesondere bei Tieren, die von Natur aus ängstlicher oder nervöser sind und eine niedrigere Schwelle zur Stresstoleranz haben. Ein entspanntes Pferd ist körperlich und geistig gesünder und einfacher im Umgang.

STEREOTYPE VERHALTENSWEISEN UND IHRE URSACHEN

Stereotypen aus dem Verhaltenskreis:

Fressen	Bewegung	Irritation	Soziale Interaktion
Kauen	Weben	Gegen die Wände treten	Kopf vorstrecken (nickend, mit angelegt.Ohren)
Lippen lecken	Scharren	Scheuern	Gegen die Wände treten
Ablecken von Gegenständen	Schweifschlagen	Selbstverstümmelung	
Koppen (mit Aufsetzen)	Gegen d. Türe treten	Kopfschlagen	
Koppen (frei)	Kopfkreiseln	Kopfschütteln Nicken	

FRESSEN

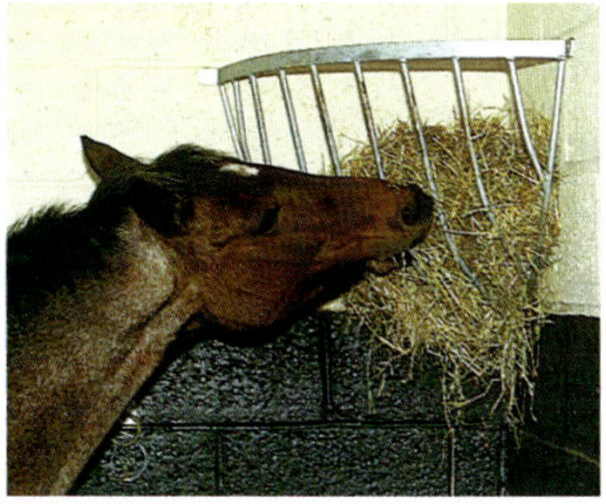

Hochkonzentrierte Kraftfutter versorgen das Pferd innerhalb kürzester Zeit mir allen nötigen und leicht verwertbaren Nährstoffen; weshalb ein Stallpferd die meiste Zeit des Tages nichts hat, um Verdauung und Geist zu beschäftigen. Viele stereotype Handlungen wie beispielsweise Koppen (oben links) oder Deckenbeißen spiegeln das unerfüllte Kaubedürfnis des Pferdes wieder.

Stallpferde sollten beliebig Raufutter zur Verfügung haben (u. links). Engmaschige Heunetze verlängern die Fressdauer. 'Spielzeuge' wie der Pferdeball (rechts) können das Pferd sinnvoll geistig beschäftigen und gegen Langeweile wirken. Die möglichst gleichzeitige Fütterung aller Pferde wirkt stressmindernd.

SOZIALE INTERAKTION

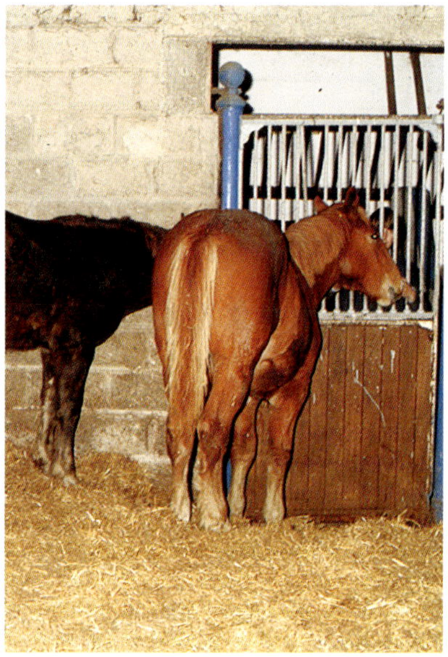

Als Herdentier fühlt sich das Pferd alleine sehr verletzlich - trotz dieser Erkenntnis bleibt vielen Pferden der Kontakt zu Artgenossen verwehrt. Eine Gruppen-Auslaufhaltung funktioniert in der Regel problemlos, vorausgesetzt, es wird auf genügend Platz und sorgfältige Zusammenstellung der Gruppe geachtet.

Stereotypen entstehen oft aufgrund eines Traumas und werden dann zur Gewohnheit. Zu frühe oder abrupte Trennung des Fohlens von der Mutter oder unnötige Isolation von Fohlen ist ein typischer Auslöser für späteres Koppen. Immer muss für Weidekumpel gesorgt werden, am besten ein weiteres Pferd, aber auch jedes andere Tier ist besser als gar keine Gesellschaft. Der Stall sollte so konzipiert sein, dass die Pferde sich gegenseitig sehen und am besten auch berühren können; für die Sicherheit können dabei Gitterabtrennungen sorgen.

BEWEGUNG

Alle Pferde sollten so viel Bewegung wie möglich erhalten - sei es durch Reiten, Bodenarbeit oder Weidegang. Wenn möglich, sollten die »Arbeitszeiten« auf mehrere kurze Einheiten pro Tag aufgeteilt werden. Für ein rein im Stall gehaltenes Pferd sind zwei Stunden Bewegung täglich das absolute Minimum - ohne Ruhetag dazwischen. Ställe sollten so geräumig und hoch wie möglich sein und mindestens einen interessanten Ausguck bieten.

Psychologisch ist das Pferd auf ständige langsame Bewegung, unterbrochen von kurzen Phasen hoher Aktivität, programmiert. Es fürchtet die Enge und würde von Natur aus nie in einen geschlossenen Raum gehen. Viele Reitpferde verbringen aber bis zu 23 Stunden am Tag in einer Box, in der sie sich kaum umdrehen können. Jede Bewegung wird streng kontrolliert, für Freilauf und Spiel ist wenig Gelegenheit. Mit stereotypen Verhaltensweisen wie Weben oder rastlosem Umherlaufen in der Box quittiert das Pferd solche unnatürlichen, Stress auslösenden Haltungsumstände.

KONTROLLMASSNAHMEN

Auch wenn etablierte stereotype Verhaltensweisen oft durch die Reduzierung von Stress und Langeweile vermindert werden können, muss man doch eher mit ihnen leben, als sie heilen zu können. Webgitter und Kopperriemen (siehe oben und vorhergehende Seite) sind Beispiele für mechanische Verhinderungsmaßnahmen, die kurzfristig eingesetzt werden können, während man die stressauslösende Ursache beseitigt.

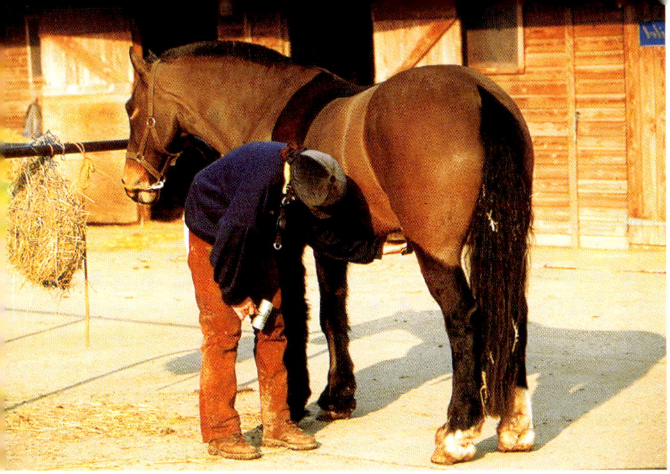

Im Sozialleben der Pferde spielt Berührung eine wichtige Rolle. Die meisten genießen ein freundliches Anfassen - aber Vorsicht vor kitzligen Stellen!

kommen anders wahrgenommen werden. Es lässt sich allerdings leicht feststellen, dass Pferde zwischen reinem und mit verschiedenem Zusätzen versehenen Wasser unterscheiden können, sodass die Hauptgeschmacksrichtungen wahrgenommen werden.

Nicht überraschend ist, dass Pferde Salz schmecken, da ein Natriummangel im Körper den Appetit auf Salz anregt. In einer an Fohlen durchgeführten Studie zogen diese gezuckertes Wasser reinem Leitungswasser vor, was die Annahme unterstützt, dass Pferde von Natur aus »Süßmäuler« sind. Ein deutlicher Unterschied zwischen Pferden und Menschen besteht darin, dass Pferde Dinge fressen, die für uns unerträglich bitter schmecken.

HAUT UND BERÜHRUNGSSINN

Die Haut, auf die wir im nächsten Kapitel noch ausführlich eingehen werden, bedeckt den Körper, schützt ihn vor Verletzungen, dem Eindringen von Mikroorganismen und Austrocknung. Sie ist durch den kühlenden Effekt des Schwitzens außerdem an der Kontrolle der Körpertemperatur beteiligt. Die Haut hat auch eine sensorische Funktion: durch sie wird die unmittelbare Umgebung gefühlt - mit Empfindungen von Berührung, Druck, Vibration, Kälte, Hitze oder Schmerz.

Manche Bereiche der Körperoberfläche sind empfindlicher als andere, was teilweise an der Dicke von Fell und Haut liegt. Die Dicke der Haut schwankt zwischen einem und sechs Millimetern, am dicksten ist sie am Mähnenkamm und auf der Oberseite der Schweifrübe. Sie schwankt aber auch je nach Alter, Geschlecht und Rasse des Pferdes sowie von einem Individuum zum anderen. Vollblüter haben eine dünnere und empfindlichere Haut, während die von Kaltblütern unempfindlicher und gröber ist.

Auch die Zahl der Sinneszellen schwankt an verschiedenen Körperbereichen zwischen Hunderten und Tausenden pro Quadratzentimeter Haut. Viele dieser Rezeptoren sind einfach Nervenenden, während andere, die wie kleine Scheiben oder Kolben aussehen, auf die Wahrnehmung von Licht oder Berührung spezialisiert sind. Die Berührungsempfindlichkeit ist besonders groß um Lippen, Nase und Augen, was an der höheren Konzentration von Sinneszellen und dem Vorhandensein von langen, steifen Tasthaaren liegt, deren Follikel von Nervenenden umgeben sind. Die Tasthaare am Maul sind für ein Pferd wichtig, weil sie ihm anzeigen, wie weit seine Nase von einem Gegenstand entfernt ist. Beim Fressen dienen sie auch dazu, die Struktur der Futterstoffe zu analysieren. Das Abrasieren der Tasthaare aus Gründen des Schönheitsempfindens sollte deshalb unbedingt unterbleiben.

Die Berührung spielt bei der Verständigung von Pferden untereinander eine wichtige Rolle, insbesondere zwischen Stute und Fohlen und während der Paarung. Gegenseitige Fellpflege dient in der Herde zur Festigung von Freundschaften. Mit unserem Gebrauch von Schenkeln, Sitz, Hand und Gerte verlassen wir uns auch beim Reiten auf den feinen Berührungssinn des Pferdes. Ein gut gerittenes Pferd bleibt für kleinste Signale empfänglich. Entsprechend führt der wiederholte Einsatz grober Hilfen schnell zu einem »harten« Maul oder »toten« Flanken, da so die Empfindlichkeit für Berührungen herabgesetzt wird.

Pferde werden lieber gestreichelt als mit der Hand abgeklopft. Ein freundliches Streicheln bestimmter Körperbereiche wie z.B. dem Widerrist kann sowohl beruhigend als auch belohnend wirken. Berührung ist auch die Grundlage aller Massagetherapien wie Tellington Touch oder Shiatsu.

Zusammenfassend lässt sich sagen, dass alle in diesem Kapitel vorgestellten hormonellen Vorgänge und Sinneswahrnehmungen genetisch programmiert und bis zu einem gewissen Grad unveränderbar sind. Ein Pferd kann zwar neue Verhaltensweisen und Fähigkeiten erlernen, die Ausbildung kann aber seine natürlichen Instinkte und Triebe nie vollständig überlagern. Je mehr wir darüber wissen, wie diese Vorgänge funktionieren und wie sie das Verhalten beeinflussen, desto besser können wir mit dem Pferd anstatt gegen es arbeiten.

LERNEN UND GEDÄCHTNIS

Die angeborenen Fähigkeiten und instinktiven Reaktionen des Pferdes werden lebenslänglich durch Lernen geformt, verfeinert und erweitert. Die mit den beschriebenen Sinnen gemachten Erfahrungen führen zum Schaffen von Erinnerungen und dauerhaften Veränderungen des Verhaltens. Manchmal ist nicht sofort erkennbar, dass das Pferd etwas neues gelernt hat, denn die Information wird vielleicht erst später gebraucht (man nennt das »latentes Lernen«).

Pferde lernen natürlich diejenigen Dinge am schnellsten, die einen biologischen Sinn für sie machen: was ist gefährlich und was nicht, wie gutes Futter riecht und sich anfühlt, wo man Wasser und Wetterschutz findet, wer die Herdengenossen sind, wie man Trittsicherheit entwickelt, sich fortpflanzt und so weiter. Wir erwarten aber darüber hinaus von ihnen, dass sie bestimmte Bewegungsmuster, »gute

Manieren« und ein Leben in der unnatürlichen Umgebung, in die wir sie versetzen, lernen.

Pferde lernen auf verschiedene Art und Weise. Eine einfache Form des Lernens ist die Gewöhnung, bei der die Reaktion auf einen bestimmten, ständig wiederholten Reiz allmählich immer schwächer wird oder sogar ganz verschwindet. Pferde werden schnell unempfindlich gegenüber wiederholten Geräuschen und Anblicken, vor denen sie anfangs scheuten und die sich dann als harmlos herausstellten. Das Pferd kann, wenn es lange Zeit nicht mehr mit dem selben Reiz konfrontiert wurde, neu auf ihn reagieren, gewöhnt sich dann in der Regel aber schneller wieder an ihn. Mit Hilfe der Gewöhnung kann man Pferde dazu bringen, ungewohnte Objekte oder Prozeduren (z.B. Scheren) zu ertragen.

Bei der »Reizüberflutung« wird das Pferd wiederholt mit einem Reiz konfrontiert und dabei so festgehalten, dass es nicht fliehen kann - und zwar so lange, bis es den Reiz ignoriert und sich wieder beruhigt. Eine freundlichere Alternative dazu ist die »schrittweise Desensibilisierung«: hier wird die Konfrontation mit dem Reiz sorgfältig kontrolliert, damit das Pferd nie so viel Angst entwickelt, dass es zur Fluchtreaktion kommt. Diese Methode dauert länger, hat aber im Gegensatz zur Reizüberflutung keine negativen Auswirkungen auf das Verhältnis des Pferdes zum Menschen.

Bei anderen Lernformen werden Verbindungen zwischen zwei Ereignissen geschaffen. Bei der »klassischen Konditionierung« lernt das Pferd, dass nach einem bestimmten Signal eine bestimmte Handlung oder ein bestimmter Reiz folgt, der eine Reaktion erfordert. In der Wildnis kann zum Beispiel der Schrei eines Vogels vor einem sich anschleichenden Raubtier warnen. Wenn das Pferd dieses natürliche Warnsignal erlernt, verbessert es seine Überlebenschancen. Auf die gleiche Weise lernt ein Stallpferd, das Klappern von Eimern mit Futter zu assoziieren.

Bei der »operanten Konditionierung«, auch als »Lernen durch Versuch und Irrtum« bekannt, wird die Ausführung eines Verhaltens durch die Konsequenzen beeinflusst, die es hervorruft und die angenehm oder unangenehm sein können. Wenn ein neu geborenes Fohlen herausfindet, wo sich das Euter seiner Mutter befindet, wird es sofort mit einem Schluck Milch belohnt. Das Fohlen hat zwar einen instinktiven Drang, auf der dunklen Bauchunterseite zu suchen, aber den einfachsten Weg, zur Milchquelle zu gelangen, lernt es durch Versuch und Irrtum. In unserem Beispiel wird das Saugverhalten durch »positive Bestärkung« erlernt: nach der anfänglichen Handlung des Saugens geschieht etwas Angenehmes, weshalb die Handlung mit hoher Wahrscheinlichkeit in Zukunft öfter wiederholt wird. Das Angenehme ist hier das Trinken der Milch, das ein physiologisches Bedürfnis stillt.

Auch »negative Bestärkungen« vergrößern die Wahrscheinlichkeit des Auftretens einer bestimmten Handlung. In diesem Fall wird die Handlung aber ausgeführt, um einen unangenehmen Reiz zu vermeiden. Ein Pferd lernt auf diese Weise, dem Druck eines Halfters auszuweichen. Wenn es seinen Kopf in Richtung des Zuges wendet, wird es mit einem sofortigen Nachlassen des Drucks und Wiedererreichen seines Wohlbefindens belohnt. Bei gutem Timing können so Reaktionen auf immer leichteren Kontakt erlernt werden.

Strafe dagegen ist ein aversiver (unangenehmer) Reiz, der einer Handlung mit der Absicht folgt, sie in Zukunft zu verhindern. Sie kann erfolgreich sein, um ein unerwünschtes Verhalten zu beenden, aber generell handelt es sich um eine veraltete Methode, die nicht gut für Pferde geeignet ist. Strafen können ein ängstliches Pferd noch ängstlicher oder ein aggressives Pferd noch aggressiver machen. Beide Gemütszustände verhindern ein Lernen.

Ein Pferd kann sich aber auch an wiederholte aversive Reize gewöhnen, die uneffektiv geblieben sind. Manche »Strafen« wie beispielsweise das Anschreien eines Pferdes, das gegen die Boxentür tritt, können in der Tat das Verhalten belohnen, weil es dem Pferd gelungen ist, Ihre Aufmerksamkeit zu erregen. In solchen Fällen ist es besser, das unerwünschte Verhalten vollständig zu ignorieren, bis es von selbst erlischt.

Bei jeder Ausbildung, die auf assoziativem Lernen beruht, ist das richtige Timing von entscheidender Bedeutung. Belohnung oder nachlassender Druck müssen so schnell wie möglich nach der gewünschten Handlung erfolgen. Wenn der Zeitabstand mehr als eine oder zwei Sekunden beträgt, ist die Belohnung nutzlos - oder schlimmer noch, sie kann die falsche Handlung belohnen. Aus diesem Grund kann ein Stimmsignal, ein Streicheln oder ein »Click« als »sekundärer Verstärker« eingesetzt werden, den man präziser als Futterbelohnung einsetzen kann. Er überbrückt den Zeitraum zwischen Handlung und primärem Verstärker (in der Regel eine Futterbelohnung) oder ersetzt sogar das Futter, wenn er als angenehm empfunden wird. In den Anfangsphasen des Trainings ist es sinnvoll, jeden richtigen Schritt zu belohnen (»Ständige Bestärkung«). Wenn die Belohnung dann aber später plötzlich ausbleibt, erlischt auch das erlernte Verhalten. Indem man richtige Versuche später nicht mehr immer, sondern nur hin und wieder belohnt, verringert man das Risiko des Erlöschens und das Erlernte wird länger behalten.

Einem Pferd eine komplexe Fähigkeit wie z.B. das Überspringen eines Hindernisses beizubringen ist mit dem so genannten »Formen« (Shaping) am einfachsten. Dabei werden die einzelnen Schritte belohnt, die nach und nach zum richtigen Ziel führen.

Das Headshaking kann viele Ursachen haben und ist schwer zu beseitigen. Manchen Pferden hilft ein feinmaschiges Netz über den Nüstern.

Handlungsfolgen können also erlernt werden, indem man sie in einzelne einfache Schritte zerlegt und dann wieder zusammensetzt.

Pferde können auch durch Nachahmung lernen, obwohl der wissenschaftliche Beweis für diese Tatsache noch aussteht. Das Finden ein Wasserstelle fällt dem Pferd leichter, wenn es anderen Pferden zusieht und ihnen folgt. Heute weiß man auch, dass »Untugenden« wie Koppen und Weben nicht durch Nachahmung gelernt werden.

Studien zum Lernverhalten der Pferde haben Gedachtnisleistungen, sensorische und andere kognitive (Wahrnehmungs-)Fähigkeiten bestätigt. So lernte ein Pferd zum Beispiel, eine Futterbelohnung zu erhalten, indem es aus jedem von 20 verschiedenen Musterpaaren das jeweils richtige auswählte. Am Ende des Trainings war die Leistung des Pferdes bei vier Musterpaaren perfekt, und selbst beim schwierigsten Paar war die Entscheidung in 73% der Fälle richtig. Ein Jahr später hatte das Pferd kaum etwas von dem Gelernten vergessen. Nicht alle Pferde bestehen bei solchen Tests gleich gut, schwächere Leistungen müssen aber nicht unbedingt weniger geistige Fähigkeit bedeuten, sondern liegen vielleicht einfach in niedrigerer Motivation begründet. Trotz aller bislang durchgeführten wissenschaftlichen Untersuchungen gibt es immer noch viel, das wir über den Intellekt von Pferden lernen müssen.

STÖRUNGEN DES NERVEN- UND HORMONSYSTEMS

Erkrankungen des Nervensystems können sich beim Pferd auf verschiedene Weise zeigen, darunter in Verhaltensänderungen, Anfällen und Krämpfen, ungewöhnlicher Gesichtsmimik, Bewegungsstörungen und Lähmungen. Finanzielle Grenzen des Besitzers oder ethische Erwägungen lassen oft nur düstere Prognosen zu. Trotzdem können viele Nervenerkrankungen heute diagnostiziert und behandelt werden - in manchen Fällen mit spektakulären Erfolgsergebnissen.

VERHALTENSÄNDERUNGEN STALL»UNTUGENDEN«

So genannte »Stalluntugenden« wie Weben, Koppen oder Kopfnicken sind im Abschnitt über stereotype Verhaltensweisen auf den Seiten 153-154 besprochen.

KOPFSCHLAGEN (HEAD-SHAKING)

Kann bewusst oder unbewusst stattfinden, das Pferd schüttelt den ganzen Kopf oder nur die Nase, als müsse es niesen.

Ursachen: Zu den Ursachen können Fliegen, schlecht passende Ausrüstung, Ohrmilben, Herbstgrasmilben, Überempfindlichkeit gegen UV-Strahlen, Nasenschleimhautentzündung, Nebenhöhlenentzündung oder Zahnprobleme zählen. Head-Shaking ist schwierig zu diagnostizieren, oft wird keine Ursache identifiziert.

Behandlung: Mittel gegen äußere Parasiten, Maßnahmen zur Fliegenabwehr, Nüsternnetze und Ohrenkappen. In manchen Fällen hilft eine operative Desensibilisierung der Gesichtsnerven.

NARKOLEPSIE/KATAPLEXIE (SCHLAFANFALL)

Ein seltenes Syndrom, bei dem regelrechte Anfälle von Schlaf auftreten. Das Pferd fällt unter Verlust jeglicher Körperspannung zu Boden und verliert alle Reflexe. Zwischen den Anfällen kann nichts Ungewöhnliches festgestellt werden.

Ursachen: Narkolepsie kann mit Freiheitsentzug oder Änderungen in Fütterung und Umgebung zu tun haben.

Behandlung: In der Regel durch die Gabe anregender Mittel (Stimulantien).

NERVENTRAUMA

Ursachen: Verletzungen des Gehirns oder Rückenmarks durch Unfälle, Zusammenstöße, Überschlagen nach hinten und direkte Schlageinwirkung (z.B. durch Tritte), evtl. mit Frakturen, Schwellung und Quetschung des Nervengewebes.

Symptome: Abhängig von Schwere und Ausdehnung des Schadens sowie Lokalisation des betroffenen Nervengewebes. Kann sich in rastlosem Umherwandern, Niedergeschlagenheit, Kopfschlagen, im Kreis laufen, Erblindung und Koordinationsstörungen zeigen, auch plötzlicher Tod ist möglich.

Behandlung: Reduzieren der Schwellung durch den Einsatz entzündungshemmender und diuretischer (harntreibender) Mittel. Bei Anfällen ist eine Sedierung wichtig. Zu den unterstützenden Maßnahmen gehören tiefe Einstreu und kleine Portionen angefeuchteten Futters. Wenn keine oder nur wenig Besserung eintritt, kann eine Nottötung angezeigt sein.

HEPATISCHE ENZEPHALOPATHIE

Ursachen: Leberversagen, meist durch Vergiftungen mit Pflanzen (z.B. Jakobskreuzkraut), oder Schimmelpilze, aber auch Leberinfektionen oder angeborene Leberschäden.

Symptome: Gewichtsverlust, Antriebslosigkeit, Appetitlosigkeit, Gähnen, Sonnenbrand an dünn behaarten Hautstellen oder weißen Abzeichen, Schwäche,

Kehlkopflähmungen mit rasselnden Atemgeräuschen, Kopf gegen die Wand drücken, Koordinationsschwächen bis hin zum Umfallen und Koma.
Behandlung: Bei fortgeschrittenen Symptomen oft aussichtslos. Die Behandlung muss sich auf die zugrunde liegende Erkrankung konzentrieren und die neurologischen Symptome lindern.

EPILEPTISCHE ANFÄLLE UND KRAMPFANFÄLLE

HIRNHAUTENTZÜNDUNG (MENINGITIS)
Ursachen: Häufig bei neu geborenen Fohlen, die nicht genügend Kolostralmilch erhalten haben oder wenn diese von schlechter Qualität war, weil die Mutterstute während der Tragezeit unter einer systemischen Erkrankung oder Gebärmuttermuskulaturentzündung litt.
Symptome: Zu den typischen Symptomen gehören Fieber und Appetitverlust, ein steifer Hals, Krämpfe, Zittern der Gesichtsmuskeln, Erblindung, flackernde Pupillen, Änderungen im Verhalten, Schwäche und Hinfallen bis hin zum Koma.
Behandlung: Intensive Antibiotika-Therapie und Plasmatransfusion. Bei Anfällen Sedierung, als unterstützende Maßnahme Einsatz von Wärmelampen und Fütterung von Hand.

EPILEPSIE
Diese Erkrankung ist beim Pferd sehr selten und schlecht dokumentiert, kommt aber gelegentlich bei Arabern und manchen Ponyrassen vor.
Ursachen: Stoffwechselstörungen (Cushing-Syndrom, Leber- und Nierenerkrankungen), Traumata, Entzündungen, Infektionen (z.B. durch Parasitenmigraton), Gefäßerkrankungen (z.B. nach Injektionen in die Halsschlagader), Vergiftungen (z.B. durch Schneckenkorn oder Organophosphate), Unverträglichkeitsreaktion auf Medikamente.
Behandlung: Muss sich in erster Linie nach der zugrunde liegenden Erkrankung richten. Bei schweren Anfällen kann Sedierung nötig sein.

SCHRÄGHALTEN DES KOPFES UND AUFFÄLLIGKEITEN IM GESICHTSBEREICH

HORNER'SCHES SYNDROM
Ursache: Schaden an einem bestimmten Nerv, dem Halssymphatikus an beliebigem Punkt seines Verlaufes von Brustkorb über Schulter und Hals zum Schädel. Häufigere Ursachen sind Luftsackinfektionen, Halsabszesse, Tumore im Brustkorb und durch Injektionen verursachte Schäden.
Symptome: Treten meist auf einer Körperseite auf und umfassen eine verengte Pupille, Nickhautvorfall am Auge, Herabhängen des Augenlides und fleckenweise begrenztes Schwitzen an Kopf und Hals.
Behandlung: Richtet sich nach der Ursache.

GESICHTSNERVENLÄHMUNG
Ursachen: Luftsackinfektionen, Traumaeinwirkungen auf Schädel oder Gesicht oder Infektionen des Innenohrs.
Symptome: Asymmetrie des Gesichts, das Pferd ist unfähig, die Augenlider zu schließen oder Lippen und Ohren zu bewegen, Speicheltropfen.
Behandlung: Je nach Ursache, bei Hornhautentzündung zusätzlich Augentropfen.

TRIGEMINUSNERV-TRAUMA
Ursache: Trauma (z.B. ausgerenkter Kiefer), Wanderlarven, Polyneuritis Equi.
Symptome: Der Kiefer wirkt »heruntergefallen« (bei beidseitigem Vorkommen), Rückbildung der Kaumuskulatur, Kaubeschwerden.
Behandlung: Das Pferd benötigt Hilfe beim Fressen und leicht zu kauendes Futter, das Futter sollte vom Boden erhöht angeboten werden.

VESTIBULARISSTÖRUNG
Vestibularisstörungen können zentral oder peripher sein, je nachdem, ob sie ihre Ursache im Gehirn oder im Innenohr haben.
Ursachen: Ausdehnung von Infektionen der Luftsäcke, Polyneuritis Equi, traumatische Schädelfrakturen oder septische Hirnhautentzündung (nur bei zentraler Vestibularisstörung).
Symptome: Koordinationsstörungen, Schiefhalten des Kopfes, flackernde Pupillen, im Kreis laufen und umfallen. Bei zentraler Vestibularisstörung auch Niedergeschlagenheit, Fieber, Appetitverlust, Ataxien, Schwäche und eventuell Hinfallen. Bei peripherer Vestibularisstörung Ataxien (aber ohne Niedergeschlagenheit), Gesichtsnervenlähmung und eventuell Taubheit.
Behandlung: Je nach Ursache.

SCHWÄCHE UND KOORDINATIONSSTÖRUNGEN (ATAXIEN)

BOTULISMUS
Ursachen: Meist Verfütterung von verunreinigter Silage, die von Clostridium botulinum produzierte Giftstoffe enthält.
Symptome: Probleme beim Fressen durch Lähmung der Kau- und Schluckmuskulatur. Hängende Lippen- und Maulpartie, Kehlkopflähmung und fortschreitende Muskellähmung, die zu Zittern, Hinfallen, Atemstillstand und Tod führt.
Behandlung: Vermutlich verdorbenes Futter entfernen, Botulismus-Antitoxin verabreichen. Ernährung über Magensonde und Infusionen meist notwendig. Reizeinwirkung verhindern.

Das 'Wobbler Syndrom' tritt am häufigsten bei schnell wachsenden Voll- und Warmblutfohlen auf.

RÜCKENMARKSTRAUMA

Ursache: Eine häufige neurologische Erkrankung, vor allem bei Pferden, die hohe Galoppgeschwindigkeiten erreichen können. Beim erwachsenen Pferd sind meist die Kopf-Hals-Gelenke, Halsansatz und Rückenmitte betroffen. Bei Fohlen häufig Wirbelfrakturen in Hals- oder Rückenmitte durch Stürze.

Symptome: Meist plötzliches Einsetzen, manchmal Wunden oder berührungsempfindliche Schwellungen. Die Symptome sind je nach Sitz des Schadens verschieden. Siehe Kapitel 9.

Behandlung: Manche Fälle erholen sich spontan. In akuten Fällen können entzündungshemmende Mittel gegeben werden. Wenn das Pferd auch nach mehreren Tagen nicht stehen kann oder offensichtlich leidet, kann eine Nottötung die beste Lösung sein.

ABSZESSE AM WIRBELKÖRPER/OSTEOMYELITIS

Ursachen: Kommt meist bei Jungpferden vor, oft sind über die Blutbahn verschleppte Infektionen an weit vom Wirbel entfernten Körperstelle die Ursache. Auch Wunden oder Injektionsabszesse können ursächlich sein.

Symptome: Zwei verschiedene Syndrome können auftreten - entweder direkter Druck auf das Rückenmark oder eine Erosion der Knochen. Bei Quetschung des Rückenmarks ähneln die Symptome dem des Rückenmarkstraumas. In manchen Fällen treten auch Fieber, Niedergeschlagenheit, Schmerzen, entzündliche Wärme und Schwellungen auf. Bei Schäden am Knochen treten Überempfindlichkeit, krampfartige Muskelkontraktionen und wiederholtes Schwitzen auf.

Behandlung: Antibiotika-Behandlung über einen Zeitraum von zwei bis drei Monaten. Chirurgische Entfernung der nekrotischen Knochenstücke und Drainage der Abszesse wird oft empfohlen, ist aber wegen der schlechten Erreichbarkeit der Wirbelsäule nur schwierig durchführbar.

WOBBLER-SYNDROM

Ursachen: Das »Wobbler-Syndrom« tritt häufig bei schnell wachsenden Jungpferden auf, vor allem bei Voll- und Warmblütern. Die sichtbaren Symptome sind Resultat einer Verengung (Stenosis) des Halswirbelkanales. Es können zwei Arten von Verengung auftreten: eine statische oder dynamische. Statische Verengungen kommen vor, wenn die Verengung des Wirbelkanals durch knöcherne Veränderungen verursacht wird. Bei der dynamischen Verengung ist eine Beugung oder Streckung des Halses die Ursache. Zusätzlich können oft weitere Entwicklungsfehler in Knochen und Knorpel von Achsen- oder Gliedmaßenskelett gefunden werden.

Symptome: Das typischste Zeichen ist ein staksiger, »Zinnsoldaten ähnlicher« Gang mit Koordinationsstörungen der Hinterhand und Schwäche; auch die Vorhand kann betroffen sein. Umknicken, Stolpern, Nachziehen der Zehen, Überkreuzen der Beine und Schwanken im Beckenbereich können beobachtet werden. Die Vorderbeine erscheinen oft steif.

Behandlung: Es gibt keine Behandlung, die in allen Fällen Erfolg versprechend ist. In seltenen Fällen führt eine Behandlung mit Kortikosteroiden und längere Boxenruhe zum Erfolg. Bei einigen wenigen Patienten mit schwächeren Symptomen war eine operative Behandlung erfolgreich.

EQUINE DEGENERATIVE MYELOENCEPHALOPATHIE (EDM)

Ursachen: Eine sich fortschreitend verschlechternde Erkrankung des Rückenmarks. Man geht von einer vererbten Veranlagung aus, damit die Erkrankung ausbricht, scheint aber der Entzug von Grünfutter (Mangel an Vitamin E) nötig zu sein. Die genaue Ursache ist unbekannt.

Symptome: In erster Linie Ataxien bei jungen Pferden (drei Monate bis zwei Jahre). Alle vier Beine sind betroffen, die Hinterbeine aber meist stärker. Ataxien und Schwäche, Umknicken, Stolpern und Steifheit kommen häufig vor.

Behandlung: Man hat mit Vitamin-E-Gaben experimentiert, in der Regel sind die Symptome aber nicht mehr zu beseitigen und eine Nottötung ist das übliche Ergebnis. Die beste Vorbeugung besteht in Zugang zu frischem Grünfutter.

GRASKRANKHEIT / EQUINE DYSAUTONOMIE

Eine verheerende Erkrankung mit einer Sterblichkeitsrate von über 90 Prozent. Die Symptome werden durch einen Funktionsausfall der Verdauungsorgane hervorgerufen. Siehe Kapitel drei.

HAHNENTRITT

Eine nicht bewusst gesteuerte, unfreiwillige Beugung von einem oder beiden Hinterbeinen.

Ursachen: Die genaue Ursache ist unbekannt. Die Symptome treten in der Regel sporadisch auf, bei Erkrankungswellen in Australien hat man einen Zu-

sammenhang mit dem Fressen von Löwenzahn vermutet. Möglicherweise ist ein Pilzgift beteiligt.
Ursachen: Die Flexion kann sowohl leicht als auch deutlich sein; Wenden und Rückwärtsrichten verschlimmert die Anzeichen.
Behandlung: In leichten Fällen können die Pferde weiter recht gute Leistung bringen. In schwereren Fällen kann die operative Teilentfernung von Muskulatur zu einer gewissen Besserung führen.

MUSKELZITTERN

Unfreiwilliges Muskelzittern an Hinterhand und Schweif, manchmal auch an Kopf und Vorderbeinen.
Symptome: Das Rückwärtsgehen fällt dem Pferd sehr schwer oder ist ihm ganz unmöglich. Die Hinterbeine werden nach dem Abfußen oft zur Seite gehalten, zittern dann und werden anschließend abgesetzt. In manchen Fällen zeigen sich erste Anzeichen in Problemen beim Hochheben eines Hinterbeines zum Beschlagen.
Ursachen: Die genaue Ursache ist unbekannt, kann aber in einer Muskelerkrankung wurzeln. Möglicherweise besteht eine Beziehung zwischen Muskelzittern und Hahnentritt.
Behandlung: Keine bekannt.

TUMORE

CUSHING-SYNDROM

Am anfälligsten für diese Erkrankung, die vor allem ältere Tiere betrifft, scheinen Ponys zu sein.
Ursache: Meist ein gutartiger Tumor, der die Hirnanhangdrüse beeinflusst. Diese produziert daraufhin chemische Botenstoffe, die Unordnung im übrigen Körper und vor allem in der Nebenniere verursachen.
Symptome: Da die Erkrankung schleichend einsetzt, wird das Frühstadium häufig übersehen oder die Anzeichen werden als normale Altersanzeichen gewertet.

- Starker Durst
- Häufiges Urinieren
- Gewichtsverlust und Muskelschwund trotz erhöhtem Appetit
- Blähbauch und Senkrücken
- Ungewöhnlich langes und »lockiges« Fell, das im Frühjahr nicht gewechselt wird
- Ungewöhnliches Schwitzen
- Hartnäckige Infektionen, besonders der Haut, Hufregion oder Atemwege
- Trägkeit/Mattigkeit
- Hufrehe
- Milchproduktion bei nicht tragenden Stuten

Behandlung: Bei der Diagnosestellung müssen über Blut- und Urinuntersuchungen andere Ursachen wie Nierenerkrankungen oder Diabetes ausgeschlossen werden. Sorgsame Pflege wie z.B. durch Scheren, angepasste Fütterung, strenge Hygienemaßnahmen und gute Hufpflege können die Auswirkungen gemildert werden. Es gibt keine wirkliche Heilung, operative Eingriffe kommen aufgrund des Alters meist nicht in Frage. Medikamente zur Funktionsregulierung der Hirnanhangsdrüse sind teuer, führen aber oft eine schnelle Besserung herbei.

LÄHMUNGEN

WUNDSTARRKRAMPF (TETANUS)

Eine Toxämie (Vergiftung), die durch das unter Luftabschluss gedeihende Bakterium Clostridium tetani verursacht wird. Tetanus greift das Nervensystem an und ist weltweit eine der größten Bedrohungen für Haustiere. Die meisten Fälle enden tödlich. Pferde sind besonders gefährdet, da sie sich leicht an Nägeln verletzen oder Schnitte zuziehen. Durch eine einfache Schutzimpfung lässt sich das Risiko völlig ausschalten.
Ursache: Die Clostridium tetani Bakterien leben im Boden und im Mist, sie sind sehr widerstandsfähig gegen Desinfektionsmittel und langlebig. Sie dringen durch Wunden (meist Stichverletzungen an den Beinen oder Hufen) in den Organismus ein und können dort bis zu vier Monaten lang ruhen, bis sich die Sporen unter für sie günstigen Bedingungen vermehren und Gift produzieren. Neugeborene Fohlen sind durch Infektionen des Bauchnabels besonders gefährdet.
Symptome: Muskelkrämpfe am ganzen Körper. Die Nickhaut fällt teilweise über die Augen. Typisch ist die Körperhaltung mit vorgestrecktem Hals und erhobenem Schweif. Das Pferd hat Probleme beim Fressen, Schlucken und Aufstehen. In über 80% der Fälle führen Krämpfe und Lähmungen zum Tod.
Behandlung und Vorbeugung: Sofortige tierärztliche Hilfe ist nötig. Pferd in dunklen Stall mit tiefer Einstreu bringen, leicht zu kauendes, angefeuchtetes Futter geben und möglichst wenig bewegen. Die Krampfanfälle können durch Medikamente gemildert werden. Wenn ein ungeimpftes Pferd sich eine infektionsgefährdete Wunde zuzieht, kann ein Anti-Toxin gespritzt werden, das bis zu zwei Wochen lang Schutz verleiht. Regelmäßige Schutzimpfungen mit Tetanus-Antiserum (siehe Kap. 2) sollten als selbstverständlich für alle Pferde betrachtet werden. Fohlen können ab einem Alter von 3-4 Monaten geimpft werden.

LÄHMUNG DES SUPRASCAPULARISNERVES (»SWEENEY«)

Siehe Kapitel 4.

LÄHMUNG DES RADIALISNERVES

Ursachen: Trauma in der Schulterregion, z.B. durch Sturz oder Fraktur der ersten Rippe oder des Ober-

armes. In der Regel sind mehrere Nerven der Vordergliedmaße im Brachialnervenplexus geschädigt, aber die Symptome der Radialisnervlähmung herrschen vor.
Symptome: Das Pferd kann das Vorderbein nicht mehr strecken und das Schultergelenk nicht mehr beugen. Der Ellbogen hängt herab und kann kein Gewicht mehr tragen.
Behandlung: Wie bei Sweeney.

LÄHMUNG DES WADENBEINNERVES

Ursachen: Trauma auf Oberschenkelknochen und Knie.
Symptome: Umknicken im Fesselgelenk, Überstreckung des Sprunggelenkes und trippelnder Gang.
Behandlung: Wie oben.

PARESE (teilweise Nervenlähmung) DES FOHLENS

Ursachen: Oberschenkelfrakturen, ausgekugelte Hüfte oder schwierige Geburt.
Nicht zu verwechseln mit der Fohlenlähme (s. Seite 229).
Symptome: Das Fohlen knickt mit der Hinterhand ein und kann auf dieser nicht stehen.
Behandlung: Wie oben. Tiefe Einstreu, die guten Halt gibt.

POLYNEURITIS EQUI/NEURITIS DER CAUDA EQUINA

Ursache: Die genaue Ursache ist unbekannt, man nimmt aber an, dass es sich um eine allergische Reaktion handelt, die möglicherweise mit dem Herpesvirus zu tun hat.
Symptome: Verschieden, je nachdem, welche Nervenwurzeln betroffen sind. In der Regel ist eine plötzlich einsetzende, fortschreitende Gefühllosigkeit im Dammbereich zu beobachten, die zu Lähmung von Schweif, Blase, Rektum und Schließmuskel führt. Die Folgen sind Kot- und Harninkontinenz, Verstopfung und bei männlichen Tieren ein Penisvorfall. Es können auch Nerven des Kopfes mit betroffen sein, was zu Rückbildung der Kaumuskeln, Gesichtslähmungen, Hornhautentzündung und Hornhautgeschwüren führen kann.
Behandlung: Kortikosteroide und unterstützende Maßnahmen (Flüssigkeitstherapie, manuelle Entleerung von Rektum und Blase) können versucht werden, wenn die Krankheit nur langsam voranschreitet, in den meisten Fällen ist aber eine Nottötung unausweichlich.

KREUZBEINTRAUMA

Ursache: In den meisten Fällen ein Unfall, bei dem das Pferd gestiegen ist, sich überschlagen hat und sich beim Aufprall eine Fraktur im Kreuzbeinbereich zugezogen hat (siehe Kap. 10).
Symptome: Wie bei Polyneuritis Equi Symptome an Schweif, Rektum, After und Blase, jedoch ohne Beteiligung der Gesichtsnerven.
Behandlung: Wie bei Polyneuritis Equi.

AUGENKRANKHEITEN

Augenkrankheiten sind beim Pferd relativ häufig, insbesondere durch mechanische Einwirkung und Infektionen verursachte.

ENTROPIUM

Symptome: Umklappen der Ränder des unteren Augenlides. Kommt relativ häufig bei Fohlen vor und wächst sich in der Regel von selbst wieder aus. Es können ein oder beide Augen betroffen sein. Das Entropium bewirkt wenige Tage nach der Geburt eine Irritation der Augen, starke Tränenbildung und Lichtempfindlichkeit.
Behandlung: In den meisten Fällen relativ einfach, z.B. durch simples Zurückstülpen des unteren Augenlides. In schwierigeren Fällen kann ein operativer Eingriff nötig sein.

RISSVERLETZUNGEN DER AUGENLIDER

Ursachen: In der Regel Reiben an harten Gegenständen; kommen relativ häufig vor.
Behandlung: Eine sorgfältige chirurgische Behandlung ist notwendig. Wenn man die Verletzung von selbst heilen lässt, können Verwachsungen die Folge sein, die zu einer chronischen Reizung der Hornhaut führen.

BINDEHAUTENTZÜNDUNG (KONJUNKTIVITIS)

Ursachen: Wind und Staub, Fliegen, Trauma, Eindringen von Fremdkörpern, bakterielle Infektionen oder Virusinfektionen der Atemwege.
Symptome: Schmerzen, starke Tränenbildung, Rötung und/oder Schwellung der Bindehaut und Ausfluss aus dem Auge.
Behandlung: Antibiotische Augensalbe oder -tropfen.

HORNHAUTENTZÜNDUNG (KERATITIS)

Ursache: In der Regel oberflächliche Infektionen durch Bakterien oder Pilze.
Symptome: Schmerzen, Lichtempfindlichkeit und starke Tränenbildung.
Behandlung: Antibiotische Augensalbe oder -tropfen. Die Schmerzen können durch die Gabe Pupillen erweiternder und entzündungshemmender Mittel gelindert werden. Bei Geschwürbildung ist eine Antikollagenasebehandlung sehr wichtig.

KRANKHEITEN DER MITTLEREN AUGENHAUT / PERIODISCHE AUGENENTZÜNDUNG

Gemeint sind hier Entzündungen des Uveabereiches, d.h. der Iris, der Ziliarkörper und der Aderhaut.
Ursachen: Können als primäre Erkrankung oder Folgeerkrankung auftreten. Zu den Auslösern der Folgeerkrankung zählen Hornhautentzündungen oder -verletzungen oder Geschwürbildung auf der Hornhaut. Das Auftreten als Primärerkrankung ist jedoch häufiger, wobei die genauen Ursachen unklar sind. Man nimmt an, dass sie mit dem Immunsystem in Zusammenhang stehen, z.B. mit einer Überempfindlichkeitsreaktion auf Bakterien (z.B. Leptospirosebakterien) oder Würmer (Onchocerca cervicalis).
Symptome: Tritt am häufigsten als so genannte periodische Augenentzündung auf. Eins oder beide Augen können betroffen sein. Auf Phasen der Unauffälligkeit folgen Phasen mit akuter Entzündung, die allmählich zur Erblindung führen. Schmerzen, Zukneifen der Augen, Lichtempfindlichkeit, starke Tränenbildung, Trübungen des Auges, Rötungen im Bereich des Übergangs von transparenter Hornhaut zu weißer Sklera, Pupillenverengung, Verklebungen zwischen Iris und Hornhaut oder zwischen Iris und Linse. Die entzündlichen Phasen dauern meist zwischen 7 und 10 Tagen, der Abstand zwischen ihrem Auftreten ist sehr variabel und kann von Tagen über Monate bis hin zu Jahren schwanken. Mit der Zeit degeneriert die Netzhaut des Auges, es bilden sich Linsentrübungen und der Augapfel schrumpft.
Behandlung: Sollte als medizinischer Notfall betrachtet werden, intensive Behandlung mit entzündungshemmenden und Pupillen erweiternden Mitteln ist nötig und muss mindestens noch drei Wochen nach Abklingen der Symptome fortgeführt werden. Da eine intensive Behandlung erforderlich ist, sollte die Einweisung in eine Tierklinik erwogen werden. Ein erneutes Auftreten ist hoch wahrscheinlich; bei neuen Symptomen muss die entzündungshemmende Behandlung so früh wie möglich wieder aufgenommen werden.

LINSENTRÜBUNGEN / KATARAKTE

Katarakte sind eine Trübung der Augenlinse oder ihrer Kapsel und werden auch als Star bezeichnet. Angeborene Formen kommen häufiger vor als durch Verletzung, Uveitis oder Alter bedingte. Die Trübung kann stecknadelkopfgroß sein oder die ganze Linse bedecken.
Symptome: Wenn die Trübung klein und lokal begrenzt ist, sind keine äußeren Symptome feststellbar. Bei größeren Defekten kann die Sicht beeinflusst sein.
Behandlung: Eine operative Starbehandlung wird meist nur bei Fohlen versucht, in allen anderen Fällen ist die Operation schwierig und führt in der Regel nicht zu befriedigenden Ergebnissen.

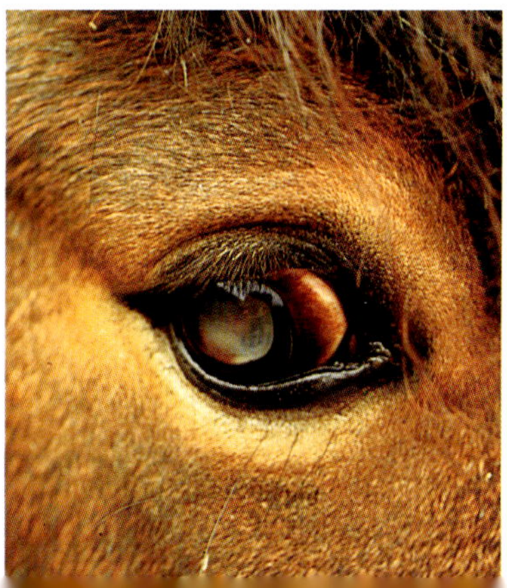

Die periodische Augenentzündung verursacht eine allmähliche Trübung des Auges.

ERKRANKUNGEN DER NETZHAUT (RETINA)

Ursachen und Symptome: Kommen beim Pferd selten vor, manche angeborenen oder erworbenen (meist durch Vireninfektion) Fälle können aber die Sehkraft beeinträchtigen. Meist sind nur wenig äußerliche Veränderungen am Auge erkennbar, das Pferd sieht aber schlecht im Dunkeln oder ist völlig blind.
Behandlung: Keine effektive Behandlung bekannt; eine genaue Diagnose ist zur Einschätzung der weiteren Aussichten wichtig.

SEHNERVERKRANKUNG

Ursachen und Symptome: Probleme mit dem Sehnerv sind selten. Es sind keine äußeren Anzeichen einer Augenerkrankung erkennbar, die Sicht ist aber mehr oder weniger stark gestört. Die häufigste Ursache ist ein Schädeltrauma.
Behandlung: Keine möglich außer der Behandlung des Schädeltraumas.

SARKOIDE

Haben zwar nicht unmittelbar mit dem Auge zu tun, können aber mechanische Reizungen der Augenlider verursachen. Siehe Kapitel 7.

SCHUPPENZELLKARZINOM

Ursachen und Symptome: Diese bei Pferden häufigen Tumore können an verschiedenen Körperstellen auftreten, im Bereich des Auges an der Bindehaut, Nickhaut oder am Hornhautrand. An betroffenen Augen ist durch die Reizung meist eitriger Ausfluss zu beobachten.
Behandlung: Verschiedene Behandlungsmöglichkeiten wurden bisher versucht, darunter Operation, Kälte- oder Strahlentherapie.

LYMPHOSARKOME

Ursachen und Symptome: Stehen meist mit anderen systemischen Erkrankungen und Streuung der Krebszellen auf weite Körperbereiche in Zusammenhang.
Behandlung: In der Regel aussichtslos.

7 DIE HAUT

STRUKTUR UND FUNKTION DER HAUT

Die Haut ist das größte und eines der faszinierendsten Organe des Pferdekörpers. Zunächst einmal ist sie das einzige Organ, das wir sehen können! Die Haut hat über ein Dutzend lebenswichtiger Aufgaben zu erfüllen. Die entscheidendste davon ist, eine Barriere vom Körper zur Außenwelt zu schaffen und so einerseits Wasser- und Mineralsalzverlust und andererseits das Eindringen schädlicher chemischer, physikalischer oder mikrobieller Reize zu verhindern.

HAUPTFUNKTIONEN DER HAUT

Schutzschild
Produktion von Haaren und Hufhorn
Temperaturregulation
Produktion von Vitamin D
Speichern wichtiger Nährstoffe
Produktion von Drüsenabsonderungen
Ausscheiden von Abfallstoffen
Regulation des Immunsystems
Anti-mikrobielle Wirkung
Pigmentproduktion und Schutz vor der Sonne
Schaffung der äußeren Form
Empfinden von Berührung, Druck, Schmerz, Juckreiz oder Hitze

Die Haut besteht aus zwei Hauptschichten: der äußeren Epidermis (Oberhaut), die wiederum aus fünf oder sechs Einzelschichten besteht und der inneren Dermis (Unterhaut), die Fasern, Zellen, Haarfollikel, Drüsen, Blut- und Lymphgefäße sowie Nerven enthält. Ein chemisches Gel, die so genannte Grundsubstanz, hält die Unterhaut zusammen und ermöglicht den Transport von Salzen, Nährstoffen und Zellen aus ihren Blutgefäßen in die Oberhaut. Die Oberhaut hat keine eigene Blutversorgung und ist deshalb in der Nährstoffversorgung von der Unterhaut abhängig. Die Zellen der Unterhaut sind an Vorgängen wie Entzündungen, Regulation des Immunsystems oder der Produktion verschiedener Pigmente und Faserstoffe beteiligt.

In der Haut sitzen die Haarfollikel oder Haarbälger, aus denen die Haare wachsen. Die Bildung und Erhaltung eines gesunden Fells ist natürlich sowohl für das Pferd als auch für den Besitzer sehr wichtig! Haar wächst nicht pausenlos, sondern in Etappen. Es entsteht zunächst in der anagenen (Wachstums-) phase, dann folgt eine telogene (Pausen-)phase, in der kein Wachstum stattfindet. Mit der Zeit wächst es weiter und ein neues Haar entsteht. Mit der Bildung von neuen Haaren fallen alte aus.

Jeweils im Frühjahr und Herbst findet ein kompletter Fellwechsel statt. Als Vorbereitung auf den Winter wächst langes Oberhaar als Schutzschicht über dem feineren, daunigen Unterhaar. Je nach ihrem Urpsrungsgebiet ist die Haarbildung bei den einzelnen Rassen verschieden - nordische Ponytypen entwickeln einen besonders wirkungsvollen Schutz, der auch für extremste Wetterbedingungen taugt.

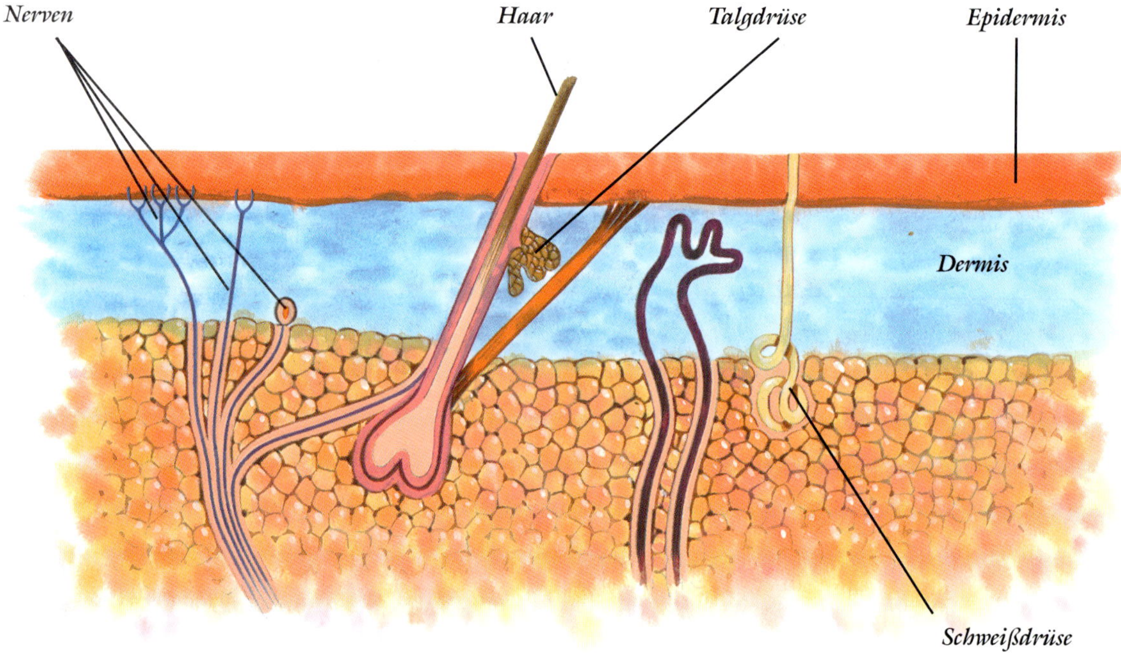

Beim Pferd gibt es zwei Arten von Haarwachstum: das des Körperhaars, das zweimal im Jahr synchron gewechselt wird, und das Mähnen- und Schweifhaar, welches das ganze Jahr über bleibt.

HAUTKRANKHEITEN

Dieser Abschnitt ist problemorientiert aufgebaut - das heißt, die einzelnen Erkrankungen werden nach den für den Pferdebesitzer sichtbaren Symptomen wie Reizung, Schwielenbildung, Knoten, kahlen Stellen etc. besprochen. Die meisten Hautkrankheiten entstehen durch einen oder mehrere der folgenden Vorgänge:

- Entwicklung allergischer Reaktionen (auf Futter und Futterzusätze, Medikamente oder Stoffe aus der Umgebung wie Staub oder Milben, Pollen oder Schimmelpilze)
- Infektion durch Mikroorganismen wie Bakterien, Viren und Pilze
- Parasitenbefall
- Krebsbildung
- Autoimmun-Reaktionen, bei denen das Immunsystem sich selbst gegen den Körper richtet und Gewebe zerstört
- Reizreaktionen (auf giftige oder ätzende Substanzen aus der Umgebung)
- Nährstoffmängel
- Stoffwechselstörungen

Wie alle anderen Tiere auch können Pferde auf die gleiche Erkrankung verschiedenartig reagieren. Das bedeutet, dass die Symptome vom einen zum anderen Pferd variieren können und Pferde mit der gleichen Diagnose nicht die gleichen äußeren Anzeichen zeigen müssen. Genauso können zwei Pferde identische Symptome zeigen und trotzdem an verschiedenen Erkrankungen leiden.

JUCKREIZ (PRURITUS)

Äußert sich durch Scheuern und Beißen, häufig durch Allergien oder Parasiten verursacht.

SOMMEREKZEM

Das Auftreten ist jahreszeitlich begrenzt und liegt je nach Gegend etwa zwischen März und Oktober. Typischerweise tritt das Ekzem oft im zweiten Sommer eines Pferdes auf und kann sich mit dem Alter verschlimmern. Es ist nicht ansteckend - in einer Herde können nur ein oder zwei Pferde betroffen sein.
Ursache: Allergie auf den Speichel der Culicoides-Mücke oder anderer Insekten.
Symptome: Leichter bis extrem starker Juckreiz, der zum Scheuern von Schweif und Mähne oder anderer Stellen führt. Krustenbildung, kahle Stallen, Haarverlust, Bluten, Verdickung und Schwielenbildung der Haut. Das Pferd oder Pony ist verständlicherweise sehr unruhig.
Behandlung: Die Diagnose basiert meist auf der individuellen Geschichte des Pferdes und den klinischen Symptomen, für genauere Hinweise können intradermale Allergietests nötig sein. Zumindest im ersten Jahr der Erkrankung ist eine Behandlung mit Steroiden billig und effektiv, was eine Linderung oder gar Beseitigung des Juckreizes angeht. Sie bergen aber das Risiko kurz- und langfristiger Nebenwirkungen, darunter Hufrehe, verstärkter Durst und Harnabsatz, Störungen im Hormongleichgewicht, stärkere Infektionsanfälligkeit, Leber- und Nierenschäden, Änderungen im Verhalten und viele andere mehr, sodass von ihrem Einsatz besser abzusehen ist.

Alternativ kann mit Antihistaminika behandelt werden, die teurer und nicht so effektiv sind wie Steroide, dafür aber ein geringeres Risiko für Nebenwirkungen haben. Es muss vermieden werden, das betroffene Pferd den Mücken auszusetzen - z.B. durch die Trockenlegung von Gräben oder Tümpeln oder Wegbringen aus Gebieten mit Wald, und Gewässern oder Aufstallen zu bestimmten Tageszeiten (die Mücken sind in der Dämmerung am aktivsten); Anwendung von Fliegenmitteln, Fliegenschutzmasken und Schutzdecken für den gesamten Körper (Ekzemerdecken) und Mähnen- oder Schweifschützern. Bei manchen Pferden helfen Einreibungen mit Nachtkerzenöl oder Dorschleberölpräparaten oder das Waschen mit speziellen Shampoos, den Juckreiz zu verringern. Behandlungen durch Homöopathie, Akupunktur oder Radionik werden von manchen befürwortet.

Der heftige Juckreiz beim Sommerekzem kann dazu führen, dass ganze Körperbereiche kahl und blutig gescheuert werden. Schweifrübe und Mähnenkamm sind meist am stärksten betroffen.

VORBEUGUNG UND BEHANDLUNG VON SOMMEREKZEM

Damit die Probleme bei anfälligen Pferden im Griff behalten werden können, müssen ab dem zeitigen Frühjahr Vorbeugemaßnahmen ergriffen werden.

◀ *Bringen Sie das Pferd zu den Zeiten in den Stall, in denen die Mücken am stärksten aktiv sind, z.B. früh morgens und in der Abenddämmerung. Um die Mittagszeit ist das Risiko geringer. Achten Sie auf Abstand zum Misthaufen. Türen und Fenster können mit Fliegengittern abgehängt werden und ein Ventilator kann für mehr Luftbewegung sorgen.*

▲ *Tragen Sie ein wirksames Fliegenschutzmittel (Spray, Lotion) auf, bevor das Pferd nach draußen kommt. Behandeln Sie das ganze Pferd, da die Mücken überall stechen können. Beachten Sie die Anweisungen des Herstellers hinsichtlich Häufigkeit der Anwendung. Auch Futterzusätze mit fliegenabwehrenden Eigenschaften wie z.B. Knoblauch können helfen.*

◀ *Bringen Sie das Pferd auf eine luftige Weide, auf der sich keine Gräben, Tümpel oder Bäche befinden. Halten Sie den Wassertrog penibel sauber.*

◀ *Ekzemerdecken wie diese hier hindern Insekten am Vordringen bis zur Haut und ermöglichen den betroffenen Pferden weiterhin Weidegang.*

FUTTERMITTELALLERGIE

Bei Verdacht auf eine Futtermittelallergie ist typisch, dass nur ein Pferd aus der Gruppe betroffen ist. Sie kann außer bei saisonalen Futtermitteln das ganze Jahr über und in jedem Lebensalter auftreten. Auch auf Futtermittel, die jahrelang problemlos vertragen wurden, können Reaktionen auftreten.
Ursachen: Abwehrreaktion auf ein Futtermittel oder einen Futterzusatz.
Symptome: Hautreizungen (örtlich begrenzt oder am ganzen Körper) und/oder Nesselfieber. Jede weitere Form von Hautverletzung kann die Folge sein.
Behandlung: Identifikation und Aussonderung der betreffenden Futtermittel. Die Diagnose kann erleichtert werden, indem man die Fütterung von Heu, Silage oder Heulage für mindestens drei bis sechs Wochen aussetzt und dann wieder zur vorherigen Fütterung zurückkehrt.

KONTAKTDERMATITIS / KONTAKTALLERGIE

Kontaktdermatitis kann an beliebigen Körperstellen auftreten. Sie kann allergisch verursacht sein oder durch Reizung mit einer bestimmten Substanz (in diesem Fall sind oft mehrere Pferde betroffen, die mit der Substanz in Kontakt gekommen sind). Farb- und Konservierungsstoffe, Waschmittel, Medikamente, Insektenabwehrmittel, bestimmte Pflanzen, Einstreu, Pferdedecken oder Ausscheidungsprodukte können die Ursache sein. Die Entstehung der Dermatitis wird häufig durch Feuchtigkeit (Regen, Schweiß, Schlamm etc.) gefördert, da diese den normalen Schutzschild der Haut schwächt und die Kontaktwirkung zwischen dem Allergie auslösenden Stoff und der Haut verstärkt. In feuchter und matschiger Umgebung gehaltene Pferde entwickeln oft eine Kontaktdermatitis im Fesselbereich.
Ursache: Das Pferd kommt direkt oder über seine Umgebung mit einer reizenden Substanz in Berührung.

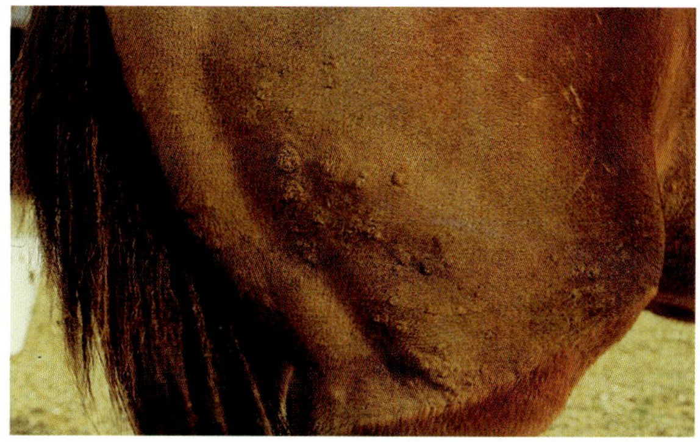

Bei Nesselfieber ist es nicht immer einfach, die eigentliche Ursache herauszufinden.

Symptome: Hautreaktionen an örtlich begrenzten Stellen wie z.B. an den Beinen oder unter Halfter, Zaumzeug, Sattelzeug etc. Mögliche Reaktionen sind Juckreiz, Krustenbildung, Bluten, Haarausfall, Verhornung der Haut und Bildung weißer Haare.
Behandlung: Die Ursache muss herausgefunden und beseitigt werden. Betroffene Stellen regelmäßig mit medizinischer Waschlösung reinigen. Die Verabreichung von Steroiden (als Salbe, Tabletten oder Injektionen) kann notwendig sein.

PARASITENBEFALL

BEFALL MIT LÄUSEN (PEDICULOSIS)

Läuse sind immer wirtspezifische Parasiten, das bedeutet, sie können nur auf einem einzigen bestimmten Wirtstier (oder dem Menschen) überleben und sich vermehren. Pferdeläuse können also keine Menschen oder andere Tiere als Pferde oder Esel befallen. Die häufigste Art heißt Werneckiella und bevorzugt Stellen an Hals, Widerrist und Schweif des Pferdes, kann aber am gesamten Körper auftauchen. Sie ernährt sich von der Hautoberfläche und von Hautschuppen. Die Art Haematopinus asini ist seltener, kann aber überall an Kopf, Hals, Rumpf, in den

Empfindliche Pferde reagieren leicht allergisch auf die chemischen Inhaltsstoffe vieler Shampoos und Lotionen. Verwenden Sie nur möglichst natürliche und speziell für Pferde entwickelte Produkte.

Achselhöhlen, der Leistengegend oder am Schweif auftauchen und ernährt sich von Gewebeflüssigkeit. Läuse werden durch direkten oder indirekten Kontakt übertragen. Indirekter Kontakt kann beispielsweise zustande kommen, wenn sich das Pferd an einem Pfosten, Busch (oder Menschen!) reibt, an dem ein befallenes Pferd zuvor Läuse hinterlassen hat. Läuse können etwa sieben Tage lang in der Umgebung überleben. Am häufigsten werden Pferde im Winter befallen, wenn die Temperatur von Haut und Fell niedriger ist und sie im Stall gehalten werden. Hohe Temperaturen sind für Läuse tödlich.
Ursache: Befall mit Werneckiella, Damalinia equi (beißende Laus) oder Haematopinus asini (saugende Laus).
Symptome: Starker Juckreiz und durch Scheuern bedingte Hautschäden, struppiges Fell, Krustenbildung und Haarausfall. Bei starkem Befall mit saugenden Läusen kann es zur Blutarmut (Anämie, s. Kap. 5) kommen.
Behandlung: Die Diagnose erfolgt aufgrund der klinischen Symptome und des Nachweises von Läusen oder deren Eiern (so genannten Nissen). Erwachsene Läuse haben sechs Beine und sind etwa 2 mm lang; die Nissen sind 1-2 mm lang und kleben mit einer von den weiblichen Läusen abgesonderten Substanz an den Haaren fest.

Gutes Licht und eine Lupe sind bei der Suche hilfreich! Zur Behandlung sind insektizid wirkende Sprays, Waschungen und Puder erhältlich. Die Anwendung muss mindestens drei bis vier Wochen lang einmal wöchentlich wiederholt werden, um auch die neu aus den Eiern schlüpfenden Läuse zu vernichten. Beachten Sie die Anwendungshinweise des Produktherstellers.

CHORIOPTESRÄUDE

Chorioptes ist eine parasitäre Milbenart, die sich von Hautabschuppungen ernährt. Der Milbenbefall ist in der Regel leicht nachzuweisen. Milben können direkt oder indirekt übertragen werden, Pferde mit starkem Fesselbehang sind besonders gefährdet. Oft sind ganze Pferdeherden betroffen.
Ursache: Befall mit Chorioptes equi.
Symptome: Starker Juckreiz mit Selbstverletzungen als Folge, Krustenbildung und Haarverlust, besonders im unteren Bein- und Fesselbereich.
Behandlung: Die Diagnose wird durch die mikroskopische Untersuchung von Hautgeschabseln mehrerer Körperstellen bestätigt. Das Fell muss geschoren und die Haut mit entsprechenden Präparaten gewaschen oder eingesprüht werden. Alle in Kontakt kommenden Pferde müssen noch mehrere Wochen nach Verschwinden der Hautverletzungen behandelt werden. Die Einstreu muss verbrannt, Stall und Ausrüstungsgegenstände müssen gründlich desinfiziert werden.

QUADDELN

Quaddeln sind klar umgrenzte Flüssigkeitsansammlungen unter der Haut, die auf Druck nachgeben. Haut- und Haarveränderungen sind in der Regel nicht festzustellen.

NESSELFIEBER (URTIKARIA)

Das Pferd ist von allen Haustieren am anfälligsten für Nesselfieber. Auch wenn es oft so beschrieben wird, ist das Nesselfieber keine eigene Krankheit, sondern eine Reaktion auf viele mögliche Ursachen. Es gibt keine alters-, rasse- oder geschlechtsspezifische Prädisposition.
Ursache: Futter, Futtermittelzusätze, Medikamente, Pollen, Schimmelpilze, Milben, Bisse und Stiche, Impfungen, Krankheiten, Stress, Hitze, Kälte, Druck, Anstrengung, Sattelseife, Lederpflege, Konservierungsstoffe und alle erdenklichen weiteren Ursachen!
Symptome: Quaddeln an bestimmten Körperstellen oder über das ganze Pferd, die auf Druck nachgeben. Die Hautreizung ist verschieden - manche Pferde zeigen überhaupt keinen Juckreiz und scheinen völlig unbeeindruckt. Die Quaddeln können innerhalb von Minuten, Stunden oder Tagen nach dem auslösenden Faktor überall am Körper auftreten, am häufigsten sitzen sie jedoch an Kopf, Hals und Rumpf. Beine und Unterbauch können leicht geschwollen sein. In schlimmen Fällen kann es zu Schock oder Atembeschwerden kommen.
Behandlung: Der auslösende Faktor muss gefunden und beseitigt werden, die Symptome können mit Antihistaminika oder Steroiden behandelt werden. Während in leichten Fällen oft ohne Behandlung eine Besserung innerhalb weniger Stunden eintritt, kann chronisches Auftreten bis zu mehreren Monaten lang andauern. Da es oft schwierig ist, die auslösende Ursache herauszufinden, ist wiederholtes Auftreten häufig. In Nordamerika werden mitunter nach der Untersuchung Antigene gespritzt, was besonders dann hilfreich ist, wenn keine genaue Ursache festgestellt werden konnte.

KRUSTEN- UND SCHUPPENBILDUNG

Schuppen sind kleine, lose Hautteilchen, die sich flockenartig auf der Hautoberfläche ansammeln. Krusten sind Mischungen aus Schuppen, Blut, Zellen, Eiter und manchmal Medikamenten auf der Hautoberfläche. Alle Erkrankungen, die Juckreiz hervorrufen, können zur Bildung von Krusten und Schuppen führen.

HAUTPILZERKRANKUNGEN

GLATZFLECHTE (DERMATOPHYTOSIS)

Diese Pilzerkrankung ist im Deutschen auch als »Kälberflechte« oder »Kälberräude« bekannt. Der

Typische Hautveränderung bei der Glatzflechte, hier in der Gurtlage.

Pilz ist sowohl für Pferde als auch für andere Tiere und den Menschen hoch ansteckend. Am stärksten gefährdet sind Jungpferde unter vier Jahren, die schlecht gefüttert und in schmutziger Umgebung mit wenig oder keinem Sonnenlicht gehalten werden. Erwachsene Pferde werden seltener befallen und erholen sich schneller.

Die Erkrankung kann ein oder mehrere Tiere einer Gruppe betreffen und verschwindet ohne Behandlung meist innerhalb von ein bis vier Monaten.
Ursache: Infektion mit Hautpilzen. Die Übertragung findet über direkten Kontakt mit befallenen Tieren, aber auch über Haare, Schuppen und Pilzsporen aus der Umgebung statt. Zaunpfosten, Boden, Bäume, Schuhe, Hände, Sattelzeug, Putzbürsten, Einstreu und andere Gegenstände können kontaminiert werden. Schlechtes Putzen, das Schweißreste auf der Haut zurücklässt, schafft dem Pilz einen idealen Nährboden.
Symptome: Oft kreisförmige Stellen wunder Haut mit Haarausfall, die am ganzen Körper, insbesondere aber in Gurt- und Sattellage auftreten können. Das Erscheinungsbild kann unterschiedlich sein. Typisch für die Glatzflechte ist, dass zunächst nur kleine Punkte sich zu dicken Krusten und kreisförmigem Haarausfall ausweiten. Manchmal auch knötchenartige Hautschäden, in der Regel kein Juckreiz.
Behandlung: Bestätigung der Diagnose durch Nachweis des Pilzes. Der Schlüssel zur erfolgreichen Behandlung liegt im guten Stallmanagement: jedes Pferd sollte sein eigenes Sattel- und Putzzeug haben. Befallene Pferde müssen isoliert werden, die Stellen sollten geschoren und mit einer pilztötenden Lösung gewaschen werden. Entfernte Haare und Hautkrusten müssen sicher entsorgt, Stall und Ausrüstungsgegenstände desinfiziert werden. Der Erfolg vieler Behandlungsmethoden beruht letztendlich sicherlich auf der spontanen Selbstheilung des Körpers - die meisten Pferde werden innerhalb von vier Monaten von selbst wieder gesund.

BAKTERIELLE HAUTERKRANKUNGEN

Die Pferdehaut ist normalerweise gegen das Eindringen von Bakterien gut geschützt. Wenn es doch zu einer entsprechenden Erkrankung kommt, ist in der Regel das Abwehrsystem des Körpers geschwächt.

DERMATOPHILOSE - u.a. MAUKE

Dermatophilose kommt weltweit vor, ist aber in tropischen Ländern besonders verbreitet und tritt während oder nach längeren Regenzeiten auf.
Ursache: Infektion mit dem Bakterium Dermatophilus congolensis. Gesunde Haut ist gegen den Erreger sehr widerstandsfähig, damit es zur Infektion kommt, sind Feuchtigkeit und angegriffene Haut Voraussetzung. Die ansteckenden Keimzellen (Zoosporen) sind sehr trockenresistent und können mehrere Monate lang in den Hautkrusten überleben, bis sie bei Feuchtigkeit wieder aktiv werden. Die Hauptansteckungsquelle sind chronisch betroffene Pferde. Die ansteckenden Organismen stecken in den Haut-

Die Glatzflechte ist hoch ansteckend. Befallene Pferde müssen isoliert, ihr Putzzeug nach jedem Gebrauch desinfiziert werden.

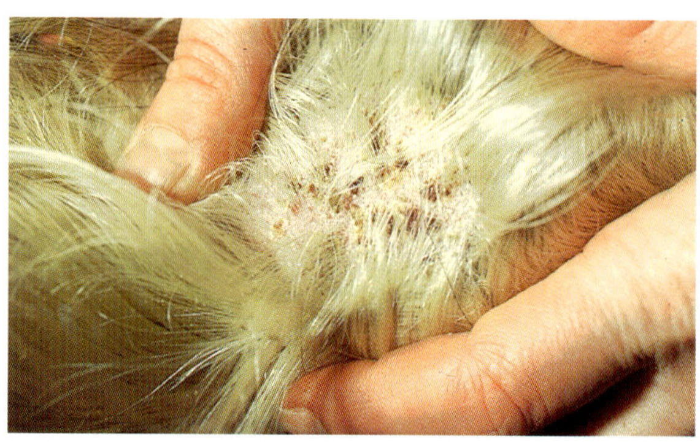

Typisches Aussehen der Haut bei beginnder Maukeinfektion der Fesselbeuge. Pigmentlose, rosafarbene Haut scheint besonders anfällig zu sein.

krusten am Pferd, aber auch in Hautschuppen, die abgerieben wurden oder zu Boden gefallen sind. Die Bakterien können außerdem durch Insekten übertragen werden.

Symptome: Typischerweise sind immer ein oder zwei Körperregionen befallen:

1. Rücken und Flanken (wird als RAIN SCALD bezeichnet)
2. Untere Gliedmaßen, besonders Fesselbeuge (wird als MAUKE bezeichnet)

Auch Maul- und Augenregion können betroffen sein. Pigmentlose Hautstellen (weiße Abzeichen) sind besonders anfällig. Pferdebesitzer und häufig auch Tierärzte sprechen eher von »Rain Scald« oder »Mauke« als von »Dermatophilose«, obwohl dies die korrekte Bezeichnung für die zu Grunde liegende Erkrankung ist. Es treten Krustenbildung und wunde Stellen auf. Bei langem Winterfell ist oft zu beobachten, dass einzelne Haare miteinander verkleben und pinselartig gesträubt in die Höhe stehen. Bei kurzem Fell sind die wunden Stellen kleiner und erscheinen als zahlreiche kleine, krustige Punkte. Die Pferde zeigen kaum Juckreiz, aber deutliches Unbehagen und oft auch Schmerzen. Sehr stark betroffene Pferde zeigen Abgeschlagenheit, Gewichtsverlust, Fieber und verdickte Lymphknoten.

Behandlung und Vorbeugung: Im Labor wird das Bakterium isoliert und nachgewiesen. In gemäßigten

MAUKE: VORBEUGUNG UND BEHANDLUNG

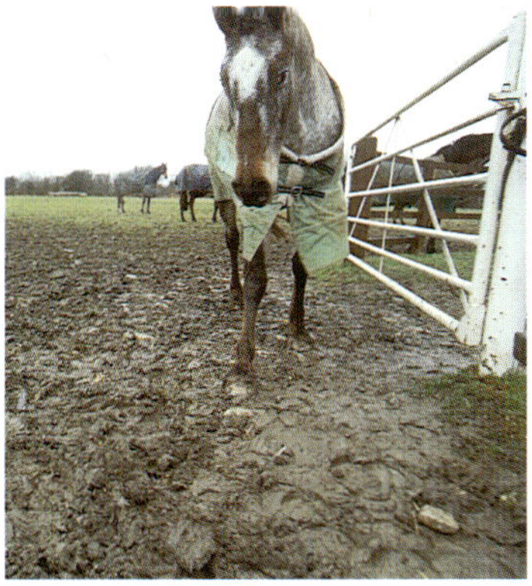

▲ *Kein Stehen in feuchter, matschiger Umgebung über längere Zeit. Die Haut in der Fesselbeuge muss regelmäßig Gelegenheit haben, vollständig zu trocknen. Nötigenfalls muss das Pferd in den Stall gebracht werden. Beobachten Sie die Haut an den gefährdeten Stellen sorgfältig und bekämpfen Sie erste Anzeichen von Mauke schon im Ansatz.*

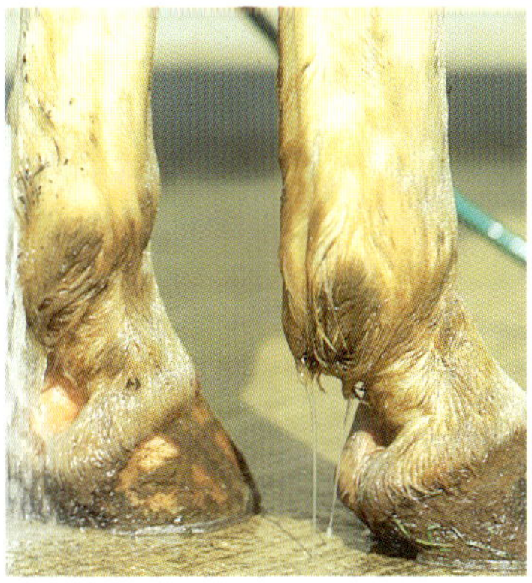

▲ *Starker Fesselbehang, der Luft von der Haut fernhält, muss bei erkrankten Pferden geschnitten werden. Nachdem der Schmutz mit warmem Wasser abgewaschen wurde, müssen Beine und Fesselbeuge sehr sorgfältig abgetrocknet werden. Trockener Schmutz kann mit den Fingern oder einer weichen Bürste entfernt werden. Feuchte Haut wird leicht verletzt!*

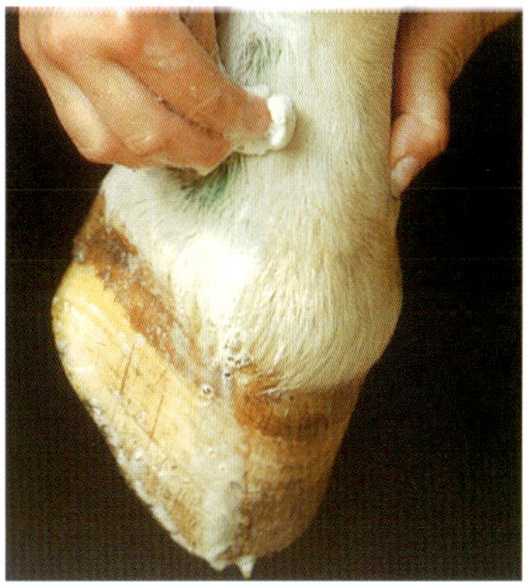

▲ *Nach dem Reiten in tiefem, nassen Boden die Beine waschen und trocknen oder den Schmutz trocknen lassen und dann abbürsten. Jede Hautverletzung im Fesselbereich erhöht die Infektionsgefahr und muss verheilen, bevor das Pferd wieder hinaus kann.*

◀ *Bei ersten Anzeichen von Mauke muss das Pferd in trockene Umgebung gebracht werden. Waschen und trocknen Sie die Beine. Wenn sich die Krusten leicht ablösen lassen, entfernen Sie sie, damit Luft an die betroffenen Stellen gelangt. Verbrennen Sie die abgelösten Krusten oder werfen Sie sie in Desinfektionslösung. Behandeln Sie die Haut mit einem vom Tierarzt empfohlenen Präparat.*

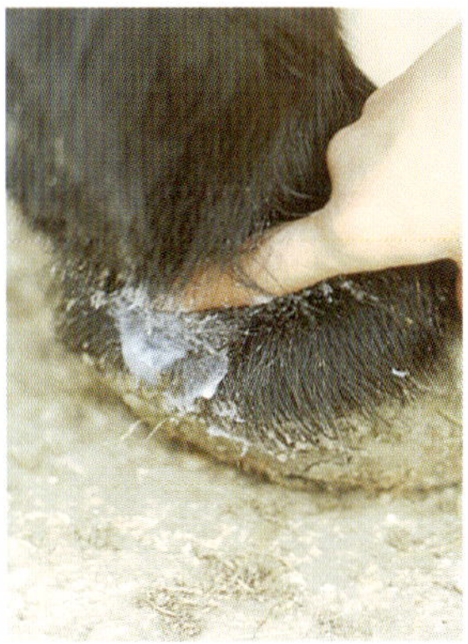

◀ *Bis alles verheilt ist, müssen die Beine so trocken wie möglich gehalten werden. Mit Hilfe von Vaseline kann die trockene Haut vor Feuchtigkeit geschützt werden, sie muss aber regelmäßig entfernt werden und vor dem erneuten Auftragen muss die Haut vollständig trocken sein.*

Klimazonen löst das Problem sich häufig von selbst; zur Behandlung muss das Pferd aber aus Regen und von feuchten oder schlammigen Wiesen genommen werden. Man kann antibakterielle Lösungen, Waschungen, Salben oder Cremes auftragen, die Krusten müssen entfernt und sicher entsorgt werden.

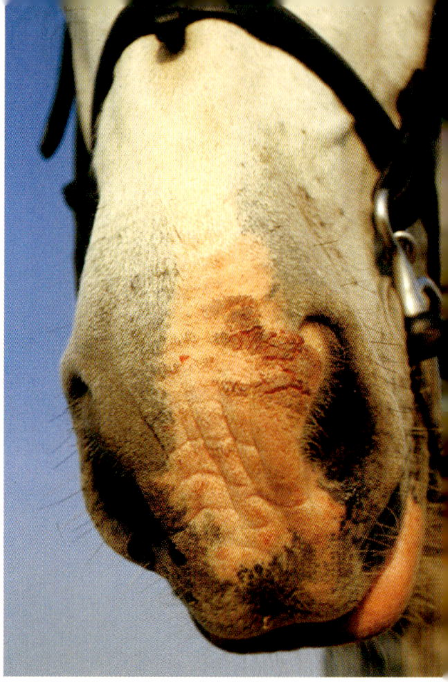

Unpigmentierte und haarlose Hautstellen sind besonders lichtempfindlich. Dann kommt es leicht zu Sonnenbrand, der in schweren Fällen sehr schmerzhaft sein kann.

HAARBALGENTZÜNDUNG

Wie der Name schon sagt, entzündet sich der Haarbalg, aus dem ein Haar herauswächst, man nennt dies auch Follikulitis. Mit der Zeit kann die Entzündung vom Haarbalg auf benachbarte Haarzonen übergehen, man spricht dann von Furunkulose (entspricht der Akne beim Menschen).

Ursache: Infektion mit Staphylococcus aureus und anderen Bakterien, begünstigt durch Hautverletzungen, Druck, erhöhte Außentemperaturen und Feuchtigkeit. Meist beginnt die Erkrankung im Frühjahr, bei starker reiterlicher Belastung oder im Haarwechsel.

Symptome: Die Infektion kommt meist an durch Druck und Reibung belasteten Hautstellen (z.B. unter dem Sattel), manchmal aber auch in der Fesselregion vor. Zunächst erscheinen kleine »Pickel«, die mehrere Wochen oder Monate lang bestehen bleiben. Entweder sie bilden sich spontan zurück oder vergrößern sich, werden wund und führen zu Haarausfall. Manche schwellen stark an und beginnen zu eitern, was zur Bildung von Narben und weißen Haaren führt. Die Pickel sind manchmal schmerzhaft und können das Pferd reituntauglich machen.

Behandlung: Leichtere Fälle heilen oft von selbst oder durch örtliche Behandlung, in schwereren Fällen können Antibiotika nötig sein. Der Besitzer muss für bessere Hygiene und Fütterung sorgen und sicherstellen, dass das Sattelzeug sauber ist und passt. Bei anfälligen Pferden kann das Waschen mit einer antibakteriellen Lösung vor und nach dem Reiten ein wiederholtes Auftreten verhindern.

UV-ALLERGIE (PHOTOSENSIBILIERUNG)

Starke und ungewöhnliche Reaktion auf Sonnenlicht.

Ursache: Fressen von oder direkter Kontakt mit bestimmten Pflanzen (z.B. Johanniskraut, Rotklee, Luzerne, Raps, bestimmte Grassorten etc.) oder Medikamente mit photodynamischen Wirkstoffen. Diese Inhaltsstoffe wirken giftig oder rufen allergische Reaktionen hervor, wenn sie durch die Haut mit Sonnenlicht in Berührung kommen. Lebererkrankungen können zur Anhäufung von Stoffen in der Haut führen, die auf UV-Strahlen reagieren.

Symptome: Pigment- und haarlose Hautstellen sind besonders häufig betroffen. Rötung der Haut, Ödembildung, Krusten- und Schuppenbildung, Hautrisse, Verdickungen, Eitern oder Absterben der Haut. Manchmal Schmerzen und Irritation, in schweren Fällen mitunter Erblindung und Schock.

Behandlung: Vermeidung direkten Sonnenlichtes, Futterzusammenstellung oder Weide wechseln. Sonnenschutzmittel oder Steroide auftragen. Eventuelle Erkrankungen der Leber müssen mit Vorrang behandelt werden, in diesem Fall ist die Prognose jedoch meist ungünstig.

HAUTKNÖTCHEN

Die als feste Erhebungen fühlbaren Knötchen reichen oft bis in tiefere Hautschichten hinab; sie sind typisch als Resultat massenhaften Auftretens von entzündlichen oder Krebszellen. Sie können als Granulome (infektiöse oder nicht-infektiöse Schwellungen der Haut), Abszesse, Tumore oder Zysten (mit flüssigem oder festem Inhalt) auftreten.

KOLLAGENGRANULOME

Ursachen: Die Ursache ist unbekannt, es kann sich um eine Reaktion auf Insektenstiche, Futter oder Medikamente handeln. Die Erscheinung ist in den warmen Monaten häufiger, verursacht keine Schmerzen und hat keine Auswirkungen auf die Gesundheit des Pferdes.

Symptome: Ein oder mehrere Beulen auf dem Rumpf, zwischen 0,5 und 5 cm groß. Hautoberfläche und Haar sind unverändert, Geschwürbildung nur bei Verletzung. Mit der Zeit können sich die Beulen verhärten.

Behandlung: Am besten lässt man die Beulen in Ruhe. Steroidale Salben oder Cremes (bei wenigen Beulen) oder Tabletten (bei vielen Beulen). Manche Tierärzte spritzen Steroide in oder um größere Beulen; diese können auch chirurgisch entfernt werden. Die Symptome verschwinden häufig ohne Behandlung, treten aber gern wiederholt auf. Verhärtete Beulen reagieren oft nicht mehr auf Steroide und können nur operativ entfernt werden.

ABSZESSE

Ursache: Eindringen von Bakterien in Wunden aus Operation, dem Eindringen von Fremdkörpern, In-

sekten- oder Milbenbissen oder sonstigen Verletzungen.
Symptome: Klar umgrenzte und sich vergrößernde Eiteransammlungen unter der Haut.
Behandlung: Legen einer Drainage und Ausspülen oder Umschläge mit anti-mikrobiellen Wirkstoffen. Eventuell nötige Antibiotika sollten erst gegeben werden, nachdem der Abszess gereift ist.

SARKOIDE
Dies sind Krebsgeschwulste, die zwar nicht bösartig sind, aber je nach Lage Körperfunktionen behindern können. Sarkoide können überall am Körper auftreten, manche Pferde haben gleich mehrere.
Ursache: Untersuchungen weisen auf eine ererbte Anfälligkeit für eine bestimmte Virusinfektion hin.
Symptome: Die Tumore können verschieden aussehen - warzig, fleischig, flach oder alles zusammen. Oft bleiben sie über lange Zeit unverändert, werden dann aber oft örtlich aggressiv.
Behandlung: Abbinden, Cremes, Strahlen-, Chemo- oder Immuntherapie, operative Entfernung, Kältetherapie und Laserbehandlung. Keine dieser Behandlungsformen ist in allen Fällen wirksam, oft ist eine Kombination mehrerer Methoden nötig.

Kombinierte Therapien bieten die größte Chance auf Heilung und müssen individuell für jedes Pferd zurechtgeschneidert werden. Sich nicht verändernde Sarkoide werden am besten in Ruhe gelassen, da eine Operation oder Biopsie zur Vergrößerung oder Streuung führen kann.

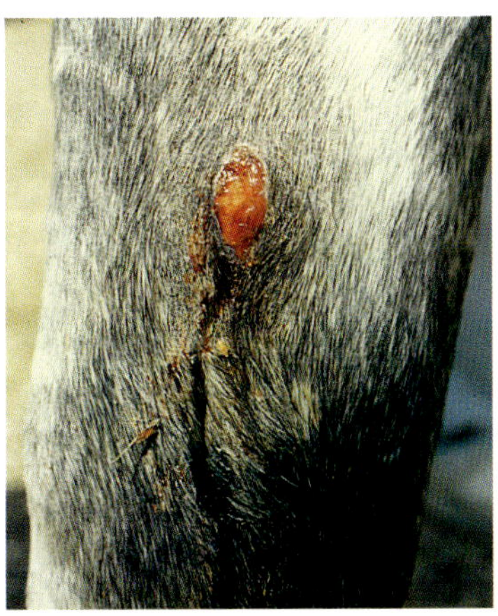

Sarkoide können überall am Körper auftreten und sind die häufigste Form von Krebsgeschwulsten bei Pferden.

MELANOME
Für Melanome sind bestimmte Blutlinien von Schimmeln besonders anfällig. In vielen Fällen sind sie gutartig, aber auch bösartige kommen vor. Je nach Lage können sie das Absetzen von Kot oder Harn oder eine Paarung behindern. Pferde unter sechs Jahren sind nur selten betroffen.
Symptome: Kleine, feste Tumore im Unterhautgewebe, die langsam größer werden, aber schnell tödlich wirken, wenn lebenswichtige Organe betroffen sind. Oft sind After, Scheide und Unterseite der Schweifrübe betroffen, seltener die Geschlechtsorgane männlicher Tiere, Beine, Ohren, Augenlider und Hals. Manchmal bilden sich Geschwüre und ein schwärzlicher Ausfluss.
Behandlung: Bestätigung der Diagnose durch eine Hautbiopsie, radikale operative Entfernung oder Kältechirurgie notwendig. Bei aktiv wachsenden Melanomen hat sich Cimetidin, ein starkes Antihistaminikum, oft als wirksam erwiesen. Leider ist die Prognose bei stark befallenen Pferden schlecht, besonders, wenn die Geschwulste bösartig sind.

WARZEN (PAPILLOMATOSE)
Von Warzen sind Fohlen und Jährlinge am häufigsten befallen, es gibt keine rasse- oder geschlechtsbedingte Anfälligkeit.
Ursache: Virusinfektion.
Symptome: Warzen, meistens an Maul, Lippen, Nüstern, Augen, äußeren Geschlechtsorganen und Beinen. Können leicht mit manchen Formen von Sarkoiden verwechselt werden.
Behandlung: Lassen Sie die natürliche Rückbildung unbehindert. Meist bilden Warzen sich innerhalb von sechs Monaten spontan zurück und das Pferd ist anschließend ein Leben lang gegen sie immun.

OHRBELAG
Ursache: Virusinfektion, möglicherweise durch Insekten übertragen.
Symptome: Weiße, warzenartige Ablagerung auf der Innenseite von einem oder beiden Ohren. Auch After- und Scheidenregion können betroffen sein.
Behandlung: Keine Behandlung oder spontane Selbstheilung bekannt. Der Belag ist aber typischerweise nicht schmerzhaft oder juckend.

EPIDERMALE INKLUSIONSZYSTE (BALGGESCHWULST)
Ein unter der Haut gebildeter Knoten an der inneren Seitenwand der Nasentrompete. Solche Zysten sind eher ungewöhnlich und werden, falls angeboren, erst bemerkt, wenn das Pferd drei bis sechs Monate alt ist. Kein Geräusch und keine Behinderung beim Atmen feststellbar. Zysten können auch um den Ohransatz herum auftreten und schleimigen Ausfluss produzieren.
Ursachen: Angeboren oder erworben durch einen verstopften Haarbalg oder Eindringen eines Fremdkörpers durch die Epidermis.
Symptome: Die Knoten können einzeln oder zu mehreren auftreten. Sie sind klar umgrenzt und fest, Schmerzen, Haarverlust oder Schäden an der Hautoberfläche sind nicht festzustellen.
Behandlung: Ein Verschwinden ohne Behandlung ist unwahrscheinlich. Eine operative Entfernung ist möglich, aber meistens nicht notwendig.

8 DAS PFERD UNTER DEM SATTEL

PASST DER SATTEL?

HÖREN SIE AUF IHR PFERD

Wenn Ihr Pferd die Möglichkeit hat, sich ausdrücken zu können, wird es Ihnen in vielen Bereichen genau »sagen«, was es braucht. Dies trifft jedenfalls ganz bestimmt auf das Finden des passenden Sattels zu! Einem Pferd ist es vollkommen egal, wie teuer der Sattel war, welche Farbe er hat und ob er aus feinstem Leder oder aus billigem Kunststoff gemacht ist. Entweder ermöglicht er ihm, sich natürlich und frei zu bewegen, oder nicht. Er ist entweder bequem für das Pferd oder mehr oder weniger unbequem bis sogar schmerzhaft.

Was dem Pferdebesitzer tatsächlich beim Kauf eines Sattels hilft oder ihm zumindest dabei hilft, völlig Unpassendes auszusondern, ist das klare Verständnis vom natürlichen Bewegungsablauf eines Pferdes und welche Wechselwirkungen der Sattel damit eingeht.

DER NATÜRLICHE BEWEGUNGSABLAUF

Wenn man versteht, wie die Natur den Pferdekörper konstruiert hat, damit er zum bequemen Laufen geeignet ist und dabei gesund bleibt, kann man Sattelzeug entwerfen und anwenden, das diese Funktionen möglichst wenig stört. Je weiter Körper und Bewegungsmuster des Pferdes von der Natur entfremdet werden, desto höheren Belastungen sind seine Strukturen ausgesetzt. Wer sich die Mühe macht, verschiedene Satteltypen bei seinem Pferd auszuprobieren, ermöglicht seinem Pferd die Rückmeldung, aufgrund derer er entscheiden kann, was am besten für es geeignet ist.

Auch wenn im Rahmen dieses Kapitels nicht ausführlich auf die natürliche Biomechanik des Pferdes eingegangen werden kann, so fällt es doch auf, dass der Bereich des Pferderückens, auf dem der Sattel

Das Pferd soll sich unter dem Sattel genau so frei und natürlich bewegen können wie ohne Reiter auf der Weide.

liegt, sich in der Bewegung ganz anders verhält als im Stand. Sofort wird einsichtig, dass das Anpassen eines Sattels im Stand gewisse Tücken birgt! Genau dies hat man aber jahrelang getan. Leider sind Pferde meisterlich gut darin, Beschränkungen oder Ausfälle ganzer Körperregionen so zu kompensieren, dass sie erstaunliche Leistungen erbringen können, obwohl der Sattel ihnen Probleme bereitet.

Die konventionelle Methode der Sattelanpassung führte dazu, dass die Mehrheit aller Reitpferde keine natürliche Körperform mehr besaß. Ein nach den Konturen des stehenden Pferdes angepasster Sattel zwingt das Pferd auch in der Bewegung in diese statische Position. Dies verändert die gesamte Biomechanik des Pferdes und es muss neue Wege finden, um trotz der Behinderung seiner Bewegung die Wünsche des Reiters zu erfüllen. Mit der Zeit verursachen diese Kompensationen eine ganze Reihe unnatürlicher Körperhaltungen und/oder Entwicklungen der Muskulatur, darunter möglicherweise:

Wenn der Sattel nicht passt, arbeitet das Pferd ständig unter Schmerzen und mit Unbehagen. Bevor man an irgendwelche Verhaltensprobleme denkt, sollte immer zuerst die Passform des Sattels überprüft werden.

- Rückbildung der Muskulatur an Rücken, Halsoberseite und Hinterhand, wodurch der Körper eckiger und gestreckter erscheint
- Unnatürlich starkes Hervortreten von Widerrist und Schulterblatt durch fehlende Bemuskelung
- Überentwicklung bestimmter Muskelgruppen
- Verkürzte Schritte
- Verkürzung der Sehnen, verursacht durch einen Elastizitätsverlust der Muskelgruppen an Schulter und Oberarm
- Ein Senkrücken, verursacht durch ständige Kontraktion der langen Rückenmuskeln in Rückwärtsbeugung
- Hervortretendes Brustbein
- Tendenz zur Überlastung der Trachten an den Vorderhufen
- Tendenz zur Überlastung des hinteren Außenwandbereiches der Vorderhufe

Oft wird verständlicherweise angenommen, dass ein Pferd doch kaum ein Problem mit seinem Sattel haben kann, wenn es eine dreitägige Vielseitigkeitsprüfung, einen 120 km langen Distanzritt oder einen Dressur-Grand Prix gewinnt. Leider sind aber Unbehagen und Stress für Sportpferde oft Teil des Daseins! Wenn Sie sich menschliche Spitzenathleten oder -tänzer ansehen, werden Sie feststellen, dass Schmerzen oft ein akzeptierter Teil ihres Lebens sind.

Der menschliche Athlet kann frei entscheiden, ob er seinen Körper »missbrauchen« möchte, um das gewünschte Ziel zu erreichen. Aber was ist mit dem Pferd? Im Spitzensport erfolgreiche Pferde sind oft nicht unbedingt diejenigen mit dem meisten Talent, sondern diejenigen, die besser als andere mit den physischen und psychischen Belastungen zurechtkommen. Solange das Pferd eine zufrieden stellende Leistung bringt, sind die Trainer glücklich und hinterfragen ihre aktuellen Methoden oder die Ausrüstung nicht. Falls es nachlässt, ist es einfach, es los zu werden und sich ein neues zu beschaffen. In einem Umfeld, in dem Wohlbefinden keine Rolle spielt, ist die »Meinung« des Pferdes zur Passform seines Sattels nicht gefragt!

Für viele Menschen, die im Pferdeturniersport ihren Lebensunterhalt verdienen, wäre leider ein neu überdachter Umgang mit dem Thema Sattel zu unbequem, denn er würde die Bedürfnisse des Pferdes auf eine Stufe mit ihren eigenen stellen.

NEUE METHODEN ZUR SATTELANPASSUNG

Die Frage, wie ein Sattel richtig angepasst werden muss, verursacht unter den Pferdebesitzern und Professionellen wie Tierärzten, Chiropraktikern, Trainern und Turnierrichtern derzeit einiges an Verwirrung und Streit.

Bis in die frühen 1990er Jahre war das noch anders. Sättel wurden (oft von Menschen, die nicht viel von Pferden verstehen) schon seit Jahren auf die gleiche Art und Weise angepasst. Niemand hinterfragte die konventionellen »Regeln« der Sattelanpassung und keinem Reiter wäre es eingefallen, die Empfehlung eines Sattelverkäufers zu hinterfragen.

Die Sattelindustrie stellte standardmäßig Sättel mit drei Kammerweiten für die verschiedenen Pferdetypen her: eng, mittel und weit. Gleichzeitig war man eifrig darum bemüht, viele verschiedene Sitzvarianten zu schaffen, um die Bedürfnisse und Wünsche der Reiter zu erfüllen. Wenn man es sich leisten konnte, erschien der »Maßsattel« als das Beste, was man kaufen konnte. Man hielt sich an die alte Regel »Wenn der Sattel passt, braucht man keine Satteldecke«. Niemand sprach viel über Sättel, was das Wohlbefinden des Pferdes anging.

In den späten 1980er Jahren begann man, auch mit Hilfe einer Satteldecke, in die Drucksensoren eingearbeitet sind, computergestützte Messungen zur Passform des Sattels in Bewegung zu erstellen. Mit oft erstaunlichen Ergebnissen!

In England begann eine Gruppe, die sich BALANCE nannte, mit Untersuchungen zu den Auswirkungen von Sätteln auf Leistung und Gesundheit des Reitpferdes. Einengende Sättel können, was die Leistung angeht, Folgendes verursachen:

- Unvermögen oder sichtliche Unwilligkeit zum Einsatz der Hinterhand
- Weggedrückter Rücken
- Widerstand beim Biegen
- Verkürzte Schritte
- Hängende Beine über dem Sprung
- Beeinflussung der Atmung
- Augenscheinliche Nervosität und Neigung zum Scheuen
- Kein Vorwärtsdrang
- Verspannungen

All dies verursacht Reitern und Trainern Probleme und kann zu einem weiteren Missbrauch des Pferdes führen, wenn versucht wird, die instinktiven Schutzmechanismen des Pferdes mit Hilfszügeln und

Reittechniken zu »korrigieren«. Da so viele Pferde mit unpassenden Sätteln geritten werden, haben sich unsere Augen leider an das dadurch verursachte Bild gewöhnt und wir empfinden es als normal.

Verschiedene Meinungen zu einem bestimmten Thema sind ein guter Anreiz für Verbesserungen, sie können aber den armen Pferdebesitzer auch völlig verwirren, der doch nur das Beste für sein Pferd möchte. Aus diesem Grund möchten wir Ihnen auch kein bestimmtes »Rezept« für den perfekten Sattel liefern, indem wir eine Reihe neuer Passformregeln aufstellen. Stattdessen möchten wir Ihnen etwas Einblick in die hinter dem BALANCE-System stehenden Ideen geben und Sie einladen, sie mit den existierenden Regeln zur Anpassung von Sätteln zu vergleichen. Wenn Sie beide Methoden kennen gelernt haben, müssen Sie selbst entscheiden, welche aktuell am besten zu Ihnen und Ihrem Pferd passt.

Es gibt keine Garantien: schon allein das Konzept, überhaupt einen Sattel zwischen Pferd und Reiter zu legen, ist dazu verdammt, mehr Probleme zu schaffen als es löst. Die einzige Methode, nie ein Problem mit dem Sattel zu haben ist, keinen zu benutzen.

EINE NEUE PERSPEKTIVE: DIE PRINZIPIEN DES BALANCE-SATTELSYSTEMS

- Das BALANCE-Sattelsystem gibt dem Reiter die Möglichkeit, die natürlichen Bewegungsmuster und die Gesundheit seines Pferdes zu erhalten oder wieder herzustellen, wenn sie durch einen nicht passenden Sattel beeinträchtigt wurden.
- Das System besteht aus verschiedenen Satteltypen mit verschiedenen Nutzungsschwerpunkten für den Reiter, die zusammen mit einem speziell entworfenen Polsterungssystem verwendet werden.
- Beim Bau der Sättel wurden diejenigen Merkmale berücksichtigt, die von den Pferden offensichtlich bevorzugt werden. So sind sie in der Kammer etwas weiter, als es der Position des Pferdes im Stand entspricht, um die natürliche und erwünschte Rückenausdehnung in der Bewegung zu ermöglichen. Das Polstersystem sorgt für Bequemlichkeit und richtige Balance des Sattels. Es ermöglicht auch die Feinabstimmung von beidem, um den Komfort von Pferd und Reiter zu sichern.
- Die genaue Kombination von Sattel und Polsterung wird von Pferd und Reiter »ausgesucht«, nachdem man mehrere verschiedene Varianten ausprobiert hat - wobei die »Meinung« des Pferdes als die wichtigere und verlässlichere gilt. Ziel ist, diejenige Kombination zu finden, die dem Pferd eine möglichst natürliche und freie Bewegung ermöglicht.

Das Pferd gibt uns ständig Rückmeldung darüber, wie es mit Sattelzeug, Hufbeschlag, Haltung und unserer Art des Reitens zurecht kommt. Der Schlüssel zur Verbesserung liegt darin, zu probieren und dem Pferd mehrere Auswahlmöglichkeiten zu bieten, anstatt stur auf unserer vorgefassten Meinung zu beharren. Die regelmäßige Kontrolle, ob der Sattel noch passt, sollte zur reiterlichen Routine gehören. Hier im Bild fühlt die Reiterin nach eventuell empfindlichen und verspannten Stellen, bevor sie den Sattel auflegt. So kann sie Probleme frühzeitig erkennen und bekämpfen.

- BALANCE-Sättel sind weiter geschnitten als konventionelle Sättel, da diese für gesunde und gut entwickelte Pferde fast immer zu eng sind.

DENKEN SIE NEU ÜBER DEN SATTEL NACH

- wenn Ihr Pferd mit einem Sattel konventioneller Kammerweite geritten wird
- wenn Ihr Sattel am stehenden Pferd angepasst wurde
- wenn Ihnen Wohlbefinden und langfristige Gesunderhaltung Ihres Pferdes wichtig sind
- wenn Sie feststellen, dass Ihr Pferd die natürliche Schönheit der in Freiheit gezeigten Bewegungen unter dem Sattel verliert.

Dem wahren Kern der Sache ist gar nicht so schwer auf die Spur zu kommen, wenn man das Pferd mit entscheiden lässt und seine Rückmeldung akzeptiert. Das gilt übrigens auch für jeden anderen Ausrüstungsgegenstand und für jede Trainingsmethode!

DECKEN

Je nach Typ und Nutzung des Pferdes kann es nötig sein, über das Jahr hinweg mehrere Decken zu benötigen.

Ein Robustpferd, dessen Fell nicht geschoren wurde, Raufutter nach Belieben erhält und das in einem zweckmäßigen Offenstall lebt, entwickelt ein dickes Winterfell, das es besser schützt als jede Decke. Pferde hingegen, die teilweise im Stall gehalten werden, profitieren von einer Weidedecke, wenn sie bei nasskaltem Wetter ins Freie gelassen werden. In irgendeiner Form geschorene Pferde müssen, insbe-

REGELN ZUR ÜBERPRÜFUNG DER SATTELPASSFORM

Der Sattel muss für den Reiter angenehm sein, wichtiger ist aber seine richtige und bequeme Passform für das jeweilige Pferd. Jedes Pferd hat eine andere Rückenform, die sich zudem noch mit Alter oder Futter- und Trainingszustand verändern kann. Regelmäßige Überprüfungen, ob der Sattel noch passt, sind deshalb ein Muss - am besten durch qualifizierte Fachleute, die auch auf dem neuesten Kenntnisstand sind. Die Passform muss sowohl mit als auch ohne Reiter, in Stand und in Bewegung überprüft werden.

◀ *Der Sattel muss gerade auf dem Rücken liegen mit dem tiefsten Punkt der Sitzfläche in der Mitte zwischen Vorder- und Hinterzwiesel. Er darf nicht nach vorn oder hinten »schaukeln«, wenn der Reiter leichttrabt.*

◀ *Kein Teil des Sattels darf die Bewegung des Pferdes behindern, auch wenn die Schulter sich maximal streckt. Das hintere Sattelende darf nicht auf die empfindliche Lenden- und Nierenpartie drücken.*

◀ *Auch wenn der Reiter sich vor- oder zurücklehnt, muss man immer noch Licht durch die gesamte Länge der Sattelkammer sehen können. Zwischen Widerrist und Vorderzwiesel müssen jederzeit vier Finger passen.*

◀ *Die Sattelkissen dienen als Stoßdämpfer und verteilen das Reitergewicht über eine größere Fläche. Je größer diese ist, desto besser. Die Polsterung muss gut und gleichmäßig sein. Zu dünne Polster sind genauso schlecht wie zu dicke, harte, die oben auf dem Pferderücken aufstehen.*

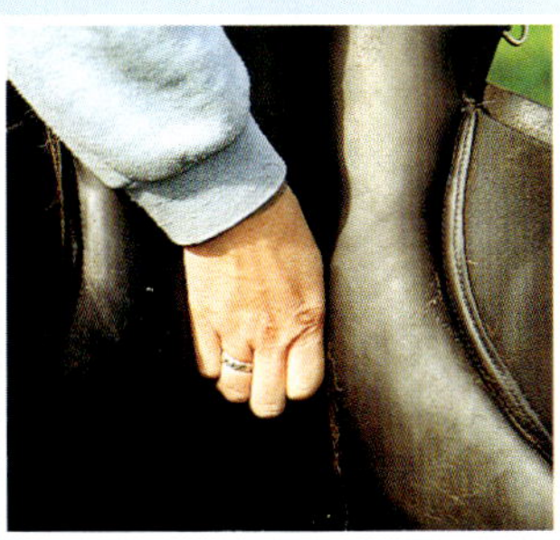

◀ *Die Kammer muss so weit sein, dass die beiden Polster deutlich rechts und links neben der Wirbelsäule liegen.*

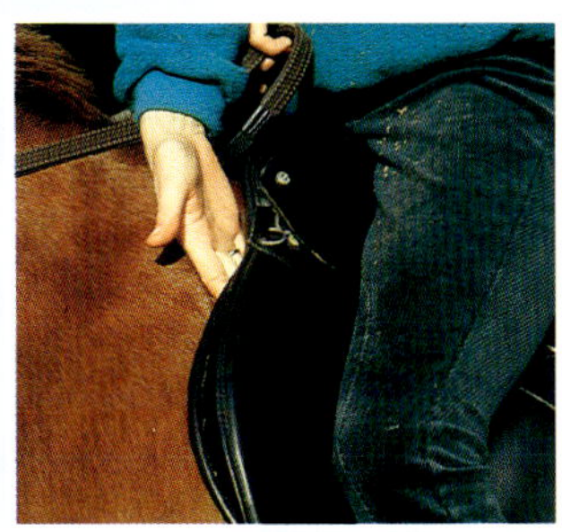

◀ *Wenn der Sattel im Widerristbereich zu weit für das Pferd geschnitten ist, sitzt er an den Seiten zu tief und hat dort zuviel »Luft«, was zu einem Verrutschen führt. Ist die Kammer dagegen zu eng, kneift der Sattel und liegt zu hoch oben auf dem Rücken auf. Sie müssen seitlich des Widerristes Ihre Finger unter das Sattelblatt schieben können.*

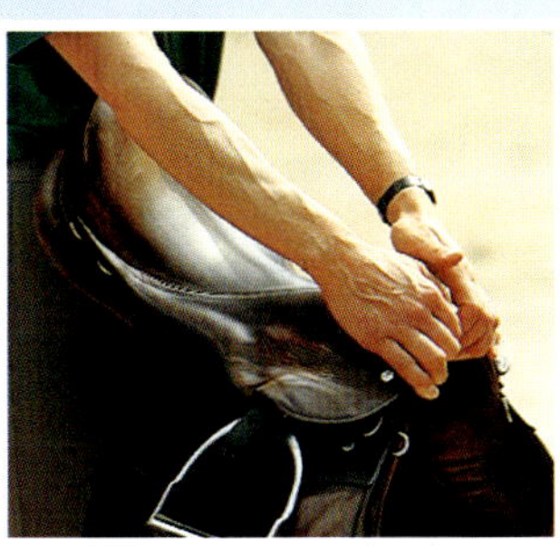

◀ *Geben Sie beim Kauf von gebrauchten Sätteln ganz besonders auf Passform und Zustand acht. Wenn man den Sattel wie abgebildet kräftig gegen seinen Körper zieht, kann man feststellen, ob der Baum nachgibt und beschädigt oder gebrochen ist. Bedenken Sie, dass auch ein mit dem Pferd zusammen gekaufter Sattel keine Garantie für perfekte Passform ist.*

◀ *Der Sattel muss auch dem Reiter passen, um ihn in die richtige Position über dem Schwerpunkt des Pferdes zu setzen.*

SO PASST DAS MARTINGAL

▲ *Egal, welcher Typ von Martingal verwendet wird - es darf erst dann wirken, wenn das Pferd den Kopf zu hoch nimmt. Ein zu locker verschnalltes Martingal hat keinen Effekt. Ist es zu eng verschnallt, führt es zu weiterer Widersetzlichkeit des Pferdes, zu Verspannungen und Abwehrreaktionen. Unter dem um den Hals herum laufenden Riemen muss eine Hand locker Platz finden.*

▲ *Die Gabel des Martingals muss so lang verschnallt sein, dass die Zügellinie vom Pferdemaul zur Reiterhand ungebrochen bleibt. Ist sie zu kurz, verursacht sie einen Knick im Zügel und verändert die Lage des Gebisses im Maul.*

ANPASSUNG VON TRENSE UND GEBISS

Das Stirnband darf die Ohren nicht einklemmen.

Zwischen Kehlriemen und Gamaschen muss eine Handbreit Luft sein.

Die Länge der Backenstücke muss so eingestellt sein, dass das Gebiss die Maulwinkel leicht ankräuselt. Zu hoch oder niedrig im Maul liegende Gebisse sind dem Pferd sehr unangenehm.

Der Nasenriemen muss (beim englischen Reithalfter) auf halber Höhe zwischen Maukwinkel und Jochbein sitzen. Zwei Finger müssen dazwischen passen.

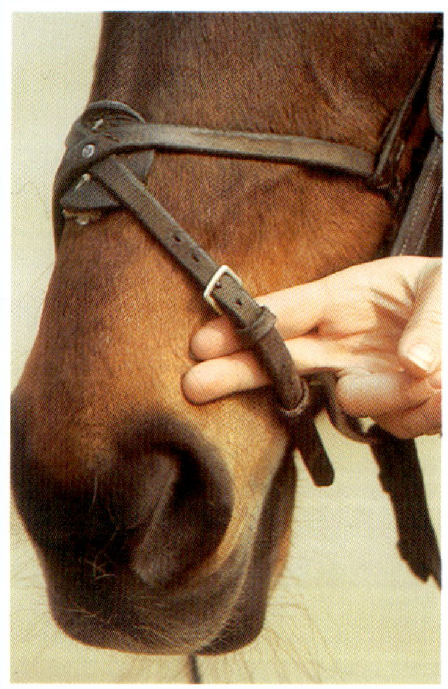

◀ *Bei einem mexikanischen Kreuz-Reithalfter wird der untere Riemen vor dem Gebiss verschnallt und muss so locker sein, dass zwei Finger darunter passen. Der obere Riemen muss so hoch oben auf dem Nasenbein sitzen, dass er die Atmung nicht behindern kann.*

◀ *Das Gebiss hat die richtige Weite, wenn es auf beiden Seiten etwa 0,5 cm aus dem Maul heraus schaut. Wenn es zu breit ist, verliert es seine Wirksamkeit, schlägt gegen die Zähne und verletzt den Gaumen. Ein zu enges Gebiss quetscht und klemmt die Maulwinkel.*

sondere wenn es sich um hochblütige Tiere handelt, ab Herbst in wärmere Decken gepackt werden, wenn sie nicht bis zum Frühjahr an Substanz verlieren sollen. Auch alte Pferde frieren schneller.

Im Sommer helfen leichte Baumwolldecken, das Pferd sauber und die Fliegen fern zu halten. Fast unentbehrlich sind moderne Abschwitzdecken, die nach dem Reiten den Schweiß von der Pferdehaut nach außen leiten und gleichzeitig vor Zugluft schützen.

MATERIALIEN UND BEFESTIGUNG

Von den vielen verschiedenen Materialien, die heute zur Herstellung von Pferdedecken verwendet werden, sind Baumwollsegeltuch und Jute nach wie vor die billigsten. Am oberen Ende der Preisskala finden sich heute wasserdichte und gleichzeitig atmungsaktive Stoffe, die bei unterschiedlichstem Wetter für eine gleichbleibende Körpertemperatur sorgen.

Qualität kostet hier wie überall ihren Preis, aber eine gut geschnittene, stabile Decke, die sich leicht handhaben lässt, hält lange und ist ihren anfänglich höheren Anschaffungspreis auf Dauer wert.

Decken werden auf der Brust mit Hilfe eines Haken- oder Klettverschlusses geschlossen und von zwei unter dem Bauch hindurch laufenden Kreuzgurten in Position gehalten. Die fest an der Decke angebrachten Kreuzgurte haben den traditionellen festen Deckengurt aus gepolstertem Leder heute beinahe vollständig ersetzt, sodass der Druck auf den Rücken wegfällt. Manche Weidedecken haben außerdem Beinschnüre, die in Schlaufen um die Hinterbeine geführt werden und verhindern sollen, dass von hinten kommender Wind die Decke nach oben bläst. Alternativ kann auch eine einfache Nylonschnur unter dem Schweif hindurch geführt werden.

DIE DECKENPASSFORM

Die Größe einer Pferdedecke wird nach der Länge vom Widerrist bis zum Schweif in cm angegeben. Die Größen liegen jeweils 5-cm-Schritte auseinander, beginnen in der Regel bei 110 und enden bei 145 cm.

Um die richtige Größe zu ermitteln, sollten Sie aber nicht nur die Rückenlänge, sondern auch den Halsumfang von der Brustmitte über die Schulter bis zum Widerrist messen.

Achten Sie auch darauf, dass die Seitenteile lang genug sind, um den Bauch Ihres Pferdes zu schützen.

Der Halsausschnitt darf nicht zu weit sein, da die Decke sonst nach hinten rutscht, aber auch nicht zu eng, damit das Pferd noch zum Grasen den Kopf senken kann. Heute sind auch Decken mit bis zu den Ohren reichenden Halsteilen erhältlich, die bei geschorenen Pferden sinnvoll sein können.

Messen für die Deckenlänge. Außerdem braucht man das Maß von Widerrist bis Schweifansatz, weil so im Normalfall die Deckenlänge in cm angeben wird.

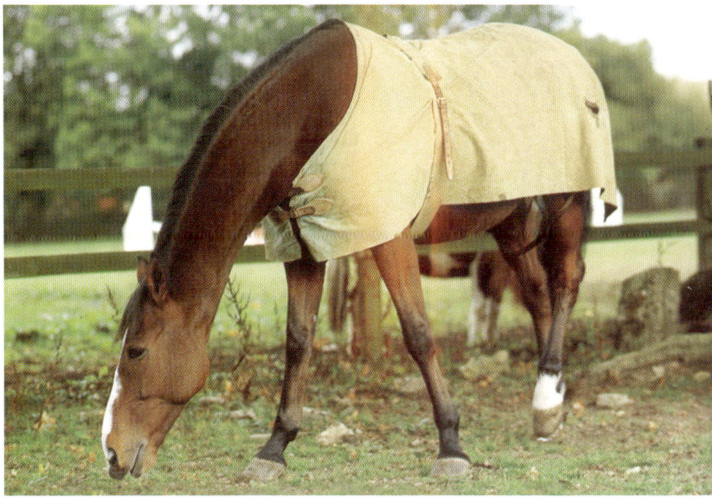

Moderne Materialen und Schnitte berücksichtigen endlich auch das Komfortbedürfnis des Pferdes und machen Bilder wie dieses von einer unpassenden, die Luft abschnürenden und mit Gurt befestigten Baumwolldecke überflüssig.

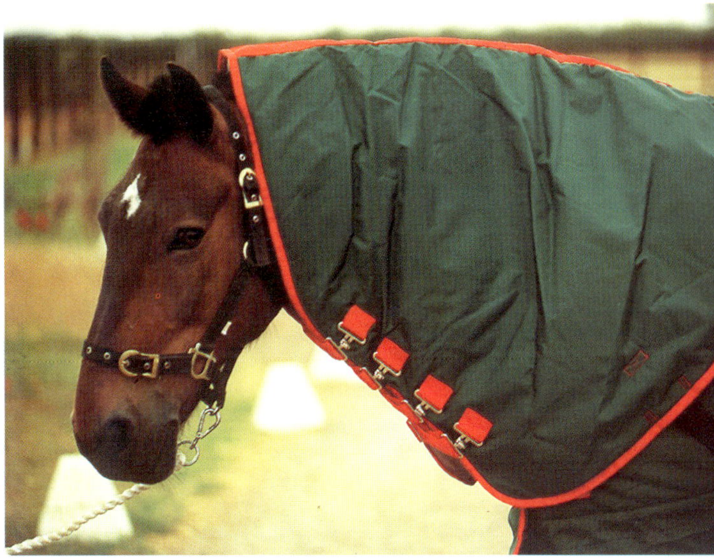

Viele Decken haben ein zusätzliches Halsteil, das man nach Bedarf anlegen oder abnehmen kann.

DECKENZUBEHÖR

- Thermo-Unterdecken zur Verwendung mit einer Überdecke
- Kragenförmige »Schulterschoner«, die unter der Decke angelegt werden und ein Scheuern an Schultern und Widerrist vermeiden
- Halsteile, die bis zu den Ohren reichen und vor Schmutz, Regen und Kälte schützen. Meist werden sie mit Haken in D-Ringen an der Decke befestigt; es sind wasserfeste Ausführungen für draußen oder wärmende für den Stall erhältlich.

TIPPS RUND UM DIE PFERDEDECKE

- Im Bereich von Widerrist und Schultern an die Innenseite der Decke genähtes Futter aus Seide oder Kunstpelz verhindert ein Scheuern.
- Viele Reparaturen und kleine Änderungen an der Passform können Sie selbst vornehmen. Die dazu benötigten Materialien wie Clip- und Klettverschlüsse, D-Ringe, Nylonschnüre und besonders starkes Nähgarn erhalten Sie unter anderem bei Outdoor-Ausstattern.
- Jede Decke, egal wie teuer sie war, wird irgendwann undicht, wenn sie nicht entsprechend gepflegt wird. Reinigen Sie jede Decke nach Gebrauch und behandeln Sie Weidedecken nach Bedarf mit Imprägniermittel nach, bevor Sie sie wegpacken. Die Deckenhersteller informieren über die passenden Pflegemittel für ihre Produkte.
- Ein unter der Decke getragenes Betttuch kann regelmäßig gewaschen werden und hält das Deckenfutter hygienisch sauber.

SCHUTZ FÜR DIE BEINE

WARUM EIN BEINSCHUTZ?
Es gibt verschiedene Arten von Bandagen und Gamaschen, die das wichtigste Kapital Ihres Pferdes schützen sollen - seine Beine. Wenn wir vom Pferd

DECKENTYPEN

Ob und welche Decke(n) ein Pferd benötigt, hängt davon ab, wie es gehalten und genutzt wird. Jedes der zahlreich angebotenen Produkte lässt sich einem der folgenden Grundmodelle zuordnen:

▲ ***Stalldecke:*** *Die früher üblichen Woll- und Jutedecken, die mit einem Deckengurt befestigt wurden, sieht man heute nur noch selten. Sie werden mehr und mehr durch Decken aus modernen Materialien ersetzt, die leicht, stark wärmend und trotzdem atmungsaktiv sind. Sie werden mit Kreuzgurten und manchmal zusätzlichen Beinschnüren gesichert und bieten eine bequeme Passform. Da Stallpferde sich nur sehr begrenzt bewegen können, müssen Sie bei kaltem Wetter oft eingedeckt werden.*

▲ ***Weidedecke:*** *Traditionell aus gewachster Baumwolle (bekannt als »Neuseeland-Decke«), heute jedoch meist ebenfalls aus modernen Kunstfasern, die gleichzeitig warm, wasserdicht und atmungsaktiv sind, sodass die Feuchtigkeit vom Körper nach außen weggeleitet werden kann. Oft sind solche Decken auch für den Gebrauch im Stall geeignet. Im Handel sind verschieden dick gefütterte Modelle erhältlich. Die Decken sind so geschnitten, dass sie immer gut sitzen, auch wenn sich das Pferd viel bewegt oder sogar wälzt. Pferde, die nicht geschoren wurden, einen guten Offenstall zur Verfügung haben und genügend Raufutter erhalten, brauchen im Winter keine Weidedecke; älteren oder sehr empfindlichen Tieren tut die zusätzliche Wärme aber gut. Geschorene Pferde müssen grundsätzlich eingedeckt werden, wenn sie im Winter nach draußen kommen.*

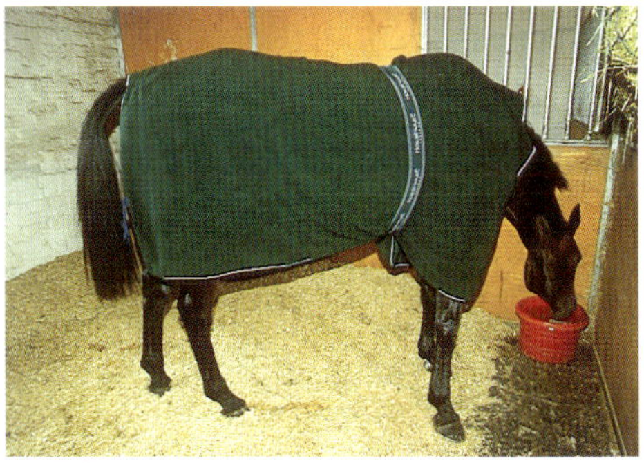

◀ ***Abschwitzdecke:*** *Eine leichte Decke, die den Schweiß vom Körper wegtransportiert und ein Auskühlen nach der Arbeit verhindert. Die Feuchtigkeit wird von einem Spezialgewebe an die Deckenoberfläche transportiert, wo sie verdunsten kann. Auch hier dominieren moderne High-Tech-Fasern. Abschwitzdecken eignen sich auch besonders gut für den Einsatz beim Hängertransport.*

Sommerdecke: *Eine leichte Universaldecke für Frühling und Sommer. Praktisch für Hängerfahrten und zum Schutz vor Staub und Fliegen.* ▶

◀ ***Nierendecke:*** *Wenn ein geschorenes Pferd oder eines, das kein Winterfell bilden konnte, bei kalter Witterung geritten werden soll, sorgt eine solche Decke dafür, dass Nieren und Kruppenmuskulatur warm gehalten werden - besonders, wenn Geläuf oder Trainingszustand des Pferdes zu langsamer Bewegung zwingen. Wasserfeste Nierendecken haben den Vorteil, das Pferd auch bei Regenritten so trocken zu halten, dass gleich nach dem Ritt ohne lange Trocknungsphase wieder die Stalldecke aufgelegt werden kann.*

PASST DIE DECKE?

Eine korrekte Passform ist wichtig, um alle Vorteile der Decke nutzen zu können. Ist sie zu klein oder eng, verursacht sie dem Pferd ständiges Unbehagen und führt schnell zu Scheuerstellen. Eine zu große Decke hingegen lässt Nässe und Zugluft an die Haut; baumelnde Gurte sind große Unfallgefahren.

1. *Passende Länge vom Widerrist zur Schweifrübe*
2. *Anatomische Passform im Bereich des Rückens*
3. *Seitenteile so lang, dass sie den Bauch vor Zugluft schützen*
4. *Sichere Befestigung - Kreuzgurte so verschnallt, dass noch eine Hand dazwischen passt*
5. *Abnäher im Bereich von Schulter und Kruppe sorgen für ein besseres Anschmiegen*
6. *Brust genügend abgedeckt*
7. *So viel Widerristfreiheit, dass die Bewegung nicht behindert wird, aber Nässe und Zugluft fern gehalten werden.*

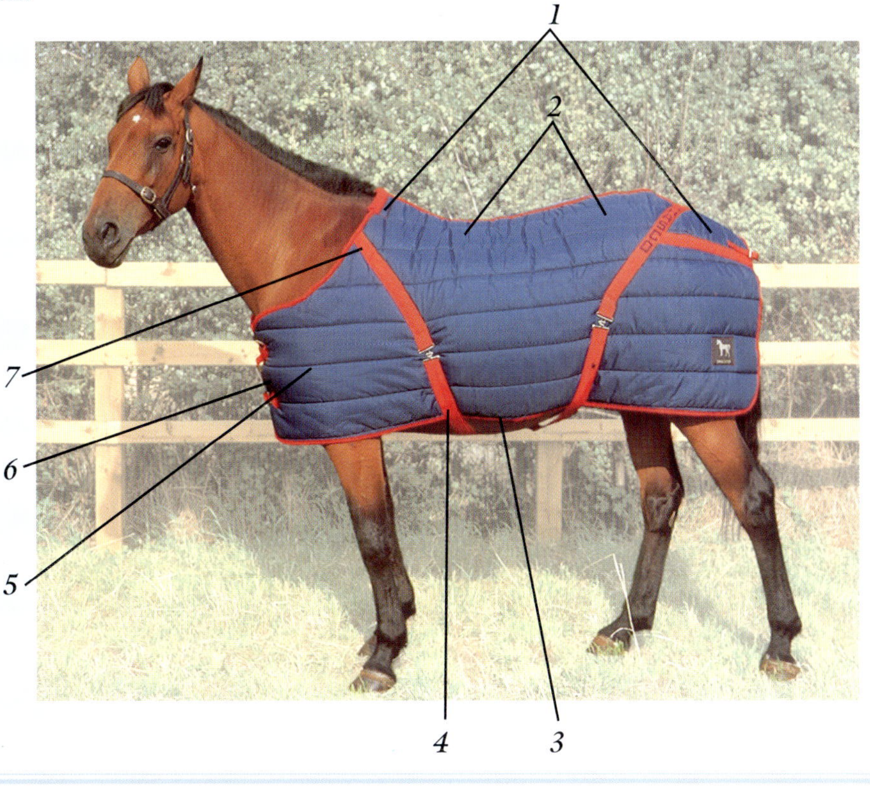

DECKEN AN- UND AUSZIEHEN

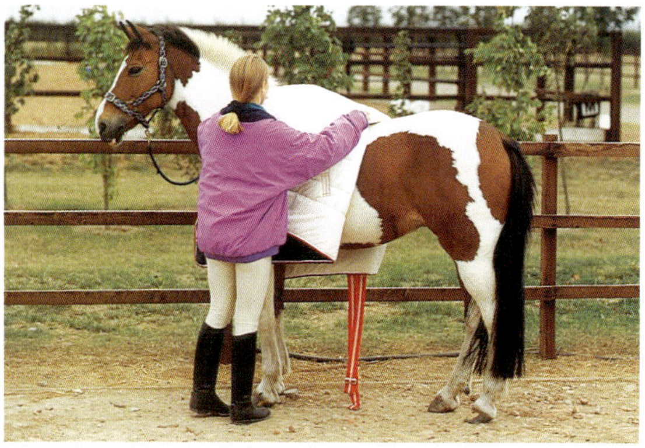

▲ *Falten Sie die Decke halb zurück und legen sie weit genug vorne auf. Schließen Sie den Brustverschluss.*

▲ *Schieben Sie die Decke in Position und schlagen Sie den hinteren Teil zurück. Schließen Sie die Kreuzgurte oder den Deckengurt. Schließen Sie die Beinschnüre.*

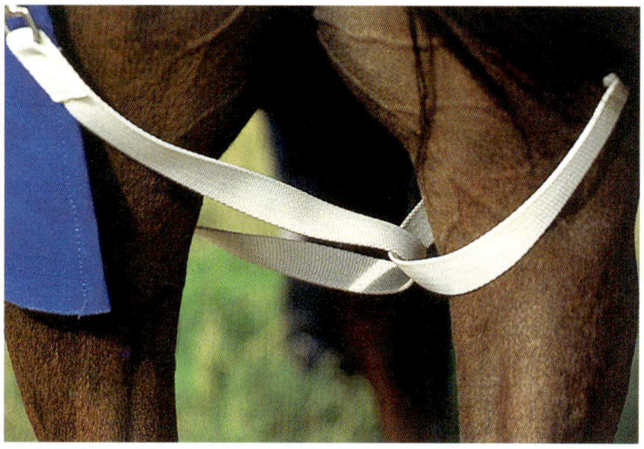

▲ *Beinschnüre um die Hinterbeine werden häufig in Kombination mit Kreuzgurten verwendet. Sie müssen wie gezeigt ineinander geschlauft werden, um die Decke am Platz zu halten und nicht scheuern zu können. Nicht zu stramm schließen! Sie verhindern ein Hochfliegen der Decke im hinteren Bereich.*

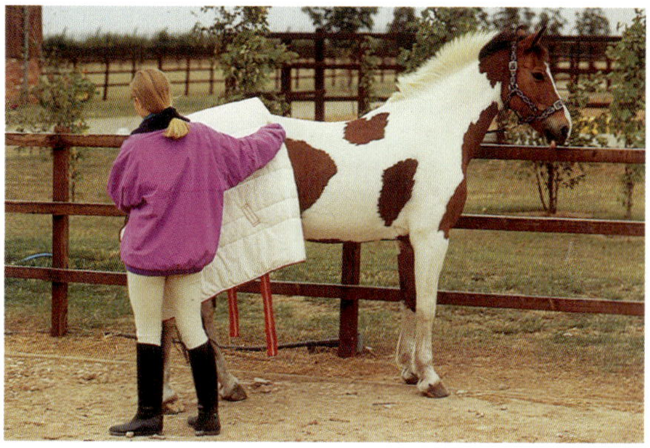

▲ *Öffnen Sie zum Abnehmen der Decke erst alle hinteren Verschlüsse, dann die vorderen. Knoten Sie die Kreuzgurte und Beinschnüre lose zusammen, damit sie nicht gegen das Pferd schlagen. Falten Sie den Vorderteil der Decke zurück und ziehen Sie die gesamte Decke in einer Wischbewegung nach hinten weg. Stellen Sie sich nicht direkt hinter das Pferd.*

verlangen, mit dem durch den Reiter veränderten Gleichgewicht zurecht zu kommen und Bewegungen auszuführen, die es von sich aus nicht machen würde (z.B. auf kleinen Zirkeln laufen, seitwärts treten oder über Hindernisse springen), vergrößern wir die Gefahr enorm, dass es sich selbst in die Beine tritt oder sich anschlägt. Besonders mit Eisen beschlagene Pferde können sich selbst im Bereich der Beine schwere Verletzungen zufügen. Es macht deshalb Sinn, vorzubeugen und bei besonderen Belastungen vor dem Reiten einen Beinschutz anzulegen.

GAMASCHEN ODER BANDAGEN?

Bandagen sind erste Wahl für Perfektionisten, da sie eine besonders hohe Stützwirkung haben. Sie richtig anzulegen, verlangt aber viel Übung! Falsch angewendet, schaden sie schnell mehr als sie nutzen. Im

Die Beine sind der wertvollste und verletzlichste Teil des Pferdes. Beim Springen sollte immer ein Beinschutz angelegt werden, um das Verletzungsrisiko zu minimieren.

Alltag sind Gamaschen leichter anzulegen und sauber zu halten.

Das Anlegen von Gamaschen auf der Weide ist problematisch, da so schnell Hautprobleme entstehen, besonders, wenn Schmutz darunter gerät. Frei laufende Pferde sind darüber hinaus gut in der Lage, selbst auf ihre Beine und ihr Gleichgewicht zu achten.

Neben den üblichen Allzweck-Gamaschen gibt es auch solche, die zum Schutz bestimmter Beinpartien oder für bestimmte Einsatzzwecke gedacht sind (siehe Seite 182).

WELCHES MATERIAL?
Während es früher ausschließlich lederne Gamaschen gab, werden heute häufiger Kunststoffe und Neopren verwendet, die stark stoßabsorbierend wirken und hohen Tragekomfort mit bequemer Handhabung verbinden. Oft sind sie zusätzlich mit Schafwolle oder Schaumstoff gepolstert. Zur Befestigung dienen Klettverschlüsse (mit oder ohne Elastikeinsatz), Schnallen oder Haken. Ledergamaschen mit Schafwollfutter verlangen natürlich einiges mehr an Pflegeaufwand als beispielsweise solche aus Neopren, die einfach unter Wasser abgebürstet oder in die Waschmaschine gesteckt werden können.

WIE WÄHLT MAN AUS?
Bei den Überlegungen zum Kauf müssen Sie abwägen, was bei besonderen Anforderungen (z.B. festen Geländehindernissen bei einer Vielseitigkeitsprüfung) und was bei der täglichen Arbeit sinnvoll ist.

Wenn Ihr Pferd bereits gut ausgebildet ist und gerade Bewegungen der Gliedmaßen zeigt, braucht es möglicherweise überhaupt keinen Beinschutz außer beim Springen. Es ist viel Wahres an dem Argument, Pferde (und insbesondere Jungpferde) müssten spüren, wo sie ihre Beine gerade haben und dass ein übertriebenes »in Watte packen« kontraproduktiv sei. Diese Idee liegt auch den hauptsächlich beim Springen verwendeten Sehnenschonern zugrunde, die nur die Sehne stützen und vorne offen sind. So fühlt das Pferd nach wie vor, wenn es mit dem Röhrbein eine Stange berührt.

Die Art des verwendeten Beinschutzes und die Häufigkeit des Gebrauchs richtet sich nach Einsatzzweck, aber auch persönlichem Geschmack.

BANDAGEN
Alle Bandagen, mit Ausnahme von Schweifbandagen und einigen speziellen Stallbandagen, dürfen nur zusammen mit einer Unterlage aus Baumwolle, Schaumstoff oder Gelkissen verwendet werden. Befestigung über Klettverschlüsse oder Bänder.

Arbeitsbandagen bestehen aus elastischem Material und sollen die Sehnen während der Arbeit stützen und schützen, ohne die Beweglichkeit der Gelenke zu behindern. Lassen Sie sich durch die Elastizität des Materials nicht verleiten, die Bandagen zu fest zu wickeln. Falsches Bandagieren kann zu dauerhaften Schäden am Pferdebein führen.

GAMASCHEN ANLEGEN

Gamaschen schützen den unteren Beinbereich vor Verletzungen durch Greifen oder Streichen (siehe Kapitel 4, Bewegungsstörungen) oder durch äußere Einwirkungen.

Beim Anlegen ist folgendes zu beachten:

- *Gamaschen werden immer an der Außenseite des Beins verschlossen.*
- *Schnallen und Strupfen zeigen immer nach hinten.*
- *Die Gamaschen für Vorder- und Hinterbeine sind unterschiedlich geformt, diejenigen für die Hinterbeine haben in der Regel mehr Verschlüsse*
- *Sie müssen fest, aber nicht zu eng sitzen - ein Finger muss dazwischen passen*
- *Gamaschen dürfen keinesfalls die Beweglichkeit eines Gelenkes behindern.*
- *Schließen Sie zuerst den mittleren, dann den unteren und zum Schluss den oberen Verschluss, damit die Gamasche nicht am Bein herabrutscht*
- *Öffnen Sie zum Abnehmen zuerst den oberen und dann die darunter liegenden Verschlüsse.*

BEINSCHUTZ - VERSCHIEDENE MÖGLICHKEITEN

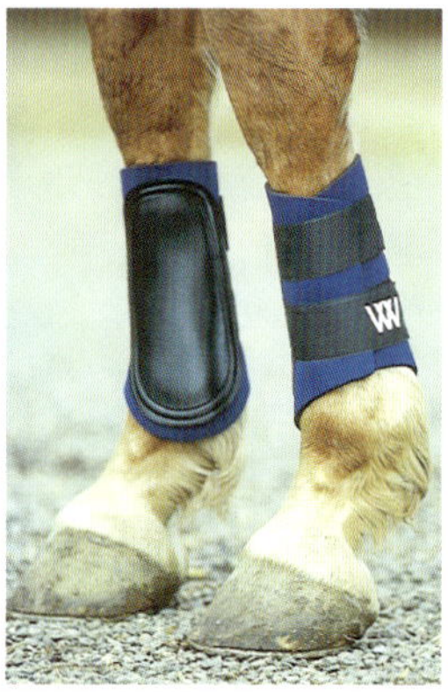

◀ **Schutzgamaschen:** Schützen das Bein rundum zwischen Sprung- und Fesselgelenk und sind an der Innenseite zusätzlich gepolstert. Manchmal mit zusätzlichem Schutz im Sehnenbereich (Vorderbeine) oder der Vorderseite des Röhrbeins (Hinterbeine) zum Einsatz beim Springen über feste Hindernisse.

◀ **Schoner für die Karpalgelenke:** Wenn ein Pferd stolpert, fällt es als Erstes auf die Karpalgelenke. Dieser oft als »Knieschoner« bezeichnete Schutz verhindert durch die Polsterung Verletzungen bei solchen Stürzen, wenn das Pferd geritten oder im Hänger transportiert wird. Der obere Riemen wird fest, der untere hingegen nur locker geschlossen, damit die Beweglichkeit des Gelenkes nicht behindert wird.

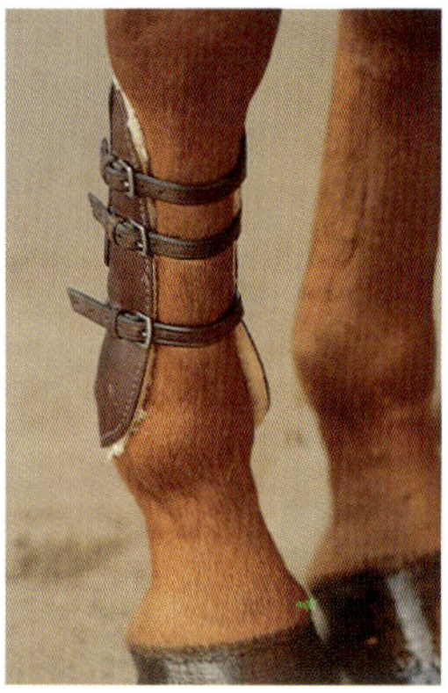

◀ **Sprunggamaschen:** Stützen die Sehnen auf der Rückseite des Beines und schützen sie mit Polsterung vor Verletzungen durch Hineintreten mit den Zehen der Hinterbeine beim Galoppieren oder Springen. Können an der Vorderseite offen oder geschlossen sein.

◀ **Streichkappen:** Sie sind kürzer geschnitten und schützen lediglich die Innenseite des Fesselkopfes vor Verletzungen durch Streichen mit dem gegenüber liegenden Bein. Auch Streichgamaschen und aus Gummiringen bestehende Ballenschoner bieten diesen Beinbereichen Schutz.

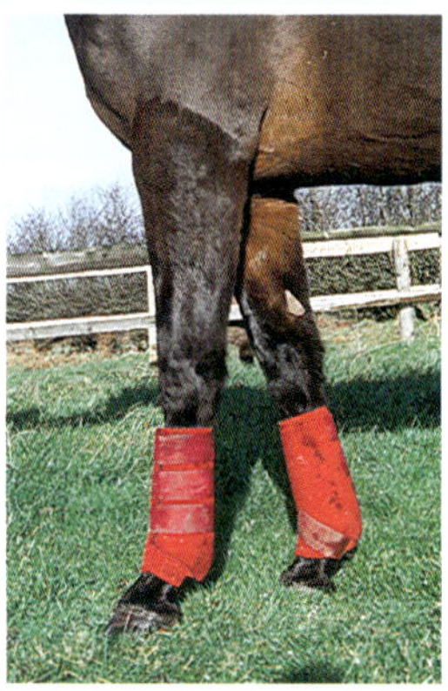

◀ **Vielzweck-Gamaschen:** Im Handel sind zahlreiche Varianten von Gamaschen erhältlich, die gleich mehrere Beinbereiche auf einmal schützen. Manche reichen bis zur Innenseite der Vorderfußwurzel- oder Sprunggelenke hinauf oder schützen Fesselgelenke und Ballen.

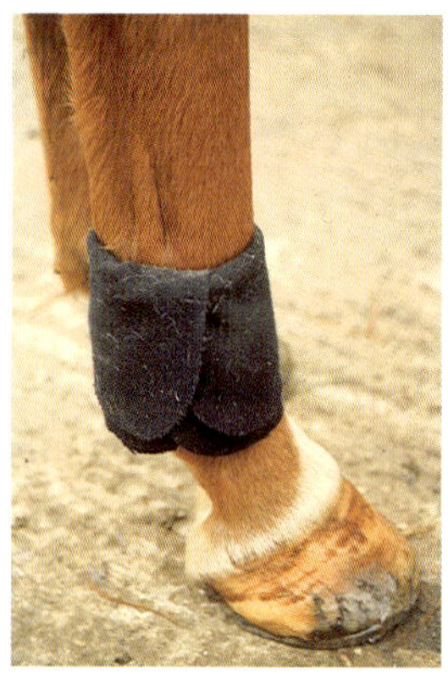

▲ **Ballenschoner**

◀ **Streichgamaschen**

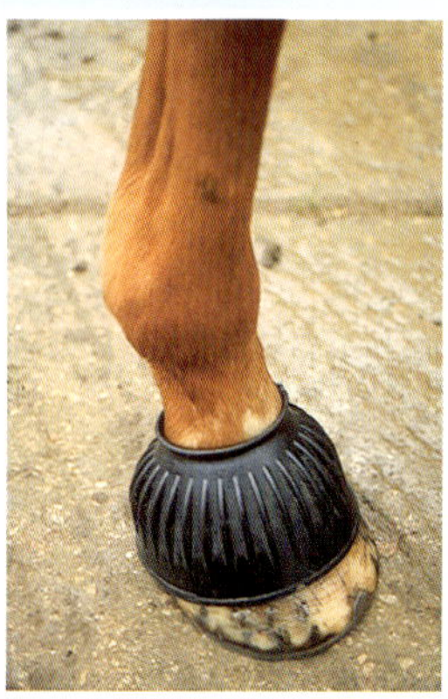

◀ **Hufglocken:** Werden um die Fesseln der Vorderbeine angelegt, um Verletzungen des empfindlichen Kronrandes und der Ballen (z.B. durch Greifen) zu verhindern, insbesondere in der Landungsphase nach einem Sprung oder in schwerem Geläuf.

Transportgamaschen: Schützen das gesamte Bein beim Transport von oberhalb des Vorderfußwurzelgelenkes bis unterhalb des Kronrandes. Sollten auch die Ballen schützen, um Greifverletzungen zu verhindern.

Sprunggelenks-Schoner: Werden beim Transport zum Schutz der Sprunggelenke angelegt. Werden ähnlich wie die oben gezeigten Schoner für die Vorderfußwurzelgelenke angepasst.

Stallbandagen werden ähnlich wie ein Verband angelegt (siehe Kap. 2). Diese breite, dicke Bandage bietet müden Beinen im Stall Schutz und Wärme und kann auch als Transportschutz verwendet werden. Man bandagiert von unterhalb des Vorderfußwurzel- oder Sprunggelenkes bis hinab über den Kronrand.

Schweifbandagen bestehen aus einem ähnlich elastischen Material wie die Arbeitsbandagen und werden angelegt, um ein Abscheuern des Schweifes beim Transport zu verhindern, wenn das Pferd sich hinten im Hänger anlehnt. Schweifbandagen dürfen auf keinen Fall zu fest gewickelt oder zu lange am Pferd belassen werden.

ZUSÄTZLICHE SICHERUNG

Bei Geländeritten ist es ratsam, Gamaschen oder Bandagen zusätzlich mit einem starken Klebeband zu sichern, damit sie in der Aufregung nicht rutschen oder verloren gehen. Man kann bei Bandagen die einzelnen gewickelten Lagen auch vorsichtig miteinander vernähen, wenn man darauf achtet, das Pferd nicht zu stechen.

RICHTIG BANDAGIEREN

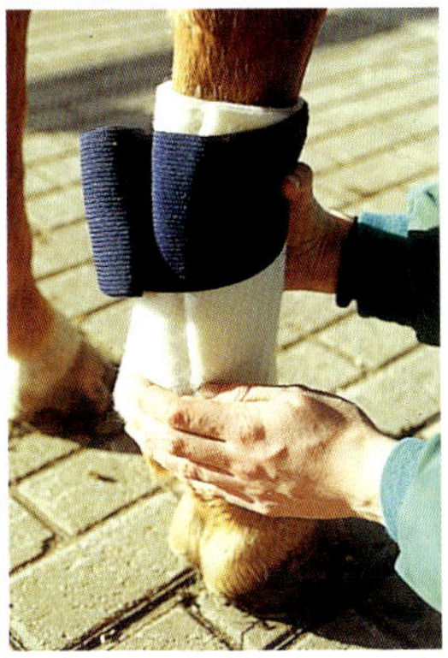

▲ *Wickeln Sie etwa 10 cm der Bandage ab und legen Sie den Anfang schräg unterhalb des Vorderfußwurzelgelenkes auf das Bein.*

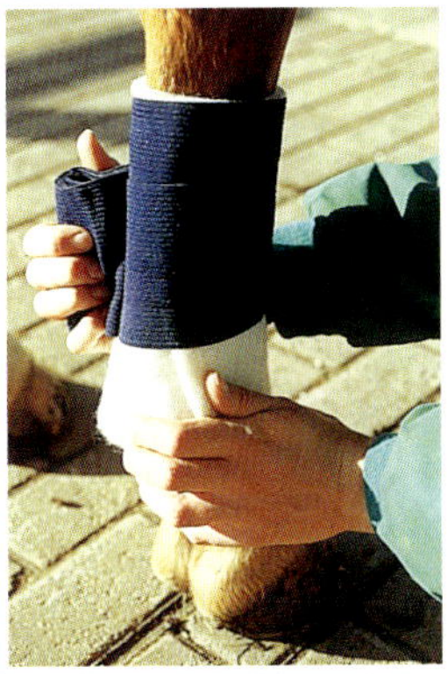

▲ *Wickeln Sie einmal rund um das Bein und klappen Sie die freie Spitze mit ein.*

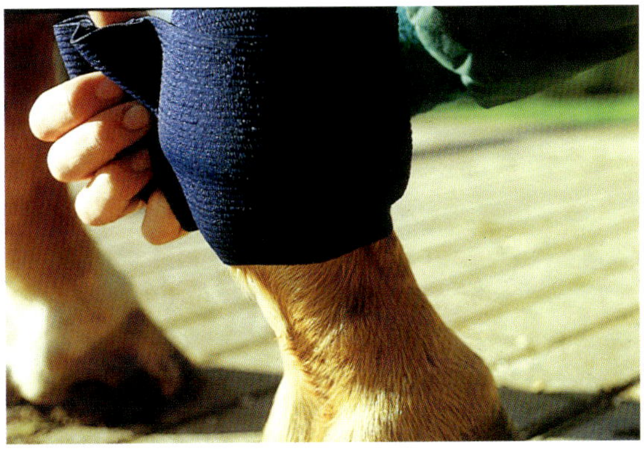

▲ *Wickeln Sie weiter mit gleichmäßigem Zug das Bein hinab und überlappen Sie bei jeder Runde die vorhergehende Lage zu etwa zwei Dritteln. Wickeln Sie bis zum Fesselgelenk und dann wieder hinauf.*

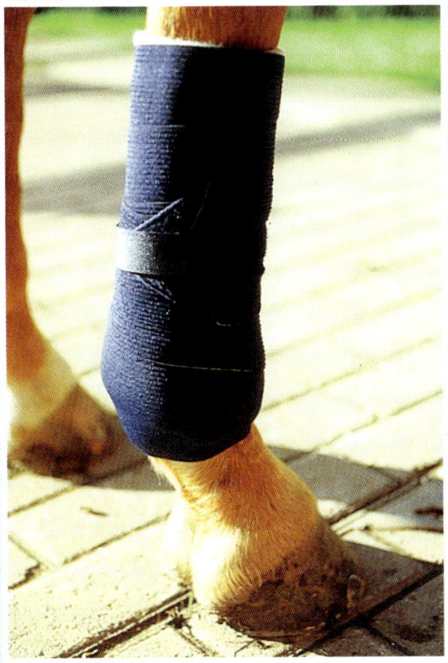

◀ *Versuchen Sie, auf halber Höhe des Röhrbeins zu enden. Schließen Sie die Bandage auf der Außenseite des Beines, niemals vorn, auf der Rück- oder Innenseite. Wenn die Enden mit Schnüren verknotet werden, drehen Sie die Schnüre glatt aus, bevor Sie eine Doppelschleife knoten und stecken Sie die losen Enden in der Bandage fest.*

WICHTIGE PUNKTE BEIM BANDAGIEREN

- **Knien Sie sich zum Bandagieren nie neben das Pferd, sondern bleiben Sie in der Hocke.**
- **Bandagen müssen sauber gehalten und nach Gebrauch fest und gleichmäßig aufgerollt werden.**
- **Zum Anlegen von Stallbandagen: Siehe Kapitel 2.**
- **Lassen Sie Arbeitsbandagen nicht zu lange am Bein, insbesondere, wenn sie feucht geworden sind. Wickeln Sie die Bandage beim Abnehmen sorgfältig auf. Massieren Sie anschließend das Bein, um die Durchblutung wieder anzuregen.**
- **Wenn ein verletztes Bein bandagiert wurde, sollte auch das gegenüberliegende Bein bandagiert werden, um es bei der vermehrten Lastaufnahme zu unterstützen.**

PFLEGE DER AUSRÜSTUNG

Sowohl für die Sicherheit als auch für die Bequemlichkeit ist es wichtig, die Ausrüstung in gutem Zustand zu erhalten.

- *Nehmen Sie sich vor, alles Lederzeug mindestens einmal wöchentlich zu reinigen - idealerweise nach jedem Gebrauch. Waschen Sie das Gebiss nach jedem Reiten sofort ab.*
- *Reinigen Sie Pferdedecken regelmäßig und machen Sie alle notwendigen Reparaturen, bevor Sie sie für den Sommer wegpacken.*
- *Sattelgurte aus Baumwolle, Satteldecken, Bandagen und Gamaschen aus Synthetikmaterial können normalerweise in der Waschmaschine gewaschen werden. Nehmen Sie möglichst unparfümiertes Waschmittel.*
- *Sättel aus Kunststoffmaterial werden durch Abbürsten des groben Schmutzes und anschließendes Überwischen mit lauwarmer Spülmittellösung gereinigt.*
- *Trensen sollten regelmäßig zur gründlichen Reinigung ganz auseinander genommen werden.*
- *Überprüfen Sie alle Lederteile beim Reinigen auf Spuren von Abnutzung und Schäden.*

▲ *Produkte und Hilfsmittel zur Lederpflege.*

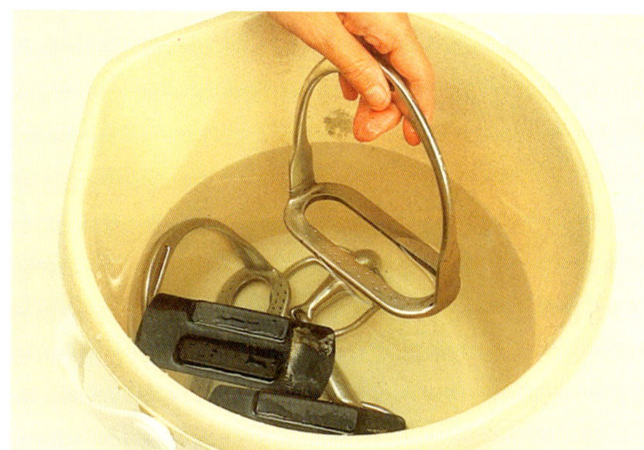

▲ *Öffnen Sie alle Schnallen an Trense und Sattel. Reinigen Sie Steigbügel und Gebiss in warmem Wasser.*

◀ *Wischen Sie das Leder mit einem feuchten Schwamm oder Lappen nicht zu nass ab und geben Sie Acht, dass in den Knicken kein Schmutz hängen bleibt.*

◀ *Reiben Sie anschließend Ihren Lappen oder Schwamm in Sattelseife und wischen Sie das Leder erneut ab, diesmal gründlicher. Arbeiten Sie die Seife auch auf der rauen Fleischseite des Leders ein. Besonders sorgfäktig müssen alle Teile eingeseift werden, die mit Pferdeschweiß in Kontakt kommen.*
Nach dem Trocknen wird das Leder trocken blank gewischt und nach Bedarf (etwa einmal im Monat) geölt, um es geschmeidig zu erhalten. Nähte sollten beim Ölen ausgespart werden, da sonst der Zwirn leidet.

◀ *Setzen Sie anschließend wieder alles zusammen und hängen das Sattelzeug ordentlich weg. Wenn Lederzeug längere Zeit unbenutzt gelagert werden soll, legt man es am besten flach und auseinandergeschnallt in einen Kissenbezug aus Baumwolle.*

SCHEREN

Wenn Pferde mit dickem Winterfell auch in der kalten Jahreszeit gearbeitet werden sollen, ist oft eine Schur sinnvoll, um übermäßiges Schwitzen zu vermeiden und ein schnelleres Trocknen nach der Arbeit zu ermöglichen.

Es gibt mehrere Möglichkeiten und »Muster« für eine Schur, aus denen je nach Haltung und Nutzung des Pferdes die passende ausgewählt werden muss. Bedenken Sie immer, dass die durch weggeschorenes Haar verloren gehende Wärme durch Decken und mehr Futter ersetzt werden muss. Es macht also keinen Sinn, mehr wegzuscheren als unbedingt nötig. Ganzjährig im Freien gehaltene Pferde dürfen keinesfalls geschoren werden!

DER RICHTIGE ZEITPUNKT

Warten Sie mit dem Scheren, bis das Winterfell sich vollständig gebildet hat und das Pferd bei der Arbeit sichtlich mehr schwitzt - das ist in der Regel gegen Ende Oktober. Je nachdem wie schnell das Haar nachwächst, muss die Schur bis Anfang Februar alle drei bis fünf Wochen wiederholt werden. Danach darf nicht mehr geschoren werden, weil sonst die Entwicklung des Sommerfells gestört würde.

DIE RICHTIGE SCHUR

Bedenken Sie bei der Auswahl der Schur, wie das Pferd gehalten und genutzt wird. Ein frierendes Pferd verliert schnell an Fitness. Es ist widersinnig, dem Pferd mehr natürlichen Schutz zu nehmen als unbedingt nötig. Geschorene Pferde müssen immer eingedeckt werden! Ein ganzjährig im Freien lebendes Pferd darf nie mehr als eine Hals- und Brustschur erhalten und muss anschließend eine Decke tragen.

Hals- & Brustschur

Strichschur

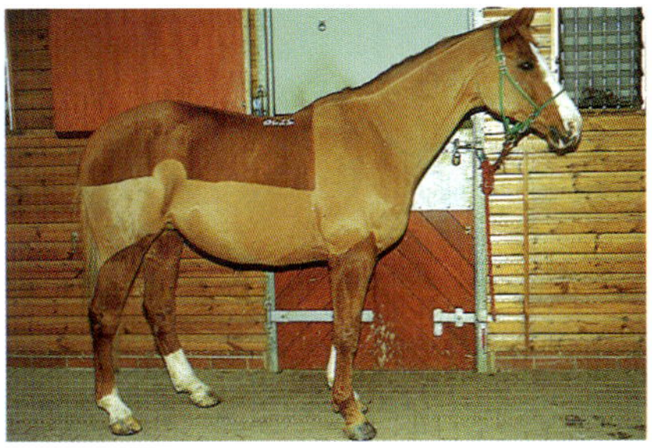

Deckenschur

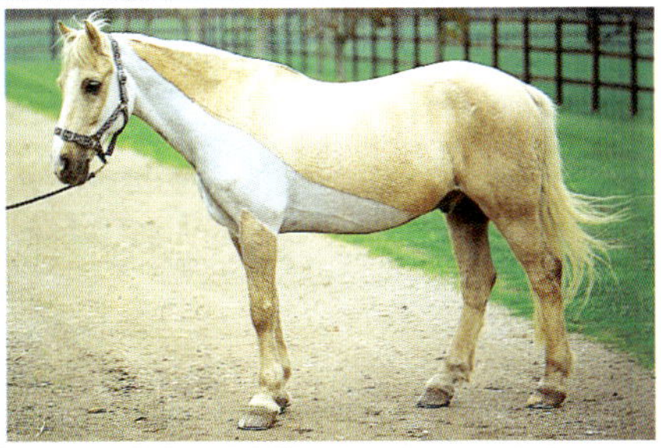

Irische Schur

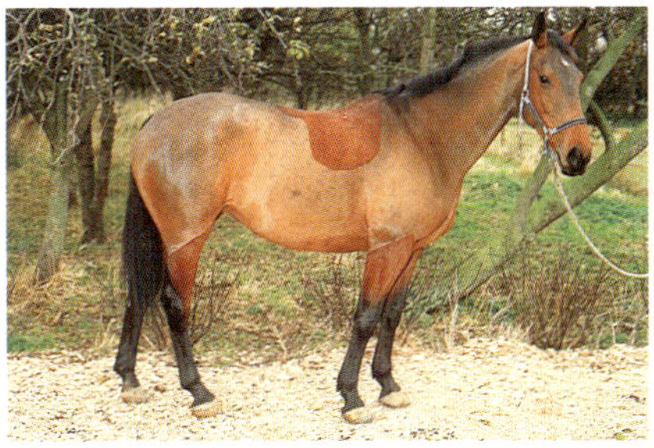

Hunterschur

SCHEREN

Überprüfen Sie vor dem Scheren, ob:

- **die Schermesser scharf sind**
- **die Netzspannung korrekt ist**
- **die Schermaschine gut geölt ist**
- **alle Kabel unbeschädigt und sicher sind**

Putzen Sie das Pferd ▶ gründlich und stellen Sie sich auf trockenen, rutschfesten Untergrund. Ein Heunetz hilft, das Pferd zu beschäftigen. Die Konturen der Schur lassen sich vorher gut mit feuchter Sattelseife oder Kreide auf dem Fell markieren. Schalten Sie die Schermaschine an und warten Sie, bis das Pferd sich entspannt hat. Scheren Sie gegen die Wachstumsrichtung des Haares und beginnen Sie an einer weiten, flachen Körperstelle wie beispielsweise dem Schulterblatt. Versuchen Sie, in langen Bahnen zu arbeiten.

▲ Schalten Sie die Schermaschine zwischendurch öfter aus, um sie zu reinigen und abkühlen zu lassen. Bürsten Sie abgeschorene Haare aus dem Fell des Pferdes und legen Sie eine Decke über die geschorenen Stellen. Besondere Vorsicht ist beim Scheren an Körperstellen mit Hautfalten und empfindlichen Zonen wie der Bauchunterseite geboten. Bitten Sie einen Helfer, jeweils ein Vorderbein nach vorne herauszuziehen, damit sich die Haut in Gurtlage und Ellbogenregion glatt zieht und Sie dort gefahrlos scheren können. Viele Pferde mögen nicht das Geräusch der Schermaschine an Kopf und Ohren, weshalb hier manchmal das Arbeiten mit leiseren, batteriebetriebenen Geräten einfacher ist.

Sie benötigen:

- Ein sauberes, trockenes Pferd
- Stromanschluss
- Viel Tageslicht
- Einen regelmäßig gewarteten und überprüften Scherapparat
- Kreide, Filzstift oder Sattelseife, um die Schurkonturen zu markieren
- Bei großen Pferden evtl. eine Kiste zum Daraufstellen
- Scharfe Schermesser
- Öl für die Schermaschine (z.B. Nähmaschinenöl)
- Kleine Bürste zum Reinigen der Schermesser
- Verlängerungskabel
- Overall, Kopfbedeckung, Mundschutz und feste Schuhe für Sie
- Heunetz, weiche Bürste, Schweifbandage und Decken für das Pferd
- Einen Helfer
- Viel Zeit!

Scheren ist etwas, das man nicht übereilen kann. Sie müssen Pferd und Arbeitsplatz vorbereiten, zwischendurch immer wieder die Schermaschine reinigen, abkühlen lassen und schmieren und anschließend noch Zeit haben, um Pferd, Schermaschine, Arbeitsplatz und sich selbst gründlich zu säubern.

BEIM ERSTEN MAL

Wenn Sie noch nie geschoren haben, sehen Sie erst einmal anderen bei der Arbeit zu. Machen Sie Ihre ersten Versuche möglichst an einem ruhigen Pferd, das die Prozedur kennt. Führen Sie die Schermaschine (die in Gewicht und Größe für Ihre Hände passend sein muss) in langen, festen und gleichmäßigen Strichen.

Wenn Ihr Pferd noch nie geschoren wurde, planen Sie genügend Zeit ein, damit seine erste Erfahrung zu einer angenehmen Sache werden kann. Leider werden nur zu viele Pferde beim Scheren durch falsches Vorgehen schwierig - Ihr Pferd muss deshalb viele Wochen vor dem ersten Scheren sicher daran gewöhnt sein, sich überall anfassen und bürsten zu lassen.

Stellen Sie es neben ein erfahrenes Pferd, wenn dieses geschoren wird, damit es sich an das Geräusch gewöhnen kann. Warten Sie beim ersten Versuch nach dem Einschalten der Schermaschine, bis das Pferd sich entspannt hat, bevor Sie mit dem Scheren beginnen. Machen Sie oft Pause, damit das Gerät nicht zu heiß wird und das Pferd nicht die Geduld verliert. In manchen großen Ställen oder Aushängen in Reitsportgeschäften wird das Scheren mitunter auch als Dienstleistung angeboten, wenn Sie es nicht selbst machen möchten.

VERZIEHEN UND SCHNEIDEN

Das Verziehen der Mähne ist bei den meisten Sportpferden üblich, um ihnen ein gepflegtes Aussehen zu verleihen und sie pflegeleichter zu machen. Bedenken Sie aber immer, dass das Haar auch einen natürlichen Zweck erfüllt. Bei ausschließlich oder hauptsächlich im Freien lebenden Pferden darf nur weniger Haar entfernt werden, weil sonst der natürliche Wetterschutz verloren geht.

Pferde robuster Rassen, die aus rauen Klimazonen stammen, haben häufig eine starke zusätzliche Behaarung an Beinen und Kopf, während beim feinen Fell eines Vollblüters schon ein Verziehen oder Schneiden der Mähne reicht, um ihm ein repräsentatives Aussehen zu verleihen. Verschiedene Rassen haben auch »Modefrisuren«, wie z.B. die oft kunstvoll geschnittene Stehmähne bei den Fjordpferden. Araber werden immer mit offenem, möglichst natürlich belassenem Mähnen- und Schweifhaar vorgestellt.

Die Haare unter dem Unterkiefer, an der Rückseite der Vorderbeine, der Fesselbehang und aus den Ohren hervorstehende Haare können vorsichtig etwas mit der Schere in Form gebracht werden. Die Tasthaare um Maul und Nüstern dürfen nie entfernt werden - sie dienen dem Pferd als »Antennen«!

Kämmen Sie an Unterkiefer und Beinen das Haar in kleinen Portionen gegen den Strich auf und schneiden Sie nur das ab, was zwischen den Zähnen des Kammes hervorsteht. Das ist zwar zeitaufwändig, aber viel weniger radikal als der Gebrauch einer Schermaschine an diesen Stellen!

Mähne und Schweif sehen besser aus, wenn sie

ABSCHNEIDEN ODER NICHT?

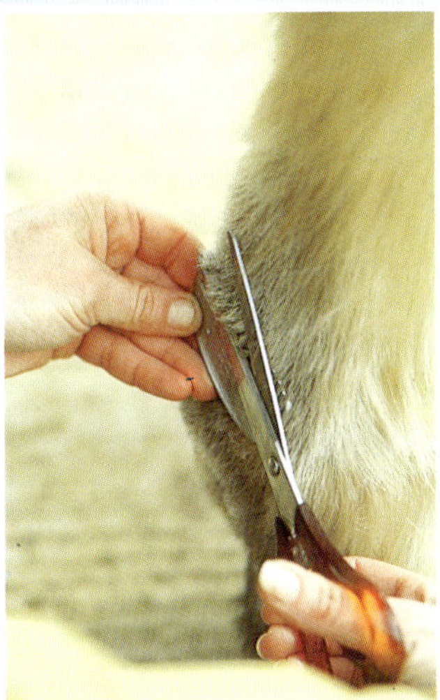

◀ *Bei Sportpferden schneidet man manchmal die langen Haare auf der Rückseite der Beine und oberhalb der Fesselbeuge, den so genannten Kötenzopf, um den Beinen eine klarere Kontur zu geben. Diese Haare haben aber eine wichtige Schutzfunktion, weil sie Wasser von der empfindlichen Fesselbeuge ableiten. Bei Pferden, die im Offenstall oder auf der Weide leben, dürfen sie deshalb nie entfernt werden. Das gleiche gilt für den »Bart«, die langen Haare an der Unterseite des Kiefers.*

Leider ist es bei vielen Showpferden immer noch üblich, die Tasthaare rund um Nüstern und Maul abzuschneiden. Das ist Tierquälerei! Das Pferd braucht diese Haare unbedingt zur räumlichen Orierentierung über den Tastsinn. Auch die Tasthaare über den Augen dürfen nicht angerührt werden. ▶

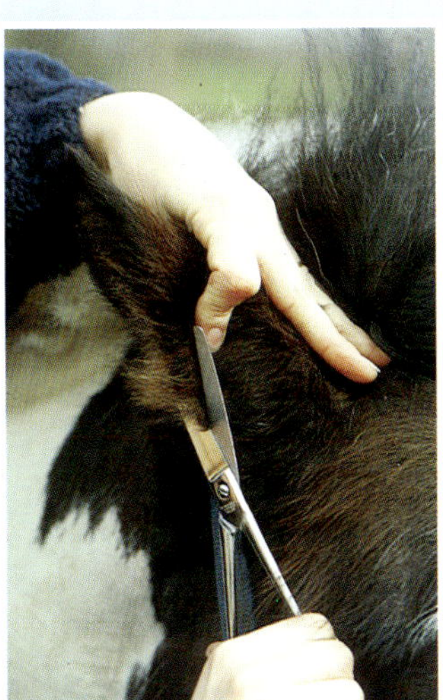

◀ *An den Ohren darf nur das beim Zusammendrücken des Ohres über die Ohrkanten hervorstehende Haar vorsichtig zurück geschnitten werden. Das Haar im Ohrinnern verhindert, dass Staub und Schmutz in den Gehörgang eindringen können.*

VERZIEHEN

Suchen Sie sich zum Verziehen einen warmen Tag aus oder tun Sie es nach dem Reiten, wenn die Hautporen geöffnet sind.

◀ *Kämmen Sie die Mähne gründlich durch. Trennen Sie einen längeren Haarstrang aus der Unterseite der Mähne ab und kämmen Sie den Rest nach oben. Wickeln Sie die längeren Haare (nicht zu viele auf einmal!) um Mähnenkamm oder Finger und reißen sie mit einem entschlossenen Ruck aus. Wenn die Mähne sehr lang ist, kann man mit der Schere etwas vorarbeiten, bevor man mit dem Verziehen beginnt. Bemühen Sie sich, eine gleichmäßige Länge und Dichte der Mähne zu erreichen. Versuchen Sie nicht, alles auf einmal zu machen oder zu viele Haare gleichzeitig auszuziehen.*

Bei Poloponys oder englischen Cobs wird die Mähne traditionell manchmal komplett mit dem Scherapparat entfernt. Es dauert mehrere Jahre, bis eine solche Mähne wieder nachgewachsen ist. Diese Praxis ist nicht zu empfehlen, da Mähnen- und Stirnhaar wirkungsvoll vor Regen und Insekten schützen. ▶

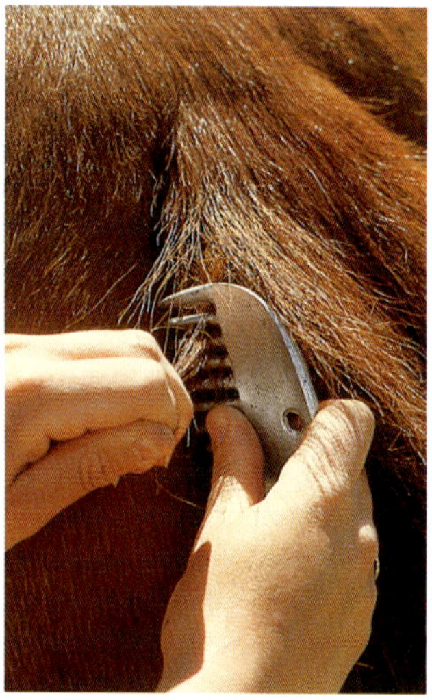

◀ *Wenn die Schweifrübe verzogen werden soll, nimmt man nur die längeren Haare an der Seite weg - aber auch hiermit nimmt man dem Pferd seinen natürlichen Wetterschutz. Regen und Kälte können ungehindert an die empfindliche Genitalregion vordringen. Den gleichen optischen Effekt erreicht man, indem man den Schweif zu besonderen Gelegenheiten an der Schweifrübe einflicht und ansonsten natürlich belässt.*

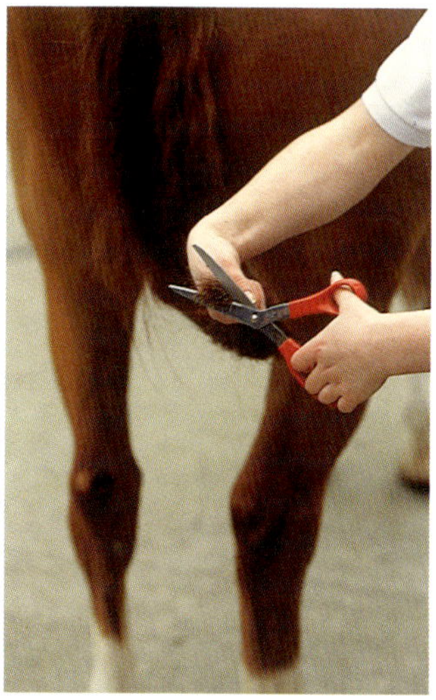

Üblicherweise wird der Schweif etwa eine Handbreit unterhalb der Sprunggelenke gerade abgeschnitten. Schneiden Sie nicht zu kurz - bedenken Sie, dass das Pferd in Bewegung seinen Schweif leicht anhebt. ▶

verzogen anstatt geschnitten werden. Unter Verziehen versteht man das Ausdünnen durch Auszupfen einzelner Haare. Es kann das Einflechten der Mähne ganz ersetzen oder bei einer sehr dicken Mähne erleichtern. Wenn Sie Mähne und Schweif zu bestimmten Gelegenheit einflechten möchten, ist es besser, das Haar relativ füllig zu lassen.

Die meisten Pferde haben nichts gegen das Verziehen einzuwenden, wenn immer nur ein kleiner Abschnitt pro Tag bearbeitet wird und nur wenige Haare auf einmal ausgezupft werden. Für empfindliche Pferde, die sich stark wehren, kann man einen speziellen Verziehkamm verwenden, der das Haar knapp oberhalb der Wurzel abschneidet, anstatt es auszureißen. Das Ergebnis sieht dabei völlig akzeptabel aus.

VORBEREITUNG ZUM TURNIER

Ausrüstung und Aufmachung des Pferdes werden teilweise durch die Turnierreglements bestimmt, erkundigen Sie sich deshalb vorher genau über die Vorschriften. Auf alle Fälle muss Ihr Pferd kerngesund und körperlich in der Lage sein, die an es gestellten Anforderungen erfüllen zu können - arbeiten Sie darauf schon Wochen, wenn nicht sogar Monate vor dem Wettkampftag hin! Wenn Sie Mähne oder Schweif verziehen möchten, tun Sie das einige Tage vor dem Turnier.

Regelmäßiges Putzen schafft einen guten Grundzustand von Haut und Fell. Ein paar Tage vor dem Wettkampf können Sie das Erscheinungsbild Ihres Pferdes zusätzlich noch durch ein paar einfache Maßnahmen verbessern, damit es angenehm auffällt!

WASCHEN

Regelmäßiges Putzen reicht normalerweise aus, um das Haarkleid sauber und gesund zu halten. Dabei ist es aber fast unmöglich - egal, wie gründlich man bürstet - allen Schmutz am Haarboden von Mähne und Schweif zu entfernen. Da hilft nur Waschen! Besonders Stallpferde genießen ein regelmäßiges »Bad«, vorausgesetzt, das Wetter ist dafür geeignet. Bei kälterer Witterung muss man sich auf ein möglichst schnelles Waschen von Mähne, Schweif und extrem schmutzigen Körperstellen beschränken! Robust gehaltene Pferde sollten nicht mit Shampoo

WASCHEN

◀ *Binden Sie das Pferd auf festem Untergrund an, von dem das Wasser gut abfließen kann. Bürsten Sie Mähne und Schweif vorher durch. Wenn Sie die Möglichkeit haben, warmes Wasser zu verwenden, ist dies dem Pferd angenehmer und löst den Schmutz besser. Verwenden Sie das Shampoo nach den Hinweisen des Herstellers. Nehmen Sie nur spezielles Tiershampoo und geben Sie Acht, dass nichts davon in die Augen gerät. Mit einem Gummistriegel lässt sich das Shampoo gut ins feuchte Fell einarbeiten. Der Kopf wird nur feucht abgewischt. Stellen Sie sich beim Waschen des Schweifes nicht hinter, sondern seitlich neben das Pferd.*

Spülen Sie alle Seifenreste gut mit klarem Wasser aus. ▶

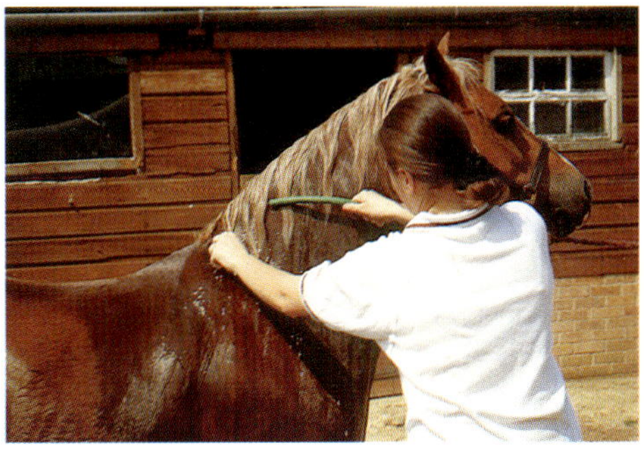

◀ *Überschüssiges Wasser wird mit einem so genannten Schweißmesser aus dem Fell gestreift. Die Beine und vor allem die Fesselbeuge werden gut mit einem Handtuch getrocknet. Der Schweif wird ausgedrückt. Damit das Pferd beim Trocknen nicht friert, wird es mit einer leichten Abschwitzdecke eingedeckt und an einen zugfreien Ort gebracht oder umhergeführt.*

gewaschen werden, da sonst die natürliche Fettschicht des Fells zerstört wird. Waschen Sie nie ein Pferd mit komplettem Winterfell.

FLECHTEN

Je nach Pferderasse und Art des Wettkampfes ist es üblich, die Mähne einzuflechten. Das Pferd sieht so adretter aus und Hals oder Hinterhand (bei eingeflochtenem Schweif) kommen besser zur Geltung. Man kann die Mähne mittels Einflechten auch dazu bringen, auf die gewünschte Seite zu fallen (meistens nach rechts).

- Wenige dicke Zöpfe stehen einem Pferd mit langem, schwachen Hals besonders gut; viele kleinere Zöpfe machen einen kurzen und dicken Hals optisch schlanker.
- Flechten Sie am Morgen des Wettkampftages, nach einer Nacht sehen die Zöpfe nicht mehr ordentlich aus. Lassen Sie Mähne oder Schweif nie zu lange eingeflochten.
- Die Zöpfe geraten gleichmäßiger, wenn die Mähne vorher leicht verzogen und auf einheitliche Länge gebracht wurde. Wenn der Schweif geflochten werden soll, dürfen die seitlichen Haare an der Schweifrübe nicht zu kurz verzogen sein!
- Direkt nach dem Waschen sind Mähnen- und Schweifhaar zu glatt zum Flechten. Waschen Sie deshalb ein paar Tage vorher.

ÖL, GLANZLOTION UND SCHABLONENMUSTER

Als letzten Schliff vor dem Einritt auf den Turnierplatz können Sie etwas Öl, Fellglanzlotion oder auf die Kruppe aufgebürstete Schablonenmuster anbringen.

Fellglanzlotion oder Mähnenglanzspray wird kurz vor dem Auftritt nochmals aufgetragen. Vorsicht bei der Verwendung von Fellglanzprodukten in der Sattellage - sie können das Fell rutschig machen. Um Maul und äußere Augenwinkel können Sie ein wenig Babyöl oder Vaseline auftragen, die Hufe werden eingefettet. Mit Hilfe spezieller Schablonen, die auf das Fell gelegt werden, kann man durch Bürsten gegen den Strich die verschiedensten Muster auf die Kruppe zaubern - Schachbrett- und Rautenmuster sind besonders beliebt.

DIE MÄHNE EINFLECHTEN

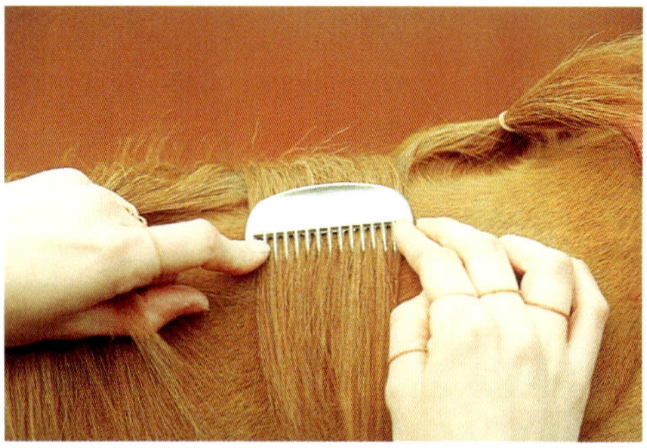

◀ *Am besten lässt sich eine verzogene Mähne einflechten, weil sie nicht zu dick ist und alle Haare gleich lang sind. Kämmen Sie die Mähne vorher gut durch und feuchten Sie sie leicht an. Teilen Sie die Mähne mit Gummis in gleich große Abschnitte.*

Beginnen Sie am Genick und teilen Sie das erste Haarbüschel in drei gleich starke Stränge. Beginnen Sie zu flechten und heben Sie den Zopf leicht vom Mähnenkamm an. Flechten Sie mit gleichmäßigem Zug ganz bis zum Ende. Jetzt kann das Zöpfchen vernäht werden - dazu wird der Zwirn zuerst einmal um das Zopfende geschlungen, um es zu sichern. Dann klappen Sie den Zopf ein- oder mehrmals nach hinten um und nähen ihn knapp unterhalb des Mähnenkamms fest, indem Sie von unten durch das Flechtwerk stechen. ▶

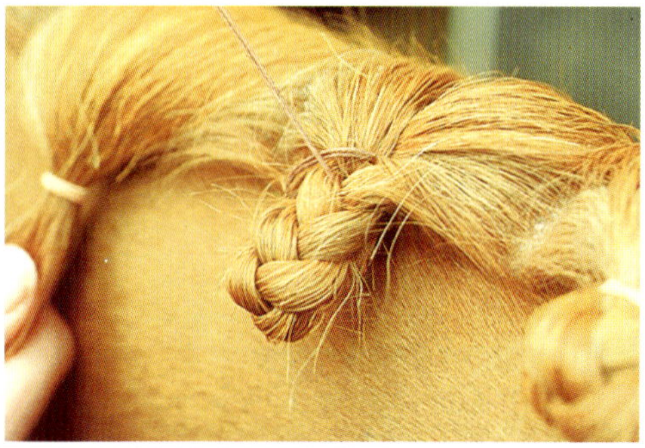

◀ *Gummibänder oder Klebeband sind eine bequeme und schnelle Alternative zum komplizierten Vernähen. Sichern Sie erst das Zopfende mit einem Gummi und schlagen Sie dann wieder den Zopf nach hinten um; jetzt wird alles nochmal zusätzlich mit Gummi oder Klebeband gesichert.*

DEN SCHWEIF FLECHTEN

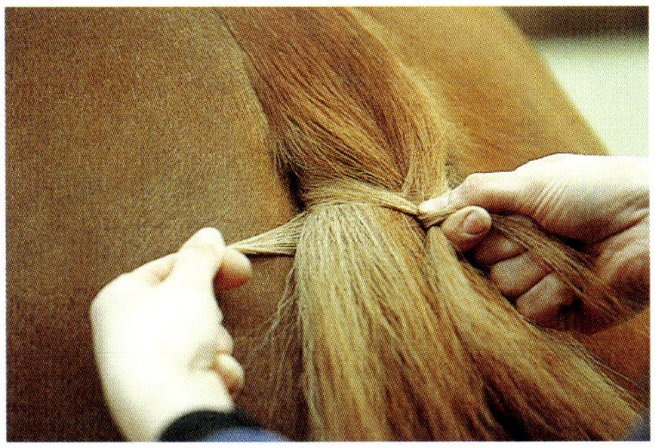

◀ *Damit der Schweif eingeflochten werden kann, darf er mindestens drei Monate lang nicht verzogen worden sein. Stehen Sie seitlich hinter dem Pferd. Feuchten Sie das Haar leicht an. Nehmen Sie entweder drei Stränge von der Oberseite der Schweifrübe oder zwei von einer und einen von der anderen Seite. Sie können auch Schweifhaar aus der Mitte der Schweifrübe zu den beiden seitlichen Strängen dazu nehmen.*

Flechten Sie auf der Mitte der Schweifrübe nach Art eines »französischen Zopfes« nach unten, indem Sie jeweils weitere Haarsträhnen von den Seiten dazu nehmen. Arbeiten Sie etwa bis zu Dreiviertel der Länge der Schweifrüben nach unten und flechten Sie die übrigen Haare zu einem langen, dünnen Zopf zu Ende. Sichern Sie das Ende mit einem Gummiband und schlagen Sie es in einer Schlaufe nach oben um. Man kann das Ende auch mit Nadel und Faden zu einer Schlaufe vernähen. ▶

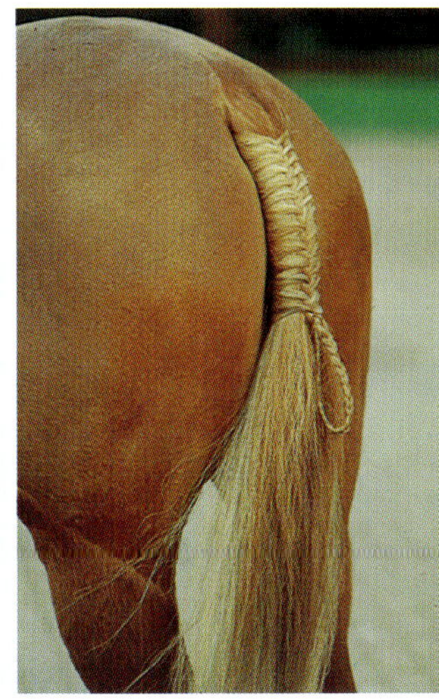

Bei sehr nassem und matschigem Wetter kann der Schweif zum Schutz auch in voller Länge eingeflochten, dann nach oben bis zum Ende der Schweifrübe umgeklappt und festgenäht oder bandagiert werden.

PFERDE TRANSPORTIEREN

LKW ODER ANHÄNGER?

Für den Transport von Pferden kommen zwei Dinge in Frage: Pferde-LKW oder Anhänger. Wofür man sich entscheidet, ist eine Frage des Geldbeutels, der Anzahl der Pferde, Häufigkeit und Entfernung der Fahrten.

Generell ist das Fahren mit einem LKW für das Pferd bequemer und ruhiger; für den Fahrer ist er außerdem leichter zu manövrieren als ein Anhänger. Man kann mehrere Pferde gleichzeitig transportieren und es ist viel Stauraum für Ausrüstung und Zubehör vorhanden. Seinen Sattelplatz hat man auf dem Turnier auch gleich mit dabei.

Wer viel über lange Strecken fährt und auch unterwegs übernachtet, spart durch einen LKW mit Schlafkabine Geld und Zeit. Der große Nachteil von LKW-Transportern ist, dass Anschaffung, Betrieb und Wartung eine ganze Menge Geld verschlingen und dass der Motor regelmäßig laufen muss, um betriebsbereit zu bleiben.

Ein Pferdehänger ist da wesentlich preisgünstiger und nimmt auch weniger Stellplatz in Anspruch. Er ist die richtige Wahl, wenn Sie nur ab und zu ein oder zwei Pferde über relativ kurze Entfernungen transportieren müssen. Voraussetzung ist natürlich ein geeignetes Zugfahrzeug, in dem auch die gesamte Ausrüstung verstaut werden kann. Wenn nur ein Pferd alleine in einem Hänger gefahren wird, muss es auf die linke, der Straßenmitte zugewandte Seite gestellt werden, damit das Gleichgewicht in Kurven besser gewahrt wird.

PFERDE TRANSPORTFERTIG MACHEN

- Vollständiger Beinschutz von Vorderfußwurzel- oder Sprunggelenk bis hinab über den Kronrand durch gepolsterte Stallbandagen oder spezielle Transportgamaschen. Sinnvoll sind auch Hufglocken, um die empfindliche Ballenregion zu schützen.
- Decke je nach Wetterlage. Da es während der Fahrt in den meisten Hängern oder LKWs sehr warm wird, reicht meist auch im Winter eine leichte Abschwitzdecke.
- Damit die Schweifrübe nicht durch Anlehnen abgescheuert wird, sollte sie bandagiert werden. Es sind auch spezielle Transportschoner für den Schweif erhältlich.
- Gut gepflegte Lederhalfter scheuern meist weniger als Nylonhalfter. Zwischen Anbindering und Halfterstrick sollte immer eine Heukordel geknotet werden, die im Notfall reißen kann. Das Pferd muss so kurz angebunden sein, dass es sich nicht umdrehen oder ein Bein über den Strick heben kann, aber lang genug, dass es sich mit Kopf und Hals ausbalancieren kann.

TIPPS ZUM FAHREN UND VERLADEN

Das Betreten eines engen, dunklen und geschlossenen Raumes widerspricht allen Instinkten eines Pferdes. Wenn man bedenkt, dass Pferde von Natur aus

◀ *Der technische Zustand und vor allem der Boden des Hängers muss regelmäßig überprüft werden - nicht nur zu den TÜV-Terminen. Das Zugfahrzeug muss von der Motorleistung und dem Gewicht her in der Lage sein, den beladenen Hänger leicht zu ziehen. Beachten Sie die Zuglastangaben im Fahrzeugschein und prüfen Sie den Reifendruck. Fahren Sie vorsichtig und vorausschauend; vermeiden Sie plötzliches Abbremsen und zu schnelles Fahren in den Kurven.*

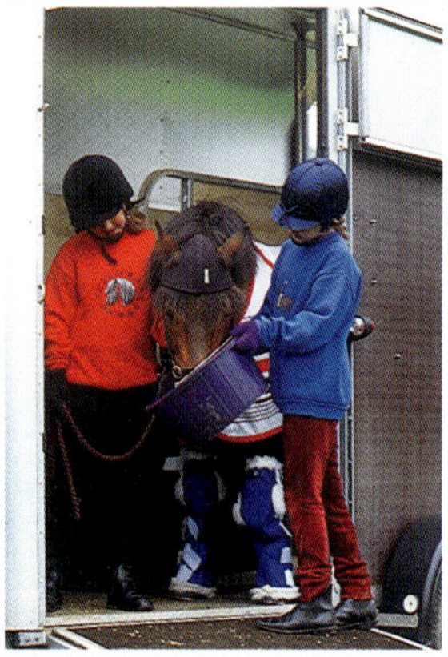

▲ *Das Verladen sollte regelmäßig geübt werden, auch wenn Sie gar nicht so oft mit Ihrem Pferd fahren müssen. Junge und ängstliche Pferde müssen mit Geduld und Vertrauen an die neue Situation herangeführt werden, damit das Verladen für sie den bedrohlichen Charakter verliert.*

▲ *Das Innere des Anhängers sollte hell und luftig sein, damit es möglichst einladend wirkt. Eine dünne Schicht staubfreier Einstreu oder Gummimatten geben mehr Halt. Die Trennwand muss jedem Pferd so viel Platz lassen, dass es sich ausbalancieren mit leicht gespreizten Beinen stehen kann.*

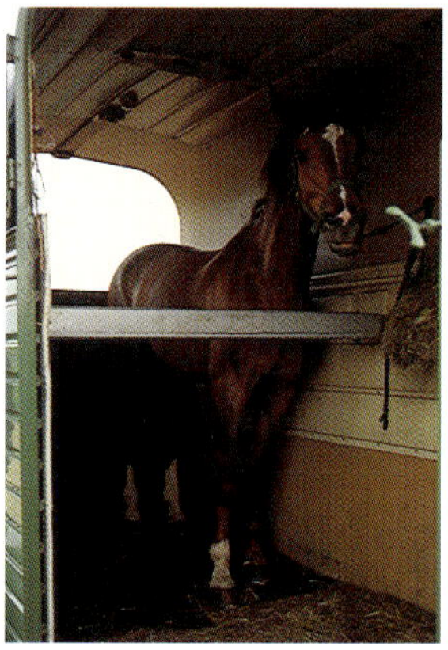

▲ *Binden Sie das Pferd sicher, aber nicht zu kurz an - es braucht etwas Hals- und Kopffreiheit, um sich ausbalancieren zu können. Hängen Sie zur Beschäftigung und Beruhigung bei langen Fahrten ein Heunetz auf.*

Das Reisen im Anhänger oder LKW ist für Pferde anstrengend und auch risikoreich, weil sie sich während der Fahrt leicht selbst verletzen können. Mit entsprechenden Schutzmaßnahmen kann man dieses Risiko leicht minimieren. Auch kurze Fahrten sollte das Pferd nicht ungeschützt antreten!

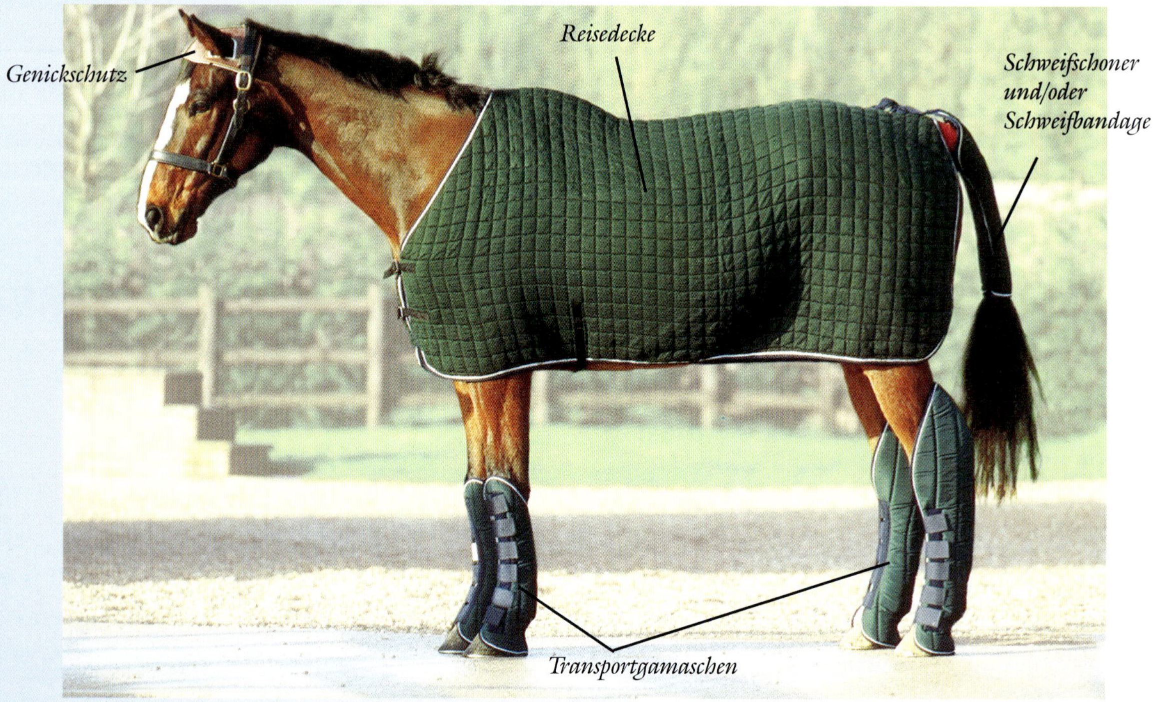

TRANSPORTSCHUTZ

DEN SCHWEIF BANDAGIEREN

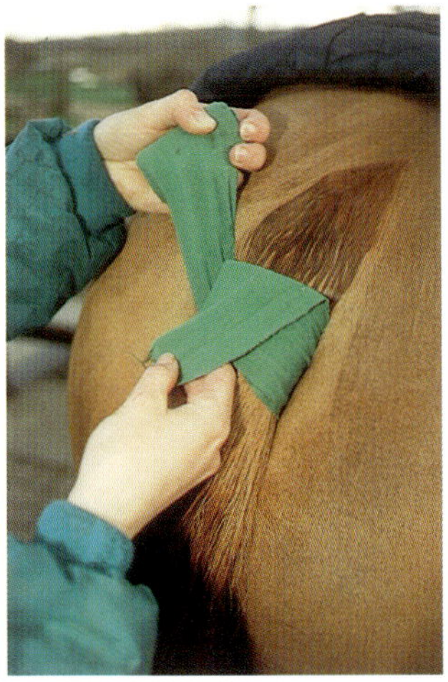

◀ *Feuchten Sie die Haare auf der Schweifoberseite an, damit sie flach liegen. Heben Sie den Schweif leicht an. Ideal ist, wenn Sie ihn sich über die Schulter legen können. Stellen Sie sich nicht direkt hinter das Pferd. Wickeln Sie etwa 10 cm der Bandage ab und legen sie mit einer Ecke nach oben zeigend auf die Oberseite der Schweifrübe. Halten Sie diesen Zipfel fest und wickeln Sie ihn bei der nächsten Runde mit fest.*

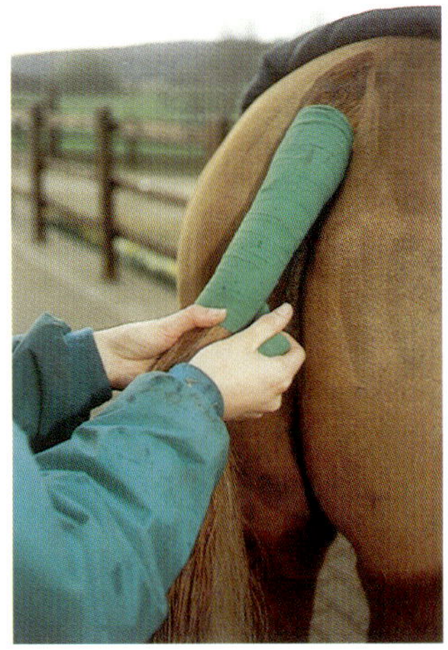

◀ *Wickeln Sie zweimal über das Ende, um es zu sichern. Wickeln Sie anschließend mit gleichbleibendem Zug den Schweif hinunter. Überdecken Sie jeweils die vorangehende Lage zur Hälfte.*

◀ *Wenn Sie das Ende der Schweifrübe erreicht haben, wickeln Sie wieder bis etwa zur Mitte der Schweifrübe nach oben. Verknoten Sie die Schnüre an den Bandagenenden mit einem Doppelknoten oder schließen Sie den Klettverschluss. Zum Abnehmen der Bandage müssen Sie nur den Verschluss öffnen und kräftig vom oberen Ende an ziehen.* ▶

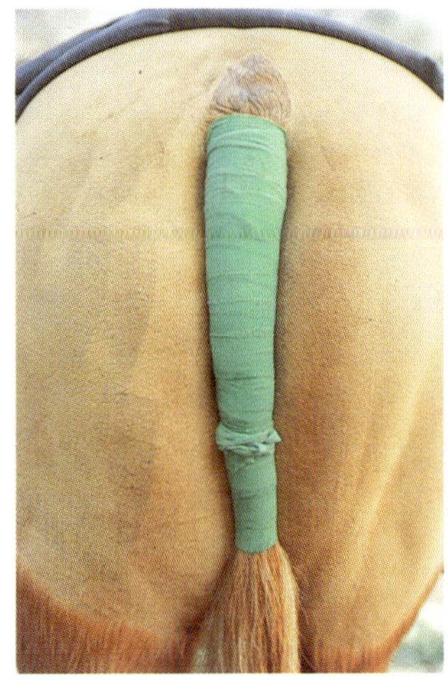

die Enge scheuen und Fluchttiere sind, ist es bemerkenswert, dass die meisten trotzdem so willig in geschlossene Transportbehälter steigen, in denen sie ständig und ohne Vorwarnung um ihr Gleichgewicht kämpfen müssen.

Der beim Transport entstehende Stress und die Anpassungsfähigkeit von Pferden werden oft völlig unterschätzt. Bemühen Sie sich deshalb, die Reise für Ihr Pferd so sicher und angenehm wie möglich zu gestalten (s. Seite 192).

Es zahlt sich aus, ein Pferd schon so früh wie möglich an das Verladen zu gewöhnen. Viel zu viele Pferde machen dabei Schwierigkeiten und bringen sich selbst und andere in Gefahr.

Machen Sie deshalb schon das Jungpferd zuhause mit dem Anhänger vertraut. Wenn es sich sicher führen lässt, wird auch das Verladen kein größeres Problem sein, sofern Sie Geduld und Zeit haben. Streuen Sie den Hängerboden dünn ein, das Innere des Hängers muss hell und einladend sein. Beginnen Sie mit kleinen Schritten - Sie können es z.B. zusammen mit einem erfahrenen Pferd verladen, den Automotor starten und es anschließend wieder ausladen, bevor Sie zur ersten Fahrt starten.

Der Ausstieg aus dem Hänger macht vielen Jungpferden mehr Schwierigkeiten als der Einstieg, vor allem, wenn die Rampe steil ist. Von oben wirkt sie auf das Pferd wie ein bedrohlicher Abgrund! Richten Sie sich darauf an, dass Ihr Pferd bei den ersten Versuchen von der Hälfte der Rampe herabspringt. Achten Sie beim Ausladen aus dem Hänger darauf, dass das Pferd erst losgebunden ist, bevor Sie die Querstangen öffnen und geben Sie Acht, dass Sie aus dem Weg sind, falls das Pferd plötzlich rückwärts aus dem Hänger schießt.

Bei zögerlichen Pferden werden oft die verschiedensten Maßnahmen angewendet, um sie zum Betreten der Rampe zu bewegen - zum Beispiel Schieben, Ziehen mit hinter dem Pferd gekreuzten Longen oder Treiben mit dem Stallbesen. All dies ist wenig human und macht die Dinge auf Dauer nur schlimmer - besonders, wenn das Pferd sowieso schon Angst hat. Besser wäre es, darüber nachzudenken, aus welchem Grund das Pferd etwas gegen das Fahren haben könnte und wie man den Transport so angenehm wie möglich gestalten kann. Zeit, Geduld, Üben und ein sehr vorsichtiger Fahrstil sind in der Regel die Lösung des Problems!

VORSICHTIGES FAHREN

Unterwegs haben die Pferde keine Möglichkeit, Richtungs- oder Geschwindigkeitsänderungen vorauszuahnen und sich darauf einzustellen. Unter diesen Umständen aufrecht stehen zu bleiben bedeutet für ein Tier, dessen Instinkt ihm befiehlt, stets auf den Füßen bleiben zu müssen, eine erhebliche Belastung - selbst auf einer nur kurzen Fahrt. Es ist deshalb ganz besonders wichtig, dass Sie langsam und vorsichtig fahren, mit Bedacht bremsen und sanft in die Kurven gehen. Üben Sie das Fahren zuerst mit einem leeren Anhänger oder LKW, bevor Sie lebende Fracht mitnehmen, denn an das Fahrgefühl muss man sich zuerst gewöhnen.

Planen Sie ein ausreichendes Zeitpolster ein, damit das Pferd sich nach der Fahrt erholen kann und Sie nicht in Versuchung geraten, zu schnell zu fahren. Legen Sie bei grenzüberschreitenden Fahrten alle benötigten Papiere vorher zurecht, damit keine unnötigen Verzögerungen entstehen.

VERSORGUNG WÄHREND DER FAHRT

Das Reisen ist auch schon ohne Futterumstellungen belastend genug für das Pferd, nehmen Sie deshalb einen ausreichenden Vorrat des gewohnten Futters und Wassers mit. Ein im Hänger aufgehängtes Netz voll Heu ist gut - vorausgesetzt, das Pferd trinkt regelmäßig, denn Heu ohne Wasser kann zu Verstopfungskoliken führen. Zu den gewohnten Zeiten sollte das Pferd auch kleine Kraftfuttergaben erhalten.

Eine ernstzunehmende Gefahr beim Transport von Pferden ist die Dehydration (Austrocknung). Überprüfen Sie die Pferde deshalb regelmäßig, bieten Sie unterwegs oft Wasser an und sorgen Sie für ausreichende Belüftung des Hängers oder LKWs. Wenn das Pferd auf langen Fahrten nicht trinken möchte, versuchen Sie, ob es gut eingeweichte Zuckerrübenschnitzel mit viel Wasser nimmt.

Bei sehr langen Fahrten kann man in regelmäßigen Abständen ausladen, falls sich dazu ein geeigneter Platz findet. Führen Sie das Pferd eine halbe Stunde lang umher, überprüfen Sie seine Temperatur und lassen Sie es grasen, trinken, misten und urinieren. Misten Sie den Anhänger aus und legen Sie frische Einstreu und Heu nach, bevor Sie wieder einladen.

Weitere Informationen zum Transport von Turnierpferden finden Sie auch im folgenden Kapitel.

9 DAS TURNIERPFERD

TIPPS ZUM TRAINING

DER GRUNDSTEIN: DRESSURARBEIT
Eine grundlegende Dressurarbeit ist für Sportpferde aller Wettkampfdisziplinen wichtig. Egal, ob man in Dressur, Springen, Vielseitigkeit oder Distanzritten starten möchte - Gleichgewicht, Durchlässigkeit und Rittigkeit führen zu verbesserten Leistungen mit verringertem Verletzungsrisiko, und das sowohl im Springparcours als auch in der Dressurprüfung. Auch wenn die einzelnen Disziplinen sich voneinander unterscheiden, so sind doch die in der Dressurarbeit erreichten Ergebnisse von Kraft, Fitness und Kondition für alles weitere grundlegend.

Die Bedeutung von Rhythmus, Durchlässigkeit, Anlehnung, Kraft und Impulsion bei gleichzeitiger Versammlung kann gar nicht überbetont werden. Das Pferd muss seitlichen Schenkel- und Zügelgehorsam zeigen und sowohl Schulterherein als auch Kruppeherein beherrschen.

Jedes Sportpferd muss außerdem in der Lage sein, auf einem Zirkel von zehn Metern Durchmesser in der Bahnmitte zu arbeiten. So werden Biegung und Rittigkeit gefördert - nicht nur für die Dressur, sondern auch für das Springen. Häufige Übergänge von einer Gangart zur anderen fördern die Konzentration und machen das Pferd leichter auf der Vorhand.

Das Springpferd muss in der Lage sein, seinen Schritt zu verkürzen und zu verlängern und auch in Wendungen im Gleichgewicht bleiben. Rückwärtsrichten ist Bestandteil von Dressurprüfungen für Fortgeschrittene, aber auch für Pferde anderer Disziplinen hilfreich. Korrekte Arbeit fördert sowohl die Flexibilität insgesamt, fördert den Einsatz von Hinterhand, Rücken und Hals und unterstützt so die Entwicklung der Oberlinie.

Trainer und Reiter sollten stets bedenken, dass die Wettkämpfe im Gegensatz zur täglichen Arbeit auf den verschiedensten Untergründen stattfinden können und das Pferd deshalb mit einem Rasenplatz genau so gut zurecht kommen muss wie mit Sandboden. Und nicht immer wird der Boden beim Wettkampf ideal sein!

Dressurübungen sind wegen ihrer gymnastizierenden Wirkung und zur Verbesserung der allgemeinen Rittigkeit für Pferde aller Disziplinen wichtig.

Um körperlicher und geistiger Ermüdung vorzubeugen, muss das Pferd über genügend Kondition verfügen. Eine zentrale Rolle in der Vorbereitung spielt die Arbeit in schnelleren Gangarten, die man intervallsmäßig drei oder vier Tage lang durchführt. Fünf bis acht Minuten nach Ende der Belastung müssen die Puls- und Atemwerte gemessen werden. Hügeliges Gelände ist für diese Art des Trainings besonders gut geeignet.

INTERVALLTRAINING
Intervalltraining wird heute als wesentlicher Bestandteil der Vorbereitung von Turnierpferden betrachtet, weil es sowohl die anaerobe als auch die aerobe

Mit Intervalltraining wird sowohl die anaerobe als auch die aerobe Muskelfunktion gefördert.

Muskelfunktion entwickeln hilft. Das Prinzip besteht darin, das Pferd bis nah an seine Maximalgeschwindigkeit zu arbeiten, eine Erholungsphase einzuschalten und dann mit der Arbeit in der schnellen Gangart fortzufahren. Diese Art des Trainings ist besonders bei Vielseitigkeitspferden effektiv sowie bei allen Pferden, von denen eine anaerobe Muskelarbeit verlangt wird.

Natürlich beinhaltet es auch Risiken, den Pferdeorganismus solchen Belastungen auszusetzen. Zum Bestehen eines Distanzrittes ist ein anaerobes Training vielleicht nicht unbedingt notwendig, wenn man gewinnen möchte, aber schon.

Distanzpferde müssen zur Bewältigung von körperlichen und mentalen Belastungen befähigt werden und ihr Wohlbefinden muss für den Reiter stets Priorität haben. Das Training von Muskeln, Stoffwechsel, Stützapparat und Psyche muss Hand in Hand gehen, auch die Fütterung spielt eine enorm wichtige Rolle. Um ein erwachsenes Pferd auf einen Distanzritt vorzubereiten, braucht man mindestens sechs Monate, bei Jungpferden auch wesentlich länger. Der Aufbau von Kondition geht nur langsam vonstatten.

Trägere Pferde können oft durch das Training in der Gruppe zu mehr Leistung angespornt werden.

KONTROLLE

Wenn die Pulsfrequenz fünf bis zehn Minuten nach Beendigung der Arbeit noch bei 72 Schlägen pro Minute oder höher liegt, lagen Belastung oder Geschwindigkeit möglicherweise über der aktuellen Belastungsgrenze des Pferdes. Man arbeitet erst weiter, wenn der Puls bei 60 liegt, was innerhalb einer Viertelstunde nach Ende der Belastung der Fall sein sollte. Wenn es länger als eine Viertelstunde dauert, bis dieser Wert erreicht ist, muss die Belastung des Pferdes verringert werden. Dieses Prinzip liegt dem Training von Distanzpferden zu Grunde.

Um den Trainingszustand eines Pferdes zu bewerten, kann man einen Herzkreislauf-Atem-Index errechnen. Dazu misst man den Puls, lässt das Pferd sofort anschließend eine Strecke von 40 Metern einmal hin- und hertraben und misst eine Minute nach der ersten Pulsmessung den Puls ein zweites Mal. Hat sich die Pulsfrequenz um mehr als vier erhöht, ist dies ein Hinweis auf nicht ausreichenden Trainingszustand. Diese Faustregel lässt sich besonders gut anwenden, wenn der Ausgangspuls zwischen 64 und 80 liegt. Distanzreiter kontrollieren den Trainingszustand ihrer Pferde oft nach diesem Prinzip, das aber auch für alle anderen Reitsportdisziplinen hilfreich ist.

DAS VIELSEITIGKEITSPFERD

Von allen Sportpferden ist das Vielseitigkeitspferd vermutlich am schwierigsten zu trainieren. Dieser auch »Military« genannte Sport entstammt, wie dieser Name schon sagt, einer militärischen Tradition und diente dazu, die Kriegstauglichkeit von Pferd und Reiter in verschiedenen Bereichen zu überprüfen - Dressur, Schnelligkeit und Ausdauer, über feste Hindernisse im Gelände und in einem Springparcours. Jede dieser Disziplinen erfordert spezielle und manchmal gegensätzliche Methoden für Training und Konditionsaufbau.

In den höheren Leistungsklassen muss das Pferd sowohl zu aerober als auch zu anaerober Muskelarbeit in der Lage sein.

Beim Entwerfen des Trainingsplans müssen deshalb die Komplikationen berücksichtigt werden, die durch die unterschiedlichen physiologischen Anforderungen an den Pferdekörper entstehen. Dies richtet sich natürlich auch nach dem Schwierigkeitsgrad der Prüfung - handelt es sich um eine eintägige Einsteiger-Veranstaltung oder eine dreitägige schwere Vielseitigkeit?

In den unteren Leistungsklassen wird in der Regel von den Pferden nicht verlangt, länger andauernd mit Geschwindigkeiten von mehr als 500 Metern pro Minute zu galoppieren - das bedeutet, dass der Großteil der Leistung mit aerober Muskelfunktion erbracht werden kann. Das Training muss deshalb in diesem Fall nicht im gleichen Maß auf anaerobe Leistung zielen wie beim S-Vielseitigkeitspferd, das für die Geländestrecke sehr wohl darauf zurückgreifen muss - ganz besonders in hügeligem Gelände!

TRAINING DES SPRINGPFERDES

Beim Training für das Springen ist zu bedenken, dass die Geschwindigkeit, mit der sich das Pferd dem Sprung nähert, mit der Höhe des Hindernisses stark ansteigt. Die von einem Springpferd aufzubringende Energie kann extrem hoch sein - auch, wenn es sich nur um eine Kurzzeitanforderung handelt. Man hat nachgemessen, dass sie einer Galoppgeschwindigkeit von 600 Metern pro Minute entspricht.

Beim Springen kommt es zu einem merklichen Anstieg des Cortisolspiegels - zwar nicht so dramatisch wie beim Distanzpferd, aber in höheren Klassen doch deutlich messbar. Auch hier kann wieder die Bedeutung der grundlegenden Dressurarbeit nicht genug betont werden. Viele Parcoursbauer versuchen, große Starterfelder eher durch technische Schwierigkeiten als durch die Höhe der Sprünge auszudünnen.

TRAINING ÜBER HINDERNISSE

Sprungvermögen ist beim Pferd in großem Maße auch eine erblich bedingte Veranlagung. Ein Pferd, das keine natürliche Begabung besitzt, wird nur unter großen Schwierigkeiten zum guten Springer ausgebildet werden können.

Man trainiert Springpferde über Hindernisse sowohl im Freispringen als auch an der Longe und unter dem Reiter. Damit das Pferd Vertrauen fassen und seine Technik verbessern kann, ist der Gebrauch von seitlichen Fängen an den Sprüngen wichtig. Die Arbeit über Cavaletti dient zur Verbesserung von Präzision und Gleichgewicht.

Die Ausbildung eines Springpferdes kann man nicht übereilen. Da sich Muskeln und Gewebe nur langsam auf die neue Anforderung einstellen, ist viel Zeit vonnöten. Drei bis sechs Monate sind als absolutes Minimum anzusehen, um eine Anpassung der Muskulatur an das Springen zu erreichen.

Wenn zum Springen auch Ausdauerleistungen hinzukommen wie beispielsweise bei Hindernisrennen, ist auf das bereits erwähnte Intervalltraining zurückzugreifen, um die nötige Kondition zu erreichen.

LEISTUNGSSCHWÄCHEN

Wenn ein Sportpferd unerklärliche Leistungsschwächen zeigt, kann dem mit verschiedenen Untersuchungsmethoden auf den Grund gegangen werden: mit Blutproben, Endoskopen und Laufbändern zur Kontrolle der Atemfunktion.

Durch leichte Schmerzen hervorgerufenes Unwohlsein, z.B. in Hufen und Gelenken der Vorderbeine beim Landen nach dem Sprung oder in den Sprunggelenken beim Absprung, beeinflusst die Leistung ganz eindeutig.

Um die Ursache eines plötzlichen Leistungsabfalls herauszufinden, kann man eine Woche lang nicht-steroidale entzündungshemmende Mittel geben und das Pferd anschließend nochmals gründlich untersuchen. Dies gibt oft den einzigen Hinweis darauf, dass sehr subtile Schmerzen eine Rolle in der Leistungsminderung spielen.

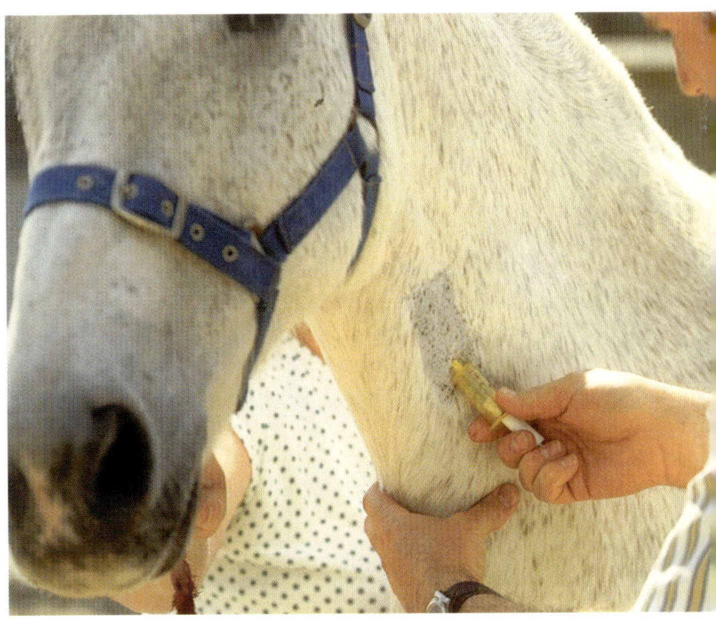

Bei Leistungsschwächen kann eine Blutuntersuchung Aufschluss über die Ursachen geben.

VERWENDUNG VON SCHRAUBSTOLLEN

Stollen können nötig sein, um dem Pferd bei den verschiedensten Wetter- und Bodenbedingungen ein sicheres Fußen zu ermöglichen. Sie können von verschiedener Form und Höhe sein und werden in ein spezielles Gewinde eingeschraubt, das der Hufschmied in die Eisenschenkel geschnitten hat. Dazu sind spezielle »Stollenschlüssel« erhältlich.

- **Spitze, hohe Stollen werden bei hartem, trockenem und potenziell rutschigem Boden verwendet; stumpfere und flachere Stollen ermöglichen besseren Griff in tiefem, nassem Geläuf.**
- **Stollen müssen sofort nach Ende der Arbeit herausgeschraubt werden, damit das Pferd sich selbst (oder andere) nicht verletzen kann und damit der negative Effekt, den Stollen unweigerlich auf das Gleichgewicht von Huf und Bein haben (»Stöckelschuheffekt«), möglichst gering gehalten wird.**
- **Man hält die Stollengewinde sauber, indem man sie mit in Öl getränkter Watte oder speziellen Schraubkappen verschließt.**

LEISTUNGSBEEINFLUSSENDE FAKTOREN

WÄHREND UND NACH DEN WETTKAMPF

Wenn man viel Zeit und Geld in das Training eines Sportpferdes investiert hat, ist es auch sinnvoll, durch vernünftige Planung und Vorbereitung die Risiken während des Wettkampfes zu mindern.

BESCHLAG

- Lassen Sie mindestens 7 bis 10 Tage vor dem Turnier beschlagen, damit Probleme durch Vernageln oder zu starkes Ausschneiden vermieden werden können.
- Gehen Sie nicht mit einem Beschlag an den Start, der während des Wettkampfes erneuert werden muss.
- Überprüfen Sie täglich, ob sich die Beschläge gelockert haben.
- Nehmen Sie einen Satz für Ihr Pferd vorgefertigter Hufeisen und Stollen samt der passenden Hufnägel mit, insbesondere, wenn Sie zu einem Auswärtsturnier fahren.
- Nur einseitig angebrachte Stollen (oder ein verloren gegangener Stollen) können zu lang andauernden Verletzungen durch Fehlbelastung führen. Es sind deshalb grundsätzlich an beiden Eisenschenkeln Stollen anzubringen.
- Nehmen Sie Werkzeug zum Abnehmen eines Eisens im Notfall mit (Nietklinge, Hammer, Zange) und üben Sie den Umgang damit. Ein Hufschuh kann sowohl als zeitweiser Schutz als auch zum Fixieren von Verbänden und Umschlägen dienen.
- Langfristig können die Hufe durch die Gabe von Biotin und Methionin vorbereitet werden (Wachstumsverbesserung).
- Beine, Hufe und Hufbeschlag des Pferdes sind standardmäßig nach jeder Nutzung des Pferdes zu überprüfen.

IMPFUNGEN

Impfungen bieten wichtigen Schutz gegen Virusinfektionen wie Influenza oder Herpes und sind insbesondere im Kampf gegen Tetanus unerlässlich (siehe Kapitel 2). In vielen Ländern wird routinemäßig auch gegen Tollwut geimpft.

Zur Teilnahme an Turnieren und offiziellen Wettkämpfen ist der Nachweis eines aktuellen Impfschutzes erforderlich. Fragen Sie im Zweifelsfall nach, welche Impfungen verlangt werden.

FITNESS UND KONDITION

Der Aufbau eines Konditionstraining wurde bereits zu Beginn des Kapitels beschrieben und es kann nicht oft genug betont werden, wie wichtig die Fitness des Pferdes vor und während dem Wettkampf ist.

- Überprüfen Sie den Zustand von Kreislauf und Gesundheit während des Wettkampfes regelmäßig. Wichtig ist, dass Sie diese Routinekontrollen täglich zur gleichen Zeit und in der gleichen Situation (z.B. nach der Arbeit) durchführen. Temperatur, Puls- und Atemfrequenz sowie die Beine müssen vor und nach jedem Ritt überprüft werden.
- Die Entnahme von Blutproben vor und während des Wettkampfes kann wichtige Hinweise auf den Gesundheitszustand geben. Voraussetzung ist allerdings, dass bereits im Vorfeld regelmäßige Blutuntersuchungen durchgeführt wurden, damit ein Vergleichsmaßstab vorhanden ist.

Auf Distanzritten sind regelmäßige tierärztliche Kontrollen der PAT-Werte (Puls, Atem, Temperatur) vorgeschrieben. Aber auch in anderen Wettkampfdisziplinen sind solche Kontrollen sinnvoll.

- Die Überprüfung der Beine vor und nach jedem Ritt ist besonders wichtig. Man sollte die Beine nicht nur ansehen, sondern auch abtasten und auf Wärme oder Schwellungen kontrollieren. Denken Sie daran, dies vor dem Anlegen der Bandagen oder dem Kühlen mit Wasser zu tun.
- Was den Sinn des Anlegens von Stallbandagen angeht, gehen die Meinungen sehr auseinander. Fest steht, dass eine Kontrolle der Beine ohne sie einfacher ist.

Wenn das Pferd nicht lahmt, muss dies noch nicht bedeuten, dass alles in Ordnung ist. Wenn Sie die Frühwarnzeichen Wärme, Schmerzen und Schwellung übersehen, kann dies schnell zum Desaster führen. Heutzutage kann die Frühdiagnose mit Hilfe von Ultraschall und Thermograph sehr vereinfacht werden, wenn Probleme bemerkt worden sind.

FÜTTERUNG

Kontrollieren Sie, wie das Pferd vor und während dem Wettkampf frisst. Die Fütterung wurde schon ausführlich in Kapitel 3 besprochen; einige Punkte sollten aber nochmals besonders herausgestellt werden:

- Nehmen Sie möglichst gewohntes Futter von zuhause mit. Ändern Sie vor und während dem Wettkampf nichts am Futter.
- Bei sehr langen Transporten kann ein leicht abführendes Futter hilfreich sein.
- Begrenzen Sie nie das Trinkwasser, lediglich eine Stunde nach großen Anstrengungen muss das Pferd an der Aufnahme sehr großer Wassermengen gehindert werden.
- Schmecken Sie selbst, ob das Wasser in Ordnung ist. Wenn Sie es nicht trinken möchten, wird es Ihrem Pferd nicht anders gehen. Austrocknung und Kolik drohen. Unter extremen Bedingungen helfen Wasserfilter oder die Zugabe von Apfelsaft.

Unter Stressbelastung sind Pferde anfälliger für Koliken. Führen Sie deshalb vor oder während einem Turnier oder besonderen Ereignis keine Futterumstellungen durch. Am besten nehmen Sie das gewohnte Futter von zuhause mit.

Die Auffassung, dass Trinken kurz vor dem Wettkampf schadet, beruht auf einem Irrtum. Es schadet überhaupt nicht, das Pferd auch in kurzen Wettkampfpausen kleine Mengen (einen halben Eimer) trinken zu lassen. Die Wasseraufnahme unterstützt die Abkühlung und mindert die Auswirkungen von Dehydration.

VORSICHTSMASSNAHMEN

BEINSCHUTZ

Der Einsatz von Gamaschen und Bandagen wurde bereits im vorhergehenden Kapitel besprochen. Nach Meinung des Autors haben beide keinerlei stützende oder vor Überdehnung schützende Funktion. Sie können allenfalls, wenn sie richtig angelegt wurden und von guter Qualität sind, in Training und Wettkampf vor äußeren Verletzungen schützen.

Wenn Gamaschen gebraucht werden, müssen sie von der Form her für den jeweiligen Einsatzzweck geeignet sein. Unter manchen sammelt sich schneller Schmutz als unter anderen und manche reiben schneller auf der Haut als andere. Form, Material und Größe müssen sorgfältig ausgewählt werden.

Wenn Bandagen verwendet werden, ist sehr sorgfältig darauf zu achten, dass sie fest genug sitzen, um ihre Schutzfunktion zu erfüllen und nicht rutschen, aber gleichzeitig die Durchblutung nicht behindern, was zu extremen Langzeitschäden am Gewebe führen kann.

SATTELZEUG

Es liegt auf der Hand, dass gut passende und gepflegte Sättel und Trensen von besonderer Bedeutung sind.

Nehmen Sie immer Ersatzteile mit, überprüfen Sie den Zustand der Ausrüstung vor und nach dem Wettkampf und halten Sie alles, was mit der Pferdehaut in Kontakt kommt, penibel sauber. Heute sind zum zusätzlichen Schutz moderne Materialen wie z.B. Gelpads erhältlich. Ein perfekt passender Sattel ist trotzdem durch nichts zu ersetzen. Ein ungeeigneter oder nicht passender Sattel wirkt sich immer auf die Leistung des Pferdes aus, egal ob mit Decken und Gelpads oder ohne.

UMGEBUNG

Ganz gleich, wie gut Sie den Atmungsapparat Ihres Pferdes trainiert haben - wenn es unterwegs oder im fremden Stall in miefiger und staubiger Umgebung steht oder staubiges Futter erhält, reagieren seine Lungen sehr schnell und die Leistung lässt deutlich nach. Zu den vorbeugenden Maßnahmen gehören die Verfütterung von staubfreiem Heu, das Anfeuch-

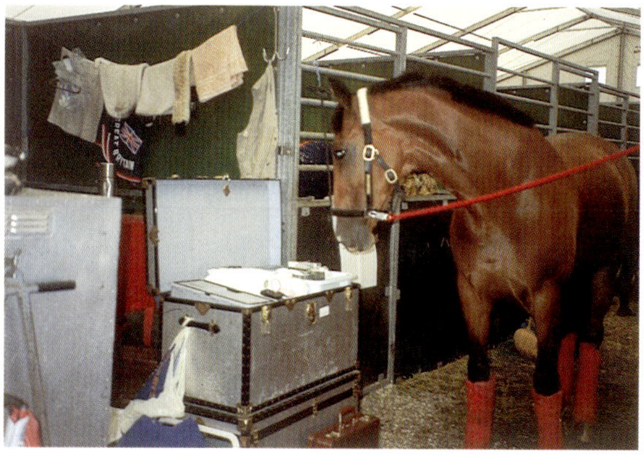

Stallzelte auf Turnieren oder provisorisch in Hallen errichtete Boxen sind leider häufig stickig, staubig oder überbesetzt. Als Pferdehalter hat man darauf wenig Einfluss.

ten des Futters, die Verwendung staubfreier Einstreu und Schaffung ausreichender Belüftung im Transporter oder Stall.

Bedenken Sie auch, dass alle Ihre Bemühungen um Staubfreiheit nichts nützen, wenn in den Nachbarboxen staubiges Heu und Stroh liegt.

TYPISCHE SPORTPFERDE-ERKRANKUNGEN

RHABDOMYOLYSE (Tying up Syndrome, Verschlag) (siehe auch Kapitel 2 und 4)

Insbesondere für Vielseitigkeits-, Spring- und Distanzpferde ist ein gründliches Aufwärmen sowie Abkühlen in Bewegung nach der Belastung extrem wichtig. Eines der häufigsten Probleme bei diesen Pferden ist die Rhabdomyolyse, eine auch als »Verschlag« bezeichnete Muskelerkrankung. Jede Wettkampfpause muss unbedingt dazu genutzt werden, die Muskulatur auf irgendwelche Anzeichen von Verhärtung zu untersuchen. Bei Vielseitigkeitspferden ist ein Auftreten am Ende der Geländestrecke typisch. Die Erkrankung ist bei weiblichen Tieren häufiger als bei männlichen und bei nervösen häufiger als bei ruhigen.

Symptome und Ursachen: Zu den klinischen Symptomen gehören leichte bis starke Steifheit, Veränderungen im Gang, ungewöhnliches Schwitzen und mitunter leichte Koliksymptome. Im Blut lässt sich eine erhöhte Konzentration von Muskelenzymen nachweisen. Die Ursachen sind sehr vielschichtig, beim Sportpferd gehören Schädigungen durch Viren, Elektrolytmangel, unausgewogene Fütterung oder ein Überschuss an Kohlenhydraten dazu. Bei wiederholt auftretenden Fällen ist die gestörte Muskelfunktion möglicherweise das Resultat einer übermäßigen Speicherung von Stickstoff und eine gestörte Regulierung des intrazellulären Kalziumgehaltes im Muskel, was die Muskelfasern dazu veranlasst, sich schneller zusammenzuziehen und zu entspannen als beim gesunden Pferd. Manche Wissenschaftler vermuten eine genetische Komponente.

Behandlung und Vorbeugung: Die Behandlung muss sofort einsetzen. Das Pferd darf nur so wenig wie möglich bewegt werden und muss nötigenfalls verladen werden. Nierenfunktion und Flüssigkeitshaushalt müssen unbedingt aufrecht erhalten werden, notfalls über intravenöse Infusionen. Die Schmerzen werden mit Hilfe nicht-steroidaler, entzündungshemmender Mittel gelindert, bei sehr ängstlichen Pferden können kleine Mengen Beruhigungsmittel gegeben werden.

Zur Vorbeugung sind ein vernünftiges Aufwärmen vor dem Reiten und langsame Bewegung nach der Belastung sowie eine sorgfältige Fütterung besonders wichtig. Fitness und Konditionszustand spielen offenbar eine wichtige Rolle im Auftreten der Störung.

Welche Maßnahmen zur Nachsorge nach einer Wettkampfbelastung zu treffen sind, hängt vom lokalen Klima ab. Bei Kälte müssen Decken zur Hand sein, um ein Auskühlen des Pferdes zu verhindern, in sehr heißem Klima muss sofort nach der Anstrengung massiv gekühlt werden, wie nachher noch beschrieben werden wird. Die korrekte Versorgung des Pferdes nach dem Wettkampf hat erhebliche Auswirkungen auf seine Leistung während der kommenden Tage und Wochen.

RÜCKENPROBLEME

Symptome und Ursachen: Erste Anzeichen für Probleme im Rückenbereich sind meist Leistungsabfall und Veränderungen in Gangwerk und Aktion. Über dem Sprung äußern sie sich häufig durch fehlende Bascule, Springen mit weggedrücktem Rücken oder hängenden Beinen. Siehe auch Kapitel 11.

Zur Vorbeugung von Muskelschäden ist sorgfältiges Aufwärmen (Abreiten) und langsames Abkühlen nach einer Anstrengung besonders wichtig.

Damit ein Pferd mit Bascule (gewölbtem Rücken) springen kann, muss es völlig schmerzfrei und locker sein .

Wenn ein Pferd wie hier »ohne Rücken« springt, ist oft Angst vor Rückenschmerzen die Ursache.

Nach Meinung des Autors führen die verschiedensten Ursachen zum Symptom »Rückenschmerzen«, oft ist auch eine Kombination mehrerer Faktoren ursächlich. Das Problem kann in der Regel einem der vier folgenden Rückenbereiche zugeordnet werden:

BERÜHRUNGSSCHMERZ IN DER WIDERRISTREGION

- tritt oft gleichzeitig mit leichter Lahmheit an der Vorhand auf, die nur auf dem Zirkel oder in der Wendung zu sehen ist
- die begleitende Lahmheit ist oft beidseitig
- die Schrittlänge ist meist verkürzt
- das Pferd zeigt Unwilligkeit beim Landen nach dem Sprung

Behandlung: Tritt häufig als ein Begleitsymptom von Lahmheiten an der Vorhand auf, das durch den veränderten Bewegungsablauf hervorgerufen wird. Oft bessern sich dann die Symptome, wenn die primäre Ursache behandelt wird. Primär kann das Problem auch durch Infektionen (Widerristfisteln) oder Verletzungen wie z.B. Frakturen der Dornfortsätze an Wirbeln verursacht werden. Der Sattel muss auf korrekte Passform überprüft werden (siehe Kapitel 8).

SCHMERZ IN DER SATTELLAGE / SATTELDRUCK

- Schmerzreaktion beim Abtasten der Sattellage
- Manchmal Wärme und sichtbare Hautschäden
- Abwehrreaktionen beim Satteln
- Gelegentlich Schmerzen in der Gurtlage

Behandlung:

- Ruhe
- Einreiben mit entzündungshemmenden Mitteln
- Eventuell Gabe entzündungshemmender Medikamente oder Antibiotika
- Sattel auf korrekte Passform und Polsterung überprüfen (s.Kap. 8)
- Gelpad verwenden

SCHMERZEN HINTER DER SATTELLAGE

- Muskelkrämpfe
- Unwilligkeit beim seitlichen Biegen
- Springen »ohne Rücken«

Behandlung: Abhängig von der Ursache. Eventuell Röntgenaufnahmen und Knochenszintigraphie notwendig, um die schmerzauslösende Ursache zu finden.

Die Ursache kann entweder direkt an dieser Stelle liegen (z.B. durch »Kissing Spines« oder Verletzungsschäden), die Symptome können aber auch sekundär und eine Reaktion auf Schäden im Kreuzbein-Darmbein-Gelenk oder auf Lahmheiten der Hinterhand sein.

Behandlung der Primärursache:

- Ruhe
- Verabreichung entzündungshemmender Mittel oral oder über Injektion
- Muskelentspannende Mittel
- Nicht steroidale DMSO-Präparate (Dimethylsulfoxid)

Wenn öfter die gleichen Probleme auftreten und kein Reiter- oder Trainingsfehler die Ursache ist, muss nach gesundheitlichen Störungen gesucht werden.

- Wärmetherapie (Infrarot)
- Laserbehandlung
- Ultraschalltherapie
- Massage und Chiropraktik (siehe Kapitel 11)

SCHMERZEN IM BEREICH KREUZBEIN-DARMBEIN-GELENK

- Veränderungen in der Bewegung der Hintergliedmaßen, von Lahmheit bis Einwärtsdrehen der Sprunggelenke
- Beugeprobe kann Lahmheit hervorrufen
- Biegeschmerz
- Ertastbare Lageveränderungen des Kreuzbein-Darmbein-Gelenkes
- Mitunter Krepitation (reibendes Geräusch im Gelenk)
- Einseitiger Muskelschwund an der Hinterhand

Behandlung:

- Chiropraktik und kontrollierte Bewegung, um die Stützmuskulatur zu kräftigen (von der Schulmedizin nicht immer anerkannt!)
- Ruhe
- Lokale Injektion von Sklerosierungsmitteln bei Boxenruhe
- Lokale Injektion von Kortikosteroiden mit Depotwirkung, eventuell bei gleichzeitiger kontrollierter Bewegung

WUNDEN

Wunden gehören zu den häufigsten Problemen, für die Sportpferde anfällig sind.

Es kann sich dabei um Gewebeschäden, Verletzungen von Gelenk oder Sehne oder eine Kombination von alledem handeln.

Bei Springpferden sind natürlich Verletzungen durch Hindernisbestandteile häufig, ebenso wie Greif- oder Streichverletzungen. Beides kann die weitere Karriere bedrohen. Eine sofortige und sorgfältige Wundversorgung kann die weitere sportliche Laufbahn des Pferdes entscheidend beeinflussen.

GREIFWUNDEN

- Betroffen sind Ballen, Rückseite des Fesselkopfes oder Sehne
- Es ist sofort zu überprüfen, ob Sehnen, Bänder oder Gelenke verletzt sind und ob sich evtl. Fremdkörper in der Wunde befinden
- Wenn das Gelenk oder die Synovialhöhle verletzt wurden, muss so schnell wie möglich eine Gelenkspülung vorgenommen werden. Das Gelenk muss intraartikulär mit Antibiotika behandelt werden. Die Einweisung in eine Fachklinik ist ratsam
- Ob und wie eine Wunde unterhalb des Fesselgelenkes verbunden werden soll, ist erst nach sorgfältiger Beurteilung der Wunde zu entscheiden

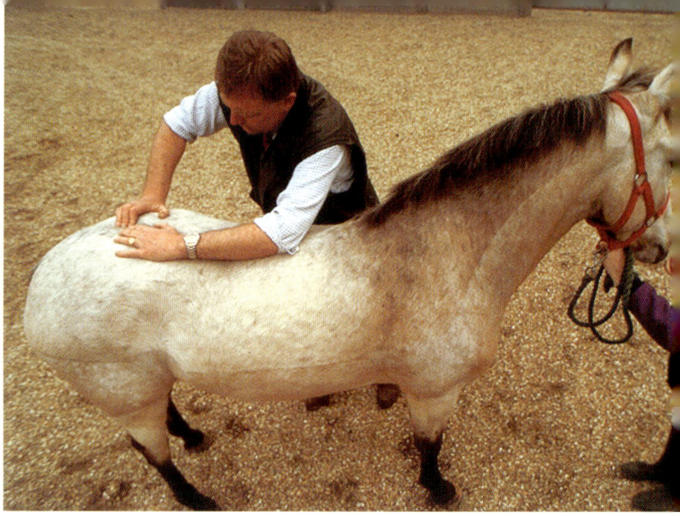

Über das sorgfältige Abtasten (Palpation) kann man meist den Problembereich am Rücken lokalisieren.

VERLETZUNGEN IM BRUSTBEREICH

Springpferde fügen sich solche Verletzungen leicht selbst mit den scharfen Stollen der Vordereisen beim Anwinkeln der Vorderbeine über dem Sprung zu.

- Sorgfältige Wundversorgung ist nötig, da Narben im Bereich der Gurtlage extrem problematisch werden können
- Verletzungen an der Brust entstehen häufig auch durch Hineinlaufen in die seitlichen Fänge eines Hindernisses
- Da meist umfangreiche Gewebeschäden vorliegen, ist für eine gute Wunddrainage zu sorgen

VERLETZUNGEN AN DER HINTERHAND

Verletzungen an der Hinterhand lassen sich in folgende Kategorien einordnen:

Knieverletzungen

- Wenn Pferde über festen Geländehindernissen mit den Hinterbeinen hängen bleiben, führt dies häufig zu Knieverletzungen. Wenn keine Krepitation (Knochengeräusch) vorliegt, kann es in der akuten Phase schwierig sein, festzustellen, ob etwas gebrochen ist oder nicht. Eine starke und sich schnell vergrößernde Schwellung um das Gelenk oder eine Ausdehnung der femoro-tibialen bzw. femoro-patellaren Gelenkkapsel kann auf eine Fraktur hinweisen. Eine nur aufgrund von Prellungen hervorgerufene Lahmheit ist innerhalb von 24-48 Stunden deutlich besser.
  Wenn die Lahmheit andauert, ist eine Fraktur wahrscheinlich und das Gelenk sollte sowohl aus kaudo-cranialer als auch aus lateral-medialer Ansicht geröntgt werden. Auch seitliche Röntgenbilder von der Kniescheibe sind ratsam. Auch bei Verdacht auf Fraktur ist eine unterstützende Behandlung in der Regel angebracht, bis genaue Untersuchungsergebnisse vorliegen.

- **Greifwunden**

- **Stumpfe Verletzungen und Wunden an der Vorderseite des Fesselkopfes.**

DIE DIAGNOSE VON RÜCKENPROBLEMEN

Probleme in Rücken- und Halsbereich sind bei Pferden genauso häufig wie bei Menschen. Durch die unterschiedliche anatomische Struktur und die Menge von Gewebe und Muskeln, von denen die Wirbelsäule des Pferdes bedeckt wird, ist es beim Pferd aber schwieriger, die genaue Ursache eines Problems herauszufinden. Nur wenige Röntgenapparate sind stark genug, um ein halbwegs brauchbares Bild von der Wirbelsäule zu machen. Man kann zwar die Spitzen der Dornfortsätze auf den Rückenwirbeln ertasten, dabei aber nur zu einer relativ oberflächlichen Bewertung kommen, da der Pferderücken stets unter einer gewissen Spannung steht, um in seiner Position zu bleiben. Zur Untersuchung von Schäden an Bändern und Gewebestrukturen ist Ultraschall hilfreich. Da das Pferd versucht, Rückenschmerzen zu kompensieren, können sie sich als Probleme an Gliedmaßen und Hufen äußern. Pferde können keine Bandscheibenvorfälle bekommen oder unter eingeklemmten Nerven leiden, da die Bandscheiben nicht zwischen den Wirbeln hervortreten (siehe Kap. 4) und keinen Druck auf die Nervenansätze ausüben können. Mögliche Probleme können die Muskeln, Bänder, Nerven, Knochen und/oder Gelenke betreffen. Knochenprobleme am Rücken lassen sich in drei Hauptgruppen unterteilen:

TRAUMATISCHE VERLETZUNGEN

Durch schwere Stürze können Frakturen eines oder mehrerer Rückenwirbel verursacht werden. Das Pferd kann in der Regel nicht aufstehen und die Diagnose kann erst gestellt werden, wenn die ersten Auswirkungen der starken Erschütterung etwas abgeklungen sind. Wenn bei einer sorgfältigen neurologischen Untersuchung eine Lähmung der Hinterbeine festgestellt wird, ist eine Fraktur wahrscheinlich. Frakturen können zu Knochenabsplitterungen führen, bei denen oft eine zeitweise Besserung zu beobachten ist und die sich dann schließlich doch wieder verschlechtern, weil der Rückenmarkskanal durch innere Blutungen und mechanische Reibung gestört wird. Nur wenige Wirbelfrakturen heilen vollständig und es besteht immer die Gefahr, dass eine sekundäre Arthritis entsteht. In den meisten Fällen muss das Pferd getötet werden.

Stürze aus hoher Geschwindigkeit können zu einem Bruch des Beckens führen, dessen Heilung niemals möglich ist. Weniger schwere Belastungsfrakturen können an den Beckenknochen auch durch anstrengende Bewegung verursacht werden. Da in solchen Fällen meist der weit oberhalb des Hüftgelenkes liegende Flügel des Darmbeins betroffen ist, führen drei bis sechs Monate Boxenruhe in der Regel zu einer guten Besserung. Frakturen an den Knochen des Kreuzbeines (Sacrum), wie sie z.B. durch einen Sturz direkt auf die Hinterhand entstehen können, schädigen möglicherweise die Rückennerven und führen zu einer bleibenden Lähmung von Schweif und After (siehe Kap. 6).

Eine weitere häufige Verletzung im Beckenbereich ist eine einseitige Ruptur der fibrösen Verbindung zwischen Becken und Rückgrat nach einem Sturz oder Grätschen der Hinterbeine. Von hinten kann man eine deutliche Asymmetrie zwischen den beiden Beckenhälften erkennen. Das Pferd kann akut lahmen, evtl. aber auch nur steif sein. Ultraschall- und Röntgenuntersuchungen bestätigen die Diagnose und das Ausmaß von Verlagerungen. Vorsichtige osteopathische Behandlung und Boxenruhe ermöglichen eine Stabilisierung des Gelenks, eine vollständige Heilung ist möglich.

INTRAVERTEBRALE ERKRANKUNGEN

Erkrankungen innerhalb der Rückenwirbel sind relativ selten und nur schwer korrekt zu diagnostizieren. Die Veränderungen finden im Knochen selbst statt, z.B. durch Abszess, Infektion oder Tumor und führen zu Lähmungen, Steifheit und Ganganomalien.

INTERVERTEBRALE ERKRANKUNGEN

Zwischen den Rückenwirbeln treten im allgemeinen zwei Erkrankungen auf.

Bei den »Kissing Spines« reiben die Dornfortsätze der Rückenwirbel aneinander, wenn sich die Wirbelsäule biegt und verursachen Entzündungen und Knochenwucherungen zwischen den Wirbeln, wodurch sich der Freiraum zwischen den einzelnen Wirbeln weiter verengt. Die Folgen sind Leistungsschwächen, Unwilligkeit beim Springen, ungewöhnliches Verhalten und Steifheit. Da diese Veränderungen nah an der Oberfläche liegen, sind sie auf Röntgenbildern gut zu erkennen - bei der Diagnose ist aber Vorsicht geboten, da auch bei gesunden Pferden Knochenumbildungen zwischen den Wirbeln auftreten können. Meistens sind die unter dem Sattel liegenden Brustwirbel betroffen, da die Wirbelsäule hier die stärkste Biegung erfährt. Zur Überprüfung kann man lokal wirkende Betäubungsmittel zwischen die Wirbel spritzen, die eine dramatische Besserung hervorrufen. Die Behandlung umfasst ausgiebige Ruhe, Physiotherapie und kontrollierte Bewegung unter Gabe von Schmerzmitteln oder die operative Wiederherstellung der Form der Dornfortsätze. Mitunter ist die Injektion von Kortikosteroiden zwischen die Wirbel erfolgreich. Zwischen den Gelenken aller Rückenwirbel, meistens aber zwischen dem letzten Lendenwirbel und dem Kreuzbein (ein hoch bewegliches Gelenk mit drei Teilgelenken), kann sich eine Arthritis entwickeln. Erkrankungen in diesem Lumbosakralbereich führen zu chronischer Steifheit und zögerlichem Einsatz der Hinterbeine, was zu einem Nachziehen der Hinterbeine, Abschleifen der Zehen und Muskelschwund an der Hinterhand führt. Mit Hilfe von Schmerzmitteln kann eine Verbesserung erzielt werden, die bei der Diagnose hilft; eine Behandlung existiert jedoch nicht.

'Kissing spines' - sich berührende Dornfortsätze der Wirbel.

 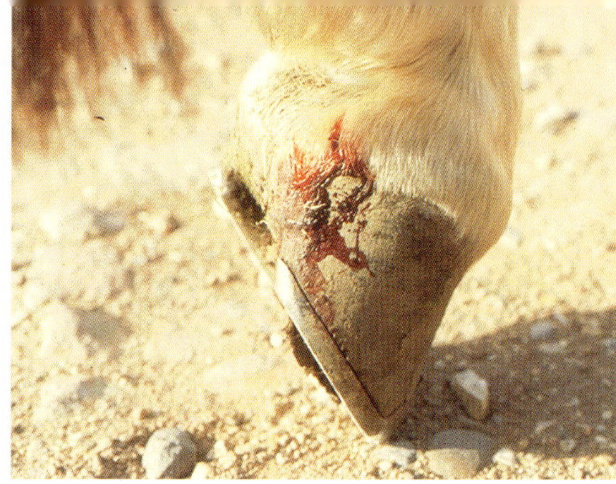

Bei Sportpferden, die viel galoppieren und springen, sind Greifverletzungen an den Ballen der Vorderhufe häufig. Auch harmlos wirkende Verletzungen in diesem Bereich müssen ernst genommen werden.

SCHÄDEN AN SEHNEN UND BÄNDERN

Hierzu zählen:

- Zerrung oder Riss der tiefen Beugesehne (siehe Kap. 4)
- Desmitis (Entzündung) des Fesselträgers
- Verletzungen des Unterstützungsbandes der tiefen Beugesehne

Es kann gar nicht genug betont werden, wie wichtig frühzeitige Maßnahmen zur Entzündungshemmung und die Kältebehandlung in diesen Fällen sind. Vorsicht bei nur leicht lahmenden Pferden mit Schäden am Fesselträger! Wenn solche Pferde weiter springen müssen, sind die Folgen verheerend.

FRAKTUREN

Es können betroffen sein:

- Hufbein
- Strahlbein
- Fessel
- Fesselgelenk
- Röhrbein
- Obere Gliedmaßenknochen (selten)
- Schädel

Frakturen des Hufbeins sind relativ selten, nach Erfahrung des Autors am häufigsten sind Frakturen des Fesselbeins an den Vordergliedmaßen.

DURCH BELASTUNG HERVORGERUFENE ERKRANKUNGEN

- Rhabdomyloyse / »Tying up« / Muskel»verschlag«, siehe oben
- Kolik, siehe Kap. 3
- Rückenschmerzen, siehe oben
- Podotrochlose (Hufrollenerkrankung), siehe unten

PODOTROCHLOSE (»Hufrolle«)

Für alle Pferde, insbesondere aber für Hochleistungspferde, sind ein guter Beschlag und korrekt ausbalancierte Hufe von entscheidender Bedeutung (siehe Kap. 4). Leider sind insbesondere im Bereich der Trachten hier häufig Mängel zu beklagen. Die entstehende Lahmheit zeigt anfangs nur schwache Symptome, bei einer akuten Entzündung des über dem Strahlbein liegenden Schleimbeutels kann sie aber heftig sein.

LUNGENBLUTEN

Wird durch Belastung und ungünstige Umgebungsbedingungen auf dem Turnierplatz hervorgerufen, auch wenn die Haltungsumstände zuhause gut sind. Auch beim Transport sind die Bedingungen oft schlecht. Meist handelt es sich nicht um ein größeres Problem, aber eine genaue endoskopische Untersuchung ist sicherlich nötig, um die Diagnose zu bestätigen.

RUPTUR GROSSER BLUTGEFÄSSE IM BRUSTKORB

- Führt zu schnellem Zusammenbruch und Tod, oft sehr dramatisch

Außerdem:

- Blutungen der Luftsäcke
- Durch Belastung hervorgerufenes Asthma

PROBLEME BEIM TRANSPORT

- Reisekrankheit
- Verkehrsunfälle

DURCH UMWELTEINFLUSS HERVORGERUFENE PROBLEME

- Akute Atemwegsallergie (siehe Kap. 5)
- Akutes Nesselfieber (siehe Kap. 7)
- Sonnenbrand (siehe Kap. 7)

ANDERE

- Trauma (siehe Kap. 6)
- Augenverletzungen (siehe Kap. 6)
- Verletzungen an Lippen und Zunge durch das Gebiss (sorgfältige Wundversorgung und viel Zeit zur Heilung erforderlich)

DAS PFERD UNTER BELASTUNG

HITZEBELASTUNG

Selbst in unseren gemäßigten Klimazonen können im Sommer Temperaturen erreicht werden, welche die Leistungsfähigkeit eines Pferdes durchaus beeinflussen können. Da sie unter Umständen sogar lebensbedrohlich sein können, lesen Sie im Folgenden einen Abschnitt über eine Technik zur massiven Abkühlung, die bei Sportpferden aller Disziplinen angewendet werden kann.

Die nachfolgenden Anmerkungen wurden von Dr. David Marlin, Leiter des Atlanta-Projektes im Animal Health Trust von Newmarket, verfasst, um Reitern eine Hilfestellung zu geben.

WARUM WIRD ES DEM PFERD HEISS?
Die normale rektale Körpertemperatur des Pferdes in Ruhe beträgt 37-38 Grad Celsius. Wenn Muskeln arbeiten, produzieren sie Wärme. Für jede Energieeinheit, die zur Muskelkontraktion benötigt wird, geht etwa viermal so viel Energie in Form von Wärme verloren, da der Umformungsprozess von Energie in Bewegung nicht sonderlich effektiv ist.

WAS GESCHIEHT, WENN EIN PFERD ÜBERHITZT?
Sehr hohe Körpertemperaturen (über 41 Grad) führen zu starkem Schwitzen, damit zu starkem Verlust von Flüssigkeit und Elektrolyten, zu Dehydration und folglich zu einem Absinken der Leistung oder schlimmeren Konsequenzen wie Hitzeerschöpfung oder sogar Tod. Siehe Kap. 3.

WIE GIBT EIN PFERD KÖRPERWÄRME AB?

- **Konvektion**

Die Wärme entsteht in den Muskeln und wird vom Blut an die Hautoberfläche transportiert. Wenn die Luft in der Umgebung kühler ist als das Pferd, wird Wärme über Konvektion abgeführt. Je größer der Temperaturunterschied zwischen Pferdehaut und Luft und je stärker die Luftbewegung (durch natürliche Brisen oder durch Ventilatoren), desto höher die Wärmeabgabe.

- **Verdunstung**

Hitze geht auch verloren, wenn Schweiß von der Pferdehaut verdunstet. In Tropfen herabrinnender Schweiß trägt hingegen nur wenig zur Kühlung bei und ist hauptsächlich ein unnötiger Flüssigkeitsverlust. Schwitzen ist in heißem und trockenem Klima höchst effektiv. In feuchtheißer Umgebung ist die Verdunstungsrate von der Haut wesentlich langsamer; da sie vom Unterschied im Feuchtigkeitsgehalt von Haut und Umgebung abhängig ist.

- **Atmung**

Das Pferd kann etwa 15 Prozent seiner Wärmeabgabe über die Atmung realisieren. Dies ist einer der Gründe dafür, dass Pferde während und nach Anstrengungen in heißer oder feuchtwarmer Umgebung sehr hohe Atemwerte zeigen können.

KANN DAS AUFWÄRMEN SCHADEN?
Ein leichter Anstieg der Körpertemperatur ist kein Nachteil; Muskeln arbeiten effektiver, wenn sie warm sind. Bedenken Sie aber, dass bei warmen Temperaturen die Aufwärmzeit kürzer ist.

WARUM MIT KALTEM WASSER KÜHLEN?
Da Pferde bereitwillig hohe Leistungen bringen und wir lange Zeit nur unzulänglich über den Einfluss verschiedener Umweltbedingungen auf das Pferd Bescheid wussten, gab es immer wieder Hitzeschäden auf großen Turnieren zu beklagen, so auch bei den Olympischen Spielen in Barcelona 1992 und den Weltreiterspielen in Den Haag 1994. Das Abkühlen von Pferden mit eiskaltem Wasser bei großer Hitze wurde oft kritisiert, obwohl es positiv wirkt. Als Argument wurde häufig vorgebracht, es verursache beispielsweise Muskelprobleme wie das »Tying up Syndrom«.

Jedes Wettkampfpferd kann, unabhängig vom Schwierigkeitsgrad der Prüfung, unter Hitzebelastung leiden - vom Rennpferd über das Dressur- oder Springpferd bis hin zum Pony bei Reiterspielen.

Überhitzte Pferde (mit einer Körpertemperatur von 40 Grad oder mehr), die bei Außentemperaturen von über 26,5 Grad Leistung bringen müssen, leiden weniger unter der Belastung, erholen sich schneller, dehydrieren nicht und zeigen bessere Leistungen, wenn sie während oder nach dem Wettkampf schnell abgekühlt werden.

KÜHLEN MIT WASSER: SO GEHT´S
Das Kühlen mit Wasser macht sich zwei der drei Mechanismen zunutze, durch die ein Pferd im Normalfall Wärme abgibt - Konvektion und Verdunstung.

Beginnen Sie mit dem Kühlen sofort nach Ende der Belastung und messen Sie die rektale Temperatur des Pferdes. Geben Sie großzügig kaltes Wasser auf alle Körperpartien einschließlich der Kruppe, da hier

Zum massiven Abkühlen braucht man einige große Eimer mit 40-50 l Fassungsvermögen, Eis, einige kleinere Eimer, mehrere große Schwämme und drei Helfer - einen zum Halten des Pferdes und einen auf jeder Pferdeseite zum Kühlen. Das Sattelzeug muss nicht abgenommen werden. Suchen Sie sich einen schattigen Ort für die Kühlprozedur.

die meisten der großen Bewegungsmuskeln liegen und dieser Bereich deshalb besonders heiß wird. Es ist nicht nötig, jedes Mal überschüssiges Wasser aus dem Fell zu streichen; wichtiger ist es, mit dem Kühlen fortzufahren.

Wenn Sie das Pferd zwischendurch mit dem Schweißmesser abziehen möchten, dann tun Sie das zügig zum Schluss jeder dreißig Sekunden dauernden Kühlungseinheit und während das Pferd in den Pausen zwischen den Kühlungen herumgeführt wird.

Kühlen Sie 20-30 Sekunden lang, führen Sie das Pferd anschließend genauso lange und wiederholen Sie die Prozedur. Die Aufeinanderfolge von Kühlen und Bewegung ist wichtig.

Durch das Führen wird die Hautdurchblutung angeregt und die Luftbewegung sorgt für bessere Verdunstung. Wenn möglich, sollten Sie zum Kühlen einen schattigen Platz auswählen. Messen Sie zwischendurch öfter die rektale Körpertemperatur, die innerhalb von etwa 10 Minuten um ein Grad sinken sollte.

WANN MAN AUFHÖREN MUSS

Hören Sie mit dem Kühlen auf, wenn:

- Die im Enddarm gemessene Temperatur weniger als 38-39 Grad beträgt
- Die Pferdehaut sich nach dem Führen in der Kruppenregion kühl anfühlt
- Die Atemfrequenz weniger als 30 Atemzüge pro Minute beträgt
- Das Pferd zu zittern beginnt

HITZEBELASTUNG BEIM REITER

Überhitzung und Übermüdung führen zu Fehlern und Unfällen - das gilt für Reiter genauso wie für Pferde. Nehmen Sie einem überhitzten Reiter den Helm ab, setzen Sie ihn in den Schatten, waschen Sie ihm das Gesicht mit kaltem Wasser ab (was zwar nicht sonderlich zur Kühlung beiträgt, aber gut tut) und geben Sie ihm ein isotonisches Getränk. Isotonische Getränke besitzen die gleiche Konzentration wie Körperflüssigkeiten. Bei Hitze sollten Reiter helle, leichte und luftig sitzende Baumwollkleidung tragen sowie einen leichten und bequem sitzenden Helm.

WAS MAN NICHT TUN SOLLTE

- Eis in den Enddarm einführen. Es trägt fast nichts zur Senkung der Körpertemperatur bei, erschwert das Temperaturmessen und kann eine hohe Körpertemperatur verdecken. Der Versuch, eine zu hohe Temperatur vor den Tierärzten zu kaschieren, ist unklug, da evtl. notwendige Kühlung und Behandlung verhindert werden. Es kann zu Hitzeerschöpfung und sogar Tod des Pferdes kommen. Wenn von einem überhitzten und dehydrierten Pferd weiter Leistung verlangt wird, steigt außerdem die Unfall- und Verletzungsgefahr.
- Kleine Eisbeutel an Kopf, Hals, unter den Schweif, auf die Kruppe etc. halten. Lieber sollte man versuchen, eine so große Körperoberfläche wie möglich zu kühlen. Kleine Eisbeutel verhindern sogar eine Kühlung, da unter ihnen die Hautdurchblutung gestoppt wird.
- Nasse Handtücher auf Hals oder Kruppe legen. Auch wenn die Tücher zunächst kalt sind, wärmen sie sich schnell auf, wirken dann isolierend und verursachen einen weiteren Wärmestau.
- Großflächiges Auftragen von Vaseline vor der Geländestrecke einer Military begrenzt das Schwitzen. Die Fettschicht wirkt isolierend, verhindert das Schwitzen und damit die Verdunstung.
- Lassen Sie das Pferd nicht längere Zeit still stehen. Wenn Sie mit kaltem Wasser kühlen, dann gründlich und nicht zögernd. Das kalte Wasser auf der Haut reduziert die Schweißbildung. Der Vorteil dabei ist, dass ein weniger schwitzendes Pferd nicht so stark austrocknen kann.
- Es schadet nicht, wenn das Pferd während des Wettkampfes kleinere Mengen (etwa einen halben Eimer) Wasser trinkt. Auch im Stall muss bis ca. eine Viertelstunde vor Belastungsbeginn Wasser zur Verfügung stehen. Wasser ist sehr schnell wieder aus dem Magen entleert! Geben Sie dem Pferd kein eiskaltes Wasser. Neuere Untersuchungen haben auch ergeben, dass mindestens vier Stunden vor Belastungsbeginn Kraftfutter mit etwas Heu zusammen gegeben werden sollte.
- Es gibt keinerlei Beweis dafür, dass ein Kühlen mit kaltem Wasser zu Muskelproblemen führt.

Wichtig ist, dass wir die in aktuellen Studien gewonnenen Erkenntnisse auch akzeptieren und in die Praxis umsetzen, um Gesundheit und Wohlbefinden unserer Pferde zu erhalten und zu verbessern.

STRESS BEIM TRANSPORT

AUF DER STRASSE

Der Transport von Pferden auf der Straße ist zum ersten Mal aus dem achtzehnten Jahrhundert überliefert. Damals reisten Pferde in einer Art Anhänger, der von anderen Pferden gezogen wurde - meist handelte es sich um Rennpferde, die so schneller zum Wettkampfort gelangen und erholter dort ankommen sollten.

Im Prinzip wollen wir auch heute nichts anderes erreichen, nur unsere Methoden haben sich drastisch geändert! Heutzutage reisen Pferde in speziell umgebauten LKW-Transportern, Containeraufsätzen oder zu zweit in von Autos gezogenen Anhängern.

Es wird viel darüber diskutiert, in welcher Position Pferde am besten gefahren werden sollten: mit dem Kopf in oder gegen die Fahrtrichtung oder seitlich zur Fahrbahn gestellt. Vieles spricht dafür, Pferde rückwärts in den Transporter zu stellen. Da sich hierbei aber die Gewichtsverteilung auf die Achse stark ändert, ist dies in den üblichen, für eine Vorwärtsposition gebauten Pferdeanhängern nicht möglich. Fest steht, dass die Position des Pferdes im Anhänger oder Transporter einen erheblichen Stressfaktor darstellt. Jedes Pferd muss in der Lage sein, während der Fahrt die Beine leicht zu spreizen. Vermeiden Sie deshalb zu enge Hängerabteile oder Abtrennungen, die bis zum Boden reichen.

Größere LKWs sind so gebaut, dass vier bis zehn Pferde, Futter, Ausrüstung und Stallpersonal darin Platz haben. In den meisten ist es sogar möglich, die Pferde während der Fahrt zu füttern oder zu tränken. Die neuen europäischen Regeln kontrollieren den Transport von Pferden und begrenzen die Fahrtzeiten. Auf längeren Strecken wird auch die Konstruktion der Transportfahrzeuge überprüft, wobei auf die Belüftung besonderer Wert gelegt wird.

In großen Transport-LKWs können zwischen vier und zehn Pferden transportiert werden.

IN DER LUFT

Der Autor hat während der letzten zwanzig Jahre zahlreiche Pferde im Flugzeug begleitet - in dieser Zeit hat es enorme Verbesserungen in Unterbringung der Pferde und Typ der verwendeten Flugzeuge gegeben. Die modernen DC8 oder Jumbo Jets verfügen über gute Belüftungssysteme und können Pferde wesentlich komfortabler transportieren als früher. Besonders der Jumbo Jet bietet hervorragende Bedingungen, seine Transportboxen unterscheiden sich kaum noch von denen eines Pferdetransportes auf LKW-Basis.

AUF DEM WASSER

Lange Seereisen über den Atlantik sind heute zur Seltenheit geworden, die meisten Schiffsreisen beschränken sich auf den Verkehr mit Autofähren. Eines der Hauptprobleme ist das ständige Schwanken des Schiffes, auf längeren Strecken macht die mangelnde Bewegungsmöglichkeit den Pferden Probleme. Glücklicherweise wird diese Transportform für Sportpferde nur selten gewählt.

REISEN MIT WENIGER STRESS

Was belastet Pferde beim Transport besonders stark und wie kann man diese Stressfaktoren reduzieren?

Die Haupt-Stressfaktoren sind: Enge (oft über längere Zeit); Geräusche; Luftzirkulation und -qualität; Erschütterungen und Schwankungen; Veränderungen in Temperatur und relativer Luftfeuchtigkeit sowie Abgase. Transport-LKWs sind inzwischen so weit verbessert worden, dass sie ein relativ ruhiges Fahrverhalten haben und über gute Belüftung oder sogar Klimaanlagen verfügen.

Was kann man tun, um die oben erwähnten Stressfaktoren zu minimieren?

ENGE

Gegen die Einengung auf dem Transport kann man wenig tun - sie liegt einfach in der Natur der Sache. Trotzdem lässt sich der Stress einfach, aber wirkungsvoll reduzieren, indem man auf die Position der Pferde im Transporter achtet, bei Abtrennungen so viel Raum lässt, dass das Pferd seine Beine spreizen kann und zu kurzes Anbinden verhindert, damit für Kopf und Hals Bewegungsfreiheit gegeben ist.

FAHRGERÄUSCHE

Die Geräuschdämmung ist in modernen Transportern enorm verbessert worden, genau so wie in den Frachträumen moderner Flugzeuge.

ERSCHÜTTERUNGEN

Das Ausmaß der Fahrzeugbewegungen ist in erster Linie von der Konstruktion des Transporters abhängig. Er muss für die Aufnahme von Pferdegewicht

Diese Pferde sind fertig zum Einladen für den Flug zu den Olympischen Spielen in Atlanta 1996.

Im Flugzeug haben Pferde und Begleitpersonal nicht besonders viel Platz. Gute Belüftung ist wichtig.

geeignet und gut gewartet sein. Der Fahrstil muss äußerst vorsichtig sein, insbesondere in Kurven und beim Bremsen, damit die Pferde so wenig wie möglich um den Erhalt ihres Gleichgewichtes kämpfen müssen.

In Schiff oder Flugzeug kann es natürlich immer zu Bewegungen durch äußere Einwirkungen kommen, die Pferden Stress und Angst verursachen.

LUFTQUALITÄT

Nach Meinung des Autors ist die Luftqualität einer der wichtigsten Stressfaktoren während des Transportes, den wir direkt beeinflussen können. Die Ableitung von Urin und die Verwendung ammoniakbindender Produkte trägt wesentlich dazu bei, die Atemluft sauber zu halten. Die Luftbewegung kann unterwegs durch natürliche oder künstliche Belüftung reguliert werden. Ein regelmäßiger Luftaustausch ist wichtig, um die Anhäufung von schädlichen Gasen oder Bakterien in der Atemluft zu verhindern. Die Verwendung von Heulage oder sehr gutem, staubfreiem Heu kann wesentlich zur Problemreduzierung beitragen. Staubfreie Einstreu ist ein Muss.

Die Konstruktion der meisten Fahrzeuge verhindert, dass Autoabgase eingeatmet werden können, bei sehr starkem Verkehrsaufkommen hilft aber nur eine Klimaanlage, das Problem völlig auszuschalten.

VERSORGUNG DER PFERDE VOR UND AUF LANGSTRECKEN

Bei Transporten über kürzere Strecken sind hinsichtlich der Fütterung keine besonderen Vorkehrungen zu treffen. Bei sehr langen Reisen oder Flugzeugtransporten sollte unmittelbar vor dem Transport ein leicht abführendes Futter wie z.B. Kleiemash und nicht zu viel Raufutter gegeben werden.

Eine vorbeugende Behandlung mit Antibiotika oder Mitteln zur Unterstützung der Atemwege sollte ausschließlich in vom Tierarzt indizierten Fällen erfolgen, da die Nebenwirkungen sonst leicht gegenüber den Vorteilen überwiegen. Die Verabreichung von flüssigem Paraffin vor langen Strecken muss (wenn überhaupt) mit größter Vorsicht erfolgen, da sonst übermäßiger Flüssigkeitsverlust über die Ausscheidungen und Austrocknung drohen können. Geben Sie unterwegs Heu nach Belieben und tränken Sie in regelmäßigen Abständen. Meist werden Tränkepausen im Abstand von sechs bis acht Stunden empfohlen, nach Meinung des Autors ist es aber auf Langstrecken wesentlich ratsamer, alle halbe Stunde Wasser anzubieten.

Ruhepausen über Nacht sind selbstverständlich wichtig. Das Futter sollte in Bodenhöhe vorgelegt werden, damit die Atemwege besser von Schleim befreit werden können. Kontrollieren Sie genau, wie viel das Pferd getrunken hat, da ansonsten bei Austrocknung Flüssigkeit intravenös oder über eine Magensonde zugeführt werden muss. Die Temperatur im Transporter ist ebenso zu überwachen wie die Körpertemperatur des Pferdes. Es kann sehr nützlich sein, diese Daten vor, während und nach der Fahrt aufzuzeichnen.

Bei der Ankunft ist das Pferd gründlich zu untersuchen. Pferde, die nicht gut fressen oder wenig trinken, sind besonders gut zu beobachten.

REISEKRANKHEIT

Symptome und Ursachen: Der wichtigste Auslöser für Reisekrankheit ist Stress - besonders bei Langstreckentransporten.

Die Probleme können unterwegs oder erst mehrere Tage nach der Reise auftreten. Zu Beginn wirkt das Pferd niedergeschlagen und frisst oder trinkt nicht mehr. Zu den weiteren klinischen Anzeichen gehören:

- Erhöhte Temperatur
- Leichte Kolikschmerzen
- Verminderte Darmgeräusche
- Erhöhter Puls (50-60/Min. oder höher)
- Schwitzen
- Gelegentlich erhöhte Atemfrequenz

In Nordamerika hat man häufiger mit dem »Schiffsfieber« zu kämpfen: Die Belastung des Immunsystems auf langen Reisen erhöht das Risiko von Virusinfektionen, die zur Lungenentzündung führen können.

Behandlung und Vorbeugung:

- Nicht-steroidale entzündungshemmende Mittel, insbesondere Phenylbutazone (fällt unter das Dopinggesetz, Anm.d.Übers.)
- Antibiotika
- Verabreichung von Flüssigkeit und Paraffin über Magensonde
- Abführende Futtermittel

Die Prognose ist im Allgemeinen gut, sofern die Behandlung sofort einsetzt und das Pferd Ruhe erhält. Eine der möglichen ernsten Komplikationen der Reisekrankheit kann Brustfellentzündung sein.

Zu den vorbeugenden Maßnahmen zählen:

- Kürzere Transportzeiten mit ausreichenden Pausen
- Verbesserte Transportbedingungen (geräumig, gut belüftet, gekühlt etc.)
- Reduzierung von stark rohfaserhaltigem Futter
- Leicht abführendes Futter vor dem Verladen geben
- Regelmäßig kleine Futtermengen und frisches Wasser anbieten
- Vor langen Flugreisen evtl. vorbeugende Behandlung mit Antibiotika, Probiotika, Elektrolyten, Laxativen und in Sonderfällen mit Clenbuterol.

10 DIE NÄCHSTE GENERATION

DIE GESCHLECHTSORGANE

DIE WEIBLICHEN GESCHLECHTSORGANE

Mit Ausnahme der Hirnanhangs- und Zirbeldrüse sowie des Hypothalamus, die Bestandteile des Gehirns sind, liegen alle Geschlechtsorgane der Stute im hinteren Bauch- und Beckenbereich. Eierstöcke, Eileiter, Gebärmutter und Gebärmutterhals sind an breiten Bändern aufgehängt, über die auch die Versorgung mit Blut, Nerven und Lymphbahnen stattfindet. Gebärmutter, Scheide und Vulva bilden eine Y-förmige Struktur mit den Eierstöcken an den Enden der Y-Arme und der Vulva an dessen Fuß.

Folgende Strukturen sind bei der Stute an der Fortpflanzung beteiligt:

Die **Zirbeldrüse**, eine kleine, ovale, rötlichbraune Drüse, die zwischen den beiden Gehirnhälften sitzt und Melatonin produziert - ein Stoff, der während der Stunden ohne Tageslicht ausgeschieden wird.

Das Melatonin verhindert die Ausschüttung des gonadotropen Hormons (oder Gonadotropin) durch den Hypothalamus, welches für das Einsetzen der Rosse verantwortlich ist.

Die **Hirnanhangsdrüse** sitzt am Gehirnstamm und produziert das Follikel stimulierende Hormon (Follitropin/FSH) sowie das luteinisierende Hormon (Lutropin/LH). Sie kontrollieren zusammen mit anderen Hormonen, die indirekt Einfluss auf das Fortpflanzungssystem nehmen, die Aktivität der Eierstöcke.

Der **Hypothalamus** ist mit der Hirnanhangsdrüse verbunden und produziert weitere Hormone wie beispielsweise das Gonadotropin, welches den Rossezyklus bestimmt.

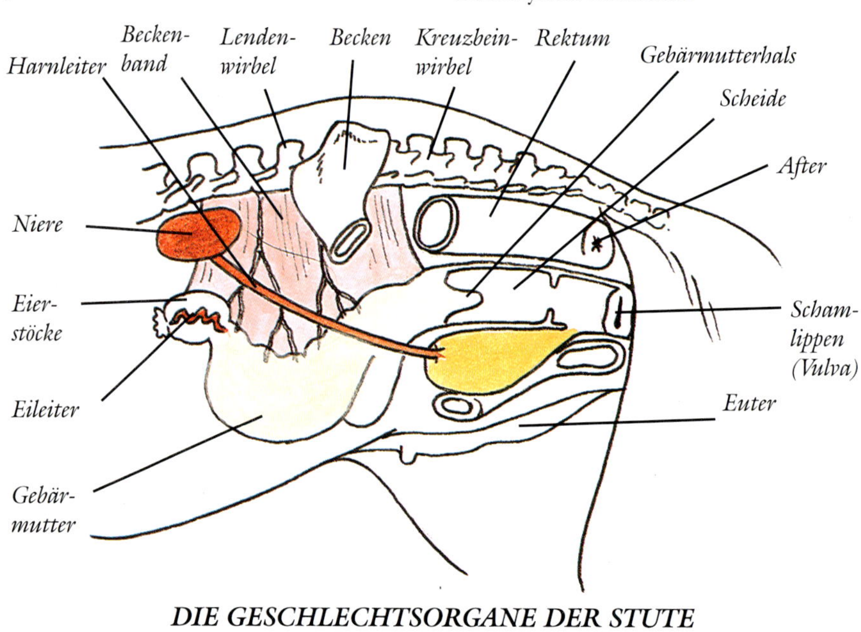

DIE GESCHLECHTSORGANE DER STUTE

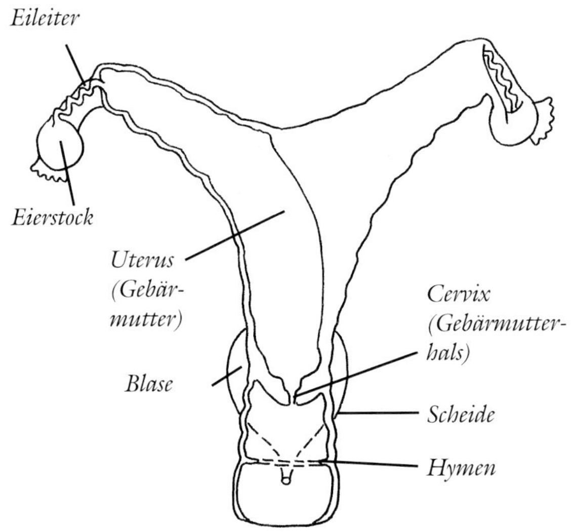

Die Gebärmutter

Die **Eierstöcke** (Ovarien) enthalten die Eier (Ova), bereits bei der Geburt sind es mehrere Tausend. Während des ganzen Lebens der Stute werden keine neuen Eier mehr gebildet. Nach Erreichen der Geschlechtsreife werden die Eier in regelmäßigen Abständen, die durch die Hormone Follitropin (Follikel stimulierendes Hormin/FSH) und Lutropin (LH) bestimmt werden, aus den Eierstöcken ausgestoßen. Die Eierstöcke produzieren außerdem die Hormone Östrogen, Progesteron und Inhibin.

Sie sind bohnenförmig und liegen unterhalb des vierten und fünften Lendenwirbels. Ihre Größe variiert je nach Alter der Stute, Jahreszeit und Individuum von etwa 2-4 cm Länge und 2-3 cm Breite im Winter bis zu 5-10 cm im Sommer und bei älteren Stuten. Die im Winter kleinen, harten und nicht aktiven Eierstöcke werden durch das Follikelwachstum

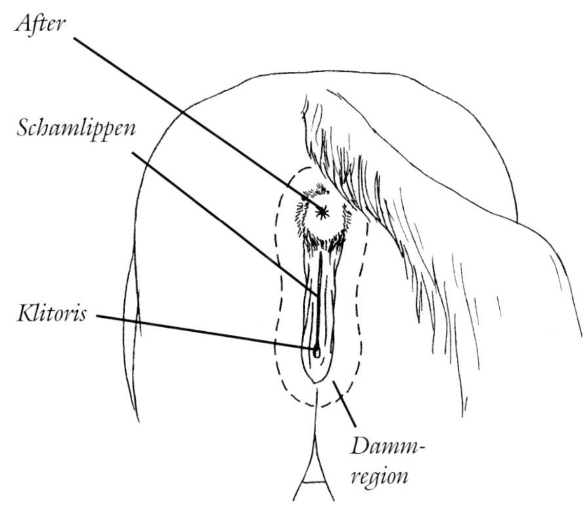

Die äußeren Genitalien der Stute

ab dem Frühjahr größer, die reifen Follikel fühlen sich weich an.

Die Eierstöcke enthalten mehrere Hunderttausend kleine **Primordialfollikel**, von denen nur einige sich in reife, Eier enthaltene Follikel entwickeln. Mehrere Follikel bilden sich knapp vor und während der Rosse, aber in der Regel wird nur eins von ihnen größer, während die anderen auf eine spätere Entwicklung »warten« oder sich wieder zurückbilden. Die Entwicklung dauert an, bis dieser Follikel einen Durchmesser von 3-5 cm erreicht hat und mit vergrößerten Eiern sowie Flüssigkeit mit den darin enthaltenen Hormonen Östrogen und Inhibin gefüllt ist.

Der Eisprung findet statt, wenn der reifende Follikel einen Querschnitt von durchschnittlich 4 cm erreicht hat und seine Wände dünner werden. Der reife Follikel platzt und entlässt das Ei durch die Ovulationsgrube (Fossa ovarii) in Richtung Öffnung des Eierstockes. Der Follikel fällt nun zusammen, verdickt und verklumpt sich zum so genannten **Gelbkörper** (Corpus luteum). Innerhalb von 24 Stunden beginnt dieser mit der Ausscheidung von Progesteron.

Die Eileiter, zwei enge, gewundene Röhren von 20-30 cm Länge, die von den Gebärmutterhörnern bis zu den Eierstöcken reichen, sind für Transport und Speicherung von Eiern und Sperma zuständig. Hier findet auch die Befruchtung und Frühentwicklung des Embryos statt. Jeder Eileiter beschreibt dort, wo er in den Eierstock übergeht, eine Kurve und besitzt zur Gebärmutter hin ventilähnliche Klappen, die in einer Richtung Sperma durchlassen und nach der Befruchtung den Embryo in die Gebärmutter.

Die **Gebärmutter** (Uterus) ist ein muskulöses Behältnis, dass oben eine Fortsetzung der Eileiter darstellt und sich am unteren Ende in Gebärmutterhals und Scheide öffnet. Sie muss die richtige Umgebung für den Transport der Spermien zu den Eileitern, Aufnahme der befruchteten Eizelle und während der Tragezeit für die Versorgung des wachsenden Fötus bieten. Nach dem Fohlen muss sie sich schnell wieder erholen und in der Größe reduzieren, damit der Rossezyklus der Stute schon nach sieben bis neun Tagen wieder beginnen kann.

Die Gebärmutter besteht aus zwei 25 cm langen Hörnern, die sich zu einem etwa 18-20 x 10 cm großen Körper vereinigen. Ihre Wand besteht aus drei Schichten: einer äußeren Schutzschicht; einer Muskelschicht (Myometrium) und einer inneren Schleimhaut (Endometrium). Das gefaltete Endometrium besitzt eine einzellige, in Schichten aufgebaute Auskleidung, die so genannte Knäueldrüsen zur Sekretion von Hormonen und Nährstoffen enthält, welche während des Rossezyklus benötigt werden. Die Gebärmutter muss eine sterile Umgebung bieten und deshalb in der Lage sein, von außen kommende Verunreinigungen (z.B. durch den Deckakt) zu eliminieren, um Infektionen zu verhindern.

Der **Gebärmutterhals** (Cervix) bildet das Ventil zwischen Gebärmutter und Scheide. Er muss während Deckakt und Geburt zur Ausdehnung fähig sein, sich während der Tragezeit aber eng verschließen. Er ist etwa 7 cm lang und misst 4 cm im Durchmesser; seine Wand enthält eine dicke Schicht glatter Muskulatur, die von einer gefalteten Schleimhautmembran bedeckt ist.

Die **Scheide** (Vagina) reicht vom Gebärmutterhals bis zur Scheide durch das Becken und misst etwa 20 x 12 cm. Zusammen mit Gebärmutterhals und Vulva bildet sie eine weitere wichtige Abriegelung zwischen innen und außen. Die nach außen hin sichtbare Vulva liegt gleich unterhalb des Afters und besteht aus zwei mit dünner, pigmentierter Haut bedeckten Lippen. Auf der Innenseite befindet sich unten in einem Hautsäckchen die Klitoris. Sie ist für Entzündungen anfällig, wenn sich in dem dort gebildeten käsigen Belag (Smegma) krankmachende Bakterien ansiedeln.

DIE MÄNNLICHEN GESCHLECHTSORGANE

Der **Penis** des Hengstes liegt zwischen den Hinterbeinen und ist, wie beim Menschen auch, hämodynamisch, das heißt, Erektion und Entspannung werden durch Blutfluss geregelt, der wiederum von Nerven gesteuert wird. Der Penis misst im Durchschnitt etwa 44 x 5 cm und liegt im Ruhezustand im gefalteten, taschenartigen Präputium - dem so genannten Schlauch. Bei Erektion verdoppelt der Penis seine Ausmaße in Länge und Dicke.

Der **Schlauch** bildet um den Penis herum eine schützende Tasche. Er ist recht voluminös und verursacht beim Traben mitunter ein gluckerndes Geräusch. Drüsen sondern eine ölige Substanz ab, die zusammen mit Hautschuppen und den normalen Bakterien eine als Smegma bezeichnete, rötlich-braune Substanz bilden, die in regelmäßigen Abständen trocknet und abblättert.

Die beiden **Hoden** steigen bei oder kurz nach der Geburt in den **Hodensack** zwischen den Oberschenkeln ab. Sie messen in der Regel 6-12 cm in der Länge, 4-7 cm in der Höhe und 5 cm in der Breite und wachsen mit Erreichen der Geschlechtsreife bis zum Alter von etwa fünf Jahren. Sie produzieren regelmäßig **Sperma** und das männliche Geschlechtshormon Testosteron. Die Nebenhoden liegen oberhalb der Hoden und sind komplexe Gebilde, in die das Sperma nach seiner Bildung in den Hoden transportiert wird, dort reift und lagert.

Von den **Nebenhoden** gehen die Samenleiter aus. Sie haben einen Durchmesser von etwa 0,6 cm und transportieren das reife Sperma im Körper nach oben, um es zur Ejakulation vorzubereiten und zu den akzessorischen Geschlechtsdrüsen zu leiten. Die Samenstränge (welche die Samenleiter enthalten) erstrecken sich nach oben bis zum tiefen und oberflächlichen Leistenring.

Um Sperma bilden zu können, müssen die Hoden eine niedrigere Temperatur haben als der Körper und liegen deshalb außerhalb des Körpers im Hodensack. Der Kremastermuskel, auch Hodenheber genannt, zieht die Hoden näher an den Körper, wenn der Hengst sich auf das Laufen vorbereitet oder wenn die Außentemperatur sehr niedrig ist.

Innen im Becken liegen die akzessorischen Geschlechtsdrüsen. Sie enthalten die so genannten Ampullen, die Bulbourethraldrüsen, die Prostata (Vorsteherdrüse) und die Samenbläschen, welche wichtige Nährstoffe in das Sperma absondern.

DIE ENTSCHEIDUNG ZUR ZUCHT

Der Entscheidung, ob man mit einer Stute züchtet oder nicht, muss gründliches Abwägen vorausgehen.

Rein vom finanziellen Standpunkt aus betrachtet sind die Kosten für die Aufzucht eines Fohlens hoch

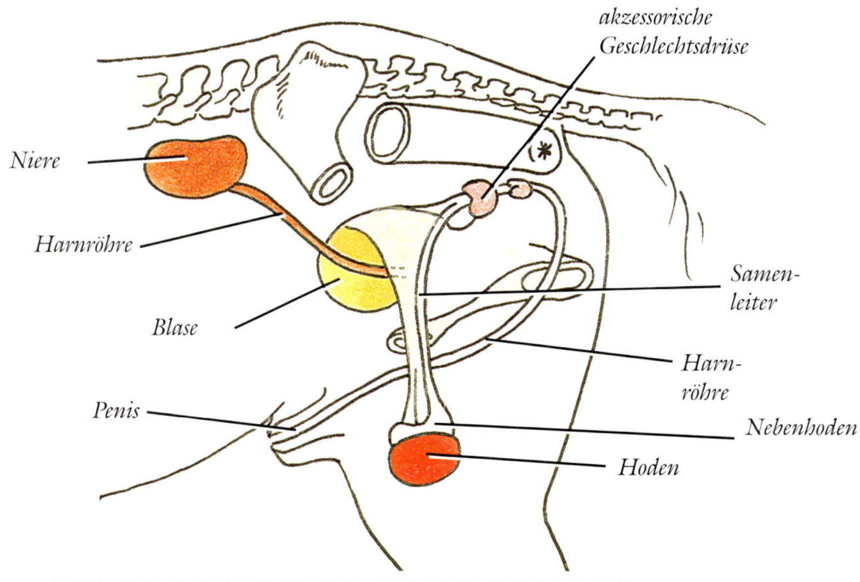

DIE GESCHLECHTSORGANE DES HENGSTES

und der Züchter schafft es meist nur in der Welt des Rennsports, sie wieder einzuholen. Noch bevor die Stute überhaupt tragend ist entstehen schon erhebliche Kosten für Deckgebühr, Tierarzt, Reise und Unterbringung. Zu den Kosten für die Betreuung der Stute während der Tragezeit und tierärztliche Hilfe bei der Geburt oder evtl. später beim Fohlen kommen die der Aufzucht des Pferdes bis zu einem Alter von drei Jahren. Es ist also unweigerlich wirtschaftlicher, sich ein nettes Jungpferd zu kaufen anstatt sich eines zu züchten.

Leider ist aber traurige Wahrheit, dass die Versuchung, billig ein Fohlen zu produzieren (und das meist von ungeeigneten Eltern) immer wieder zur Überschwemmung des Marktes mit Fohlen minderer Qualität führt. Letzten Endes verursacht dies tierschützerische Probleme und drückt die Preise für gut gezogene Qualitätsfohlen. Viel zu viele Hengste werden zum Decken eingesetzt, obwohl sie keine besonderen Fähigkeiten oder wünschenswerte Merkmale haben. Genauso ist der Blick fürs Reelle bei vielen Stutenbesitzern durch Gefühle getrübt und sie lassen ihre alte Lieblingsstute decken, ohne allzu viel darüber nachzudenken, welche Zukunft das Fohlen einmal haben wird. Leider werden viele Stuten nicht deshalb gedeckt, weil sie gute Gene tragen, sondern weil sie zu nichts anderem mehr nütze sind. Hengste werden oft deshalb ausgesucht, weil sie billig und nicht weit entfernt sind, egal, ob sie zur vorhandenen Stute passen oder nicht.

Trotzdem ist die Pferdezucht natürlich eine einmalige Herausforderung. Wenn der Erfolg sich einstellt, war er alle Mühen und Risiken wert. Es gibt zwar kein Patentrezept für die Zucht eines perfekten Fohlens, aber sorgfältige Planungsarbeit kann die Risiken, dass etwas schiefläuft, drastisch minimieren.

AUSWAHL DER ELTERNTIERE

Nur von hervorragenden Eltern können hervorragende Fohlen kommen. Als Faustregel macht es nur Sinn, mit einer Stute (oder einem Hengst) zu züchten, die alle Kriterien für ein gutes Fohlen besitzt. Beide Elterntiere müssen drei grundlegende Eigenschaften besitzen. Welche von ihnen stärker gewichtet wird, hängt natürlich davon ab, welche Laufbahn für das Fohlen später vorgesehen ist. Auf jeden Fall müssen aber Stute und Hengst folgende Qualitäten besitzen:

- **Korrektes Exterieur und korrekter Bewegungsablauf**

Ein im Exterieur korrektes Pferd ist gesund, belastbar und wird in allen Disziplinen leistungsfähig sein.

- **Gutes Temperament**

Pferde, die ein schwieriges Temperament geerbt haben, führen später nur selten ein glückliches Leben. Ein williges Pferd stellt seinen Besitzer leichter zufrieden und kann sein Potenzial besser ausschöpfen als ein schwieriges, das ungewöhnlich viel Geduld und Erfahrung von Seiten des Besitzers verlangt, damit es sein Bestes zeigen kann. Achten Sie auf das Temperament beider Elterntiere, der Stute fällt aber als Vorbild und Lehrerin des Fohlens hier eine besondere Rolle zu. Eine unzuverlässige, misstrauische Stute wird diese Merkmale an ihre Fohlen weitergeben.

- **Leistungsfähigkeit**

Die Anpaarung zweier talentierter Leistungspferde ist noch keine Garantie für den nächsten Sieger, wie die Züchter von Rennpferden nur zu gut wissen. Trotzdem ist es sinnvoller, mit bewährten Elterntieren zu züchten als mit solchen, die keine Erfolge in der gewünschten Disziplin aufzuweisen haben. Pferde, die Platzierungen nachweisen können, haben ihre Eignung bewiesen und werden diese voraussichtlich auch an ihre Nachkommen weitergeben. Wer selbst kein Talent gezeigt hat, wird auch wahrscheinlich keins an die Fohlen weitergeben. Während Stuten, deren sportliche Karriere aus Verletzungsgründen beendet wurde, oft zu guten Zuchtstuten werden, ist es ein Fehler, mit Stuten zu züchten, die aufgrund einer ererbten Schwäche oder eines nachweislich erblichen Fehlers früh aus der Nutzung genommen wurden. Viele Lahmheiten haben eine erbliche Komponente.

ALTER

Das beste Alter für eine Zuchtstute wird zwischen acht und zwölf Jahren angegeben. Es gibt zwar Stuten, die auch noch bis Anfang zwanzig gesund genug zum Fohlen sind, aber die Wahrscheinlichkeit einer erfolgreichen Befruchtung lässt ab etwa 12 Jahren nach, besonders, wenn die Stute bisher noch kein Fohlen hatte. Selbst im idealen Alter nehmen nicht alle Stuten problemlos oder jedes Jahr auf, was aber nicht Fehler des Hengstes sein muss. Die beste Chance, dass die Stute trächtig wird, hat man bei sorgfältiger Auswahl eines gut geführten Gestütes (oder privaten Deckbetriebes) und professioneller tierärztlicher Betreuung.

DER RICHTIGE HENGST

Besonders bei den gängigen Warmblut-, aber auch bei vielen Kleinpferderassen hat der Stutenbesitzer eine große Auswahl unter den in Frage kommenden Hengsten. Die Chancen stehen dann gut, dass er einen Hengst findet, der eine bestimmte kleinere Schwäche bei der Stute ausgleichen kann. Achten Sie insbesondere auf das Exterieur. Eine Stute mit langem Rücken sollte eher mit einem kurzen, kompakten Hengst gepaart werden, um den Mangel auszugleichen.

Stutenbesitzer sollten den Deckhengst sorgfältig auswählen. Nicht nur seine Stärken sind zu bedenken, sondern auch die Vorzüge und Schwächen der Stute.

FÜR DIE ZUCHT POSITIVE MERKMALE	NEGATIVE MERKMALE
Bei beiden Elterntieren:	
Korrektes Exterieur	Mangelhaftes Exterieur
Angenehmes Temperament/ Intelligenz	Unstabiles Wesen
Geradlinige Bewegungen und allgemeine Gesundheit	Ständige Gesundheitsprobleme mit erblichen Ursachen
Passendes Alter	Zu alt oder zu jung
Leistungsnachweise	Kein Leistungsnachweis
Gute Abstammung	Abstammung nicht bekannt
Gutes Rasseexemplar	Schlechtes Rasseexemplar
Nachweis erfolgreicher Nachzucht (bei Erstlingsstuten nicht möglich)	Bisherige Nachzucht mangelhaft
Bei Zuchtstuten:	
Für die Zucht positive Körpermerkmale: Breite Brust, gute Gurtentiefe	Für die Zucht nachteilige Körpermerkmale
Guter Allgemeinzustand	Schlechter oder instabiler Gesundheitszustand

Natürlich muss der Züchter auch ein Bild des Fohlens vor Augen haben, das er haben möchte und einen Hengst aussuchen, dessen Gene in Kombination mit denen der Stute vermutlich den gewünschten Typ ergeben werden. Schauen Sie sich mehrere Hengste an, bevor Sie entscheiden und achten Sie dabei auch auf »Präsenz« und Persönlichkeit des Hengstes.

KÜNSTLICHE BESAMUNG

Die zunehmend weitere Verbreitung von künstlicher Besamung eröffnet ernsthaften Züchtern eine noch weitere Auswahlmöglichkeit, besonders unter Hengsten, die noch regelmäßig im Wettkampfsport eingesetzt werden. Sie ist aber weder billig noch einfach, da sie viel intensivere tierärztliche Betreuung verlangt als der Natursprung. Sie hat sowohl Vor- als auch Nachteile.

Wenn die korrekten Vorsichtsmaßnahmen getroffen wurden und nur Sperma von geprüften und zertifizierten Hengsten unter sterilen Bedingungen abgenommen wurde, kann das Risiko von Krankheitsübertragungen geringer sein als beim Natursprung. Anderenfalls können auch bei künstlicher Besamung bakterielle und virale Infektionen stark verbreitet werden. Da das Verletzungsrisiko geringer ist, eignet sich die Methode vor allem für übereifrige oder aggressive Hengste, ängstliche Stuten oder Stuten, die sich von einer Verletzung erholen.

Bei künstlicher Besamung ist die Erfolgsrate bei der Befruchtung nicht so hoch wie beim Natursprung unter guten Bedingungen. Weil der Zeitpunkt der Befruchtung exakt nach dem Eisprung berechnet werden muss, muss die Stute während der Rosse ein- oder mehrmals täglich tierärztlich untersucht werden. Natürlich kann man die Besamung während der fruchtbaren Periode auch öfter als einmal wiederholen. Die künstliche Besamung eignet sich auch gut für Stuten, die beim Transportieren große Schwierigkeiten machen, da sie im heimischen Stall vorgenommen werden kann.

Für den Hengstbesitzer bedeutet die Methode eine enorme Zeit- und Arbeitsersparnis, da das aus einer Ejakulation gewonnene Sperma verdünnt und für mehrere Stuten verwendet werden kann. So muss die Turniersaison nicht durch das Deckgeschäft unterbrochen werden.

Mit der Ausnahme bestimmter Rassezuchten (wie z.B. des Englischen Vollblutes), deren Richtlinien sie nicht zulassen, breitet sich die künstliche Besamung zusehends weiter aus.

Suchen Sie dazu gut geführte Gestüte mit erfahrenem Personal oder qualifizierte Kliniken auf, da Geld und Zeit sonst verschwendet sein könnten. Unter guten Umständen sollte die Erfolgsrate der Befruchtung bei etwa 75% mit Gefriersperma und 90% mit Frischsamen betragen.

Sobald der Tierarzt bei der Stute Empfängnisbereitschaft festgestellt hat, wird die Hengststation benachrichtigt, wo man dem Hengst mit Hilfe einer als Lockvogel dienenden Stute und einer künstlichen Scheide Samen entnimmt. Falls der Samen nicht an Ort und Stelle verwendet wird, wird er verdünnt und anschließend entweder gekühlt oder eingefroren, dann verpackt und in einem Isolierbehälter an die Klinik oder den Stutenbesitzer geschickt, wo er innerhalb von 72 Stunden verbraucht werden muss. Der Tierarzt bringt das Sperma mit einer sterilen Pipette direkt in die Gebärmutter ein. Wenn genug Samen vorhanden ist, kann die Prozedur am gleichen oder folgenden Tag noch einmal wiederholt werden.

Gefriersperma kann in flüssigem Stickstoff fast unbegrenzt aufbewahrt werden, aber hin und wieder treten Probleme mit der Aktivität des Samens auf und nicht jeder Hengst produziert für das Einfrieren geeignetes Sperma. Außer der Qualität des Samens bei einem individuellen Hengst beeinflussen auch der Umgang mit dem Samen und die Vorbereitung der Stute bei der künstlichen Besamung die Erfolgsquote. Trotz aller Schwierigkeiten hat diese Methode ermöglicht, dass Stutenbesitzer nun auch auf weit entfernte Hengste zurückgreifen können, selbst von einem anderen Kontinent - und das zu einem Bruchteil der Kosten, die auf konventionellem Wege angefallen wären.

Für erfahrene Züchter und bei guten Umgebungsbedingungen ist die künstliche Besamung also eine tatsächliche Alternative. Für unerfahrenere Züchter bleibt es aber immer der wirtschaftlichste und auch stärker zufrieden stellende Weg, Stute und Hengst gemeinsam unter guter Aufsicht auf die Weide zu schicken und der Natur ihren Lauf zu lassen.

DAS PAARUNGSVERHALTEN DER PFERDE

Bei Pferden ist die Fortpflanzungsfähigkeit jahreszeitlich eingeschränkt. Die Saison dauert von April bis September, mit dem Höhepunkt zwischen Mai und August. Da die Tragezeit 11 Monate dauert, werden die meisten Fohlen in der Zeit von April bis Juli geboren, wenn das Wetter gut ist und das Gras wächst.

DER ROSSEZYKLUS (ÖSTRUS) DER STUTE

In welchem Alter eine Jungstute geschlechtsreif wird, hängt von mehreren Faktoren ab. Gut genährte und im Frühjahr geborene Stuten können schon mit 12 Monaten so weit sein, während später geborene weitere sechs Monate bis zum Erreichen der Geschlechtsreife benötigen. Schlechter Futterzustand, Verwurmung oder Krankheiten können das Eintreten der Geschlechtsreife verzögern. Einmal eingesetzt, hält der Rossezyklus ein Leben lang bei der Stute an.

Die Fortpflanzungsfähigkeit der Stute wird von der Jahreszeit bestimmt. In Frühjahr und Sommer kommt sie regelmäßig in die Rosse, damit die Fohlengeburt in die schöne Jahreszeit fällt, wo die Überlebenschancen am größten ist. Man bezeichnet Stuten deshalb als polyöstrisch - mit in regelmäßigen Abständen auftretenden Brunstzyklen.

Der Rossezyklus bildet die Grundlage der sexuellen Aktivität. Er besteht aus zwei Phasen: dem eigentlichen Östrus oder der Hochrosse, während der die Stute empfängnisbereit ist, und dem Diöstrus - also der Zeit zwischen den fruchtbaren Phasen. Die Zeit im Winter, während der überhaupt keine Rossezyklen stattfinden, nennt man Anöstrus.

Das Einsetzen der Rossezyklen wird hauptsächlich von der Länge des Tageslichtes bestimmt, und zwar über das Melatonin und die Zirbeldrüse. Mit künstlicher Beleuchtung kann man den Zeitpunkt des Einsetzens um mindestens zwei Monate vorverlegen. Umgebungstemperatur, Futterangebot und Pheromone sind weitere beeinflussende Faktoren. Auch die Verabreichung von Progesteronen und eine Prostaglandintherapie kann die inaktive Phase verkürzen.

Die Zirbeldrüse kontrolliert die Produktion der gonadotropen Hormone durch den Hypothalamus, welche wiederum die Hirnanhangsdrüse zur Produktion der Hormone FSH und LH anregen, die zur Aktivierung der Follikel in den Eierstöcken dienen. Die Follikel produzieren Östrogene, welche die typischen Verhaltensänderungen während der Rosse hervorrufen. Nach dem Eisprung bildet sich der geplatzte Follikel zum Gelbkörper um und bildet Progesteron, welches weiteres Rosseverhalten unterdrückt.

Der Rossezyklus dauert im Normalfall 21 Tage (5 Tage Östrus/Rosse, 16 Tage Disöstrus). Er tritt von Frühjahr bis Herbst regelmäßig auf, es sei denn, die Stute wird tragend. Länge und Stärke der Rosse variieren mitunter enorm. In der Übergangsphase zwischen dem winterlichen Anöstrus und dem Einsetzen der Zyklen im Frühjahr kann ein Zyklus auch mehrere Wochen lang dauern (»Frühjahrsrosse«).

DER HENGST

Ab der Geschlechtsreife (mit etwa 2 Jahren) beeinflussen die Jahreszeiten auch beim Hengst das Sexualverhalten. Die Veränderungen sind zwar nicht so deutlich wie bei der Stute, aber es lassen sich veränderte Reaktionszeiten und Änderungen in der Samenqualität beobachten.

Umweltreize, insbesondere die Tageslänge, regen den Hypothalamus genau wie bei der Stute zur Produktion von gonadotrophen Hormonen an, die wiederum die Hirnanhangsdrüse zur Ausscheidung von FSH und LH bewegen.

Diese hormonellen Veränderungen regen die Funktion der Hoden an, bestimmen Menge und

Qualität des Spermas und das Sexualverhalten. FSH stimuliert die Spermaproduktion und LH die Bildung und Ausschüttung von Testosteron. Das Hormon Testosteron ist neben der Anregung der Spermaproduktion auch für die Entwicklung der Geschlechtsorgane, Absteigen der Hoden beim neu geborenen Fohlen, Entwicklung der akzessorischen Geschlechtsdrüsen und Einsetzen der Geschlechtsreife verantwortlich. Außerdem beeinflusst es das Gehirn zur Bildung eines normalen Sexualverhaltens (Libido) und die sekundären Geschlechtsmerkmale wie Muskelbildung, Hengsthals etc.

Der Zyklus der Spermienbildung in den Hoden (Spermatogenesis) dauert etwa 50 Tage. Ab einem Alter von fünf Jahren, wenn die Hoden ihre volle Größe erreicht haben, produziert ein Hengst etwa 800 Millionen Spermien pro Tag.

Im Durchschnitt dauert es zehn Tage, bis die Spermien von den Hoden zu den Ampullae gewandert sind. Ein normaler Hengst hat stets etwa 6000 Millionen zur Ejakulation bereite Spermien in Reserve.

WERBUNG, PAARUNG & FRUCHTBARKEIT

IN FREIER WILDBAHN

In aller Welt leben wilde oder verwilderte Pferde auf Grasland in kleinen Familienverbänden. Diese bestehen aus einem Hengst (der für die Zusammenstellung der Gruppe verantwortlich und sozial dominant ist), im Schnitt vier bis fünf miteinander verwandten Stuten und ihren Fohlen. Rangniedrige junge oder alte Hengste aus »Junggesellengruppen« können helfen, das Territorium der Herde zu verteidigen. Sie versuchen aber auch, Stuten zu entführen, Stuten aus Gruppen zu übernehmen, deren Leithengst nicht mehr da ist oder den »amtierenden« Leithengst zum Kampf herauszufordern.

Für Pferde ist zur Fortpflanzung der »Harem« wichtiger als das Territorium. Der Hengst formt und erhält seine Herde durch ritualisierte Reaktionen auf Ausscheidungen: er untersucht Urin und Kot seiner Herdenmitglieder regelmäßig, indem er daran schnuppert und scharrt.

Frei lebende Pferde zeigen ein ausführliches Werbungsverhalten lange vor der eigentlichen Paarung, und zwar Stuten genauso wie Hengste. Schon Tage vor der Paarung hält sich die Stute alleine oder zusammen mit anderen rossigen Stuten stets in der Nähe des Hengstes auf. Sie hebt ihren Schweif, uriniert häufig und präsentiert dem Hengst ihr Hinterteil.

Der um Liebesgunst werbende Hengst ist ein Tier von großer Schönheit und Präsenz und ein faszinierender Anblick. Wenn er eine rossige Stute wittert, fixiert er sie mit dem Blick, wölbt den Hals, scharrt oder stampft mit den Hufen und richtet sich

Wild lebende Pferde wie diese Exmoorponys in England können ein natürlicheres Werbungs- und Paarungsverhalten ausleben als unsere Hauspferde.

zu voller Größe auf. Er streckt den angehobenen Kopf vor, stülpt seine Oberlippe zum »Flehmen« (siehe Kap. 6) zurück und wiehert möglicherweise, worauf die Stute mit einem zärtlichen, leisen Wiehern antwortet.

Der Hengst berührt zuerst Kopf und Hals der Stute mit Maul und Nüstern, krault sie und beißt gelegentlich leicht zu. Dann bewegt er sich in Richtung Flanken und Hinterhand und riecht an den Geschlechtsorganen. Schon nach relativ kurzer Zeit springt er mit erigiertem Penis auf, meistens von der linken Seite. Manchmal bringt er die Stute vorher durch einen Schubs mit der rechten Schulter leicht aus dem Gleichgewicht - vielleicht als Taktik der Selbstverteidigung vor einem Tritt? Nach dem Eindringen umfasst er die Stute hinter dem Widerrist mit den Vorderbein und beißt manchmal in ihren Hals, um besseren Halt zu gewinnen.

Nach einer Reihe von Beckenstößen ejakuliert der Hengst und pumpt den Samen in sechs bis neun Schüben, die von rhythmischem Schweifschlagen begleitet werden, in die Gebärmutter der Stute. Er ruht sich noch einen Moment auf dem Rücken der Stute aus, bevor die Erektion nachlässt und er hinabgleitet. Sowohl Hengst als auch Stute geben während des Deckens Stimmlaute von sich.

UNTER OBHUT DES MENSCHEN

DIE STUTE

Die Domestikation hat zu einigen Veränderungen im grundlegenden Sexualverhalten geführt. Stuten befinden sich nicht mehr ständig in der Gegenwart von Hengsten, sondern werden nur hin und wieder von einem »Probierhengst« auf ihre Paarungsbereitschaft hin überprüft. Der Mensch hat es übernommen, den Zeitpunkt der Paarung zu bestimmen.

Da verschiedene Stuten ein sehr unterschiedliches Sexualverhalten zeigen können, fällt es dem Menschen oft schwer, den Zeitpunkt ihrer Empfängnisbereitschaft zu bestimmen - besonders, weil die Beziehung zwischen Stute und Hengst stärker auf geruchlichen als auf visuellen Signalen beruht. Der Probierhengst ist deshalb die verlässlichste Methode, um die Paarungsbereitschaft einer Stute festzustellen.

Anzeichen für die Rosse:
- die Stute erscheint besonders sanft
- nimmt häufig oder über längere Zeit Urinierhaltung ein
- öffnet ruckartig die Schamlippen und zeigt die Klitoris (»Blinken«)
- hebt den Schweif und setzt häufig hellgelben Urin mit spezifischem Geruch ab (er enthält Pheromone, die auf den Hengst anregend wirken)

Anzeichen, dass die Rosse vorüber ist (im Diöstrus):
- die Stute erscheint feindselig
- kann bei Annäherung des Hengstes treten, beißen und mit dem Schweif schlagen

Verhalten der Stute in der sexuell inaktiven Zeit (Anöstrus):
- sehr variabel, in der Regel reagiert die Stute gleichgültig

Einzelne Tiere können ungewöhnliches oder untypisches Sexualverhalten zeigen, weshalb es für den Besitzer oder das Gestütspersonal wichtig ist, diese individuellen Unterschiede zu kennen und die Verhaltensäußerungen richtig zu interpretieren. Zum Glück für uns Menschen sind Pferdestuten so groß und ist ihre Anatomie so angelegt, dass eine Untersuchung des Rektums per Hand oder Ultraschall möglich ist. Zusammen mit einer Blutprobe zur Feststellung des Hormonspiegels helfen diese Ergebnisse, den richtigen Zeitpunkt für eine erfolgreiche Belegung festzustellen.

Die erste Trächtigkeitsuntersuchung kann 18-21 Tage nach dem Decktermin mittels Ultraschall vorgenommen werden. Traditionellere, aber unzuverlässige Methoden sind das »Ausprobieren« der Stute mit einem Hengst um zu sehen, ob sie noch Interesse zeigt oder Blutuntersuchungen nach 45 resp. 90 Tagen und nach 120 Tagen. Eine manuelle Untersuchung (nur durch den Tierarzt) kann ab etwa dem 20. Tag ungefähre Hinweise, ab dem 35. Tag genauere und ab dem etwa 40. Tag genaue Ergebnisse erbringen. Nach etwa 60 Tagen überprüft man in der Regel noch einmal, ob kein frühes Verfohlen stattgefunden hat.

Bei Trächtigkeitsuntersuchungen dienen Einmalhandschuhe dem Schutz von Stute und Tierarzt.

Während vorübergehende Probleme mit dem Aufnehmen relativ häufig sind, sind nur wenige Stuten tatsächlich dauerhaft unfruchtbar. Eine Stute, die am Ende der Decksaison noch nicht tragend ist, bezeichnet man als »güst«. Güste Stuten sollten noch vor dem Winter gründlich untersucht werden, um eventuell vorhandene Unregelmäßigkeiten oder Infektionen frühzeitig zu bemerken. Mit steigendem Alter nimmt die Fruchtbarkeit der Stute ab.

Etwa 7-10 Tage nach der Geburt zeigt die Stute wieder die ersten Rosseanzeichen - die so genannte Fohlenrosse. Oft geht ihr ein 1-3 Tage lang andauernder Durchfall voraus.

DER HENGST

In der Wildnis deckt ein Hengst die gleiche Stute zweimal innerhalb weniger Minuten und insgesamt mehrfach während der gesamten Rosse - manchmal bis zu zehnmal innerhalb von 24 Stunden. Er überprüft dabei die Paarungsbereitschaft seiner Partnerin selbst. Moderne Zuchtmethoden und zum Teil auch Traditionen haben das ursprüngliche Hengstverhalten beim Hauspferd verändert. In vielen Gestüten sehen sich Stute und Hengst nur zum eigentlichen Deckakt und können keinen »Familienverband« gründen. Ein zweiter Hengst dient als Probierhengst. Für ein ausführliches Werbungsverhalten ist keine Zeit, man wünscht sich einen schnellen Ablauf des Deckaktes. Anblick und Geräusche des Ortes, an den er zum Decken geführt wird (in der Decksaison oft 2-3mal täglich), werden für den Hengst schnell zum Reizauslöser. Er bekommt nur nachgewiesen rossige Stuten zu sehen, die während des Deckaktes zur Vermeidung von Verletzungen mit Zwangsmaßnahmen festgehalten werden.

Ein gefragter Deckhengst deckt pro Saison 50 bis 80 Stuten, aber keine von ihnen öfter als zweimal innerhalb einer Rosse. Man begrenzt die Zahl der Decksprünge, um die Libido des Hengstes zu erhalten - umso wichtiger, dass die Empfängnisbereitschaft der Stute überprüft wurde, bevor sie zum Hengst gebracht wird.

In den meisten Gestüten wird die Stute zum Decken an der Hinterhand gefesselt, um Verletzungen zu verhindern. Manchmal werden auch Filz»schuhe« über die Hinterhufe gezogen. Der Schweif wird bandagiert und zur Seite gehalten, die Genitalien werden vorher mit sauberem, warmem Wasser gewaschen. Der Hengst wird mit dem Deckzaum am lan-

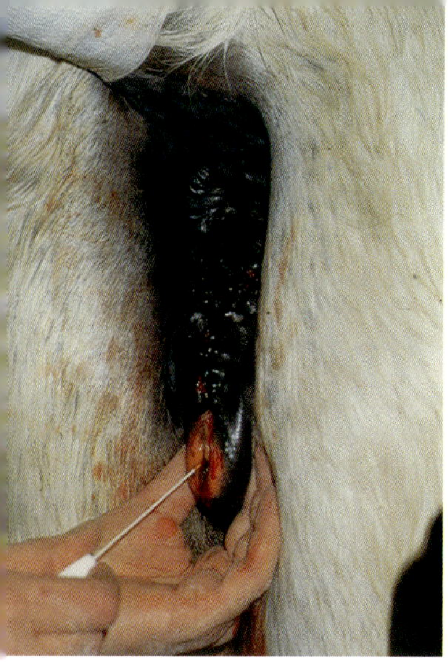

Mit Hilfe der so genannten Tupferprobe wird ausgeschlossen, dass die Stute an sexuell übertragbaren Krankheiten leidet.

gen Zügel gehalten, ein Helfer assistiert ihm, falls nötig, beim Finden der richtigen Position auf der Stute. Nach dem Deckakt werden die Genitalien beider Pferde nochmals gewaschen.

Es gibt zwar Hengste, die das Decken noch neben einer sportlichen Karriere erledigen, aber die meisten werden aus dem Sport zurückgezogen und nur noch auf das Deckgeschäft konzentriert. Dies bedeutet für den Hengst eine radikale Veränderung seiner Lebensumstände, weshalb der Übergang sachte erfolgen sollte. Besonders schwierig ist es oft bei Junghengsten, bei denen das Zeigen von sexuell motiviertem Verhalten in der Gegenwart von Stuten bislang bestraft wurde.

Ein gutes Verhältnis zwischen Pfleger und Hengst ist unerlässlich für eine funktionierende Routine und Erfolge im Deckgeschäft. Der Mensch benötigt Geduld, Verständnis, Intelligenz und Bestimmtheit.

Auch wenn er nicht mehr auf Wettkämpfen startet, muss der Hengst immer noch auf kurzfristige hohe Leistungsanforderungen vorbereitet sein. Oft sind Hengste überfüttert, was zu Fettleibigkeit oder sogar Hufrehe führt. Das Gleichgewicht zwischen Futteraufnahme, Arbeit und Bewegung muss stimmen, damit Fruchtbarkeit und Leistung beim Decken optimiert werden. Tägliche Bewegung, am besten Freilauf in einem geeigneten Paddock und eine große (mindestens 6x6 Meter), stabile Box sind Voraussetzung.

Die regelmäßige Pflege von Hufen und Zähnen sowie Routineimpfungen gegen Tetanus, Grippe und EAV (siehe Kap. 5) sind wichtig.

FIT FÜRS FOHLEN

Sobald man sich entschlossen hat, eine Stute zum Decken zu schicken, sollte sie gründlich vom Tierarzt untersucht werden. Wie ist ihr allgemeiner Gesundheitszustand, sind ihre Geschlechtsorgane in Ordnung, leidet sie unter Infektionskrankheiten? Besonders bei älteren Stuten, die noch kein Fohlen hatten, ist diese Untersuchung wichtig.

Untersucht werden unter anderem Struktur und Zustand von Eierstöcken, Gebärmutter und Vulva. »Konstruktionsmängel« im Dammbereich (Perineum), die z.B. zur Pneumovagina (unbeabsichtigtes Eindringen von Luft in die Scheide) führen können, machen eine Verunreinigung und Infektion der Scheide durch Kot wahrscheinlich und können Unfruchtbarkeit nach sich ziehen. Man kann dieses Problem chirurgisch beheben, indem man die obere Öffnung der Schamlippen vorsichtig mit ein paar Stichen verschließt.

Mit der so genannten Tupferprobe wird überprüft, ob die Stute frei von sexuell übertragbaren Krankheiten ist. Sie ist bei so gut wie allen Gestüten und privaten Hengsthaltern Voraussetzung zur Zulassung der Stute zum Hengst. Der bei der Tupferprobe entnommene Abstrich wird im Labor untersucht, vorhandene Bakterien werden identifiziert.

Die Ergebnisse einer an der Klitoris entnommenen Tupferprobe (die auch außerhalb der Rosse durchgeführt werden kann), liegen nach 7 bis 10 Tagen vor und können Erkrankungen wie die Infektion mit Klebsiella-Bakterien, Pseudomonose oder ansteckende Gebärmutterentzündung nachweisen. Ein Abstrich aus dem Gebärmutterhals, die so genannte Cervix-Tupferprobe, kann nur während der Rosse entnommen werden. Ob die Hengsthalter eine Cervix-Tupferprobe verlangen oder nicht, ist unterschiedlich, fragen Sie deshalb nach. Die erste Auswertung kann nach 24 Stunden erfolgen und später noch bestätigt werden. Zusätzlich kann ein Bluttest eventuell vorhandene Antikörper gegen das EAV (Equines Arteritisvirus) nachweisen - eine hoch ansteckende Atemwegs- und Geschlechtserkrankung, die bei trächtigen Stuten zur Fehlgeburt führt.

Eine Infektion mit einem dieser Erreger ist hoch gefährlich, da sie sich vom Hengst schnell über sämtliche Stuten, mit denen er Kontakt hat, ausbreiten kann. Falls eine Infektion nachgewiesen wird, kann die Stute erst nach vollständiger Behandlung wieder gedeckt werden. Stuten mit einer Gebärmutterinfektion nehmen nicht auf (siehe Kap. 5).

BEFRUCHTUNG & ENTWICKLUNG DES FÖTUS

Die Tragezeit beträgt elf Monate (im Schnitt 340 Tage). Beträchtliche Schwankungen sind möglich, bei kleinwüchsigeren Rassen ist die Tragezeit häufig kürzer als bei großen. Zehn Tage mehr oder weniger sind nicht ungewöhnlich; normale Geburten sind bis zu zwei Wochen vor und drei bis vier Wochen nach dem Termin möglich.

Die Befruchtung findet statt, wenn das Sperma sich im Eileiter mit der Eizelle vereinigt und die jeweils 32 Chromosomen sich zu einem kompletten Satz von 64 Chromosomen zusammenfügen. Eizellen sterben innerhalb von 24 Stunden ab und sind beim Eintreten in die Eileiter am fruchtbarsten, weshalb Stuten am besten vor und nicht nach dem Eisprung gedeckt werden.

Das befruchtete, nun als Zygote bezeichnete Ei

wandert in die Gebärmutter, wo es sich in mehrere Zellen zu teilen beginnt, wächst und sich lose an die Gebärmutterschleimhaut anheftet. Von einer einzelligen, befruchteten Eizelle verwandelt es sich nun in ein ganzes Konglomerat mehrerer Zellen und wird am etwa 40. Tag zu einem Embryo mit den Merkmalen eines Pferdes. Ab dem 60. Tag nennt man den Embryo Fötus, nach diesem Termin entwickelt er sich hauptsächlich noch in der Größe.

Um den sich entwickelnden Embryo herum beginnen sich sofort Membranen zu bilden, die es dem Fötus ermöglichen, sich innerhalb eines schützenden Flüssigkeitspolsters zu entwickeln. Über die Plazenta werden Nährstoffe und Sauerstoff transportiert und Abfallstoffe entsorgt. Sie ermöglicht, dass das Blut des Fötus in engen Kontakt mit dem der Mutter kommt, ohne sich mit ihm zu vermischen. Über die Nabelschnur verbindet die Plazenta den Fötus mit der Auskleidung der Gebärmutter, welche beim Pferd die gesamte Oberfläche der Gebärmutter bedeckt. Die Nabelschnur enthält zwei größere Arterien, eine Vene und eine mit der Blase des Fohlens verbundene Leitung.

Die Oberfläche der Plazenta ist zu Beginn der Tragezeit glatt, aber nach etwa 70 Tagen mit zahlreichen fingerähnlichen Mikrozotten besetzt, welche Oberfläche und Effizienz des Stoffaustausches enorm vergrößern. Nach 150 Tagen besteht eine starke Verbindung, die aus einer Schicht von sechs Zellen zusammengesetzt ist - drei auf Seiten der Mutter (Epithelium, Endometrium und Gefäßwand) und drei auf Seiten des Fötus (Endoderm, Mesoderm und Ektoderm).

Die Plazenta enthält die Allantoisflüssigkeit (Fruchtwasser), die hauptsächlich aus noch nicht abtransportierten Abfallstoffen besteht. Sie ist vom Fohlen durch die Wasser- oder Eihaut (Amnion) getrennt, eine dünne Membran, die das Fohlen während der Tragezeit schützt und die Passage durch die Geburtswege erleichtert.

Die Allantoisflüssigkeit badet Haut und Atemwege des Fötus und wird von ihm auch geschluckt, um die Verdauungsorgane zu »schmieren«.

Wenn der Embryo zu einem Fötus weiterwächst, dehnt sich die Wand der Gebärmutter aus, der Gebärmutterhals bleibt aber nach wie vor fest verschlossen und dient als Siegel vor äußeren Einflüssen. Schon nach vier Wochen Tragezeit sind alle inneren Organe beim Fohlen vorhanden, bis auf das Herz und Teile des Verdauungsapparates funktionieren die meisten von ihnen aber erst ab der Geburt.

Bevor das Fohlen geboren werden kann, muss es reif genug sein, um außerhalb der Gebärmutter überleben zu können. Alle Körpersysteme müssen vorhanden und funktionsfähig sein. Unreife, unterentwickelte Fohlen (vor dem 320. Tag geborene) haben in der Regel mit erheblichen Problemen zu kämpfen.

DIE TRAGENDE STUTE

Die meisten tragenden Stuten verändern ihr Aussehen ab dem sechsten Monat, wenn ihre Bäuche stärker herabhängen und sie sich einen schwingenden Gang angewöhnen. Da bei Erstlingsstuten die Gebärmuttermuskeln noch stärker sind, zeigen sie nach außen oft weniger Anzeichen der Trächtigkeit; wogegen alte Zuchtstuten mitunter ständig so aussehen, als seien sie trächtig.

Die gesunde Entwicklung des Fötus hängt von der Gesundheit der Stute ab, die deshalb in mög-

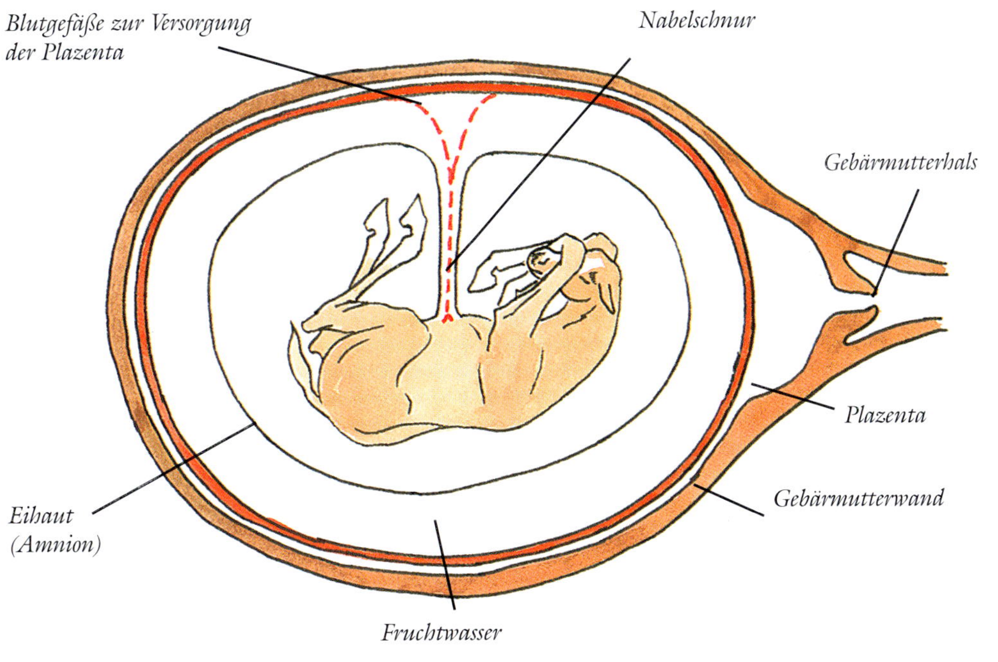

DIE LAGE DES FOHLENS WÄHREND DER TRAGEZEIT

lichst idealem Zustand sein sollte - weder zu dick noch zu dünn und mit glänzendem Fell. Stress und Verletzungen müssen unbedingt vermieden werden, gute Ernährung ist wichtig.

In der Frühphase der Tragezeit ist besonders die Versorgung mit ausreichend Protein und Aminosäuren wichtig. Im Sommer enthält gutes Gras alle benötigten Nährstoffe, ein Mineralfutter sollte aber immer gegeben werden. Bei kargen Weiden und schlechten Futterverwertern muss zugefüttert werden. Im Handel sind speziell zusammengestellte Futtermischungen für Zuchtstuten erhältlich, die alle benötigten Nährstoffe enthalten. Wenn der Winter näher rückt, sorgt gutes Heu in beliebiger Menge dafür, dass die Stute nicht an Form verliert. Ein ausreichender Wetterschutz für den Winter ist selbstverständlich.

Im letzten Drittel der Tragezeit verdreifacht sich das Gewicht des Fohlens. Wenn der Nährwert des Weidegrases nur gering ist, ist jetzt Zusatzfutter nötig, um die Bedürfnisse des schnell wachsenden Fötus zu erfüllen. Für das Wachstum des Fötus und die Milchproduktion, die etwa zwei bis vier Wochen vor der Geburt beginnt, ist wiederum Eiweiß besonders wichtig. Wenn der Abfohltermin näher rückt, wird die Menge des Raufutters leicht reduziert und mit einem leicht abführenden Futter ergänzt, um Verstopfungen zu vermeiden.

Reguläre Entwurmungen (nicht jeder Wirkstoff eignet sich für tragende Stuten, fragen Sie den Tierarzt! Anm.d.Übers.) und die Kontrolle von Zähnen und Hufen dürfen auch bei der tragenden Stute nicht vernachlässigt werden. Während der Tragezeit sollte sie möglichst viel freien Auslauf haben. Bis zum fünften oder sechsten Monat kann die Stute weiter gearbeitet werden (manche auch darüber hinaus), wobei das Maß der Belastung allmählich reduziert werden muss.

Die gesunde Entwicklung des Fohlens im Mutterleib hängt von der Gesundheit der Stute ab. Auf ihre Fütterung, Entwurmung, regelmäßige Bewegung und auf Stressvermeidung muss in der Tragezeit besonders geachtet werden.

DIE FOHLENGEBURT

Die exakte Länge der Tragezeit wird von der Produktion gonadaler Steroide durch den Fötus bestimmt. Der mütterliche Einfluss sorgt aber dafür, dass die meisten Fohlen bei Nacht geboren werden, was in der Natur einen gewissen Schutz vor Raubtieren bietet. Die Stute ist in der Lage, den genauen Zeitpunkt des Fohlens zu beeinflussen und ihn nötigenfalls mehrere Stunden hinauszuzögern. Aus diesem Grund verpassen auch so viele im Stall Wache haltende Stutenbesitzer das Ereignis, wenn sie nur kurz zum Kaffee holen hinausgehen!

Anzeichen für die bevorstehende Geburt sind:

- Vergrößerung und Anschwellen des Euters (kann bis zu zwei Wochen vorher auftreten, manchmal aber auch erst nach der Geburt).
- Eine Entspannung der Beckenbänder kann bis zu zwei Wochen vorher sichtbar werden. Manchmal zeichnen sich zu beiden Seiten des Schweifansatzes Gruben ab. Vulva und Dammmuskulatur entspannen sich ebenfalls, die Schamlippen schwellen an und es tritt vermehrt Ausfluss aus der Scheide auf.
- Wenn die ersten Wehen näher rücken, tritt ein wachsartiges Sekret aus den Zitzen aus; aber auch hier kann der Zeitpunkt sich verschieben.

ERSTE GEBURTSPHASE/ERÖFFNUNGSPHASE

Sie ist gekennzeichnet durch ängstliches, unruhiges Verhalten, das häufige Absetzen kleiner Mengen Urin, Milchtropfen am Euter und Anzeichen für leichte Wehenschmerzen. Die Stute schwitzt, meist zuerst rund um den Brustkorb und hinter den Schulterblättern. Viele Stuten legen sich wiederholt hin, um gleich wieder aufzustehen oder wälzen sich. Die Wehen werden allmählich intensiver und die Abstände zwischen ihnen immer kürzer, von anfänglich 5 bis 10 Minuten bis auf 30 Sekunden.

Das Fohlen dreht sich so, dass es mit Vorderbeinen und ausgestrecktem Hals und Kopf in den Geburtskanal schlüpfen kann. Gebärmutterhals und Vulva weiten und entspannen sich.

ZWEITE GEBURTSPHASE/AUSTREIBUNGSPHASE

Das Ende der ersten Phase (meist etwa eine Stunde nach den ersten Weheanzeichen) ist gekommen, wenn das Allantochorion platzt und Vorderbeine und Kopf des Fohlens den weichsten Teil der Plazenta durchstoßen. Eine hell gelblich-braune Flüssigkeit wird ausgestoßen (oft in großen Mengen), die Urin ähnelt, aber dazu dient, die Scheide gleitfähiger zu machen.

Jetzt sollte innerhalb von fünf Minuten die weißlich-glänzende Eihaut zwischen den Schamlippen sichtbar werden. In diesem Stadium legt sich die Stute hin, sofern sie nicht gestört wird, weil sie dann effektiver pressen kann. Man kann jetzt deutlich sehen, wie die Bauchmuskeln pressen.

Möglicherweise steht die Stute nochmals auf und sucht sich eine bessere Position; ein wiederholtes, ängstliches Aufstehen und Wiederhinlegen und anhaltende erfolglose Wehen weisen aber auf Schwierigkeiten hin. Ein tiefes Stöhnen ist allerdings normal, wenn eine Reihe stärkerer Wehen nun langsam das Fohlen hinausschiebt. Normalerweise kommt es mit einem Vorderbein leicht über das andere gelegt und den Kopf über die Vorderbeine ausgestreckt oder dazwischen gesteckt.

Wenn das Becken des Fohlens draußen ist und seine Hinterbeine noch in der Vagina stecken, ruht sich die Stute manchmal bis zu 40 Minuten lang aus. Das Fohlen sollte jetzt mit angewinkelten Beinen auf der Seite liegen. Falls die Eihaut noch nicht geöffnet ist, muss man vorsichtig nachhelfen und den Kopf des Fohlens aus dem Fruchtwasser heben.

Die Nabelschnur bleibt vorerst noch intakt, über sie wird eine letzte Menge Blut (bis zu anderthalb Litern) von der Plazenta in den Blutkreislauf des Fohlens gepumpt. Im Normalfall bildet sich nach etwa acht Minuten 1-2 cm vom Nabel entfernt eine weißliche Stelle an der Nabelschnur, an der sie von selbst reißt, sobald das Fohlen beginnt sich zu bewegen.

Vom Platzen der Fruchtblase bis zur Geburt vergeht meist weniger als eine Stunde. Stuten, die schon öfter gefohlt haben, brauchen etwa 20 Minuten. Die Nabelschnur sollte spätestens eine halbe Stunde nach der Geburt durchtrennt sein.

Nachdem sie sich einen Moment ausgeruht hat, sieht sich die Stute nach dem Fohlen um und begrüßt es häufig mit einem zarten Wiehern, oft flehmt sie auch. Nachdem sie aufgestanden ist, dreht sie sich um, um das Fohlen zu beriechen und zu belecken. Erstgebärende Stuten scheinen manchmal etwas aufgeregt und überrascht von dem Fohlen, aber der Mutterinstinkt siegt schnell über alles andere.

DRITTE GEBURTSPHASE/NACHGEBURTSPHASE

Die Membran der Plazenta schrumpft und mit einer Serie von Muskelkontraktionen werden Plazenta und restliches Fruchtwasser ausgestoßen - die so genannte Nachgeburt. Sie erscheint meist etwa drei Stunden nach der Geburt und muss spätestens nach zehn Stunden abgegangen sein. Man kontrolliert, ob die Nachgeburt vollständig ist und nichts in der Gebärmutter übrig geblieben ist, das Infektionen verursachen könnte.

MENSCHLICHES EINGREIFEN

In der Natur fohlen Stuten im Freien. Heutzutage fohlen die meisten Stuten aber in eigens hergerichteten, sauberen und besonders großen Abfohlboxen im Stall - nicht zuletzt auch deshalb, weil aus kommerziellen Gründen die Fohlen oft viel früher im Jahr zur Welt kommen, als von der Natur vorgesehen. So ist bei wertvollen Zuchtstuten zwar eine lückenlose Überwachung möglich, andererseits steht zweifellos fest, dass Störungen (auch durch den Menschen!) während der Geburt das natürliche Verhalten der Stute durcheinander bringen und kontraproduktiv sein können. Sie sind deshalb auf ein Minimum zu reduzieren.

Die meisten Geburten verlaufen komplikationslos, aber eine gewisse Wachsamkeit ist nötig, um größere Probleme zu verhindern. Bei längeren Verzögerungen ist unbedingt professionelle Hilfe nötig. Sorgfältige Notizen mit Zeitangabe über den bisherigen Geburtsverlauf sind hilfreich, falls der Tierarzt kommen muss.

Das häufigste Problem ist eine falsche Lage des Fohlens. Eingreifen kann auch nötig sein, wenn die Stute sehr erschöpft ist und die Pausen zwischen den Wehen immer länger werden. Bevor man irgendwie am Fohlen zieht, muss man sich vergewissert haben,

Normale Lage

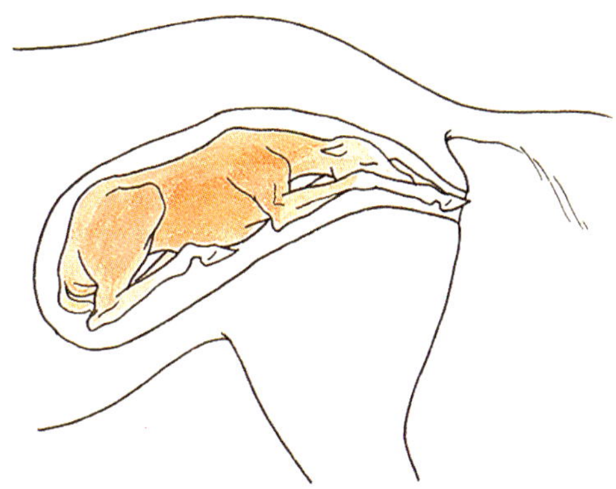

Steißlage

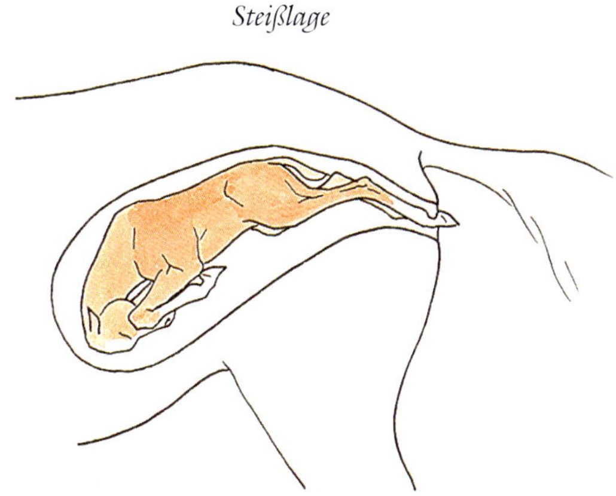

Wichtig ist die Überprüfung, ob das Fohlen sich in der korrekten Lage befindet. Bei Abweichugen vom Normalfall ist tierärztliche Hilfe nötig.

dass seine Lage ein Passieren der Geburtswege erlaubt. Diese sind zum Hinausschieben und nicht zum Hinausziehen des Fohlens konstruiert, weshalb nie mit Gewalt gezogen werden darf und keinesfalls in einer Wehenpause, sondern immer nur mit den Wehen. Am häufigsten bleiben Ellbogen, Kopf und Schultern stecken oder verursachen Probleme.

Nach der Geburt muss das Fohlen sorgsam auf Anzeichen von Schwäche oder anormalem Verhalten untersucht werden (siehe unten). Die ersten Minuten nach der Geburt sind von entscheidender Bedeutung für die Bindung zwischen Stute und Fohlen, weshalb beide möglichst miteinander alleine gelassen werden sollten. Bei zu viel menschlichem Eingreifen ist es bereits vorgekommen, dass Stuten ihre Fohlen ablehnten oder ihnen gegenüber aggressiv wurden. Wenn das Fohlen wegen Krankheit oder Tod der Mutter mit der Flasche aufgezogen werden muss, entwickelt es häufig eine sehr enge Beziehung zum Menschen.

DAS NEUGEBORENE FOHLEN

Nach der Geburt muss sich das Fohlen an seine neue Umgebung anpassen. Bei Geburt hat ein gesundes Fohlen:

- ein Körpergewicht von etwa 40-50 kg
- eine Körpertemperatur von 37,2-38,9° C
- eine Herzfrequenz von 70-100 Schlägen pro Minute
- eine Atemfrequenz von 20-240 pro Minute (70-100 während der ersten Stunde)

Seine ersten Atemzüge macht das Fohlen durch pumpende Bewegungen des Brustkorbes. Wenn die Lungen sich mit Luft füllen, kann man manchmal Flüssigkeit durch die Nüstern entweichen sehen. Das Fohlen zittert und zeigt manchmal offensichtlich unkoordinierte, ruckartige Bewegungen von Hals und Kopf. Nach 30-60 Sekunden muss sich eine regelmäßige Atmung eingestellt haben.

Manchmal antwortet das Fohlen der Stute mit einem leisen Wiehern. Instinktiv beginnt es zu lecken und zu saugen, wenn der Kopf der Stute, seine eigenen Vorderbeine oder irgendwelche Gegenstände sich in der Nähe des Mauls befinden.

In der Regel können Fohlen innerhalb einer Stunde nach Geburt stehen. Dazu machen sie zunächst viele erfolglose Versuche, bei denen sie die Balance verlieren und umkippen. Nach kurzer Zeit funktioniert die Koordination aber schon gut und sie suchen aktiv nach der Milchquelle. Wenn ein Fohlen nach drei Stunden noch nicht steht, muss der Tierarzt kommen.

Das Fohlen beginnt nun mit kräftigeren Leck- und Saugbewegungen, und zwar zunächst meist in der Gegend der Vorderbeine der Stute, bis es sich

Spätestens zwei Stunden nach der Geburt saugen Fohlen bereits und erhalten dabei über die Kolostral- oder Biestmilch alle wichtigen Nährstoffe und Antikörper. Diese Milch wirkt wie eine Schutzimpfung auf den Organismus.

nach hinten zum Euter vorarbeitet. Wenn es sehr heißhungrig saugt, verschluckt es sich oft und prustet die Milch wieder aus - das ist normal, solange es nicht andauernd geschieht.

Ein bis zwei Stunden nach der Geburt trinkt ein Fohlen bereits und erhält so über die Kolostral- oder Biestmilch alle wichtigen Nährstoffe, Vitamine und Antikörper. Im Gegensatz zu vielen anderen Säugetierjungen, denen schon vor der Geburt Antikörper über die Plazenta mitgegeben werden, ist das Fohlen ganz von der Kolostralmilch als Quelle passiver Immunität abhängig, bis seine eigenen Körperabwehrkräfte funktionieren. Der Gehalt von Immunglobulin in der Stutenmilch sinkt innerhalb von 12 Stunden nach der Geburt drastisch.

Das Fohlen braucht innerhalb der ersten sechs Stunden mindestens einen Liter Kolostralmilch. Nur während dieser Zeit ist sein Körper in der Lage, deren Inhaltsstoffe auch aufzunehmen. Wenn das Fohlen nach zwei Stunden noch nicht saugt, kann man versuchen, vorsichtig nachzuhelfen - ansonsten muss der Tierarzt kommen. Normalerweise saugt ein Fohlen in seiner ersten Lebenswoche 4-5mal pro Stunde jeweils einige Sekunden oder Minuten lang.

Das so genannte Darmpech (Mekonium), noch im Mutterleib gebildeter Kot, muss vom Fohlen innerhalb der ersten 24 Stunden ausgeschieden werden. Hengstfohlen haben öfter Schwierigkeiten mit dem Auspressen, das vorsichtige Einführen von etwas flüssigem Paraffin in das Rektum hilft, den Abgang des Darmpechs zu erleichtern. Während der ersten Lebenstage muss sorgfältig auf eventuelle Anzeichen von Verstopfung, Kolik oder Durchfall geachtet werden, besonders, wenn der Kot des Fohlens sehr dunkel ist.

Auch wenn alles gut gegangen ist, ist eine tierärztliche Inspektion von Mutter und Kind am Morgen nach der Geburt ratsam, um mögliche Probleme so früh wie möglich entdecken zu können.

DIE ERSTEN TAGE

Wenn das Wetter gut und das Fohlen kräftig ist, können Stute und Fohlen für immer längere Zeit nach draußen gelassen werden. In einem guten Sommer ist es nur bei sehr wertvollen oder empfindlichen Tieren nötig, sie nachts in den Stall zu bringen.

In den ersten beiden Tagen zeigt das Fohlen großes Neugierverhalten und untersucht schnuppernd und leckend seine Umgebung. Im Alter von etwa 7 Tagen zeigen Fohlen oft Koprophagie (Fressen von Kot der Mutter), was häufig durch die Pheromone der Stute angeregt wird. Mit acht bis zehn Tagen beginnen die meisten Fohlen am Gras zu knabbern, fressen es aber während der ersten Wochen noch nicht in größeren Mengen.

Weideland von guter Qualität versorgt Stute und Fohlen über den Sommer mit den meisten Nährstoffen. Das Fohlen kann langsam an ein geeignetes Zusatzfutter gewöhnt werden, indem es zunächst seine Mutter beim Fressen nachahmt. Eine korrekte, ausgewogene Ernährung ist für gesundes Wachstum und die Entwicklung unerlässlich; ab einem Alter von vier Wochen sollte das Fohlen regelmäßig mit geeigneten Wirkstoffen entwurmt werden.

Das Fohlen verbringt seinen Tag mit Saugen, Spielen und Schlafen. Wenn es schläft, steht die Stute oft wachend über ihm. Mit dem Älterwerden werden die Schlafphasen kürzer und die Spielphasen länger, das Fohlen entfernt sich nun auch weiter von der Mutter. Es spielt zusammen mit Gleichaltrigen, sucht aber, wenn es sich erschreckt, sofort Schutz bei der Stute. Im Spiel werden Koordination und Gleichgewicht trainiert und soziale Fähigkeiten bzw. Disziplin erworben. Gegenseitiges Fellkraulen mit anderen Fohlen festigt die Freundschaft. Wenn Fohlen sich (durch Menschen oder Pferde) bedroht fühlen, zeigen sie das typische »Unterlegenheitsgesicht« mit vorgestrecktem Kopf und Kaubewegungen, das bei Waisenfohlen gelegentlich auch im späteren Leben erhalten bleibt.

AMMENSTUTEN

Das Großziehen von verwaisten Fohlen mit Hilfe einer Ammenstute ist eine schwierige Angelegenheit, die Geduld, Verständnis und Erfahrung verlangt. Je nach ihrem Temperament können Stuten dazu gebracht werden, ein fremdes Fohlen zu akzeptieren, wenn es ihrem eigenen in Geruch und auch Aussehen ähnelt. Der gute Geruchssinn von Stuten lässt sich dabei manchmal mit stark riechenden Substanzen wie z.B. Vick Vaporup überlisten. In der Regel geben Vollblutstuten schlechtere Ersatzmütter ab als Stuten anderer Rassen.

Fohlen verbringen ihre Tage hauptsächlich mit Spielen, Schlafen und Saugen. Das Spiel ist außerordentlich wichtig für die körperliche und soziale Entwicklung.

Während der Sommermonate kann eine gute Weide den gesamten Nährstoffbedarf abdecken. Stuten und Fohlen sollten in kleinen Gruppen hinaus gelassen werden, damit die Entwicklung eines gesunden Sozialverhaltens möglich ist.

DAS ABSETZEN

Wenn die Stute wieder tragend ist, entwöhnt sie ihr Fohlen allmählich und zeigt ihm gegenüber ab dem siebten oder achten Monat ihrer Tragezeit zunehmend aggressives Verhalten. Nicht tragende Stuten lassen ihr Fohlen oft länger saugen, manchmal sogar bis zur Geschlechtsreife im Alter von neun oder zwölf Monaten.

Auf Gestüten werden die Fohlen meist im Alter von fünf bis sechs Monaten entwöhnt oder »abgesetzt«. Früher war es übliche Praxis, Stuten und Fohlen sprichwörtlich über Nacht zu trennen und in separate Ställe außer Sicht- und Hörweite zu sperren - eine Methode, die zweifellos stark traumatisierend wirkt. Nicht nur die Psyche erleidet einen Schock, auch Verletzungen kommen häufiger vor, wenn die Fohlen in Panik versuchen, um jeden Preis zu ihrer Mutter zurückzukommen. In den meisten Betrieben praktiziert man heute eine humanere Methode des Absetzens, bei der zunächst eine Gruppe von Stuten und ungefähr gleichaltrigen Fohlen zusammen in einem Auslauf gehalten wird, damit sich Freundschaften entwickeln können. Wenn dann eines Morgens eine der Mutterstuten zur Weidezeit von der Gruppe weggeführt wird, verkraftet ihr Fohlen den Verlust in Gesellschaft der anderen Fohlen und Stuten leichter. So bringt man allmählich eine Stute nach der anderen weg, bis die Fohlen alleine im Auslauf sind.

KRANKHEITEN UND PROBLEME IN DER ZUCHT

KASTRATION

Die meisten männlichen Pferde werden vor Erreichen der Geschlechtsreife, die in der Regel mit 16 bis 20 Monaten eintritt, kastriert oder »gelegt«. Unkastrierte Hengste werden leicht zur Last, wenn sie beginnen, ihr natürliches männliches Verhalten zu zeigen (Aggressionen, Steigen, Stuten besteigen und anderes sexuell motiviertes Verhalten) - was ohne die geeigneten Haltungsumstände und erfahrenes Personal schnell gefährlich werden kann.

Junghengste, die nicht für die Zucht vorgesehen sind, sollten deshalb kastriert werden, damit sie umgänglicher werden und nicht ungewollt Stuten decken können.

KASTRATION IM STEHEN

Sie wird am stehenden und intravenös sedierten Pferd durchgeführt. In Hodensack und Hoden wird ein lokales Betäubunsgmittel injiziert, bevor die Haut aufgeschnitten und jeder Hoden entfernt wird. Mit einer speziellen Kastrierzange werden außerdem die Samenleiter durchtrennt. Diese Methode ist schneller und das Risiko einer Vollnarkose fällt weg, dafür ist es aber schwieriger, die Operationswunde während des Eingriffes sauber zu halten. Komplikationen nach der Operation wie Blutungen oder Eingeweidevorfall (Eventration) kommen bei dieser Kastrationstechnik häufiger vor als bei anderen.

KASTRATION IN VOLLNARKOSE

Sie kann sowohl auf der Weide als auch in der Pferdeklinik durchgeführt werden. Die Vollnarkose ermöglicht eine gründliche Vorbereitung und Säuberung der Operationswunde, außerdem ist eine präzisere Trennung des Gewebes und der Samenleiter möglich. Postoperative Blutungen können so besser verhindert werden.

KLOPPHENGSTE

Solche Pferde können aus folgenden Gründen zum Problem werden:

- Das Pferd wird für einen Wallach gehalten, kann aber immer noch Stuten decken
- Die vollständige Kastration ist schwierig, weil der versteckte Hoden in der Bauchhöhle oder Leistenbeuge liegen kann.
- Das Pferd zeigt typisches Hengstverhalten
- Der verstecke Hoden ist stärker anfällig für Krebserkrankungen

Über den Hormongehalt im Blut lässt sich nachweisen, ob es sich um einen Klopphengst handelt oder nicht. Die Operation eines Klopphengstes kann nur unter Vollnarkose durchgeführt werden, im

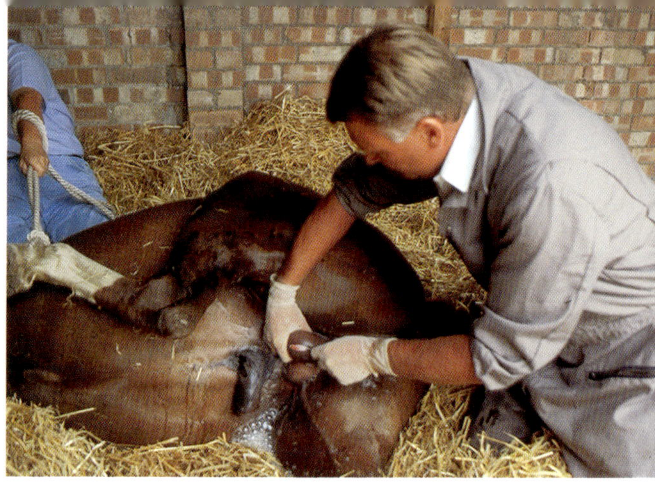

Die Kastration ist ein Routineeingriff, der im Stehen unter lokaler Betäubung oder unter Vollnarkose durchgeführt werden kann. Als Zeitpunkt wählt man Frühjahr oder Herbst, weil dann die Wundinfektion durch Fliegen unwahrscheinlicher ist. Vor der Kastration muss überprüft werden, ob auch beide Hoden vollständig in den Hodensack abgestiegen sind. In der Bauchhöhle versteckte Hoden machen die Kastration schwieriger.

Idealfall in der Pferdeklinik, damit notfalls auch die Bauchdecke gefahrlos geöffnet werden kann.

HÄUFIGE KOMPLIKATIONEN

- **Schwellungen:** Die normale Schwellung von Hodensack und Schlauch kann sich bis unter den Bauch ausdehnen und eine Steifheit der Hinterhand verursachen. Bewegung im Schritt hilft, die Gewebeflüssigkeit unter der Haut abzubauen.
- **Infektionen:** Wundinfektionen bleiben meist lokal. Sie verursachen Schwellung, Steifheit und manchmal Absonderungen. Antibiotika, nichtsteroidale Entzündungshemmer und eine gute Wunddrainage sind nötig. Verschleppte Infektionen der Kastrationswunde können dazu führen, dass das Gewebe granuliert und auf der Wunde Wucherungen bildet. Chronische Infektionen können zu einer Verdickung führen, die man als Samenstrangfistel bezeichnet. Beide Erscheinungen werden oft erst Wochen oder Monate nach der Kastration bemerkt; bei beiden ist eine operative Behandlung zur Entfernung allen geschädigten Gewebes nötig.
- **Blutungen:** Gelegentliches Tröpfeln von Blut aus dem Skrotum und aus subkutanen Blutgefäßen ist normal und hört meist spontan wieder auf. Starke und anhaltende Blutungen können aber sehr ernst sein und lassen sich u.U. nur durch Abschnüren der Blutgefäße stoppen, was aber sehr schwierig sein kann.
- **Eingeweidevorfall:** Teile der Eingeweide, z.B. des Dünndarms, fallen durch die Kastrationswunde nach außen vor - eine ernste Komplikation. Falls irgendetwas Ungewöhnliches durch die Kastrationswunde oder aus ihr heraushängend zu sehen ist, muss sofort der Tierarzt verständigt werden. Um die Verschmutzung zu minimieren, sollten die hervorhängenden Darmteile mit einem sauberen Tuch unter dem Pferdebauch fixiert werden. Es muss so schnell wie möglich unter Vollnarkose operiert werden.

FRUCHTBARKEITSSTÖRUNGEN

Die Fruchtbarkeit nimmt mit dem Alter ab, Stuten in gutem Zustand können aber auch noch im Alter von zwanzig Jahren Fohlen zur Welt bringen.

GENETISCH BEDINGTE STÖRUNGEN

Manche Stuten sind genetisch auf Unfruchtbarkeit bzw. teilweise Unfruchtbarkeit programmiert, z.B. beim Turner-Syndrom. Die Diagnose erfolgt durch eine spezielle Genuntersuchung. Betroffene Stuten zeigen oft unregelmäßige Rossezyklen oder überhaupt keine Rosse. Für diese Störung gibt es keine Behandlung.

STÖRUNGEN DER EIERSTÖCKE

Eine rektale Untersuchung oder Ultraschallaufnahmen können bei der Diagnose von Problemen im Bereich der Eierstöcke helfen.

Der Rossezyklus wird unterbrochen, wenn die Eierstöcke nicht aktiv sind. Das kann der Fall sein:

- außerhalb der Fortpflanzungszeit
- im Übergang zur Fortpflanzungszeit
- in der Laktationsphase (laktativer Anöstrus)
- bei älteren Stuten mit schwächer aktiven Eierstöcken.

In allen anderen Fällen können die orale Verabreichung von Progesteron und Lichttherapien das Einsetzen des Rossezyklus unterstützen.

PERSISTIERENDER GELBKÖRPER

Die Stute zeigt längere Rosseperioden, die Behandlung erfolgt über Injektionen mit dem Hormon Prostaglandin.

EIERSTOCK-HÄMATOME

Blutungen nach dem Eisprung hören meist von selbst wieder auf, können aber manchmal Verklebungen hervorrufen, welche die Wanderung der Eizellen durch den Eileiter in den Uterus verhindern.

EIERSTOCKTUMORE

Der häufigste Eierstocktumor ist der Granulosazelltumor, der meist nur einen Eierstock betrifft und bei 5-7jährigen Stuten auftritt.

Ultraschallaufnahmen zeigen eine wabenähnliche Struktur des Eierstockes, der stark vergrößert sein kann. Je nach Art der ausgeschütteten Hormone können Eierstocktumore das Verhalten stark beeinflussen.

Wenn Testosteron ausgeschüttet wird, benehmen sich die Stuten wie Hengste und werden aggressiv, wenn Östrogen ausgeschüttet wird, benimmt sich die Stute dauernd so als sei sie rossig. Solche Tumore müssen operativ entfernt werden.

EIERSTOCKZYSTEN

Sie kommen nur selten bei Stuten vor, können aber den Ausfall oder Unregelmäßigkeiten der Rosseperiode zur Folge haben. Zysten können sich aus Follikeln entwickeln. Behandelt wird durch Injektion des Hormons Humanes Choriongonadotropin (HCG) oder mit gonadotrophen Hormonen.

TRÄCHTIGKEITSPROBLEME

VERFOHLEN

Diese Probleme sind bei Stuten recht häufig. Wenn der Embryo (weniger als 40 Tage alt) oder der Fötus vor dem vierten Trächtigkeitsmonat abstirbt, wird er in der Regel resorbiert; d.h. die Flüssigkeit wird vom Körper der Stute aufgenommen oder (meist unbemerkt) ausgeschieden. Das Absterben des Fötus vor dem 300. Tag der Tragezeit nennt man Abort oder Verfohlen.

Der Verlust des Fötus ist eine enttäuschende Tatsache, deren Ursachen unbedingt auf den Grund gegangen werden sollte.

Ein frühzeitiger Abbruch der Tragezeit kann verschiedene infektiöse oder nicht infektiöse Ursachen haben, wobei ältere Stuten häufiger betroffen sind.

Symptome

- Die Stute »rosst um«, d.h. sie zeigt erneut Anzeichen einer Rosse. Wenn der Abort in einem frühen Stadium der Tragezeit geschieht, kann dies das einzige Anzeichen sein.
- Eventuell findet man den Fötus oder Teile der Fruchtblase.
- Aus dem Euter tropft Milch.

Infektiöse Ursachen

- Bakteriell: Endometritis (Gebärmutterentzündung durch Infektion mit Streptokokken oder koliformen Bakterien)
- Virusabort durch Infektion mit EHV1 oder EAV - meldepflichtig
- Pilzinfekton mit Aspergillus (verursacht späte Fehlgeburten)

Nicht infektiöse Ursachen

- Zwillinge. Es kommt häufig vor, dass zwei Eizellen befruchtet werden, aber nur 20% der Zwillingsföten entwickeln sich bis zu Ende. Wenn Zwillingsfohlen geboren werden, überleben sie häufig nicht lange oder eines von beiden ist sehr schwach. Meist werden beide Föten natürlicherweise im 6.-9. Trächtigkeitsmonat abgestoßen. Eine tierärztliche Untersuchung vor dem Belegen der Stute kann vorbeugend überprüfen, ob sich zwei Follikel entwickeln. Wenn per Ultraschall frühzeitig Zwillinge erkannt werden, wird einer der beiden Föten am besten manuell abgetrieben.
- Nährstoffmängel, z.B. Hungern zwischen dem 20. und 30. Tag der Trächtigkeit, starke Futterumstellungen oder Dehydration.

- Unterbrechung der Sauerstoffzufuhr zum Fötus, z.B. durch Verdrehen der Nabelschnur, Herz- oder Blutdruckprobleme bei der Stute.
- Schwache Plazenta. Eine chronische Degeneration der Gebärmutterschleimhaut kann zu einem Funktionsmangel der Plazenta führen, sodass der Fötus nicht ausreichend ernährt wird.
- Stress, Trauma oder Überlastung der Stute.
- Hormonelles Ungleichgewicht, z.B. unangemessene Produktion von Progesteron.
- Missbildungen des Fötus.
- Nebenwirkungen bestimmter Medikamente (besonders während der ersten sechs Wochen) oder Fressen von Giftpflanzen.

Behandlung und Vorbeugung
Bakterien- und Pilzinfektionen können mit den passenden Antibiotika behandelt werden. Ansteckenden, zum Abort führenden Erkrankungen kann man bei Stuten mit ungünstiger anatomischer Lage der Vulva vorbeugen, indem man die so genannte Caslick-Operation durchführt. Dabei werden die Schamlippen am oberen Ende mit wenigen Stichen zusammengenäht, um wieder ein dichtes Siegel zu formen und keine Luft (und damit Krankheitserreger) in die Scheide und den Uterus gelangen zu lassen.

RISS DER PRÄPUBISCHEN SEHNE
Ältere Stuten, vorzugsweise aus schweren Kaltblutrassen, sind häufig gegen Ende der Tragezeit betroffen. Die Unterstützung der Bauchmuskulatur geht verloren, sodass die Stute häufig in der Wehenphase nicht mehr aktiv pressen kann und Hilfe beim Fohlen oder einen Kaiserschnitt benötigt.

KOLIK
Bei hochtragenden Stuten können Riss des Blinddarms, Dickdarms oder eine Drehung der Gebärmutter Kolik verursachen.

GEBÄRMUTTERVERDREHUNG
Die Gebärmutter dreht sich zwischen 90 und 360 Grad um ihre eigene Achse, was vor allem in der Spätphase der Trächtigkeit vorkommen kann. Die Stute zeigt Anzeichen einer mittleren bis starken Kolik, das Fohlen kann aufgrund der behinderten Blutzufuhr sterben. Die Drehung muss schnellstmöglich erkannt und operativ behandelt werden.

KRANKHEITEN DER GESCHLECHTSORGANE BEI DER STUTE

EILEITER

VERKLEBUNGEN
Entzündungen der Gebärmutterschleimhaut können in seltenen Fällen nach oben steigen und Verklebungen in den Eileitern verursachen, wodurch die Eizellen nicht mehr ungehindert zur Befruchtung in die Gebärmutter wandern können.

HYPOPLASIE (UNTERENTWICKLUNG) DER GEBÄRMUTTER
Die Gebärmutter ist unterentwickelt oder unreif, sodass keine Trächtigkeit möglich ist.

ATROPHIE (RÜCKBILDUNG) DER GEBÄRMUTTER
Mit dem Alter, nach Trächtigkeiten und gegen Ende der Fortpflanzungszeit werden Hormonproduktion und Aktivität der Gebärmutter oft geringer. Dieser Zustand ist kaum behandelbar.

GEBÄRMUTTERZYSTEN
Diese kommen hauptsächlich bei Stuten über 12 Jahren vor und können auf Ultraschallaufnahmen mit einer frühen Trächtigkeit verwechselt werden. Mehrere größere Zysten können die Einbettung eines Embyros und die Bildung der Plazenta verhindern. Größere Zysten können operativ entfernt werden.

GEBÄRMUTTERENTZÜNDUNGEN (ENDOMETRITIS)
Akute Infektionen können nach dem Decken, nach der Geburt und bei Stuten mit anatomisch ungünstiger Konstruktion und Lage der Vulva auftreten (mangelnder Schamschluss), bei denen mit Krankheitserregern versetzte Luft in Scheide, Gebärmutterhals und Gebärmutter gelangen kann.

Stuten mit Gebärmutterentzündung haben unregelmäßige, kürzere Rosseperioden, manchmal auch Scheidenausfluss und Fruchtbarkeitsstörungen.

Eine hoch ansteckende Geschlechtserkrankung bei Pferden ist die ansteckende Gebärmutterentzündung oder CEM (Contagious Equine Metritis). Sie wird vom Bakterium Taylorella equigenitalis verursacht, beim Decken übertragen und ruft starken Scheidenausfluss und beim Hengst entzündliche Reaktionen des Penis hervor. Zur Vorbeugung müssen sowohl bei der Stute als auch beim Hengst vor dem Decken Tupferproben an den Genitalien genommen werden. Zu den weiteren Bakterien, die Endometritis verursachen können, gehören Klebsiellen und Pseudomonaden.

Diagnose
Gebärmutterabstrich zur Untersuchung auf Bakterienkultur.

Behandlung
3-5 Tage lang tägliche Spülungen der Gebärmutter mit Antibiotika und physiologischer Kochsalzlösung. Chronische Gebärmutterinfektionen können sich aus einer Endometritis entwickeln und zu einer Pyometra genannten eitrigen Gebärmutterentzündung aus-

weiten, die dauerhafte Schäden an der Gebärmutterschleimhaut und Unfruchtbarkeit nach sich zieht.

Je älter die Stute wird und desto mehr Fohlen sie hatte, desto geringer die Aktivität der Drüsen in der Gebärmutterschleimhaut und desto stärker wird die Gebärmutterwand von weißen Blutkörperchen durchsetzt. Als Folge ist die Gebärmutterschleimhaut nicht mehr zu einer Trächtigkeit in der Lage.

SEPTISCHE METRITIS
Diese sehr ernste Erkrankung ist oft die Folge einer zurückbehaltenen Nachgeburt. Die bei der Infektion gebildeten Giftstoffe werden vom Körper absorbiert, sodass die Stute schnell sehr krank wird.

Symptome
- Appetitlosigkeit
- Schwäche
- Niedergeschlagenheit
- Dehydration
- Niedrige Puls- und Atemfrequenz
- Hufrehe

Behandlung
Muss sofort aggressiv einsetzen und intravenöse Infusionen, Antibiotika und nicht-steroidalhaltige Entzündungshemmer umfassen. Die Gebärmutter muss gründlich mit Antibiotika und physiologischer Kochsalzlösung gespült werden.

GEBÄRMUTTERHALS (CERVIX)

VERKLEBUNGEN
Eine schwierige Geburt kann Risse und Verletzungen im Gebärmutterhals verursachen, die später Verklebungen bilden.

MANGELNDER VERSCHLUSS
Wenn der Gebärmutterhals nicht richtig abschließt, können Infektionskeime in die Gebärmutter gelangen. Solche Stuten sind sehr anfällig für Endometritis.

SCHEIDE
- Anatomisch ungünstige Konstruktion begünstigt Entzündungen (Vaginitis)
- Beim Decken übertragene Krankheiten wie z.B. die Beschälseuche verursachen Ausfluss und Fieber und können sogar zum Tod führen
- Urinansammlungen in der Scheide (häufig bei alten Zuchtstuten) begünstigen Infektionen
- Vernarbte oder verklebte Geburtsverletzungen können ein späteres Decken erschweren

VULVA

MANGELNDER SCHAMSCHLUSS
Bei ungünstiger anatomischer Konstruktionen schließen die Schamlippen nicht dicht ab, sodass die Stute verstärkt für Infektionen anfällig ist. Man kann eine so genannte Caslick-Operation durchführen, um den Schluss der Schamlippen zu verbessern.

MELANOME
Dies sind Tumore, welche die Pigment produzierenden Zellen befallen (siehe Kap. 7). Melanome können die Haut an den Schamlippen betreffen und sind bei Schimmelstuten besonders häufig.

INFEKTION MIT DEM HERPESVIRUS
Eine mögliche Folge der Herpesinfektion sind Hautverletzungen an den Schamlippen, die Schmerzen beim Deckakt verursachen. Die Behandlung mit einer Antibiotikasalbe verhindert bakterielle Sekundärinfektionen, vor dem nächsten Decken muss die natürliche Heilung abgewartet werden.

RISSE
Beim Fohlen entstandene Risse und Lazerationen können die Form der Vulva verändern.

KOMPLIKATIONEN BEI DER GEBURT

FOHLEN IM STEHEN
Bei Störungen in der Umgebung kann es vorkommen, dass die Stute bei den Wehen und sogar bei der Geburt stehen bleibt.

Maßnahmen
- Lassen Sie die Stute ungestört
- Dämpfen Sie das Licht
- Sorgen Sie für Ruhe
- Fangen Sie das Fohlen bei der Geburt auf, damit es nicht hinfällt. Versuchen Sie, die Nabelschnur vor dem Zerreißen zu bewahren, bis das Fohlen atmet.

VERLÄNGERTE ERSTE GEBURTSPHASE
Kann verursacht werden durch:
- Eine ungewöhnlich dicke Plazenta, die nicht reißt.
- Störungen durch den Menschen. Die Stute kann die zweite Geburtsphase um Stunden oder sogar Tage hinauszögern, wenn sie sich bedroht fühlt.

VORFALL DES ALLANTOCHORION
Das rötlich gefärbte Allantochorion kann sich zwischen den Schamlippen zeigen. Es sollte von einem Helfer mit den Fingern aufgerissen oder mit der Scheren aufgeschnitten werden.

FEHLLAGEN DES FOHLENS
Angewinkelte Gliedmaßen Wenn eine oder beide Vordergliedmaßen angewinkelt sind, ist das Fohlen im Brustbereich um so viel breiter, dass es im Beckenbereich der Stute nicht mehr durch den Geburtskanal passt.

Gebeugter Ellbogen Wenn ein Vorderbein zu weit hinter dem anderen zurückliegt, wird der Ellbogen so stark gebeugt, dass er möglicherweise am Beckenrand hängen bleibt.
Abgewinkelter Kopf Hals und Kopf des Fohlens können in Richtung der ein oder anderen Beckenseite oder unter die Vorderbeine abgewinkelt sein, sodass der Kopf nicht in den Beckenkanal eintreten kann.
Kopf nach unten Wenn das Fohlen beim Eintritt in den Geburtskanal mit den Vorderbeinen über dem Kopf liegt, d.h. mit den Beinen oberhalb der Ohren, besteht die Gefahr, dass die nach oben zeigenden Beine die obere Scheidenwand einreißen.
Sitzende Stellung Alle vier Füße und der Kopf befinden sich im Geburtskanal. Das Fohlen kann aufrecht wie ein Hund sitzen oder in dieser Position seitlich liegen. Gelegentlich kommt auch die rückwärts sitzende Stellung vor.
Steißgeburt Bei Pferden relativ selten ist eine Lage, bei der nur das Hinterteil im Geburtskanal erscheint. Mit den Sprunggelenken voran. Das Fohlen kommt rückwärts mit angezogenen Hinterbeinen. Schnelle Hilfe ist nötig.
»Wry neck« Die Halsmuskeln des Fohlens verkrampfen so, dass eine starre Abweichung des Halses von der Normallage entsteht.
Ankylose Dies ist eine Verknöcherung der Knie- und Sprunggelenke, die es dem Fohlen unmöglich macht, seine Beine zu strecken.
Korrektur von Fehllagen Da die Stute sehr kräftige Presswehen hat, kann eine Sedation, epidurale Anästhesie oder Vollnarkose nötig sein, damit die Wehen aufhören und man das Fohlen zurückschieben und in die richtige Lage bringen kann. Kopf und Beine können mit Hilfe weicher Seile in die richtige Lage gezogen werden. Der Tierarzt muss so schnell wie möglich zur Hilfe gerufen werden.

EMBRYOTOMIE
Hierbei wird ein totes Fohlen in der Gebärmutter operativ zertrennt und in Stücken herausgeholt, um weitere Verletzungen der Stute zu vermeiden.

ZWILLINGE
- Werden in der Frühphase der Trächtigkeit oft per Ultraschall entdeckt
- Wegen Überforderung der Plazenta kommt es meist nach etwa 7 Monaten zur Fehlgeburt
- Wenn eine Zwillingsträchtigkeit bis zum Ende besteht, kommen meist zwei schwache Fohlen zur Welt
- Die Gebärmutter kann überdehnt sein, sodass sie sich nicht mehr normal zusammenziehen kann
- Eins oder beide Fohlen können in Fehllage liegen

GEBÄRMUTTERVERDREHUNG
Siehe Seite 226.

WEHENSCHWÄCHE
Wird von einer überdehnten Gebärmutterwand oder verlängerten Austreibungsphase verursacht, die z.B. durch Fehllage des Fohlens entstehen kann. Der Gebärmuttermuskel ist erschöpft und kraftlos.

RISS GRÖSSERER EINGEWEIDE
Blind- oder Dickdarm können während der ersten oder zweiten Geburtsphase reißen. Nachlassen der Wehen, Schock und schneller Tod sind die Folge.

GEBÄRMUTTERRISS (UTERUSSRUPTUR)
- Selten und meist tödlich
- Kann Grund für eine Wehenschwäche sein
- Wird oft erst nach der Geburt entdeckt, wenn Eingeweide durch Gebärmutterhals und Scheide vordringen
- Kleinere Risse können operativ behandelt werden

BLUTUNGEN

Innere Blutungen
- Die großen, die Gebärmutter versorgenden Blutgefäße sind während der Wehen stark belastet
- Treten meist innerhalb von 24 Stunden nach der Geburt auf
- Häufiger bei Stuten über 8 Jahren
- Wenn die Blutung von dem breiten, die Gebärmutter haltenden Band aufgehalten wird, kann die Blutung kontrolliert werden
- Blutungen in die Bauchhöhle sind in der Regel tödlich. Die Stute kann Koliksymptome zeigen, die Schleimhäute werden blass, Puls- und Atemfrequenz steigen. Schockzustand und Kollabieren folgen.

Äußere Blutungen
- Blutungen nach Scheidenrissen können durch Klammern oder Nähen der Verletzung gestoppt werden
- Wunden können mit sterilen Baumwolltupfern tamponiert werden
- Bei Vaginal-Hämatomen (Schwellungen) sind Antibiotika ratsam

DAMMRISSE
Als Resultat übermäßig kräftiger Wehen können, besonders bei Fehllagen des Fohlens, Risse in der Dammregion auftreten. Sie werden je nach Bedarf genäht oder der Selbstheilung überlassen.

MASTDARM-SCHEIDEN-FISTEL
In der zweiten Geburtsphase kann es geschehen, dass die Vorderhufe des Fohlens nach oben geschoben werden und die Wand zwischen Scheide und Mastdarm durchstoßen. Wenn dies nicht korrigiert wird, kann auch der Kopf folgen. Fäkalien können nun in die Scheide gelangen. In der Regel gibt man als

Sofortmaßnahme Antibiotika und behandelt die Verletzung etwas später mit einer Operation in zwei Etappen.

BECKEN- ODER OBERSCHENKELBRUCH
Kann vorkommen, wenn die Stute während des Fohlens aufsteht und sich wieder hinlegt. Tiefe Einstreu, ein rutschfester Boden und eine ruhige Umgebung können dies verhindern.

VORFALL DER GEBÄRMUTTER
Nach einer komplizierten, aber auch nach einer normalen Geburt hängt das große, weiche, rote und faltige Organ aus der Scheide der Stute heraus.

- Die Gebärmutter wird sorgfältig mit physiologischer Kochsalzlösung gewaschen
- Epidurale Anästhesie oder Sedation kann notwendig sein, um die Wehen abzuschwächen
- Die Gebärmutter wird vorsichtig zurück in die Stute geschoben
- Antibiotika werden verabreicht
- Oxytocin unterstützt das erneute Zusammenziehen der Gebärmutter
- Die Schamlippen werden teilweise durch eine Naht verschlossen

ZURÜCKBEHALTEN DER NACHGEBURT
Wenn die Nachgeburt (Plazenta) nicht innerhalb von 2-6 Stunden nach der Geburt ausgetrieben wird, können Gebärmutterinfektionen und Hufrehe (Geburtsrehe) die Folge sein. Schwere Kaltblutpferde sind besonders gefährdet. Bei der nicht tragenden Stute ist die Plazenta fest verankert.

- Intramuskulär oder intravenös mit physiologischer Kochsalzlösung verabreichtes Oxytocin wird gegenüber der manuellen Entfernung der Nachgeburt bevorzugt, da diese leicht zu Verletzungen der Gebärmutter oder zu unvollständiger Entfernung der Plazenta führt.
- Antibiotika
- Nicht-steroidale, entzündungshemmende Medikamente
- Genaue Beobachtung auf Anzeichen von Hufrehe
- Eventuell Gebärmutterspülung mit Antibiotika-Lösung

HÄUFIGE KRANKHEITEN DES NEUGEBORENEN FOHLENS

FRÜHGEBURTEN
Die normale Tragezeit beträgt 340 Tage (320-360 Tage). Nach 300-320 Tagen geborene Fohlen bezeichnet man als Frühgeburten.

Merkmale

- Weiche Hufe
- Seidendünne Haut
- Zunge und Maul leuchtend rot
- Geringes Geburtsgewicht (oft bei kleiner Plazenta)
- Gewölbte Stirn
- Allgemeine Schwäche und zögerliches Saufen
- Extreme Frühgeburten gehen oft nach zwei Tagen an Organversagen ein

Ursachen

- Schlecht ausgebildete Plazenta
- Infektion der Stute mit EHV1
- Entwicklungsfehler des Fohlens
- Stress oder Krankheit der Stute

Behandlung

Sorgfältige Pflege ist wichtig. Das Fohlen muss warm gehalten werden, da es seine Körpertemperatur nur schlecht regulieren kann. Geben Sie ihm Hilfestellung zum Aufstehen und Saugen. Eine Behandlung mit Antibiotika ist ratsam, da zu früh geborene Fohlen verstärkt krankheitsanfällig sind.

SEPTIKÄMIE / FRÜHLÄHME DER FOHLEN
Die Früherkennung und Behandlung von Infektionen ist bei neugeborenen Fohlen besonders wichtig, um schwere Komplikationen oder sogar den Tod zu verhindern. Infektionen werden meist durch Bakterien aus der Umgebung verursacht, können aber auch vor oder während der Geburt über das Blut der Mutter übertragen werden. Die Infektionen sind in der Regel zunächst generalisiert (septikämisch) und lokalisieren sich später an bestimmten Stellen wie z.B. den Gelenken. Bereits mit Infektionen geborene Fohlen sind schwach und lethargisch, oft ähneln die Symptome dem des NFS (siehe nächste Seite).

Symptome

- Meist nach 24 Stunden sichtbar
- Das Fohlen wird zunehmend schwächer und lethargisch
- Saugreflex lässt zunehmend nach
- Da betroffene Fohlen nicht oft genug saugen, entwickeln sie schnell eine Hypoglykämie (niedriger Blutzuckergehalt). Der erste Hinweis auf ein krankes Fohlen kann ein übervolles Euter der Mutterstute sein.
- Durchfall
- Lungenentzündung
- Neurologische Symptome (z.B. Koma, epileptische Anfälle)
- Geschwollene Gelenke und Lahmheit
- Körpertemperatur erhöht oder erniedrigt

Behandlung

- Intravenös verabreichtes Breitspektrum-Antibiotikum
- Bei Austrocknung intravenöse Flüssigkeitsinfusion
- Bluttransfusion zur Bereitstellung von Antikörpern

- Pflege: Das Fohlen warm halten (Pullover, Wärmflaschen, Infrarotlampen). Eventuell Hilfe beim Stehen, damit das Fohlen saugen kann. Stärker betroffene Fohlen müssen evtl. über eine Nasenschlundsonde ernährt werden.

Vorbeugung
- Gute Hygiene während und nach der Geburt
- Stellen Sie sicher, dass das Fohlen innerhalb von sechs Stunden nach Geburt mindestens einen Liter Kolostralmilch (Biestmilch) erhält. Wenn der Verdacht besteht, dass Fohlen zuwenig Kolostralmilch aufgenommen haben, sollte der Antikörpergehalt ihres Blutes gemessen werden.

NEONATALES FEHLANPASSUNGSSYNDROM (NFS)

Mit diesem Begriff bezeichnet man die mangelnde Fähigkeit des Fohlens, sich an seine neue Umgebung anzupassen. Die genaue Ursache ist unklar, man nimmt aber eine Funktionsstörung des zentralen Nervensystems an, wodurch es zu einer Unterversorgung des Gehirns mit Sauerstoff oder Hirnblutungen während bzw. kurz nach der Geburt kommt.

Symptome
- Das Fohlen kann bei Geburt normal wirken, aber innerhalb von 12 Stunden Symptome zeigen
- Die meisten Fohlen zeigen Atembeschwerden und Verhaltensauffälligkeiten wie rastloses Umherwandern, Hinfallen, Krämpfe und hohe, grunzende Geräusche beim Versuch, nach Luft zu schnappen.
  Plötzlicher und vollständiger Verlust des Saugreflexes

Den Verhaltensauffälligkeiten geht meist Erblindung voraus.

Behandlung
- Intravenöse Gabe von Antibiotika
- Intravenöse Gabe entzündungshemmender Mittel (z.B. DMSO)
- Krampflösende Behandlung, um die Anfälle in den Griff zu bekommen, z.B. mit Diazepam
- Tropfinfusionen zur Verhinderung einer Austrocknung
- Ernährung über Sonde, da die betroffenen Fohlen meist nicht saugen können
- Großer Pflegeaufwand notwendig, da betroffene Fohlen ständig Unterstützung brauchen
- Im Frühstadium kann eine nasale Sauerstoffergänzung hilfreich sein
- Die Prognose ist schlecht, wenn nach 3-5 Tagen keine Besserung eingetreten ist
- Das Darmpech muss evtl. entfernt werden

Vorbeugung
- Gute Belüftung der Abfohlbox
- Hilfestellung bei schwierigen Geburten
- Neu geborene Fohlen nicht zu viel anfassen, da dies Stress verursachen kann
- Evtl. Wiederbelebungsmaßnahmen beim neugeborenen Fohlen

DARMPECHVERHALTUNG

Darmpech (Mekonium) besteht aus Zellabfall, Verdauungssäften und verdauter Amnionflüssigkeit. Es ist meist grünlich-braun oder schwarz und wird als harte Klümpchen oder dickliche Paste ausgeschieden. Im Normalfall geht es innerhalb von 4-96 Stunden nach Geburt ab und wird dann vom gelblicheren »Milchkot« ersetzt. Wenn das Darmpech nicht innerhalb von 24 Stunden nach Geburt abgeht, kann es Unwohlsein und Probleme verursachen.

Symptome
- Häufiger bei Hengstfohlen (wegen des engeren Beckens) oder bei Spätgeburten
- Kolikfohlen können sich auf den Rücken rollen
- Vergebliche Bemühungen, Kot abzusetzen. Manche Fohlen gehen auch mit erhobenem Schweif rückwärts.
- Der Appetit ist in der Regel nicht geschwächt; nach dem Saugen können aber Kolik- und Schmerzsymptome auftreten

Behandlung
- Einläufe mit Seifenwasser oder flüssigem Paraffin (vorsichtig durchzuführen, damit das empfindliche Rektum nicht verletzt wird)
- Gabe von Schmerzmitteln
- In schwereren Fällen kann die Verabreichung von flüssigem Paraffin über die Nasenschlundsonde nötig sein.

BLASENRISS

Symptome
- Entwickelt sich meist 3-4 Tage nach der Geburt
- Symptome ähneln der einer Darmpechverhaltung
- Blut im Urin
- Evtl. steigender Bauchumfang

Ursachen
- Verletzungen bei der Geburt
- Zug an der Blase beim Zerreißen der stabilen Nabelschnur
- Evtl. Anfälligkeit bei erblich bedingter dünner Blasenwand

Behandlung
- Eine chirurgische Behandlung ist nötig. Meist befindet sich der Riss auf der Oberfläche der oberen Blasenwand. Bevor man über eine Vollnarkose nachdenkt, müssen unbedingt Flüssigkeitshaushalt und Elektrolytversorgung des Körpers in Ordnung gebracht werden. Antibiotika zur Verhinderung einer Bauchfellentzündung.

MAGENGESCHWÜRE

Symptome

- Kolik: Das Fohlen liegt häufig auf dem Rücken
- Zähneknirschen und übermäßige Speichelproduktion
- Appetitmangel
- Schmerzen nach dem Fressen
- Stärker, wenn auch der Dünndarm betroffen ist
- Wenn das Geschwür durchbricht, kann das Fohlen an Bauchfellentzündung sterben

Ursachen

- Stress
- Behandlung der säugenden Stute mit Equipalazone

Behandlung

- Magen schützende Mittel (z.B. Sucralfat)
- Medikamente zur Herabsetzung der Magensäure (z.B. Cimetidin)
- Darauf achten, dass das Fohlen nicht austrocknet
- Eventuell Gabe von Antibiotika notwendig

HAEMOLYTISCHE ANÄMIE

Diese Erkrankung kommt häufiger bei Vollblütern und bei Stuten vor, die bereits ein Fohlen hatten. Während der Tragezeit produziert die Stute Antikörper gegen die roten Blutkörperchen des Fohlens. Wenn das Fohlen dann nach der Geburt die Kolostralmilch der Stute trinkt, nimmt es diese Antikörper auf. Diese beginnen mit der Zerstörung der roten Blutkörperchen des Fohlens und verursachen eine schwere Anämie (Blutarmut).

Symptome

- Setzen in der Regel 2-3 Tage nach der Geburt ein
- Lauter, schneller Herzschlag
- Gelbsucht
- Blasse Schleimhäute
- Blut im Urin
- Lethargie, das Fohlen gähnt häufig
- Appetitmangel

Behandlung

- Bluttransfusion
- Hindern Sie das Fohlen während der ersten 36 Stunden am Saugen und melken Sie alle Kolostralmilch aus dem Euter der Stute ab
- Gute Pflege (Warmhalten, Flüssigkeit verabreichen etc.)
- Ersatz-Kolostrum einer anderen Stute verabreichen
- Behandlung mit Breitspektrum-Antibiotika

FEHLBILDUNGEN

GLIEDMASSEN

Fohlenbockhuf / Verkürzte Sehnen von unterschiedlich schwerem Ausmaß. Das Fohlen kann nur minimal zu steil stehen oder nach vorn überköten. Behandelt werden kann mit klebbaren Fohlenschuhen

Während der ersten Lebenstage muss das Fohlen gut beobachtet werden, besonders, wenn es zu früh geboren wurde oder untergewichtig ist.

(mit Verlängerung der Zehe) oder Schienen. In schweren Fällen kann eine Behandlung mit hohen Dosen Oxytetracyclin (intravenös) angezeigt sein.

Durchtrittigkeit Durch zu lockere Bänder und Muskeln nähert sich der Fesselkopf dem Boden. In der Regel natürliche Besserung innerhalb der ersten Lebenstage. Boxenruhe wird empfohlen, bis das Fohlen »auf die Füße« kommt. Stützende Bandagen können helfen, auch spezielle Klebeschuhe sind erhältlich. Durchtrittige Fohlen brauchen ggf. Hilfe beim Stehen und Saugen.

KOPF

Entropium Nach innen gedrehte Augenlider, wobei Lider und Wimpern auf der Augenoberfläche reiben und Hornhautgeschwüre verursachen können. Oft ist mit einer manuellen Korrektur alles getan. In der Regel wächst sich das Problem während der ersten zwei Lebenswochen von selbst aus, nur in schweren Fällen ist ein operatives Eingreifen erforderlich (siehe Kap. 6).

Gaumenspalte Beim Saugen tritt Milch aus den Nüstern des Fohlens. Die Prognose ist schlecht, oft treten als Sekundärprobleme Lungenentzündungen auf.

Karpfengebiss Ein verkürzter Unterkiefer, der später Zahnprobleme verursachen kann (siehe Kap. 3).

RUMPF

Nabelbruch Bessert sich in der Regel mit dem Wachstum des Fohlens. Gelegentlich verwickelt sich ein Teil des Darms im Bruch; dann ist eine Operation erforderlich. Die Behandlung ist vom Ausmaß des Bruches abhängig.

Urachusfistel Aus dem feucht aussehenden Bauchnabel tropft Urin. Normalerweise verschließt sich die Fistel von selbst innerhalb von etwa zwei Wochen, eine Operation kann aber erforderlich sein. Antibiotika verabreichen und den Nabel sehr sauber halten. Nachfolgende Nabelinfektionen sind möglich.

Herzfehler Laute Herzgeräusche, die auch nach dem ersten Lebenstag anhalten, können zusammen mit einem schwachen Fohlen und bläulich verfärbten Schleimhäuten auf einen angeborenen schweren Herzfehler hinweisen. Betroffene Fohlen wachsen nur langsam und haben oft Atemschwierigkeiten (siehe Kap. 5).

11 ALTERNATIVE HEILMETHODEN

Trotz der Vielzahl und Wirksamkeit moderner chemischer Medikamente, die während der letzten fünfzig Jahre entwickelt und zur Krankheitsbehandlung an Pferden eingesetzt wurden und werden, besteht nach wie vor ein starkes Interesse an so genannter »Alternativmedizin«. Immer wieder wurde heftig darüber diskutiert, ob man diese Methoden als »alternativ«, »ganzheitlich« oder »natürlich« bezeichnen soll. Was auch immer die Vor- und Nachteile der einzelnen Bezeichnungen sein mögen - fest steht jedenfalls, dass es keine Rolle spielt, wie man das Kind nennt. Viel wichtiger sind Methodologie, Wissenschaft und Philosophie, die hinter der Medizin stehen. Ziel dieses Kapitels ist es deshalb, die wichtigsten natürlichen/ganzheitlichen Systeme zu beschreiben, die in der Tiermedizin angewandt werden und zu klären, welche Rolle sie heilend oder vorbeugend für die Gesundheit des Pferdes spielen können.

Allen natürlichen Behandlungsmethoden ist gemeinsam, dass sie über körpereigene Mechanismen funktionieren und nach ganzheitlichen Prinzipien angewendet werden müssen, wenn sie Erfolge bringen sollen. Ihr Ziel ist es, die kraftvollen natürlichen Selbstheilungskräfte des Körpers zu aktivieren, die oft unterschätzt und übersehen werden. Der Körper kann dann selbst daran gehen, die funktionalen Probleme zu lösen, welche zu den Symptomen einer Krankheit geführt haben.

HOLISTIK

Das Wort »holistisch« oder »Holistik« verlangt nach Erklärung. Der Begriff wurde von Jan Smuts (1870-

Die meisten »alternativen« Behandlungsformen bauen auf die starken Selbstheilungskräfte des Körpers. Die Kunst besteht darin, sie zu aktivieren und ins richtige Gleichgewicht zu bringen.

1950) um die Jahrhundertwende geprägt und meint ein Verstehen des Bestrebens der Natur, stets komplette Systeme zu schaffen, die anders als die Summe aller Einzelkomponenten dieses Systems funktionieren, aber von jeder Einzelkomponente abhängig sind.

In jedem dieser Systeme hängt nicht nur das Ganze von den Bestandteilen ab, sondern auch jedes Bestandteil vom Ganzen und von jedem anderen Bestandteil. Kein Bestandteil kann getrennt und unabhängig von irgend einem anderen funktionieren. Dies gilt für das Universum genauso wie für das Sonnensystem, den Planeten Erde, jedes Lebewesen auf der Erde und für jedes Molekül oder Atom. Von Makrokosmos bis Mikrokosmos ist kein Bestandteil zur unabhängigen Funktion fähig oder frei von den Einflüssen anderer Bestandteile und des ganzen Systems. Aus diesem Grund ist es auch nicht zur unabhängigen Existenz fähig und beeinflusst seinerseits ständig andere Bestandteile oder das System.

Es handelt sich also um das Konzept von Systemen innerhalb von Systemen. Jedes trägt nur zur Funktion des Ganzen bei. Die Basiseinheit solcher Systeme ist das Atom; die Basiskraft Energie. Beim lebenden Organismus stellt man sich die Basiseinheit besser als Zelle vor - die treibende Kraft bleibt aber die Energie.

Während der Begriff »holistisch« erst zu Beginn des zwanzigsten Jahrhunderts entstand, haben alte Medizinsysteme schon lange die Gültigkeit dieses Konzeptes und seine Auswirkungen auf Krankheit oder Gesundheit verstanden. Wenn wir diese Prinzipien auf die Gesundheit des Pferdes anwenden, haben wir ein Konzept, in dem Körper, Geist und Seele in Harmonie miteinander und ihrer Umgebung (der Welt) existieren. Wenn man das Pferd als ein »System« begreift, funktioniert jedes seiner Bestandteile zum Wohle des Ganzen und wird umgekehrt auch vom Ganzen beeinflusst. Keines der Bestandteile kann unabhängig funktionieren.

Ob man Körper, Geist und »Seele« oder die einzelnen Organe als Bestandteile betrachtet, ist egal, denn für alle treffen die gleichen fundamentalen Regeln der Natur zu. Jede Disharmonie schafft das Bedürfnis nach Ausgleich, um das Leben zu erhalten. Dieser Ausgleichsprozess führt zu einem Wandel der normalen, gesunden Funktion und zum Auftreten von Krankheitssymptomen. Wenn das Ungleichgewicht bestehen bleibt, entwickelt sich eine ganze Kette von Ausgleichsreaktionen in verschiedenen Systembestandteilen, sei es in einem einzelnen Organ, in der Psyche oder in allem zusammen.

Wenn eine solche Kettenreaktion in Gang kommt, kann das Symptombild sehr weit von der ursprünglichen Ursache entfernt sein und es wird immer schwieriger, den Krankheitsverlauf nachzuvollziehen. Fest steht dabei aber, dass wir, wenn wir

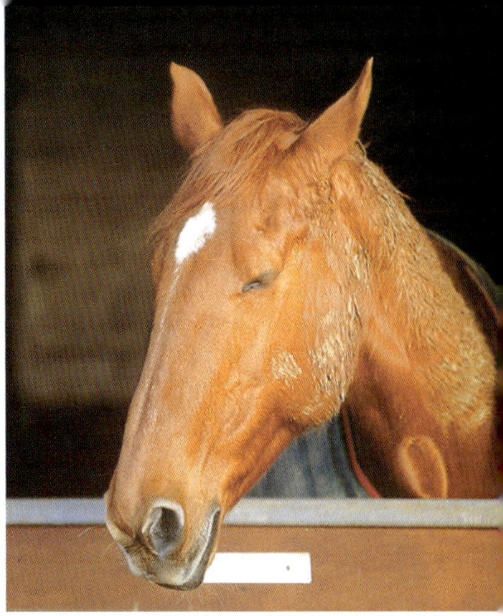

Jede Verschiebung im Gleichgewicht zwischen Körper, Seele und Geist führt zu Störungen und Problemen. Das Ergebnis sind Anzeichen von Unwohlsein, Schmerzen und Krankheit.

Krankheiten heilen wollen, das Gesamtkonzept von Seele, Geist und Körper in seiner Beziehung zur Umwelt beachten und versuchen müssen, Ungleichgewichte und Belastungen daraus zu entfernen. Wir müssen deshalb nicht nur das Pferd als Ganzes behandeln (Körper, Geist und Seele), sondern uns auch um Fütterung, Haltung, Nutzung, Sattelzeug, Hufbeschlag, Geschirr, Weidemanagement, Tagesablauf und so weiter Gedanken machen und Verbesserungen anstreben, damit eine Gesundung eintreten kann.

Genau hierin liegt der Beitrag zum Verständnis, den alle Methoden der Naturmedizin schon seit Jahrhunderten vermitteln: Wenn alle Faktoren optimiert sind, findet auch Gesundheit statt. Mit anderen Worten: Es gibt einen natürlichen Heilungsprozess, der ständig, Tag und Nacht und in jedem Körper auf diesem Planeten aktiv ist und der Gesundheit anstrebt. Wenn wir ihn von störenden Einflüssen befreien, wird er Überhand gewinnen und der Körper wird gesund.

Medizin und Philosophie, die um dieses Konzept herum gewachsen sind, haben Methoden und Techniken zur Unterstützung und Förderung dieser Selbstheilungskraft entwickelt. Sie alle funktionieren nicht, wenn man den oben genannten Faktoren nicht genügend Beachtung schenkt. Aus diesem Grund sollte man nie versuchen, die Symptome einer Krankheit als solche zu behandeln, sondern stattdessen nach allen Faktoren suchen, die das Wohlbefinden des Pferdes beeinflussen könnten und die Selbstheilungskräfte des Pferdes optimieren.

Keine Behandlung (sei sie pflanzlich, homöopathisch, aus Akupunktur, Aroma- oder Bachblütentherapie) sollte verabreicht werden, ohne die Fütterung und jeden einzelnen Faktor zu überprüfen, der sich auf den aktuellen Gesundheitszustand des Pferdes auswirkte oder noch auswirkt.

Die traditionelle chinesische Medizin, die sich über Jahrtausende hinweg entwickelt hat, richtete immer besonderes Augenmerk auf Ernährung und Lebenswandel sowie auf körperliche und emotionale Einflüsse auf den Patienten. Das Konzept ist also nicht neu. Kräutermedizin gibt es schon seit undenklichen Zeiten, sodass der Mensch das Wissen und Verstehen um sie geerbt hat. Er wendete sie seit den

Ursprüngen der Zivilisation mit Bewusstsein an und verstand, dass der Körper genau wie die Pflanzen, die in der gleichen Umgebung gedeihen, nur innerhalb eines Systems funktioniert und eins vom anderen abhängig ist.

Dieser Punkt ist für Pferde, die ihre gesamte Nahrung aus Pflanzen, Boden und Wasser beziehen, besonders wichtig. Pferden Futtermittel tierischer Herkunft geben zu wollen ist deshalb nicht nur vom ethisch-moralischen Standpunkt aus verwerflich, sondern ist auch ein Schlag ins Gesicht für Logik und Verstand; das Prinzip der Ganzheitlichkeit und die evolutionäre Entwicklung werden völlig missachtet. Futterzusätze und Medikamente, die Inhaltsstoffe tierischer Herkunft enthalten (überraschenderweise sind das nicht wenige) sollten aus diesem Grund nie an Pferde verfüttert werden, einmal ganz abgesehen von der medizinischen Fragwürdigkeit eines solchen Handels angesichts des letzten BSE-Skandals.

Nachdem wir nun die Prinzipien der Ganzheitlichkeit und der Naturmedizinen beschrieben haben, können wir uns etwas näher den einzelnen Medizinschulen zuwenden, die unter diese Kategorie fallen und die sich nach den genannten Prinzipien richten.

Die Hauptkategorien sind:

- Kräutermedizin
- Homöopathie
- Akupunktur und traditionelle chinesische Medizin

Kleinere Kategorien sind:

- Aromatherapie (ätherische Öle)
- Bachblüten
- Radionik
- Unterstützende Funktion der Ernährung
- Unterstützende Funktion von Chiropraktik, Osteopathie und Physiotherapie

Ein kleiner Abschnitt zur Erklärung der Bedeutung dieser Studien für die Naturmedizin und die Rolle, die sie innerhalb einer ganzheitlichen Heilung spielen können, ist nicht nur hilfreich, sondern auch unerlässlich für ein vollständiges Verstehen.

KRÄUTERMEDIZIN

So weit Geologie und Biologie uns Auskunft geben können, haben sich Pflanzen als Lebensform wesentlich früher entwickelt als Tiere. Nach heutiger Information waren sie bereits weit entwickelt, extrem artenreich und an verschiedene Nischen angepasst, bevor tierisches Leben wie wir es kennen auf den Plan trat (in Form von großen Land- und Wassertieren bzw. für uns interessanter, von Landsäugetieren).

Das Pferd wie wir es heute kennen hat sich dieser Logik zufolge im Kontext pflanzlichen Lebens entwickelt. Es kannte keine Existenz vor dem pflanzlichen Leben, welches deshalb Teil seiner Umwelt und Teil seines lebenserhaltenden Systems ist. Es ist einfach nicht möglich, sich das Pferd getrennt von pflanzlichem Leben vorzustellen. Es ist ohne Pflanzen nicht existenzfähig und die Pflanzenarten, die es umgeben haben, haben die Richtung seiner Entwicklung maßgeblich beeinflusst. Die heutige Form, Struktur und Biologie des Pferdes ist deshalb nichts anderes als eine Funktion des pflanzlichen Lebens, die es während der Evolution umgab und formte.

Wenn wir uns nun die Lebensbedingungen domestizierter Pferde betrachten, können wir uns dieser Logik folgend vorstellen, dass sie nicht mehr in der Umgebung leben, an die sie sich über Tausende von Jahren in der Evolution angepasst haben. Das freie Umherziehen, für das sie entwickelt sind, ist ihnen genauso verwehrt wie der Zugang zu einer großen Pflanzenvielfalt als natürlichem Futter. Zu diesen Nachteilen der Domestikation kommen noch die Einflüsse modernder Landwirtschaft und Weidebearbeitung. Der Boden, auf dem das Gras wächst, ist nicht mehr der gleiche. Er ist von Dünger, Schädlings- und Unkrautvernichtungsmitteln dermaßen bombardiert, dass er weder die gleiche Struktur besitzt noch die gleiche Mikroflora und -fauna beherbergt und folglich auch nicht mehr das gleiche gesunde Pflanzenwachstum hervorbringen kann, zu dem unsere Pferde Zugang haben müssten.

Lassen wir uns doch nur das einfache Beispiel von Stickstoffdüngung anschauen, um eine der Möglichkeiten zu illustrieren, wie moderne Landwirtschaft sich schädigend auf die Pferdegesundheit auswirken kann. Wenn dem Boden künstliche Stickstoffdünger zugegeben werden, bilden sie Ammoniumionen (NH4+). Diese binden sich bevorzugt an die Bodenmizellen (die Bodenstruktur) und verdrängen die positiv geladenen Spurenelemente und Hauptmineralien wie Kupfer (Cu ++), Mangan (Mn++), Zink (Zn++), Magnesium (Mg++) und Kalzium (Ca++), die sich folglich »frei« im Boden befinden. Mit dem Regen werden diese Mineralien dann in die Drainagegräben fortgespült.

Dieser Effekt ist leicht zu beobachten und auf jeder »modernen« Weide nachzuweisen. Er ist keine Hypothese, sondern eine bewiesene Tatsache. Nach mehreren Jahren verändert sich die Bodenstruktur einer solchen Weide dramatisch und wird in ihrer Zusammensetzung ärmer. Die Pflanzen werden nährstoffärmer und eine spiralförmige Entwicklung in Richtung Krankheit wird im System geschaffen. Das Pferd kann von diesem Prozess nicht unbeeinflusst bleiben, weil es das Heu aus solchem System frisst, auf solchen Weiden grast und so angebautes Getreide frisst. Kurz gesagt, seine gesamte Ernäh-

Das Pferd entwickelte sich mit und innerhalb der Pflanzenwelt seiner Umgebung. Unsere Hauspferde finden heute oft Lebensbedingungen vor, die weit von denen ihrer Vorfahren entfernt sind. Selbst Weidepferde leben auf Böden, deren Zustand längst nicht mehr als »natürlich« beschrieben werden kann.

rung sowie die Erhaltungs- und Erneuerungskräfte des Körpers beruhen auf einer mangelhaften Grundlage.

Kommen wir nochmals auf das Beispiel zurück, wie Stickstoffdünger dem System schaden kann und betrachten wir die biologischen Prozesse, die in Graspflanzen ablaufen, welche mit zusätzlichem löslichem Stickstoff gedüngt wurden. Zunächst wird der Zuckergehalt des Grases verändert und erhöht (ein klares Hufrehe-Risiko für Robustpferderassen, um nur einen Nachteil zu nennen). Außerdem wird der Gehalt an Proteinen und, was noch wichtiger ist, an toxischen, nicht-eiweißhaltigen Stickstoffverbindungen erhöht, was zu Ungleichgewichten im Stoffwechsel und damit Krankheitsrisiko führt.

Der Kaliumgehalt wird drastisch erhöht und führt zu möglichen Ungleichgewichten im Elektrolythaushalt und zur Schwächung des Magnesium-Stoffwechsels (und damit zur Veränderung von Nerven-, Herz- und Muskelfunktion bei den Weidetieren). Die einzigen »Vorteile«, die zunächst aus einer Stickstoffdüngung zu erwachsen scheinen, sind verstärktes Graswachstum und eine »bessere« Farbe der Pflanzen. Sie bewirkt aber keinerlei Erhöhung des Nährwertes für Pferde - sogar das Gegenteil ist der Fall.

Die Bedeutung der Kräuter- und Pflanzenheilkunde wird in diesem Zusammenhang verdeutlicht. Sie kann nicht nur dazu dienen, ein bestimmtes Krankheitssymptom zu heilen (obwohl sie dazu über sehr wirkungsvolle Möglichkeiten verfügt), sondern sie schafft einen positiven Hintergrund für Gesundheit und Ernährung. Weil wir stets ganzheitlich denken, ist es sehr schwierig, Ernährung und Medizin voneinander zu trennen. Wann ist eine Pflanze Medizin und wann Nahrung? Dies ist eine rhetorische Frage, auf deren Beantwortung wir keine Energie verschwenden sollten. Stattdessen sollten wir lieber ein gutes Gleichgewicht heimischer Pflanzen als Grundvoraussetzung für eine gesundheitsunterstützende Ernährung sehen. Wenn wir »Behandlungen« für Krankheiten brauchen, sollten wir Kräuter oder speziell zusammengestellte Kräutermischungen verwenden, welche die nötige Mischung aktiver Inhaltsstoffe enthalten, um dem System zur Gesundheit zurückzuverhelfen.

Das alles klingt sehr freundlich und sanft. Die Kraft der Kräutermedizin darf aber niemals als Ergebnis einer angenehmen Vision von »guten« Pflanzen in einer utopischen Welt unterschätzt werden. Die außerordentliche Wirksamkeit pflanzlicher Inhaltsstoffe und ihre Bedeutung als Rohmaterial für moderne Medikamente sind schon lange von der modernen pharmazeutischen Industrie erkannt worden. Die pharmazeutische Industrie macht erhebliche Gewinne mit geschützten Medikamenten. Ein überraschend hoher Prozentsatz von ihnen wurde auf Grundlage von Pflanzenextrakten entwickelt, die im Labor getrennt und verändert werden, um neue, dem Original mehr oder weniger ähnliche Kombinationswirkstoffe zu schaffen. Dabei ist die erklärte Absicht, die in der Natur vorkommenden Unreinheiten, Instabilitäten und Unsicherheiten zu beseitigen und einen »perfekteren«, aktiven chemischen Wirkstoff zu schaffen. Heraus kommt eine modifizierte Chemikalie, die im Gegensatz zum natürlichen Inhaltsstoff rechtlich geschützt und patentiert werden kann. Das tatsächliche Ergebnis des Prozesses ist jedoch, dass man den »sicheren« natürlichen Wirkstoff zu einem von weniger erwiesener Sicherheit umgewandelt hat. Der Bestandteil wird aus seinem natürlichen Zusammenhang mit anderen, mit ihm zusammenwirkenden Bestandteilen der Pflanze herausgerissen, von denen man annehmen kann, dass sie den Patienten schützen, indem sie die Wirkung des »aktiven Inhaltsstoffes« ausbalancieren.

Unnötig zu erwähnen, dass die Kräutermedizin seit Beginn der Menschheit existiert und in der traditionellen Heilkunde jeder Gesellschaft zu finden ist, sei sie primitiv oder modern. Das instinktive, kollektive Wissen der Menschheit sucht beim Wunsch nach Heilung zuerst nach Pflanzen - und dieser Instinkt ist noch viel stärker beim Pferd, für das Pflanzen die Lebensgrundlage bedeuten und das in der Evolution ausschließlich auf sie angewiesen war. Seine Existenz hängt von bestimmten pflanzlichen Gleichgewichten als Bedingung sine qua non ab, als unverzichtbarer Bestandteil von Leben und Gesundheit.

AKTIVE PRINZIPIEN

Um die medizinische Verwendung von Pflanzen besser zu verstehen, ist der Versuch einer Klassifizierung der »aktiven Prinzipien« nützlich. Die Inhaltsstoffe von Pflanzen können wie folgt klassifiziert werden:

Säuren	Phenole
Alkohole	Bitterstoffe
Alkaloide	Kohlenhydrate
Antrachinone	Kumarine
Flavone	Saponine
Flavonoide	Tannine
Glykoside	Ätherische Öle (wirkungsvolle Substanzen, die Grundlage der Aromatherapie bilden)

Ihre medizinische Wirkung kann nach den hauptsächlichen verursachten Effekten im Körper klassifiziert werden. (Diese Klassifizierung unterscheidet sich von der in der klassischen chinesischen Medizin verwendeten - dazu später mehr - da man dort die Funktionen des Körpers ganz anders einteilt):

Stoffwechselumstimmend	Harntreibend
Schmerzlindernd	Wehen beschleunigend
Wurmtreibend	Brechreiz auslösend
Schleimhaut abschwellend	Lindernd
Gegen Übelkeit	Schleimlösend
Entzündungshemmend	Fiebersenkend
Gegen Nieren- und Blasensteine	Milchtreibend
Antibakteriell	Lebertätigkeit fördernd
Pilzhemmend	Hypnotisierend
Krampflösend	Nerven stärkend
Verdauungsfördernd	Hautreizend
Aromatisch	Beruhigend
Austrocknend und blutstillend (Adstringent)	Speicheltreibend
Bitter	Schlaffördernd
Herzstärkend	Anregend
Gärungswidrig	Blutstillend
Abführend	Tonisierend
Galle treibend	Blasenbildend
Galle hemmend	Wundheilend
Schleimhautreizungen lindernd	Schweißtreibend

Die meisten Handbücher zur Kräutermedizin listen die aktiven Inhaltsstoffe jeder Pflanze je nach chemischer Klassifikation und wichtigster medizinischer Wirkung auf. Auf dieser Grundlage können dann Pflanzen zur Behandlung von Krankheiten ausgewählt werden. Kombination verschiedener Pflanzen

Futterzusätze aus Kräutern müssen wie Medizin behandelt werden, und zwar sowohl was ihre Herstellung als auch was ihre Anwendung angeht. Von fertigen Kräutermischungen, aufs Geradewohl verfüttert, darf man nicht die gleiche Heilwirkung erwarten wie von einem nach sorgfältiger Diagnose speziell verschriebenen pflanzlichen Medikament.

werden je nach gewünschter Wirkung, Verträglichkeit untereinander und Eignung für den individuellen Patienten ausgewählt.

Von fundamentaler Bedeutung ist, dass die Pflanzen korrekt identifiziert werden, bevor man sie als Medizin einsetzt. Sie müssen in einer geeigneten und unbelasteten Umwelt gewachsen sein, da sie ansonsten selbst nicht gesund sind und folglich auch keine Heilwirkung haben können.

Auf dem Markt sind fertig abgepackte Kräuter erhältlich, die je nach Herkunft mehr oder weniger gewissenhaft und mit mehr oder weniger Sachverstand angebaut oder gesammelt und geerntet wurden.

Offiziell zum Verkauf freigegebene Produkte wurden dabei überprüft und getestet. Viele der Firmen, die es bis zu diesen benötigten Lizenzen gebracht haben, haben ihre Betriebe und ihr Wissen über viele Jahre oder sogar Generationen hinweg aufgebaut und erweitert.

Andere Produkte sind mit weit weniger Sorgfalt hinsichtlich Anbau, Identifikation, Ernte, Mischung, Trocknung und Verpackung hergestellt worden; achten Sie deshalb beim Kauf auf entsprechende Gütesiegel.

Klar ist, dass ein fertig zum Verkauf abgepacktes Produkt nicht mehr individuell auf einen Patienten zugeschnitten sein kann; es wird daher nicht mehr im wirklich ganzheitlichen Sinne gebraucht. Damit pflanzliche Heilmittel ihre volle Wirksamkeit zeigen können, sollten sie erst nach sorgfältiger Analyse der Symptome und Bedürfnisse des jeweiligen Patienten zusammengestellt werden.

Da Kräuter nicht unter das deutsche Arzneimittelgesetz fallen und somit frei verkäuflich sind, gibt es keinen garantierten Verbraucherschutz und der Pferdebesitzer ist selbst dafür verantwortlich, das Beste für sein Tier zu erwerben.

NEBENWIRKUNGEN UND GEFAHREN
Beim Kauf von Kräuterprodukten ist es wichtig, sich genau an die Hinweise des Herstellers zu halten. Wenn gleichzeitig andere, konventionelle Medikamente gegeben werden, besteht die Gefahr einer Unverträglichkeit oder Überdosierung bestimmter Wirkstoffe, da die Inhaltsstoffe sich zum Teil überschneiden können (s.o.).

Als Amateur sollte man von der Verwendung giftiger oder potenziell giftiger Pflanzen wie Aristolochia (Osterluzei-Gewächse), Bryonia (Zaunrübe), Tollkirsche, Fingerhut, Mistel, Schachtelhalm, Männertreu, Blauer Eisenhut, Beifuß oder Johanniskraut unbedingt absehen, da hier korrekte Dosierung und Anwendung lebenswichtig sind.

Für ihre sichere und korrekte Anwendung ist viel Erfahrung, Geschick und genaue Beobachtung des Patienten notwendig.

MEDIKAMENTENRÜCKSTÄNDE
Wenn größere Mengen wirkungsvoller Medikamente gegeben werden, ist es sehr wahrscheinlich, dass man bei einer Blutuntersuchung der jeweiligen Tiere chemische Rückstände feststellen kann. Aus diesem Grund ist es nicht immer unbedenklich, Turnierpferden einige Zeit vor dem Wettkampf Kräuter zu füttern. Wenn das Pferd im Equidenpass als Schlachtpferd deklariert, also zum menschlichen Verzehr bestimmt ist, spielen Rückstände im Gewebe ebenfalls eine wichtige Rolle.

LAGERUNG
Kräuter sollten jedes Jahr frisch gesammelt werden, und zwar nur so viel, dass sie innerhalb eines Jahres aufgebraucht werden können. Getrocknete Kräuter gehören in Glasbehälter und diese wiederum in warme, aber abgedunkelte, trockene und staubfreie Umgebung. Packen Sie sie nicht zu dicht und datieren Sie das Behältnis. Feuchte Futterküchen, wie man sie an vielen Pferdeställen findet, sind nicht der ideale Aufbewahrungsort für Kräutermedizin. Kaufen Sie keine Produkte, deren Erntedatum nicht angegeben ist oder die in ungeeigneten Behältnissen verpackt sind.

DIE WICHTIGSTEN KRÄUTER
Im Folgenden finden Sie eine kurze Beschreibung einiger wichtiger und bekannter einheimischer Kräuter, die für Pferde verwendet werden können sowie einige ihrer Anwendungsmöglichkeiten. Diese Liste ist bei weitem nicht vollständig und sollte nur als beispielhafter Auszug für die Möglichkeiten der Kräutermedizin betrachtet werden, nicht als Therapieanleitung. Auch sind hier nur Krankheiten besprochen, für die eine Eigenbehandlung zuhause in Frage kommt - was aber nicht heißt, dass die Kräutermedizin bei richtiger Anwendung nicht auch zur Behandlung schwierigerer und komplexer Krankheiten geeignet wäre.

Kamille *(Matricaria chamomilla)* Die früher an Heckensäumen und auf Weiden häufig vorkommende Kamille hat wirksame beruhigende und schmerzstillende Eigenschaften. Nervosität oder Erregung vor Wettkämpfen oder anderen Ereignissen sind ebenso Anwendungsmöglichkeiten wie »Stresskolik« oder Schmerzen im Gesichtsbereich (Nebenhöhlen oder Zähne). Bei Verrenkungen im Becken- oder Rückenbereich ist es vor einem Besuch beim Chiropraktiker hilfreich, mit Kamille die Schmerzen zu lindern und die Muskulatur zu entspannen. Kamille wird meist innerlich verabreicht.

Beinwell *(Symphytum officinale)* Wie der Name schon sagt, wird er in der Volksmedizin als Heilmittel für gebrochene und geschädigte Knochen betrachtet. Aber auch seine generellen wundheilenden Eigenschaften bei sämtlichen Verletzungen und Quetschungen dürfen nicht unterschätzt werden. In letzter Zeit kam er wegen angeblich leberkrebsauslösender Inhaltsstoffe etwas in Verruf, weil er kleine Mengen einer Substanz enthält, die mit dem giftigen Saft des Jakobskreuzkrautes verwandt ist. Nach Meinung des Autors wird dieses Risiko aber überbewertet. Beinwell wird seit Jahrhunderten und bis heute erfolgreich und gefahrlos verwendet und dem Autor sind bei korrekter Anwendung keinerlei Nebenwirkungen bekannt. Mit für den langfristigen Dauereinsatz bestimmten Futtermitteln, die Beinwellextrakte enthalten, sollte man allerdings vorsichtig sein. Beinwell wird (mit den erwähnten Vorsichtsmaßnahmen) sowohl innerlich als auch für äußere Umschläge verwendet.

Löwenzahn *(Taraxacum officinale)* Diese scheinbar so einfache und gewöhnliche Pflanze ist in Wirklichkeit eine kraftvolle Medizin. Löwenzahn wirkt harntreibend, entschlackend und mild abführend. Mit seinen tief in die Erde reichenden Wurzeln bringt er Mineralien aus den tiefen Bodenschichten nach oben, die für Graswurzeln unerreichbar sind. Sein Ruf als »Unkraut« hat dazu geführt, dass er von den meisten Weiden verschwunden ist - nach Meinung des Autors sollte er aber auf Pferdeweiden eher gefördert werden. Er kann bei Störungen im Bereich von Leber, Nieren, Haut oder Herz verwendet werden und hat neben seinem Nährwert eine Reihe wirkungsvoller Eigenschaften. Er ist außerdem reich an Kalium, was seinen Wert als harntreibendes Mittel noch steigert. Die Wurzel besitzt stärkere harntreibende Eigenschaften als die Blätter und wird zu Pulver verarbeitet. Seine Eigenschaften machen den Löwenzahn zu einer der wertvollsten Medizinpflanzen bei der Behandlung von Hufrehe.

Flachs *(Linum usitatissimum)* Flachs ist die blau blühende Pflanze, aus der wir Leinsamen und Leinöl gewinnen. Leinsamen (mindestens zwei Stunden gekocht, damit die enthaltene giftige Blausäure zerstört wird) ist eine wertvolle Quelle für Proteine und Öle. Leinöl kann auch direkt verfüttert werden, in zu großen Mengen kann es aber abführend wirken. Leinöl ist besonders reich an essenziellen Fettsäuren, die entgiftend und antioxidativ wirken. Es steht sogar in dem Ruf, die Ausscheidung von Schwermetallen aus dem Körper zu fördern - eine wichtige Eigenschaft in unserer heutigen, stark belastenden Umwelt. Viele Getreidedünger enthalten Schwermetalle, sodass auf ehemaligen Ackerflächen angesätes Grasland belastet sein kann - einmal ganz abgesehen von Weiden in der Nähe von Industrieanlagen und Autobahnen. Der Nutzen des Leinsamens liegt in seinem hohen Nährstoffgehalt sowie in seinen abführenden, entzündungshemmenden, lindernden und fellpflegenden Eigenschaften. Er eignet sich auch gut für heiße Umschläge.

Knoblauch *(Allium sativum)* Der kulinarische Siegeszug, den der Knoblauch während der letzten 20 Jahre auch in nördlicheren Gefilden erlebt hat, ließ seinen enormen medizinischen Wert etwas in den Hintergrund geraten. Er wirkt schleimlösend, entzündungs- und allergiehemmend, antibakteriell, wurmtreibend, desinfizierend und allgemein umstimmend. Die aromatischen Inhaltsstoffe werden über die Haut ausgeschieden und sind ein wertvolles Mittel gegen Insekten. Sein hoher Schwefelgehalt macht ihn außerdem förderlich für das Hufwachstum. Die blutreinigenden Eigenschaften bewähren sich bei Hufrehe und Sommerekzem; insgesamt ist er mit seinen vielseitigen Eigenschaften beinahe ein Universalmittel. Sein Wert ist so hoch, dass der Autor täglichen Gebrauch empfiehlt - entweder als frische Zehen oder, wenn das zu unpraktisch ist, als fertiges Granulat. Vorsicht aber vor fertigen Knoblauchpräparaten, die große Mengen wertloser »Trägersubstanz« enthalten, was leider allzu häufig der Fall ist.

Blasentang *(Fucus vesiculosus)* Dieser Seetang enthält Nährstoffe aus dem Meer, aus dem er geerntet wird. Er ist reich an wertvollen Mineralien, aber leider auch anfällig für Umweltgifte im Meerwasser, weshalb auf seine Herkunft sorgfältig geachtet werden muss (Seetang aus der Nordsee wird besser vermieden). Blasentang ist sehr nahrhaft und deshalb eine wertvolle Futterergänzung, gut ist er auch für äußere Umschläge verwendbar. Besonders reich ist er an Kalium und Jod; mit Kalk angereichert ergibt er einen hervorragenden natürlichen Dünger, der Humus und mineralische Nährstoffe langsam freisetzt. Besonders in Gegenden mit Jodmangel ist er hilfreich.

Ringelblume *(Calendula officinalis)* Auch diese Pflanze ist in Gärten so weit verbreitet, dass man sie kaum für eine Heilpflanze hält. Nichts ist weiter von der Wahrheit entfernt! Sie wirkt antibakteriell, pilzhemmend, entzündungshemmend, wundheilend (innerlich und äußerlich) und ist, innerlich verabreicht, ein wirksames Mittel zur Unterstützung der Verdauung. Als Ringelblumensalbe ist sie unersetzlich in der Wundbehandlung - sie desinfiziert und fördert die Heilung auf fast wundersame Weise.

Minze *(Mentha spicata)* Auch: **Pfefferminz** *(Mentha piperita)*, **Roßminze** *(Mentha sylvestris)*, **Grüne Minze** *(Mentha viridis)* Diese häufige Gartenpflanze wird von Pferden sehr gern gefressen und ist eine willkommene Futterergänzung. Sie wird oft

Fertigfuttern beigemischt, um sie schmackhafter zu machen, unerwünschte Gerüche zu überdecken, über den guten Geruch den Käufer zu animieren und den Hersteller dazu zu legitimieren, den Aufdruck »Mit Kräutern« auf die Packung zu setzen - ein starkes Verkaufsargument! Minze wirkt appetitanregend, verdauungsfördernd und anregend und eignet sich deshalb gut als ergänzende Behandlung bei Kolik oder für kolikanfällige Pferde. Pfefferminze hat im Vergleich zu den anderen Minzearten stärker pilzhemmende Eigenschaften und wirkt auch stärker verdauungsfördernd und gärungswidrig. Sie ist außerdem geschmacksintensiver - der Grund dafür, warum Pferde so gerne Minzdrops mögen (deren Fütterung nicht zu empfehlen ist).

Brennnessel ***(Urtica dioica)*** Diese Pflanze hat einen so schlechten Ruf als Unkraut, dass ihre wertvollen Nähr- und Heileigenschaften fast völlig übersehen werden. Eisen, Kalzium, Kalium sind besonders reich in Nesseln enthalten. Das reichlich in ihnen vorhandene Vitamin C wirkt sich positiv auf das Immunsystem aus und unterstützt die Absorption des Eisens. Brennnesseln sind ein starkes Tonikum und wirken milchtreibend. Sie sind wertvoll als tägliche Futterergänzung für säugende Stuten, bei Hufrehe, Arthritis und Anämie sowie schlechtem Allgemeinzustand.

DOSIERUNG DER KRÄUTER

Die Dosierung von Kräutern geschieht nicht einfach nach »Gramm pro Körpergewicht«, sondern hängt von der medizinischen Zielsetzung, dem Patienten und den anderen gleichzeitig gegebenen Kräutern ab. Bitten Sie Ihren Tierarzt diesbezüglich um Hilfe. Nehmen Sie sich vor kommerziellen Kräuteranbietern in Acht, die nur an Verkaufszahlen interessiert sind und die keine Befähigung oder Erlaubnis zur Erteilung von Behandlungsratschlägen haben.

Nur ein qualifizierter Tierarzt darf Tiere behandeln oder zu deren Behandlung raten. Der Pferdebesitzer ist auch rechtlich auf der sicheren Seite, wenn er einen Tierarzt zu Rate zieht. Vorsicht auch vor mit viel Aufwand vermarkteten Produkten, die pseudo-medizinische Ansprüche erheben oder im Produktnamen darauf anspielen. Sie wurden nicht für das in Frage stehende Pferd zusammengestellt und können deshalb nicht nur wirkungslos, sondern unter Umständen sogar gefährlich sein. Kaufen Sie nie ein Produkt, dessen Inhaltsstoffe nicht klar auf der Packung deklariert sind und deren Herstellungsdatum nicht angegeben ist. Es versteht sich von selbst, dass Kräuter für Pferde nicht aus verschmutzten Umgebungsbedingungen stammen dürfen (Auto- und Industrieabgase, Chemikalien etc.), woraufhin auch jeder Anbieter überprüft werden sollte. Wenn Sie sich dazu entscheiden, lieber selbst Pflanzen von sorgfältig ausgesuchten Stellen zu pflücken, müssen Sie sichergehen, dass Sie weder Eigentumsrecht an Grundstücken noch das Naturschutzgesetz verletzen.

Beispiele für die Wirkung von Heilpflanzen

Stoffwechselumstimmend	z.B. Klette	(Arctium)
Krampflösend	z.B. Indianische Frauenwurzel	(Cimicifuga)
Abführend	z.B. Flachs	(Linum)
Zusammenziehend	z.B. Goldrute	(Solidago)
Wurmtreibend	z.B. Knoblauch	(Allium)
Sekretionsfördernd	z.B. Mutterkraut	(Tanacetum)
Blähungswidrig	z.B. Salbei	(Salvia)
Schleimhautschützend	z.B. Beinwell	(Symphytum)
Schweißtreibend	z.B. Holunder	(Sambucus)
Harntreibend/ Entschlackend	z.B. Löwenzahn	(Taraxacum)
Schleimlösend	z.B. Verbene	(Verbena)
Fiebersenkend	z.B. Engelwurz	(Angelica)
Leberregulierend	z.B. Löwenohr	(Leonurus)
Nervenstärkend	z.B. Hopfen	(Humulus)
Hautreizend	z.B. Brennnessel	(Urtica)
Beruhigend	z.B. Helmkraut	(Scutellaria)
Stimulierend/Anregend	z.B. Löffelkraut	(Cochlearia)
Tonisierend	z.B. Echter Alant	(Inula)
Wundheilend	z.B. Ringelblume	(Calendula)

HOMÖOPATHIE

Während die Kräutermedizin so alt ist wie die Menschheit und Tiere sie lange davor schon natürlich und instinktiv »gebrauchten«, ist die Homöopathie offiziell erst knapp über 200 Jahre alt. Ihr Grundprinzip wurde 1796 von dem brillanten deutschen Arzt und Wissenschaftler Samuel Hahnemann entdeckt, der die Methode sein Leben lang mit Überzeugung weiterentwickelte und verbesserte (er starb 1843). Seine Entdeckung verdankt er Experimenten mit Chinarinde, die als Rohstoff für das Malaria-Medikament Chinin dient. Er fand heraus, dass wiederholte kleine Gaben von Chinarinde bei einem gesunden Menschen Symptome hervorrufen konnten, die denen der Malaria sehr ähneln.

Diese Arbeit wurde zur Grundlage für das »Gesetz der Gleichheit« und die Bezeichnung »Homöopathie«, die aus dem Griechischen übersetzt so viel wie »gleiches Leiden« bedeutet. Als Ergebnis seiner gewissenhaften wissenschaftlichen Arbeit hinterließ uns Hahnemann nicht nur zahlreiche neue Medikamente, die nach dem Prinzip »Gleiches mit Gleichem heilen« entdeckt und erprobt worden waren, sondern auch den Grundsatz der Verdünnung bzw. »Potenz«: Er fand heraus, dass die Substanz durch wiederholte Verdünnung und Schüttelung sogar noch wirksamer und sicherer in der Anwendung wurde - ein erstaun-

Homöopathische Medikamente haben sich vielfach bewährt, vor allem in der Behandlung chronischer Erkrankungen. Ihre Wirkung zielt eher auf Beseitigung der zugrunde liegenden Störung als auf die Behandlung der Symptome.

liches medizinisches Paradoxon. Nicht die molekulare oder chemische Interaktion des Stoffes mit dem Organismus des Patienten verursacht die Wirkung, sondern die »Energieinformation« des Medikamentes. Es soll nicht Zweck dieses Kapitels sein, die wissenschaftlichen Hintergründe der Homöopathie zu diskutieren, sondern vielmehr, Anwendung und Nutzen zu beschreiben.

Die energetischen und dynamischen Einflüsse homöopathischer Medikamente scheinen dem Körper zu helfen, sein inneres Gleichgewicht aktiv wiederzufinden - ganz nach den Grundsätzen der Ganzheitlichkeit. Gleichgewicht umfasst Körper, Seele und Geist in Harmonie mit der Umgebung. Diese Medikamente wirken nicht auf die Symptome, sondern auf die Störungen, welche die Symptome verursachen und sie wirken auf Körper und Geist als untrennbare und integrale Bestandteile eines Lebewesens. Es versteht sich von selbst, dass der Körper auch in der Lage sein muss, auf diese Anregungen zu reagieren, weshalb gesunde Ernährung, optimales Sattelzeug, guter Beschlag, gute Haltungsbedingungen etc. beim Pferd absolut wichtig sind. Alle Faktoren, die eine Heilung behindern könnten oder sogar die Störung hervorgerufen haben, müssen unbedingt als Erstes entfernt werden.

Die Homöopathie ist eine wertvolle Therapie für die verschiedensten Krankheiten. Sogar bei Notfällen wie z.B. Kolik ist sie ebenso wirkungsvoll anwendbar wie konventionelle Medikamente. Sie besitzt die einmalige Fähigkeit, dem Körper bei der Heilung verschiedenster Krankheiten zu helfen - und zwar bei Pferd und Reiter! Sie ist in der Lage, akute infektiöse oder fiebrige Erkrankungen schnell zu bekämpfen - und zwar oftmals prompter als Antibiotika und ohne deren Nebenwirkungen. Aus diesem Grund sind homöopathische Medikamente in jedem Pferdestall ein wertvolles Mittel zur ersten Hilfe!

Ihre größten Verdienste hat sich die Homöopathie jedoch auf dem Gebiet der Bekämpfung chronischer Krankheiten erworben. Bei chronischen Krankheiten führen Körper und Krankheit oft eine Art von »kaltem Krieg« - und das über einen langen Zeitraum. Arthritis, Hauterkrankungen, chronischer Durchfall, Sommerekzem, Hufrehe, chronisch-obstruktive Bronchitis (COB), Podotrochlose, Spat, Sehnenverletzungen, chronische Atemwegsinfektionen und viele andere Erkrankungen, die beim Pferdebesitzer oft blanke Panik auslösen, können homöopathisch erfolgreich behandelt werden, sofern nach ganzheitlichem Grundsatz auch die entsprechenden Begleitmaßnahmen getroffen werden. Der Körper ist in ständigem Umbau begriffen, indem er Zellen resorbiert und durch neue ersetzt. Dementsprechend ist auch eine gesunde Erneuerung da möglich, wo vorher Krankheit war - vorausgesetzt, der Reiz (das homöopathische Mittel) ist korrekt und Ernährungs- und Lebensumstände sind förderlich.

Es ist in der Regel nicht die Bezeichnung der Krankheit, die den Ausgang bestimmt. Viel öfter ist die korrekte Durchführung der Behandlung zusammen mit einer ganzheitlichen Betrachtung des Patienten und langfristig guter, fachlich korrekter Betreuung ausschlaggebend für den Erfolg.

UMGANG MIT HOMÖOPATHIKA UND IHRE LAGERUNG

Bei homöopathischen Mitteln sind korrekte Lagerung und richtiger Umgang mit ihnen von großer Bedeutung, denn sie sind aufgrund der Verdünnung und Feinheit sehr empfindlich. Wenn sie jahrelang verwendbar bleiben sollen, muss vorsichtig mit ihnen umgegangen werden. Dabei sind einige einfache Regeln zu beachten:

- In dunklen (am besten braunen) Glasfläschen lagern
- In einem dunklen Schrank lagern
- Bei Zimmertemperatur lagern
- Nicht einfrieren oder zu heiß werden lassen
- Stets vor Sonnenlicht schützen
- Nicht neben stark riechenden Substanzen wie Parfüm, Putzmittel, Farben, Kampfer etc. lagern
- Die Flaschen nach Gebrauch sofort fest verschließen
- Nicht zwei Flaschen gleichzeitig öffnen
- Das Mittel möglichst nicht mit den Fingern anfassen
- Keine angefasste oder herausgefallene Medizin zurück in die Flasche tun

NEBENWIRKUNGEN UND GEFAHREN

Homöopathische Mittel haben keine Nebenwirkungen. Sie sind auch deshalb vollkommen ungefährlich, weil sie keinerlei Gewebe- oder Blutrückstände bilden. Trotzdem kann es zu einigen unerwünschten Begleiterscheinungen kommen, wovon eine die typische Erstverschlimmerung der Krankheit ist. Wenn der Körper von innen mit der Heilung beginnt, können sich die Symptome zunächst verschlechtern, bevor eine Besserung eintritt. Die Gabe homöopathischer Mittel kann auch dazu führen, dass alte, verdeckte Symptome wieder auftreten, was beunruhigend und enttäuschend sein kann. Auch dies ist aber in der Regel nur Ausdruck dafür, dass ein Heilungsprozess in Gang gekommen ist. Das Problem ist nur vorübergehender Art und hinterlässt einen vollkommen geheilten Körper.

VERTRÄGLICHKEIT MIT ANDEREN MEDIKAMENTEN

Richtig angewendet, ist die Homöopathie ein reiner und kraftvoller positiver Reiz auf den Körper. Im Idealfall sollte sie nicht mit anderen Behandlungsformen vermischt angewendet werden. Ihre Wirkung wird sehr ungünstig beeinflusst von Steroiden, nichtsteroidalen Entzündungshemmern, Antihistaminika und stark riechenden Substanzen wie z.B. Kampfer. Impfungen können nicht nur die Tätigkeit des Immunsystems, sondern auch die Wirkung der Homöopathie negativ beeinflussen. Wenn Akupunktur und Homöopathie gleichzeitig angewendet werden, muss das sehr sorgfältig geschehen, damit keine Konflikte entstehen und zu Misserfolgen oder sogar Schäden führen. Auch viele Kräuter sollten nur vorsichtig oder gar nicht zusammen mit Homöopathika verwendet werden. Eine gleichzeitige Aromatherapie mit ätherischen Ölen ist ebenfalls wenig ratsam und sollte allenfalls Fachleuten vorbehalten bleiben.

VERFÜGBARKEIT

Homöopathische Mittel sind in Apotheken rezeptfrei erhältlich. Am gebräuchlichsten sind die so genannten niedrigen Potenzen wie D4 oder D6, die bei akuten Erkrankungen gute Dienste leisten. Zur Behandlung chronischer Erkrankungen eignen sich besser die hohen C - Potenzen wie beispielsweise C 100.

Vor allzu beliebigem eigenem Herumexperimentieren mit homöopathischen Mitteln muss aber gewarnt werden. Besser beraten ist, wer sich an einen Fachmann, am besten einen homöopathisch ausgebildeten Tierarzt wendet. Immer mehr Tierärzte praktizieren inzwischen auch homöopathisch und haben sich entsprechend weitergebildet. Um herauszufinden, welches Mittel sich am besten im jeweiligen Fall eignet, kann man nicht nur von der Krankheit selbst ausgehen, sondern muss auch die so genannte Konstitution, also die körperliche und seelische Veranlagung des Patienten, mit in Betracht ziehen. So können für die Behandlung der gleichen Erkrankung bei zwei verschiedenen Pferden zwei völlig unterschiedliche Mittel notwendig sein! Das richtige Mittel herauszufinden, verlangt also viel Wissen und Erfahrung, das in der Regel nur Fachleute haben. Was die Anwendung auf eigene Faust angeht, sollte man sich auf einige wenige »Standardmittel« beschränken, die sich in den häufigsten Krankheitssituationen besonders bewährt haben.

DIE WICHTIGSTEN MITTEL

Dieser Abschnitt erhebt keinen Anspruch auf Vollständigkeit, sondern möchte nur einige wichtige Grundmittel vorstellen, die zur Behandlung der häufigsten Krankheiten im Stall vorhanden sein sollten. Die Anwendung dieser Mittel ist gefahrlos möglich und Sie können keinen Schaden damit anrichten. (Im Zweifelsfall sollten Sie aber unbedingt immer einen Tierarzt verständigen! Anm. d. Übers.) Geben Sie die Mittel so schnell wie möglich nach Erscheinen der ersten Symptome für eine Viruserkrankung, nach einer Verletzung oder beim Auftreten anderer Probleme. Sie können die Wirkung anderer Medikamente nicht negativ beeinflussen, falls der Tierarzt noch solche verschreiben sollte. Manchmal erübrigt sich das Kommen des Tierarztes sogar!

Aconitum napellus Furcht, Ängstlichkeit, Panik, Aufregung, plötzlich einsetzendes Fieber oder Bindehautentzündung, akute entzündliche Reaktionen sind Einsatzgebiete für Aconitum. Krankheiten infolge kalter, trockener Winde.

Arnica montana Ein Mittel, das in keinem Haushalt und Stall fehlen sollte. Es ist das erste Mittel bei jeder Art von Verletzung, Schock oder Operation. Gebrauchen Sie es außerdem zur Vorbeugung und Behandlung der Folgen von Überanstrengung. Arnica kann auch noch Jahre nach einer Verletzung gegeben werden, um deren Folgeerscheinungen zu mildern. Sie bekämpft wirkungsvoll die Infektion von Wunden und kann auch als Salbe oder Gel angewendet werden, die homöopathischen Arnicatropfen dürfen jedoch nicht direkt auf die Wunde aufgebracht werden. Je schneller nach einer Verletzung Arnica gegeben wird, desto besser ihre Wirkung. Kann mit anderen Homöopathika zusammen verabreicht werden.

Arsenicum album Erwägen Sie dieses Mittel bei Ängstlichkeit und Ruhelosigkeit sowie bei wundmachenden Ausflüssen. Charakteristisch für Arsenicum ist auch starker Durchfall, besonders nach der Aufnahme verdorbenen Futters. Häufig Durst nach kleinen Wassermengen. Die Haut ist trocken, schuppig und schorfig. Oft gute Wirkung bei allergischem Asthma. Die Symptome sind bei nasskaltem Wetter schlimmer und bei Wärme besser; am schlimmsten in der Zeit um Mitternacht.

Belladonna Ein kraftvolles und schnell wirkendes Mittel bei Fieber, Abszessen, Entzündungen, Krämpfen, Wutanfällen. Die Symptome verschlechtern sich bei lauten Geräuschen und Berührung und bessern sich in warmer, ruhiger und dunkler Umgebung.

Calendula officinalis Ein großartiges Wundheilmittel, das meist örtlich als Lotion oder Salbe verwendet wird. Beschleunigt die Heilung von Abschürfungen, verringert die Eiterbildung und fördert die erste Phase der Wundheilung.

Colocynthis Ein wunderbares Mittel gegen Kolik. In typischen Fällen ist der Rücken gekrümmt, die Beine werden hochgezogen. Aufregung und Schmerz kommen in anfallartigen Schüben. Das Pferd knirscht mit den Zähnen und ist geräuschempfindlich. Hilft auch gegen alle starken, tief sitzenden Schmerzen im Körper (z.B. der Hüfte).

Euphrasia officinalis Euphrasia ist ein Augenmittel, das bei allen Anzeichen von Bindehautentzündung, Lichtempfindlichkeit und bei Tränen der Augen eingesetzt werden kann. Die Symptome sind bei Licht und Wärme stärker, in der Dämmerung schwächer. Wird innerlich oder in Form von Augentropfen verabreicht. Im Volksmund heißt die Pflanze Augentrost.

Hamamelis virginica Zum Arzneibild dieses Mittels passen venöse Stauungen, venöse Blutungen in das Gewebe, Hämatome und Blutungen mit dunkel gefärbtem Blut.

Hepar sulphuris Ein sehr wichtiges Mittel bei eitrigen Zuständen. Bei infizierten Wunden sowohl vorbeugend als auch behandelnd einsetzbar. Hilfreich bei eitrigen Augenwinkeln. Sämtliche eitrigen oder infizierten Verletzungen verlangen nach diesem Mittel, Operationswunden inbegriffen.

Hypericum perforatum Das homöopathische Schmerzmittel. Verwenden Sie es bei Verletzungen an Beinen oder Schweifwurzel, wenn Nervenenden verletzt sind. Schmerzen nach Operationen, Rückenverletzungen, Riss- und Stichwunden sprechen gut auf dieses Mittel an. Es hat auch Tetanus-bekämpfende Eigenschaften.

Ledum palustre Wie Hypericum hat auch Ledum Tetanus-bekämpfende Eigenschaften und ist die erste Wahl bei Stichwunden, zu deren effektiver Heilung aus der Tiefe heraus es beiträgt. Auch hilfreich bei arthritischen Schmerzen in kleineren Gelenken, die sich bei Hitze und Wärme verschlimmern. Nageltritte in der Hufsohle verlangen nach sorgfältigem Ausschneiden des Stichkanals nach diesem Mittel.

Nux vomica Verdauungsstörungen nach unverträglichem Futter, Verstopfung (manchmal Durchfall) nach Überfressen, reizbares Temperament, Geräuschempfindlichkeit und verstopfte Nasengänge sind Indikationen für dieses Mittel. Die Symptome verschlimmern sich bei Lärm und bessern sich bei Ruhe oder feuchtem Wetter; am schlimmsten sind sie meist am Morgen.

Phosphorus Ein sehr plötzlich wirkendes Mittel - man kann es sich leicht merken, wenn man an den Phosphorkopf eines Streichholzes und dessen plötzliches Aufflammen denkt. Das Pferd reagiert empfindlich auf laute und plötzliche Geräusche (z.B. Donner, Schussgeräusche, Feuerwerk). Manche Atemwegserkrankungen, insbesondere Lungenentzündung, reagieren gut auf Phosphor. Hilfreich bei Gelbsucht und leicht blutenden Wunden. Zertrennte Nervenfasern haben bei Einsatz von Phosphor eine größere Chance, wieder zusammenzuwachsen. Die Symptome bessern sich bei Dunkelheit, im Freien und bei Ruhe.

Rhus toxicodendron Rhus ist vor allem ein Mittel für Haut, Muskeln und Skelett. Die Haut zeigt kleine rote Pickel oder Bläschen. Am erfolgreichsten ist es in der Behandlung rheumatischer und arthritischer Beschwerden und ist dort stets das Mittel der Wahl, wenn die Symptome bei nasskaltem Wetter und den ersten Schritten nach dem Stallaufenthalt am schlimmsten sind. Der Zustand bessert sich bei Wärme und mit länger anhaltender, ruhiger Bewegung. Zu viel Bewegung führt wieder eine Verschlechterung herbei. Denken Sie auch bei allen Muskelschäden an Rhus tox.

Ruta graveolens Ruta ist das Mittel für Verrenkungen, Verzerrungen und Verstauchungen. Wenden Sie es an, wenn Sehnen, Bänder, Gelenke oder Knochen verletzt sind. Es hilft auch bei rheumatischen Beschwerden, die denen von Rhus ähneln. Kann zusammen mit Rhus gegeben werden.

Symphytum officinale Die im Volksmund als Beinwell bezeichnete Pflanze hat einen unübertroffen guten Ruf in der Beschleunigung und Regulierung von Knochenheilung. Gebrauchen Sie Symphytum auch bei Verletzungen der Augenumgebung (Augenhöhle).

VORBEUGUNG

Die Homöopathie hat nicht nur starke Fähigkeiten in der Behandlung akuter, infektiöser, traumatischer oder chronischer Verletzungen und Erkrankungen, sondern kann auch vorbeugend wirken. Zu diesem Zweck verwendet man in der Regel so genannte Nosoden, das sind homöopathische Mittel, die aus krankem Gewebe gewonnen wurden. Sie sind ebenso stark verdünnt (potenziert) wie die übrigen

Homöopathika, sodass keine Gefahr von ihnen ausgeht. Sie können fast wie Impfstoffe betrachtet werden, aber ohne deren Gefahren und ohne Beweis für die Wirksamkeit (der Autor wird keine Tierversuche durchführen, die für einen Nachweis der Wirksamkeit nötig wären).

Es gibt Nosoden zur Vorbeugung vor Influenza, Herpes, Shigellose, Staphylokokken-Infektionen, Druse, Glatzflechte und vielen anderen Infektionskrankheiten. Wichtig ist, zu Anwendung und Verfügbarkeit der Nosoden einen Tierarzt zu befragen, um die nötige Anleitung zu erhalten.

FAZIT
Zusammenfassend ist festzustellen, dass die Homöopathie eine sichere, sanfte, wirkungsvolle und effektive Behandlungsform darstellt, die über dynamische Energieprozesse im Körper funktioniert. Sie kann Erfolge und Heilungen bei vielen schwierigen oder seltenen Erkrankungen erreichen, die in der Schul medizin häufig als unheilbar gelten. Sie bietet Möglichkeiten, die man unbedingt nutzen sollte, entweder als Erst- oder als Zusatzmaßnahme zu anderen Medikamenten in chronischen, schwierigen Fällen. In der Pferdepraxis des Autors sind seit ihrer Anwendung Antibiotika überflüssig geworden und die Behandlung zuvor als hoffnungslos eingestufter Fälle wurde wieder möglich - eine sehr schöne Belohnung für all die harte Arbeit, die das Erlernen und Verstehen der Homöopathie zweifellos erfordert.

AKUPUNKTUR (und traditionelle chinesische Medizin)

Die Akupunktur ist keine isoliert anwendbare Behandlungsform. Leider wird sie aber in der westlichen Welt oft so gebraucht, was zu schlechteren Ergebnissen führt, als sie im ganzheitlichen Zusammenhang der klassischen chinesischen Medizin möglich sind.

Für die alten Chinesen war die Akupunktur Teil eines ganzheitlichen Verständnisses von Gesundheit und Krankheit und wurde von Maßnahmen zur Ernährung, zum Lebenswandel und von Kräuterbehandlungen unterstützt. All diese Strategien wurden zusammen angewendet, um das richtige Gleichgewicht im Körper wieder herzustellen und zu halten. (Die chinesische Medizin hat immer mehr Wert auf die Erhaltung von Gesundheit als auf die Heilung von Krankheit gelegt).

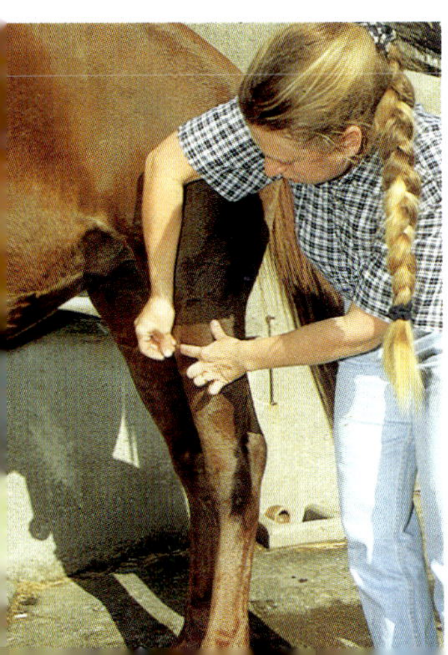

Ziel der Akupunktur ist es, gestörte Energieflüsse im Körper wieder herzustellen und Blockaden in den Energiebahnen, den so genannten Meridianen, zu beseitigen.

DIE THEORIE
Die chinesische Medizin und Philosophie trennt die Medizin nicht von der Ernährung und zieht auch keine Grenzen zwischen Medizin, Ernährung, Philosophie, Religion und dem Studium von Welt und Kosmos. Mensch und Tier nehmen ihren Platz als Teil des Ganzen und des ganzheitlichen Verständnisses ein, das in ganz andere Denkstrukturen und Auffassungen eingebettet ist als in der westlichen Welt und deshalb auf uns fremd wirken kann.

Man legt die »Lebensenergie« Chi oder Qi zugrunde, die mit der universalen oder kosmischen Energie einhergeht. Sie besteht aus dem Gleichgewicht zwischen Yin und Yang Begriffe, die man grob mit »positiv« oder »negativ« übersetzen kann und die den ewigen Gegensatz bezeichnen. Das eine kann ohne das andere nicht existieren. Es kann kein Licht ohne Dunkelheit geben und umgekehrt. Dabei verursacht aber nicht das eine das andere, sondern beides fließt in ständigem und rhythmischen Zyklus ineinander. Das Böse kann nicht ohne ein Konzept des Guten existieren, männlich nicht ohne weiblich und »hoch« oder »tief« sind keine unabhängigen, sondern voneinander abhängige Begriffe. So einfach und verständlich ist die zugrunde liegende Idee.

Chi oder »Normales Chi«, die Körperenergie, besteht aus dem originalen Chi (von Mutter und Vater mitgegeben) und einer Kombination aus Luftchi und Erdchi; also aus einem ererbten und einem von der Umwelt beeinflussten (Luft und Erde ergeben zusammen Energie) Teil. Diese Auffassung ist absolut mit westlicher Wissenschaft vereinbar, wurde aber von ihr schon vor Tausenden von Jahren ad acta gelegt.

Das Chi des Körpers muss sich, damit Gesundheit möglich ist, in einer guten Balance zwischen Yin und Yang befinden und in einem regelmäßigen 24-Stunden-Rhythmus durch den Körper fließen, und zwar in bestimmten Bahnen, die man auch als Meridiane bezeichnet. Sie sind auf der gegenüberliegenden Seite in Karten dargestellt. Über ihre genaue Lage im Körper gibt es immer noch Meinungsverschiedenheiten, sodass sie hier nur in ungefährer Position wiedergegeben sind.

Wie daraus ersichtlich wird, sind die Meridiane mit verschiedenen Organen assoziiert, deren Bezeichnung größtenteils mit der in der westlichen Medizin übereinstimmt. Die Funktion der Meridiane kann, muss aber nicht mit den Organen zusammenhängen. Wenn die Energie nicht gleichmäßig durch die Meridiane fließt, sind Blockaden vorhanden und

UNGEFÄHRE LAGE DER HAUPTMERIDIANE BEIM PFERD

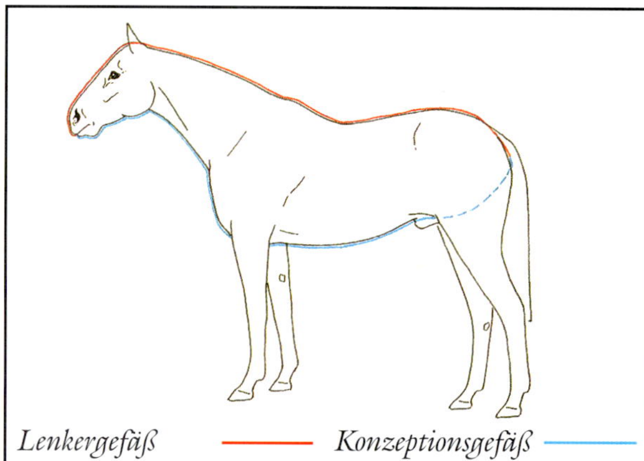

Seitliche, körpernahe Ansicht

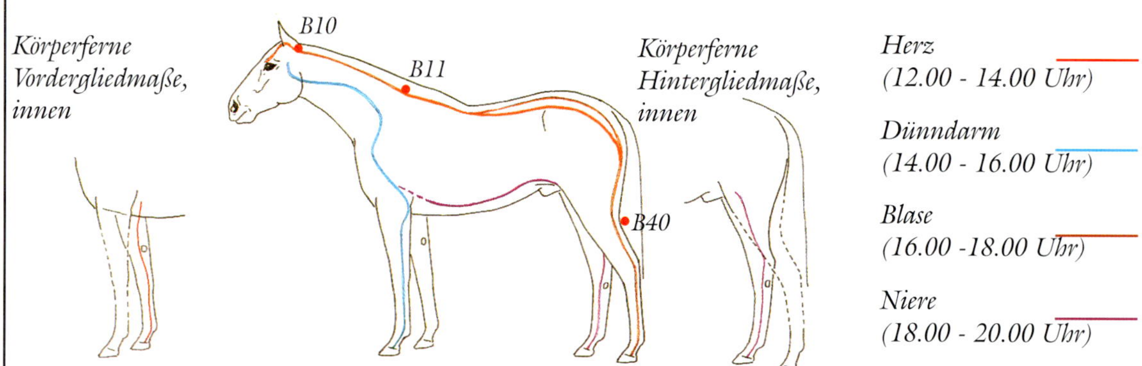

Seitliche, körpernahe Ansicht

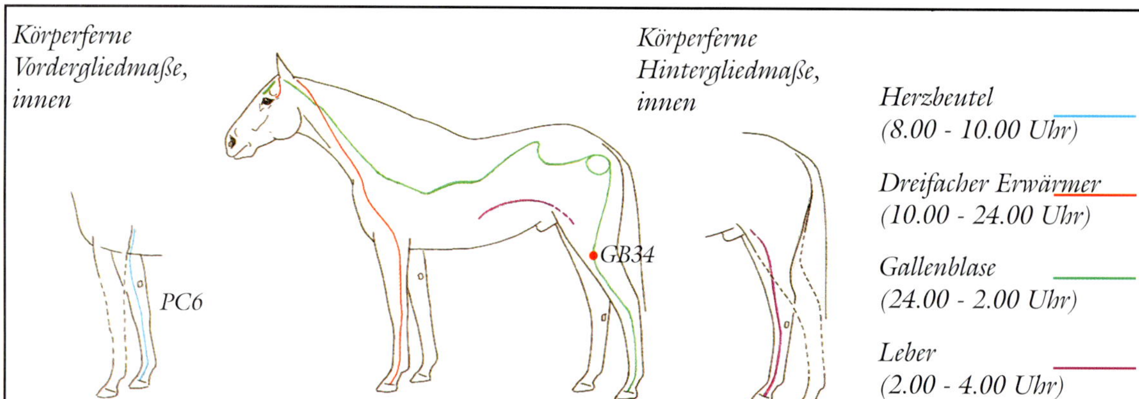

Seitliche, körpernahe Ansicht

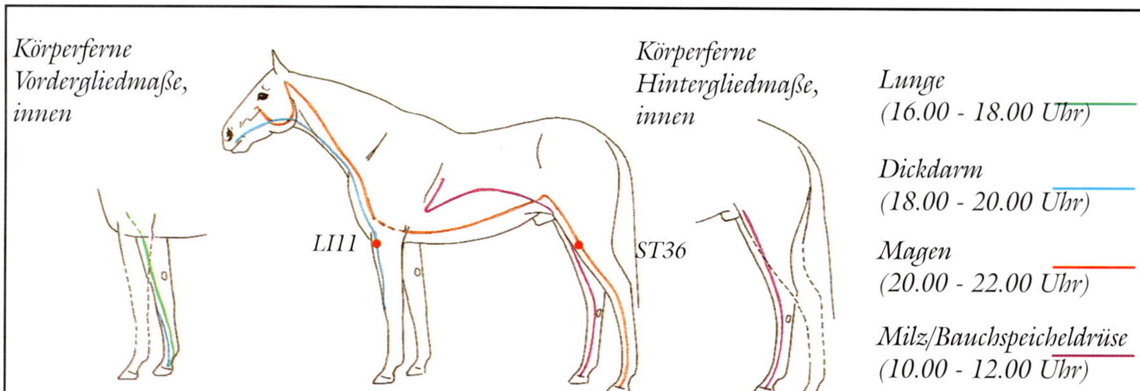

Seitliche, körpernahe Ansicht

es entstehen Energieüberschüsse bzw. -mängel auf beiden Seiten der Blockade.

Krankheit wird einfach als ein Ungleichgewicht zwischen Yin und Yang und Unterbrechung oder Änderung des normalen Energieflusses definiert. Ziel der Behandlung ist der Versuch, die richtige Yin-Yang-Balance und den rhythmischen Energiefluss wieder herzustellen.

Zu den Techniken, die dieses Gleichgewicht wieder herstellen, zählt Nahrung, die Yin und Yang mit Energie versorgt, Kräuter, die ebenso wirken und außerdem auf bestimmte Meridiane bzw. Organe bezogen sind und Reizung der Meridiane an bestimmten Punkten, die man als Akupunkturpunkte bezeichnet - und zwar je nach Sitz und Art des Ungleichgewichtes. Auch alle anderen äußeren Umstände und die Art der Lebensführung werden einer gründlichen Prüfung unterzogen, damit eine Gesundung stattfinden kann.

Daraus wird ersichtlich, dass die Behandlung eines Patienten nicht auf Grundlage einer Krankheitsbezeichnung erfolgt, sondern je nach seinen individuellen Bedürfnissen in ganzheitlicher Weise. Vorsicht vor schnellen Lösungen!

Nachfolgend finden Sie eine Liste einiger wichtiger Akupunkturpunkte und ihrer Indikationen sowie eine Auflistung wichtiger chinesischer Kräuter mit chinesischem Namen, lateinischer Bezeichnung von Art und Familie sowie die Indikation in der chinesischen Medizin.

Akupunkturpunkt	**Chines. Bezeichnung** (in verschiedener Schreibweise)	**Hauptwirkung**
B 11	**ta chu**	Knochen/Arthrosebehandlung
LI 11	**chu chi**	Vorderbeine, Immunprobleme
GB 34	**feng long**	Schwindel, Lähmungen, Rückenprobleme
B 40	**yang ling**	Hüfte, Lenden, Hinterhand
B 10	**tien chu**	Kopf- und Halsschmerzen
ST 36	**tsu san li**	Verdauung, Blähungen, tonisierender Punkt
P 6	**nei kuan**	Brust und Magenprobleme, Hysterie

Gut auf ganzheitlich angewandte Akupunktur ansprechende Krankheiten sind auch Lahmheiten, Nervenschädigungen, Hufrehe, Kolik, Hautprobleme, Allergien, Atemwegserkrankungen und Verhaltensstörungen.

Chinesische Kräuter

gui zhi	(Cinnamomum – lauraceae)	Innerlich entspannend
da huang	(Rheum – polygonaceae)	Reinigend
zhu ye	(Phyllostachys – graminae)	Hitze vertreibend
huo xiang	(Agastache – labiatae)	Feuchtigkeit umwandelnd
che qian zi	(Plantago – plantaginaceae)	Urinieren erleichtern
du huo	(Angelica – umbelliferae)	Winde austreiben
chuan wu tou	(Aconitum – ranunculaceae)	Warmes Inneres,Kälte vertreiben
long nao xiang	(Dryobalanops – dipterocarpaceae)	Den Geist öffnen
mu li	(Ostrea – ostreidae)	Den Geist beruhigen
xie	(Buthus – buthidae)	Die Leber beruhigen
chen pi	(Citrus – rutaceae)	Das Chi beherrschen/diszipli.
dan shen	(Salvia – labiatae)	Das Blut beherrschen/diszipli.
shan zha	(CratAEgus – rosaceae)	Verdauen und führen
ban xia	(Pinellia araceae)	Schleim lösen
ren shen	(Panax – araliaceae)	Leere füllen
rou cong rong	(Cistanche – orobanchaceae)	Yang Tonikum
he shou wu	(Polygonum – polygonaceae)	Bluttonikum
sha shen	(Adenophora – campanulaceae)	Yin Tonikum
shan zu yu	(Cornus – cornaceae)	Zurückziehen und Festhalten
bing lang	(Areca – palmae)	Würmer vertreiben

VERTRÄGLICHKEIT MIT ANDEREN BEHANDLUNGSMETHODEN

Akupunktur ist mit Homöopathie und Kräutermedizin vereinbar, solange die Behandlungen korrekt durchgeführt werden. Einzelne Homöopathika und Pflanzen haben aber Eigenschaften und Wirkungen, die Yin und Yang bzw. die Meridiantheorie oder die »Theorie der fünf Elemente« nach chinesischer Auffassung beeinflussen. Ihre falsche Anwendung gleichzeitig mit Akupunktur führt mit Sicherheit zu einer gegenseitigen Aufhebung des Effektes und somit zum Misserfolg, wenn nicht sogar zu negativen Folgen und Schäden für den Patienten. Der Autor rät deshalb zu extremer Vorsicht beim »Mischen« von Behandlungsformen.

RECHTSFRAGEN UND VORSICHTSMASSNAHMEN

Neben Tierärzten dürfen auch Tierheilpraktiker in Deutschland die Akupunktur durchführen, wobei es derzeit noch keine staatliche Regelung hinsichtlich einer Prüfung für Tierheilpraktiker gibt. Zumindest theoretisch kann sich jeder als Tierheilpraktiker bezeichnen und tätig werden. Als Pferdebesitzer tut man also gut daran, sich nach der jeweiligen Qualifikation zu erkundigen, also ob und welche Tierheilpraktiker-Fachschule abgeschlossen wurde und ob eine Betriebshaftpflichtversicherung besteht. Andernfalls hat man kaum eine Chance, Schadensersatzansprüche gegen den Behandelnden durchzusetzen, falls bei der Behandlung Kunstfehler begangen werden.

Eine Akupunktur-Behandlung die ohne die entsprechenden Begleitmaßnahmen und Beachtung der äußeren Umstände durchgeführt wird, wird ihr volles Potenzial nicht entfalten können. Der Versuch, ein Ungleichgewicht allein mit dem Einstechen von Akupunkturnadeln zu beheben, wenn es das Resultat vieler verschiedener innerer und äußerer Einflüsse ist, führt bestenfalls zu einer vorübergehenden Linderung der Symptome. Schlimmstenfalls ist die Behandlung völlig wirkungslos oder sogar schädlich.

AROMATHERAPIE (ÄTHERISCHE ÖLE)

Die Verwendung ätherischer Öle in der Medizin datiert mindestens bis zu den alten Ägyptern zurück. Sie sind häufig der pharmakologisch wirksamste und aktivste Bestandteil einer Pflanze. Es ist deshalb wichtig, die Aromatherapie als eine kraftvolle, effektive und auch potenziell gefährliche Behandlungsform zu betrachten, deren korrekte Anwendung umfassende Fachkenntnisse und viel Erfahrung voraussetzt. Aromatherapie und Homöopathie sollten besser nicht gleichzeitig angewendet werden, da die starken Reize der ätherischen Öle die Reaktionen des Körpers auf die feinen, reinen Reize der Homöopathie überdecken oder abschwächen können.

Hier einige Beispiele für ätherische Öle, die bei Pferden angewendet werden können:

Lavendel	Schmerzstillend, krampflösend, antiseptisch, desodorierend, beruhigend
Rosmarin	Stimulation der Nebennierenrinde, antiseptisch, adstringierend, gärungswidrig, verdauungsfördernd, harntreibend, anregend, wundheilend
Teebaumöl	Antiseptisch, das Immunsystem stärkend, desinfizierend, wundheilend
Sandelholz	Stimmungsaufhellend, antiseptisch, adstringierend, gärungswidrig, harntreibend, tonisierend
Bergamotte	Antiseptisch, desodorierend,
Eukalyptus	Schmerzlindernd, antiseptisch, schleimlösend, fiebersenkend, hautreizend
Geranie	Stimmungsaufhellend, adstringent, harntreibend, blutstillend, beruhigend, tonisierend
Muskatellersalbei	Antispetisch, adstringent, harntreibend, beruhigend
Melisse	Krampflösend, gärungswidrig, herzstärkend, verdauungsfördernd, fiebersenkend, nervenstärkend, tonisierend

BLÜTENESSENZEN

Heilmittel, die aus Blütenessenzen hergestellt werden (die im Sonnenlicht oder mit anderen Methoden destilliert wurden), sind auf der ganzen Welt verbreitet. Die bekanntesten sind aber die Bachblütenessenzen, benannt nach Edward Bach, einem englischen Arzt des 20. Jahrhunderts. Er legte deren spezielles Anwendungsmuster fest.

Bachblütenessenzen werden gebraucht, um den Körper über Geist und Seele zu stärken und werden deshalb hauptsächlich auf der Grundlage mentaler Symptome und Gemütszustände ausgewählt. Sie sind über Apotheken erhältlich und werden von vielen Tierheilpraktikern angewendet.

Einige Beispiele für Bachblütenessenzen, die bei Pferden angewendet werden können:

Agrimony	Versteckt mentalen Stress hinter einem fröhlichen Äußeren
Aspen	Grundsätzliche Ängstlichkeit
Elm	Leidet unter der Last der Verantwortung und den Erwartungen des Besitzes
Gentian	Schnell entmutigt und leicht melancholisch
Gorse	Davon überzeugt, dass der Zustand hoffnungslos ist
Heather	Übermäßig besorgt in Bezug auf eigene Probleme
Impatiens	Hastig, ungeduldig, nervös
Larch	Schwaches Selbstbewusstsein, braucht ständig Ermutigung
Mimulus	Angst vor bestimmten Gegenständen oder Situationen
Olive	Körperlich und geistig erschöpft und ausgebrannt
Rock Rose	Äußerste Panik in Notsituationen
Scleranthus	Unfähig, sich auf eine Aufgabe zu konzentrieren, schwankende Stimmungen
Star of Bethlehem	Hilft in geistigen und körperlichen Schocksituationen
Vervain	Extreme geistige oder körperliche Anspannung
Vine	Dominantes Tier mit unnachgiebigem Verhalten
Walnut	Anfällig für schlechte Einflüsse aus Situationen und Atmosphären
Willow	Tiefsitzendes Gefühl von körperlichem oder geistigem Unglück oder Missbrauch
Rescue Remedy (Notfalltropfen)	Generelles Mittel bei Schock- und Angstzuständen

RADIONIK

Die Kunst und Wissenschaft der Diagnose und Heilung über ätherische Energiemuster, welche die gesamte Atmosphäre mit dem darin existierenden Leben durchdringen, nennt man Radionik oder Radiästhesie. Manchmal bezieht man sich auch mit dem Begriff »Fernheilung« auf diese Methode.

Das Studium der Radionik ist ein sehr esoterisches Gebiet und dieser kurze Abschnitt kann weder ihre Theorie noch ihre Wirkungsweise beschreiben oder ihren Sinn rechtfertigen. Es sei hier nur gesagt, dass die Methode von einigen Praktikern angewendet wird und in manchen Fällen zu nach konventionellem Verständnis erstaunlichen Erfolgen führt.

Die Methode besteht darin, eine Haar- oder Blutprobe oder ein Foto des Patienten zu »analysieren« und daraus zu erspüren, welche Energiemuster gestört sind. Die »Behandlung« wird auf umgekehrtem Weg versandt.

Es erübrigt sich zu sagen, dass die konventionelle Wissenschaft sich sehr schwer damit tut, die Wirksamkeit dieser Methode anzuerkennen. Möge der Leser sich seine eigene Meinung bilden, da hier nicht der Raum für umfangreiche Diskussionen gegeben ist. Es sei nur erwähnt, dass der Autor die Technik bereits bei mehreren Patienten angewendet hat.

Vorsicht ist vor »Fernheilern« geboten, die gleichzeitig mit ihren Diensten auch angebliche Medikamente und Heilmittel verkaufen möchten. Oft sind hier nur wirtschaftliche Interessen der Hauptbeweggrund. (Es spricht sicher nichts dagegen, wenn jemand diese Methode bei schon länger bestehenden chronischen Störungen bei seinem Pferd ausprobieren möchte. Auf keinen Fall darf aber in akuten und schwerwiegenden Fällen der Besuch des Tierarztes dadurch hinausgezögert werden! Anm. d. Übers.)

Zur Gesunderhaltung brauchen Pferde Futter, das zu ihren Bedürfnissen passt. Futterzusätze mit tierischen oder synthethischen Inhaltsstoffen sollten vermieden werden, da diese von der Natur nicht zur Pferdeernährung vorgesehen sind.

Pferde sind auf die Verdauung stark rohfaserhaltigen Futters spezialisiert. Fettes Gras und Getreide sind nicht ideal.

DIE BEDEUTUNG DER ERNÄHRUNG

Das Futter, das Ihr Pferd frisst, ist die Grundlage für seine tägliche Energie und für den ständigen Erneuerungsprozess des Körpers. Es liegt auf der Hand, dass Energieversorgung oder Zellerneuerung (oder beides) leiden, wenn das Futter von minderer Qualität ist oder nicht den Bedürfnissen des Pferdes entspricht.

Die Grundprinzipien sind einfach. In der Einleitung zu diesem Kapitel war bereits die Rede davon, dass ein Futter gefunden werden muss, das den in der Evolution entstandenen Bedürfnissen des Pferdes genügt. Alle Produkte tierischer Herkunft kommen deshalb nicht in Frage. Dazu gehören auch solche Zusatzfuttermittel wie Lebertranöl, Gelatine (in vielen Futtern zur Hufverbesserung enthalten und meist aus der Verwertung von Schweinen stammend), Knorpelprodukte (bei Arthritis), Eiweiße tierischer Herkunft (z.B. vom Rind) oder Knochenmehl. Außerdem sollten auch künstliche Farb- und Geschmacksstoffe gemieden werden, die in vielen Fertigfuttermischungen vorhanden sind. Auch bei künstlichen Antioxidantien, also Mitteln zur Haltbarmachung (wie Ethoxyquin/E324 und BHT) ist Vorsicht geboten, da nicht klar ist, wie diese Stoffe auf die Darmbakterien und andere Mikroorganismen im Verdauungstrakt reagieren. Auf der Deklaration der Inhaltsstoffe sind sie mit »EWG-Zusatzstoffen« bezeichnet.

Der am weitesten verbreitete und gleichzeitig ungeeignetste Zusatz in Pferdefuttermitteln ist Melasse (oder andere Zuckerprodukte). Sie ist nicht nur unnötig für das Pferd, sondern auch potenziell schädlich, da die Proportionen der verschiedenen Bakterienarten im Darm zueinander verändert werden und damit Änderungen im Stoffwechsel verursacht werden, an die der Pferdeorganismus nicht angepasst ist. Man kann nicht Millionen von Jahren der Evolution ungestraft innerhalb weniger Jahrzehnte verändern wollen!

Grundsätzlich ist Futter aus biologischem Anbau am besten geeignet, da es so frei wie möglich von Chemikalien ist. Besonders bei Mohrrüben ist dies wichtig. Der Autor spricht sich deutlich gegen eine Verfütterung von Mohrrüben aus einem Anbau aus, der nicht entsprechend kontrolliert und zertifiziert ist.

Weil das Pferd von Natur aus auf die Verdauung von Rohfaser ausgelegt ist, sollte sein Futter so viel wie möglich davon enthalten. Gedüngtes, fettes Gras oder Getreidekörner sind keine optimalen Futtermittel. Heu, Stroh, älteres oder ungedüngtes Gras, Kräuter (und falls nötig Mineralfutter, aber ohne Melasse) sind ideal für Pferde. Wenn die Fütterung von Getreide wegen erhöhter Energieansprüche nötig ist, sollte sie auf ein Minimum beschränkt werden und die Körner sollten möglichst nicht mikronisiert (thermisch behandelt) sein. Reine Luzerne (nicht melassiert oder vermischt) ist eine sehr gute Protein- und Energiequelle; auch Leinöl oder abgekochter Leinsamen und Blasen-Seetang sind gute Zusatzfuttermittel.

Vitamine sollten idealerweise aus Kräutern stammen und nicht künstlich hergestellt werden. Das Gleiche gilt für Mineralien, die aber bei Bedarf je nach örtlichen Gegebenheiten oder individueller Situation auch »pur« gegeben werden können (z.B. Kalk, Mangansulphat, Magnesiumchlorid oder -azetat, Zink, Sulphat etc.).

MASSAGE- UND BEWEGUNGS-THERAPIEN (Manualtherapien)

Die drei wichtigsten Behandlungsformen aus dieser Gruppe sind Chiropraktik, Osteopathie und Physiotherapie. Die beiden ersten sind eigenständige Behandlungssysteme, aber auch sehr gute Ergänzungsbehandlungen zur Homöopathie, Kräutermedizin oder Akupunktur. Die dritte, Physiotherapie, ist eine Methode zur Mobilisierung und Bewegung von Muskeln und Gelenken und ist keine isoliert anwendbare Therapieform. Nach Meinung des Autors sollte sie nur angewendet werden, wenn alle anderen Faktoren bereits korrigiert wurden (wie z.B. Fehlstellungen der Rückenwirbel, Fütterung etc.).

Die **Chiropraktik** arbeitet an der Wiederausrichtung gestörter Strukturen in Wirbelsäule und Skelett des Bewegungsapparates, und zwar über die sanfte Krafteinwirkung der Hände mit hoher Geschwindigkeit, aber kurzem Bewegungsweg, also über das Setzen gezielter, schneller und kurzer Impulse. Sie funktioniert durch das plötzliche Lösen schädlicher Muskelspannungen, durch die die knöchernen Verschiebungen hervorgerufen wurden und nimmt so den Druck oder Entzündungen aus dem Bereich der zum Knochen hin- oder von ihm wegführenden Nerven. Richtig angewendet, kann diese Methode den gesamten Körper beeinflussen und ist deshalb als ganzheitlich zu bezeichnen. Achten Sie unbedingt auf die Qualifikation der behandelnden Person, da bei falscher Anwendung Schaden angerichtet werden kann.

Die **Osteopathie** ist der Chiropraktik sehr ähnlich, behandelt aber nicht nur Rücken und Bewegungsapparat, sondern den gesamten Körper und legt mehr Wert auf die Blutversorgung der betroffenen Körperregionen (während die Chiropraktik sich stärker auf die Nerven konzentriert).

Die **Physiotherapie** arbeitet direkt an den Muskeln und kümmert sich nicht in erster Linie um Fehlstellungen oder Blockaden der Rückenwirbel. Als Begleittherapie zu anderen Maßnahmen kann sie den Heilungsprozess im Bereich von Skelett und Muskulatur unterstützen und beschleunigen. Es gibt inzwischen spezielle Ausbildungswege zum Tier-Physiotherapeuten, die aber bislang weder anerkannt noch geschützt sind, sodass sich im Prinzip jedermann (auch ohne Ausbildung) als »Tierphysiotherapeut« bezeichnen kann.

PHYSIOTHERAPIE UND MASSAGE

Während die Ausbildung zum Human-Physiotherapeuten viele Jahre dauert und äußerst umfassend ist, werden Tierphysiotherapeuten oft von Privatschulen in nur wenigen Wochen ausgebildet. Einen Lehrberuf »Tierphysiotherapeut« gibt es also nicht und auch keine staatliche Anerkennung oder staatlichen Schutz. Dem Pferdebesitzer bleibt also nichts anderes übrig, als sich selbst von der Qualifikation des ausgesuchten Physiotherapeuten zu überzeugen. Sehr kompetent sind mit großer Wahrscheinlichkeit Personen, die eine abgeschlossene Ausbildung zum Humanphysiotherapeuten absolviert und sich im

ZWEI PHASEN DER PHYSIOTHERAPIE

Akutbehandlung	Rehabilitation
Schmerzlinderung	Wiederherstellung der Beweglichkeit
Regt Muskelreparatur an	Aktive Muskelstärkung

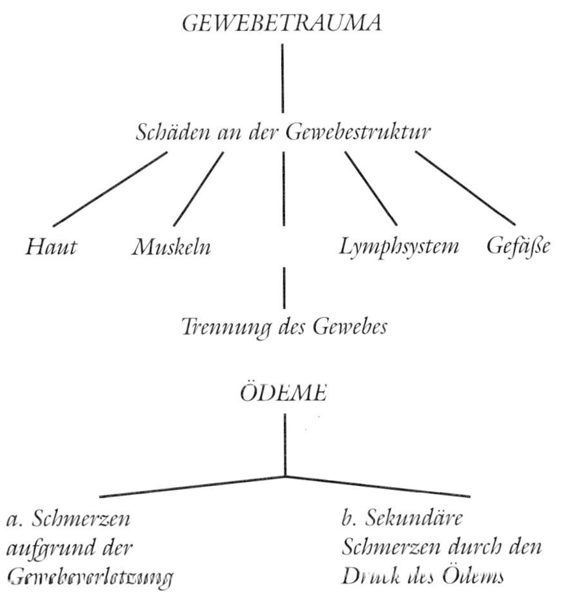

Bereich Tiere weiterqualifiziert haben. Zur korrekten und gefahrlosen Anwendung der Physiotherapie (wie auch der Osteopathie und Chiropraktik) gehört ein sehr umfassendes Hintergrundwissen in Anatomie, Bewegungslehre, Muskel- und Nervensystem und vieles mehr. In den USA, England und einigen weiteren Ländern sieht die Situation anders aus, dort ist die Ausbildung zum Tierphysiotherapeuten anerkannt und entsprechend gesetzlich geregelt. In England beispielsweise dauert die Ausbildung zum geprüften und zugelassenen Tierphysiotherapeuten vier Jahre! Und selbst danach darf der Tierphysiotherapeut dort nur in Zusammenarbeit mit einem Tierarzt tätig werden.

Aber nicht nur die oft mangelhafte Ausbildung der praktizierenden Tierphysiotherapeuten (oder -chiropraktiker bzw. -osteopathen) birgt Gefahren, sondern auch folgende Tatsache: Genau wie chemische, in Form von Tabletten, Tropfen oder Pulver verabreichte Medizin beeinflussen auch alle manuellen Therapien das Verhalten der Körperzellen, und zwar vor allem im Bereich der Zellelektrizität. Die Behandlung liefert eine »elektrische Medizin«, welche die natürliche Körperelektrizität überlagert. So stellte Pilla 1981 fest: »Verschiedene lebende Zellen sind zu einer funktionalen Reaktion auf schwache elektrische Ströme in der Lage.« Diese wissenschaftliche Entdeckung führte zur Entwicklung zahlreicher neuer Therapiegeräte, und je mehr die Wunder des Zellverhaltens von der Wissenschaft nach und nach enthüllt werden, desto weiter werden sich auch die Behandlungsformen und dazugehörigen Geräte entwickeln. Ein Mensch, der eine Überdosis eines chemischen Medikamentes erhalten hat, wird nicht gesund, sondern leidet unter den Nebenwirkungen. Genauso können aber auch Elektrizität, Magnetismus und Lichtwellen, wenn sie falsch angewendet werden, eher zur Zerstörung als zur Heilung von Gewebe beitragen.

Die Physiotherapie ist deshalb keine Do-it-yourself-Technik und sollte nie von Ungeübten ausprobiert werden, sondern nur unter Aufsicht eines Könners und vor allem erst nach einer korrekten Diagnose. Nur auf ihrer Grundlage ist es möglich, die richtige Behandlungsform im Einzelfall auszuwählen.

SCHÄDEN AM MUSKEL-SKELETT-SYSTEM

Die Tierphysiotherapie kümmert sich um die Strukturen des Bewegungsapparates: Skelett, Gelenke, Bänder, Muskeln und Nerven. Keine dieser Strukturen ist funktionsfähig ohne ausreichende Blutzufuhr (Durchblutung), Nährstoffversorgung (Verdauung und Atmung), Abtransport der Abfallstoffe (Darm und Blase) und Schutz (Lymphsystem), ganz zu schweigen von Leber, Nieren, Milz, Gehirn, Wärmehaushalt des Körpers und so weiter. Wie bereits zu Anfang dieses Kapitels erwähnt, ist die Liste endlos und deckt alle Systeme ab, die zu einem lebenden Organismus beitragen. Schäden an den Gewebestrukturen sind deshalb immer multifaktorielle Vorgänge.

Jedes Leben besitzt seine eigenen, »eingebauten« und geplanten Reaktionen, um Gewebe reparieren zu können. Unsere Behandlungen können diese Reparaturprogramme fördern, wenn zum richtigen Zeitpunkt im Genesungsprozess der richtige Reiz gesetzt wird. Sie werden die Heilung nie beschleunigen, sondern nur verbessern.

Die Reparatur von Körpergewebe geht immer in drei verschiedenen Phasen vor sich: Entzündung, Gewebevermehrung (Proliferation) und Wiederaufbau.

ENTZÜNDUNG

Entzündung ist die unmittelbarste Antwort auf Schäden. Undichte Gefäße werden verschlossen, ausgesuchte Zellen werden zum Schadensort geschickt und es wird zusätzliche Flüssigkeit produziert. Jede dieser Aktionen hat ihren bestimmten Sinn. Dieser Vorgang geschieht 30 bis 50 Stunden nach der Verletzung, wobei die genaue Zeit von den chemischen Signalen abhängt, welche die verletzte Stelle sendet. Unter den zum Schadensort wandernden Zellen befinden sich so genannte Mastzellen, die eine Gewebeheilung fördern.

Wenn die Entzündung unterbrochen wird (z.B. durch eine Behandlung), wird die Heilung des Gewebes nur von minderer Qualität sein. Beim Umgang mit frischen Verletzungen ist es deshalb wichtig, das Entzündungsstadium zwar zu kontrollieren, aber nicht abzukürzen oder diese wichtige Reaktion des Körpers auszuschalten.

GEWEBEVERMEHRUNG
Sobald die Mastzelle zum Schadensort gewandert ist und die nötigen »Reparaturzellen« um sich versammelt hat, wird eine vorläufige Reparatur ausgeführt. Neues Gewebe wird in eher zufälligem Muster gebildet, damit ein stabiler Zustand erhalten bleibt und die Verletzung sich nicht verschlimmert.

WIEDERAUFBAU
Wie der Name schon sagt, bauen die Zellen das zerstörte Gewebe wieder so auf, dass es dem Originalzustand sehr nahe kommt. Dieser Vorgang kann bei Muskeln bis zu 18 Monaten dauern und wesentlich länger, wenn Nervengewebe stark betroffen ist. Sehnen und Bänder erhalten ihre Originalstruktur niemals zurück.

Die passende Behandlung sollte beginnen, wenn die Gewebevermehrung stattgefunden hat, damit eine übermäßige Narbenbildung verhindert wird. Sobald der Wiederaufbau des Gewebes beginnt, können massivere Behandlungsformen und kontrollierte Bewegung einsetzen.

SCHMERZEN
Jeder Gewebeverletzung folgen Schmerzen. Genau wie Entzündungen sollten sie kontrolliert, aber nicht eliminiert werden. Die Kontrolle stellt sicher, dass das Pferd sich relativ wohl fühlt und nicht schwitzt oder gestresst ist. Schmerzen haben im Heilungsprozess einen Sinn - sie schützen das verletzte Gewebe und bewirken, dass empfindliche Strukturen mit verringerter Stabilität nicht überlastet werden.

Akutbehandlung
Massage, Magnetfeld, Muskelstimulatoren
Therapeutischer Ultraschall, Kaltlaser

Rehabilitation
Schwimmbecken, Laufband, Führanlage etc.

Die Physiotherapie ist, wie ihr Name sagt, eine physische, also körperliche Therapie. Eine aktive Teilnahme von Seiten des Patienten sichert ein gutes Endresultat nach Störungen, ob sie nun aus unfallbedingten Verletzungen oder Krankheiten stammen. Die verwendeten Techniken und Hilfsgeräte sind nur ein Teil der gesamten Behandlung, weshalb die Therapie stets zwei Phasen umfassen muss: die eigentliche Behandlungs- und die Rehabilitationsphase.

MASSAGE
Die Massage ist eine auch vom Pferdebesitzer durchführbare Behandlungsform mit zwei Haupteffekten: sie lindert Schmerzen, aber ohne (wie einige der Behandlungen das tun) die Empfindung völlig auszuschalten. Die nötigen Schutzmechanismen bleiben so intakt. Die Schmerzlinderung bei der Massage ist Resultat einer Freisetzung körpereigener Betäubungsmittel im Gewebe als Antwort auf das »Reiben«. Jeder kennt das: Wenn man sich den Ellbogen anstößt, reibt man sich unwillkürlich die entsprechende Stelle und verspürt sofort Erleichterung, weil der Körper seine Betäubungsstoffe freigesetzt hat.

Jede Aktivität von Körpergewebe ist auf Zu- und Abfuhr von Nährstoffen, Sauerstoff, Zellkomponenten und Abfallstoffen angewiesen, um nur einige zu nennen. Diese Zu- und Abfuhr wird über den Fluss arteriellen Blutes (die »Träger«flüssigkeit) einerseits und venösen Blutes (die »Abfallschubkarre«) andererseits realisiert. Mit jedem Herzschlag wird arterielles Blut unter Druck durch das Arteriennetz gepumpt; der Austausch von Nährstoffen und Abfall findet in kleinen Endgefäßen statt, die man Kapillaren nennt. Das mit Abfallstoffen beladene Blut fließt aus den Kapillaren in die Venen und der venöse Blutstrom fließt langsam zurück zu den »Ladezentren« des Körpers (siehe Kap. 5 für eine detaillierte Darstellung des Blutkreislaufes).

In den Venen herrscht wenig oder kein Druck: das Blut fließt unterstützt durch das Zusammenziehen und Entspannen der Muskeln hindurch, wobei ein Rückstrom durch nur in eine Richtung öffnende Ventile verhindert wird. Nach einer Verletzung findet aufgrund der Schmerzen eine verringerte Muskelaktivität an der betroffenen Stelle statt und damit auch eine Abschwächung der venösen Durchblutung. Eine richtig durchgeführte Massage kann die normalerweise von den Muskeln geleistete Kontraktion und Entspannung teilweise ersetzen und so die venöse Durchblutung unterstützen. Wenn im Rhythmus gearbeitet wird, führt das Streichen in langen und langsamen Zügen außerdem zu einer allgemei-

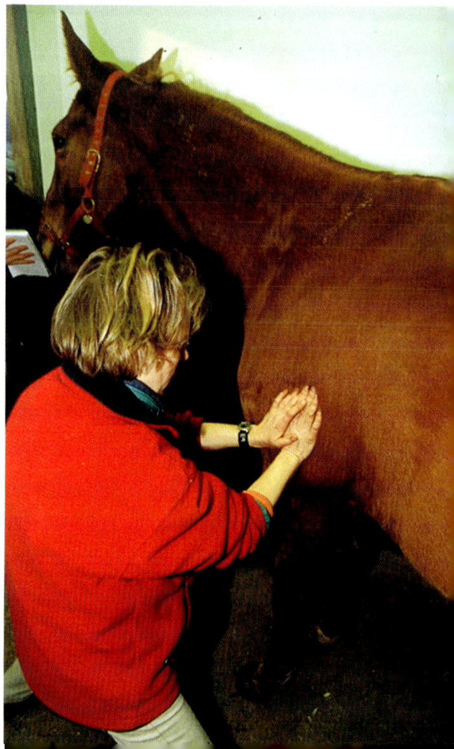

Man kann mit einer oder mit beiden Händen arbeiten. Die Massagestriche müssen immer in Richtung der zentralen Körpermasse laufen.

nen Entspannung, verursacht von Signalen, die von den sensorischen Nervenenden in der Haut gesendet werden.

Massagegriffe

Effleurage (Streichung)
Man kann mit einer Hand, beiden Händen gleichzeitig oder nacheinander arbeiten, indem man eine Hand die Streichung ausführen und sie sofort von der anderen folgen lässt. Die Striche müssen immer in Richtung der zentralen Körpermasse führen. Ein Arbeiten vom Zentrum weg wäre kontraproduktiv, weil der Masseur sonst gegen das zurückströmende Blut schieben würde. Die Hände müssen leicht hohl gemacht werden, sich der jeweiligen Körperform anschmiegen und einen gleichmäßigen Druck ausüben.

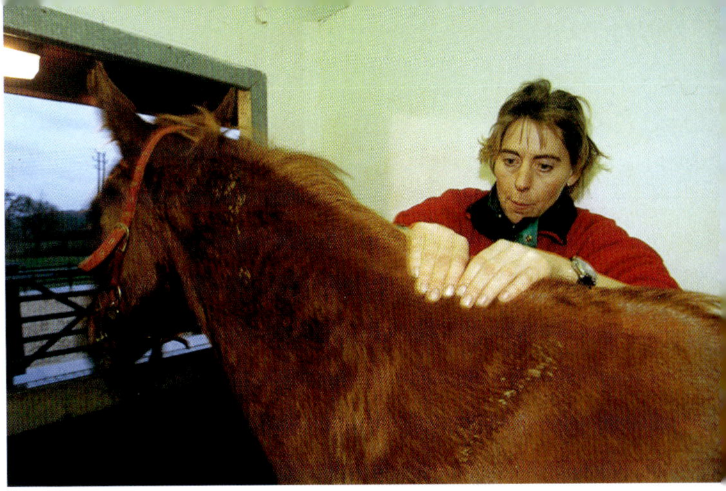

Stellen mit chronischen Verletzungen werden gesondert behandelt.

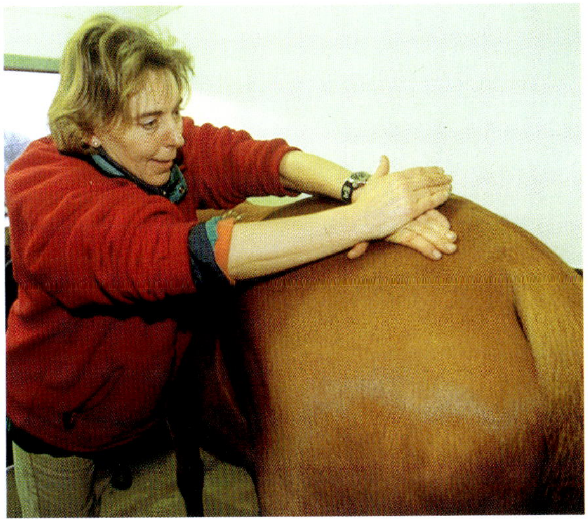

▲ *Mit der Knetung kann man eine tiefere Druckwirkung auf großen Muskelmassen erreichen.*

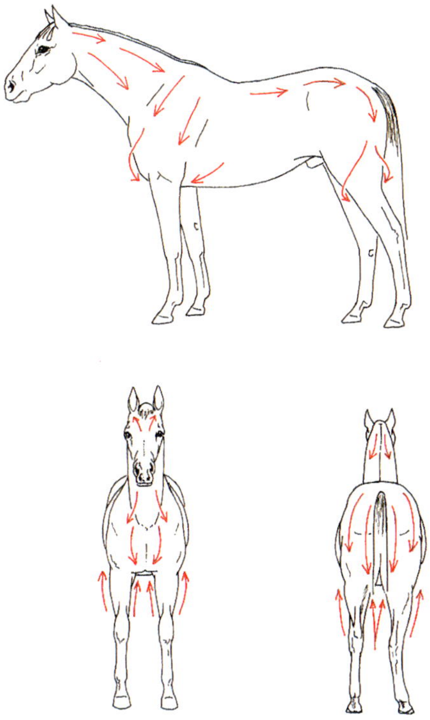

Richtung der Massagestriche

Petrissage (Knetung)
Mit dieser Technik erreicht man eine örtliche Kompression und Entspannung. Sie wird in der Regel nach der Streichung angewendet, um einen tiefer wirkenden Druck auf große Muskelmassen ausüben zu können. Man arbeitet mit beiden Händen übereinander oder mit den Knöcheln einer leicht geballten Faust, um tief in die Muskelmasse zu drücken und anschließend wieder loszulassen, damit die Muskulatur wieder in ihre Ausgangslage zurückkehrt.

Reibung oder Zirkelung
Reibungen sind lokalisierte Techniken, die man anwendet, um bei chronischen Verletzungen wieder einen neuen Entzündungsprozess in Gang zu setzen oder Narbengewebe zu mobilisieren, das sich nach einer Verletzung an unpassenden Stellen gebildet hat. Die Technik wird ausgeführt, indem man die Fingerkuppe auf die zu behandelnde Stelle legt, den Druck durch eine zweite, darauf gelegte Fingerkuppe verstärkt und mit kreisförmigen Bewegungen über die Längsachse des darunter liegenden Gewebe arbeitet. Dabei muss sich auch die Haut bewegen, da ansonsten Blasen entstehen können. (Der Finger verrutscht dabei nicht auf der Haut, Anm. d. Übers.)

Wenn Sie noch nie selbst massiert oder eine Massage bekommen haben, lassen Sie sich zuerst einmal selbst massieren. Bevor Sie dann Ihr Pferd »quälen«, sollten Sie einen Freund massieren, der Ihnen Auskunft über die Tiefe Ihres Druckes geben kann und darüber, ob Ihre beiden Hände gleich aktiv sind oder welchen Druck Sie mit Fingern und Daumen ausüben. Es ist auch wichtig zu wissen, ob die Hände sich richtig an das zu massierende Gewebe anpassen.

MAGNETFELDTHERAPIE
Auch dies ist eine weitere pferdebesitzerfreundliche Therapieform. Magneten sind keine Neuerfindung

und ihre gleichzeitige Anwendung mit der Massage ist schon seit langem belegt. Unsere Urahnen, deren Medizin eher auf Versuch und Irrtum beruhte, entdeckten (keiner weiß genau wie), dass bestimmte Steine kranken Menschen halfen. Sie zermahlten Magneteisenstein (der auch zur Navigation verwendet wurde) zu Pulver und verabreichten dieses als Paste oder Aufguss.

Heute wird der mögliche Nutzen der Magnetfeldtherapie mehr und mehr auch von der Wissenschaft untermauert. Schlecht heilende Frakturen (Knochenbrüche) können zur Aktivierung bewegt werden, wenn man sie Magnetfeldern in der richtigen Frequenz und Gaußstärke aussetzt. Zufällige Parameter sind nicht effektiv. Forschungen im Bereich der Knochenstruktur führen zu einer wahren Explosion an magnetisch aktiven Artikeln auf dem Gesundheitsmarkt. Man veröffentlichte wissenschaftlich nicht geprüfte Behandlungsprotokolle und bombardierte alle möglichen Verletzungen mit Magnetkraft.

Funktion und Stoffwechsel jeder einzelnen Zelle hängen von einem Gleichgewicht der positiven und negativen Elektronen innerhalb der Membran ab. Wird dieses Gleichgewicht gestört, ändert sich das Verhalten der Zelle und führt zu vielfachen Problemen. Es scheint, dass Zellen dazu in der Lage sind, fehlende Elektronen zur Stabilisierung anzuziehen, wenn eine Quelle freier Elektronen (z.B. durch ein Magnetfeld) verfügbar ist.

Pferdebesitzer sollten magnetisch aktive Artikel nur nach Beratung durch einen kompetenten Fachmann kaufen. Zu starke Magnetfelder können durchaus Fehlfunktionen der Zellen anstatt einer Heilung verursachen. Elektrisch erzeugte und schwankende Magnetfelder werden heute meist durch magnetische Bandagen ersetzt, die ein statisches Feld bilden. Schwankende Magnetfelder können Zellvibrationen hervorrufen, die wiederum zu einer lokalen Erhöhung der Körpertemperatur führen.

Um dem zu begegnen und um die lokale Temperatur auf den Normalwert zurückzubringen, zeigt die Durchblutung der »behandelten« Stelle eine zeitweise Erhöhung.

Man spricht der Magnetfeldtherapie außerdem schmerzlindernde Wirkung zu. Man nimmt an, dass dieser Effekt mit der bewiesenen Tatsache zusammenhängt, dass bestimmte Nervenfasern ihre Leitfähigkeit senken, wenn sie wiederholten, zyklischen Vibrationen ausgesetzt werden.

Physiotherapeuten wenden häufig Magnetfelder (allerdings unter anderen Namen) an, um eine tiefgreifende und Jahre anhaltende Erwärmung von Gewebe zu erreichen - eine als »Diathermie« bekannte Technik. Der Behandlung geht dabei immer eine Diagnose voraus, damit der Therapeut gezielt Frequenz, Gaußstärke und Behandlungszeit bestimmen kann.

PROFESSIONELLE GERÄTE

Tens-Geräte

Auf dem Markt gibt es eine große Menge an TENS-Geräten (TENS=Transkutane elektrische Nervenstimulation), die zur Schmerzlinderung gedacht sind. Die TENS senden schwache elektronische Signale, die (wenn die Kontaktpunkte richtig auf der Haut angebracht sind) die Fähigkeit der Nerven zur Schmerzaufzeichnung reduzieren. Je nach Art der Signale werden auch schmerzhemmende Mechanismen im Hirn dazu angeregt, natürliche, körpereigene »Schmerzmittel« auszuschütten wie z.B. das Seratonin. In der Humanmedizin werden solche Geräte eingesetzt, um Schmerzpatienten (z.B. mit chronischen Rückenleiden) Linderung zu verschaffen, die auf chemische Schmerzmittel nicht mehr ansprechen. Manche Geräte sind speziell für Patienten mit Knochenkrebs entwickelt, die ebenfalls gegen chemische Schmerzmittel resistent geworden sind.

Man hat die Wirkung der TENS-Geräte auf Pferde bislang noch nicht wissenschaftlich untersucht, in Veröffentlichungen wurde jedoch bereits mehrfach von geradezu wundersamen Heilerfolgen nach ihrer Anwendung berichtet. Bevor man mit der Durchführung irgendeiner Schmerztherapie beginnt, sollte man sich immer die Fragen stellen: »Möchtest du den Schmerz?« »Kann man ihn gefahrlos entfernen, ohne den Grund für seine Präsenz zu kennen?« Die wichtige Rolle des Schmerzes wurde uns erst kürzlich wieder klar vor Augen geführt, als ein unerfahrener Therapeut während eines internationalen Springturniers auf ein bestimmtes Pferd aufmerksam wurde. Es war offensichtlich und für alle sichtbar, dass dieses Pferd sein linkes Sprunggelenk nicht so effizient beugte wie das rechte. Keine Diagnose, keine tierärztliche Untersuchung, und doch gewann das Tier ohne Behandlung im Spitzensport. Der Therapeut bot dem Reiter seine Unterstützung an und setzte ein TENS-Gerät ein. Das Sprunggelenk wurde behandelt und der Reiter begab sich auf den Abreite-

Bei der Ultraschalltherapie wird eine Schallwelle durch das verletzte Gewebe geschickt, um eine Vibration auszulösen.

platz. Nach den ersten drei perfekten Sprüngen war der Reiter begeistert, als aber beim vierten Sprung das Sprunggelenk über das Maß hinaus gebeugt wurde, als es der Körper beim Vorhandensein von Schmerzen zugelassen hätte, wurden die von Schweifrübe zu Sprunggelenk laufenden Muskeln stärker gedehnt, als dies lange Zeit der Fall gewesen war. Mit hörbarem Knack rissen sie entzwei - das Pferd landete auf drei Beinen, seine Karriere war beendet.

Ultraschalltherapie

Schallwellen, die über dem für Menschen hörbaren Bereich liegen, von Caniden und Equiden aber wahrgenommen werden können, werden von Ultraschallgeräten über einen so genanten Schallkopf per Hautkontakt an das Gewebe übertragen. Auf ihrem Weg durch das Gewebe erzeugen die Schallwellen eine Vibration der Zellen.

Dieser Effekt wird bei einer Reihe von Problemstellungen genutzt: Mobilisation von Narbengewebe, Absorption von Schwellungen, Reduzierung der Viskosität nach Gelenkeinblutungen, Förderung der Heilung von nicht schmerzenden Wunden, zur Zertrümmerung von Knochenablagerungen oder Resorption von Gewebeexsudaten.

Leider wird die Ultraschalltherapie oft falsch angewendet. Eines der Probleme, das durch Ultraschallbehandlung nicht besser wird, ist die Periostitis (Knochenhautentzündung) der Röhrbeine. Das Periost, die Knochenhaut, erkennt die am Knochen erzeugte Hitze nicht, wenn der Ultraschall zurückgeworfen wird, sodass die örtlich einwirkende Dosis verdoppelt wird. Erhitzter Knochen wird sehr brüchig. Im Labor wurde nachgewiesen, dass falsch durchgeführte Ultraschallbehandlungen zur Knochenzerstörung führen. Auch wenn sich der Knochen in einer Heilungsphase befindet, kann der Ultraschall das Gegenteil des Gewünschten bewirken und den neu gebildeten Knochen zerstören - Chaos in der Gewebestruktur ist die Folge. Falsch angewandter Ultraschall wirkt gewebezerstörend und kehrt bestimmte bei der Gewebeneubildung stattfindende Prozesse um.

Behandlung mit Low-Level-Lasern

Natürliches Licht ist Voraussetzung für Leben und Licht wurde in verschiedener Form schon seit altersher zu Therapiezwecken benutzt. Ultraviolettes (UV) Licht, ein Teil des Lichtspektrums, wird heute zur Behandlung mancher Hautkrankheiten eingesetzt. Bis vor kurzem hat man Patienten noch der Bestrahlung durch die so genannte Kromayer Lampe ausgesetzt: Man versuchte, chronische Schmerzen zu lindern, indem man einen neuen Schmerzreiz setzte.

Der Low-Level-Kaltlichtlaser (LL-Laser) ist die neueste Entwicklung auf dem Gebiet der Lichttherapie. Einstein dachte über den möglichen therapeutischen Einsatz von Licht bestimmter Wellenlängen nach, aber schließlich war es die Familie Mesner aus Budapest, welche die entscheidende Theorie entwickelte, die zu den heutigen Lasergeräten führte. Die Lichtquelle stammt aus der Aktivierung von Molekülen bestimmter chemischer Elemente. Der Helium-Neon-Laser produziert Licht mit einer Wellenlänge von 620 nm und war das erste kommerziell vermarktete Produkt. Kurz darauf folgte der Galliumarsenid-Laser, der eine Wellenlänge von 720-820 nm hervorbringt. Als Nächstes wurden Laser mit Multidioden auf den Markt gebracht, also Geräte, die mehrere Laserstrahlen in einem viereckigen Laserkopf vereinten und so eine größere Fläche bestrahlen konnten.

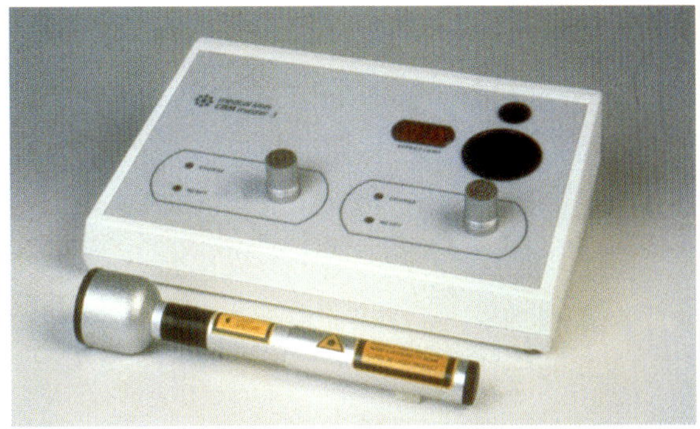

Der Kaltlaser oder LL-Laser ist die neueste Entwicklung im Bereich der Lichttherapie. Besonders erfolgreich ist er in der Behandlung von Nerven- und Gewebeschäden.

Man weiß, dass bestimmte Gewebereaktionen nur mit Hilfe von Lichtphotonen stattfinden können - wie z.B. die Produktion von Vitamin D. Welche Rolle genau die von den Helium-Neon und Galliumarsenid Lasern gelieferten Photonen in der Gewebeheilung spielen, ist immer noch unklar. Körpergewebe ist höchst selektiv - es wählt die wichtigen Bestandteile aus und verwirft die anderen. Man hat nachgewiesen, dass Licht mit einer Wellenlänge von

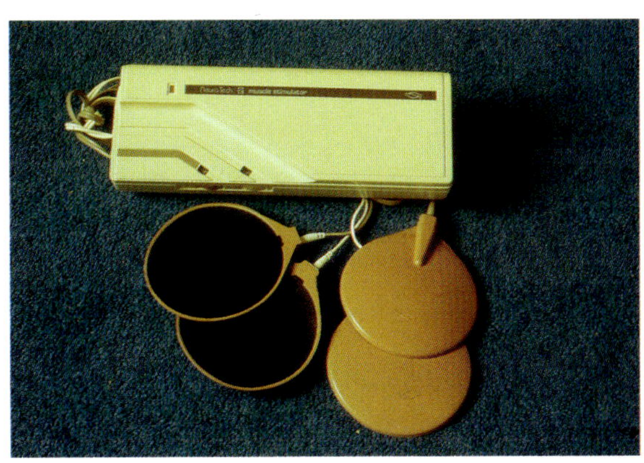

Ein Gerät zur Muskelstimulation.

620-820 nm die Aufbaufähigkeit der Zellen erhöhte, während Wellenlängen über 820 nm in manchen Fällen die Aufbaufähigkeit behinderten (diese Untersuchungen wurden von Baxter in Belfast durchgeführt).

Die bis heute beeindruckendste Fähigkeit von LL-Lasern ist die, dass sie Nerven zum Reagieren bringen können, indem sie die Leitfähigkeit beschädigter Neuronen wiederherstellen. Eine weitere Einsatzmöglichkeit ist (bei richtiger Energiestärke) die Anwendung von LL-Lasern in der Akupunktur anstelle der üblichen Nadeln.

Die Verwendung von Lasern in der Augenumgebung ist gefährlich. Lasergeräte sollten niemals in Richtung des ungeschützten Auges gehalten werden, da der Lichtstrahl sonst eine zeitweise oder sogar dauernde Blindheit verursachen kann.

Glücklicherweise scheinen Körpergewebe und Organe dazu in der Lage zu sein, Überdosierungen an Laserstrahlen und Nebenwirkungen zu absorbieren. Besonders bei frischen Wunden erscheint der Effekt wegen der schnellen Heilung spektakulär, allerdings ist das neu gebildete Gewebe von schlechterer Qualität und nicht sehr belastbar. Es ist genügend Zeit einzuplanen, damit die Aufbauphase ungestört ablaufen kann. Das Verheilen von Wunden am Vorderfußwurzelgelenk bei Pferden ist ein klassisches Beispiel. Ein Pferd fällt auf der Straße hin und schlägt sich beide Vorderfußwurzelgelenke auf. Die Behandlung mit einem LL-Laser führt zu einem schnellen Verschließen der Wunde. Alles ist bestens, bis das Pferd wieder bewegt wird und eine starke Beugung des Gelenkes zum erneuten Aufreißen des scheinbar »geheilten« Gewebes führt.

Muskelstimulatoren

Faraday zeigte die Möglichkeit, einen Muskel durch elektrischen Reiz zur Kontraktion zu bringen. Diesen Reiz nennt man daher »faradische Stimulation«.

Muskeln können sich aufgrund direkter Verletzung ihrer Struktur zurückbilden, aber auch als Ergebnis jedes Schadens an Knochen, Gelenk, Band oder Sehne, mit dem sie eng verbunden sind. Diese Rückbildung oder »Atrophie« stört das normale Gleichgewicht zwischen den Muskelgruppen und ruft so weitere mechanische Überlastungen und unökonomische Bewegungsmuster hervor.

Während des letzten Jahrzehnts hat man einen neuen Typ von Muskelstimulator entwickelt. Das bessere wissenschaftliche Verständnis der Vorgänge, die zum Zusammenziehen des Muskels führen, ermöglichte die Simulation natürlicher elektrischer Reizsignale durch künstlich erzeugte und die Befehlssteuerung über die Nervenzentren des Muskels, die Motorendplatten.

Damit diese Geräte nutzbringend eingesetzt werden können, muss der schwache Muskel zunächst identifiziert und dann stimuliert werden. Dabei muss aber darauf geachtet werden, den Muskel nicht übermäßig stark aufzubauen, da ansonsten ein zu starker Muskel gegen sein verhältnismäßig zu schwaches Gegenstück arbeitet - mechanische Überlastungen wären die Folge. Das richtige Setzen der Elektroden verlangt deshalb neben anatomischen Kenntnissen auch erhebliche Erfahrung.

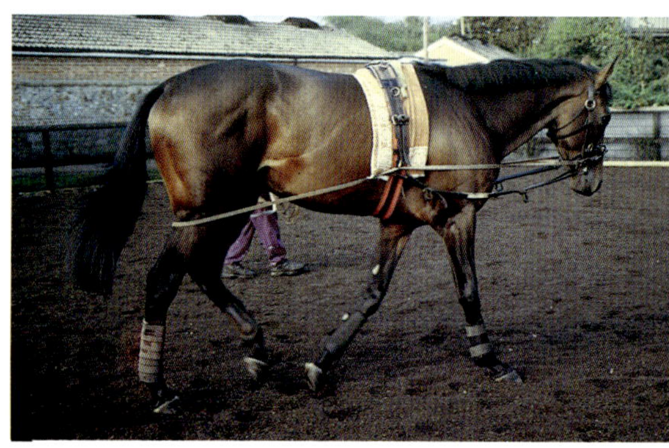

Während der Rehabilitation eignet sich Doppellongen-Arbeit gut, um die Bewegung des Pferdes zu kontrollieren.

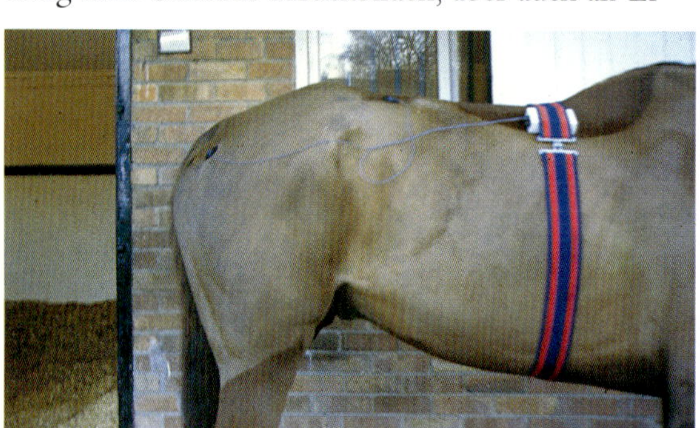

▲ *Der Muskelstimulator kann beim Wiederaufbau eines geschädigten Muskels helfen, wenn dessen genaue Lage bekannt ist.*

▲ *Auch Führmaschinen können eine wertvolle Hilfe zur Rehabilitation nach Verletzungen sein.*

REHABILITATION
Im Fall des »pferdigen« Patienten besteht die Rehabilitation in der Wiederherstellung der Bewegungsmuster, die wegen Verletzung oder Schmerzen verloren gegangen sind. Man kann das Gehirn des Pferdes durchaus mit einem Computer vergleichen, der die Bewegungsmuster aufzeichnet. Die ursprünglichen, ökonomischen Bewegungsmuster können dabei leicht durch neue »überspielt« werden, wenn der Schmerz das verlangt. Diese neuen Muster werden dann als »Norm« gespeichert. Die natürlichen, ökonomischen Muster durch Bewegungstraining wieder herzustellen, verlangt Kenntnisse von der Biomechanik des Pferdes und von seinem Körperbau sowie ein genaues Auge, um die falschen Bewegungsmuster erkennen zu können. Kein Gerät wird dies je ersetzen können.

Die »Krankengymnastik« wird am besten an der Doppellonge oder vom Boden am langen Zügel durchgeführt, weil so der mit dem Pferd arbeitende Mensch die Bewegungsmuster beobachten kann. Die Bodenarbeit nach den Lehren der klassischen Reitkunst ist hervorragend geeignet, um Muskeln wieder aufzubauen und die Koordination wiederherzustellen. Der Reitplatz wird so zum Gymnastikplatz für das Pferd. Auch Stangen und Cavaletti können dabei verwendet werden - in gleichem und passendem Abstand auf den Hufschlag gelegte Stangen fördern beispielsweise eine gleichmäßige Schrittlänge.

Wie genau man das Trainingsprogramm zur Rehabilitation aufbaut, hängt von der Art der Verletzung, dem Genesungszustand des Pferdes, seinem Exterieur, seiner Fähigkeit zur Ausführung der verlangten Übungen und seiner etwaigen Disziplin ab. All diese Faktoren müssen bei der Zusammenstellung des Programms berücksichtigt werden.

Das Rezept für eine erfolgreiche Physiotherapie beinhaltet:

- Eine vom Tierarzt gestellte Diagnose
- Wissen um die verschiedenen Phasen der Gewebeheilung
- Auswahl der richtigen Methode zum richtigen Zeitpunkt
- Genaue Kenntnisse von der sportlichen Disziplin, in die das Pferd zurückgeführt werden soll
- Passende Kombination von aktiver Bewegungstherapie und Behandlungstechniken

Der Pferdebesitzer selbst kann dabei nutzbringend in Massage und leichter Magnetfeldtherapie tätig werden. Bevor dazu irgendwelche Geräte verwendet werden, sollte man sich aber unbedingt von erfahrenen Anwendern beraten lassen, denn selbst als völlig ungefährlich verkaufte Produkte sind in der Tat kompliziert und gefährlich. Bedenken Sie immer, dass bei jeder Form der gerätegestützten Therapie elektrische Medizin verabreicht wird, welche die angeborenen, eigenen Reparaturmechanismen des Körpers überlagert und verändert.

Die Rehabilitation eines verletzten Pferdes verlangt

Teamarbeit

Besitzer/Reiter

Trainer	*Tierarzt*
Pferdepfleger	*(Tierarztgehilfen)*
Hufschmied	*Physiotherapeut*
Sattler	

CHIROPRAKTIK

Manuale Therapietechniken (durch Massage und Bewegung) werden schon seit Jahrhunderten in Medizinsystemen angewendet, die wesentlich älter sind als unseres. Arabische Holzschnitzereien aus vorchristlicher Zeit zeigen Szenen mit sehr spezieller Manipulation der Beckenknochen, auch wenn die dazu verwendete Apparatur eher grausam anmutet.

Die Chinesen arbeiteten nicht nur mit einer weit entwickelten Kräutermedizin und der noch weiter entwickelten Akupunktur, sondern hatten auch komplexe Manualtherapien.

Diese Techniken sind also nicht neu - solange der Mensch ein Skelett besitzt, gibt es vermutlich auch schon Heiler, die daran arbeiten. Und wenn der Mensch an seinen eigenen Knochen arbeitete, hat er das zweifellos auch bei seinen Tieren getan.

Wie viele andere traditionelle Behandlungsmethoden wurden auch die Manualtechniken unter dem schnellen Fortschritt der modernen, wissenschaftlich geprägten Medizin verschüttet. Ihre Bedeutung wurde von neuen wissenschaftlichen Erkenntnissen in den Schatten gestellt, die das Ende jeder zu dieser Zeit bekannten Krankheiten zu bedeuten schienen. Potenzial und Nutzen der Manualtherapien wurden bei der Suche nach dem »Stein des Weisen« achtlos beiseite geschoben. Erst als man das erwartete universale Heilmittel nicht fand, wurde das Interesse an alten Behandlungsformen wieder erweckt. In diesem Prozess spielte die Chiropraktik für Mensch und Tier eine wichtige Rolle.

WARUM MANUELLE BEHANDLUNG?
Physiologische Systeme sind von Natur aus dynamisch, also in einem Zustand ständigen Wechsels. Das Muskel-Skelett-System bildet hierin keine Ausnahme. Während des ganzen Lebens jedes Zwei- oder Vierbeiners ändert sich das Skelettsystem stän-

dig. In der frühen Entwicklungsphase sind diese Veränderungen groß und gehen relativ schnell vonstatten - wir sehen und hören von Wachstumsanomalien bei Kindern, Fohlen und Welpen. Aber selbst wenn die größten Veränderungen in der Knochenstruktur abgeschlossen sind, wandeln sich als Reaktion auf externe und interne Einflüsse die Körpermechanismen beständig weiter.

Physiologische Systeme reagieren sehr empfindlich auf Veränderungen - auf chemische, elektrische und auf mechanische (was für Manualtherapeuten am interessantesten ist). Der Kalziumstoffwechsel beispielsweise reagiert sehr empfindlich auf mechanische Überlastungen und ändert die Menge des zurückbehaltenen oder ausgeschiedenen Kalziums im Körper innerhalb von Stunden, um sich den veränderten Umständen anzupassen.

Nicht nur die Knochen verändern sich ständig, sondern das Skelettsystem als Ganzes ist sehr anpassungsfähig und verformt sich als Reaktion auf von innen oder außen einwirkende Belastungen. Man stellt sich das Skelett meist als etwas Statisches vor, was aber falsch ist. Dies ist sowohl ein Vor- als auch ein Nachteil, da nicht nur Veränderungen in Richtung Krankheit, sondern auch in Richtung Gesundheit möglich sind.

Allein die Tatsache, dass ein Lebewesen existiert und sich umher bewegt, kann schon negative Veränderungen in der Lage von Knochen zu ihren jeweiligen benachbarten Gelenken haben. Darüber hinaus führen asymmetrische Belastungen des Körpers zu asymmetrischer Muskelbildung und diese wiederum zu ungleichmäßiger Belastung der Skelettstruktur.

Wenn wir dazu noch die unvermeidlichen Unfälle nehmen, die im Alltagsleben vorkommen können, wird die Wahrscheinlichkeit für pathologische Veränderungen noch größer. Der Einsatz in Galopp- oder Hindernisrennen oder in Vielseitigkeitsprüfungen macht aus der Möglichkeit eine Wahrscheinlichkeit.

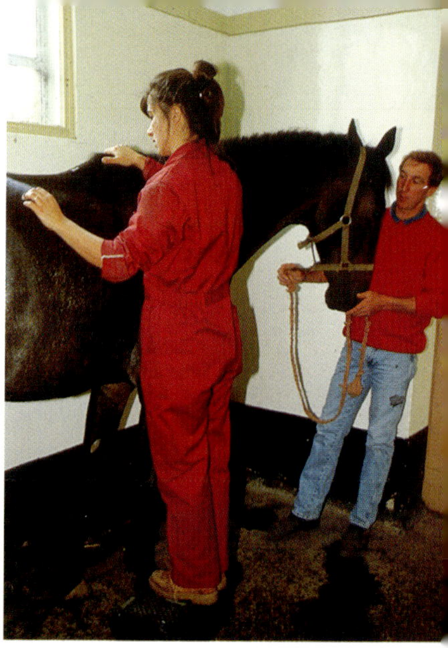

Zu den manuellen Behandlungen zählt das Wiederausrichten eines verschobenen Rückenwirbels, um dessen korrekte Funktion wiederherzustellen.

Das Auftreffen auf den Grund mit einer Geschwindigkeit von mehr als 30 km/h ist für keine Struktur förderlich, und viele Fehlfunktionen der Wirbel sind das direkte Ergebnis von Stürzen oder Stolpern, besonders aus hoher Geschwindigkeit. Das ist ganz offensichtlich, aber ich hoffe, dass meine vorangegangenen Ausführungen klar gemacht haben, dass man nicht unbedingt erst stürzen muss, um eine Fehlfunktion in Skelett- und Muskelstruktur zu erwerben.

WIE FUNKTIONIERT DAS?

Über Manualtherapien und ihre Wirkungsweise wird kontrovers diskutiert. Tiermediziner von gutem Ruf haben die Meinung vertreten, dass es unmöglich sei, die Rückenwirbel eines Pferdes per Hand zu bewegen und dass es eher eine Art von durch die Manipulation erreichter Muskelentspannung sein müsse, die den beobachteten Effekt bewirkt.

Chiropraktiker sind trotzdem nach wie vor davon überzeugt, dass eine Bewegung (oder genauer gesagt: Rotation) der Wirbel der Schlüssel zur Behebung zahlreicher Fehlfunktionen der Wirbelsäule ist. Der Grad der Rotation kann dabei nur wenig von der Längsachse der Wirbelsäule abweichen, reicht aber trotzdem aus, um eine deutliche Wirkung auf das komplexe Beziehungsgeflecht von Knochen, Muskeln, Bändern, Blutgefäßen und Nervengewebe auszuüben, aus dem der Wirbelsäulenkomplex besteht.

Da weiterführende Forschungen an lebenden Tieren nicht möglich sind (ein kompliziertes Thema, das die Köpfe in der Tiermedizin sehr beschäftigt), können wir nur unsere derzeitige Hypothese vorbringen, die zu den bis heute gemachten Beobachtungen zu passen scheint: Viele Rückenprobleme werden durch minimale Lageveränderungen (Rotationen) der Wirbel verursacht. Diese führen anfangs zur Bildung von Schutz- und Anpassungsmechanismen in der Muskulatur und schließlich zu schwereren Schäden an Skelett- und Muskelsystem. Wenn sie unbeachtet bleiben, können solche Reaktionen zu neurologischen Störungen und systemischen Anomalien führen.

Die extremen Leistungen, die modernen Sportpferden abverlangt werden, vergrößern das Risiko von Lageveränderungen einzelner Knochen in Relation zu ihren Nachbarn.

Natürlich ist es riskant, von einzelnen Fallstudien auf die gesamte Tierpopulation schließen zu wollen, aber die Erfahrungen einer ständig wachsenden Anzahl von Chiropraktikern weisen darauf hin, dass wir mit unserem Wissen gerade erst damit begonnen haben, an der Oberfläche der Möglichkeiten zu kratzen. Mit etwas Glück und engerer Zusammenarbeit mit den Tierärzten sowohl in der Forschung als auch in der Praxis sollten wir in der Lage sein, in den ersten Jahren des neuen Jahrtausends einige positivere Resultat erzielen zu können - besser spät als nie.

Die Chiropraktik umfasst eine mechanische Bewegung der Wirbel, und zwar jeweils eines Wirbels in Relation zu seinem Nachbarn, damit die korrekte Funktion wiederhergestellt werden kann. Dazu gibt es, je nach Training des Therapeuten, verschiedene Möglichkeiten. Wenn die langsamere Art der Behandlung gewählt wird, bei der das Tier Zeit zum Leisten von Widerstand hat, muss manchmal mit Beruhigungsmitteln gearbeitet werden, damit man gute Ergebnisse erzielen kann. Bei den schnellen und kurzen Impulsen, wie sie für die Chiropraktik typisch sind, ist in der Regel aber keine Sedierung nötig, es sei denn, das Pferd hat große Schmerzen oder ist sehr nervös. Auch wenn dieser Abschnitt sich speziell auf die Chiropraktik bezieht, gibt es doch auch zahlreiche Osteopathen, die auf leicht unterschiedliche Art und Weise an Pferden hervorragende Arbeit leisten.

WIE KANN MAN ERKENNEN, WANN EINE BEHANDLUNG NÖTIG IST?

Viele Indikatoren weisen darauf hin, dass eine Manualtherapie nötig ist - manche deutlich und offensichtlich, andere eher unterschwellig. Aufgrund der hohen Anpassungsfähigkeit des Körpers können Fehlstellungen der Wirbel bis zu einem gewissen Grad ausgeglichen werden. Diese Anpassung ist ein natürlicher Prozess, mit dessen Hilfe der Körper auf Überlastungen des Skelettes reagieren und weiter funktionieren kann, damit das Tier nicht zur leichten Beute für ein hungriges Raubtier wird.

Ein Chiropraktiker arbeitet nicht nur am Rücken, sondern am gesamten Körper des Pferdes.

Vom Standpunkt der Evolution aus betrachtet: Ein Tier, dessen Bewegungsmöglichkeit von einer einzigen Veränderung im Skelett- und Muskelapparat eingeschränkt wäre, würde in der Natur nicht lange überleben und die Spezies würde schon bald aussterben. Für Fälle, in denen die Fähigkeit des Körpers zu Flucht oder Verteidigung durch Überlastung oder Verletzungen ungünstig beeinflusst ist, mussten also alternative Bewegungsmuster zur Verfügung stehen. Mit ihrer Hilfe kann das Tier die bestehenden Mängel so gut überbrücken, dass die Anfänge von Veränderungen im Skelett- und Muskelapparat häufig übersehen werden.

Wenn man bei Tieren mit starken, rückenbedingten Lahmheiten oder Muskelverhärtungen im Lendenbereich die Krankheitsgeschichte näher untersucht, stellt man häufig im Nachhinein fest, dass klare Frühsymptome schon viele Monate oder sogar Jahre vorher feststellbar waren. Es ist daher wichtig, diese Symptome zu erkennen, damit durch frühzeitige Behandlung langfristige Schäden vermieden werden können.

Bei Reitpferden ist es häufig einfacher, die Probleme früh zu erkennen, weil das Reitergewicht die Belastung auf die Wirbelsäule erhöht und Rückenprobleme so sichtbar werden. Ein entsprechend sensibler Reiter kann schon die leichtesten Veränderungen in Gang und Bewegung des Pferdes wahrnehmen und nötigenfalls korrigieren. Wichtig ist hier der Hinweis, dass es für Gangveränderungen natürlich viele verschiedene Ursachen geben kann und dass Chiropraktiker oder Osteopathen deshalb nur nach Zustimmung des Tierarztes behandeln sollten.

Aber auch wenn das Pferd aus anderen Gründen lahmt, ist es meiner Meinung nach wichtig, nach Beseitigung der Ursache auch den Rücken zu untersuchen, weil die Lahmheit auf jeden Fall zu veränderten Bewegungsmustern und damit möglicherweise zu anpassungsbedingten Umbauerscheinungen in der Wirbelsäule geführt hat. Sie können dann rechtzeitig bekämpft werden, bevor weitere Probleme auftreten.

VORBEUGEN IST BESSER ALS HEILEN

Ein weiterer wichtiger Bestandteil der Arbeit eines Chiropraktikers (oder Osteopathen) ist die vorbeugende Behandlung. Weil die meisten Wirbelfehlstellungen sich über einen langen Zeitraum hinweg entwickeln, sind sie eher als Prozess denn als einmaliges Ereignis zu betrachten. Folglich kann die vorbeugende Behandlung schon zu einem frühen Zeitpunkt einsetzen, um weitere Probleme zu verhindern.

Wie bei allen vorbeugenden Maßnahmen ist es schwierig, die tatsächliche Wirksamkeit nachzuweisen. Hätte das Pferd sonst später gelahmt oder war all das nur eine ausgeklügelte Taktik des Therapeuten, um sein Einkommen zu sichern? Nur die Zeit und weitere Forschungen können uns hier Gewissheit bringen. Alles was wir im Moment sagen können ist, dass solche vorbeugenden Behandlungstechniken beim Menschen zu sehr befriedigenden Ergebnissen geführt haben und dass sie dort sehr empfehlenswert sind. Meiner Meinung nach werden sie sich in Zukunft auch für die Tiere als wertvoll erweisen.

FRÜHWARNZEICHEN FÜR RÜCKENPROBLEME

- Empfindlichkeit auf Berührung, Druck oder Bürsten der Rückenmuskulatur, besonders, wenn die Empfindlichkeit nur auf einer Seite des Rückens besteht
- Asymmetrische Muskelentwicklung (ein Muskel hat mehr Masse als sein Gegenpart auf der anderen Körperseite)
- Schwierigkeiten beim Bergauf- oder Bergabgehen. Probleme im hinteren Rückenbereich werden hierbei deutlich.
- Veränderungen in Gang, Abnutzung der Hufeisen oder Muskelentwicklung
- Änderung in Verhaltensmustern, insbesondere beim Springen oder anderen Leistungsanforderungen ohne ersichtlichen Grund
- Unerwartete und unerklärliche Änderungen im Fressverhalten und/oder im Temperament sowie als Folgeerscheinung veränderte Futterverwertung - das Pferd wird plötzlich schwerfuttrig. Der Schmerz kann seltsam wirkende Symptome hervorrufen.
- Plötzliche Veränderungen in Bewegung, Fitness und Ausdauer. Die gewohnte Leistung wird nicht mehr erbracht.

Werden diese Frühwarnzeichen ignoriert, können sie sich zu einer schwereren Lahmheit weiter entwickeln und werden wesentlich schwieriger behandelbar. Natürlich sind nicht alle der oben aufgeführten Symptome auf Rückenschmerzen zurückzuführen, aber man sollte immer an Wirbelsäule und zugehörige Muskulatur denken, wenn alle andere Ursachen ausgeschlossen wurden.

Es ist zu hoffen, dass die Manualtherapien künftig nicht mehr nur als »letzter Versuch« angewendet werden, wenn alle anderen Behandlungen versagt haben, sondern dass man sie in vorderste Reihe rückt. Dazu ist eine Mitarbeit der entsprechenden Fachleute in Forschungsprojekten gefragt, um diejenigen Störungen zu identifizieren, die am besten auf Manualtherapien ansprechen. Die Therapien sind sanft, wirksam und unschädlich, wenn sie von qualifizierten Fachleuten durchgeführt werden und haben eine bemerkenswerte Erfolgsrate, wenn man den empirisch gewonnenen Daten Glauben schenken kann.

Zusammenfassend lässt sich festhalten: Chiropraktiker und Osteopathen sind der Ansicht, dass die korrekte Ausrichtung und Funktion der Wirbelsäule unerlässlich für die Gesundheit des gesamten Organismus und insbesondere natürlich den Skelett- und Muskelapparat aller Wirbeltiere sind.

FAZIT

Natürliche Behandlungsmethoden werden heute immer beliebter. Sie bieten eine wirksame Alternative zur »konventionellen« Schulmedizin und arbeiten nach ganzheitlichen Prinzipien, um eine echte und tiefgreifende Heilung zu erreichen. Bei richtiger Anwendung der Therapieformen werden Krankheitssymptome nicht unterdrückt; oft sind Heilerfolge in Fällen möglich, die zuvor von der Schulmedizin als hoffnungslos aufgegeben wurden. Da der Körper sich selbst ständig erneuert, ist das Potenzial für Selbstheilungen enorm und es gibt keinen Grund dafür, Störungen wie Hufrehe, chronische Bronchitis, Podotrochlose, Sommerekzem oder Arthrose so pessimistisch zu betrachten, wie das nach »traditionellem Denken« oft der Fall ist.

Das Pferd ist ein besonders empfindsames Lebewesen und reagiert sehr schnell und deutlich auf die subtilen Reize der Naturheilkunde. Was wir heute brauchen, sind Tierärzte mit einer breiteren Ausbildung auch im Bereich der natürlichen Behandlungsmethoden, mehr Bereitschaft, diese Methoden in die tägliche Behandlungspraxis zu integrieren und eine Revision vieler Fachbücher, in denen viele der heute häufigen Pferdekrankheiten als nahezu hoffnungslos dargestellt werden. Selbstverständlich kann aber auch die Naturmedizin nicht jede Krankheit heilen und auch Erfahrung oder Qualifikation der Therapeuten schwanken beträchtlich.

Über allem sollte immer das Wohl des Pferdes stehen und nichts darf unternommen werden, ohne dieses Ziel aus den Augen zu verlieren.

12 IDENTIFIKATION & BESCHREIBUNG

KLASSIFIKATION

RASSEN UND TYPEN

Es gibt Pferde in allen Größen, Farben und Formen, aber obwohl es eine riesige Anzahl verschiedener Rassen gibt, fallen sie doch alle je nach ihrer Herkunft letztlich in drei Kategorien. Vollblut, Kaltblut oder Warmblut (siehe auch Kap. 1).

Vollblüter habe ihre stammesgeschichtlichen Wurzeln im Orient bzw. Nahen und Mittleren Osten und werden von Araber, Englischem Vollblut oder Anglo-Araber repräsentiert. Sie sind die gut aussehenden Sportler der Pferdewelt - in der Regel intelligent, schnell und empfindsam mit eher feurigem Temperament. Meistens eignen sie sich nicht für Reitanfänger, obwohl es auch in dieser Hinsicht wie überall Ausnahmen gibt.

Die Kaltblüter sind die Arbeiter unter den Pferden und auf Größe, Kraft und Zugleistung gezüchtet wie der Percheron oder das Shire Horse. Sie sind in der Regel etwas langsamer und von ruhigem Gemüt, in Kreuzung mit vollblütigeren Tieren können sie freundliche und umgängliche Reitpferde hervorbringen.

Das Warmblut ist eine Mischung aus Voll- und Kaltblut und vereint im Idealfall die Vorteile beider Schläge in sich. Diese Typen sollten etwas von der Klasse und dem Bewegungspotenzial des Vollblüters bei gleichzeitiger Stärke und dem verlässlichen Temperament des Kaltblüters haben. Beispiele für Warmblüter sind Hannoveraner, Selle Francais oder Quarter Horse.

Außerdem gibt es »Rassen innerhalb der Rasse«: die Welsh Ponys beispielsweise werden in die Sektionen A, B, und C sowie D (Welsh Cob) aufgeteilt. Die »Typen« innerhalb einer Rasse oder Rasseuntergruppe können dann ebenfalls noch variieren (z.B. leichter, mittelschwerer oder schwerer Typ).

Nur Pferde die ganz bestimmten, schriftlich festgelegten Kriterien entsprechen, können in das Stut-

Araber (oben) und Englisches Vollblut (rechts) repräsentieren die Vollblüter.

Ponys (oben) und Kaltblüter (rechts) bilden eigene Gruppen.

Alle Warmblüter sind im Prinzip Mischungen aus Kalt- und Vollblütern. Das amerikanische Quarter Horse (links) und der Holsteiner (rechts) sind zwei Beispiele dafür.

buch eines Zuchtverbandes aufgenommen und so offiziell als Rassepferd bezeichnet werden. Ist das nicht der Fall, kann man das Pferd nur als »vom Typ der Rasse xy« bezeichnen.

WELCHE RASSE KAUFEN?

Welche Rasse oder welchen Typ Pferd Sie kaufen, ist zum Teil eine Frage des persönlichen Geschmacks und zum Teil eine Frage der beabsichtigten Nutzung. Das Pferd, das Sie sich wünschen, muss noch lange nicht das Pferd sein, das Sie brauchen!

Wer im Turniersport hoch hinaus will, braucht ein Pferd, das die körperlichen Voraussetzungen dazu mitbringt.

Für den, der »nur« ein Freizeitpferd sucht, ist die Abstammung weniger wichtig als die passende Größe, das Alter und das Temperament. Das muss überhaupt kein Rassepferd sein. Die »Rassemixe« können wunderbare Partner sein, wenn sie zu Ihnen passen!

Oft wird schon aus dem Text der Verkaufsanzeigen deutlich, wo die Talente eines Pferdes liegen - z.B. »vielversprechender Dressurnachwuchs« oder »erfahrenes Springpferd« oder »Anfängerpferd«. Überdenken Sie auch die nachstehenden Punkte, wenn Sie auf der Suche nach einem Pferd sind.

KAUFPREIS

Ein Rassepferd mit guter Abstammung und den entsprechenden Papieren kostet natürlich mehr, besonders, wenn es auch noch Zuchtpotenzial besitzt. Seltene oder momentan moderne Rassen kosten ebenfalls ihren Preis.

GRÖSSE UND GEWICHT

Das Stockmaß eines Pferdes sagt nichts über seine Tragfähigkeit aus.

Ein kleinerer, kurzrahmiger Typ mit starken Knochen, muskulösem Rücken und kräftiger Hinterhand wie z.B. ein Cob kann mehr Gewicht tragen als ein großer, hagerer Vollblüter.

CHARAKTER UND AUSBILDUNG

In der Regel eignen sich »vollblütige« Typen wie Araber oder Englische Vollblüter nicht für den Reitanfänger oder Erstbesitzer. Auf der anderen Seite haben »kaltblütige« Typen nicht die von einem Reitpferd verlangte Beweglichkeit, sodass eine Kreuzung ein guter Kompromiss sein kann. Berücksichtigen Sie auch, ob eventuell noch weitere Personen Ihr Pferd reiten oder mit ihm umgehen werden. Es wäre unpraktisch, wenn Sie der einzige Mensch sind, der mit ihm umgehen kann, denn früher oder später braucht jeder einmal Hilfe.

HALTUNG

Ihren Wüstenahnen verdanken Vollblüter oder Warmblüter mit hohem Vollblutanteil eine dünne Haut und ein feines Fell. Im Winter benötigen sie deshalb mehr Futter zur Erhaltung der Körperwärme und sind empfindlich gegen nasskaltes Wetter. Robustere Kleinpferdetypen aus raueren Klimazonen kommen mit ungünstigen Witterungsbedingungen besser zurecht (siehe Kapitel 1).

WELCHE PLÄNE HABEN SIE?

Das Pferd muss körperlich dazu in der Lage sein, die vom Reiter gestellten Anforderungen zu erfüllen. Beim Reitpferd spielt der Vollbluteinfluss hier eine große Rolle.

Araber sind bei Distanzreitern begehrt, Englische Vollblüter sind für die Galopprennbahn gedacht und ein Spritzer Kaltblut sorgt für mehr Kraft, aber weniger Schnelligkeit und Ausdauer.

PFERDE IDENTIFIZIEREN

EQUIDENPASS

Seit dem 01. Juli 2000 ist aufgrund einer neuen EU-Richtlinie innerhalb der EU (also auch in Deutschland) für alle Equiden (Pferde, Ponys, Esel) der so genannte Equidenpass Pflicht. Er muss bei jedem »Verbringen« des Pferdes, also z.B. beim Transport zum Turnier, Tierarzt etc. mitgeführt und auf Verlangen vorgezeigt werden. Entsprechende Anträge erhalten Sie bei Ihrem zuständigen Zuchtverband oder direkt von der Deutschen Reiterlichen Vereinigung (FN) in Warendorf. Auch viele Tierärzte haben die Antragsformulare vorrätig.

Bevor der Pass ausgestellt werden kann, muss das Pferd identifiziert werden - entweder durch einen Beauftragten der Zuchtverbände/Landeskommissionen oder durch einen (Turnier) Tierarzt.

Neben dem Geschlecht werden Farbe, Abzeichen (Signalement) und drei Wirbel erfasst und das Diagramm (wird mit dem Antrag mitgeschickt) wird ausgefüllt. Gleichzeitig wird die Entscheidung des Pferdebesitzers »zur Schlachtung bestimmt« oder »nicht zur Schlachtung bestimmt« vermerkt und

TIERÄRZTLICHE ANKAUFSUNTERSUCHUNG

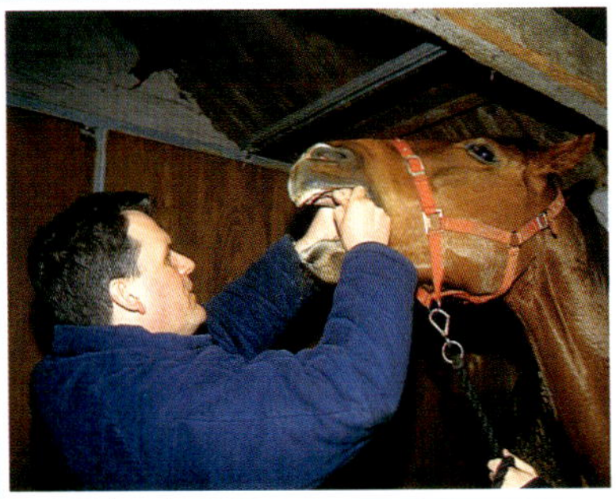

◂ ***Voruntersuchung***
Das gesamte Pferd wird von allen Seiten betrachtet. Der Tierarzt bewertet Allgemeinzustand, Bau und Stellung der Gliedmaßen sowie die Funktionalität des Exterieurs. Dann streicht er das Pferd mit den Händen ab, um eventuelle Krankheitsanzeichen, Verletzungen, Schwellen oder Verhärtungen fühlen zu können. Maul und Zähne werden untersucht und das ungefähre Alter geschätzt. Herz und Lungen werden abgehört und die Hufe eingehend untersucht - dazu gehört auch das Abdrücken mit der Hufuntersuchungszange.

Vortraben ▸
Das Pferd wird in Schritt und Trab auf ebenem, festem Untergrund gerade vom betrachtenden Tierarzt weg und wieder auf ihn zu geführt, manchmal zusätzlich auch auf dem Zirkel. Man lässt es ein paar Schritte rückwärtsrichten und in jede Richtung kurz wenden: Diese Bewegungen helfen, bestimme Nervenschäden und Schwächen im Bereich des Rückens aufzudecken. Die Beugeprobe, bei der das Bein mit stark gebeugten Gelenken eine Minute lang festgehalten wird und das Pferd anschließend vortraben muss, wird an allen vier Gliedmaßen vorgenommen. Sich anbahnende Gelenkschäden werden so erkannt. Wenn eine Beugeprobe positiv ist, können weitere Untersuchungen (z.B. durch Röntgen) nötig sein.

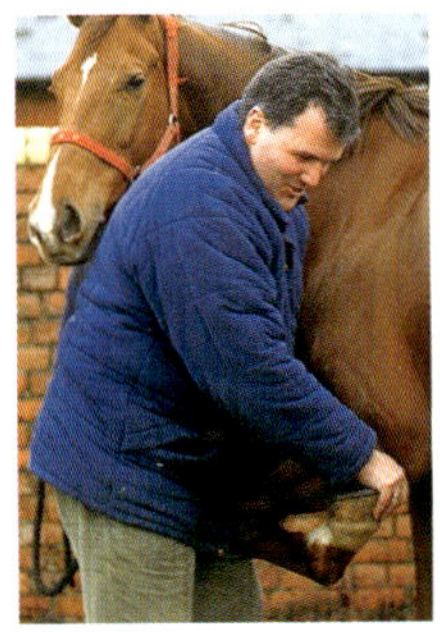

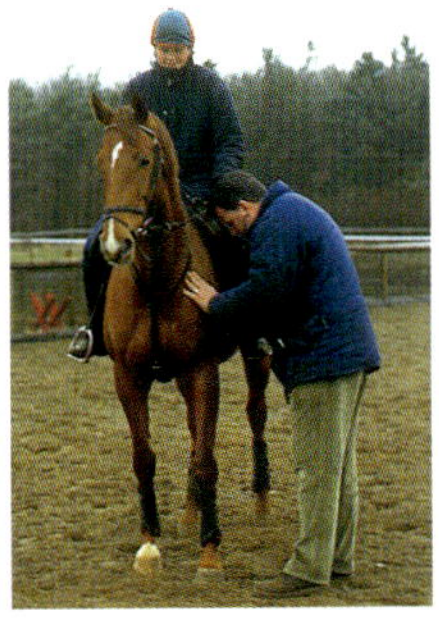

◂ ***Belastungsuntersuchung***
Das Pferd wird mindestens zehn Minuten lang aktiv geritten oder longiert, damit der Tierarzt Herz und Lungen bei Belastung abhören kann. Atemgeräusche werden, falls vorhanden, zu diesem Zeitpunkt hörbar. Gleichzeitig kann die Bewegung des Pferdes in allen drei Gangarten beurteilt werden.

Ruhephase ▸
Das Pferd wird abgesattelt. Nach einer Pause von 20-30 Minuten werden alle durch die vorangegangene Bewegungen verursachten Lahm- oder Steifheiten aufgedeckt. Es wird überprüft, wie schnell die Herzfrequenz wieder auf den Normalwert sinkt. Die Augen werden in abgedunkelter Umgebung untersucht. Besondere Merkmale wie z.B. Abzeichen, Wirbel, Brandzeichen etc. werden meist zu diesem Zeitpunkt der Untersuchung protokolliert.

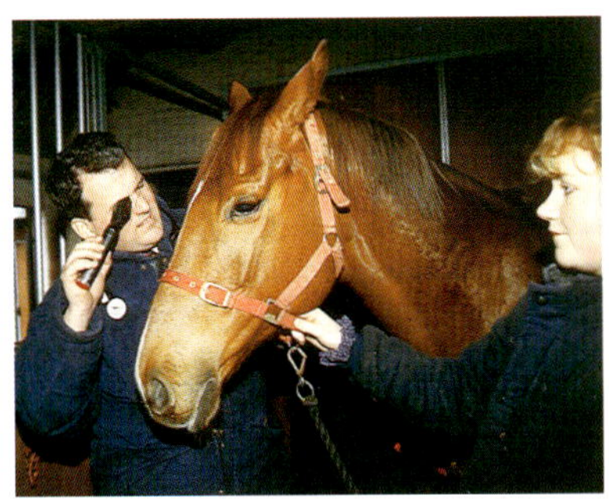

◂ ***Zweites Vortraben***
Das Pferd wird nochmals auf gerader Linie sowie auf dem Zirkel vorgetrabt, um Lahmheiten auszuschließen. Die Beine werden auf Anzeichen von Wärme oder Schmerz nach der Bewegung untersucht.

Zu beachten:

- Der Tierarzt handelt im Auftrag des Käufers, nicht des Verkäufers. Von Anfang an sollte klar sein, dass er das Pferd auf seine Tauglichkeit für den Zweck hin untersucht, den der potenzielle Käufer ihm angegeben hat.
- Der Käufer sollte seinen eigenen Tierarzt beauftragen oder sich bei zu großer Entfernung seine Empfehlung für einen Kollegen geben lassen.
- Weiterführende Untersuchungen wie z.B. mittels Ultraschall, Röntgen oder Endoskopie werden in der Regel nicht im Rahmen von Ankaufsuntersuchungen durchgeführt, falls nicht speziell vereinbart. Man kann Blutproben entnehmen und lagern lassen, damit diese analysiert werden können, falls das Pferd kurz nach dem Kauf plötzlich Lahmheiten zeigen sollte.
- Der Untersuchungsbericht listet alle relevanten Anomalien auf und enthält die Einschätzung des Tierarztes, ob ein bestimmter Schaden die Gebrauchsfähigkeit des Pferdes für den vorgesehenen Zweck beeinflussen wird oder nicht. Das fehlerlose Pferd findet man selten! Die Ankaufsuntersuchung kann keine Krankheiten aufdecken, die zum Untersuchungszeitpunkt symptomfrei sind wie z.B. Sommerekzem im Winter oder periodisch auftretende Lahmheiten. Es ist daher ratsam, sich vom Verkäufer zusätzlich eine schriftliche Garantie geben zu lassen, dass das Pferd gesund und frei von Allergien oder Untugenden, schmiede- und verladefromm oder verkehrssicher ist.
- Das Pferd wird bei der Ankaufsuntersuchung nicht gemessen. Wenn keine Papiere vorhanden sind, stellt die Altersbestimmung anhand der Zähne nur eine Schätzung dar.

durch den Tierarzt bestätigt. Dieser Hinweis entscheidet, welche Medikamente später noch bei diesem Pferd angewendet werden dürfen und welche nicht, da viele nicht für Tiere zugelassen sind, die der Lebensmittelgewinnung dienen.

Wer im Einzelfall zur Identifikation befugt ist, ist von Bundesland zu Bundesland unterschiedlich. Bitte erkundigen Sie sich im Zweifel bei Ihrer zuständigen Landeskommission oder beim ansässigen Zuchtverband.

GRÖSSE

Als einheitliche Größenangabe hat sich heute das Stockmaß durchgesetzt, also das mit einem festen Zollstock von Tragrand des Hufes bis Widerrist ermittelte Maß.

Früher (und heute noch zu bestimmten Gelegenheiten) wurde das Bandmaß abgenommen, das auch eine gewisse Auskunft über die Bemuskelung der Schulterpartie und Tiefe der Brust gibt, hinsichtlich der Höhe aber ungenau ist. In England wird die Größe eines Pferdes traditionell häufig noch in »Hands« statt in Zentimetern angegeben, wobei eine »Hand« 10,16 cm entspricht.

Die Bezeichnungen »Pferd«, »Pony« oder »Kleinpferd« sind hinsichtlich der Größe häufig sehr verwirrend. Offiziell handelt es sich bei einer Größe bis zu 148 cm Stockmaß um ein Pony, darüber um ein Pferd.

Aber auch Tiere unter diesem Maß werden häufig als »Pferde« bezeichnet wie z.B. das Islandpferd oder Fjordpferd.

FARBE

Wer ein Pferd zu seinem Vergnügen kaufen möchte, denkt in der Regel nicht als Erstes über die Fellfarbe nach. Wer hingegen züchten möchte, muss sicherstellen, dass seine Zuchtpferde die geforderte rassetypische Färbung besitzen. Natürlich gibt es auch Menschen, die bewusst nach einem Pferd mit ungewöhnlicher Farbe oder Abzeichen suchen wie beispielsweise einem Schecken (auch als »Pinto« bezeichnet), einem Palomino oder einem »getüpfelten« Tigerschecken.

Wenn man die Fellfarbe eines Pferdes beschreibt, müssen neben der eigentlichen Grundfarbe auch die Färbung von Mähne und Schweif, des Maules, der Ohrspitzen und der Beine berücksichtigt werden. Die Fellfarbe kommt durch eine Mischung roter, schwarzer und weißer Pigmente in den Haaren zustande.

BRANDZEICHEN

Bei den Brandzeichen unterscheidet man solche, die nur zur Identifizierung des Tieres angebracht werden (z.B. der Nummern-Kaltbrand am Hals oder in der Sattellage, der in weiß nachwachsenden Haaren sichtbar wird) und solche, die als »Markenzeichen« der Zugehörigkeit zu einer bestimmten Rasse bzw. einem regionalen Zuchtverband dienen und heiß aufgebrannt werden.

Der Brand des Zuchtverbandes wird häufig noch durch eine (ebenfalls heiß gebrannte) Nummer und/oder Buchstaben-Nummernkombination ergänzt, die Auskunft über Geburtsjahr und Eintragungsnummer gibt. Die Regelungen der Zuchtverbände sind hier jedoch nicht einheitlich. Alle Brandzeichen müssen in den Papieren des Pferdes vermerkt sein.

NARBEN UND ALTE VERLETZUNGEN

Sie sind eine sichere Hilfe bei der Identifizierung eines bestimmten Pferdes und werden deshalb mit in den Equidenpass aufgenommen. Die meisten Pferde haben irgendwann in ihrem Leben einmal die ein oder andere Narbe davongetragen, die jedoch keine Wertminderung darstellen muss, solange sie die Leistungsfähigkeit nicht beeinträchtigt.

Die Beziehung zwischen Größe, Röhrbeinumfang und Tragkraft

Pferdetyp	**Ungefähres Stockmaß**	**Röhrbeinumfang**	**Höchstgewicht Reiter**
Leicht	160 cm	20,5 cm	bis ca. 80 kg
Mittel	165 cm	23 cm	bis ca. 89 kg
Schwer	172 cm	über 23 cm	über 89 kg

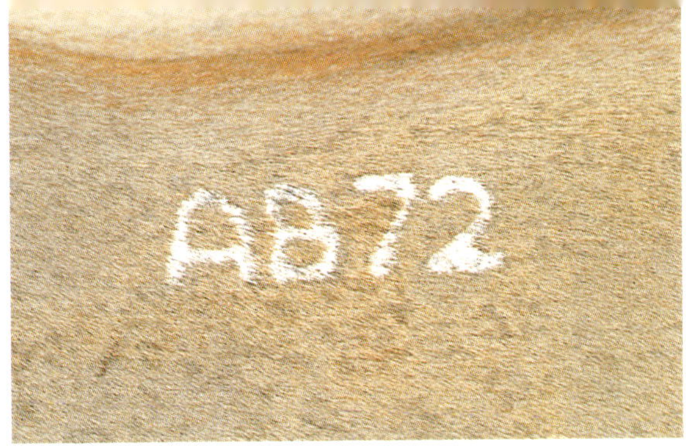

Nummern-Kaltbrände zur Identifizierung werden meist in der Sattellage oder am Hals angebracht.
Heißbrände mit dem Zeichen der Zuchtverbände finden sich seitlich an Hinterhand oder der Schulter.

HAARWIRBEL
Richtungsänderungen in der Lage der einzelnen Haare äußern sich als wirbelförmige Muster im Fell. Da ihre genaue Form, Lage und Anzahl bei jedem Pferd anders und einzigartig ist, können sie wie ein Fingerabdruck beim Menschen zur eindeutigen und zweifellosen Identifizierung gebraucht werden. Auch die Wirbel werden deshalb im Equidenpass eingetragen bzw. eingezeichnet.

ALTER
Bei englischen Vollblutpferden rechnet man das Alter traditionell einheitlich ab dem 1. Januar des Geburtsjahres, sodass alle englischen Vollblüter der Welt am 1. Januar Geburtstag haben. Bis zur Entwöhnung von der Muttermilch spricht man bei allen Pferden vom »Fohlen«, danach bis zum Alter von einem Jahr in der Regel vom »Absetzer« oder »Absatzfohlen« und nach dem ersten Geburtstag vom »Jährling«.

Bei einem Pferd ohne offizielle Abstammungspapiere ist die genaue Altersbestimmung immer schwierig, insbesondere nach dem fünften Lebensjahr, wenn der Wandel vom Milch- zum bleibenden Gebiss abgeschlossen ist. Ein erfahrenes und geübtes Auge kann aber auch danach noch an Länge und Form der Zähne bzw. den Abnutzungsspuren auf ihrer Oberfläche eine recht genaue Schätzung abgeben (siehe Tafel).

Irrtümer aufgrund ungewöhnlicher oder übermäßiger Abnutzung der Zähne (z.B. durch Koppen oder Grasen auf sehr sandigen Böden) bzw. durch fehlerhafte Zahnstellungen sind aber möglich.

»DAS DAUMENZEICHEN DES PROPHETEN«
Besonders bei Pferden orientalischer Herkunft sieht man gelegentlich eine leichte Vertiefung in der Hals- oder Sitzbeinmuskulatur, die man als »Daumenzeichen des Propheten« bezeichnet. Dem Aberglauben nach verheißt dieses Merkmal besondere Qualitäten, hat aber keinerlei Einfluss auf die tatsächliche Leistungsfähigkeit.

BEURTEILUNG DES EXTERIEURS

Das Exterieur ist der grundlegende Rahmen des Körperbaus, die Konstruktion des Pferdes. Gutes oder schlechtes Exterieur beeinflusst die Leistungsfähigkeit des Pferdes.

Ein Pferd mit günstigem Körperbau hält größeren Belastungen stand und bleibt in der Regel länger gesund als eines mit ungünstigem Körperbau. Obwohl natürlich rassebedingte Typunterschiede bestehen, sollte ein Pferd so nahe am theoretisch »korrekten« Köperbau sein wie möglich, damit es den Alltagsbelastungen standhalten kann. Am Rumpf können viele Fehler durch Fett und Muskeln verdeckt werden, während sie an den Gliedmaßen deutlich sichtbar sind.

Selbst ein gutes Beurteilungsvermögen zu erwerben, ist kein einfacher Prozess. Wenn man aber zum genauen Hinsehen und Lernen bereit ist, fasziniert das Thema immer mehr.

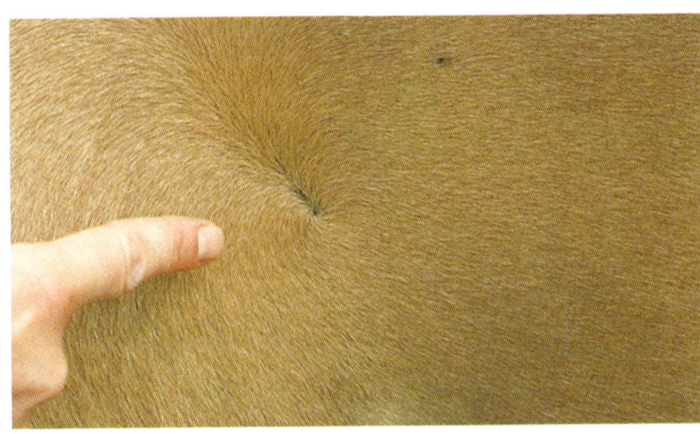

Wirbel, an denen das Haar seine Wachstumsrichtung ändert, sind für das Pferd das, was für den Menschen der Fingerabdruck ist. Jedes Pferd hat ein eigenes, einmaliges Muster von Haarwirbeln und deren Anordnung.

WAS IST EIN »IDEALES« EXTERIEUR?
Grundlegend wichtig ist, dass jedes Pferd möglichst ein Leben lang gesund der Arbeit standhalten können soll, für die es vorgesehen ist. Wenn man das Exterieur beurteilt, muss man deshalb stets berücksichtigen, welcher Art der Nutzung das Pferd unterzogen ist. Ein Vielseitigkeitspferd beispielsweise braucht gute Beine und Hufe, darf aber ruhig vom Rahmen her etwas leichter oder im Rücken eine Idee zu lang sein oder einen nicht so hübschen Kopf besitzen. Wichtiger ist, dass es sich gut bewegen kann und dass es von seiner Konstitution her hart und zäh ist.

Bei Galopprennpferden legen die Trainer besonders viel Wert auf sehr gut gebaute Vorderbeine und Schultern, da die Vorhand beim schnellen Galoppieren und Springen enormen Belastungen ausgesetzt ist.

FELLFARBEN

◀ ***Rappe:*** *Sowohl Körper- als auch Langhaar sind schwarz.*

◀ ***Brauner:*** *Körperhaar in verschiedenen Braunschattierungen von hell bis dunkel und schwarzes Langhaar. Hier ein Dunkelbrauner.*

▲ *Eine satte Kastanienfarbe ist für viele Braune typisch.*

▲ ***Falbe:*** *Graues oder cremefarbenes Fell mit dunklem Langhaar, oft Aalstrich und Zebrasteifen an den Beinen. Ist oft bei urtümlichen Rassen zu finden wie diesen graufalben Dülmenern.*

▲ ***Fuchs:*** *Sowohl Körper- als auch Langhaar sind rötlich braun in verschiedenen Schattierungen.*

▲ *Eine Farbvariante ist der so genannte Lehmfuchs, hier mit etwas hellerem Langhaar.*

▲

◀ ***Stichelhaarig:*** *Über das ganze Fell sind weiße Haare gleichmäßig verteilt. Je nach Grundfarbe und Menge der weißen Haare spricht man vom Grauschimmel (links) oder Rotschimmel (rechts).*

▲ ***Schecke:*** *Große, unregelmäßige weiße und dunkle Farbflecken wechseln sich ab. Man unterscheidet zwischen Tobiano (großflächige dunkle Flecken auf weißem Grund) und Overo (weiße, unruhigere Flecken auf dunklem Grund). In den USA bezeichnet man Schecken kollektiv als »Pinto«, ein geschecktes Quarter Horse heißt jedoch immer »Paint Horse«. Für Pintos gibt es in den USA einen eigenen Zuchtverband.*

◀ ***Overo-Schecke:*** *Unregelmäßige weiße Flecken auf dunklem Grund.*

◀ ***Palomino:*** *Ein creme- bis goldfarbenes Fell bei blondem Mähnen- und Schweifhaar. Die Farbe entsteht durch ein Gen, das einen so genannten Aufhellungsfaktor trägt - es macht aus einem Fuchs einen Palomino.*

◀ *»Fliegenschimmel« haben über den ganzen Körper dicht verstreut kleine, dunkle Punkte. Gerade bei den Schimmeln gibt es sehr viele Farbvarianten.*

▲ ***Apfelschimmel:*** *Das Fell enthält eine Mixtur von weißen (unpigmentierten) und dunkleren Haaren. Die helleren Haare liegen in kreisförmigen Flecken auf dunklerem Untergrund. Apfelschimmel werden mit dem Alter immer heller, bis schließlich die Apfelung kaum noch zu sehen ist.*

▲ ▲

Tigerschecke: *Dunkle Punkte oder Tupfen auf weißem Untergrund. Wenn sich das Muster nur auf Rücken, Kruppe und Hinterhand erstreckt wie beim Appaloosa links, spricht man von einem Schabrackentiger. Tigerschecken kommen bei Knabstruppern und Norikern häufiger vor. Die Hufe sind oft gestreift und die Augen weiß umrandet.*

ABZEICHEN

Völlig abzeichenlose Pferde sind eher selten. Bei den meisten finden sich weiße Merkmale an Kopf und/0der Beinen, die man wie folgt beschreibt:

Kopf:

▲ *Schmale, unregelmäßige Blesse mit Schnippe.*

▲ *Breite Blesse mit Schnippe, über die Nüstern ziehend.*

▲ *Laterne.*

▲ *Stern und große Schnippe.*

Beine:

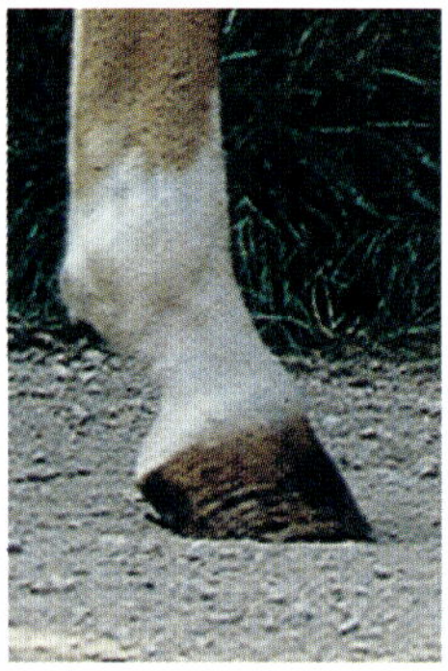

▲ *Halbweiß gefesselt.*

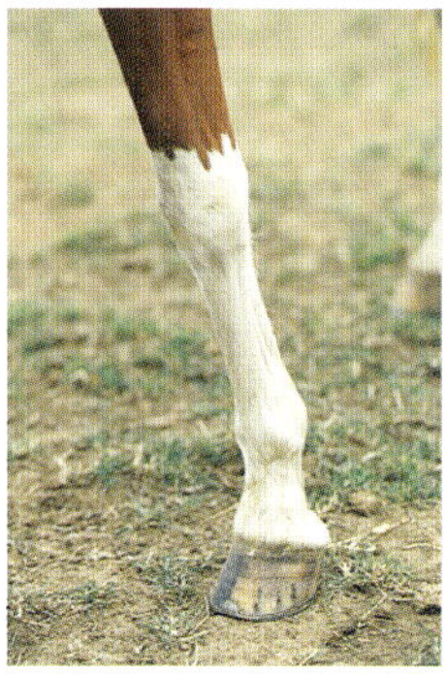

▲ *Weiß gestiefelt (auch: hochweiß gefesselt).*

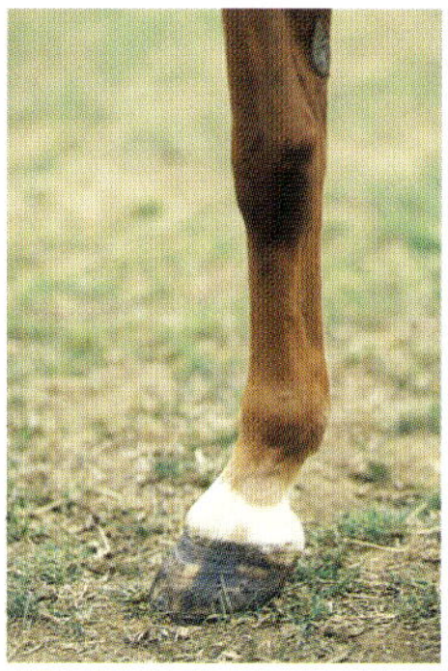

▲ *Weiße Fessel (auch: Socke).*

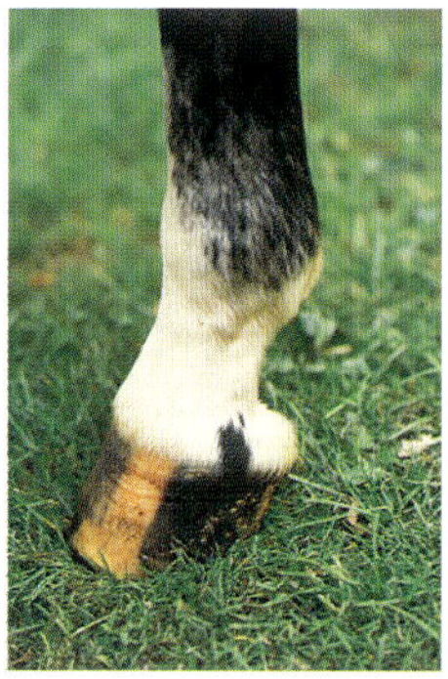

▲ *Auch dunkle Flecken innerhalb weißer Abzeichen werden in die Beschreibung des Pferdes mit aufgenommen.*

Ein **Aalstrich,** wie er oft bei primitiven Kleinpferderassen und bei Eseln vorkommt, ist ein dunkler Streifen, der vom Nacken bis zum Schweif über die Wirbelsäule verläuft. Auch »**Zebrastreifen**«, schwache horizontale Markierungen an den Vorderbeinen, kommen in Kombination mit dem Aalstrich häufig vor.

Von einem **Glas- oder Birkenauge** spricht man, wenn ein weißes Kopfabzeichen sich so weit über das Auge erstreckt, dass dieses ebenfalls schwächer pigmentiert ist und heller erscheint. Kommt auch häufig bei Palominos und Isabellen vor.

Für die Teilnahme an Materialprüfungen muss das Exterieur des Pferdes oder Ponys so korrekt wie möglich sein; letzten Endes ist es aber auch die gesamte »Präsenz« des Pferdes, die ihm eine ganz besondere Ausstrahlung verleiht.

GRUNDPRINZIPIEN DES KORREKTEN KÖRPERBAUS

Die Grundregeln für ein gutes Exterieur sind für ein Pony die gleichen wie für ein Dressurpferd - nur im Typ unterscheiden sich die beiden voneinander. Da

ALTERSBESTIMMUNG ANHAND DER ZÄHNE

Der Eintrag in zweifelsfrei zum Pferd gehörenden Abstammungspapieren ist die einzig verlässliche Altersangabe eines Pferdes. Die traditionelle Methode der Altersbestimmung anhand der Zähne ist nicht sonderlich genau und bietet nur Schätzwerte. Sie beruht auf Änderungen in Form, Aussehen und Winkelung der Schneidezähne, die mit zunehmender Abnutzung einhergehen. Die Altersbestimmung anhand der Zähne funktioniert nur bis zum etwa sechsten Lebensjahr verlässlich, danach wird sie ungenauer und ab dem Alter von etwa elf Jahren sehr ungenau.

MILCHZÄHNE ODER BLEIBENDE ZÄHNE?

Die Milchzähne sind teilweise schon bei der Geburt vorhanden und bis zum Alter von zwei Jahren alle durchgebrochen. Diese kleinen, weißen und glatten Zähne stehen aufrecht und haben ovale Kauflächen. Die Altersbestimmung bei jungen Pferden richtet sich danach, wann die Milchzähne durch bleibende ersetzt werden und wann die bleibenden Zähne mit denen des gegenüberliegenden Kiefers in Kontakt kommen und die Abnutzung beginnt (etwa im Alter von sechs Monaten). Mit etwa 2 1/2 Jahren wechseln die Zangen der Schneidezähne (P2 und P3) im Unterkiefer; die benachbarten Mittelzähne wechseln mit 3 1/2 Jahren und die Eckzähne der Schneidezähne mit 4 1/2 Jahren - sie treten aber erst vollständig in Gebrauch, wenn das Pferd etwa sechs Jahre alt ist. Die Hakenzähne erscheinen bei Hengsten im Alter von etwa vier Jahren. Die bleibenden Backenzähne (Prämolaren und Molaren) beginnen ab dem Alter von sechs bis 9 Monaten mit dem Durchbruch, bis zum Alter von 4 - 4 1/2 Jahren sind alle Backenzähne vorhanden.

ABNUTZUNG

Sobald alle bleibenden Schneidezähne mit etwa 5 Jahren vorhanden sind, wird die Altersbestimmung schwieriger. Fehlstellungen des Gebisses, Untugenden wie Koppen oder Holznagen und die Art der Fütterung bzw. Beschaffenheit der Weide können die Abnutzung so sehr beeinflussen, dass zwei gleichaltrige Pferde sich vom Gebiss her stark unterscheiden.

KUNDEN UND ZAHNSTERNCHEN

Die durch Abnutzung entstehenden Muster auf der Kaufläche der Schneidezähne sind das sicherste Merkmal zur Altersbestimmung. Bei jungen Pferden befindet sich in der Kaufläche eine große, längliche, dunkle Vertiefung, die von einem weißen Rand aus Zahnschmelz umgeben ist. Man nennt diese Schmelztrichter im Zahn »Kunden« oder »Infundibulum«. Mit etwa acht Jahren bildet sich in der Mitte der Reibefläche außerdem die so genannte Kernspur oder das »Zahnsternchen«, während sich die Kunden durch die Abnutzung immer mehr zurückbilden und schließlich ganz verschwinden. Die Kernspur wird mit dem Alter hingegen deutlicher und größer. Bis zum Alter von 10 oder 12 Jahren sind noch Kunden und Kernspuren zu sehen. Die Kunden werden zunächst in den Zangen, dann in den Mittel- und schließlich in den Eckzähnen immer schwächer, bis im Alter von 13 Jahren nur noch die Kernspur zu sehen ist.

EINSCHLIFF UND RINNE

Die Eckschneidezähne des Oberkiefers zeigen im Alter von etwa 7 Jahren einen so genannten Einschliff oder Einbiss (die Kaufläche steht über die Kante des Unterkiefereckschneidezahnes hervor und wird nicht abgerieben). Diese Kerbe wird später wieder flacher und verschwindet; kann aber um das 11. oder 20. Lebensjahr erneut auftreten. Diesbezügliche Unregelmäßigkeiten sind häufig und treten vor allem bei 6-8 jährigen Pferden auf. Die Seitenflächen der Oberkiefereckschneidezähne zeigen um das zehnte Lebensjahr am Zahnfleischrand eine kleine, dunkler gefärbte Rinne, die sich langsam weiter über den gesamten Zahn erstreckt und im Alter von etwa 20 Jahren in ganzer Länge über den Zahn läuft. Während der nächsten fünf Jahre beginnt sie von oben wieder zu verblassen und verschwindet mit 30 Jahren ganz. Die Rinne tritt nicht bei allen Pferden auf.

HOHES ALTER

Mit dem Alter erscheinen die Zähne länger, weil das Zahnfleisch zurückgeht. Sie werden gelber, spitzer gewinkelt und die Form der Reibefläche ändert sich von breit zu dreieckig bis längsoval.

▲ *Die Lage der Zähne im Pferdemaul. Ein erwachsenes Pferd hat in jedem Kiefer sechs Schneidezähne, die zum Beißen und Abreißen von Gras gebraucht werden, und zwölf Backenzähne (drei Prämolaren und drei Molaren auf jeder Seite) zum Mahlen. Männliche Pferde haben außerdem einen oberen und unteren Hakenzahn, der zwischen Schneide- und Backenzähnen im vorderen Teil des als »Laden« bezeichneten zahnlosen Bereiches liegt. Manchmal kommen im Oberkiefer und seltener im Unterkiefer kleine, zusätzliche Prämolaren, so genannte »Wolfszähne« vor.*

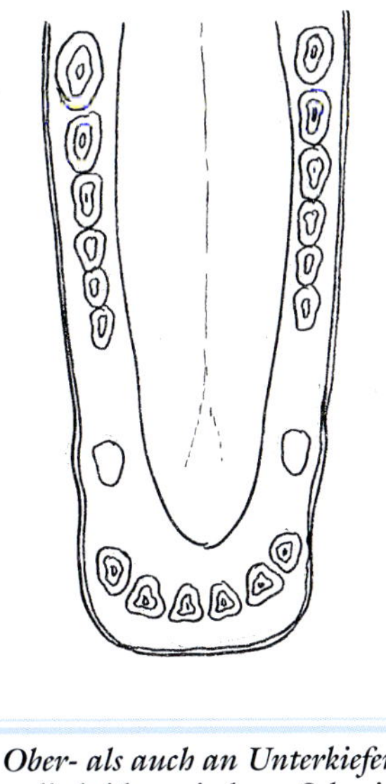

▲ *Sowohl an Ober- als auch an Unterkiefer (im Bild) bezeichnet man die beiden mittleren Schneidezähne als Zangen, die beiden anschließenden als Mittelzähne und die außen liegenden als Eckzähne.*

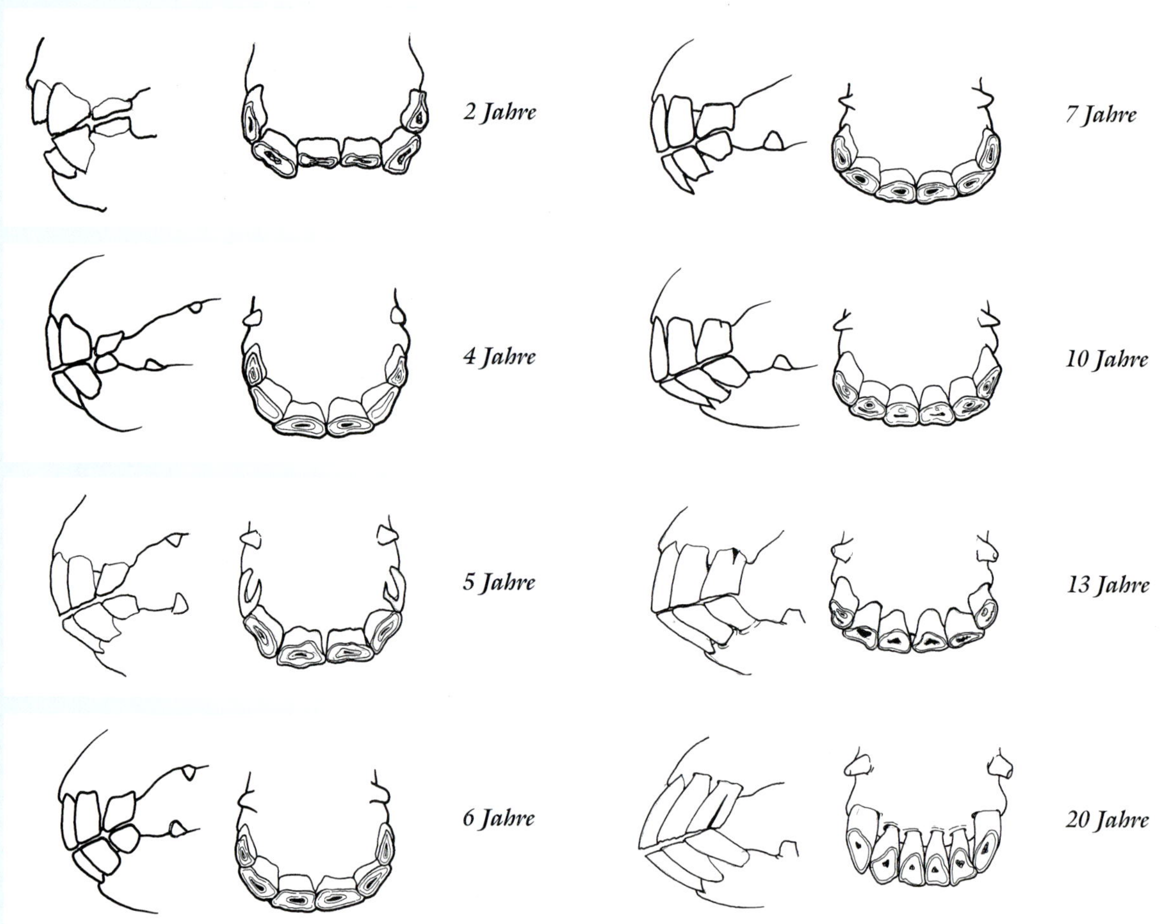

KÖRPERTEILE DES PFERDES

die körperbauliche Konstruktion das Gleichgewicht des Tieres bestimmt, wird auch der Bewegungsablauf durch sie beeinflusst. Einem gut gebauten Pferd fällt es deshalb leichter, Leistung zu erbringen, als einem schlecht gebauten.

Die Kopfform kann von Rasse zu Rasse sehr unterschiedlich sein. Bei allen wünscht man sich jedoch klare Konturen und einen lebhaften, typvollen Ausdruck. ▶

Kopf
Ein gutes Pferd hat einen feinen, klar geschnittenen Kopf mit guter Schädelstruktur. Im Idealfall ist der Kopf attraktiv und wirkt wie gemeißelt, man sollte aber stets bedenken, dass ein Pferd wegen eines hässlichen Kopfes niemals lahm gehen wird!

Hals
Die Oberlinie des Halses muss länger sein als seine Unterlinie, sodass eine vom Genick zum Widerrist verlaufende Bogenlinie entsteht. Die Oberlinie muss gut bemuskelt sein und die Gesamtlänge des Halses sollte von der Proportion her zum Rest des Körpers passen. Verwechseln Sie die Länge des Halses nicht mit der Betrachtung der Hals- und Schulterpartie als Ganzes!

Im Idealfall passt der Hals in der Proportion zu einer guten, schrägen Schulter und einem klar definierten Widerrist. Wichtig ist der Winkel, in dem der Hals auf den Schultern angesetzt ist: Liegt der Halsansatz zu tief, wird das Pferd Schwierigkeiten mit dem Ausbalancieren und damit seiner Selbsthaltung haben; es wird deshalb nicht einfach, seine Vorhand beim Reiten frei und leicht zu machen.

▲ *Ein gut gebautes Pferd wirkt insgesamt harmonisch, wohl proportioniert und ausgewogen. Kein Körperteil ist übertrieben stark betont.*

Widerrist
Er sollte betont und fein sein. Wenn der Widerrist tiefer liegt als die Kruppe, hat man ständig das Gefühl des Bergabreitens. Ein zu flacher Widerrist führt zum Verrutschen des Sattels nach der Seite oder nach vorne. Zu steile Schultern haben den gleichen Effekt und beengen das Pferd in seiner freien Vorwärtsbewegung.

▲ *Hals und Halsansatz müssen als Einheit betrachtet werden. Der Hals sollte gut bemuskelt und an der Oberlinie länger als an der Unterlinie sein. Das Pferd oben hat einen so genannten Hirschhals (Oberlinie kürzer als Unterlinie), der zudem tief angesetzt ist. Unter dem Reiter wird es sich nur schwer versammeln und beizäumen lassen.*

Brust
Die Brust sollte von vorne betrachtet weder zu eng noch zu breit sein. Eine zu enge, schmale Brust vermittelt den Eindruck von Schwäche und kann eine zu enge Bewegung der Vordergliedmaßen verursachen. Ist die Brust hingegen zu breit, wirkt das Pferd leicht zu grob und neigt zu einer »rollenden« Bewegung.

Rumpf
Der ideale Rumpf ist eher kurz und tief. Ein Pferd mit zu langem Rücken und zu engem Rumpf wird schnell Konditionsschwächen zeigen, wenn es härter gearbeitet wird. Nach größeren Anstrengungen sieht dieser Typ Pferd leicht klapprig und ausgemergelt aus; oft wird ein Vorderzeug benötigt, um den Sattel noch am Platz zu halten. Ein zu hoch aufge-

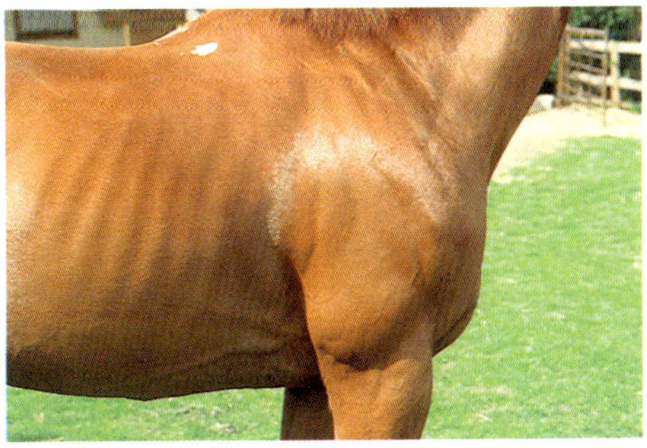

▲ *Je steiler die Schulter (wie hier im Bild), desto abgehackter wirkt die Beinaktion. Eine schräge Schulter ermöglicht dagegen raumgreifende Bewegungen.*

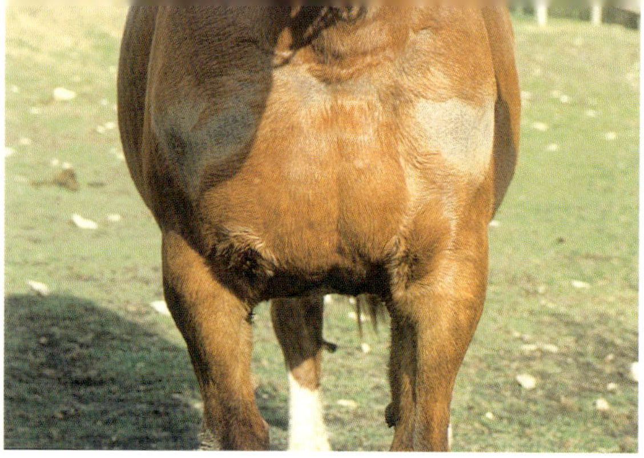

▲ *Eine breite Brust ist wünschenswert, aber sie muss zum Rest des Pferdes passen.*

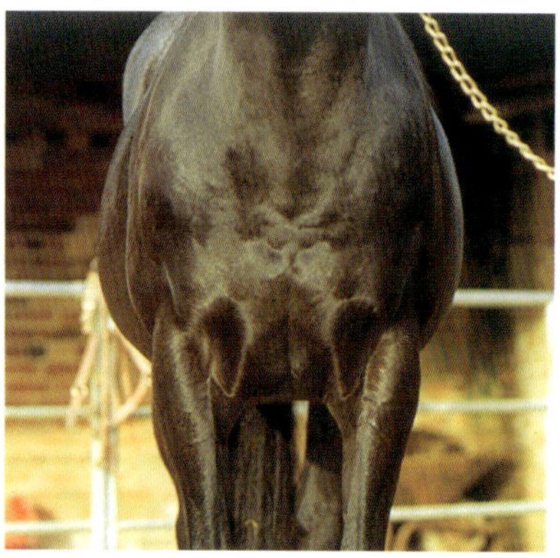

◀ *Bei einem schmalbrüstigen Pferd hat das Herz weniger Platz und die Vorderbeine neigen zum Streichen.*

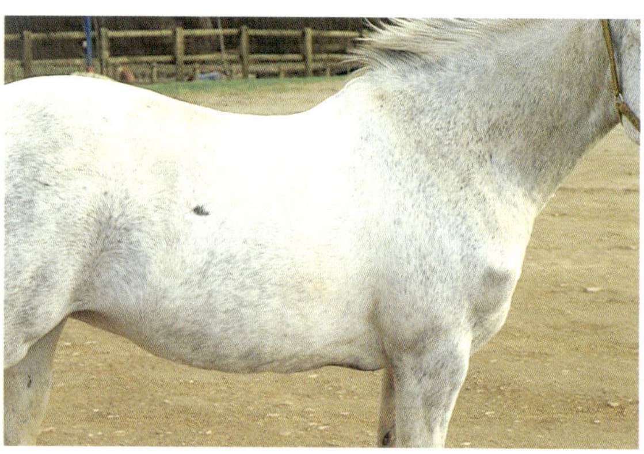

▲ *Sowohl der Senkrücken (oben) als auch der extrem lange Rücken (unten) sind anfällig für Schäden an Muskeln, Bändern und Rückenwirbeln. Solche Rücken sind schwächer als die eines kompakter gebauten Pferdes.* ▼

schossenes, schlaksiges, langbeiniges Pferd hat zahlreiche Nachteile! Ein kompakt gebautes Pferd mit genügender Rumpftiefe hält nicht nur besser den Trainingszustand, sondern sieht auch besser aus. Die Entfernung von der letzten Rippe zum Hüftknochen sollte nicht zu groß sein, ideal ist etwa eine Handbreit. Ist der Zwischenraum zu groß, ist das Pferd in der Lendengegend schwach und wiederum nicht so stark belastbar.

Rücken

Ein Senkrücken mag zwar für den Reiter bequem sein, ist aber ein echter Schwachpunkt. Sein Gegenteil, der nach oben aufgewölbte Karpfenrücken, ist zwar stärker, aber unelastisch und macht das Reiten unbequem. Die Rückenmuskeln müssen die Wirbelsäule rechts und links überragen. Bei Betrachtung des Rückens sollte es so aussehen, als ob der Sattel auch ohne Gurt in richtiger Position liegen würde.

Vorderbeine

Die Vorderbeine müssen genügend Knochensubstanz haben. Das Röhrbein darf nicht zu lang und schwach, das Vorderfußwurzelgelenk nicht zu klein sein. Der Knochen muss stark, von leicht ovalem Querschnitt sein, das Vorderfußwurzelgelenk breit und die Sehnen klar hervortretend. Eine rückbiegige Stellung der Vordergliedmaßen (siehe Foto auf der nächsten Seite) ist ein Fehler, da die Sehnen übermäßig stark belastet werden. Die gegenteilige vorbiegige Stellung gilt allerdings nicht als Fehler. Das Röhrbein sollte auf seiner gesamten Länge den gleichen Durchmesser haben.

Hinterbeine

Ein starkes Hinterbein mit robustem Oberschenkel ist ideal. Die Sprunggelenke sollten weder zu stark gewinkelt noch zu gerade sein. Sie sollten sich exakt unter dem Schwerpunkt befinden und den Eindruck von Bodennähe vermitteln. Von der Seite betrachtet sollte das Sprunggelenk oben und unten breit, aber nicht angeschwollen wirken.

Die Fesseln an Vorder- und Hintergliedmaßen sollten jeweils von mittlerer Länge und Winkelung sein, um der Belastung ideal standhalten zu können. Zu kurze und steile Fesseln fördern den Verschleiß, da sie wenig Stoßdämpfung beim Auffußen bewirken. Zu lange Fesseln sind hingegen schwach und führen zu einer Überlastung der Sehnen (siehe Kap. 4).

Hufe

Das alte Sprichwort »Ohne Huf kein Pferd« ist auch heute noch uneingeschränkt gültig. Pferde mit schlechten Hufen bleiben nur selten gesund, sind schwer zu beschlagen und der Albtraum eines jeden Hufschmiedes und Besitzers. Ein korrekter Huf ist

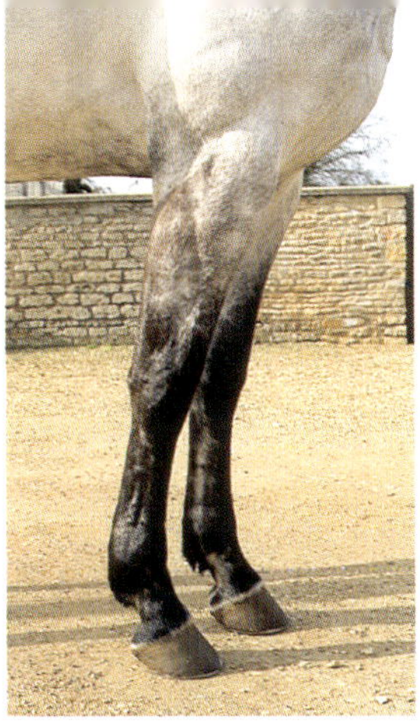

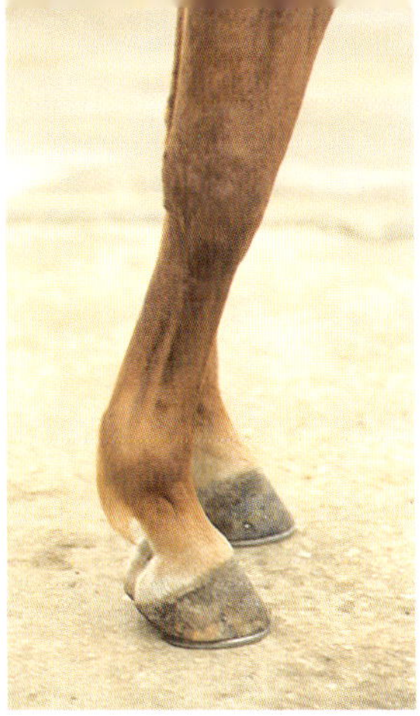

OBEN LINKS: Bei »rückbiegigen« Vorderbeinen zeigt die Vorderseite der Beine ein leicht nach hinten gebogenes Profil. Diese Stellung belastet die Sehnen stärker als gewöhnlich. Oft ist bei dieser Stellung der Durchmesser des Röhrbeins unterhalb des Karpalgelenkes kleiner als weiter unten, das Bein ist »eingeschnürt«.
OBEN LINKS: Die vorbiegige Stellung wird nicht als schwerer Fehler betrachtet.

▲ *Die Sprunggelenke sollten unter dem Schwerpunkt der Hinterhand stehen. Die fehlerhafte Stellung in diesem Bild nennt man »säbelbeinig«.*

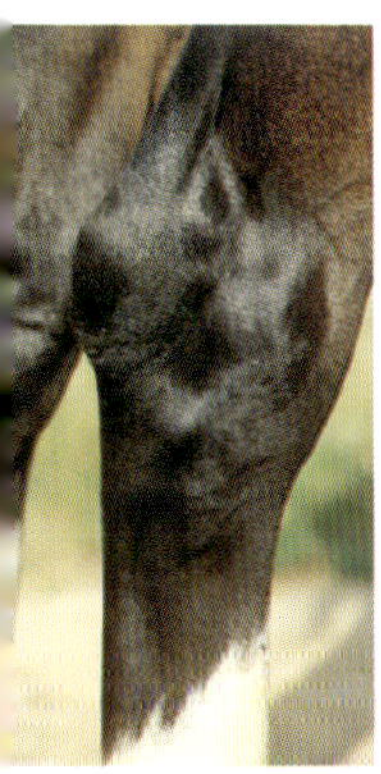

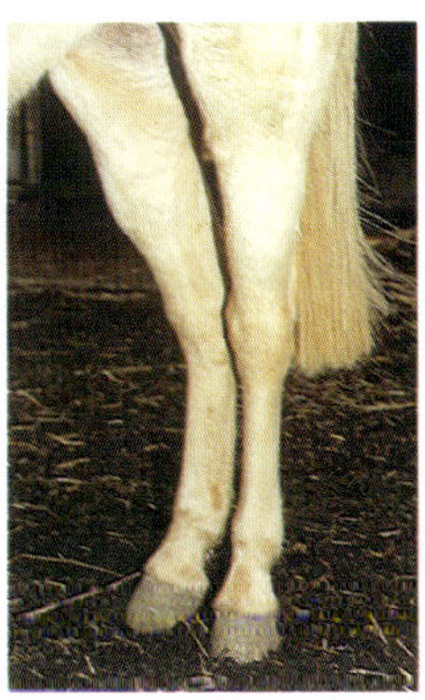

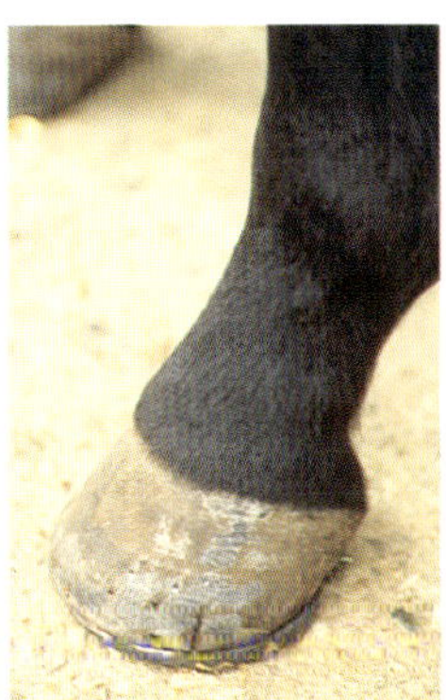

OBEN LINKS: Von der Seite betrachtet soll das Sprunggelenk kräftig und breit wirken und keine Anzeichen von Schwellungen zeigen.

OBEN MITTE: Wenn die Sprunggelenke zu nah beieinander stehen, steht das Pferd »kuhhessig«. Als Resultat dieser Stellung sind die Hufzehen nach außen gedreht (zehenweit).

OBEN RECHTS: Eine so steile Fessel wie hier kann nur schlecht Stöße absorbieren. Ist sie dagegen zu lang und »weich«, kommt zu viel Gewicht auf den hinteren Hufbereich, was mit der Zeit zu Hufproblemen führt.

von mittlerer Größe und gleichmäßiger, rundlicher Form (die Hinterhufe sind länglicher geformt) ist ideal. Zu weite Hufe können die Bewegung ungeschickt machen und zum Streichen führen. Zu kleine, enge Hufe sind ebenfalls unerwünscht. Extreme in beide Richtungen sind zu vermeiden. Weite, flache Hufe mit niedrigen Trachten sind besonders anfällig für Hufgeschwüre (siehe Kap. 4). Im Volksmund wird oft behauptet, dass dunkel gefärbte Hufe härter und widerstandsfähiger seien als helle, nach Ansicht der Fachleute hat die Farbe aber keinen Einfluss auf die Hornqualität.

Pferde mit ungleich großen Hufen werden oft mit Vorbehalt betrachtet, der Unterschied kann aber in manchen Fällen angeboren sein. Zu beachten ist, dass relativ enge und steile Hufe für viele orientalische Pferde wie z.B. Araber typisch sind und dort auch in keiner Weise qualitäts- oder leistungsmindernd wirken.

EXTERIEUR UND BEWEGUNG

Eine gute Bewegung kommt aus der gesamten Schulter, der Oberarm wird gut angehoben und die gesamte Vordergliedmaße gestreckt. Um eine freie Bewegung zu ermöglichen, müssen die Ellbogen weit genug von den Rippen entfernt liegen.

Verwechseln Sie eine hohe Knieaktion nicht mit dem Anheben der Gliedmaße. Das zum Vorwärtsschwingen des Vorbeines notwendige Anheben aus der Schulter ist etwas anderes als die angeborene »steppende« hohe Aktion von Hackneypferden oder manchen Friesen (bei den besten Vertretern dieses Types lässt sich aber ebenfalls ein gutes Anheben des gesamten Beines beobachten). Eine kolbenartige, stampfende Auf-und-Ab-Bewegung ist sowohl beim Reit- als auch beim Fahrpferd unerwünscht.

Von einer guten Bewegung kann man nur dann sprechen, wenn sie hinten ebenso gut ist wie vorne - ein Punkt, der leider oft übersehen wird. Die Hinterhand ist der Motor, der Schwung erzeugt. Weit unter den Körper vorgeschobene Sprunggelenke machen die Vorhand leichter und frei, was zu einem ausbalancierten, angenehmen Reitgefühl führt.

Das Pferd oder Pony muss sich außerdem so gerade bewegen, dass die Spuren der Hinterhufe exakt auf der Linie der Vorderhufspuren liegen. Ein gutes Pferd greift im Schritt mit den Hinterhufen etwas über die Spur der Vorderhufe nach vorn hinaus.

Jede Bewegung, bei der die Hufe zur Seite weggeführt werden (wie z.B. das so genannte Bügeln) ist ungünstig, da es meist die Gelenke und Sehnen der Vorderbeine zu stark bzw. ungleichmäßig belastet. Bei manchen Rassen gilt das »Bügeln« allerdings als typisch und erwünscht (z.B. beim peruanischen Paso).

Wenn das Pferd »strickt«, d.h. die beiden Vorder-

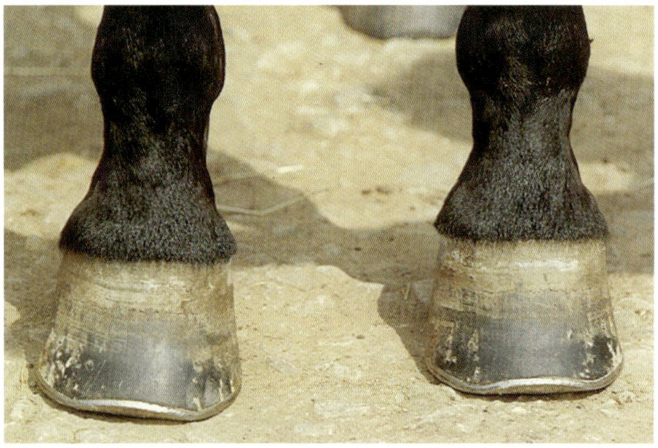

▲ *Im Idealfall sollte die Hufwand der Vorderhufe einen Winkel von 45-50 Grad zum Untergrund bilden. Enge, steile Hufe wie im Bild absorbieren Stöße schlechter. Zu weite Hufe mit flacher Sohle sind dagegen sehr anfällig für Hufgeschwüre und in der Regel schwächer.*

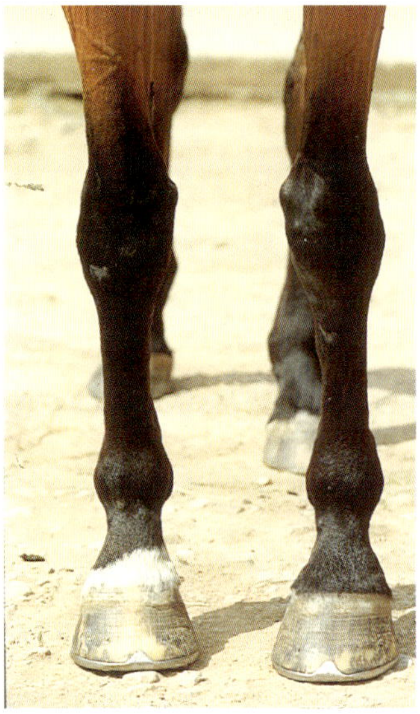

◀ *Alle vier Beine sollten möglichst gerade sein, wobei die paarigen Vorder- und Hinterbeine zueinander passen müssen. Dieses Pferd ist im Karpalgelenk nach außen und im Fesselgelenk nach innen gedreht, was zu einer zehenengen Hufstellung führt. Die Belastung auf die Gelenke ist stark.*

▲ *Ein Pferd mit guter Bewegung benützt seine ganze Schulter, um das Bein nach vorn zu bringen. Die Sprunggelenke schieben sich weit unter den Körper, um den nötigen Vorwärtsschub zu schaffen.*

hufe zu eng nebeneinander oder sogar hintereinander aufsetzt, kommt es leicht zu Verletzungen wie dem Streichen.

DER GESAMTEINDRUCK

Der Gesamteindruck, den man von einem Pferd hat, ist zwar wichtig, darf aber nicht von der Beurteilung des korrekten Körperbaus ablenken. Auf keinen Fall darf man schwache Beine und Hufe durchgehen lassen, nur weil ein Pferd adrett aussieht, ein glänzendes Fell und spektakuläre Bewegungen hat.

Trotzdem bleibt der erste Eindruck natürlich wichtig und insbesondere Showpferde müssen auch das Auge ansprechen.

Wenn Sie ein Pferd zum ersten Mal sehen und es nicht mögen, ist die Wahrscheinlichkeit groß, dass Sie es nie mögen werden. Manche Pferde wachsen mit den Anforderungen, dazu müssen aber auch die entsprechenden Voraussetzungen von der Skelettstruktur her gegeben sein.

Gehen Sie Pferden aus dem Weg, die auf den ersten Blick zwar gut und rassig aussehen, aber nicht über genügende Substanz verfügen, um je der Belastung durch ernsthafte Arbeit standhalten zu können.

Als Fazit lässt sich festhalten, dass der Sinn eines korrekten Exterieurs darin liegt, dem Pferd eine störungsfreie Funktion zu ermöglichen. Korrektes Exterieur ist nicht nur etwas für Showpferde, die gut aussehen müssen. Für jedes Sportpferd ist unerlässlich, dass es in der Lage ist, in der gewählten Disziplin ohne gesundheitliche Schäden arbeiten zu können. Jedes kleine positive oder negative Detail im Körperbau ist einer der Faktoren, die zum Erhalt der Pferdegesundheit beitragen.